科学与社会译丛 · 主编

刘　东（清华大学）

薛　凤 Dagmar Schäfer（〔德〕马克斯·普朗克学会）

柯安哲 Angela N. H. Creager（〔美〕普林斯顿大学）

启真馆 出品

原子力的生命

放射性同位素在科学和医学中的历史

科学与社会译丛 ● 刘 东 薛 凤 柯安哲 主编

Life Atomic

A History of Radioisotopes in Science and Medicine

[美] 柯安哲 著 王珏纯 译

ZHEJIANG UNIVERSITY PRESS
浙江大学出版社

前　言

我第一次接触到放射性同位素，是在大学和研究生院的生物化学和分子生物学实验室里。从酶检验、蛋白质标记到核酸测序和DNA印迹法等，许多实验的常规程序里都离不开它。在伯克利的沙赫曼实验室里，大部分的放射性同位素都来自新英格兰核能公司（New England Nuclear），几乎都是放射性化合物，特别是用于DNA测序的硫-35双脱氧核苷酸和用于测量酶活性的底物碳-14。放射性同位素从何而来？为什么这么多的实验方法都要依赖它？对这类问题，20世纪90年代中期之前，我未曾关注过。后来，在一位精明能干的编辑提议下，我打算写一本有关生物物理学及仪器使用的书，研究放射性标记的发展，但只完成了摘要（后来由于缺乏兴趣，书没有写成）。不过在这期间我发现，美国的放射性同位素最初是由曼哈顿计划卖给科学家的，这让我既好奇又吃惊。后来才知道我的好奇真是恰逢其时，因为1994年比尔·克林顿总统任命了一个专家小组专门调查在人体接触辐射的（秘密和公开）试验中美国政府的角色，由能源部长黑兹尔·奥莱利（Hazel O′Leary）监督，数以千计的政府相关文件得以解密。至此，讲述关于放射性同位素故事的时机成熟了，但我花了好几年才大功告成。

以下这些美国政府基金为本书的研究提供了资金：1999—2006年，国家科学基金会“职业生涯”奖（SBE 98-75012）；2006—2007年度美国国家人文学科奖学金奖；以及 2007—2011 年从国家卫生研究院获得的生物医学和健康方面的国家医学文库学术著作拨款（5G13LM9100）。书中的任何观点、发现、结论和推荐意见都出自本人（或引用的著作），并不代表国家科学基金会或其他机构。普林斯顿大学通过人文和社会科学研究委员会和历史系提供额外的研究资助和极为宝贵的假期。非常感谢以下研究助理，他们帮我收集资料、创建数据库、扫描图片、编辑档案：苏丹娜·伯努列斯库（Sultana Banulescu）、埃德娜·博诺姆（Edna Bonhomme）、丹·布克（Dan Bouk）、斯蒂芬·费尔德曼（Stephen Feldman）、布鲁克·菲茨杰拉德（Brooke Fitzgerald）、丹·格斯尔（Dan Gerstle）、埃文·赫普勒－史密斯（Evan Hepler-Smith）、格雷格·肯尼迪（Greg Kennedy）、珍妮弗·韦伯（Jennifer Weber）和杜加布·伊（Doogab Yi）。

本书的部分章节已经在别的地方发表，非常感谢以下出版机构允许我把它们编入本书。第二、三、四章中的材料的早期版本出自“Tracing the Politics of Changing Postwar Research Practices：The Export of ‘American’ Radioisotopes to European Biologists”，*Studies in History and Philosophy of the Biological and Biomedical Sciences* 33C（2002）：pp.367–388. Copyright 2002，with permission from Elsevier。第五章的简要概述发表为“Atomic Transfiguration”，*Lancet* 372（2008）：pp.1726–1727。第三章和第七章的部分章节来自“Nuclear Energy in the Service of Biomedicine：The U.S.Atomic Energy Commission’s Radioisotope Program，1946—1950”，*Journal of the History of Biology* 39（2006）：pp.649–684，Springer 2006，reprinted with kind permission from Springer Science+Business Media B.V。第七章有部分来自“Phosphorus–32 in the Phage Group：Radioisotopes as Historical Tracers of Molecular Biology”，*Studies in History and Philosophy of the Biological and Biomedical Sciences* 40（2009）：pp.29–42.

Copyright 2009，with permission from Elsevier。第六章的内容早先收入 *The Science–Industry Nexus*：*History*，*Policy*，*Implications*，edited by Karl Grandin，Nina Wormbs，and Sven Widmalm，重印得到 Science History Publications/USA & The Nobel Foundation 许可。第四章的大部分内容出自“Radioisotopes as Political Instruments，1946—1953”，*Dynamis* 29（2009）：pp.219–239。第七和九章的部分内容来自“Timescapes of Radioactive Tracers in Biochemistry and Ecology”，*History and Philosophy of the Life Sciences* 35（2013）：pp.83–90，承蒙该期刊允许出版。最后，第八章的一部分出自论文“Molecular Surveillance：A History of Radioimmunoassays”，*Crafting Immunity*：*Working Histories of Clinical Immunology*，ed.Kenton Kroker，Jennifer Keelan，and Pauline M.H.Mazumdar（Farnham，UK：Ashgate，2008），pp.201–230，2008。

感谢以下机构允许我引用其收藏的文件：班克罗夫特图书馆，得克萨斯农工大学的库欣纪念图书馆和档案馆，赫伯特·胡佛总统图书馆，劳伦斯·伯克利国家实验室的档案记录处，麻省理工学院图书馆的学院档案和特别收藏部，以及犹他大学 J. 威拉德·马里奥特图书馆的特别收藏部。在个人方面，我要感谢以下人员在无数的文件和图片中协助我搜索：

茱莉亚·比奇（Julia Beach）、伊丽莎白·贝内特（Elizabeth Bennett）、玛乔丽·恰兰特（Marjorie Ciarlante）、大卫·法雷尔（David Farrell）、李·希尔茨格（Lee Hiltzig）、大卫·霍兰德（David Hollander）、珍妮弗·艾莎姆（Jennifer Isham）、斯坦·拉尔森（Stan Larson）、特伯·刘易斯（Tab Lewis）、诺拉·墨菲（Nora Murphy）、帕梅拉·帕特森（Pamela Patterson）、查尔斯·里夫斯（Charles Reeves）、汤姆·罗森鲍姆（Tom Rosenbaum）、苏珊·斯奈德（Susan Sneyder）和约翰·斯托纳（John Stoner）。

这些年所欠下的其他人情债更是难以计数。在我做此项目期间，迈克尔·戈尔丹（Michael Gordin）一直是原子能方面的良师益友，他的深刻见解和鼓励惠我良多；彼得·韦斯特维克（Peter Westwick）给了重要的建议并慷慨地与我共享其研究笔记；承蒙海因里希·冯·施塔登（Heinrich von Staden）的邀请，在高等研究院历史所访学的美好时光（2002—2003年）是我研究的形成期；约翰·克里格（John Krige）在2006—2007年期间曾经是普林斯顿大学戴维斯中心研究员，他在另一段时间曾和我共事，那正是我对美国的外交政策，特别是原子能和平政策的科学领域方面形成见解的时期。和林恩·尼哈尔特（Lynn Nyhart）的交流，特别是2008年我在麦迪逊分校访学期间和她的谈话对我很有启发，和她的友谊是无价之宝。还有其他许多同事也常和我交流或者对我的论文提出了意见，非常感谢以下人士：马修·亚当森（Matthew Adamson）、肯恩·阿尔德（Ken Alder）、加尔·艾伦（Gar Allen）、卡尔·安德森（Carl Anderson）、南希·安德森（Nancy Anderson）、伊蒂·亚伯拉罕（Itty Abraham）、克里斯平·巴克尔（Crispin Barker）、约翰·贝蒂（John Beatty）、保拉·贝尔图奇（Paola Bertucci）、比尔·比亚来克（Bill Bialek）、汤姆·布罗曼（Tom Broman）、安德鲁·布朗（Andrew Brown）、彼得·布朗（Peter Brown）、莎拉雅·布迪亚（Soraya Boudia）、悉尼·布伦纳（Sydney Brenner）、布林·布里奇斯（Bryn Bridges）、理查德·布里安（Richard Burian）、路易斯·坎波斯（Luis Campos）、纳撒尼尔·康福特（Nathaniel Comfort）、露丝·施瓦茨·考恩（Ruth Schwartz Cowan）、罗伯特·克里泽（Robert Crease）、莎拉雅·德·沙达勒维安（Soraya de Chadarevian）、弗里曼·戴森（Freeman Dyson）、劳拉·恩格尔斯坦（Laura Engelstein）、拉斐尔·法尔克（Raphael Falk）、亚历克斯·甘恩（Alex Gann）、丹·加伯（Dan Garber）、让·保罗·戈迪埃（Jean-Paul Gaudillière）、乔尔·哈根（Joel Hagen）、内斯托尔·埃朗（Néstor Herran）、杰夫·休斯（Jeff Hughes）、比尔·乔丹（Bill Jordan）、戴夫·凯泽（Dave Kaiser）、乔舒亚·卡茨（Joshua Katz）、芭芭拉·基梅尔曼（Barbara Kimmelman）、罗伯特·科勒（Robert Kohler）、丹·凯夫利斯（Dan Kevles）、艾莉森·克拉夫特（Alison Kraft）、肯顿·克洛克（Kenton Kroker）、杰里·库切尔（Jerry Kutcher）、爱德华·兰达（Edward Landa）、汉娜·兰德克尔（Hannah Landecker）、苏珊·莱德勒（Susan Lederer）、理查德·莱温廷（Richard Lewontin）、伊拉纳·洛伊（Ilana Löwy）、利兹·伦贝克（Liz Lunbeck）、杰伊·马龙（Jay Malone）、埃莉卡·米拉姆（Erika Milam）、塔尼亚·芒兹（Tania Munz）、塞勒斯·莫迪（Cyrus Mody）、斯塔凡·米勒-威尔（Staffan Müller-Wille）、内奥米·奥雷斯克斯（Naomi Oreskes）、罗伯特·普罗克特（Robert Proctor）、杰夫·彭（Jeff Peng）、凯伦·雷德（Karen Rader）、比尔·兰金（Bill Rankin）、尼克·拉斯马森（Nick Rasmussen）、卡斯滕·莱因哈特（Carsten Reinhardt）、杰西卡·里斯金（Jessica Riskin）、丹·罗杰斯（Dan Rodgers）、内奥米·罗杰斯（Naomi Rogers）、汉斯-约尔格·莱茵贝格尔（Hans-Jörg Rheinberger）、泽维尔·罗凯（Xavier Roqué）、玛丽亚·郝苏斯·桑特斯马塞斯（María Jesús Santesmases）、埃里克·沙茨伯格（Eric Schatzberg）、索尼娅·施米德（Sonja Schmid）、亚历山大·什未林（Alexander Schwerin）、苏曼·赛特（Suman Seth）、史蒂夫·沙宾（Steve Shapin）、马修·申德尔（Matthew Shindell）、阿西夫·西迪基（Asif Siddiqi）、阿利斯泰尔·施蓬泽尔（Alistair Sponsel）、理查德·斯特利（Richard Staley）、布鲁诺·斯特拉瑟（Bruno Strasser）、埃德娜·苏亚雷斯（Edna Suarez）、威廉·萨莫斯（William Summers）、海伦·蒂利（Helen Tilley）、埃米莉·汤普森（Emily Thompson）、西蒙娜·图尔凯蒂（Simone Turchetti）、朱迪思·沃尔泽（Judith Walzer）、约翰·哈雷·华纳（John Harley Warner）、詹姆斯·沃森（James Watson）、吉尔伯特·惠特莫尔（Gilbert Whittemore）、诺顿·怀斯（Norton Wise）、

马特·维希尼奥斯基（Matt Wisnioski）、和简·维特科夫斯基（Jan Witkowski）。

在此书的收尾阶段，诸多同行给了我无比珍贵的反馈，虽然其中有些人从未谋面。感谢以下同仁在各章节给予了评论：佩德·安可尔（Peder Anker）、艾蒂安·本森（Étienne Benson）、罗伯特·布兰肯希普（Robert Blankenship）、斯蒂芬·博金（Stephen Bocking）、兰迪·布里尔（Randy Brill）、格雷厄姆·伯内特（Graham Burnett）、吉恩·西塔迪诺（Gene Cittadino）、艾伦·科维基（Alan Covich）、亨利·考尔斯（Henry Cowles）、威尔·德林杰（Will Deringer）、布里奇特·居特勒（Bridget Gurtler）、雅各布·汉布林（Jacob Hamblin）、约翰·海尔布伦（John Heilbron）、埃文·郝普勒－史密斯（Evan Hepler–Smith）、卡尔·哈布纳（Karl Hubner）、大卫·琼斯（David Jones）、卡林·尼克尔森（Kärin Nickelsen）、蕾切尔·罗斯柴尔德（Rachel Rothschild）、朱迪·约翰斯·施勒格尔（Judy Johns Schloegel）、劳拉·斯塔克（Laura Stark）、基斯·韦路（Keith Wailoo）、萨姆·沃尔克（Sam Walker）、迈克尔·韦尔奇（Michael Welch）、沃德·惠克（Ward Whicker）以及普林斯顿科学史计划研讨会的参会者。有几位勇敢者在会上全文宣读并给出了宝贵的建议，他们是：詹姆斯·阿德斯坦（James Adelstein）、雅各布·德威克（Yacob Dweck）、迈克尔·戈丁（Michael Gordin）、苏珊·林德（Susan Lindee）、凯伦－贝丝·朔尔特夫（Karen–Beth Scholthof）、奥德拉·沃尔夫（Audra Wolfe）、凯瑟琳·兹维克（Katherine Zwicker）以及出版社的匿名评阅者。凯伦·梅里坎加斯·达林（Karen Merikangas Darling）、奥德拉·沃尔夫和综合委员会给予了有见地的指导和鼓励。感谢玛丽·科拉多（Mary Corrado）一丝不苟地修改稿件，当然，对书中内容的一切解释和尚存的差错都应由我负责。

最后还要感谢詹尼·韦伯（Jenny Weber）和迈克尔·基维克（Michael Keevak）在关键时刻的引导和支持。辛西亚（Cynthia）和爱德华·彼得森（Edward Peterson）夫妇在橡树岭招待了我，使这次颇具启迪意义的旅行得以成行，在那里弗雷德·斯特罗尔（Fred Strohl）陪我参观了X-10石墨反应堆大楼，令人难忘。我多次去伯克利都是和蔼的贝丝（Beth）和特德·斯特里特（Ted Streeter）夫妇热情招待我，我得以接受导师霍华德·沙赫曼（Howard Schachman）的谆谆教诲。我的孩子们，埃利奥特（Elliot）、詹姆森（Jameson）和乔治亚（Georgia）肯定认为我对放射性这个主题已经着魔了，但也从不抱怨，慷慨大方地陪我一起看了许多原子能时代的电影和纪录片。我可爱的丈夫比尔（Bill）自始至终支持我。从乔治亚出生一年后，我就开始跑国家档案馆，在这漫长的马拉松旅途中，他对我的支持是无可比拟的，他不仅用爱和鼓励操持着这个家，而且他的专业知识也对我有极大的帮助。最后要感谢我的父母，比尔（Bill）和简·胡珀（Jan Hooper），他们一直以来都热心支持着我，帮我审看各种申请经费的报告和研究论文，倾听我没完没了地唠叨写书的事情。书终于写完了，我把它献给父亲母亲。

2012 年 9 月，于普林斯顿

缩略语表

Acc	Accession number 新书（或期刊等）编号，图书编目号码，入藏号
ABCC	Atomic Bomb Casualty Commission 原子弹伤亡委员会
ACBM	Advisory Committee for Biology and Medicine 生物学与医学咨询委员会
ACHRE	Advisory Committee on Human Radiation Experiments 人体辐射试验咨询委员会
Aebersold papers	Paul C. Aebersold papers，Cushing Memorial Library and Archives，Texas A&M University 保罗 · C. 埃伯索尔德论文，得州农工大学，库欣纪念图书馆和档案馆
AEC	US Atomic Energy Commission 美国原子能委员会
BEAR	Biological Effects of Atomic Radiation 原子辐射生物效应
BNL	Brookhaven National Laboratory 布鲁克海文国家实验室

CEW	Clinton Engineer Works 克林顿工程师工程
CF	Central Files 中央文件
Ci，mCi，μCi	curie，millicurie（10^{-3} curie），microcurie（10^{-6} curie） 居里，毫居里（10^{-3} 居里），微居里（10^{-6} 居里）
DC–LBL files	Donald Cooksey Files Administrative（Director's Office），Accession Number 434–90–20，ARO–1537，Lawrence Berkeley National Laboratory Archives and Records Office，1 Cyclotron Rd. MS：69R0102，Berkeley，California 94720 唐纳德·库克西档案管理（主任办公室），编号：434–90–20，ARO–1537，劳伦斯伯克利国家实验室档案和记录办公室，加利福尼亚，伯克利，回旋加速器路 1 号，MS 69R0102，邮政编码 94720
DoD	US Department of Defense 美国国防部
DOE Info Oak Ridge	Department of Energy Information Center，475 Oak Ridge Turnpike，Oak Ridge，TN，37830 能源部信息中心，田纳西州，橡树岭，橡树岭路 475 号，邮编：37830
OpenNet	Department of Energy OpenNet database of declassified documents，accessible at https：//www.osti.gov/opennet/；these can be identified by either Accession number or Document number 能源部 OpenNet 解密文件数据库，网址：https：

//www.osti.gov/opennet/；这些文件可以根据新书（或期刊等）编号或文件编号查找获取

ERDA US Energy Research and Development Administration
美国能源研究与发展管理局

EOL papers Ernest Orlando Lawrence papers，72/117c，Film 2248，Bancroft Library，University of California，Berkeley
欧内斯特·奥兰多·劳伦斯论文，加州大学伯克利分校，班克罗夫特图书馆

Evans papers Robley Duglinson Evans Papers，MC 80，Massachusetts Institute of Technology，Institute Archives and Special Collections，Cambridge，Massachusetts
罗布利·杜格林森·埃文斯论文，马萨诸塞州剑桥市，麻省理工学院，学院档案及特藏图书馆

FBI Federal Bureau of Investigation
美国联邦调查局

GAC General Advisory Committee of US AEC
美国原子能委员会总顾问委员会

Gen Corr General Correspondence
一般通信

Hutchinson papers G. Evelyn Hutchinson papers，MS 649，Manuscripts and Archives，Sterling Memorial Library，Yale University
G. 埃韦林·哈钦森论文，手稿和档案，耶鲁大学，斯特林纪念图书馆

Hickenlooper papers Bourke B. Hickenlooper papers，Herbert Hoover

	Presidential Library, West Branch, Iowa 博尔克·B. 希肯卢珀论文，艾奥瓦州西布兰奇市，赫伯特·胡佛总统图书馆
JCAE	US Congress Joint Committee on Atomic Energy 美国国会原子能联合委员会
JHL papers	John Hundale Lawrence papers, 87/86c, Film 2005, Bancroft Library, University of California, Berkeley 约翰·H. 劳伦斯论文，加州大学伯克利分校，班克罗夫特图书馆
JHL-LBL Administrative	Radioisotope Studies R&D Administrative Files of Dr. John H. Lawrence, FRC Accession No. 434-90-168A, ARO-1537, Lawrence Berkeley National Laboratory Archives and Records Office, 1 Cyclotron Rd. MS: 69R0102, Berkeley, California 94720 约翰·H. 劳伦斯博士同位素研究研发行政管理文件，编号：434-90-168A，ARO-1537，劳伦斯伯克利国家实验室档案和记录办公室，加利福尼亚州，伯克利，回旋加速器路1号，MS：69R0102，邮编：94720
JHL-LBL Technical	Nuclear Medicine R&D Technical Documents of Dr. John H. Lawrence, 434-92-66, ARO-2225, Lawrence Berkeley National Laboratory Archives and Records Office, 1 Cyclotron Rd. MS: 69R0102, Berkeley, California 94720 约翰·H. 劳伦斯博士核医学研发技术文件，编号：434-92-66，ARO-2225，劳伦斯伯克利国

	家实验室档案和记录办公室
Jones papers	Hardin B. Jones Papers，79/112c，Bancroft Library，University of California，Berkeley 琼斯论文 哈丁·B. 琼斯论文，79/112c，加州大学伯克利分校，班克罗夫特图书馆
MED	Manhattan Engineer District 曼哈顿工程区
MeV	10^6 electron volts 兆电子伏
μ-units	10^{-6} units（of hormone activity） μ 单位（激素活性单位）
MIT President's Papers	Office of the President，records of Karl Taylor Compton and James Rhyne Killian，AC 4，Massachusetts Institute of Technology，Institute Archives and Special Collections，Cambridge，Massachusetts 校长办公室，卡尔·泰勒·康普顿和詹姆斯·赖恩·基里安的记录，AC4，马萨诸塞州剑桥市，麻省理工学院，学院档案和特殊馆藏
MMES/ X-1	Martin Marietta Energy Systems，Incorporated，contractor for X-10 plant，Oak Ridge National Laboratory，1984-95 马丁·玛丽埃塔能源系统股份有限公司，橡树岭国家实验室 x-10 反应堆承包商，1984-1995 年
NARA College Park	US National Archives and Records Administration II，College Park，Maryland 美国国家档案和记录管理局二局，马里兰大学帕

	克分校
NARA Atlanta	US National Archives and Records Administration, Southeast Region, Atlanta, Georgia[①] 亚特兰大国家档案和记录管理局，东南区，佐治亚州，亚特兰大
NAS	National Academy of Sciences 美国国家科学院
NATO	North Atlantic Treaty Organization 北大西洋公约组织
NCRP	National Committee on Radiological Protection 美国辐射防护委员会
NRC	National Research Council 美国科学研究委员会
Oppenheimer papers	J. Robert Oppenheimer Papers, Manuscript J. 罗伯特·奥本海默论文，手稿
ORINS	Oak Ridge Institute of Nuclear Studies 橡树岭核研究所
ORNL	Oak Ridge National Laboratory 橡树岭国家实验室
OROO	Oak Ridge Operations Office 橡树岭运营办公室
OSRD	Office of Scientific Research and Development

---

① 在国家档案和记录管理局的学院专区东南区这两个分局，我的焦点是 326 档案组中有关原子能委员会的资料。在帕克分校，每个档案组内的论文都按编目流水号排列。我广泛查阅了 E67A，AEC 秘书档案 1947—1951 和 E67B，AEC 秘书档案 1951—1958 的所有文字记录。在东南区分局，326 档案组的论文是按登记号排列。在这些文件的注释中，我为每个馆藏都提供了登记号和标题的缩写。

	科学研究发展办公室
RAC	Rockefeller Archive Center，Pocantico Hills，New York 纽约波坎蒂科山区洛克菲勒档案中心
Rad Lab	Radiation Laboratory，Berkeley 伯克利辐射实验室
RF	Rockefeller Foundation records 洛克菲勒基金会记录
RG	Record Group 记录组
RIA	radioimmunoassay 放射免疫分析法
RSB	Radiological Safety Branch 放射安全科
Stannard papers	J. Newell Stannard Papers，MS-2020，Special Collections University of Tennessee，Knoxville-Libraries J. 纽厄尔・斯坦纳得论文，MS-2020，田纳西大学特别馆藏，诺克斯维尔图书馆
Stent papers	Gunther S. Stent papers，99/149z，Bancroft Library，University of California，Berkeley 冈瑟・S. 斯滕特论文，99/149z，加州大学伯克利分校班克罗夫特图书馆
Strauss papers	Lewis L. Strauss papers，Herbert Hoover Presidential Library，West Branch，Iowa 刘易斯・L. 斯特劳斯论文，艾奥瓦州西布兰奇，赫伯特・胡佛总统图书馆

TBI	Total Body Irradiation 全身照射
TVA	Tennessee Valley Authority 田纳西河流域管理局
Wintrobe papers	Maxwell M. Wintrobe papers，Accession number 954，Special Collections，J. Willard Marriott Library，University of Utah 马克斯韦尔·M. 温特罗布论文，犹他大学 J. 威拉德·马里奥特图书馆特别馆藏，登记号 954。

目　录

第一章

示踪剂

放射性同位素、示踪剂和辐射与原子能颇为不同，它们可用于科学、医学和技术领域，可满足所有的需求，而今天在大多数情况下就是如此。

——美国原子能委员会 1947 年[①]

① 来自 1947 年 6 月 29 日原子能总顾问委员会草稿笔记，附于卡罗尔·L. 威尔逊（Carroll L.Wilson）给委员们的备忘录，参见“Note on Atomic Power”，23 Sep 1947，NARA College Park，RG 326，E67A，box 1，folder 5 Press Eelease.

第二次世界大战结束时，广岛和长崎的核爆炸证明了原子的毁灭性破坏力。当美国人意识到国家在秘密研发核武器的时候，美国政府迅速将注意力转移到核知识的和平利用上。最重要的是把原子裂变的能量应用于电力和交通运输，但这需要时间和技术才能实现。而原子能的另一个副产品则是现成的，核反应堆可用来生成放射性同位素（不稳定的化学元素的变种），可以释放出可探测的辐射。[②] 于是在原子能时代之前的 20 年里，科学家便开始使用放射性同位素进行生物医学实验，但在核反应堆出现之前，它的可用性仍然很小。在规划战后原子能利用的时候，曼哈顿项目的领导人提议将位于橡树岭的一座大型反应堆改造成一个放射性同位素的生产基地，供平民科学家使用。橡树岭是核弹项目基础设施的一部分。美国原子能委员会（AEC）接手了这个项目，并监督这个庞大的工程，使同位素为研究、治疗和工业所用。本书讲述的放射性同位素的使用，为战后生物学和医学的“物理学家战争”的后果提供了新的线索。[③]

到二战结束时，曼哈顿工程区已在全国十几个地方建立了实验室和工厂。1947 年 1 月 1 日，它们被移交给原子能委员会，这个民用机构被指一边发展原子能的和平利用，一边继续生产核武器。总统任命的五位专员指导美国原子能委员会，他们往往是其他机构的董事、律师、商

---

② 术语解释：1947 年杜鲁门·科曼认为（参见 Truman Kohman，“Proposed New Word: Nuclide”[1947]），从定义上说同位素“是指一个特别指定成分的种类，强调其与同一成分的其他同位素的关系。”因此他提出了“核素”或“放射性核素”一词，来特指原子的一个种类，认为这比“放射性同位素”的叫法更好。但从历史准确性考虑，我一般都沿用“放射性同位素”这一名称，“放射性核素”一词是 20 世纪 60 年代之后才为许多人所用，而且到现在也不一致。在涉及一种具体的放射性同位素时，我会标明它的成分，比如碳 -14，当它是前缀的一部分，则是碳 -14 标记 - 二氧化碳。

③ 参见 Kevles，*Physicists*（1978），ch.20。另参见 Rasmussen，“Mid-Century Biophysics Bubble”（1997），其对生物物理学的这段历史有深刻的见解。

人以及物理学家。[④]委员会主席是这一小组的发言人，但多数决定是由投票形成的。日常的运营由一位总管负责。在原子能委员会的民用发展方向上有实际和法律两方面的限制。由于它生产越来越多的核武器，且和军方保持着很密切的关系，因此有了军事联络委员会这一机构，供双方交流，但双边的接触不限于此。20 世纪 50 年代，核武器的生产和测试快速升级，而且向热核炸弹转变，这使得原子能委员会重点关注军事应用。[⑤]即便如此，该委员会，特别是其首任主席大卫 · J. 利连索尔（David J. Lilienthal）依然认为，民用原子能的发展是机构的核心任务，也是政治上的权宜之计。如此，该委员会的放射性同位素分配计划对这项任务就至关重要。事实上，到 20 世纪 40 年代末，原子能委员会在其他方面几乎没有拿得出手的成绩来展示原子能的和平利用，而随着冷战的加剧，原子能工业快速发展的希望逐渐消失，核军备竞赛也开始了。[⑥]

放射性同位素的政治价值来源于其科学和医学的效用。与普通的原子不同，同位素拥有与之相对应的几个中子（常常数量更多）。稳定的同位素会无限期地拥有这种额外的核物质，而且可以通过增加的原子质量来确定。相反，放射性同位素通过释放三种辐射中至少一种而衰变到另一种形式（常常是稳定的形式），这时候可以被检测到。其中，α 粒子（由两个质子和两个中子组成）穿行距离不远，无法穿透纸张；β 粒子（高能电子或正电子）更有穿透力，但可以用木头来阻挡；γ 射线有高能并且能在空气中穿行最长的距离，只有铅或混凝土

④ 该委员会一般包括一位物理学家或者化学家。物理学家也可以通过总顾问委员会参与其中。参见 Sylves，*Nuclear Oracles*（1987）。

⑤ 1946 到 1961 年间，原子能委员会把三分之二的研究、开发和制造工作放在军用上。参见 Clark，“Origins of Nuclear Power”（1985），p.477。

⑥ 关于美国原子能委员会的历史，参见 Hewlett and Anderson，*New World*（1962）；Hewlett and Duncan，*Atomic Shield*（1969）；Hewlett and Holl，*Atoms for Peace and War*（1989）；Mazuzan and Walker，*Controlling the Atom*（1985）；Walker，*Containing the Atom*（1992）.

等高密度材料能够阻断它们。与每个放射性同位素相关的辐射危害取决于它衰变的频率（半衰期），以及放射时所释放的粒子种类和能量。

早在 20 世纪 30 年代，科学家和医生就有两种使用放射性同位素的方法了。放射性同位素和镭或 X 光机一样，可作为一种放射源用于癌症治疗。这通常需要有大量的放射性（以居里为单位）。[7] 但更具有创新意义的是，放射性同位素可用作分子示踪剂，通常只需要较少的放射性元素（稳定的同位素也有此用途）。同位素给研究者提供了一种标记化合物的方法，用它的放射性元素取代普通的原子。然后，研究者可以通过检测放射性同位素原子衰变时的辐射，在化学反应或生物系统中跟踪被标记的分子。于是，以前不易察觉的分子活动过程有了踪迹，以至于研究者将放射性同位素与显微镜相提并论。原子能委员会在 1948 年的一份半年度报告中强调了放射性同位素这一革命性的特征："经证明，它们作为示踪剂是继 17 世纪显微镜出现之后最有用的新研究工具，事实上，它们代表一种新的感知模式，是所有科学进步中最珍贵的。"[8] 在 1952 年的一份报告中他们又重申："同位素是自显微镜之后人类发明的最重要的科研工具，因为它有特殊的能力可以全程跟踪活生物或者完整物体的活动。"[9]

然而，与显微镜不同，使用同位素示踪剂并不是为了看清其解剖结构，而是为了看到动态的变化。生物化学家使用放射性同位素来揭示新陈代谢中化学反应的顺序。生理学家跟踪关键营养物的吸收和流

---

⑦ 居里是测量放射性强度的单位，等于某放射源每秒 3.7×10^{10} 次的分裂。

⑧ 参见 AEC，*Fourth Semiannual Report*（1948），p.5.

⑨ 参见 AEC，*Some Applications of Atomic Energy*（1952），p.100。这并不是新的比喻性说法，早在 20 世纪 30 年代，英国生理学家 A.V. 希尔就断言，正如显微镜已经让我们看见了细胞一样，同位素"将让生物学家目睹原子的模样"。载自"Atom Smashing and the Life Sciences"，RAC，RF 1.1，Trustees Bulletin 1937，p.12。关于这个比喻在其他地方的使用，参见 Hamilton，"Use of Radioactive Tracers"（1942），以及 Woodbury，*Atoms for Peace*（1955），p.168。

动情况，并且在胰岛素之类的分子上附标记以跟踪激素的移动和活动。分子生物学家用放射性同位素标记核酸，跟踪基因的复制和表达。医生利用放射性碘和放射性磷一类的放射性同位素来诊断甲状腺功能，发现肿瘤。生态学家也从中获利，利用磷 -32 来追踪水域和陆地不同地貌中有生命和无生命部分的养分循环，给生态系统的概念赋予具体的含义。

同位素示踪剂的各种应用是一种常见的策略。各类生物学家使用放射性同位素来追踪关键分子的移动和化学转化，通过细胞、生物体和群体来记录物质和能量的循环。放射性同位素作为标记物，可通过分离技术（离心、电泳、铬酸处理法）或生物过程来跟踪化合物，例如蛋白质的合成或从浮游植物到无机碎片过程中磷的活动。这些工具及其表征（如地图、路径和周期）在控制论概念的影响下引发了许多关于生命秩序和规则的新问题。[⑩] 放射性同位素是战后从分子的角度理解生命的关键要素。[⑪]

同理，本书《原子力的生命》把放射性同位素当作历史的“示踪剂”，分析人们如何把它引进科学研究的系统，如何传播，以及如何为新发展提供可能性。[⑫] 我分析了放射性同位素在美国和世界各地的政府、实验室和诊所的活动情况，以此来揭示战后生物学和医学在政治和认

---

⑩ 参见 Keller，*Refiguring Life*（1995）；Creager and Gaudillière，“Meanings in Search of Experiments”（1996），pp.6–15；Kay，*Who Wrote the Book of Life?*（2000）；Landecker，“Hormones and Metabolic Regulation”（2011）.

⑪ 有关 20 世纪生物学上追踪实践的重要性，参见 Rheinberger，*Toward a History*（1997）；Griesemer，“Tracking Organic Processes”（2007）.

⑫ 相关的方法参见 Herran and Roqué，“Tracers of Modern Technoscience”（2009）。此文是期刊 *Dynamics* 一个专辑的前言，其专题为“同位素：20 世纪科学、技术和医学”，其中的几篇论文都将在下文引用，但整个专辑是值得一提的。

识论方面的重大变革。[13]美国政府分配系统的启动使大量的放射性同位素进入美国各个实验室。从1946年到1955年，橡树岭原子能委员会的承包商发送了六万四千批次放射性同位素材料给两千四百多个实验室、公司和医院。[14]而实际接收者是这个数字的几倍之多，因为很多时候货物是批发给出售放射标记化合物和放射性药品的公司的。这个项目执行的头十年，有一万多种出版物涉及放射性同位素的利用，[15]而这些材料大部分来自橡树岭的反应堆，是曼哈顿项目的一部分（参见图1.1）。

图1.1　橡树岭的一个同位素库房里，遥控装置正在抬起一个装有同位素的瓶子。来自橡树岭运营办公室，美国国家档案馆，RG 326-G，box 4，folder 7，AEC-54-5054

这个新研究工具的可用性和原子能政治是密切相关的。最重要的是，这说明了为什么放射性同位素的使用如此迅速地发展：美国原子能

---

⑬ 本书以大量的文献为基础，这些文献探讨了科研中的材料、仪器和对象的作用，其中较有影响的有 Clark and Fujimira，*Right Tools*（1992）；Kohler，*Lords of the Fly*（1994）；Pickering，*Mangle of Practice*（1995）；Galison，*Image and Logic*（1997）；Rheinberger，*Toward a History*（1997）；Daston，*Biographies of Scientific Objects*（2000）；Joerges and Shinn，*Instrumentation*（2001）。此方法在生物学和医学研究中已有了特别丰硕的成果，比如：Creager：*Life of a Virus*（2002）；Rader，*Making Mice*（2004）；Landecker，*Culturing Life*（2007）；Friese and Clarke，"Transposing Bodies"（2011）。同时我也从 Gaudillière，"Introduction"（2005）一文中关于利用放射性同位素追踪"药物轨迹"的研究中得到了启发。

⑭ 参见 AEC，*Eight-Year Isotope Summary*（1955），p.2。到1966年11月30日为止货物的总量达到了156236批次。参见 Eisenbud，*Environmental Radioactivity*（1963），p.234.

⑮ 参见 AEC，*Eight-Year Isotope Summary*（1955），p.1.

委员会在尽其所能地鼓励科学家和医生使用核弹计划的“副产品”。原子能委员会希望借助政府核能方面的慷慨援助，使实验室、诊所和公司成为受益者，从而争取到公众的支持。1950 年，原子能委员会委员亨利·德沃尔夫·史密斯（Henry DeWolf Smyth）这样评估同位素分配方案的影响：

> 当大家问（原子能委员会）“原子能在和平年代有什么用”时，其回答是“同位素”。不是将来的某个时候同位素会有用，而是现在就已经很有用了。同位素分配计划非常有价值，因为它揭示了原子能委员会不仅仅生产武器。不只在本国是这样的情况，在国外同位素的配送对我们的外交关系也起了很好的作用。⑯

我们记住史密斯这个人主要不是因为他是原子能委员会的委员，而是因为他是撰写曼哈顿项目官方历史的物理学家。⑰史密斯报告是一部巨型史学的开端，它讲述原子弹以其原貌为方向对物理学所产生的影响。⑱本书则以更新的文献为基础，研究了战后生物学和医学是如何在曼哈顿项目和原子能时代发展起来的。⑲比如，原子能委员会有兴趣了解辐射的损伤，于是遗传学研究和原子弹伤亡人员委员会领导的对日本

---

⑯ 参见同位素分配咨询委员会会议记录摘要，1950 年 5 月 23–24 日，马里兰大学帕克分校，RG 326，E67A，box 32，folder 12，同位素分配咨询委员会，仿宋体部分来自原文，表示强调。

⑰ 参见 Smith，*Atomic Energy for Military Purposes*（1945）.

⑱ 参见以下几部代表作：Hewlett and Anderson，*New World*（1962）；Rhodes，*Making of the Atomic Bomb*（1986）；Hoddeson et al.*Critical Assembly*（1993）；Norris，*Racing for the Bomb*（2002）；Rotter，*Hiroshima*（2008）.

⑲ 特别是关于核医学，参见 Kutcher，*Contested Medicine*（2009），以及 Leopold，*Under the Radar*（2009）.

幸存者的研究便有了足够的资金支持。[20]20世纪50年代，委员会关注放射性废料对环境的影响，因此橡树岭国家实验室便组织了一个大型的生态研究小组，这对放射生态学的发展起了重要作用。[21]在原子能委员会的国家实验室里，有大量的关于生物学、医学和环境问题的研究，各个大学和医院也有了来自该委员会的资助。[22]与其他原子能委员会的倡议相比，放射性同位素的项目因其早期的起源而闻名（该项目是在1946年的《原子能法》之前由曼哈顿项目建立的），受其影响的研究地点数目也非常多。[23]原子能委员会对生命科学和医学的影响，和它对物理和工程学的影响一样深刻，虽然这一点很少有人承认。汉斯－约尔格·莱茵贝格尔（Hans-Jörg Rheinberger）很恰当地把放射性同位素的传播描写为“小部件组成的大科学”。[24]

史密斯认为，原子能委员会供应放射性同位素的重要作用在于，它证明原子可能是有益的也可能是有害的。他指出，美国政府的目标不仅是国内政治，而且是增进外交关系。尽管国会的批评者持反对意见，同位素出口还是作为马歇尔计划的一部分被合法化了。到了20世纪50年代中期，同位素计划的国际供给项目得到了艾森豪威尔总统的特别关注，因为总统的“和平原子能”计划的重点便是核能在国外的发

---

⑳ 参见 Beatty，“Genetics in the Atomic Age”（1991）；Lindee，*Suffering Made Real*（1994）；Barker，*From Atom Bomb*（2008）.

㉑ 参见 Bocking，“Ecosystems，Ecologists，and the Atom”（1995）；同前，*Ecologists and Environmental Politics*（1997）.

㉒ 参见 Rasmussen，“Mid-century Biophysics Bubble”（1997）；Westwick，*National Labs*（2003）；Schloegel and Rader，*Ecology*，*Environment*，*and “Big Science”*（2005）；Rader，“Hollaender's Postwar Vision”（2006）.

㉓ 强调放射性同位素分配计划的其他文献包括：ACHRE，*Final Report*（1996），ch.6；Lenoir and Hays，“Manhattan Project for Biomedicine”（2000）；Rheinberger，“Putting Isotopes to Work”（2001）.

㉔ 参见 Rheinberger，“Physics and Chemistry of Life”（2004），p224。“大科学”一词的出现要归功于橡树岭国家实验室的长期主管温伯格，参见 Weinberg，“Impact of Large-Scale Science”（1961）；Galison and Hevly，*Big Science*（1992）.

展。[25]美国当时正和其他核大国，尤其是苏联竞争，大家都把放射性同位素和核反应堆的供给当作一条发挥地缘政治影响的途径。其他西方国家在修建了原子能基础设施之后，成立了国营公司来供应放射性同位素或开发核能。[26]相比之下，原子能委员会却被指控培养了“自由企业”，然而实际情况是，1946 年的《原子能法》已禁止私人公司拥有可裂变材料和大多数的核技术专利。虽然根本没有什么自由市场，原子能委员会为了让公司参与运营，不得不采取一些迂回的方法。另外，原子能委员会对放射性同位素的出口有国家安全方面的要求，这使美国处于劣势，相比之下，英国和加拿大政府在出口放射性同位素方面的限制就少多了。

虽然 1946 年的《原子能法》已经为分配核反应堆的“副产品”做好了准备，但是科学家和物理学家想要的同位素，大多不是典型的裂变副产品，而是通过反应堆产生的中子流用于照射目标材料之后，生产出的可供销售的放射性同位素，而且通常情况下是经过化学提纯的产品。因此美国政府在放射性同位素的生产和分配中扮演了一个独特的角色，它成了实验室耗材的生产商。[27]虽然国会曾针对联邦政府和大学科研机构的关系问题展开了辩论，而且国家科学基金会还因此推迟到 1950 年才成立，但是原子能委员会生产放射性同位素，这代表着美国政府以

㉕ 我这里沿用约翰·克里格（John Krige）的说法，他强调在冷战时期美国外交政策中对科学和技术的使用。参见 Krige，“Atoms for Peace”（2006）；*American Hegemony*（2006）；“Techno-Utopian Dreams”（2010）. 另参见 Osgood，*Total Cold War*（2006）.

㉖ 参见 Hecht，Radiance of France（1998）；Kraft，“Between Medicine and Industry”（2006）；Gaudillière，“Normal Pathways”（2006）；Adamson，“Cores of Production”（2009）；Herran，“Isotope Networks”（2009）；Santesmases，“Peace Propaganda”（2006）；idem，“From Prophylaxis to Atomic Cocktail”（2009）；Schwerin，“Prekäre Stoffe”（2009）；idem，“Österreichs im Atomzeitalter”（2011）.

㉗ 由于委员会的首任主席大卫·利连索尔曾为田纳西河流域管理局局长，人们会认为政府作为放射性同位素的供应商是个颇受争议的角色，如果政府充当核能的供应商则更是饱受诟病了，然而在新协议中政府还是继续参与能源公用事业的建设。托马斯·休斯（Thomas Hughes）在讨论一个相关的话题时把曼哈顿项目的设施建设与田纳西河流域管理局的修建相提并论。参见 Hughes，“Tennessee Valley”（1989）.

实实在在的行动支持科学研究。[28]我们不仅要从意识形态的角度来理解冷战对生物学和医学发展的重要性，还要从基础设施的角度来看待它。[29]换言之，放射性同位素，从它离开原子能委员会的核反应堆到走进实验室、诊所和公司，这些事实可折射出原子能政治对战后时期的科学研究有何等的重要性。

来源和故事

在 20 世纪的大多数时候，放射性同位素对研究和医学来说是很重要的（如果把如镭 -226 等自然放射性同位素包括在内更是如此），因此在接下来的几章中我们要强调其从 1945 年到 1965 年这段时期的发展，因为这期间人工放射性同位素开始大范围使用。这是放射性同位素作为一种研究技术得到传播的关键阶段，其中的因素远超技术的效用。[30]原子弹在日本引爆之后，美国政府想要开发核能并为核能辩护，其结果便是对放射性同位素的大量提取并送往实验室、诊所及外界。从这个意义上来说，我们跟随放射性同位素的移动路径，便可看到核能在政治、军事、经济和科学这些方面是如何交织在一起的。

尽管如此，本书要通过放射性同位素来讲述战后的科学、医学和政治，为了这个目标需要先做一些说明。美国原子能委员会有大量出版或未出版的文件，这些是《原子力的生命》的主要文献基础，不可否认也形成了本书的视角。[31]书中所展现的原子能的前景和风险出自政府官员

㉘ 参见 Kevles，“National Science Foundation”（1977）；Greenberg，*Politics of Pure Science*（1967）；Appel，*Shaping Biology*（2000）.

㉙ 参见 Creager and Landecker，“Technical Matters.”（2009）.

㉚ 参见 Hoerges and Shinn，*Instrumentation*（2001）.

㉛ 与美国原子能委员会的放射性同位素分配计划相关的未出版物特别分散，人体辐射试验咨询委员会把这些文件描绘成“最难找的记录”。参见 ACHRE，*Final Report*，*Supp. Bol.2a*（1995），p.58.

和支持原子能委员会的科学家的观点。当然在这个精英队伍中我们不难找到针锋相对的观点，他们的优势不仅反映了其多样的背景、政治信念和代表的科研机构，也显示了他们所处的位置，是来自橡树岭还是华盛顿特区，是来自原子能委员会总部还是国会。但几乎没有例外，他们都共同分担着一项责任，那就是发展民用核能，都相信科学家和工程师有能力安全处理好核材料、核副产品和核废料。这个不言自明的共识特别重要，它说明了虽然与辐射相关联的有各种生物危害和环境问题，这并不是什么秘密，但是美国政府却始终没有动摇传播放射性同位素和发展核动力这个决心。[32]

原子能委员会本身对辐射的生物效果研究给予了广泛的资金支持，故而最终获得证据表明，所有的电离辐射都是有害的，哪怕剂量很小，但这些调查是在军队、平民和工业各领域使用核能的过程中进行的，并非使用之前。此类研究还包括应用放射性同位素和辐射源的人体试验，其中的许多内容都属于国家机密。20 世纪 90 年代，在调查性新闻的引导下，克林顿政府委派了专家小组针对政府在这些实验中的角色进行了评估，并把他们所得到的相关政府文件解密公开。人体辐射试验咨询委员会公布了大量使用辐射源的医学试验，包括军队和平民、公开和私人的各种试验。该委员会的报告用语言描述了在较不严格的人体试验指导方针（并且缺乏联邦法规）条件下所进行的各种各样的活动，这是典型的战后时期医学研究的环境。此报告甚至还包括该咨询委员会批评某些研究员没有遵照现有的指导方针，某些政府机构应该给予更多的监管。克林顿总统对此进行了回应，向那些在政府支持或主持的辐射试验中的受害者正式道歉。[33]

放射性同位素在人体的使用构成了“人体辐射试验”的一小部分，

㉜ 参见 Hamblin，*Poison in the Well*（2008）.

㉝ 参见 ACHRE，*Final Report*（1996）；Kutcher，*Contested Medicine*（2009），ch.8.

这些试验在20世纪90年代受到记者、政府任命的学者和媒体的关注和批评，而本书也参与了这些讨论和辩论。[34]不过当我们专注于放射性同位素的表现和传播时，却能以新的方式来重塑这些试验的历史。在曼哈顿项目之前，科学家们已经证明了放射性同位素对于生物医学研究和治疗的价值，还把它当成证据说明原子能既可以治愈也可以杀死生物。更概括地说，美国原子能委员会及其顾问们认为，原子能的好处多于人们在健康上和对环境的污染等方面要付出的代价，而由于核武器的生产和试验总会继续下去，这些代价总是要付出的。必须承认，政府认为接触低剂量辐射的害处是微乎其微和可控的，对于这种描述，到20世纪50年代，科学界和公众中出现了意见分歧，实际上这个问题一直以来都是不确定和饱受争议的。据批评家观察，美国政府往往会提供有关辐射危险的新信息，而且采用的方式不会影响它发展核能的政策。[35]实际上，美国原子能委员会在推广和管理责任上的利益冲突一直是编写这段历史的主题，而早在美国的核工业兴起之前，该机构的放射性同位素分配计划便已出现了这个问题。[36]关于放射性同位素如何传播的故事，它们所指的是什么，都依赖着也揭示着战后的心态，此种心态左右着原子能的发展方向，即便后续的科学知识给它乐观的态度泼了冷水。

《原子力的生命》的故事从放射性同位素如何生产和使用开始。在核反应堆出现之前，20世纪30年代晚期物理学家就可以在回旋加速器中生产一定量的人造放射性同位素。第二章将讲述E.O.劳伦斯（E.O.Lawrence）和回旋加速器的发展之路，他们通过个人的接触和请求，在放射实验室的范围内外为研究者和医生们提供放射性同位素。在伯克利，放射性同位素作为示踪剂用于生物研究，同时也作为辐射源用

㉞ 参见第八章。

㉟ 参见Semendeferi，“Legitimating a Nuclear Critic”（2008）；Vaiserman，“Radiation Homesis”（2010）.

㊱ 参见Mazuzan，“Conflict of Interest”（1981）；Walker，*Containing the Atom*（1992）.

于治疗试验。劳伦斯实验室在战时的动荡影响了它给曼哈顿项目以外的医生和科学家提供放射性同位素的能力。另外，随着伯克利的科学家开始为军方研究裂变产品的毒性和新陈代谢，新的形势也影响着劳伦斯的同事们（比如约翰·劳伦斯和约瑟夫·汉密尔顿）正在进行的人体试验。

第二次世界大战的最后一年，曼哈顿项目的领导者已经为政府在和平时期大规模生产放射性同位素做好了基础工作。当恩里科·费米（Enrico Fermi）在芝加哥用他临时搭建的反应堆证明了人体在核裂变中可以达到临界之后，美国军方在田纳西州橡树岭建了一个更大的永久性反应堆，曼哈顿项目也在此地有几个同位素分离工厂。此为一个试点工厂，华盛顿州汉福德随后又建起了生产钚的反应堆，而这个试点工厂在战后的命运还不能确定。科学家们提议把它建成一个民用的放射性同位素生产反应堆，此举可达到两个目的，一是为战后的科学研究服务，另一个是维护田纳西州拥有一个长期国家实验室的合法性。第三章的内容将包括民用原子能委员会的建立、放射性同位素分配计划的开始（1947 年 1 月 1 日之前仍由曼哈顿项目监管），这一章还讲述美国政府早已筹划好了的在公共关系上所做的努力。20 世纪 50 年代美国原子能委员会力图建立一个一站式的同位素生产机构（既有稳定的放射性同位素，又有辐射服务）为科学家和临床医生服务。其结果是，同一个橡树岭反应堆既生产民用放射性同位素，又为核辐射战争试验和其他机密研究项目提供物质。

第四章探讨了把放射性同位素用作政治工具的方法——包括联邦政府用于国际事务的方法和批评原子能民用管理的人所用的方法。国会在科学家的支持下为军队之外的原子能利用设立了一个机构，希望和平时期的核能转化为物质利益。但是原子能委员会在冷战早期所面对的争议，特别是在是否把放射性同位素运送给外国科学家这个问题上，显示了该机构在政治上的缺陷。本章的核心部分分析了这场辩论，在项目实施的第一年，货物由于争论而无法运往外国。甚至当放射性同位素开始出口送给外国医生和工程师之后，许多人依然担忧美国正在援助外国的核武器生产计划。批评原子能委员会的人经常把放射性同位素的出口和核信息的传播相提并论，而后者是 1946 年《原子能法》所明文禁止的。随着美国核垄断的终止，来自外国的需求可以在美国原子能委员会的供应之外得到满足。在 20 世纪 50 年代中期，艾森豪威尔所提出的原子能和平计划力图恢复美国慈善的形象，终于使人们认识到，原子能委员会把放射性同位素对外出口是人道主义的象征，是不断升级的核武器竞赛的鲜明对照。

第二次世界大战之后，约翰·赫西（John Hersey）的《广岛》等著作描述了核爆在日本两个城市居民身上产生的毁灭性后果。另一方面，美国政府则展示了发展原子能有利于国民健康的正面形象。本书第五章审视了这相互矛盾的两个方面。从 20 世纪 40 年代晚期到 50 年代，美国原子能委员会一直致力于将原子能用于人道主义的目标，优先发展了癌症的研究、诊断和治疗。20 世纪 30 年代，E.O. 劳伦斯等人明确提出，人造放射性同位素将改变癌症的治疗手段，这种希望使人们有了目标。另外，健康物理学家通常假定，只要小心限量接触，与辐射有关的职业风险可以是微乎其微的。他们认为辐射的危险主要来自相对大剂量的接触所引发的急性效应。

20 世纪 50 年代有关长期的辐射效应方面的知识在不断增多，包括与核爆保持一定距离的日本原子弹爆炸幸存者中白血病发病率的记录，揭示了低剂量接触放射物的危害。爱德华·B. 路易斯（Edward B.Lewis）于 1957 年在《科学》杂志上发表的一篇经典论文指出，同样剂量的核辐射引发白血病的可能性在四个医生、病人和核爆幸存者中大致相同。[57]他推测，持久的核武器测试所产生的辐射可能使美国人口中白血病的发病率提高 10% 之多。20 世纪 50 年代对放射性同位素在临床上的信赖逐渐改

㊲ 参见 Lewis，“Leukemia and Ionizing Radiation”（1957）.

变，大家转而认为辐射危险。人们开始把放射性同位素，尤其是来自放射性尘埃的同位素看成致癌物而不是能治疗癌症的东西。这使原子能委员会想要发展其他核能的计划，即发展核动力的计划，变得更加艰难。

核工业在 20 世纪 40 年代和 50 年代初期半公共半私有的性质反映了政府政策上的矛盾，它在促进核工业“自由企业”化的同时又严格保护着关乎国家安全的物质和技术。第六章重点讲述发展核能民用的过程中美国政府和业界之间这种不稳定的关系，这是 1954 年修订的《原子能法》旨在修正的一个问题。后来有一些核反应堆修建在原子能委员会管辖的范围之外，这改变了政府在放射性同位素生产中的角色，而橡树岭原先的生产反应堆在 1963 年关闭了，这更是一个标志性的事件。彼时，大部分用户都从销售放射性标记化合物和放射性药物的公司购买放射性材料，这些公司不仅从原子能委员会取得批量供应，而且从非政府反应堆的生产商那里得到越来越多的供应。与此同时，民用反应堆产业的兴起扩大了原子能委员会对私有企业在辐射保护方面的责任，因而它也监督着放射性同位素的购买者。

由于放射性同位素的销售量颇大，美国政府决定把生产原子弹的部分设施用于生产放射性同位素，而且大获成功。图 1.2 显示了从原子能委员会在橡树岭的生产基地运往各地的放射性同位素的数量逐年增多的态势。据同位素部门领导层估计，仅仅在 1956 年就有五万批放射性同位素、放射性标记化合物和放射性药物售出。[38] 此销售量的含义仅从以下这个领域便可见一斑，发表在《生物化学期刊》的论文中，利用放射性同位素进行研究的比例从 1945 年的 1% 上升到 1956 年的 39%。[39] 如

㊳ 此项统计包括二级零售商的销售额。参见 Paul C.Aebersold，“Outline of Isotope Production and Licensing”，9 Mar 1956，Aebersold papers，box 2，folder 2–4 Gen Corr Jan-Mar 1956，p.1.

㊴ 参见 Broda，*Radioactive Isotopes*（1960），p.2。相比之下，在英国、苏联或者德国的主流生物化学刊物上刊登的利用放射性同位素进行研究的论文并没有如此的增长。

图 1.2 下方的说明所示，1952 年的销量放缓是由于当时的新政策对用于研究、诊断和治疗癌症的供货征收 20% 的生产费用，而这在以前是免费的，原子能委员会把放射性同位素的供给当作经济活动了。很显然价格对这些客户是很重要的。但是尽管有私人企业参与二级分销，这个市场还是有相当多的补贴，并非自由贸易。

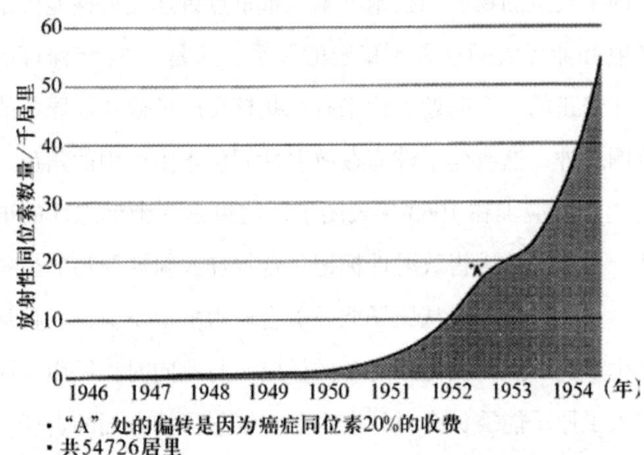

图 1.2 1946—1955 年从美国原子能委员会的橡树岭国家实验室运往所有用户的货物增长图［来自 US AEC，*Eight-Year Isotope Summary*，vol.7 of *Selected Reference Material*，*United States Energy Program*（Washington，DC：US Government Printing Office，1955），p79］

美国原子能委员会在生物医学界推销和提供放射性同位素有什么结果？如果说本书上半部分讲述的是放射性同位素的生产和购买这一技术系统的建立的话，那么本书的下半部分则集中关注一些具有代表性的用户，以及这项技术的重要性。[40] 这些章节考察了放射性同位素在生物化学、分子生物学、临床医学研究、核医学和生态学等领域的具体应用，并阐明了放射性同位素的实用性不仅形成了实验的方法，也揭示了生命和疾病概念化的方法。此部分中的一些片断，也展现了放射性同位素如

㊵ 参见 Hughes，*Networks of Power*（1983）；Cowan，"Consumption Junction"（1987）.

何实现从回旋加速器生产转向反应堆生产。

在第七章，我们跟随放射性同位素走进了生物化学家和分子生物学家的实验室。当我们看到放射性同位素如何照亮新陈代谢的研究道路、启发基因的传送时，我们将理解，有了美国原子能委员会所提供的放射性同位素，战后早期的研究者们如何提出问题和获得知识。放射性原子可以给分子加上标记，使研究者得以清晰看到分子在细胞或生物体中的转换过程，因此放射性同位素加强了化学的路径和反应过程的清晰性。生化学家所描绘的新陈代谢图代表着，化学成分沿着路径随着时间和空间的移动所发生的变化。基因转移实验也是以相似的方法追踪原子从父母亲的遗传物质到后代遗传物质的移动路径，检验繁殖是如何通过分子的传输产生的。此类实验使放射性同位素示踪成为一项关键技术，并显示其自身的发展势头。于是碳 –14 和氚成为酶测定的标准标记基底，形成此方法的部分原因是自动闪烁计数器的发展。磷 –32 成为脱氧核糖核酸（DNA）和核糖核酸（RNA）的标准标记。因此，在 20 世纪 60 年代，分子上贴标记的体外试验已经取代了示踪路径的体内试验。

第八章把放射性同位素在生物化学的使用延伸到人体。在生理学和内分泌学，大家用放射性同位素来研究荷尔蒙的规则及微量营养物的吸收和活动。本章的第一部分探讨关于铁 –59 在哺乳类动物的新陈代谢研究中的使用。这是关于放射性同位素作为示踪剂的应用，这点和第七章的试验相同，不过本章讨论的是人体的试验，因此与前一章中大部分生化学家使用同位素的情况不同，人体试验带来了逻辑和伦理上的两个问题。此类研究直接导致那个引起争论的大调查，该调查针对怀孕妇女身上铁的新陈代谢，于 20 世纪 40 年代中期在范德堡大学医学院进行。第二个事件与放射性免疫测定的发展有关，罗莎琳 · 亚洛（Rosalyn Yalow）和所罗门 · 贝尔松（Solomon Berson）在退伍军人管理局医院进行了放射性碘的临床应用，他们因此研发了一种适用性极广的诊断方法。在这里实验研究和临床应用之间可谓颇具渗透性，且应用知识产生了可用于基础研究的新工具。在退伍军人身上使用带有放射标记的胰岛素得出了关于免疫抗体的惊人结果，接着又用在一个新的诊断试验中。[41]在本章的两个实例中，放射性同位素在医学中的研究都以人体为对象，在这种情况下推动放射性同位素的应用，研究者对人体在辐射中的暴露问题不得不小心翼翼。

原子能委员会的放射性同位素分配计划及其更加广泛的生物医学研究政策促进了核医学在20世纪50年代至60年代的出现，这是第九章关注的重点。在此期间使用放射性同位素治疗癌症的大部分新疗法都不成功。而钴–60应用在远距放射治疗仪（即所谓的钴弹）是最重要的发展，它开始取代镭成为医院的外部辐射源。另一方面，利用放射性同位素定位肿瘤和观察器官功能的医学诊断学得到了发展，这反映了放射性同位素在生物化学方面的应用，其作为示踪剂被用于研究新陈代谢和遗传，这些问题在第七章已有讨论。新型检测仪器的发明带来了以放射性同位素为基础的诊断学的进步，比如全身闪烁扫描器的出现引发研究者寻找具有更合适的半衰期或衰减力的同位素。这些医学方面的应用拉大了治疗用法和示踪剂用法的差距，尤其是在剂量上的不同，前者在辐射源中具有史无前例的优势（“辐射束”），而后者是日常诊断中较安全的放射性同位素，其衰退期更短、能量更低（“放射物”）。特别是在诊断学的发展中，我们可以看到医疗机构如何应对低强度辐射的危害，他们一方面力图解答公众关心的问题，另一方面又在努力寻找新的科学证据。

美国原子能委员会对生态学的影响极其深刻，如同它对生物医学研究的影响。不仅美国全国的生态学者都能使用放射性同位素作为示踪剂，而且原子能委员会还针对辐射污染物对环境的影响发起了重要的调查。第十章展示了放射性同位素作为工具如何帮助研究者追踪生态系统中物质和能

㊶ 参见 Sturdy，“Looking for Trouble”（2011）.

量流动。G. 伊芙林・哈钦森（G. Evelyn Hutchinson）等人从生理学家和生化学家对放射性同位素的使用中得到启发，试图理解大湖及其他生态系统的“新陈代谢”。本章的最后部分关注的是放射生态学在美国原子能委员会的三个基地，即汉福德、橡树岭和萨瓦纳河的发展。引人注目的是，放射性废料本身为生态研究提供了意想不到的示踪剂，揭示了物质在水生和陆地生态系统中的运动。最后，在开发检测其他环境污染物，尤其是合成化学物的途径方面，放射性同位素成了“污染物典范”。

截至 20 世纪 70 年代，美国原子能委员会关于让核能改变整个社会的远见遭遇到一个激烈政治运动的挑战，此运动反对政府继续修建核电厂。[42] 在此情况下，本书的最后一章评估了原子能委员会所推动的另一个原子能优质产物——放射性同位素的长期效果。即使在环保的时代，放射性同位素仍然是科学研究和医疗诊断的重要工具。特别是在分子生物学、基因工程时代的主要技术，包括印迹法和测序法，都需要放射性示踪标记。过去研究者把重点放在追踪细胞和生物中单一的生物化学变化和决定生物特征的单一基因的作用上，但自从人类基因组工程完成之后，研究的重点转移到生物学的一个系统方法，协调分子作用和表观遗传学网络。另外，对辐射暴露和放射废料的清理在管理上的负担促使人们寻找其他的标记技术，尤其是用于研究的技术。虽然如此，现在来谈论生物医学的原子能时代接近尾声还为时过早。核医学依然严重依赖放射性同位素，特别是锝 −99m 在诊断上的应用。

在人体身上、代谢途径和生态系统的图表中、无数的核酸序列中以及只关注污染物在生态系统中的活动情况的环境污染研究方法中，我们都可以看到放射性同位素的历史发展轨迹。它的遗产还包括政府关于实验室辐射的监管规定的出现。当初在美国原子能委员会开始提供放射性同位素时，便规范了它在平民、医院和实验室中的使用。有关放射性材

㊷ 参见 Waiker，*Three Mile Island*（2004），ch.1.

料保护规则的制定及其执行水平的提高，反映了公众对政府监管科学研究的需求在不断地变化。

战争与和平

本书抓住以物理学为主导的曼哈顿项目史学的中心问题：原子能科学的军事化程度。从某种程度上说，本书对与原子能有关的科学和技术发展受制于美国军方的说法提出了挑战。[43]但是如果把战后的科技看作艾森豪威尔所谓的“军工复合体”的延伸，假如这种看法过于简单的话，本书也不打算为平民科学及科学家这个无懈可击的王国做辩护。[44]相反，放射性同位素作为经典的“双用”技术的一部分，是平民－军方分界模糊的典型例子。联邦政府的防卫组织和规划在战后的发展，以及越来越精良的安全装备意味着在平民社会也有相辅相成的发展，反之亦然。[45]尽管平民－军队的界限是可渗透的，但它在政治和文化方面却是很重要的。[46]

美国原子能委员会之所以能作为平民机构，靠的是它把行动和计划与军方区分开，而放射性同位素计划恰恰在此方面显示了价值，尤其是在刚开始的十年。大批的放射性同位素被送给平民科学家或临床医生，帮助他们进行研究或医学实践。史密斯证实，美国原子能委员会通过放射性同位素的分配表现了原子能用于和平的目的，说明其作为平民机构正在完成它发展核能和平应用的使命。在这种情况下，美国原子能委员会常常代表原子能“和平”的面孔推动生物学、农业和医学的进步。相

㊸ 关于军方的影响和美国原子能委员会在自然科学上的资助之间的争辩，参见 Forman，“Behind Quantum Electronics”（1987）和 Kevles，“Cold War and Hot Physics”（1990）.

㊹ 有关“军工复合体”的说法，参见 Wolfe，*Competing with the Soviets*（2013），pp.23−39.

㊺ 参见 Edgerton，*Warfare State*（2006）和 McEnaney，*Civil Defense*（2000）.

㊻ 有关科学可信性边界的作用，参见 Gieryn，*Cultural Boundaries of Science*（1999）.

比之下，物理学则常常与原子能的军方使用相关联，特别是因为设计首枚原子弹所得到的名声。[47]因此尽管有人指责该委员会继续在军用方面发展原子能，但是通过展示原子弹工程在生物医学上的优势则是该机构一个重要的政治功能。同位素计划的生物医学为民用的观点在实践中得以证实：其四分之三的放射性同位素货物用于医疗、诊断，或生物学研究。[48]

然而利用放射性同位素进行生物医学研究这个与生俱来便是人道主义的形象，模糊了其在军方进行同样研究的事实，特别是关于辐射暴露生物效果的研究。[49]有几个开发核医学的诊所和实验室，特别是研发以放射性同位素为基础的新诊断法和钴 -60 癌症远距离放射法的机构同时也参与了军方资助的人体试验，比如全身照射效果或裂变产品新陈代谢等试验。民间和军方利益相重合的地方不仅仅是在医学领域。在美国原子能委员会的国家实验室里，有关钚生产厂周围的放射性废料对环境影响的调查揭示了营养物循环和污染物生物浓缩的生态过程。用于生物战试验的放射性同位素——显然属于军方——和卖给平民科学家的产品都来自同一个橡树岭核反应堆。尽管如此，放射性同位素在军方的应用也包括对政府反应堆和生产厂的职业健康及安全方面的研究。1954 年《原子能法》颁发之后，以及核工业开始之时，民用和军用的研究议题变得越来越难以区分，尤其是在安全方面。

放射性同位素的供给在技术方面的发展也可以反映原子能在民用和军用之间的重合。它的早期生产历史与学院派的回旋加速器密切相关，而战后的生产则来自原子能的军事化和相关核反应堆的发明。从时间来

㊼ 参见 Schwartz，*Making of the Atomic Bomb*（2008）.

㊽ 参见 AEC，*Isotopes*（1949），p.53。剩下的货物用于物理学、化学和工业研究。

㊾ 参见 Welsome，*Plutonium Files*（1999）；Whittemore and Boleyn-Fitzgerald，“Injecting Comatose Patients”（2003）.Kutcher，“Cancer Therapy”（2003）；同上，*Contested Medicine*（2009）；Kraft，“Manhattan Transfer”（2009）；Leopold，*Under the Radar*（2009）.

看，这只是一前一后从民用技术到军用技术的简单转变，然而，这种转变所产生的动力却要复杂得多。一方面，从伯克利的回旋加速器开始，大部分在美国的回旋加速器都未能保住民用的性质，而是作为曼哈顿工程区的一部分归属于军方。军方把放射性材料用于人体的试验，大部分是由曼哈顿项目的医学物理学家和医生来执行的，包括在癌症病人身上注射钚这一战后臭名昭著的试验。约瑟夫·汉密尔顿（Joseph Hamilton）和罗伯特·斯通（Robert Stone）曾于20世纪30年代在伯克利和旧金山率先把回旋加速器生产的放射性同位素用于医疗，他们在战争时期参与了使用放射性同位素和辐射源的秘密人体试验。[50]军方赞助秘密研究的遗产在原子能委员会掌控之下的战后时期依然存在。从这个角度来看，早期原子能的医用一直都是军事化的。

另一方面，人们可能会以为政府在战后生产放射性同位素说明军方控制有所减弱。的确，军队花了颇大力气建立了反应堆，为的是生产核武器。但是，战后许多科学家热情地投入到原子能特别是核反应堆的去军事化中。而把核能的开发，包括核武器的生产放进一个民用机构的掌控之下，就是把核能从军方手中解放出来，释放其为民所用的潜能。从这个有利的角度来看，在原子能委员会成立之前由曼哈顿工程区所发起的政府放射性同位素生产计划表明，这些科学家在和平时期到来之际便从军方夺取了主动权。因此，原子能在民用和军用之间相互较量的复杂关系，起因在于早期核科学知识被吸收应用于军事，而在后来许多军事限制解除之时又强烈推动"释放原子"用于和平开发。

从另一个角度说，放射性同位素在战后生物和医学领域的作用主要是利用了第二次世界大战之前的放射源应用（尤其是在治疗方面）以及可用作示踪剂的稳定的同位素。从这个角度看，政府对放射性同位素的

---

[50] 参见 Jones and Martensen，"Human Radiation Experiments"（2003）；ACHRE，*Final Report, Supp. Vol.1*（1995），chapter 2；Westwick，"Abraded from Several Corners"（1996）.

供给促进了许多突出的成就，比如碳 -14 用于新陈代谢路径的研究和钴 -60 用于癌症远距离放射疗法的研发，我们不能以为这些进步来自原子能时代，而应该看到，这是以前旧的技术和方法的延续，用于新的材料、新的目标。[51] 但是原子弹工程时期核反应堆的发展却从根本上改变了放射性同位素的生产规模和使用——而且大量的生产使它商品化。政府的定价只收取生产费用而不计基础设施的成本，这样的定价体系再加上给癌症治疗材料提供了补助金，使放射性同位素价格合理且购买方便（至少对美国人是这样）。低廉的价格和较高的实用性（这和原子能政治密不可分）使放射性同位素得到广泛的使用，当然在回旋加速器生产的时代人们早已有此需求，这是以那些需求为基础发展的。这些发展在多大程度上是延续了第二次世界大战之前的趋势而非来自战后的形势，要评估这个是比较复杂的，不同的领域情况不同。在医疗和生物化学领域，放射性同位素的使用是已有的研究实践生产线的继续；而在分子遗传学和生态学方面，研究成果都来自战后美国原子能委员会的供给。

最后，本书指出，把生物学和医学在战后时期的重要发展归功于政府提供了放射性同位素，则是高估了政府的作用。美国原子能委员会本身战后在生命科学和医学方面的贡献远超这些。比如，该委员会资助所管辖的国家实验室以及遍布全国的大学在放射生物学、遗传学和核医学方面进行了颇具影响力的研究。[52] 尽管生命科学，甚至是和冷战有关的生命科学和原子能政治及其基础设施没有直接的关系，但是放射性同位素为探测科学系统中的事件和反应提供了有用的途径，它常常不是作为起因，而是作为指示物或者残留物而存在。当你拿起一个历史盖革计数

---

[51] 参见 Santesmases，“Life and Death”（2010）.

[52] 例如参见 Beatty，“Genetics in the Atomic Age”（1991）；Westwick，*National Labs*（2003）；Rader，“Hollaender's Postwar Vision”（2006）；Kraft，“Manhattan Transfer”（2009）；Semendereri，“Legitimating a Nuclear Critic”（2008）。有关英国方面对放射生物学的贡献，参见 de Chadarevian，“Mice and the Reactor”（2006）；“Mutation in the Nuclear Age”（2010）.

器来扫描 20 世纪的后半叶时，你会发现到处都有放射的踪影，不仅在核武器设施里可以找到它，在研究生命的地方、诊断疾病的地方都有它的存在。放射性同位素成为数以千计的医疗诊断的基础成分；酶测定、核酸测序、环保研究，无数的农业、医学和生物学试验，以及数不胜数的各种实验室测试都离不开它。放射性同位素的传播方式常常是凌乱的，就像它的使用方式——到处留下踪迹。[53]我们要理解战后它们在技术和自然方面的情形，只能从长崎和广岛事件在美国的余波中来看。同样，我们跟随放射性同位素从橡树岭到使用它的各个地方，会找出一条重要的路径来探索战后生物医学的成长和管理。

---

[53] 此说法是和克里斯潘·巴克（Crispin Barker）交流时学来的，2008 年 11 月 6 日。

第

二

章

回旋加速器

核物理学家现在几乎可以在所有的元素中制造放射了，也能轻松驾驭强劲的生物活性中子束。这个生物学家的新乐园，诞生于约里奥（Joliot）和居里（Curie）人工放射试验的首次成功、查德威克（Chadwick）发现了中子、尤里（Urey）发现了重氢，还有E.O.劳伦斯及其同事对回旋加速器的开发。

——约翰·劳伦斯（John Lawrence），1940年[①]

① 参见Lawrence，“Some Biological Applications”（1940），p.125.

20世纪30年代，回旋加速器的建造为物理学家提供了一种新的仪器，这个东西可用来生产人造放射性同位素，虽然产量有限。生命科学家和医生们想使用这些放射性同位素，就要靠物理学家和化学家为他们提供共享物质和信用的道德经济。[②]本章重点介绍欧内斯特·O. 劳伦斯（Ernest O. Lawrence）的拉德辐射实验室（Rad Lab）的发展，以说明在二战前美国基于回旋加速器的放射性同位素生产系统。与镭的市场不同，它的临床和工业用途都很成熟，但人工放射性同位素的早期市场并不商业化。[③]

在伯克利，采用放射性示踪剂进行的生物研究与放射性同位素的治疗实验密切相关，有时还相互交织，这在很大程度上是由约翰·H. 劳伦斯（John H. Lawrence）（欧内斯特的哥哥）监督的。医生和研究人员从一开始便通过欧内斯特和约翰·劳伦斯获得了磷-32和其他放射性同位素。这些回旋加速器生产的放射性同位素的流通依赖于科学赞助的网络，并没有受到国家的管制。分配没有使用货币，原因可能是劳伦斯没有关注新兴的放射性药物市场，没有为他的生产方法申请专利。[④]这种供应系统可以用交换礼物来描述，因而在E.O. 劳伦斯提供放射性物质这件事上，接受赠予的科学家和医生都欠着他人情。[⑤]并非他们的每个

---

② 有好几位科学史学家都采用E. P. 汤普森发明的“道德经济”一词（参见Thompson，*Customs in Common*［1991］）一书中的“The Moral Economy of the English Crowd in the Eighteenth Century”，和“The Moral Economy Revisited”）；参见Shapin，*Social History of Truth*（1994）；Daston，“Moral Economy of Science ”（1995）；特别参见Kohler，“Moral Economy”（1999）；同上，*Lords of the Fly*（1994）.

③ 参见Landa，“Buried Treasure”（1987），和“First Nuclear Industry”（1982）；Badash，*Radioactivity in America*（1979）ch.9–10；Rentetzi，*Trafficking Materials*（2008）. 注意，麻省理工学院也有其战时拉德辐射实验室（Rad Lab），用于开发微波雷达技术，但其目的和伯克利实验室完全不同。

④ 参见Heilbron and Seidel，*Lawrence and His Laboratory*（1989），p.192ff.

⑤ 有关交换礼物的经典之作，参见Mauss，*The Gift*（1954）. 另参见Findlen，“Economy of Scientific Exchange”（1991）；Biagioli，*Galileo Courtier*（1993）；同上，*Galileo's Instruments of Credit*（2006）；特别要参见Anderson，“The Possession of Kuru”（2000）.

请求都能得到满足。此外，虽然这些交易没有商业性质，但并没有自动延伸到病床边，也就是说，病人不一定能接受免费的放射性同位素治疗。

战后，美国原子能委员会大力宣传他们项目的启动，而且允许外国人购买同位素以用于生物学和医学研究。⑥然而，这个项目并不像它表面上那样新颖，战前，美国生产的放射性同位素早就在国际上有私下的分销。到 1940 年为止，拉德辐射实验室已成为磷 -32 在加利福尼亚州的主要临床供应商，并向美国和国外的其他地方输送放射性同位素。然而后来因为伯克利的拉德辐射实验室参与了曼哈顿计划中的回旋加速器项目，其放射性同位素的供应便中止了。直到 1947 年美国才恢复对外国科学家供应放射性同位素，但此时的情况完全不同，它已变成正式的政府主导项目。战争结束后，E.O. 劳伦斯便没有权力向他的海外朋友（和客户）配送放射性同位素；拉德辐射实验室则仍然是军事设施，受制于美国政府的禁运令。

20 世纪 40 年代初，美国由于战争的缘故而将 E.O. 劳伦斯实验室转为军用，这使得拉德辐射实验室之外的任何内科医生和科学家在使用放射性同位素方面都受到严重的限制，尽管一些国内的临床配送还在继续。此外，新的军事重点决定了由伯克利科学家和医生所操作的人体试验的性质。约瑟夫 · 汉密尔顿在曼哈顿工程师区的合同下开始了一项秘密项目：研究裂变产品的毒性和代谢。而在此期间，一些最受批评的人体辐射试验正是其中的一部分。⑦用放射性同位素进行人体试验并不是因战争而起的，但是原子弹的计划使它从临床试验变为服务军方了。

---

⑥ 参见第四章。

⑦ 参见 ACHRE，*Final Report*，*Supp.Vol.I*（1995），ch.2；Jones and Martensen，“Human Radiation Experiments”（2003）.

回旋加速器、同位素和杂耍表演

在20世纪30年代，人工放射性同位素的实用性与以回旋加速器为基础的物理学研究项目的兴起密切相关，此类研究的目标是快粒子。1930年，E.O. 劳伦斯和他的研究生M. 斯坦利·利文斯顿（M. Stanley Livingston）创建了“质子旋转木马”，直径只有5英寸（约12.7厘米）。[⑧]1932年，他们又做了一个11英寸（约28厘米）的版本，产生了百万伏特的质子。[⑨]对核转变的好奇心激励了劳伦斯研究这个项目，但电力工业的技术突破也同样起了重要的作用，此项技术可用于处理高压发电和输电，以满足电力需求的增长。[⑩]致力于科学研究的慈善组织“研究公司”给劳伦斯提供了5000美元的赠款，并为他的机器申请了专利。劳伦斯和他的合作者随后改造了一个巨大的废弃联邦电报磁铁来建造一个27英寸（约68.58厘米）的回旋加速器。在1932年12月，这台机器可以生产480万个电子伏氢离子。[⑪]

即使有了这种技术优势，伯克利的回旋加速器研究者也没有发现粒子轰击可以用来产生放射性元素。在1934年的元旦，弗雷德里克·约里奥（Frédéric Joliot）和艾琳·约里奥－居里（Irène Joliot-Curie）首先用α粒子轰击铝，制造了人工辐射。此后不久，恩里科·费米证明了通过一种氡－铍源的中子轰击可以制造16种放射性同位素——仅在一分钟之内。[⑫]这种小型的源在物理研究机构里并不少见，但更大型

---

⑧ 参见 Heilbron and Seidel，*Lawrence and His Laboratory*（1989），p.87.

⑨ 参见 Heilbron，Seidel，and Wheaton，*Lawrence and His Laboratory*（1981），p.15.

⑩ 参见 Heilbron，Seidel，and Wheaton，*Lawrence and His Laboratory*（1981），p.7；Seidel，“Origins of the Lawrence Berkeley Laboratory”（1992）.

⑪ 参见 Heilbron，Seidel，and Wheaton，*Lawrence and His Laboratory*（1981），pp.11–17.

⑫ 参见 Brucer，*Chronology of Nuclear Medicine*（1990），p.215；Fermi，“Radioactivity Induced”（1934）.

的源往往要医院才有，研究人员无法进入。[13]物理学家便发明了其他高压源，可以用来生产轰击目标的粒子：剑桥的约翰·考克饶夫（John Cockcroft）制作了电压倍增电路，加州理工学院的查尔斯·劳里森（Charles Lauritsen）创造了“级联变压器”，华盛顿卡内基研究所的默尔·图夫（Merle Tuve）发明了静电发电机。[14]但是回旋加速器特别有希望能引发放射性，劳伦斯抓住了这个机会。[15]1934 年 9 月，劳伦斯和他的研究小组使用氘（含有一个质子和一个中子的氢离子）轰击食盐，生成了钠 -24。[16]（参见图 2.1）

劳伦斯立即察觉到这种材料潜在的医学意义。[17]在给联邦基金会的一封信中，他声称，放射性钠具有“在治疗癌症方面比镭更优越”的特性，而且成本也只是镭的一小部分。[18]到 1936 年，回旋加速器每天可以用矿盐生产 200 毫居里的钠 -24，而这些矿盐的价值还不到一美分。[19]同年，劳伦斯的团队扩大，成为物理系一个自主的研究实体。[20]

---

⑬ 参见 Kohler，*Partners in Science*（1991），p.378.

⑭ 参见 Seaborg，“Artificial Radioactivity”（1940），p.200.

⑮ 参见 Livingston，“Early History”（1980），p32；Henderson，Livingston，and Lawrence，“Artificial Radioactivity”（1934）.

⑯ 参见 Heilbron，Seidel，and Wheaton，*Lawrence and His Laboratory*（1981），p.24.

⑰ 根据约翰·劳伦斯的口述史记载，1934 年他（John）还在耶鲁大学时，已经与欧文内斯就使用放射性钠进行注射的可能性有了探讨。参见 John H.Lawrence，MD，“Medicine Pioneer and Director of Donner Laboratory，University of California”，oral history conducted in 1979 and 1980 by Sally Smith Hughes，Regional Oral History Office/History of Science and Technology Program，the Bancroft Library，University of California，Berkeley，2000，p. 22。

⑱ 参见 E·O.Lawrence in letter to the Commonwealth Fund，7 Dec 1934，出自海尔布伦（Heilbron）和塞德尔（Seidel）所引用，参见 Heilbron and Seidel，*Lawrence and His Laboratory*（1989），p.189.

⑲ 所用的矿盐由路易斯安那迈尔斯盐业公司所赠，参见 Heilbron and Seidel，*Lawrence and His Laboratory*（1989），p.189.

⑳ 参见 Heilbron，Seidel，and Wheaton，*Lawrence and His Laboratory*（1981），p.26.

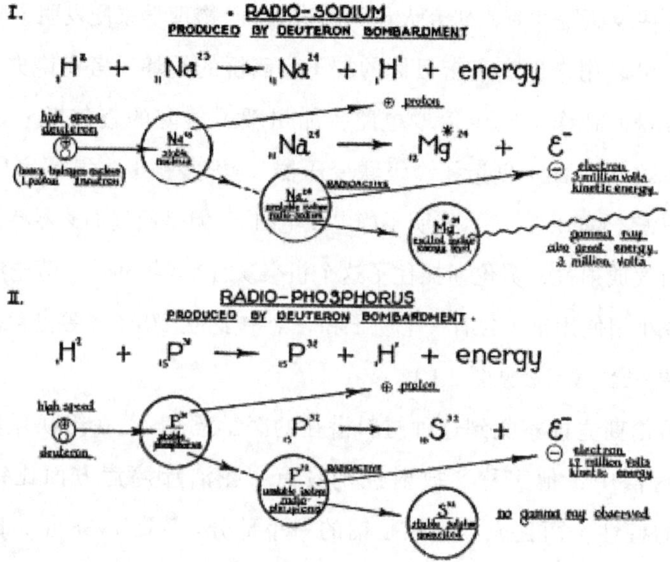

图 2.1　上图描述通过高速的氘核轰击及其衰变反应在回旋加速器中产生放射性钠和放射性磷的反应。本图及其说明来自 John H.Lawrence，“Artificial Radioactivity and Neutron Rays in Biology and Medicine”，in *Handbook of Physical Therapy*，3rd edition（Chicago，IL：American Medical Association，1939），pp.438–455，图在 443。版权为美国医学协会 1995—2012 所有

当时的克罗克（Crocker）辐射实验室主要面向核科学，包括生物和医学应用以及粒子物理。[㉑] 从 1932 年到 1936 年，劳伦斯得到了研究公司、化学基金会和梅西基金会的支持，总共大约 5 万美元。[㉒]1937 年 8 月 18 日，大小为 37 英寸的回旋加速器制作完成并开始工作。[㉓]

为了探索回旋加速器所生产的同位素的临床应用，劳伦斯招募了一些经过医学训练的人员到拉德辐射实验室工作。约瑟夫 · 汉密尔顿便是

㉑ 参见 Heilbron，Seidel，and Wheaton，*Lawrence and His Laboratory*（1981），p.26.

㉒ 参见 “History of the University of California Radiation Laboratory”，Jones papers，box 2，folder UCB-Lawrence Berkeley Lab，History，p.5.

㉓ 参见 Letter from Herbert Childs to John Lawrence，24 Jun 1966，JHL papers，carton 10，folder 23.

其中之一，他于 1936 年加入该组织，在旧金山攻读医学学位之前，他曾在伯克利修读化学专业。此外，欧内斯特的弟弟、医生约翰在 1936 年离开耶鲁医学院，在伯克利创立了一个生物医学项目。约翰·劳伦斯和约瑟夫·汉密尔顿都曾在旧金山的加州大学医学院（UCSF）获得教职，这使他们有机会得到临床研究课题。[24]

约翰·劳伦斯最初在拉德辐射实验室的工作并非研究放射性同位素，而是研究一个基于回旋加速器的辐射源，即中子束。他研究了中子辐射的生物效应，着眼于开发新的癌症疗法。[25] 约翰·劳伦斯需要和物理学家合作，便聘请了物理学研究生保罗·C. 埃伯索尔德（Paul C. Aebersold），这是他弟弟欧内斯特的徒弟。[26] 埃伯索尔德在他导师的帮助下获得了一个医学研究员的职位，并于 20 世纪 30 年代中期在加州大学旧金山分校医学院学习放射生物学。[27] 埃伯索尔德研制出一种将中子束聚焦于治疗应用的装置，并于 1938 年 9 月首次使用于患者身上。虽然放射性同位素可能被想象为昂贵的镭的替代物，但中子与 X 射线更相似，可能更有效地产生生物效应。因此，中子束的应用与放射性同位素的实验治疗一起发展，但是两者之间有一个重要的区别，放射性同位素更便于携带。[28]

1936 年，约瑟夫·汉密尔顿和放射科医生罗伯特·斯通首次进行

㉔ 参见 Westwick，"Abraded from Several Corners"（1996）；ACHRE，*Final Report*，*Supp. Vol.*（1995），p.603.

㉕ 参见 Lawrence，"Biological Action"（1937）。有关中子治疗的历史，参见 Svensson and Landberg，"Neutron Therapy"（1994）；Kutcher，"Fast Neutrons"（2010）.

㉖ 参见 Davis，Lawrence and Oppenheimer（1968），p.68；Paul C.Aebersold，"Professional History，" appendix to "Application for Federal Employment"，13 June 1946，Aebersold papers，box 1，folder 1–1 Biographical Materials.

㉗ 参见 Heilbron and Seidel，*Lawrence and His Laboratory*（1989），pp.230–231.

㉘ 参见 Lawrence，"Biological Action"（1936）；Lawrence，Aebersold，and Lawrence，"Comparative Effects"（1936）；Axelrod，Aebersold，and Lawrence，"Comparative Effects"（1941）.

了人工放射性同位素的临床治疗，在加州大学旧金山分校医学院的医院给两名患者使用钠 -24。[29] 其中一人静脉注射剂量为 13 毫居里，另一人为 15 毫居里。[30] 即使在当时，这些放射性物质也代表了相当大的剂量，在 1941 年之前，政府对所谓的内部辐射物（摄入或吸入放射源）的剂量没有规定，即便后来设定限制对治疗也不适用。[31] 实际上，汉密尔顿和斯通进行了一项传统的生理学“摄入输出”研究，检查尿液、粪便和汗液等排泄物中的放射性。[32] 另一个病人接受了更大剂量的放射性钠治疗。[33] 这些人的病情没有得到改善，但似乎也没有什么不良影响。

汉密尔顿和斯通在他们的论文中引用了弗雷德里克·普雷舍尔（Frederick Proescher）在 20 年前给病人静脉注射氯化镭的例子，其在当时的报告中说，高血压和关节炎患者得到改善且“没有直接的毒性表现”。[34] 显然，虽然后来人们对镭的长期危险有了认识，但这并没有影响他们普遍把它当作放射性同位素治疗的首选。[35] 不管怎么说，放射性钠似乎比镭更优越，因为它的半衰期更短（15 个小时与 1600 年相比，这意味着它将在更短的时间内照射病人的身体），另外还有一个原因，它

㉙ 参见 Heilbron and Seidel，*Lawrence and His Laboratory*（1989），p.395。根据琼斯和马腾森记载（参见“Human Radiation Experiments”[2003]，p.87），约瑟夫·汉密尔顿首次给一位白血病患者使用放射性钠是在 1936 年的圣诞前夜。但罗伯特·斯通认同的日期是保罗·埃伯索尔德所记的 1936 年 3 月 23 日。参见 Robert S. Stone to Paul C. Aebersold，25 Apr 1957，Aebersold papers，box 2，folder 2-11 Gen Corr Apr 1957.

㉚ 参见 Hamilton and Stone，“Excretion of Radio-Sodium”（1937）；Aebersold，“Development of Nuclear Medicine”（1956），p.1029。这些资料没有显示患者是否为实验性治疗付费。

㉛ 参见 Hacker，*Dragon's Tail*（1987），p.25。1941 年出版的《国家标准局手册》第 27 册规定职业性接触辐射的标准限量为镭 0.1 居里。

㉜ 参见 Holmes，“Intake-Output Method”（1987）.

㉝ 此计算结果来自 Hamilton，“Rates of Absorption”（1937），pp.523-524，参见 Heilbron and Seidel，*Lawrence and His Laboratory*（1989），p.395.

㉞ Hamilton and Stone “Intravenous and Intraduodenal Administration（1937）,p.178.”

㉟ 参见 Evans，“Radium Poisoning”（1933）.

"不会滞留在体内组织里"。[36]

斯通声称给予这些病人放射性同位素的动机是治疗，而不是研究。"如果不是为了治疗的目的，我个人是不会给这些病人提供放射性钠的。"[37]与此相反，约翰·劳伦斯认为这些疗法只是"特技表演"，因为"既没有在骨头上选择性定位钠，也没有说明他们使用的剂量可能产生的效果。"也就是说，汉密尔顿"只是急于挤进在病人身上使用同位素的行列。"[38]在某种程度上，约翰·劳伦斯的排序优先权受到了威胁，因为如果没有这次放射性钠的应用，约翰·劳伦斯在次年的放射性磷治疗将会是首次使用人造放射性同位素的治疗。

在临床实验中，汉密尔顿在放射性钠的安全剂量（或者至少是无毒的剂量）基础上，对人体吸收钠的速率进行了更广泛的调查。他给健康受试者试用更小剂量的钠 -24。[39]其首次发表的报告记载了 8 个受试者，包括两名女性的结果，这些人大多数口服 80 到 200 微居里的放射性钠。[40]受试者把一只手放在一个由铅筒包裹的盖格 - 米勒计数器（盖格计数器）上，然后用另一只手拿杯子喝放射性盐溶液。在摄入后被屏蔽的手的放射性数值被记录在计数器上，用作吸收的"指示器"。[41]汉

㊱ 参见 Hamilton and Stone，"Excretion of Radio-Sodium"，p.595.

㊲ 参见 Robert S.Stone to Paul C.Aebersold，25 Apr 1957，Aebersold papers，box 2，folder 2-11 Gen Corr Apr 1957.

㊳ 参见 John H. Lawrence to Herbert Childs，13 Jul 1966，JHL papers，carton 10，folder 23. 另参见 Jones and Martensen，"Human Radiation Experiments"（2003）.

㊴ 一些研究者认为汉密尔顿自己是第一个受试者，还有一些认为这些试验早在 1935 年就开始了。参见 Brucer，*Chronology of Nuclear Medicine*（1990），p.215；"Donner Laboratory: Developing Atomic Medicine"，JHL-LBL Technical，box 5，folder 12 History Donner Laboratory；"History of Donner Laboratory and the Division of Medical Physics"，JHL-LBL Technical，box 5，folder "Firsts" in Biology and Medicine at Donner Laboratory.

㊵ 在汉密尔顿意识到此放射性物质 5%-10% 的浓度可以达到令人满意的结果之前，一名受试者接受了更大剂量的试验，为 2 毫居里。参见 Hamilton，"Rates of Absorption"（1937），p.524.

㊶ 参见 Hamilton，"Rates of Absorption"（1937），p.523.

密尔顿在受试者摄入2分半到10分钟之后发现了放射性钠；一些受试者仅用3小时似乎就完全吸收了，而“其他的人花了10小时也没有达到静止”。[42]

图2.2　罗伯特·马尔沙克（Robert Marshak）正在喝放射性钠溶液，他的一只手放在一个由铅筒包裹的盖格－米勒计数器上。约瑟夫·汉密尔顿在照片右侧的背景中。（图片来源：加州大学劳伦斯－伯克利国家实验室）

与此同时，E.O.劳伦斯开始在公开讲座中宣扬钠－24的生理意义，包括现场演示。根据汉密尔顿设计的实验装置，劳伦斯让一名志愿者喝下了一种同位素的溶液，这样他就可以通过受试者的身体追踪它。[43]（参见图2.2）这些研究对象包括他自己实验室的成员：J.罗伯特·奥本海默（J. Robert Oppenheimer），路易斯·阿尔瓦雷斯（Luis Alvarez）和约瑟夫·汉密尔顿。以下为奥本海默对本次试验的描述：

> 他把我叫上演示台，让我充当小白鼠。……他让我把一只手放在盖格计数器上，给了我一杯水，水中的盐部分含有放射性钠。在最初的半分钟里，一切都很安静，但在我喝完水大约50秒钟后，盖格计数器便大叫起来。这表明，至少在一个复杂的物理化学系统

㊷ 参见 Hamilton，“Rates of Absorption”（1937），p.527.

㊸ 参见 Heilbron，Seidel，and Wheaton，*Lawrence and His Laboratory*（1981），p.25.

中，盐已经从我的嘴里通过血液扩散到我的指尖，而这段时间是50秒。[44]

此演示成为劳伦斯在全国巡回演讲中的必备节目，他称之为“杂耍表演”。[45]

在巡回演讲时，劳伦斯每一次都让他的实验室成员给他运来新鲜的放射性钠样本溶液。他及其赞助人、其研究公司想要申请一项关于放射钠生产的专利，以期发展一个利润丰厚的放射性药物产业。[46]但是他们没有申请成功，原因是专利审查员认为该同位素以前生产过，即便原先没有人发现它。此外，通过在健康受试者中追踪钠 –24 进行的大量实验表明，该放射性元素更适合于分析血管系统和研究水平衡，而不是治疗癌症。[47]在劳伦斯的宣传之后，放射性钠并没有取代昂贵的镭。不过，其他的同位素接踵而至。

放射性磷、放射性碘及其他

在医学上磷 –32 是另一种同样具有潜力的同位素，它是约里奥和居里在 1934 年发现的。第二年，奥托·基耶威兹（Otto Chievitz）和乔治·赫韦西（George Hevesy）在一次生物实验中首次使用了尼尔斯·博尔（Niels Bohr）所获得的磷 –32。他们证明，大鼠摄入的放

㊹ 引自 Davis，*Lawrence and Oppenheimer*（1968），p.68；再参见 Welsome，*Plutonium Files*（1999），p.25.

㊺ 参见 Heilbron，Seidel，and Wheaton，*Lawrence and His Laboratory*（1989），p.191.

㊻ 参见 Heilbron，Seidel，and Wheaton，*Lawrence and His Laboratory*（1989），p.192.

㊼ 出处同上，p.396；Joseph G.Hamilton 1938 年 12 月的无标题研究报告，p.3，EOL papers，series 1，reel 13，folder 8：25 Hamilton，Joseph G. Reports.

射性磷更多集中在其骨骼上，而较少分布在其肌肉上。[48]到1936年为止，相比博尔从镭－铍源所获得的放射性磷，唐纳德·库克西（Donald Cooksey）用回旋加速器可以生产更多、更高性能的放射性磷。[49]当氘核在生产过程中离开回旋加速器的D形真空室的时候，一块块目标材料被并排放置，形成一个圆形路径，以接受在周围磁体作用下加速的粒子的轰击。一团红色的磷——这种东西使用的时候让人不怎么舒服，它被压在一个有滚花的铜盘上，然后被金箔覆盖。6兆电子伏的光束在铜盘上产生非常多的热，需要一个水冷系统来处理，这时候到处都有消散的放射性磷。轰击产生了一种放射性的金属混合物，如铜和锌，还有几毫居里的放射性磷，这些放射性物质必须经过净化和化学处理才能使用。这就需要将基本磷－32转化为磷酸，然后再转化为磷酸氢钠。[50]

1936年，当这种难以获得的磷－32可供大家使用的时候，旧金山和伯克利的医学研究人员都迫不及待地想尽快应用它。[51]在旧金山的生理学部，K.G. 斯科特（K. G. Scott）和S.F. 库克（S. F. Cook）给不同年龄的小鸡喂食磷－32，以寻找生物效应，尤其是在血细胞中。放射性磷抑制了多形核白细胞的数目。斯科特和库克将产生这一效应的原因归于

---

⑱ 参见Chievitz and Hevesy，“Radioactive Indicators”（1935）；Brucer，*Chronology of Nuclear Medicine*（1990），p.215。赫韦西在应用放射性示踪剂进行研究（主要是生物医学）方面的不懈努力对于他1944年获得诺贝尔奖是至关重要的，在获得化学奖提名20年之后的他终得此殊荣。参见Pallo，“Scientific Recency”（2002）.

⑲ 参见Lawrence and Cooksey，“Apparatus for Multiple Acceleration”（1936）.

⑳ 参见Kamen，*Radiant Science*（1985），pp.80–81；Heilbron and Seidel，*Lawrence and His Laboratory*（1989），p.279；Warren，“Therapeutic Use”（1945），p.702.

㉑ 在哥本哈根，基耶威兹和赫韦西进行了类似的实验，对患者和大鼠进行了磷－32的实验，可惜他们只能得到微居里的放射性同位素，而在伯克利可获得毫居里的量。参见Chievitz and Hevesy，“Studies on the Metabolism”（1937）；Brucer，*Chronology of Nuclear Medicine*（1990），p.222.

骨中的磷 –32，因为其中的骨髓受到 β 射线的轰击。[52] 由于外部的辐射源（X 射线）很难照射到人体的这些地方，他们认为放射性磷可以用来治疗血细胞疾病，尤其是白血病。此外，磷 –32 的其他特征也使它可能成为一种治疗的选择，这包括其短暂的半衰期（14 天），穿透能力相对较低（2 到 4 毫米的组织）的射线，以及其既没有放射性也没有毒性的反应产物硫等。[53]

约翰·劳伦斯将放射性磷用于癌症研究，他在一种近亲繁殖的小鼠（斯特朗 [Strong] 称之为 A 组）中诱发了淋巴性白血病，它们对肿瘤的植入特别敏感。[54] 他和 K.G. 斯科特发现，在两组小鼠都接受一定剂量的示踪剂之后，和健康的小鼠比较，有更多的放射性磷集中在这些白血病小鼠的淋巴腺和脾脏中。[55] 这一发现激发了研究者的期望，放射性同位素可以在癌症患者体内被有选择性地吸收并定位，在那里它们可以用来照射肿瘤。

约翰·劳伦斯并没有等到这些小鼠实验完成后才开始临床试验。[56] 他在 1937 年 12 月 14 日和 12 月 26 日给一名患有慢性淋巴白血病的患者注射了磷 –32。[57]1938 年，他给一位患有真性红细胞增多症的妇女进

---

[52] 参见 Scott and Cook，"Effect of Radioactive Phosphorus"（1937）.

[53] 参见 Warren，"Therapeutic Use"（1945），p.702.

[54] 参见 Lawrence and Gardner，"Transmissible Leukemia "（1938）；Strong，"Establishment of the A Strain"（1936）.

[55] 参见 Lawrence and Scott，"Comparative Metabolism"（1939）.

[56] 参见 Lawrence，Tuttle，Scott，and Connor，"Studies on Neoplasms"（1940），p.271.

[57] 对于劳伦斯是在 1936 年 12 月还是 1937 年 12 月首次给一位白血病患者使用放射性磷这一问题，研究者存有不同的意见。JHL-LBL Technical，box 5，folders 12 and 13 的文件记载的是 1937 年的圣诞节这一天，Robert S. Stone 也持相同的看法（参见他在 1957 年 4 月 25 日写给保罗·C. 埃伯索尔德的信件，上文有引录），他曾纠正埃伯索尔德发表的"Development of Nuclear Medicine"（1956）一文中的相关信息。赫伯特·蔡尔兹（Herbert Childs）在 *American Genius*（1968）一书中第 280 页也同意此看法。至于 1936 年 12 月这一最近的说法，参见 John Lawrence to Edward B. Silberstain，13 Oct 1978，JHL-LBL Techni–cal，box 2，folder S.

行了放射性磷的治疗，并取得了成功。[58]同年，约翰·劳伦斯要求得到1520毫居里的放射性磷，为此，那台37英寸的回旋加速器连续工作了一天一夜。他把得到的东西分成两份，在两个月的时间里，患癌症的小鼠和一位慢性骨髓白血病患者都注射了70毫居里的磷-32。在治疗后，患者的血液图像得到改善，他因此受到鼓励，接着进行更深入的临床实验。[59]

为了设立放射性磷的安全标准，研究者们还进行了其他的动物实验。20世纪30年代的辐射安全关注的是"容忍"，即在没有不可逆性损伤的情况下生命系统可接受的辐射剂量。[60]因此，约翰·劳伦斯和肯尼斯·斯科特在四只小猕猴的腹腔注射了放射性磷酸盐，以确定可以容忍的"最大剂量"。[61]四只猴子的白细胞数量都明显下降，其中一只死于辐射中毒。他们给这只不幸的猴子注射的放射性磷为每磅超过1毫居里，相当于一个体重为150磅（约68公斤）的人接受114毫居里的剂量。研究人员还放弃了另一只接受最小剂量的猴子（每磅体重0.45毫居里）。另外两只猴子幸存，它们接受的剂量达到每磅体重0.76毫居里（相当于致命剂量的四分之三）。[62]一年后，据报道这两只猴子"基本上和实验开始时一样"。[63]劳伦斯和斯科特因此得出结论，放射性磷的耐受性比通常的治疗剂量高出10倍。[64]

给镭度盘刷漆的工人往往容易患骨癌，这一事实已经证明，辐射的破坏性影响可能在暴露后数年才出现。这些工人几乎全部是年轻女性，为了满足人们对夜光手表和仪器的需求，特别是在第二次世界大

㊳ 真性红细胞增多症是一种骨髓疾病，患者的血细胞过度增长，导致出现鼻血、脾脏肿大和血栓风险等症状。详见 Lawrence，"Early Experiences"（1979）.

㊴ 参见 Heilbron and Seidel，*Lawrence and His Laboratory*（1989），p.279，399.

㊵ 参见 Hacker，*Dragon's Tail*（1987），p.2.

㊶ 参见 Scott and Lawrence，"Effect of Radio-Phosphorus"（1941），p.155.

㊷ 参见 Scott and Lawrence，"Effect of Radio-Phosphorus"（1941）.

㊸ 参见 Hamilton，"Radioactive Tracers"（1942），p.549.

㊹ 参见 Scott and Lawrence，"Effect of Radio-Phosphorus"（1941），p.158.

战期间，她们手工绘制激光夜光板。在 20 世纪 20 年代中期，当妇女们使用笔刷时接触到油漆中的镭，导致了大量的颌骨坏死，随着时间的推移，癌症死亡率也很高。[65]然而，约翰·劳伦斯认为，他所用的放射性同位素是回旋加速器生产的，而此类同位素永远都不会造成上述的危害，因为它们并非 α 粒子发射体，不会永久沉积在骨骼中。[66]此外，放射性磷一类的治疗性同位素有相对较短的半衰期，不会产生长期的辐射。辐射可能产生的遗传后遗症在这段历史时期还没有引起医学上的关注。[67]

1937 年，欧内斯特·劳伦斯指派放射化学家马丁·D. 卡门负责处理来自伯克利及其他地方的用户请求，并为他们准备放射性同位素。他回忆说："对放射性磷（磷 -32）的需求几乎无法满足，大家都用它来治疗癌症和各种血液病，尤其是真性红细胞增多症。"[68]临床需求的增加促使生产方法得到了改进：在 1938 年中期，回旋加速器制造磷 -32 的方法更有效，而且在同一个过程中还生产了铁 -59。[69]相比以前只是在小鼠和猴子身上做实验，此时临床管理上要求更严密地准备材料。为了让消费者能够安全使用磷 -32，生产者要采取的化学处理措施极为繁琐，不仅要去除掉放射性污染物和致热源，而且所用的盐要置于中性溶液中。[70]

到 1939 年夏天，约翰·劳伦斯已经治疗了 12 个病人，每人每年服用 20 或 25 毫居里的磷 -32。[71]其中 6 例白血病患者（1 人为淋巴细胞，1 人为单核细胞，其余 4 人为骨髓细胞）接受放射性磷治疗，没有人康

---

[65] 参见 Hacker，*Dragon's Tail*（1987），pp.20–23；Clark，*Radium Girls*（1997）.

[66] 参见 Lawrence，"Early Experiences"（1979），p.562.

[67] 有关辐射的遗传效应，参见第五章。

[68] 参见 Kamen，*Radiant Science*（1985），p.80.

[69] 参见 Heilbron and Seidel，*Lawrence and His Laboratory*（1989），p.280.

[70] 参见 Kamen，*Radiant Science*（1985），p.81.

[71] 参见 Heilbron and Seidel，*Lawrence and His Laboratory*（1989），p.400.

复，4 例死亡。尽管如此，劳伦斯认为，"由于目前还没有完全令人满意的方法来治疗这种病，所以放射性磷除了可用作观察此病中磷代谢的追踪剂之外，在治疗时谨慎使用它似乎是有道理的。"[72] 以他的观点来看，放射性磷在治疗白血病和红细胞增多症方面至少和 X 射线疗法一样有效。汉密尔顿注意到，白血病患者使用磷 –32 之后所遭受的辐射病比使用 X 射线疗法更轻一些。[73] 但并不是所有人都同意这种正面的评价。加州大学旧金山分校（UCSF）的罗伯特·斯通当时正在研发用于放射治疗的斯隆 X 光管，对于他来说，放射性同位素代表着竞争，而不是机会。一般来说，要让放射科医师们把放射性同位素当作辐射疗法的另一种选择，这个过程是比较缓慢的。[74]

当地的生物化学家通过与正在进行的临床实验相结合，把放射性磷当作一种示踪剂来研究新陈代谢。来自伯克利生理学系的伊斯雷尔·L. 柴科夫（Israel L. Chaikoff）通过对磷 –32 的追踪，发现在约翰·劳伦斯的癌症小鼠肿瘤中有异常高的磷脂代谢。[75] 因此，即使在正常的小鼠中，放射性磷对活性组织磷脂的吸收也非常迅速。[76] 同样，伯克利的生物化学家大卫·格林伯格（David Greenberg）和他的研究生沃尔多·科恩（Waldo Cohn）通过消化系统和腹腔注射，分析了从吸收到进入大鼠组织中的磷 –32 的同化作用。除大脑外的所有器官都显示出对被标记磷酸盐的快速吸收。[77] 放射性磷使主要生物分子的合成、流动和分解等动态环节清晰可见。[78]

---

[72] 参见 Lawrence，Scott，and Tuttle，"Studies on Leukemia"（1939），p.57.

[73] 参见 Hamilton，"Use of Radioactive Tracers"（1942），p.550.

[74] 参见 Erf to Lawrence，27 Aug 1945，JHL papers，series 3，reel 4，folder 4：10 Correspondence E 1945.

[75] 参见 Jones，Chaikoff，and Lawrence，"Radioactive Phosphorus"（1939）.

[76] 参见 Perlman，Ruben，and Chaikoff，"Radioactive Phosphorus"（1937）.

[77] 参见 Cohn and Greenberg，"Studies in Mineral Metabolism"（1938）.

[78] 参见 Bennett，"I.L.Chailoff"（1987），p.367；chapter 7.

植物科学家也研究了放射性磷的摄取情况。丹尼尔·阿尔农（Daniel Arnon）和他在伯克利的蔬菜作物部门的同事从拉德辐射实验室获得了磷酸二氢钠，他们在番茄植株的营养液中加入了未标记的磷酸铵。放射性磷被七英尺高的植物迅速吸收，进入叶子和果实（参见图 2.3）。磷 −32 在植物上部的叶子和果实中积累最多，这是其最活跃的生长区域。此外，番茄中对放射性磷的吸收也有差异：番茄越小，其吸纳的放射性越强。[79] 和小鼠肿瘤的情况一样，生长速度最快的组织比生长较慢的组织含有更多的磷 −32。相对于大多数治疗性使用的放射性磷，此类示踪研究通常只需要大约千分之一的放射性，但是其结果却能提高回旋加速器对生命科学的价值。

图 2.3 图为在营养溶液中加入磷酸铵 36 小时之后番茄幼苗的接触片。注意在植物生长部分放射性的浓度（较淡的部位）。不过，字母所显示的颜色较淡之处（从 a 到 d）是由叶子的褶皱或几个小叶子聚集（e）所致。图片和说明来自 D.I.Arnon，P.R.Stout，and F.Sipos，“Radioactive Phosphorus as an Indicator of Phosphorus Absorption of Tomato Fruits at Various Stages of Development”，*American Journal of Botany* 27（1940）：pp.791–798，图片在 p.794

20 世纪 30 年代后期，磷 −32 是治疗和研究中使用最广泛的放射性同位素。在 1939 年的一篇评论中，赫韦西将放射性磷的使用当作典范，认为它可以解决“通过使用标记元素进行轰击的难题”。[80] 不仅如此，拉

⑲ 参见 Arnon，Stout，and Sipos，“Radioactive Phosphorus as an Indicator of Phosphorus Absorption of Tomato Fruits at Various Stages of Development”（1940）.

⑳ 参见 Hevesy，“Application of Radioactive Indicators”（1940），p.641.

德辐射实验室的物理学家们生产的其他放射性元素也同样用于示踪研究。[81] 因为在伯克利，研究者总能把那些具有生理学意义的元素融入临床学科的研究：比如汉密尔顿用钾、氯和溴的同位素，还有钠和碘等进行人体吸收实验。[82]

20 世纪 30 年代晚期，医生们热切寻求的另一种放射性同位素是放射性碘。麻省理工学院的物理学家罗布利·D. 埃文斯（Robley D. Evans）使用了一种镭铍中子源（从废弃和捐赠的医用氡源中得来）来制造碘 –128。埃文斯的合作者——马萨诸塞州总医院甲状腺诊所的索尔·赫兹（Saul Hertz）和亚瑟·罗伯茨（Arthur Roberts）用这种同位素进行了第一次生物示踪实验。在 1938 年的一篇论文中，他们展示了在 48 只被注入碘 –128 的兔子中这种同位素在其甲状腺快速且有选择地形成的浓度。[83] 在甲状腺被刺激的条件下，更多的放射性碘可集中于甲状腺。这表明碘 –128 可用于诊断甚至治疗甲状腺疾病，如甲状腺功能亢进和癌症，尽管它的半衰期只有 25 分钟。[84]

同年晚些时候，伯克利的约翰·J. 利文古德（John J. Livingood）和格伦·T. 西博格（Glenn T. Seaborg）宣布发现了一种新的、存活时间更长的放射性碘同位素，即碘 –131，其半衰期为 8 天。[85] 此后不久，约瑟夫·汉密尔顿与旧金山分校医学院的梅奥·索利（Mayo Solley）合作，对患者进行碘 –131 的口服治疗。甲状腺功能亢症的患者吸纳的放射性碘

---

⑧1 参见 Heilbron，Seidel，and Wheaton，*Lawrence and His Laboratory*（1981），p.25.

⑧2 参见 Hamilton，“Rates of Absorption”（1938）；有关动物研究方面，参见 Hamilton and Alles，“Physiological Action”（1939）.

⑧3 参见 Hertz，Roberts，and Evans “Radioactive Iodine”（1938）.

⑧4 出处同上，p.513。

⑧5 参见 Livingood and Seaborg，“Radioactive Isotopes”（1938）。1938 年碘 –126 也被发现了，此放射性同位素的半衰期为 13 小时，不过碘 –131 的半衰期更长，因而在医学中常被优先考虑。参见 Tape and Cork，“Induced Radioactivity”（1938）.

量是健康人的十倍以上。[86]这一发现为后来广泛使用碘 -131 作为甲状腺功能亢进症的治疗奠定了基础，在当时这种病的疗法是 X 光照射。[87]试验中有一组报告指出，放射性碘在转移性甲状腺癌中积聚。[88]不幸的是实验结果证明，放射性碘只是有选择性地聚集在部分甲状腺癌中。[89]放射性磷和放射性碘在临床应用中最成功的还是用于非恶性疾病，比如用磷 -32 治疗真性红细胞增多症、通过碘 -131 治疗甲状腺功能亢进症。

并不是所有与生物学相关的放射性同位素都可应用于医学。1938 年，一种碳的同位素，碳 -11，被成功分离，这激发了一大群研究者对人、动物、植物和微生物进行创新性的示踪实验。约翰 · 劳伦斯回忆说，"我们中有几个人吸入了放射性一氧化碳，并将一个盖格计数器放在了钠石灰罐旁边，以此来测量我们身体里一氧化碳与二氧化碳可能发生的转换。"[90]最初的结果令人失望，没有测出任何转化或氧化。之后马丁 · 卡门与伯克利的化学家萨姆 · 鲁宾（Sam Ruben）和生物化学家泽夫 · 阿西（Zev Hassid）合作，追踪了植物对碳 -11 标记的二氧化碳的同化。他们的工作为战后使用放射性碳来阐明光合作用的途径奠定了基础，但是碳 -11 的

---

⑯ 参见 Hamilton and Soley，"Studies in Iodine Metabolism"（1939）；Hamilton and Soley，"Studies in Iodine Metabolism"（1940）；Heilbron and Seidel，*Lawrence and His Laboratory*（1989），pp.396–398.

⑰ 参见 Hamilton and Lawrence，"Recent Clinical Developments"（1942）；Hertz and Roberts，"Application of Radioactive Iodine"（1942）；Adelstein，"Robley Evans"（2001）。有关甲状腺机能紊乱的 X 光疗法，参见 Means and Holmes，"Further Observations"（1923）；Simpson，"X-Ray Treatment"（1924）.

⑱ 参见 Keston，Ball，Frantz，and Palmer，"Storage of Radioactive Iodine"（1942）；Marinelli，Foote，Hill，and Hocker，"Retention of Radioactive Iodine"（1947）.

⑲ 根据 Ross 的研究，只有 15% 的甲状腺癌会吸收放射性碘，参见"Radioisotope Division"（1951），p.39.l 另参见 Hamilton，"Use of Radioactive Tracers"（1942），p.556；Aebersold，"Development of Nuclear Medicine"（1956），p.1030.

⑳ 参见 John Lawrence 于 1962 年 4 月 17 日在加利福尼亚州萨克拉门托市的核教育研讨会上的讲话"Isotopes and Nuclear Radiations in Medical Research，Diagnosis and Therapy"，JHL-LBL Technical，box 11，folder Seattle，Washington Am. Nuclear Society，Annual National Meeting.

实验却因其短暂的半衰期而受阻，它只有短短 21 分钟的寿命。[91]1940 年，卡门和鲁宾发现了碳 -14，这是一种更有前途的放射性标记，但第二次世界大战阻碍了他们对它的进一步研究和利用。[92]

供应网络

当卡门开始制备用于生物和医学研究的同位素时，拉德辐射实验室在向伯克利大约六名生物学家提供放射性同位素。尽管已经有在代谢示踪中使用稳定同位素的先例，但伯克利的生物化学家并没有呼吁大规模使用放射性同位素；其早期的主要使用者已经在上文中提到。正如卡门所说，“E.O. 劳伦斯运气不好，他任职的大学没有一个生物学家愿意发挥想象力，抓住使用回旋加速器生产放射性同位素的机会。”[93] 原子能委员会在战后也发现，同位素的需求仍需开发。之后针对以上两种情况的努力都取得了显著的成效，由此引起了更多的效仿。

从 20 世纪 30 年代末开始一直到二战期间，拉德辐射实验室也向海湾地区以外的医生提供放射性同位素用于治疗。约翰 · 劳伦斯只向他认为有相关经验的医生提供放射性同位素，而放射性磷也只用于治疗有康复希望的五种疾病。[94] 例如，约翰 · 劳伦斯的私人信件中记载，1943 年，他给圣地亚哥的 F. E. 雅各布斯（F. E. Jacobs）博士寄去了四毫居里放

---

⑪ 参见 Ruben，Hassid，and Kamen，“Radioactive Carbon”（1939）；Ruben，Kamen，and Hassid，“Photosynthesis with Radioactive Carbon，Ⅱ”（1940）；Ruben and Kamen，“Photosynthesis with Radioactive Carbon，Ⅲ”（1940）；“Photosynthesis with Radioactive Carbon，Ⅳ”（1940）.

⑫ 参见 Kamen，“Early History”（1963）。关于放射性炭用于光合作用研究，参见第七章。

⑬ 参见 Kamen，*Radiant Science*（1985），p.80.

⑭ 五种疾病为真性红细胞增多症、慢性髓细胞性白血病、慢性淋巴性白血病、淋巴肉瘤以及一些霍奇金病。参见 John H.Lawrence to George W.Corner，13 Feb 1945，JHL papers，series 3，reel 4，folder 4：9 C Correspondence 1945.

射性磷，并附以剂量和日期说明。[95]原子弹在广岛爆炸四天后，密歇根州安阿伯市托马斯·亨利.辛普森纪念研究所（Thomas Henry Simpson Memorial Institute）的弗兰克·H. 贝塞尔（Frank H. Bethell）博士致信约翰·劳伦斯，感谢他所提供的放射性磷样品，对他能“继续向我们提供这种物质”表示感恩。[96]这批货物与约翰·劳伦斯的决定相符，即将战时生产的有限的放射性磷（每六周生产 400 毫居里）供应给五个合作中心：费城杰弗逊医学院（Jefferson Medical College）、宾夕法尼亚大学、俄亥俄州立大学医学院、密歇根大学以及明尼苏达州罗彻斯特的梅奥医学中心。[97]相比之下，约翰·劳伦斯在战前提供放射性同位素，最远曾送到南美洲的临床医生手里。[98]而想要从拉德辐射实验室获得少量放射性同位素用于示踪研究的人，则更有可能从汉密尔顿那里得到，因为他负责处理那个 60 英寸回旋加速器所生产的许多放射性同位素。[99]

拉德辐射实验室没有制定正式的同位素获取协议，也没有向研究人员或医生收费，至少在接受政府资助从事战争的相关工作之前是这样。[100]

---

⑮ 参见 John Lawrence to F.E.Jacobs，3 Apr 1943，JHL papers，series 3，reel 4，folder 4：6 Correspondence 1943.

⑯ 参见 Frank H.Bethell to John H.Lawrence，10 Aug 1945，JHL papers，series 3，reel 4，folder 4：8 B Correspondence 1945.

⑰ 参见 John H.Lawrence to George.W.Corner，13 Feb 1945，JHL papers，series 3，reel 4，folder 4：9 C Correspondence 1945.

⑱ 参见 John H.Lawrence to The Honorable Edward R.Stettinius，8 Jun 1945，JHL papers，series 3，reel 4，folder 4：20 S Correspondence 1945.

⑲ 参见 Joseph G.Hamilton to John E.Christian，10 March 1945，JHL papers series 3，reel 4，folder 4：9 C Correspondence 1945.

⑩ 参见 Hamilton to Christian，出处同上。在与政府签订战争工作合同后，劳伦斯确实以每小时 25 美元的价格向使用者收费。参见 E.O.Lawrence to D.M.Yost，5 Dec 1941，and Martin Kamen to A.Seligman，18 Dec 1941，均在 EOL papers，series 1，reel 14，folder 10：10 Kamen，Martin D。像伯克利拉德辐射实验室一样，哈佛回旋加速器项目也向研究人员免费提供放射性材料，但这些材料还需经过化学处理。参见 Oral history of Joseph F.Ross by Eric Hoffman，11–12 Jun 1986，Columbia University Oral History Library.

1939年，E.O. 劳伦斯向同事李・A. 杜布里奇（Lee A.DuBridge）说，

> 在这个阶段，我们不愿为任何没有太大研究价值的项目提供放射性物质，因为显然还有很多有价值的项目。如果我们对这些材料收费，我们可能会很难拒绝某些方面的要求。另外，对材料收费会对实验室材料生产造成可悲的、不良的心理影响。当我们无偿赠与材料时，我们都会有一种感觉：在实验室的工作是为了更伟大的事业，而如果我们销售材料，我相信一些人可能会感觉自己只是一名普通的技术员。[101]

与其下订单，认识E.O. 劳伦斯、约翰・劳伦斯或约瑟夫・汉密尔顿的人们更愿意亲自来问是否能获得剩余的放射性元素。这使得拉德辐射实验室的领导层有权利决定谁能获得这种稀缺材料。1934至1946年间，E.O. 劳伦斯共收到156封请求信函，其中大约有30份被婉拒。[102]

大多数的请求都来自生物医学领域。乔治・惠普尔（George Whipple）和他在罗彻斯特大学医学院的同事使用了二十多批伯克利回旋加速器生产的铁-59，用于对狗进行的示踪实验；他们发现，只有当身体的铁储备耗尽时，铁-59才会被吸收。要想得到他们所需的大数量的铁-59是很困难的，为感谢劳伦斯和卡门的支持，惠普尔将他们列

[101] 参见 Ernest O.Lawrence to Lee A.DuBridge，14 Jun 1939，EOL papers，series 1，reel 23，folder 15：26A，University of Rochester，1939.

[102] 参见“Special Materials”，7-pg.typescript，undated［1946?］，EOL papers，series 3，reel 32，folder 21：22 Special Materials。这份名单似乎不包括约翰・劳伦斯向五个医疗中心的医生提供的磷-32，也遗漏了E.O. 劳伦斯向研究人员寄出的材料。请求被拒绝数目是近似的，因为一些请求后面标记有“?”。此外，有些研究人员申请了好几种放射性同位素，但只得到一种。

为最终出版物的共同作者。[103]惠普尔凭借在贫血研究方面的成果获得了1934年诺贝尔生理学或医学奖，而向其供应材料的E.O.劳伦斯也借此名声大振。[104]

新辐射源的实验研究中心罗彻斯特大学医学院的其他研究者也接受了拉德辐射实验室供应的放射性同位素。斯塔福德·沃伦（Stafford Warren）是曼哈顿计划健康和安全问题的未来负责人，他获得了用于治疗白血病的放射性磷。[105]沃伦对这种同位素的实验室应用和临床治疗同样感兴趣。1939年，他申请了40毫居里的磷-32进行实验室肿瘤的试验，以观察放射性磷是否会影响布朗-皮尔斯实验用家兔的上皮瘤生长。这是一个大型实验，约翰·劳伦斯担心此实验是否行得通，他建议沃伦先尝试用少量放射性磷来进行示踪实验。[106]

拉德辐射实验室也向美国大陆以外的研究者提供放射性同位素。夏威夷大学的一位教授曾向劳伦斯申请磷-32，研究种植菠萝时肥料的作用。由于放射性磷的半衰期较短，所以选择泛美航空公司的快速帆船（Pcn Am clipper）进行运输，这种水上飞机能将跨太平洋运输的时间从六个星期缩短到六天。由于此次的运输模式奇特，1939年5月25日，“大学探索者”电台还为其制作了一期特别节目。[107]还有更令人惊讶同时

---

[103] 参见 Hahn，Bale，Lawrence，and Whipple，“Radioactive Iron”（1938）；同上，“Radioactive Iron”（1939）；Hahn，Bale，Hettig，Kamen，and Whipple，“Radioactive Iron”（1939）。关于这些实验的完整说明，参见第八章。

[104] 参见 Kohler，*Partners in Science*（1991），p.384.

[105] 参见 John Lawrence to Stafford Warren，28 Nov 1939；Lawrence to Warren，2 Dec 1939，JHL papers，series 3，reel 4，folder 4：4 Correspondence 1938—1939.

[106] 参见 Warren to Lawrence，26 Dec 1939，JHL papers，series 3，reel 4，folder 4：4 Correspondence 1938—1939；Lawrence to Warren，4 Jan 1940，JHL papers，series 3，reel 4，folder 4：5 Correspondence 1940.

[107] 参见“Radio-Active Fertilizer Goes to Hawaii”，25 May 1939，EOL papers，series 14，reel 60，folder 40：15 Radio and Television Talks 1934—1956；Heilbron and Seidel，*Lawrence and His Laboratory*（1989），p.405.

也可能不太为外人所知的，那便是拉德辐射实验室也向国外研究人员提供放射性同位素，其中最著名的是哥本哈根的尼尔斯·博尔理论物理研究所。1937年春，博尔参观了E.O.劳伦斯的实验室。之后，乔治·赫韦西致信劳伦斯，询问拉德辐射实验室能否向他提供一种“强活性磷制剂”。[108]显然，赫韦西的信件还没有到达伯克利，他便已经收到一份放射性磷样品，他非常感激劳伦斯这份“伟大的礼物”。[109]劳伦斯用回旋加速器生产的放射性磷的活度比赫韦西从当地获得的要高1000倍，当地所产的材料以镭－玻为放射源。[110]

这是赫韦西在1940年秋季所收到的第一个包裹，之后还有许多这样的货物发给他，供应持续了几个月，直到德国攻占丹麦。每收到一个来自伯克利的包裹，赫韦西都要回复一封感谢信，有时还附有实验重印本或书。[111]收到12月份寄来的包裹后，赫韦西写信道：“您寄给了我一份很棒的圣诞礼物。”[112]又收到两批材料后，赫韦西建议劳伦斯将放射性磷以固体磷酸钠的形式运输，这样制剂就可以由普通空邮寄出。[113]这些材料使赫韦西始终站在放射性示踪剂领域的前沿；他用放射性同位素追踪在母鸡鸡蛋以及牛奶中磷的交换过程，并将它用于人体实验，分析磷

---

⑱ 参见 George Hevesy to E.O.Lawrence，6 May 1937，EOL papers，series 1，reel 13，folder 9：7 Hevesy，George C.de.

⑲ 参见 George Hevesy to E.O.Lawrence，14 May 1937，EOL papers，series 1，reel 13，folder 9：7 Hevesy，George C.de.

⑳ 参见 George Hevesy to E.O.Lawrence，21 Jun 1937，EOL papers，series 1，reel 13，folder 9：7 Hevesy，George C.de.

⑪ 赫韦西定期将他作品的重印本和其他报告寄给劳伦斯。关于他送给劳伦斯的书（新版《放射性手册》[*Manual of Radioactivity*]），见 George Hevesy to E.O.Lawrence，5 Oct 1938，EOL papers，series 1，reel 13，folder 9：7 Hevesy，George C.de.

⑫ 参见 George Hevesy to E.O.Lawrence，14 Jan 1938，EOL papers，series 1，reel 13，folder 9：7 Hevesy，George C.de.

⑬ 参见 George Hevesy to E.O.Lawrence，8 Nov 1937，EOL papers，series 1，reel 13，folder 9：7 Hevesy，George C.de.

在牙釉质形成中的作用。[114]

放射性资源对赫韦西来说非常珍贵，甚至当劳伦斯寄来的信件上残留有少量磷 -32 时，他都会把纸张溶解来提取剩余的材料。他对劳伦斯说："将来当历史学家描述您的生平时，我希望他们不要忽略这件事，因为它显示了您的信件是多么珍贵哦。[115]（劳伦斯回复道："确实，普通人的信件可不会销毁得这么彻底。"[116]）在劳伦斯心里，他对赫韦西在同位素领域的先驱地位怀有敬意：

> 博尔教授在这里时，向我们介绍了您的工作，之后我拜读了您精彩实验的重印本。尽管我们也向一些同事供应放射性样品用于类似的生物实验，但我们更乐意一直给您提供放射性物质，因为，显然世界上没有其他人可以比您更好地利用它。[117]

劳伦斯只为他认为有价值的项目提供同位素，但这并不是无形的精英统治。赫韦西与劳伦斯之间异常热忱的通信，表现了私人赞助关系中特有的慷慨、感激和持久的义务。[118]

后来，赫韦西不得已与劳伦斯的亲兄弟竞争珍贵的放射性磷，结果

---

⑭ 参见 Hevesy to Lawrence，21 Jun 1937；Lawrence to Hevesy，4 Dec 1937；Hevesy to Lawrence，1 Nov 1940，all EOL papers，series 1，reel 13，folder 9：7 Hevesy，George C.de. 参见 Aten and Hevesy，"Formation of Milk"（1938）；Hevesy，Levi，and Rebbe，"Origin of the Phosphorus Compounds"（1938）.

⑮ 参见 Hevesy to Lawrence，14 Jan 1938，EOL papers，series 1，reel 13，folder 9：7 Hevesy，George C.de.

⑯ 参见 E.O.Lawrence to George Hevesy，15 Mar 1938，EOL papers，series 1，reel 13，folder 9：7 Hevesy，George C.de.

⑰ 参见 E.O.Lawrence to George Hevesy，26 May 1937，EOL papers，series 1，reel 13，folder 9：7 Hevesy，George C. de.

⑱ 参见 correspondence between Lawrence and Hevesy，1937—1940，EOL papers，series 1，reel 13，folder 9：7 Hevesy，George C.de。比如，1938 年 1 月 18 日，赫韦西致信劳伦斯："假若您能偶尔分享给我一点磷，我将不胜感激。"

于 1938 年 3 月，约翰将磷 −32 优先供应给对白血病患者的治疗。[119] 原则上讲，赫韦西对劳伦斯的放射性同位素的依赖已经接近尾声。1935 年，洛克菲勒基金会资助哥本哈根的博尔研究所建造回旋加速器。[120]（洛克菲勒基金会还资助了巴黎约里奥中心的回旋加速器项目）然而，层出不穷的技术问题推迟了回旋加速器在哥本哈根的建成，等到它运转之时，又受到欧洲战争爆发的威胁。[121]1939 年，煤炭的缺乏导致电力不足，从而限制了回旋加速器的运转；9 月 11 日，赫韦西致信劳伦斯称，"目前的情况让我不得不再一次麻烦您，如果您还有剩余的放射性磷的话，能否偶尔给我们寄来一点？"[122] 卡门将放射性磷样品分几个批次寄到了哥本哈根，并在回信中说："因为考虑到欧洲目前的情况，任何批次的样品都有丢失的危险。"[123] 美国加入战争之后，从伯克利到哥本哈根的放射性同位素运输才终止。[124]

1962 年，一份关于唐纳实验室的报告称，拉德辐射实验室多年来几乎是"全世界科学家获得免费放射性同位素的唯一渠道"。[125] 不仅是赫

---

⑲ 参见 E.O.Lawrence to George Hevesy，15 Mar 1938，EOL papers，series 1，reel 13，folder 9：7 Hevesy，George C.de.

⑳ 参见 RAC，RF 1.1，series 713，box 4，folders 46 and 47；Pais，*Niels Bohr's Times*（1991），pp.388−394.

㉑ 参见 Kohler，*Partners in Science*（1991），pp.375−381，尤其见 .p.378.

㉒ 参见 George Hevesy to E.O.Lawrence，11 Sep 1939，EOL papers，series 1，reel 13，folder 9：7 Hevesy，George C.de.

㉓ 参见 Martin Kamen to George Hevesy，13 Sep 1939，EOL papers，series 1，reel 13，folder 9：7 Hevesy，George C.de。卡门在自传中写道："我将样品分成三批寄给他，这样，即便运载这些样品的船有被鱼雷击中的，可能至少也会有一艘到达。"参见 *Radiant Science*（1985），p.80.

㉔ 参见 Hevesy to Lawrence，2 Oct 1945，EOL papers，series 1，reel 13，folder 9：7 Hevesy，George C.de.

㉕ 参见 Regents' Meeting，November 16，1962，Appendix C，Report on Donner Laboratory，JHL-LBL Technical，box 5，folder 12 History Donner Lab，p.3.

韦西，还有其他欧洲人的研究，也依赖于劳伦斯的供给。[126]收到过包裹的物理学家包括巴勒莫的埃米利奥·塞格雷（Emilio Segrè）、英国的约翰·考克饶夫以及抵达斯德哥尔摩后的丽莎·梅特纳（Lisa Meitner）。[127]由于对放射性同位素的供应，劳伦斯成为全球核科学家的恩人。同时，他也是这些赞助的受益者；1939 年初，在尼尔斯·博尔的推荐下，诺贝尔奖委员会（Nobelkommittén）向劳伦斯颁发了物理学奖。[128]

美国和欧洲的许多机构都在建造回旋加速器，这意味着伯克利对放射性同位素生产的垄断是暂时的。[129]到 1940 年，有二十多个回旋加速器在美国建成，五个在欧洲运转。[130]麻省理工学院和华盛顿大学建造的回旋加速器专门用于生产医用同位素。[131]尽管如此，对放射性同位素迫切的需求仍使物理学家们担心，回旋加速器不能为基础研究生产足够的同位素。华盛顿卡内基研究所的回旋加速器快要建成时，万尼瓦尔·布什（Vannevar Bush）表达了他的担忧，即对用于生物调查和医学治疗的放

---

⑯ 参见 Hardin Jones，“Donner Laboratory：Summary of Major Scientific Accomplishments Over the Period 1936—1966. Report to the Donner Foundation”，Jones papers，box 2，folder UCB-Donner Laboratory，History and Reports of Activities，p.4；参见 Hevesy，“Application of Radioactive Indicators”（1940），p.642.

⑰ 这些放射性同位素的装运年份为 1937 年至 1939 年，参见“Special Materials”。关于受赠人的感谢，参见 Artom，Sarzana，Perrier，Santangelo，and Segrè，“Rate of ‘Organification’”（1937）.

⑱ 参见 Heilbron and Seidel，*Lawrence and His Laboratory*（1989），p.489.

⑲ 参见 Kohler，*Partners in Science*（1991），p.372.

⑳ 洛克菲勒基金会资助了其中多个回旋加速器。参见 Heilbron and Seidel，*Lawrence and His Laboratory*（1989），p.310。欧洲的剑桥、哥本哈根、利物浦、巴黎和斯德哥尔摩都拥有回旋加速器。参见 Heilbron，“First European Cyclotrons”（1986）.

㉑ 参见 A.L.Hughes 致 Hugh Wilson 信件中附有的报告（1950 年 11 月 15 日）：“The Washington University Cyclotron（July 23，1942），”以及 Michael Welch 提供的未注明日期的手册 *The Contribution Made by Washington University in the Study and Development of Atomic Energy*；Brucer，“Nuclear Medicine Begins”（1978），p.594.

射性同位素的需求“可能会异常巨大，以使回旋加速器应接不暇”。[132]对此，约翰·劳伦斯回复称：

> 我们将回旋加速器看作一种研究工具，而不是生产放射性物质和中子的商业机器。我认为，五到十年后，放射性物质将在全国范围内普遍用于治疗。到那时，美国氰胺公司（American Cyanamid Corporation）等机构无疑将拥有可供销售的各种放射性物质。[133]

他在信中接着解释道，拉德辐射实验室的60英寸回旋加速器每周只工作五个小时，就能生产足够的放射性磷来治疗大量病人。他估计，回旋加速器一周只需运作十小时，就能可生产出治疗加州所有白血病患者的磷-32，但他始终不想让放射性同位素生产成为“纯粹的商业行为”。拉德辐射实验室的免费供应政策使其领导层可以自主选择申请人。然而，由于战争的爆发，除了回旋加速器的发展，商业化的放射性同位素供应并没有像约翰·劳伦斯预期的那样成为现实。

回旋加速器的军事化发展

在接下来的三年里，劳伦斯的科学抱负使他投身于美国的战争动员和曼哈顿计划。1939年9月，劳伦斯宣布计划建造最大的回旋加速器，能量为1亿电子伏特。[134]他预计这台机器可以让他的小组发现新的放射

---

⑫ 参见 Vannevar Bush to John Lawrence，4 September 1940，JHL papers，series 3，reel 4，folder 4：5 Correspondence 1940.

⑬ 参见 John Lawrence to Vannevar Bush，10 September 1940，JHL papers，series 3，reel 4，folder 4：5 Correspondence 1940.

⑭ 参见 Heilbron，Seidel，and Wheaton，*Lawrence and His Laboratory*（1981），p.30.

性同位素，特别是铀和其他重元素裂变所产生的放射性同位素。[135]同月，纳粹入侵波兰，引发了欧洲战争。两个月后，劳伦斯获得了诺贝尔物理学奖，那年春天，他得到洛克菲勒基金会为他的新机器提供的11.5万美元的资助。

1940年年底之前，劳伦斯开始收到一些请求，要他提供特殊放射性材料，用于美国和英国战争方面的研究。[136]英国物理学家约翰·D.考克饶夫写信给华盛顿特区的R.H.福勒（R. H. Fowler），询问劳伦斯是否能够生产出足够的94号元素（后来称为钚），以研究该元素裂变的可能性；随后又请求获得铀-235。（1937年，考克饶夫从劳伦斯那里拿到了放射性磷和钒）福勒在给劳伦斯的信中说，“显然，考克饶夫一想到94号元素的威力就很兴奋，而你应该可以把它制作成实验用的。”[137]拉德辐射实验室与哥伦比亚和芝加哥的研究小组一起探索原子裂变的军事应用，开始研究铀和钚的性质，并证明钚可以通过中子捕获从铀-238中产生。[138]反过来，钚也会发生像铀-235那样的裂变。氖-237和铀-237的裂变特性也正处于探索阶段。[139]

动员工作增加了拉德辐射实验室的可用资源。1941年6月16日，国防研究委员会秘书欧文·斯图尔特（Irwin Stewart）写信给加州大学的校董会董事，提议签订一份合同，由回旋加速器为其他从事军事研究的实验室生产未具名的元素，这标志着劳伦斯的实验室从非正式协调防务工作变为正式服务于防务工作。拉德辐射实验室的钚生产对曼哈顿计

---

[135] 参见“History of the University of California Radiation Laboratory”，Jones papers，box 2，folder UCB-Lawrence Berkeley Lab，History，p.22.

[136] 出处同上，pp.28-30.

[137] 参见英国采购委员会中央科学办公室的R·H.Fowler于1941年1月28日给E.O.劳伦斯写的信，同上，p.32.

[138] 参见“History of the University of California Radiation Laboratory”，p.32；Jones，*Manhattan*（1985），p.21.

[139] 参见“History of the University of California Radiation Laboratory”，pp.37-38.

划中的早期科学工作至关重要。不久，按照签订的合同，政府开始支付拉德辐射实验室人员的工资。[140]

劳伦斯的任命对军方而言很重要，相应地，对实验室不断扩大的基础设施建设也起到关键的作用。1941 年，为了获得建造 1 亿电子伏特的回旋加速器所需的钢材，劳伦斯根据新成立的科学研究与开发办公室（OSRD）推出的 A-1-a 采购评级进行购置。[141] 这座大型回旋加速器建在山上，俯瞰着加利福尼亚大学的校园。在日本人袭击珍珠港之后的那天早上，劳伦斯向拉德辐射实验室的员工宣布，他们今后所有的工作成果将用于战争。[142] 37 英寸回旋加速器被改造成一个巨大的光谱仪，用于分离铀的同位素。到 1942 年 3 月，劳伦斯已经获得了浓缩五倍的铀 -235。（他的这一创新成果以加利福尼亚大学的回旋加速器命名）在山上，新的 184 英寸回旋加速器的磁铁被用于测试 α 电磁型同位素分离器，它是从 1943 年便开始在橡树岭建造的巨型电磁同位素分离复合体的模型。[143]

当拉德辐射实验室受到动员的时候，唐纳实验室建成了，这是约翰・劳伦斯医学物理学小组的一个新研究中心，为私人资助而建。[144] 于是约瑟夫・汉密尔顿成了克罗克（Crocker）实验室主任，60 英寸的医用回旋加速器也由他负责。加利福尼亚州富商威廉・唐纳（William Donner）由于一个儿子因癌症去世，他于 1941 年春季向约翰・劳伦斯的企业捐赠了 16.5 万美元。在美国加入战争后，唐纳实验室是伯克利

---

⑭ 参见“History of the University of California Radiation Laboratory,” pp.35–36；另参见 Kamen，*Radiant Science*（1985），pp.140–141.

⑭ 参见 Heilbron，Seidel，and Wheaton，*Lawrence and His Laboratory*（1981），p.32.

⑭ 参见 Kamen，*Radiant Science*（1985），p.148.

⑭ 参见 Heilbron，Seidel，and Wheaton，*Lawrence and His Laboratory*（1981），pp.32–34；“History of the University of California Radiation Laboratory”，p.42.

⑭ 参见 Westwick，“Abraded from Several Corners”（1996）；Williams，“Donner Laboratory”（1999）。加州大学旧金山分校的医生和约翰・劳伦斯之间爆发了关于是否应该允许在唐纳实验室进行临床实验的争论。又参见 Jones and Martensen，“Human Radiation Experiments”（2003）.

校园里最后一座完工的建筑。约翰·劳伦斯的团队在那里从事与战争有关的研究，探索高空生理学和减压病。[145]放射性同位素的相关工作也在继续进行，海湾地区的医生将病人转介给唐纳实验室进行治疗。[146]

伯克利校区的这些重组是核物理研究更广泛动员的一部分，为的是核弹项目。曼哈顿工程区于1942年8月13日在纽约市成立。同月，罗伯特·斯通离开旧金山，成为芝加哥大学冶金实验室健康部门的负责人。9月17日，美国陆军任命莱斯利·格罗夫斯（Leslie R. Groves）领导这个绝密组织（他之后晋升为将军）。1943年2月，曼哈顿工程区与加州大学签约管理洛斯阿拉莫斯实验室的合同（36号合同）。几个月后，加州大学与陆军之间的48号合同将拉德辐射实验室列为曼哈顿工程区的中心设施之一。[147]

不仅是拉德辐射实验室的物理学家和化学家被调动了起来，约瑟夫·汉密尔顿也通过和科学研究与发展办公室签订合同，开始研究钚和其他核裂变产物在实验动物中的代谢和生物效应。这份军方与拉德辐射实验室签订的新合同，即48A号合同，便包含了这一方面的研究。汉密尔顿的项目旨在为曼哈顿项目的工作人员确定有关的职业危险，他们的工作与钚和铀裂变产物产生的数十种同位素相关。[148]当时只有一种主要的裂变产物相对没有很好的研究，那就是放射性碘。此外，工人所暴露的环境中辐射的强度将是世界范围内使用镭的一百多万倍。[149]铀裂变产生的两百多种产物中有许多是稀土中的放射性同位素，而有关这些元素是如何代谢的（即使是在不具有放射性的情况下），实

---

⑮ 参见 Hardin Jones，“Donner Laboratory：Summary of Major Scientific Accomplishments Over the Period 1936—1966.Report to the Donner Foundation”，undated transcript，Jones papers，box 2，folder UCB-Donner Laboratory-History and Reports of Activities，p.5.

⑯ ACHRE，*Final Report*，*Supp. Vol*（1995），p.603.

⑰ 出处同上，p.604.

⑱ 参见 Stone，*Industrial Medicine*（1951）.

⑲ 参见 Stannard，*Radioactivity and Health*（1988），Vol.1，p.299.

际上人们一无所知。[150]

汉密尔顿的战时研究靠的是那两个37英寸和60英寸的回旋加速器，通过对铀目标的轰击来制造特定的裂变产物。他所有的实验都被认为是示踪研究，因为使用的量很少。这与他早先的研究有一些重叠之处。特别是，汉密尔顿已经对放射性锶（也是一种裂变产物）可能用于骨病的临床治疗产生了兴趣。[151]但是，用于战争的裂变产物的生产规模更大、更系统，其中包括对12只大鼠用18种裂变产物分别进行测试，在不同时间段让它们以三只一组为单位暴露在辐射下，直到它们死亡，然后进行分析。到1943年，已经确定了14种放射性同位素在各种器官中的累积率及清除率。除了为曼哈顿项目的工作人员评估职业危害外，汉密尔顿还对在放射性战争中使用裂变产物感兴趣。[152]

随着曼哈顿计划的推进，奥本海默越来越关注钚的安全性。1944年2月，汉密尔顿得到了11毫克珍贵的钚，用于生物学研究（到1943年年底，钚的数量只有几毫克，几个月后的产量也仅为几克）。汉密尔顿的研究小组迅速确定，钚和镭一样，是一种能够在骨骼中积聚的元素，可能会导致癌症。虽然它被人摄入吸收的风险小于镭，但吸入后，它在肺中的残留时间更长。[153]考虑到钚的危险性，同时也考虑到从钚对老鼠的危害推断其对人的危害有较大难度，曼哈顿工程区的领导层决定开始进行针对人类的研究。[154]1945年春天，在旧金山的大学医院里，医生们故意向人体注射钚，这是汉密尔顿48A号合同内容的一部分。医生

[150] 参见Hacker，*Dragon's Tail*（1987），p.43.

[151] Hamilton，"Use of Radioactive Tracers"（1942），p.566.

[152] 参见Joseph G.Hamilton，"A Report of the Past，Present，and Future Research Activities for Project 48-A-1"［c. 1948］，DC-LBL files，box 4，folder 49 Medical Physics J.H.Lawrence's Group，General；Stannard，*Radioactivity and Health*（1988），vol.1，p.305. 关于他对核辐射战争的兴趣，另参见第三章.

[153] 参见Hacker，*Dragon's Tail*（1987），p.53，63.

[154] 参见ACHRE，*Final Report*，*Supp.Vol.1*（1995），p.605.

给疑似患有胃癌的阿尔伯特·史蒂文斯注射了 0.932 微克的钚 −238 和钚 −239 的混合物。[155] 后来才发现他患的是胃溃疡而非胃癌。史蒂文斯被指定为 CAL−1；他是 1945 年 4 月至 1947 年 7 月期间接受钚注射的 18 名病人之一（旧金山还有另外两名）。[156] 他们中的许多人自始至终都没有被告知接触了钚，或者充当研究对象的事实。[157]

20 世纪 90 年代，记者艾琳·韦尔森（Eileen Welsome）披露了这 18 名患者的身份和生活状况，使钚注射实验成为公众愤怒的新焦点。[158] 放射性同位素在医学应用领域的领头研究人员，怎么会落到为军方做这些实验的地步呢？一部分是因为这些实验建立在之前的非军事研究——钚注射实验上，就像 1937 年的钠 −24 实验一样，是放射性元素代谢的示踪研究。但是很明显，这些实验在关键的方法上是不同的——选择绝症患者作为研究对象，表明了它们的潜在危险。伯克利早期的人体实验模式促成了一种服从的观念，即那里的研究必须服从于新兴的军队职业健康和安全的要求。即使在战争结束后，汉密尔顿也坚信“在适当的条件下，用某些裂变产物和裂变元素对人体进行示踪研究是非常可取的。”[159] 事实上，进行人体实验的合同 48A 即使在和平时期也继续不间断地进行着。[160]

人类辐射实验咨询委员会在 1995 年指出，拉德辐射实验室生物医

---

⑮ 参见 ACHRE，*Final Report*，*Supp. Vol. 1*（1995），p.605.

⑯ 被试者的表格参见 Stannard，*Radioactivity and Health*（1988），Vol.1，p352.

⑰ 参见 ACHR，*Final Report*（1996），pp.56−157.

⑱ 参见 Welsome，*Plutonium Files*（1999）. 她的原创文章从 1993 年 11 月开始在《阿尔伯克基论坛报》（*Albuquerque Tribune*）上发表。这催生了人体辐射实验咨询委员会的诞生。参见 ACHRE，*Final Report*（1996），pp.xxi-xxiii.

⑲ 参见 Hamilton，“A Report of the Past，Present，and Future Research Activities for Project 48−A−1”［c.1948］，p.9.

⑳ 参见 Joseph G.Hamilton to Colonel.B.Kelly，Subject：Summary of Research Program for Contract #W−7405−eng−48−A，HL papers，series 3，reel 5，folder 5：30 Correspondence H 1946. 另参见 Jones and Martensen，“Human Radiation Experiments”（2003），pp.93−96.

学研究的军事化发展也对体制产生了重大的影响。新的保密制度意味着包括校长罗伯特·斯普鲁尔（Robert Sproul）和财务处长罗伯特·安德希尔（Robert Underhill）在内的大学行政人员，往往不能了解他们管理的实验室所发生的事情。例如，这些大学的官员在洛斯阿拉莫斯的工作进行得很顺利之前并不知道它的目的。军队决定对哪些实验进行分类是出于对公共关系和责任的担忧以及对国家安全的限制。曼哈顿工程区，以及后来的原子能委员会，坚持要对一些人体辐射实验进行分类，即使这些实验的发现并不具备军事敏感性。一所公立大学的大型科技企业由军方资助，这种做法所产生的“不明确的权力界限”也意味着研究人员可以避开监督（例如，以人类作为对象的研究）或隐瞒研究结果。[161]

战争期间更广泛的动员的另一个影响是，放射性同位素的分配越来越集中于麻省理工的回旋加速器，并且开始涉及货币交易。麻省理工学院的回旋加速器建于1938年至1940年之间，约翰和玛丽·马克尔基金会向物理学家罗布利·D.埃文斯提供3万美元的资助，他领导建立了辐射暴露的职业标准。拨款规定回旋加速器“专门用于合作医疗研究和治疗”。[162]与伯克利的回旋加速器不同，麻省理工学院的回旋加速器没有直接参与曼哈顿计划。埃文斯努力使他的物理学家和放射化学家团队在科学动员过程中团结在一起，提供他们的服务以帮助国防相关的项目。他与医学研究委员会的领导层就这一前景进行了以下的通信：

> 我也强调，我们所提供的服务是一个包括所有放射化学特征、探测工作、回旋加速器服务在内的完整的应用放射性团体，包含一

---

[161] 参见ACHRE，*Final Report*，*Suppl.Vol.1*（1995），p.602，624n1。更多关于人体放射性同位素研究历史的信息，参见第八章。

[162] 参见Robley D.Evans于1938年5月20日给约翰和玛丽马克尔基金会主席Archie S.Woods写的信，MIT President's papers，box 81，folder 16 Robley Evans 1938.

个经验丰富的、倾向于合作处理医疗问题的团队。必须永远记住，这比单独使用回旋加速器的服务要大得多，它是唯一组织良好、可以从其他机构获得的服务。[163]

埃文斯计算出目标辐射和放射化学净化的费用为每小时 25 美元。[164] 他最初的客户大部分都在做与战争相关的研究，因此根据政府合同对他们进行收费。不过麻省理工学院的放射性中心也开始服务平民科学家和医生，这种情况一直持续到战后。[165] 到 1945 年，放射性物质的销售带来了 88359.45 美元的收入。[166] 因此埃文斯说："放射性示踪剂工作已成为我们运营资金的主要来源。"[167]

只是在战时动员的情况下，放射性同位素的供应才没有完全商业化。伯克利回旋加速器继续免费分发放射性同位素，其通过约

---

⑯③ 参见 Robley D.Evans，memorandum，19 Nov 1941，MIT President's papers，box 81，folder 18 Robley Evans 1940—1941.

⑯④ 伯克利拉德辐射实验室也制定了类似的收费标准；卡门向此前曾免费获得硫 -35 的 A・塞利格曼解释说："我们现在被迫对这些样品收费，因为我们与国防委员会签订了合同。"参见 Martin D.Kamen to A.Seligman，18 Dec 1941，EOL papers，series 1，reel 14，folder 10：10 Kamen，Martin D. 另参见 E.O.Lawrence to D.M.Yost，5 Dec 1941，来自同一个文件夹。

⑯⑤ 1945 年 3 月，麻省理工学院的回旋加速器开始向新英格兰和纽约的临床医生提供放射性磷。参见 Lowell A. Erf to John H.Lawrence，26 Jun 1945，JHL papers，series 3，reel 4，folder 4：10 Correspondence E 1945；另参见 B.E.Hall to John H. Lawrence，10 Mar 1945，JHL papers，series 3，reel 4，folder 4：14 Correspondence H 1945. 麻省理工学院成为另一个放射性同位素临床实验的关键地点：希尔兹・沃伦（Shield Warren）按照约翰・劳伦斯在伯克利开创的方法，利用麻省理工学院回旋加速器的放射性磷同位素，对白血病进行了实验治疗。参见 John Lawrence to Archie Woods，28 Dec 1940，JHL papers，series 3，reel 4，folder 4：5 Correspondence 1940.

⑯⑥ 参见 Robley D.Evans，"Radioactivity Center，1934—1945"，unpublished history，28 Jun 1945，Evans papers，box 1，folder Radioactivity Center 1934—1945，p.32。1945 年 3 月 24 日的附录 9（Appendix IX）提供了一份放射性中心的战时政府项目清单，以及另一份有关以研究或者治疗为目的接受放射性同位素的人员名单。

⑯⑦ 出处同上，p.23。

翰·劳伦斯的联络人发放，更重要的是，分配的范围是在曼哈顿计划之内，特别是在西博格领导下的芝加哥同位素研究机构（他于1942年春天搬到那里）。然而拉德辐射实验室继续收到其他人索要放射性同位素的请求。1944年7月21日，B.F.古德里奇公司物理研究部的W.L.戴维森（W.L.Davidson）写信给拉德辐射实验室的唐纳德·库克西，询问他是否能提供1至5毫居里的磷-32和0.01毫居里的硫-35。库克西拒绝了，“目前我们无法提供任何放射性物质供外界使用。”[168]他让戴维森询问另外三家有回旋加速器的机构：华盛顿大学医学院、麻省理工学院和特拉华州生物化学研究基金会。从档案记录来看，拉德辐射实验室在1944年没有向请求者发放任何放射性同位素。[169]

有一个颇具戏剧性的例子可以说明伯克利新推行的限制措施。放射化学家卡门（Kamen）常为外部使用者筹备放射性同位素。卡门是一位忠实的业余小提琴演奏者，在旧金山湾区与各种乐队一起演奏室内乐。通过音乐活动，他和小提琴家兼指挥艾萨克·斯特恩成为朋友。1941年，卡门参加了在斯特恩家中举办的鸡尾酒会，庆祝斯特恩最近从美国劳军联合组织巡演回来。在酒会上，斯特恩向苏联领事和副领事介绍了卡门，并提到卡门在拉德辐射实验室工作。副领事格雷戈里·海菲茨接着问卡门是否认识约翰·劳伦斯博士。卡门说他几乎每天都见到约翰·劳伦斯博士。海菲茨一直想联系约翰·劳伦斯，问他是否能用磷-32治疗苏联驻西雅图领事馆一位患白血病的官员，但是联系不上。卡门主动提出可以问劳伦斯，结果劳伦斯答复说需要那个官员完整的病历来参考治

---

⑱ 参见 W.L.Davidson to Donald Cooksey，21 Jul 1944，and Donald Cooksey to W.L.Davidson，28 Jul 1944，OL papers，series 3，reel 31，folder 21：7 Administration，Job Orders.

⑲ 参见“Special Materials”。1942年列出的有7个请求，1943年有8个请求，其中许多被拒绝或者回复不明。尽管戴维森和库克西之间的交流表明他们并没有完全停止此事的进展，但1944年甚至没有列出任何请求。

疗；之后劳伦斯便直接和海菲茨联系。[170] 海菲茨找到卡门表示感谢，并提出想和他一起出去吃饭，随行的还有另一位领事官员。这三人在一起的场景被曼哈顿计划的情报人员拍了下来。[171] 这起事件发生在拉德辐射实验室被动员参战之后，军队的 G-2 安全人员编制了一份关于卡门的详细档案，并跟踪记录他与左翼音乐家以及其他人的联系，而卡门对此毫不知情。[172]1944 年 7 月，卡门被叫到唐纳·德库克西的办公室，并且被告知，由于安全风险的问题，军队已下令将他从拉德辐射实验室开除。卡门与苏联领事官员的会面是这起针对他的案件的关键，甚至在他离开拉德辐射实验室后，联邦调查局（FBI）还在跟踪他的一举一动。在这起事件中，提供实验室的放射性同位素的经纪人要付出特别高的成本。[173]

结论

20 世纪 30 年代晚期，伯克利回旋加速器生产的人工放射性同位素

---

⑰ 该人员是俄罗斯海军的加里宁指挥官，当时正在华盛顿州西雅图的美国海军医院接受治疗。劳伦斯写道："就加里宁指挥官而言，预后将可能非常严重，我怀疑任何形式的治疗都不能非常有效地遏制病情。如果你想尝试放射性磷与 X 射线结合的疗法，我们可以提供给你磷 –32。你大概在下周之内会收到下一份样品，我们给你发去的是大约四倍剂量的磷 –32，并附有相应的使用指南。我向你保证，我们很荣幸能在这个严重的问题上协助你，但是很遗憾我们能做的如此少。"参见 John H. Lawrence to Captain J.P.Brady，5 May 1944，JHL-LBL Administrative，box 1，folder 11 Correspondence A-B 1944.

⑰ 这张照片后来被参议员博尔克·希肯卢柏（Bourke Hickenlooper）于 1951 年 7 月 8 日在《芝加哥先驱论坛报》上发布（照片的标题声称卡门给了苏联特工秘密文件），同时还有美国科学家向苏联间谍泄露核机密的指控。参见 EOL papers，series 1，reel 4，folder 10：10 Kamen，Martin D。有关卡门在此类指控中遇到的更多麻烦，参见 Kamen，*Radiant Science*（1985），特别是，ch.12 and 13.

⑰ 尼科尔斯（K.D.Nichols）上校表示卡门被解职的消息是在劳伦斯的文件中提到的：参见 Memorandum for E.O.Lawrence from H.A.Fidler，11 July 1944，EOL papers，series 1，reel 4，folder 10：10 Kamen，Martin D.

⑰ 参见 Kamen，*Radiant Science*（1985），pp.164，167.

使得许多早期的生物示踪剂和治疗实验成为可能。最初只在当地生产和消费，物理科学家参与了材料的准备，这有时候会出现在合作发表的出版物中。随着供应网络的扩大，许多科学家和医生向 E.O. 劳伦斯和约翰·劳伦斯提出请求，作为回应，同位素继续在个案基础上分发。但是想要更全面的论述以回旋加速器为基础的同位素的生产和分配，则还要提及其他的生产地，包括麻省理工学院、华盛顿大学、华盛顿卡内基研究所和哥本哈根大学。[174]不过，即使有洛克菲勒基金会慷慨的支持，这些开创性研究项目全部加起来，也没有改变多少生命科学家的实践活动。回旋加速器以高成本生产出少量的同位素，而获得这些稀有资源的途径是有限的。即便如此，拉德辐射实验室的材料流通仍延伸到欧洲，例如通过邮件定期向哥本哈根运送磷 -32。

从一开始人体实验就是放射性同位素使用模式的一部分。和“示踪剂”一样的语言被用于描述使用放射性同位素跟踪动物或植物代谢过程的生化实验，还有那些使用少量放射性元素跟踪人体吸收和定位的实验。这些非治疗性的人体实验的结果反过来又变成临床实验，而这些临床实验通常用更大剂量的放射性物质来照射病理组织（通常是肿瘤组织）。

对安全的担忧是如何影响这些应用的呢？拉德辐射实验室的科学家们喜欢回忆 1935 年约翰·劳伦斯和保罗·埃伯索尔德所做的老鼠实验。[175]他们的目的是让这些动物暴露在短时间的中子爆发中，看看他们对可耐受剂量的估计是否正确。机械车间制作了一个特殊的 4 英寸圆柱体来装入老鼠，并配有橡胶管，以便从外部泵供应空气。然后将盛有老鼠的圆筒放置在回旋加速器内，用辐射光照射三分钟。[176]当光束关闭后，工作人员挤在回旋加速器周围，结果发现老鼠死了！劳伦斯推断它死于

---

⑰4 参见 Brucer，“Radioisotopes in Medicine”（1966），p.60.

⑰5 John Lawrence 在自己的论述中对他做实验的动物有时称为大鼠，有时称为老鼠。随后的实验档案记录在这一点上也不一致。鉴于实验装置的体积，我把这只动物叫作老鼠。

⑰6 根据布鲁塞的研究（参见 *Chronology of Nuclear Medicine*［1990］，p.219），暴露时间设定为保罗·埃伯索尔德团队所计算的 LD50 伦琴辐射的中子当量的一小部分。

辐射，于是立即下令用一堵水墙对回旋加速器进行屏蔽。后来验尸后，科学家们才意识到这只老鼠其实是因窒息而死，因为埃伯索尔德忘记打开空气泵了。[177]

这则轶事在文献中经常被提到，有两方面的意义。一方面，它说明回旋加速器操作人员在和医生合作之前对辐射暴露是多么的漫不经心。物理学家们被回旋电子束迷住了；根据约翰·劳伦斯的说法，他们甚至会"走进去看看这个美丽的紫色氘核束"。[178]老鼠被照射了如此短的时间就死亡的意外事故"加剧了人们对辐射危害的担忧"，并促使他们建立了更严格的实验室安全措施。[179]另一方面，这一事件被用来取笑对辐射的非理性恐惧，毕竟，辐射并没有杀死这只啮齿动物。很明显，约翰·劳伦斯在事件发生的 20 年后才公开它。[180]如果是这样的话，这件事被披露出来时，人们正在对放射性尘埃进行辩论，当时许多使用放射性物质的科学家认为公众的担忧已经变得歇斯底里。[181]

20 世纪 40 年代初，把美国政府牵扯进来的不是安全方面的担忧，而是原子能的军事化。在从事与战争相关工作的这层面纱之下，不仅军事化发展成了秘密，而且 20 世纪 30 年代围绕回旋加速器发展起来的人体实验模式也呈现出一种新的、更加不祥的态势。医生和与之合作的物理学家没有使用放射性同位素来治疗疾病，尤其是治疗癌症，而是将

---

⑰ 参见 Brucer，*Chronology of Nuclear Medicine*（1990），pp.219-220.

⑱ 参见"The History of the Donner Laboratory"，Daniel Wilkes 对 John Lawrence 的采访，1 Jul 1957，p.5，OpenNet Acc NV0714926.

⑲ 参见 Hardin Jones，"Donner Laboratory: Summary of Major Scientific Accomplishments Over the Period 1936—1966. Report to the Donner Foundation"，文件日期不明，Jones papers，box 2，folder UCB-Donner Laboratory，History and Reports of Activities，p.3.

⑱ 参见 Stannard，*Radioactivity and Health*（1988），vol.1，p.291；他跟劳伦斯提到了"Early Experiences"（1979）这篇文章，写于 1956 年（当时未发表）。另参见 J.H. 劳伦斯于 1961 年在墨西哥城的演讲稿，"Isotopes and Nuclear Radiations in Medicine or a Quarter Century of Nuclear Medicine，" p.4，OpenNet Acc NV0722058.

⑱ 参见第五章。

人体非治疗性实验从使用放射性钠和放射性钾等元素的示踪实验扩展到使用通常含有化学毒性元素的裂变产物。这些研究的目的是评估工作人员在曼哈顿计划设施中所经历的职业危险，以及探索在放射性战争中裂变产品的用途。与此同时，原子能的军事发展及其对生物医学的复杂影响，使得放射性同位素的可用性大大增加。于是美国政府取代 E.O. 劳伦斯成为同位素的供应者。

第三章

核反应堆

示踪剂和治疗性放射性同位素的生产被誉为铀链式反应堆在和平时期最伟大的贡献之一。毫无疑问，此反应堆的使用将极大丰富科学、医学和技术领域的应用。

——曼哈顿计划指挥部，1946 年 6 月 14 日[①]

① 参见“Availability of Radioactive Isotopes”（1946），p.697.

1943 年，美国陆军在田纳西州的山丘上建造了一座绝密的核反应堆（世界第二座，首座在芝加哥）。橡树岭克林顿工程师实验室的石墨"堆"有两个用途：一是作为设计中的汉福德钚生产反应堆的试验厂，二是用于生产少量的钚。[②] 该核反应堆及其毗邻的处理厂（也是汉福德的一个试验厂）被命名为 X−10，这是钚的早期代号。到 1945 年初，随着汉福德反应堆与分离厂全面投入运作，X−10 试验厂已经实现了最初的目标。[③] 然而有关这些设施的命运如何、能否继续雇佣相关人员的问题在战争结束后的几个月里仍未确定。

参与曼哈顿计划的科学家提出，联邦政府应利用其新的核设施在战后生产和分发民用的放射性同位素，他们后来一直支持这一提议。此为一项更大的政治议程的一部分，目的是"解放原子能"，让它摆脱军事的主导，用于和平时期的发展。从这个意义上说，这反映了在整个曼哈顿计划中军队与一些科学家之间存在着紧张的关系。1944 年，芝加哥冶金实验室的研究人员就已经提出了战争结束后的原子能利用应该去军事化，他们指出了放射性同位素作为新技术在和平时期的诸多好处。位于橡树岭克林顿实验室的研究人员认为，对他们来说，X−10 反应堆和化学处理设施将为政府放射性同位素的分配方案提供完美的操作基础。这一计划可实现双重目标：既有利于民用科学的发展，也为在田纳西州战后建立国家实验室提供正当理由。

1946 年 8 月 2 日美国放射性同位素计划启动，这标志着政府不再一意研发原子弹，而是转向发展和平利用原子能。然而，这一计划也是战时工作的重要延续，尽管被粉饰成了造福于民。首先，该计划在民用原子能委员会成立之前是由军方曼哈顿工程区研制、启动和管理的。同

---

② 参见 US Army Corps of Engineers，*Manhattan Project*（1976），reel 6，book IV，vol.2，partII，pp.S4−S8；Hewlett and Anderson，*New World*（1962），p.364；Smyth，*Atomic Energy for Military Purposes*（1945），pp.111−112.

③ 参见 Quist，"Classified Activities"（2000），p.13.

曼哈顿计划的其他方面一样，建立初期的这个计划既反映了莱斯利·格罗夫斯将军的决策和优先顺序，也说明了那些宣传原子能该用于民用发展的核科学家们所考虑的轻重缓急之序。

其次，选择橡树岭的 X-10 石墨反应堆生产放射性同位素，这延续了对该反应堆在战后的使用，让其成为一个有特殊用途的放射性同位素生产设施。战争期间，X-10 向曼哈顿计划的科学家提供的不仅有钚，还有其他用于武器设计和测试的特殊放射性物质。而同位素只偶尔用于民用，比如，X-10 制作的磷 -32 被运到伯克利拉德辐射实验室，再发给临床医生，用来代替回旋加速器生产的材料。战后，政府除了将橡树岭生产的同位素送往曼哈顿工程区的实验室，也开始运送给区外的其他使用者。虽然几乎所有的“项目外”科学家所得的放射性同位素都用于可公开的研究，但是许多（不是全部）“项目内”的放射性同位素则用于秘密的武器研发。

第三，战后核武器的设计和生产一直在持续，这意味着在实际和物质层面上，武器研发相关的活动是与橡树岭同位素项目同时开展的，并且有重叠的地方。大容量的 X-10 反应堆同时用于秘密的研究和放射性同位素的生产，特别是这其中包括了在橡树岭反应堆中利用材料进行放射性战争的可行性实验。此外，政府还出售稳定的同位素和放射性同位素，其部分原因是生产这些东西有利于武器的研究。

本章重点介绍橡树岭 X-10 反应堆及其相关的事件，由于这些事件的发生才有了后来的全国放射性同位素的分配计划，此计划从 1946 年夏天开始。主持此分配项目的是曼哈顿计划，这个曾绝密运作核武器设施的组织想要承认和宣传原子能的民用价值。在此橡树岭为我们提供了一个不太引人注目的视点，得以从基础设施和机构层面来观察从战时的原子弹项目到战后原子能发展的转变过程。本章追寻着同位素配送项目的路径，从项目过渡给原子能委员会开始直到 20 世纪 40 年代的后期。在橡树岭，从曼哈顿计划到原子能委员会的过渡很平稳。然而，随着时间的推移，民用方面的领导层不断扩大，对这个项目的资助也随之增加，对此格罗夫斯极为反对，他认为该计划应该在资金上自给自足。原子能委员会拓展了同位素计划，这与国会和冷战的政治局势有明显的关系；随后其地域重点从田纳西州的橡树岭转移到华盛顿特区，在接下来的两章中将讨论这个问题。

橡树岭的连锁反应堆

第一批大型核反应堆是为曼哈顿计划大规模生产人造放射性同位素钚而建的。[④]这项技术在军方支持下的发展，对科学家使用反应堆制造其他人造放射性同位素的原因和方式产生了影响。1942 年 12 月 2 日，恩里科·费米和他的合作者在芝加哥大学实验石墨堆（后来称为反应堆）中展示了受控核裂变的可行性。曼哈顿工程区于是开始研发两种不同的原子弹，一种使用铀 –235，另一种使用新发现的钚 –239。[⑤]铀同位素的分离对两种原子弹都是至关重要的，因为钚 –239 是由铀 –238 的中子轰击产生的。

在 1943 年的最初几个月，杜邦公司按照曼哈顿计划的合约，开始建造一个钚试验厂，用于开发和测试大规模工业生产的方法。地点为克林顿工程师实验室，以邻近的田纳西州克林顿镇命名，坐落在位于贝瑟尔山谷的小溪旁，占地 112 英亩（约 45 公顷）。这个试验厂的代号是 X–10，包括一个由铀裂变生成钚的石墨堆和一个用于提取和净化钚的

---

④ 对曼哈顿计划有许多历史记录，例如，Smyth，*Atomic Energy for Military Purposes*（1945）；Hewlett and Anderson，*New World*（1962）；Rhodes，*Making of the Atomic Bomb*（1986）；Hoddeson，et al.，*Critical Assembly*（1993）；Norris，*Racing for the Bomb*（2002）；Rotter，*Hiroshima*（2008）.

⑤ 两种原子弹都用在了日本："小男孩"铀 –235 被扔到广岛，而"胖子"钚 –239 轰炸了长崎。

化学分离厂[⑥]（见图 3.1）。X–10 反应堆比费米的实验装置大得多。就发电量而言，其规模从芝加哥的 0.2 千瓦扩大到了克林顿的 1000 千瓦。[⑦]建成后，这个“堆”由 73 层石墨组成，每边形成一个 24 英尺（约 7.31 米）的立方体，周围环绕着 7 英尺（约 2.13 米）厚的混凝土墙，用于辐射防护。该反应堆包含 1248 个通道，可供冷却，并可容纳由美国铝业公司罐装的 6 万枚铀。[⑧]1943 年 11 月 4 日凌晨 5 点，该核反应堆达到了临界状态（见图 3.2）。[⑨]

图 3.1　X–10 石墨反应堆大楼（高耸的黑色建筑）及其后面化学加工厂的鸟瞰图，摄于 1944 年 3 月 10 日，田纳西州克林顿实验室（参见国家档案馆，RG 434–OR，box 22，notebook 65，photograph no.206–28）

X–10 是在橡树岭建造的四个主要生产设施中的第一个；其他的位于宽阔的克林奇河谷地带，用于分离铀同位素，其使用以下三种不同的方法：Y–12（电磁厂），K–25（气体扩散厂）和 1944 年以后建

---

⑥ 参见 Jones，*Manhattan*（1985），p.204.

⑦ 参见 Smyth，*Atomic Energy for Military Purposes*（1945），pp.108–109.

⑧ 参见 Oak Ridge National Laboratory，*Swords to Plowshares*（1993），p.3.

⑨ 参见 Johnson and Schaffer，*Oak Ridge National Laboratory*（1994），p.10，22.

的 S-50（液体热扩散厂，建在K-25 旁）。这些田纳西州的工厂是曼哈顿工程区在全国各地建造的众多设施的一部分。除了芝加哥（芝加哥冶金实验室）和伯克利（拉德辐射实验室）之外，还有三个主要的曼哈顿工程区预留设施：田纳西州的X 地，有钚试验厂和三个铀分离厂；华盛顿汉福德的哥伦比亚河上的 W 地，用于大规模生产钚；在洛斯阿拉莫斯实验室的 Y 地，由 J·罗伯特·奥本海默主持进行原子弹的设计和制造。⑩

图 3.2　图为工人正在将铀燃料装入 X-10 石墨反应堆的装载面，摄于田纳西州克林顿实验室（参见橡树岭能源照片部，photograph 7576-1）

1943 年 8 月，橡树岭也成为曼哈顿计划的管理中心，总部从纽约市搬到那里。⑪工厂和邻近的城镇都经历着快速的设计和建造；甚至在规划阶段，预期人口就从 5000 人增加到了 13000 人。⑫陆军方面从当地迁出了 1000 户，随后，工人、科学家、军事人员和家属以不可阻挡之势涌入了这个发展中的城市。斯基德莫尔、奥因斯与梅里尔（Skidmore，Owings & Merrill）建筑师事务所签约建造这个城市及其基础设施，他们试图扩大发展以容纳 42000 人的预测。事实上，电话服务、食品和煤炭供应都跟不上人口的增长，工厂数千工人的住房和

---

⑩ 参见 Johnson and Jackson，*City behind a Fence*（1981），pp.xix-xx.

⑪ 参见 Jones，*Manhattan*（1985），p.201.

⑫ 参见 Johnson and Jackson，*City behind a Fence*（1981），p.14.

通勤条件都很差，特别是非洲裔美国人被分隔到了“临时营房”。[13]人员流失率很高。从1943年3月1日到1945年6月30日，芝加哥大学是克林顿实验室的管理方。与橡树岭曼哈顿工程区的大型铀分离厂相比，克林顿实验室的规模较小，更偏重研究型导向，并且与芝加哥冶金实验室保持密切的关系。[14]

除了作为汉福德的试点工厂之外，X-10试验厂还向曼哈顿计划的各个实验室提供少量的钚。1943年12月30日，有1.5毫克钚从橡树岭运到了冶金实验室；第二年，克林顿实验室生产了326克纯化钚。[15]除了将铀-238转化为钚之外，反应堆还生产了许多其他元素的放射性同位素，这些元素是铀裂变和中子轰击的副产品。这些不同的裂变产物可以被分离出来供进一步使用。此外，该反应堆的中子通量可以用来照射目标材料。从化学的角度来说，用这种方法获得纯放射性同位素比用反应堆废料中裂变产生的混合物更简单。除了铀和钚之外的一些放射性元素，对于军事研究或放射性战争的武器研制也都是有用的（见下文）。

因为该反应堆的中子通量相对较高，除了钚以外，X-10反应堆还适合生产其他的放射性物质，而随着汉福德工程实验室开始运作，田纳西州的试验厂得以有机会做这方面的尝试。[16]例如，快速、准确地启动连锁反应是钚弹设计者面临的技术挑战之一。罗伯特·塞尔伯尔（Robert Serber）建议使用中子引发剂，它可以由镭铍或钋铍制成。1943年6月，罗伯特·奥本海默告诉格罗夫斯需要使用钋，并建议在X-10反应堆中生产。1943年夏天，洛斯阿拉莫斯实验室的科学家们安排在克

---

⑬ 参见 Hewlett and Anderson，*New World*（1962），pp.117–120；Hales，Atomic Spaces（1997）.

⑭ 参见 Johnson and Schaffer，*Oak Ridge National Laboratory*（1994），p.21.

⑮ 参见 Quist，“Classified Activities”（2000），p.13.

⑯ 参见 US Army Corps of Engineers，*Manhattan Project*（1976），reel 6，book IV，vol.2，p.4，10；W.E.Thompson，“Oak Ridge National Laboratory Research and Radioisotope Production”，Jan 1952，MMES/X-10/Vault，CF-5-1-212，DOE Info Oak Ridge，ACHRE document ES-00226，pp.3–4，12–13.

林顿反应堆中将 440 磅（约 200 公斤）的铋棒进行了 100 天的辐射。辐照过的铋被运往位于俄亥俄州代顿市的一个孟山都工厂，进行钋的化学分离。第一批货于 1944 年 3 月抵达洛斯阿拉莫斯实验室。[17]

钚弹内爆装置上的操作也需要特殊的放射性同位素。1943 年 11 月，塞尔伯尔发明了一种新型的诊断材料：镧 -140，外号为罗拉（RaLa）（用于放射性物质），它能发出易于探测到的 γ 射线。如果将罗拉放置于球形内爆装置的中心，它爆炸时的分散将提供关于“金属崩塌球的密度变化”所需的信息。[18] 镧 -140 是钡 -140 的辐射产品，可以在橡树岭反应堆中生产。于是在奥本海默的要求下，1944 年中和 1945 年间在 X-10 反应堆和化学加工设施的科学家和工程师们便有了一项重要任务，向洛斯阿拉莫斯实验室供应罗拉。为此克林顿实验室不得不建造一个专门的实验室和工厂来生产这种物质；在克林顿实验室负责分离的化学家称之为“放射性同位素的第一次大规模生产”。[19]

生产罗拉的设施也使工人暴露在更高的辐射水平之下，其高于回旋加速器或工业的辐射。一位洛斯阿拉莫斯实验室的化学家指出：“在世界上任何地方从来都没有人遭受过如此高水平的辐射。即便是镭，人们通常也只接触几克，是一居里的好几分之一。”[20] 曼哈顿工程区组建了卫生部门，负责管理设施中物质的辐射和化学毒性所引起的职业安全问题，但没有进行研究。由于钚和许多核反应堆裂变产品的生物效应完全是未知的，曼哈顿项目发起了调查。如前所述，1943 年 4 月当曼哈顿工程区与加利福尼亚大学签订合同，管理其在伯克利拉德辐射实验室的运作时，其协议的一部分（合约 48A）包含了约瑟夫·汉密尔顿对裂变

---

⑰ 参见 Hoddeson，et al.，*Critical Assembly*（1993），pp.119–125.

⑱ 出处同上 p.148；Serber，*Peace and War*（1998），p.89.

⑲ 参见 Johnson and Schaffer 引自 Miles Leverett，*Oak Ridge National Laboratory*（1994），p.24；Hoddeson，et al.，*Critical Assembly*（1993），p.150.

⑳ 参见 Rod Spence，引自 Hoddeson，et al.，*Critical Assembly*（1993），p.150.

产物代谢的研究。[21]

曼哈顿计划的生物医学研究也利用了 X-10 反应堆的资源，虽然是相对有限的。克林顿实验室医学部的生物组成员也曾希望从废料的分离中对放射性同位素进行提纯，以供研究之用，然而这一想法没有实现。于是，X-10 反应堆成了他们生物实验的辐射源。[22] 克林顿研究小组通过用各种各样的生物体，包括细菌、豚鼠、小鼠、兔子和苍蝇，研究了包括快速中子、γ 射线和这两者的各种组合等物质的相对致死剂量。[23]

至少有一次，X-10 反应堆生产的放射性同位素用在了曼哈顿计划之外。1944 年春，汉密尔顿紧急请求克林顿实验室开始向伯克利提供磷 -32 以供临床分配，原因是正常供应的伯克利回旋加速器即将关闭。汉密尔顿要求每个月提供 500 毫居里，他的小组愿意用化学方法从被辐照的目标材料中进行加工。他们要求从 6 月下旬开始发货，至少持续到 10 月。[24] 斯通呼吁克林顿实验室的主任马丁 · 惠特克（Martin Whitaker）批准这一要求，尽管这并不是战备的明确任务：

㉑ 参见 ACHRE，*Final Report*，*Supp.*Vol.1（1995），p.604；chapter 2.

㉒ 参见 Biological Research section of Report for Month Ending 4 Sep 1943，Metallurgical Project，A.H.Compton，Project Director，S.K.Allison，Laboratory Director，Health Division，R.S.Stone，M.D.Division Director，Health，Radiation and Protection，MMES/X-10/Vault，= CF Met Lab Report #CH-908，ORF24155，DOE Info Oak Ridge，ACHRE document ES-00157.

㉓ 参见 Clinton Laboratories，Medical Division，Biology Section，Report for Month Ending 29 Feb 1944，MMEX/X-10/Vault，CF Met Lab Report #CH-1470，DOE Info Oak Ridge，ACHRE document ES-00143；H.J.Curtis，“Biological Work at Clinton Laboratories，” 24 Mar 1945，MMES/X-10/Vault，CF-45-3-343，ORG24197，DOE Info Oak Ridge，ACHRE document ES-00199；K.S.Cole，“Experimental Biology”，rough draft，21 Apr 1943，[for] Stone，S.Warren，and Cole，MMES/X-10/Vault，CF-43-4-33，DOE Info Oak Ridge，ACHRE document ES-00443.

㉔ 这一要求显然得到了同意。参见 Raymond E.Zirkle，“Possible Use of Chain-Reacting Pile for Radiotherapy & Associated Chemical & Biological Investigations”，2 Sep 1944，MMEX / X-10/Vault，CF-44-9-506，DOE Info Oak Ridge，ACHRE document ES-00192，p.2.

> 我认为我们这样做有以下的理由。首先，回旋加速器由芝加哥大学分包运作，用于一些物理、化学和生物学实验。为了方便我们的分包方，我们应该帮助他们摆脱困境。其次，作为正常操作的一部分，回旋加速器必须不时修复，由于芝加哥大学正在进行的工作几乎使其一直在运转，而且损耗很大，因此这些修复工作就更加紧迫。回旋加速器管理部门对于战前便已承担的磷 -32 的供应有一定的义务，即使在战时也仍然应该履行这一义务。[25]

斯通的“义务”表述让人想起了道德经济，这种道德经济的特点是将回旋加速器生产的同位素分配给医生和研究人员。正如他所指出的，伯克利的科学家在满足放射性磷的临床需求方面是无私的：“加利福尼亚大学在配送这种材料时，不会向任何人索取费用。”[26]然而，由于这种放射性磷酸盐的来源极为秘密，其在分配方面有了一定的隐蔽性。从橡树岭得到了磷 -32，汉密尔顿“佯装为回旋加速器所产”[27]把它送到了医学中心。有些放射性磷甚至在美国境外传播。1944 年，通过美国驻澳大利亚的陆军少校保罗·麦克丹尼尔（Paul McDaniel），磷 -32 从伯克利运到了布里斯班，用于治疗昆士兰镭疗所的 19 名患者，这是放射性同位素第一次在澳大利亚用于医疗。[28]

除了这些不寻常的二次分配情况外，克林顿实验室没有向曼哈顿计

㉕ 参见 Memorandum from Robert S.Stone to M.D.Whitaker re：“P-32 for Dr.Hamilton”，26 May 1944，MMES/X-10/Vault，CF-44-5-379，DOE Info Oak Ridge，ACHRE document ES-00459.

㉖ 出处同上。

㉗ 参见 Myers and Wagner，“How It Began”（1975），p.10.

㉘ 参见 Broderick，“History”（1988），p.117；Korszniak，“Review”（1997），p.212.1946 年秋天，当布里斯班的科学家向克林顿实验室索要放射性同位素时，Aebersold 很遗憾地拒绝了他们的要求。参见 Aebersold to A. G. S. Cooper，23 Oct 1946，JHL papers，series 3，reel 4，folder 4：27 Correspondence C 1946. 另参见 John Lawrence to Cooper，16 Aug 1946，同上。依据同一份文件中的另一封信件，似乎伯克利的货运直到 1946 年 3 月才完全停止。

划之外的任何人提供放射性物质，反正他们也不知晓反应堆的存在。在战争期间及之后，麻省理工学院的回旋加速器成为主要的放射性同位素供应源，特别是还供应给了其他战时项目的科学家。[29]然而，由于媒体对广岛和长崎原子弹爆炸事件的报道，以及8月12日史密斯报告的发布，政府核反应堆的秘密公开了，引发了人们对战后如何使用核反应堆的各种猜测。

重新部署X-10反应堆

利用克林顿反应堆生产民用放射性同位素的想法源于曼哈顿计划的科学家们，他们通过各种各样的倡议，预测了围绕战后的原子能的各种不确定性。到1944年，芝加哥冶金实验室的科学家们在第一次原子弹研发的最后阶段，没有像他们在洛斯阿拉莫斯实验室的同事那样投入参与实验，而是把注意力集中在考虑战后曼哈顿工程区的设施和科学家该如何处理的问题上。[30]芝加哥冶金实验室的冶金学家扎伊·杰弗里斯（Zay Jeffries）率领一个委员会负责战后的核研究与开发。委员会的其他成员包括秘书罗伯特·S.马利肯（Robert S. Mulliken），以及恩里克·费米、詹姆斯·弗兰克（James Franck）、索芬·R.霍格内斯（Thorfin R. Hogness）、罗伯特·S.斯通和查尔斯·A.托马斯（Charles A. Thomas）。1944年11月18日，亚瑟·康普顿（Arthur Compton）收到他们写在“核子学招股书”中的建议，该招股书也被称为“杰弗里斯

㉙ 参见 Robley D.Evans，Appendix IX to “Radioactivity Center，1934—1945，” unpublished history，28 Jun 1945，Evans papers，box 1，folder Radioactivity Center 1934—1945. 麻省理工学院向政府承包商、私人组织和个人提供放射性同位素，其中包括几个巴西和加拿大请求者。

㉚ 参见 Hewlett and Anderson，*New World*（1962）；Price，“Roots of Dissent”（1995）.

报告”。[31]

该报告强调了反应堆产生的辐射和放射性同位素在研究和治疗方面的潜在作用。同位素示踪剂的使用被认为“……和物理学和化学相比，其对生物学和医学具有更高的重要性。”[32] 报告撰写者观察到，放射性示踪剂将为光合作用、新陈代谢、免疫学和细胞生长带来新的启示，同时推动医学诊断学和农业研究的发展。除了放射性同位素外，委员会还指出了将原子能用于发电厂、潜艇和战舰的潜在可能性。

杰弗里斯报告还建议联邦政府建立国家实验室，在战后继续进行原子能研究。这一想法在 1945 年夏的其他报告和建议中得到了呼应，但是战后计划中应包括哪些设施仍然是争论的焦点。[33] 格罗夫斯最初认为选择国家实验室的任务应该由战后原子能机构负责，但是由于政治家们在讨论民用和军事控制原子能孰优孰劣的问题上争论不休，该机构依法设立的事项在国会搁置。[34] 这种不确定性导致了曼哈顿工程区科研人员的大量流失，尤其是在洛斯阿拉莫斯实验室和克林顿实验室。1945 年晚些时候，在缺乏一个全面的战后组织框架的情况下，格罗夫斯和奥本海默开始授权伯克利、洛斯阿拉莫斯和克林顿等实验室继续进行科学研究。

在战争期间，克林顿实验室因地处乡村地区，得了个“多帕奇”的

㉛ 参见 Smith，*Peril and a Hope*（1965），pp.19–24. 此处所涉及的人员中有许多参与了科学家反对继续发展核武器的运动；此外杰弗里斯报告还包括一个被称为弗兰克报告的早期版本。

㉜ 引自重印版（简略）的“核子学计划书（杰弗里斯报告）”，参见 Smith，*Peril and a Hope*（1965），pp.539–559，Appendix A，p.544. 在一份稍早提出的报告中，来自芝加哥冶金实验室放射生物学组的负责人提议，政府应建立一个类似克林顿实验室的新反应堆以供生物医学的应用研究。参见 Raymond E.Zirkle，“Possible Use of Chain-Reacting Pile for Radiotherapy & Associated Chemical & Biological Investigations”，2 Sep 1944，MMEX/X–10/Vault，CF–44–9–506，DOE Info Oak Ridge，ACHRE document ES–00192.

㉝ 参见 Westwick，*National Labs*（2003），ch.1.

㉞ 出处同上；另参见 Balogh，*Chain Reaction*（1991），ch.2.

别称，这里的科学家们有特别的理由担心未来。[35]将战时设施改造成国家实验室能否成功得靠学术界科学家和机构的支持（比如阿尔贡和布鲁克海文实验室的建立便是一些大学鼎力相助的结果），而在此方面橡树岭处于明显的劣势。[36]对于这个建在田纳西山丘上的实验室能否在和平时期取得杰出的科学成就，一些著名的物理学家表示怀疑。[37]然而，就像他们在芝加哥冶金实验室的同行一样，橡树岭的科学家们为其战后设施资源，特别是 X-10 反应堆的未来进行了游说。不过，克林顿实验室能够幸存下来，不是因为它有什么卓越的核科学抱负，而是因为该设施"公认的半工业化"特征昭示了支持它的多种策略。[38]克林顿实验室的工业化形象由两个方面组成，一个是同一地区的曼哈顿工程区大规模铀分离厂的位置，另一部分则是战争结束时的承包商。从 1943 年开始芝加哥大学一直管理着克林顿实验室，直到 1945 年 7 月孟山都化工公司成为了承包方。孟山都是第一家管理曼哈顿区大型研究实验室的工业公司，该公司对克林顿实验室的管理部门进行了重组，并将员工人数扩大到了 2141 人。[39]

1945 年后期，克林顿实验室主任任命了一个放射性同位素委员会

㉟ 孟山都公司的员工将橡树岭称为"多帕奇"，它在艾尔·凯普（Al Capp）的连环画《莱尔·阿布纳》中是一个刻板的乡村小镇，甚至在官方电报中也用如此的称呼。参见 Johnson and Schaffer，*Oak Ridge National Laboratory*（1994），p.29.

㊱ 参见 US Army Corps of Engineers，*Manhattan Project*（1976），reel 1，book I，vol.4，ch.1；Hewlett and Duncan，*Atomic Shield*（1969），p. 5.

㊲ 由于这个原因，原子能委员会把核反应堆的开发转移到了阿尔贡实验室，这是橡树岭的物理学家和工程师经历的一个重大挫折。参见 Johnson and Schaffer，*Oak Ridge National Laboratory*（1994），p.75.

㊳ 参见 Johnson and Schaffer，*Oak Ridge National Laboratory*（1994），p.xi。

㊴ 参见 Westwick，*National Labs*（2003），p.35；Johnson and Schaffer，*Oak Ridge National Laboratory*（1994），p.31.

以“探索为一般性和癌症研究分配放射性同位素的可能性”。[40]这不仅与在医疗中使用放射源的先例相呼应，而且激发了强烈的公众情绪，支持动员科学来对抗癌症。[41]在第二次世界大战期间，美国癌症协会筹集了大笔资金，到1945年夏天，社会呼吁国家研究委员会（国家科学院的一个分支机构）通过一个新成立的发展委员会帮助提供研究经费。[42]该委员会还重点关注了用于癌症研究的放射性材料的不足之处，这些材料由回旋加速器生产。为了“证明的确存在需求”，发展委员会物理学小组组长默尔·图夫向十几位杰出的研究人员发了放射性物质的申请书，以便可以记录他们的需求量。[43]在这些活动的推动下，美国国家科学院院长弗兰克·朱厄特（Frank Jewett）于1945年10月致函国防部长罗伯特·帕特森（Robert Patterson），主张立即向医学研究人员提供“曼哈顿区连锁反应堆”的放射性同位素副产品。[44]帕特森把朱厄特的信转交给了格罗夫斯将军。此时，曼哈顿工程区的科学家们也就这一问题向格

㊵ 参见 US Army Corps of Engineers，*Manhattan Project*（1976），reel 1，book I，vol.4，p.3，10。根据这一资料来源，M. D. 惠特克（克林顿实验室主任）根据克林顿发展委员会的建议任命了这个放射性同位素委员会，尽管此委员会显然与同名的国家研究委员会没有关系。另参见 M.D.Whitaker to K.Z.Morgan，14 May 1946，NARA Atlanta，RG 326，OROO Files Relating to K−25，X−10，Y−12，Acc 67A1309，box 14，folder Press Releases & Background Dope.

㊶ 参见 Creager，“Mobilizing Biomedicine”（2008）和本书第五章。

㊷ 参见 Eugene P.Pendergrass to Robert S.Stone，31 July 1945，AEC Records，NARA Atlanta，RG 326，OROO Lab & Univ Div Official Files，Acc 68A1096，box 13，file Isotopes−3；National Research Council，*Research Attack*（1946）.

㊸ 参见 M.A.Tuve to Andrew H. Dowdy，10 Dec 1945，NARA Atlanta，RG 326，OROO Lab & Univ Div Official Files，Acc 68A1096，box 13，folder Isotopes−3.

㊹ 参见 Frank B.Jewett，President of the National Academy of Sciences，to Robert P. Patterson，Secretary of War，18 October 1945，the NARA Atlanta，RG 326，OROO Lab & Univ Div Official Files，Acc 68A1096，box 13，folder Isotopes−3. 朱厄特还主动让发展委员会承担起了“给该领域的合格工作人员以受控与智能的模式分配［放射性同位素］”。

罗夫斯提出了请求。[45]

随后，橡树岭放射性同位素委员会的沃尔多·科恩、J.R.科（J.R.Coe），C.D.科里尔（C.D.Coryell）和亚瑟·H.斯内尔（Arthur H.Snell）于1946年1月3日发表了一份备忘录，建议克林顿实验室开始向研究机构提供核反应堆生产的放射性同位素，并提供组织生产和分配的分步计划。[46]备忘录指出，几个月前史密斯报告的发布使公众意识到，“现在有很多放射性同位素都可以从核反应堆作业中获得”。此外，在放射性同位素科学家当中还形成了“持续增长的需求”，结果是“必须尽早建立分配制度”。[47]

这份备忘录不仅代表政府组织的放射性同位素的配送，而且也代表了作为执行此计划最佳基地的是克林顿实验室。只有另外两个设施拥有足够的核反应堆来生产放射性同位素——阿尔贡和汉福德。阿尔贡的反应堆是一个试验装置，功率较低，不适合大规模生产。相比之下汉福德的中子通量是现有所有反应堆中密度最高的，但用它们来辐照目标材料并不容易操作，而辐照目标材料是生产放射性同位素最常用的方法。另一方面，克林顿实验室的石墨核反应堆在功率和灵活性方面都非常合

㊺ 朱厄特曾是贝尔实验室的第一任主任。有关转交给格罗夫斯的信件，参见 Secretary of War to Frank B. Jewett，13 Nov 1945，NARA Atlanta，RG 326，OROO Lab & Univ Div Official Files，Acc 68A1096，box 13，folder Isotopes–3. 有关科学家们向格罗夫斯提出请求，参见 J.R.Dunning to Major General L.R.Groves，29 Oct 1945，NARA Atlanta，RG 326，OROO Lab & Univ Div Official Files，Acc 68A1096，box 13，folder Isotopes–3.

㊻ 参见 US Army Corps of Engineers，*Manhattan Project*（1976），reel 1，book I，vol.4，p.3,10，and Oak Ridge Operations Office correspondence from 1945 and 1946 in NARA Atlanta，RG 326，OROO Lab & Univ Div Official Files，Acc 68A1096，box 13，folder Isotopes–3.

㊼ 参见 W.E.Cohn（克林顿实验室放射性同位素委员会），“The National Distribution of Radioisotopes from the Manhattan Engineer District”，3 Jan 1946，NARA Atlanta，RG 326，OROO Files Relating to K–25，X–10，Y–12，Acc 67A1309，box 14，folder Press Releases & Background Dope，p.2. 关于曼哈顿计划以外的科学家询问能否使用核反应堆生产的同位素问题，参见 NARA Atlanta，RG 326，OROO Lab & Univ Div Official Files，Acc 68A1096，box 13，folder Isotopes–2.

适。橡树岭也有处理设施。放射性同位素的生产包括两个步骤：在反应堆中（对铀或目标材料）进行辐照，然后进行化学分离，通常使用精心制作的遥控装置来限制辐射暴露。克林顿实验室已经拥有一个放射化学处理装置以及实施第二步所需的人员。㊽

在克林顿实验室的放射性同位素委员会的计划中，其对放射性同位素的医学研究和供人类使用的重视程度要低于在其他科学方面的应用。正如备忘录中所说：

> 按每单位的放射性同位素材料计算，有关使用人体材料（此处称为临床研究）的研究对社会贡献的总体收益比基础科学研究的总体收益低。其主要原因是（1）实验动物较少，需要更大数量；（2）人体组织的复杂性和不可获得性（例如，禁止以人做牺牲品）；（3）研究材料缺乏标准，需要使用更多的大型生物体；（4）在现代医学中不存在对放射性同位素的真实临床应用，只有对某些特殊形式癌症的缓解治疗。此外，必须避免涉及供应的纯度和持久性的法律责任。因此，如果定量配给正常，应该鼓励基础科学的研究，减少临床研究，这是明智和安全的。㊾

战后重点是对抗癌症和关注平民福利，而这些备忘录撰写者认为临床研究提供的“社会总体收益”低于基础研究，这一观点令人惊讶。事实上，一旦在新机构下建立起了生产系统，放射性同位素的医疗用途便会受到更多的关注和重视。但是，如果原子能委员会涉及政府对放射性同位素收费，一样会受到“法律责任”的困扰。最终，购买者想要得到放射性同位素，就不得不放弃追究美国政府和橡树岭承包方“不伤害人

㊽ 参见 Cohn，“National Distribution of Radioisotopes”，p.4.

㊾ 出处同上，p.7。

或其他生物”的责任。[50]

1946年2月，曼哈顿工程区已经设立了一个“同位素分处”，其总部大楼位于橡树岭，距离X-10反应堆仅几公里。[51]保罗·C.埃伯索尔德从加州大学离职，就任该机构主管。埃伯索尔德曾师从劳伦斯，获得博士学位。自20世纪30年代后期以来，他主要在伯克利工作，但在战争期间担任了橡树岭和洛斯阿拉莫斯的技术顾问，为1945年阿拉莫戈多原子弹的试验研究健康保护措施。[52]据科恩所说，他和埃伯索尔德推动了放射性同位素委员会的组建及其行动计划的制定。[53]事实上，在1945年12月，埃伯索尔德已经起草了一份购买申请，以供医疗部门主管斯塔福德·沃伦参考。他认为，该申请应该由橡树岭的科学家来评判，而非华盛顿的官僚。[54]在随后的几个月里，埃伯索尔德继续强烈要求曼哈顿工程区开始向这一计划外的科学家提供放射性同位素。在二战对日作战胜利七个月之后，他向K. E.菲尔兹（K. E. Fields）上校上书，他写到：“曼哈顿计划外的人员对同位素分配的急躁情绪已经达到容忍

㊿ 参见 放射性物质订购和接收的协议和条件及其证书，NARA Atlanta，RG 326，Files Relating to K-25，X-10，Y-12，Acc 67A1309。有关放射性同位素调节装置的更多内容，参见第六章。

51 克林顿实验室放射性同位素委员会在1946年1月3日给S. L.沃伦将军的备忘录记录了这些委员会的设立，参见NARA Atlanta，RG 326，OROO Files Relating to K-25，X-10，Y-12，Acc 67A1309，box 14，file Press Releases & Background Dope.

52 参见Paul C. Aebersold，“Professional History，”appendix to“Application for Federal Employment，”13 Jun 1946，Aebersold papers，box 1，folder 1-1 Biographical Materials.

53 参见Human Radiation Studies：Remembering the Early Years，Oral History of Biochemist Waldo E.Cohn，Ph.D. Conducted January 18，1995 through the Department of Energy by Thomas Fisher，Jr.and Michael Yuffee，and published at http：//www.hss.energy.gov/HealthSafety/ohre/roadmap/histories/index.html.

54 参见Paul C.Aebersold to Col.S.L.Warren，19 Dec 1945，NARA Atlanta，RG 326，OROO Lab & Univ Div Official Files，Acc 68A1096，box 13，folder Isotopes-3.

极限了。”[55]信函纷至沓来，这印证了放射性同位素的需求在增多，当然此时还处于适度的阶段；到 1946 年 3 月，曼哈顿区已经收到了来自 19 所大学、两家联邦政府机构和六家公司研究人员的 35 份放射性同位素请求。[56]

对于将 X-10 反应堆用作生产设施以供应计划外购买者的提议还有一些反对意见。曼哈顿计划的物理学家和化学家希望将反应堆用于自己的实验，军方担心“核秘密”被传播，放射学家担心辐射暴露给实验室研究人员和公众造成危害。[57]最终这些反对意见没形成气候，没能动摇橡树岭的放射性同位素供应计划。不过，军方确实采取了行动维护自己在同位素方面的利益。1946 年 2 月，美国陆军提议成立由各主要项目设施代表组成的“曼哈顿计划同位素委员会”，以公平分配“稀缺且稳定的放射性同位素”为宗旨，并促进相关使用信息的交流。[58]埃伯索尔德被任命为该组织的秘书。

1945 年秋天期间，曼哈顿计划内外的领导人中已经流传着一个流程图，列出了放射性同位素分配的建议。[59] 1946 年 3 月 8 日和 9 日，曼哈顿工程区的研究与开发咨询委员会正式批准了这一放射性同位素分

---

[55] 参见 Paul C.Aebersold to Col.K.E.Fields，8 Mar 1946，NARA Atlanta，RG 326，OROO Lab & Univ Div Official Files，Acc 68A1096，box 13，folder Isotopes-3.

[56] 有关该放射性同位素的需求清单，参见 Paul C.Aebersold to Colonel K. E. Fields，30 Apr 1946，NARA Atlanta，RG 326，OROO Lab & Univ Div Official Files，Acc 68A1096，box 13，folder Isotopes-2.

[57] 参见 Cohn，“Introductory Remarks”（1968），pp.8-9.

[58] 参见 Proposed Agenda for First Meeting of a Committee on Project Distribution of Isotopes（Stable & Radioactive），attached to memorandum from A.V.Peterson，Lt.Col.，Corps of Engineer，to Col.F.E.Fields，21 Feb 1946，NARA Atlanta，RG 326，OROO Lab & Univ Div Official Files，Acc 68A1096，box 13，folder Isotopes-3. 另参见 Memorandum（unsigned）to The Area Engineer，21 Feb 1946，Appointment of “Manhattan Project Isotope Committee”；H.A.Fidler to N.E.Bradbury，6 Mar 1946. 以上两份都来自 NARA Atlanta，RG 326，OROO Lab & Univ Div Official Files，Acc 68A1096，box 13，folder Isotopes-3.

[59] 参见 Proposed Interim Arrangement for National Distribution of Declassified Isotopes，NARA Atlanta，RG 326，OROO Lab & Univ Div Official Files，box 13，folder Isotopes-3.

配计划。(60)格罗夫斯在回应这一批准时，正式要求朱厄特提名计划外的科学家组成一个委员会，就有关政策问题向曼哈顿计划总部提供建议。(61)在埃伯索尔德的强烈要求下，美国国家科学院任命的委员会成员主要由平民科学家组成，而不是曼哈顿计划的参与者。(62)这个临时的同位素分配政策咨询委员会（以下简称临时委员会）由李·杜布里奇任主席，成员包括物理学家默尔·图夫、化学家莱纳斯·鲍林（Linus Pauling）和文森特·迪维尼奥（Vincent du Vigneaud）、医学研究人员科尼利厄斯·罗兹（Cornelius Rhoades）和塞西尔·J. 沃森（Cecil. J. Watson）、生物学家雷蒙德·泽克尔（Raymond Zirkle）和A·贝尔德 . 黑斯廷斯（A. Baird Hastings），以及研究应用科学的扎伊·杰弗里斯和L·F. 柯蒂

(60) 曼哈顿工程区研究与发展咨询委员会由战争期间在科学动员中表现突出的七名人员组成，他们是：罗伯特·F. 巴彻（Robert F. Bacher）（他在七个月后被任命为原子能委员会委员）、亚瑟·H. 康普顿（Arthur H. Compton）、沃伦·K. 刘易斯（Warren K. Lewis）、约翰·R. 鲁霍夫（John R. Ruhoff）、查尔斯·A. 托马斯（Charles A. Thomas）、理查德·C. 托尔曼（Richard C. Tolman）和约翰·A. 惠勒（John A. Wheeler）（该组成员与1944年由格罗夫斯任命的托尔曼委员会成员不同）。参见US Army Corps of Engineers，*Manhattan Project*（1976），reel 1，book I，vol.4，p.2,3；Hewlett and Anderson，*New World*（1962），pp.632–636.

(61) 参见L.R.Groves to Frank B.Jewett，22 May 1946，NARA Atlanta，RG 326，OROO Lab & Univ Div Official Files，Acc 68A1096，box 6，folder Radioisotopes-National Distribution；Memo from Col.K.E.Fields to T.F.Trowbridge，14 Jan 1947，NARA College Park，RG 326，E67A，box 45，folder 3 Distribution of Radioisotopes-Domestic. 有关公开报道的信息，参见"Beneficial Isotopes Available from Atom Bomb Project"，press release for 14 Jun 1947，NARA Atlanta，RG 326，OROO Lab & Univ Div Official Files，box 13，folder Isotopes–2.

(62) 参见Paul C.Aebersold to M.D.Whitaker，Director，Clinton Laboratories，6 Apr 1946，NARA Atlanta，RG 326，OROO Lab & Univ Div Official Files，Acc 68A1096，box 13，folder Isotopes–3.

斯（L.F. Curtiss）和无投票权的秘书保罗·埃伯索尔德。[63]该委员会只要求举行一次会议以便他们提出建议（1946 年 4 月 20 日，美国国家科学院）。[64]他们强烈要求曼哈顿计划继续进行下去，并开始向民用科学家分发现有的同位素。[65]

临时委员会主张向放射性同位素购买者收取的费用不高于曼哈顿区的“自付”费用。格罗夫斯随后要求孟山都公司（克林顿实验室的承包方）“估算生产和分配的成本（不包括核反应堆成本）、厂房租金或现有实验室的成本”。[66]根据沃尔多·科恩的说法，格罗夫斯最初希望将建造核反应堆的成本分摊到价格表中，但是科学家们反对说：“你把这个价格加到了碳 -14 上，那你卖不出 1 微居里。你不能把成本推给生物学研究人员。”[67]科学家的意见占了上风。这实际上意味着计划外的购买者不必支付战时基础设施的费用，而正是因为有了这些设施，放射性同位素才能生产出来。

---

⑥③ 同位素分配政策临时咨询委员会一直在运作，直到 1947 年 12 月 31 日原子能委员会任命了一个常设同位素分配委员会。参见“Committee on Isotope Distribution：Report by the Manager of the Office of Oak Ridge Directed Operations in Collaboration with the Directors of the Division of Research and the Division of Biology and Medicine”，Dec 1947，AEC General Secretary Records，RG 326，E67A，box 25，folder 7 Isotope Distribution，Committee on。另参见 Paul C. Aebersold，“Status of Program Involving Distribution of Radioisotopes”，15 Jan 1947，NARA Atlanta，RG 326，OROO Files Relating to K-25，X-10，Y-12，Acc 67A1309，box 14，file Press Releases & Background Dope.

⑥④ 参见 Paul C. Aebersold to Members of Interim Advisory Committee on Isotope Distribution Policy，26 Apr 1946，NARA Atlanta，RG 326，OROO Lab & Univ. Div.，Acc 68A1096，box 13，folder Isotopes-3.

⑥⑤ 参见 L. A. DuBridge to Major General L. R. Groves，1 May 1945，NARA Atlanta，RG 326，OROO Lab & Univ Div Official Files，Acc 68A1096，box 13，folder Isotopes-2，p. 2.

⑥⑥ 参见 US Army Corps of Engineers，*Manhattan Project*（1976），reel 1，book I，vol.4，p.3-14.

⑥⑦ 参见 Human Radiation Studies：Remembering the Early Years，Oral History of Biochemist Waldo. Cohn，Ph.D. Conducted January 18，1995 through the Department of Energy by Thomas Fisher，Jr. and Michael Yuffee，and published at http：//tis.eh.doe.gov/ohre/roadmap / histories，p. 19.

然而，按照“生产成本”来为放射性同位素定价仍然是不方便的。[68]审计是政府拨款事项的一部分——军方对孟山都公司的审计，以及国会审计署对军方的审计——这导致了“繁文缛节，而审计员为了确保花销都是透明的而浪费了更多的时间和金钱，这比待分配的产品总额还多”。[69]结果，橡树岭放射性同位素的初始价格在分配倡导者眼中是过高的。更何况，核反应堆的产能没有得到充分的利用。[70]

该定价系统达成协议之后，国会原子能立法的搁置仍然是一个障碍。正如K.D.尼克尔斯（K. D. Nichols）上校1946年5月24日写给孟山都公司主管的信中所说，“立法通过的程序已经拖延了很长时间，为了国家的利益，我们希望将这种放射性同位素分发给项目外的使用者。”[71]6月1日，《麦克马洪法案》终于在参议院获得通过，不过在众议院仍面临一个曲折的夏天。[72]与此同时，尼克尔斯指示孟山都公司开始在克林顿实验室组建放射性同位素项目。[73]

开始配送

1946年6月14日，美国政府生产的第一批放射性同位素的目录在《科学》杂志上刊登了，标题为“可用的放射性同位素：曼哈顿计

---

⑱ 参见同位素分配政策临时咨询委员会成员 L. F. Curtiss to Lee DuBridge，Chairman，9 Dec 1946，copy in Aebersold papers，box 1，folder 1-11 Gen Corr July-Dec. 1946.

⑲ 参见 Waldo E. Cohn to Paul C. Aebersold，1 Dec 1946，Aebersold papers，box 1，folder 1-11 Gen Corr July-Dec 1946，p. 6.

⑳ 参见 Curtiss to DuBridge，9 Dec 1946.

㉑ 参见 K. D. Nichols to C. A. Thomas，Monsanto Chemical Co.，24 May 1946，NARA Atlanta，RG 326，OROO Files Relating to K-25，X-10，Y-12，Acc 67A1309，box 15，folder 441.2 Isotopes.

㉒ 参见 Hewlett and Anderson，*New World*（1962），chapter 14.

㉓ 参见 US Army Corps of Engineers，*Manhattan Project*（1976），reel 1，book I，vol. 4，p. 3，14；K. D. Nichols to C. A. Thomas，Monsanto Chemical Co.，24 May 1946.

划总部公告”。未署名的作者是沃尔多·科恩、R·T.奥弗曼（R. T. Overmann）和埃伯索尔德。[74]该公告列出大约一百个同位素，要求购买者向橡树岭同位素分处提出请求，他们将审查每一份请求。这些程序充分遵循了临时委员会的建议。同位素只能提供给“有资质的机构”中的人，不允许二次分配（将放射性同位素用于患者除外）。每个“有资质的机构”要设立一个放射性同位素委员会，其成员要“熟悉辐射的生物效应，有资格就适当选择和测量同位素提供建议，并有能力就准备和提取同位素测量提供建议”。[75]因此，该委员会将监督和使用放射性同位素有关的健康和安全问题。

基础研究和可公开发表的研究将优先得到放射性同位素。“常规商业应用”或非公开的研究将不在分配范围内。[76]强调推进非保密研究反映了曼哈顿计划的科学家致力于将研发、制造原子弹的技术造福于民用事业。[77]该公告还指出，放射性同位素的研究应用比治疗应用更重要，部分原因是治疗应用需要的数量往往更大。

所有的申请和审批工作都由位于橡树岭实验室的曼哈顿计划总部的同位素分部负责处理（1947 年，同位素分部更名为同位素部）。这个机构必须根据设施的充分性和监督处理放射性来核准具体的请求和机构。

㉔ 参见“Availability of Radioactive Isotopes”（1946）。美国原子能委员会随后以小册子的形式出版了该目录表。根据科恩的说法，这篇在《科学》上发表的文章，埃伯索尔德撰写了第一部分（行政管理部分），科恩写了第二部分（技术部分）。参见 Cohn，“Introductory Remarks”（1968），p.10；Human Radiation Studies：Remembering the Early Years，Oral History of Biochemist Waldo E. Cohn，Ph.D. Conducted January 18，1995 through the Department of Energy by Thomas Fisher，Jr. and Michael Yuffee，and published at http：//tis.eh.doe.gov/ohre/roadmap /histories，p. 17.

㉕ 参见 Memo from Col K. E. Fields to T. F. Trowbridge，14 January 1947，NARA College Park，RG 326，E67A，box 45，folder 3 Distribution of Radioisotopes-Domestic，p.2.

㉖ 那些在曼哈顿计划内进行分类研究的人能继续得到橡树岭的放射性同位素。原子能委员会更改了该计划，以促进同位素在工业中的使用。

㉗ 参见 L. A. DuBridge to Major General L. R. Groves，1 May 1945，NARA Atlanta，RG 326，OROO Lab & Univ Div Official Files，Acc 68A1096，box 13，folder Isotopes–2，p.4.

国内申请人要提交“放射性同位素采购申请书”以及另外两种文件：“订购和接受副产品物质（放射性同位素）条款和条件”和符合《联邦食品、药品和化妆品法案》第 505（i）条（表示该材料是否注射人体或作为药物或实验）的证明。如果申请人被认为“设备齐全”，且提出以可接受的方式使用所要求的放射性同位素，可以向申请人颁发《放射性同位素采购授权书》，允许其购买。[78]

任何使用放射性物质的要求首先必须通过人类应用小组委员会的审核。1946 年 6 月 28 日，该委员会成员首次会面，主要关注的是医学实验，也涉及工业暴露问题。鉴于以往使用回旋加速器制造放射性同位素的经验，该委员会认为其道德责任主要是处理配额不足的问题，即在购买者中决定优先权问题。反思之前的做法，分配似乎不如保障安全和知情同意的道德规范重要。虽然自 1947 年春季以来，原子能委员会就认可了获知情同意的重要性，但是直到 20 世纪 50 年代末才对实验志愿者提出了这一要求。接收原子能委员会发放放射性同位素的机构在当地的委员会既要监测辐射危害，又要保护患者。[79]私人医生将无法得到放射性同位素，而只有那些“能够在综合研究项目中使用它们的机构，以及能够使用合适的仪器来测量辐射”的地方才能得到放射性同位素的配送。[80]

《科学》发表的目录中包括一个图表，指出每种可用于销售的放射性同位素使用了什么目标材料，以及在生产过程中涉及何种类型的核转

---

⑱ 参见 AEC memo 398，“Regulations for the Distribution of Radioisotopes，” 22 Jan 1951，NARA College Park，RG 326，E67A，box 45，folder 1 Regulations for the Distribution of Radioisotopes. 有关在 1946 年项目启动时使用的一份表格，参见 NARA Atlanta，OROO Lab & Univ Div Official Files Acc 68A1096，box 6，folder Radioisotopes-National Distribution.

⑲ 参见 ACHRE，*Final Report*（1996），pp.46–47，173–174，189.

⑳ 参见 S. Allan Lough to W. H. Bergen，18 Nov 1947，NARA Atlanta，RG 326，MED CEW Gen Res Corr，Acc 67B0803，box 145，folder AEC 441.2（R-Bergen’s Pharmacy）.

化反应。一些元素吸收中子并释放出 γ 射线，经过了被称为中子－γ（光子）（n，γ）反应的过程而生成了相同元素的放射性同位素。例如，磷－31 经反应堆辐照，一些原子转变成磷－32。由此产生的放射性磷不能与稳定的磷进行化学分离。稳定元素磷－31 被称为少量放射性同位素磷－32 的“载体”。[81]因此，这些被称为非无载体放射性同位素。其他元素通过中子－质子（n，p）或中子－α 粒子（n，α）反应，产生与母体不同的化学元素的同位素。此类放射性同位素被称为无载体放射性同位素，因为样本中存在的所有元素都是放射性的，没有与非放射性形式的元素混合。例如，一种无载体形式的磷－32 可以由硫－32 产生。此外，生物学家和内科医生经常需要的其他放射性同位素，如碳－14、硫－35 和钙－45，都可以用无载体的方式生产。通常，把这种无载体的元素从其化学性质明确的目标物质（“母体”）分离出来，将产生高纯度和高特异性活性的放射性同位素。另外，在某些情况下，中子－γ（n，γ）反应会生成一种不稳定的同位素，其放射性衰变产生的“女儿”与原始元素的关系是非同位素的。

X-10 放射性同位素的生产建立在战争后期特定同位素“实验批量生产”的基础上，其中最出名的是洛斯阿拉莫斯所产的放射镧“罗拉”和钋，以及伯克利产的磷－32。[82]将盛着目标材料的小铝制容器放入反应器中，插入称为“桁条”的石墨块的孔中。然后将石墨块“通过周围厚混凝土保护层的开口推入核反应堆内部”。[83]根据所涉及的材料和核反应，辐照可能需要几天或几个月的时间（见图 3.3）。清除目标材料是一项精细的、甚至是危险的操作，需要仔细地协调和监测：

㊱ 参见 US Army Corps of Engineers，*Manhattan Project*（1976），reel 1，book I，vol.4，p.3，4。

㊲ 参见“Availability of Radioactive Isotopes”（1946），p.699.

㊳ 参见 *Isotopes Catalog and Price List No. 3*，*July 1949*（Oak Ridge，Tennessee：Isotopes Division，United States Energy Commission，1949），p.1，copy in NARA College Park，RG 326，E67A，box 46，folder 6 Foreign Distribution of Radioisotopes Vol.2.

图 3.3　人们正在把目标材料从 X-10 核反应堆中取出，右边是监测放射性的手持式计量器。摄于 1946 年 6 月 14 日，田纳西州克林顿工程师工程（参见国家档案馆，RG 434-OR，box 22，notebook 65，photograph MED-308）

当关闭反应器取出辐照样品时，每个工作人员都必须准确地知道自己的任务且要迅速而无误地操作。必须经常使用盖格计数器和其他辐射检测设备来检查辐射。后续对材料进行化学处理时，“热室”内的特殊远程控制设备必须由熟练的操作员操作，在许多情况下，操作员只能通过镜子、潜望镜或透明罩来观察其所做的事情。[84]

在 X-10 反应堆中，可以通过照射目标材料来生产的同位素在数量和种类上是有限制的。[85]不过事实证明，这些设施的生产量可以满足通过审核的客户需求，这些需求大部分来自生物学家和临床医生。

---

[84] 参见 W. E. Thompson，“Oak Ridge National Laboratory Research and Radioisotope Production”，Jan 1952，MMES/X-10/Vault，CF-52-1-212，DOE Info Oak Ridge，ACHRE document ES-00226，p.13.

[85] 参见” Availability of Radioactive Isotopes”（1946），p.697.

1946年8月1日，哈里·S.杜鲁门总统签署了《原子能法》，为曼哈顿计划配送反应堆"副产品"提供了必要的法律框架。[86]第二天，"在克林顿反应堆前办理了相应的手续"后，政府交付了第一批放射性同位素。[87]这是一个精心策划的事件，媒体报道铺天盖地。来自华盛顿特区的五十名新闻记者和摄影师参加了新闻发布会并参观了实验室内无限制的部分，特别是参观了放射性同位素的生产设施。[88]最后确定邀请名单是个充满挑战的任务，因为几位来报道此事件的科学记者正计划参加在太平洋进行的比基尼环礁试验。[89]为新闻稿选择的照片和拟定的标题都经过仔细审查，以免无意中泄露机密信息。此外，有关记者是否获准访问安全限制地区也存在争议。尼科尔斯向格罗夫斯表达了他的担忧，"如果我们允许记者参观热室，我们会有很大的压力，就得允许每个科学家都可以进去参观。"[90]最终，行程确实包括了在化学大楼即所谓的"热室"以及在反应堆楼和运输甲板短暂逗留。

当天活动的高潮是"转交仪式"上的首次"装运"，预定在上午11时40分开始。摄影师按下照相机快门，埃尔默·E.柯克帕特里克（Elmer E. Kirkpatrick）上校（代理区工程师）在旁边注视着，尤金·维格纳（Eugene Wigner）（克林顿实验室主任）向密苏里州圣路易斯市巴

---

[86] 参见"Atomic Energy Act of 1946"（1946）.

[87] 参见US Army Corps of Engineers，*Manhattan Project*（1976），reel 1，book I，Vol.4，p.320.

[88] 参见Schedule of Events，Radio and Press Conference，Monsanto-Clinton Laboratories，2 Aug 1946，NARA Atlanta，RG 326，OROO Files Relating to K-25，X-10，Y-12，Acc 67A1309，box 14，folder Press Releases & Background Dope.

[89] 参见Memorandum to Colonel K. Fields regarding Publicity Concerning Distribution of Radioisotopes by the Manhattan Project，to Colonel K. E. Fields，27 May 1946，NARA Atlanta，RG 326，OROO Lab & Univ Div Official Files，Acc 68A1096，box 13，folder Isotopes-2.

[90] 参见Memo Routing Slip from "N" to General Groves and Col. Fields，in Folder "Press Release on Isotopes，" NARA Atlanta，RG 326，OROO Lab & Univ Div Official Files，Acc 68A1096，box 13，folder Isotopes-2.

纳德皮肤和癌症医院研究主任 E.V. 考德里（E. V. Cowdry）和副主任威廉 · L. 辛普森（William L. Simpson）交付了一毫居里的碳 -14，售价 367 美元。（参见图 3.4）。

维格纳在出货一刻的讲话，主要谈论原子能从用于毁灭到用于治疗的转变：

A

B

图 3.4　图 A 和 B 是 1946 年 8 月 2 日在橡树岭核反应堆发送第一批放射性同位素。图 A，在反应堆前，橡树岭国家实验室主任尤金 · 维格纳将一毫居里的碳 -14 交付给了 E.V. 考德里。维格纳的左边是埃尔默 · E. 柯克帕特里克上校；其右边是威廉 · 辛普森。图 B 为新闻记者和摄影师在报道交货过程。拍摄者：橡树岭詹姆斯 · E. 韦斯科特（James E. Westcott）（参见国家档案馆，RG 434-OR，box 21，notebook 2，photographs no. 430-OR-58-1870-4 and 430-OR-58-1870-13）

我们希望……今天将是原子能历史上的一个转折点，那些曾经用于有效破坏的设施将用于更有效地拯救生命，用于增加我们的知识以造福人类。[91]

考德里的讲话则呼应了变革和救赎的主题："如果用于研发可怕战争武器的设施能够打开一个新科学时代的大门，那么今天就是跨入新时代的第一步。"[92]这次交货中，不仅橡树岭的第一批货是献给了癌症研究，而且收货人是来自圣路易斯实验室、克林顿实验室的承包商孟山都公司总部之所在地。[93]

到1946年底，橡树岭同位素分部收到了306份放射性同位素的请求，而克林顿实验室已经处理了125次的运输。销售额略低于3万美元。这一数量的需求低于曼哈顿计划规划者的预期。研究机构在调查为什么订单不多时发现了三个主要原因："（1）缺乏训练有素的人员；（2）缺乏电子检测仪器；（3）放射性同位素提供的速度可满足需求，但研究人员未完成使用的计划［原文］。"[94]同位素分部开始克服这些障碍。在民用控制的框架下，保持稀缺的思维模式变为促进需求的思维模式。

同位素的小巷

每一种出售的同位素都有自己的生产要求和限制。早期，碳-14

---

[91] 参见克林顿实验室研究与发展部主任尤金·维格纳博士在移交仪式上的讲话全文，NARA Atlanta，RG 326，OROO Files Relating to K-25，X-10，Y-12，Acc 67A1309，box 14，folder Press Releases & Background Dope.

[92] 参见巴纳德皮肤和癌症医院研究主任E·V.考德里博士在移交仪式上的讲话全文，NARA Atlanta，RG 326，OROO Files Relating to K-25，X-10，Y-12，Acc 67A1309，box 14，folder Press Releases & Background Dope.

[93] 参见Hewlett and Anderson，*New World*（1962），p.63.

[94] 参见US Army Corps of Engineers，*Manhattan Project*（1976），reel 1，book I，vol.4，p.3，20.

的生产占了用于同位素生产的石墨反应堆总流量的一半。克林顿实验室的科学家也在努力从汉福德辐照的铍氮化物中提取碳-14，以释放橡树岭更多的反应堆空间。[95]这种同位素的半衰期为5730年，这意味着在越野运输中几乎没有活性损失。相比之下，高需求的另一种同位素碘-131的半衰期仅为8天，这使得由于运输给客户造成的损失成为严重的问题。最常用于治疗的两种放射性同位素也是最短缺的。最初，橡树岭核反应堆无法满足国内对碘-131和磷-32的需求。[96]然而，供应不足是短暂的，正如一份原子能委员会备忘录所指出的，到1947年6月，"现在生产能力超过了需求"。[97]

为了将橡树岭的放射性物质运送到全国各地的实验室和医院（以及后期运送到世界各地），必须做出特别的安排。[98]在短期内，政府只是简单地将铁路运输镭的现行规定延伸到放射性同位素。[99]然而，许多放射性同位素的半衰期短，需要更为快速的运送。[100]通过民用航空局，航空公司制定了一些条例，允许从橡树岭航空运输放射性物质，尽管不是所

---

[95] 参见"Pile Capacity and Rate of Production at Oak Ridge National Laboratory," Annex A to Appendix D of "Study of Wider Use of Isotopes," Info Memo 48-92，29 July 1948，RG 326，E67A，box 45，folder 6 Study of Wider Use of Isotopes，p.20.

[96] 参见 Memorandum from Colonel K. D. Nichols to Carroll L.Wilson，15 Jan 1947，AEC Records，RG 326，E67A，box 46，folder 3 Foreign Distribution of Radioisotopes Vol.1.

[97] 参见 Memorandum from Walter J.Williams to Carroll L. Wilson，"Availability of Radioisotopes for Export," 19 Jun 1947，NARA College Park，RG 326，E67A，box 46，folder 3 Foreign Distribution of Radioisotopes Vol.1，p.1.

[98] 参见 US Army Corps of Engineers，*Manhattan Project*（1976），reel 1，book I，vol.4，pp.3.18-3.19.

[99] H. A. Campbell，Chief Inspector，Bureau of Explosives，20 Apr 1946，NARA Atlanta，RG 326，OROO Lab & Univ Div Official Files，Acc 68A1096，box 13，folder Isotopes-3.

[100] 这对向国外送货来说更是一个问题。由于放射性碘在运往澳大利亚的过程中失去了很多的活性，澳大利亚大使呼吁委员会"考虑放宽对这种（短期）同位素空运的严格要求"。参见 N. A. Whiffen to T. E. Jones，15 Jan 1948，NARA Atlanta，RG 326，MED CEW Gen Res Corr，box 145，folder AEC 441.2（R-Australian Embassy）. 也可参见 Broderick，"History"（1988），p.117.

有的航空公司都愿意承担放射性物质货运。[101]一份备忘录详述了他们的担忧："放射性物质会影响精密的飞机仪器或无线电通信吗？飞行员的健康和乘客的安全会受到威胁吗？哪些货物可能会遭到损坏？"[102]幸运的是，位于诺克斯维尔市的三家航空公司，即达美航空、首都航空和美国航空都同意运输克林顿实验室的放射性同位素。橡树岭的科学家们解除了航空业对运输放射性同位素会影响导航仪器的担忧："同位素容器表面的辐射强度大约与飞行员手表的镭表盘上的辐射强度相同。"[103]事实上，许多放射性同位素的货物都是少量的放射性物质。尽管如此，由于有铅屏蔽层，集装箱仍可能重达一吨。运输碘 –131 的平均集装箱重量超过 100 磅（约 45 公斤）。同位素分部的工作人员还在货物中附有说明书，指导如何安全地从密封的容器中取出放射性同位素，但是装运后，相关人员是否会按照程序处理材料就无从得知了。[104]

回旋加速器的遗产以两种惊人的方式塑造了反应堆生产放射性同位素的早期销售。首先，研究和治疗中已经普遍使用的同位素，即磷 –32 和碘 –131 是政府分配计划初期最需要的同位素。它们占国内出货量的三分之二左右，后来在国外的出货量中所占的比例也较高。[105]致力于临床应用的回旋加速器已经形成了对这些特定同位素的需求。其次，拥有回旋加速器的机构也从政府那里购买最多的放射性同位素。[106]保罗·埃伯索尔德在 1947 年底观察到：

---

[101] 参见 US Army Corps of Engineers，*Manhattan Project*（1976），reel 1，book I，vol.4，p.3.19.

[102] 参见 "Background Material on Activity in First Year of Distribution of Pile-Produced Radioisotopes," Press Release，2 Aug 1947，AEC Records，NARA College Park，RG 326，E67A，box 45，folder 3 Distribution of Radioisotopes-Domestic，p.7.

[103] 出处同上，p.6.

[104] 出处同上，p.5.

[105] 参见根据截止 1949 年 6 月 30 日的资料由原子能委员会提供的数据，来自 AEC，*Isotopes*（1949），pp.5–6，22，54，59.

[106] 参见 Aebersold，"Isotopes and Their Application"（1948），p.151.

迄今为止，全国使用同位素最多的地方也是那些曾经使用过较大的回旋加速器生产同位素的地方，如加利福尼亚大学、麻省理工学院、华盛顿州卡内基研究所、哥伦比亚大学、芝加哥大学、特拉华州纽瓦克生物化学研究基金会、圣路易斯华盛顿大学和哈佛大学。[107]

从首批申请购买同位素的申请人来看，埃伯索尔德的说法得到了证实，这些申请人包括哥伦比亚大学的大卫·里滕伯格（David Rittenberg）、芝加哥大学的雷蒙德·泽克尔，W. F. 利比（W. F. Libby）和詹姆斯·弗兰克、华盛顿大学的马丁·卡门、哈佛大学的 A.K. 所罗门（A. K. Solomon）、伯克利的约翰·劳伦斯和科尼利厄斯·托拜厄斯（Cornelius Tobias）以及麻省理工学院的罗布利·埃文斯。[108] 这些科学家所在的机构在第二次世界大战前就拥有回旋加速器或重同位素，伯克利拉德辐射实验室尤其是这种情况。

从一个分散的基于回旋加速器的放射性同位素的生产管理制度向国家政府控制的分配制度的过渡并不完全顺利。首先，那些能够向同事或临床医生发放放射性同位素的人不希望放弃这种权利。1945 年秋，约翰·劳伦斯想让航空公司向在南美和英国发出请求的医生运送放射性磷，但没有成功。[109] 另一方面，事实证明专家使用者是政府店里最挑剔

---

[107] 参见 Paul Aebersold 于 1947 年 12 月 29 日在美国科学促进会第 114 次会议上提交的论文 "Isotopes and Their Application to Peacetime Use of Atomic Energy", Appendix B to "Study of Wider Use of Isotopes", Info Memo 48–92, 29 July 1948, NARA College Park, RG 326, E67A, box 45, folder 6 Study of Wider Use of Isotopes, p.4.

[108] 参见 1946 年 8 月至 12 月由同位素分部颁发的证书，来自 NARA Atlanta, RG 326, OROO Files Relating to K–25, X–10, Y–12, Acc 67A1309, box 14 (not in folders).

[109] 参见 John H. Lawrence to Joseph G. Hamilton, 16 Nov 1945, JHL papers, series 3, reel 4, folder H correspondence 1945; John Lawrence to Sir Cecil Kisch, 27 Aug 1945, series 3, reel 4, folder I-K correspondence 1945. 从这些信件中，不能确定关于拒绝向国外出货的决定是出自航空公司还是美国政府。

的顾客。约翰·劳伦斯抱怨他收到的放射性同位素的纯度和重量都存在问题："现在看来橡树岭分离出的物质对我们来说是不合格的。"[⑩] 劳伦斯的解决办法是要求橡树岭向他运送未经分离的同位素材料——以磷-32为例，就是运送罐装的经辐照的硫，他的实验室再从中提取出物质，以达到他的规格要求。埃伯索尔德指出，其他的使用者在收到橡树岭的货物后，也不得不重新加工放射性同位素，特别是那些用于治疗的产品："如果要用磷-32进行人体静脉注射，很多使用者不得不雇放射化学家来进一步处理这些材料。"[⑪]

人们对美国政府提供的放射性碘的纯度和治疗安全性也有类似的担忧，对此原子能委员会的立场是"克林顿实验室无法承担法律责任，也不能承诺提供适合人类使用的材料"。[⑫] 然而，大多数碘-131都是用于医疗的，这使放射性同位素购买者承担了额外净化的负担。临床医生的另一种选择是继续从回旋加速器设施的合作者那里得到这种同位素。麻省理工学院的罗布利·埃文斯表示，他们愿意继续使用化学方法提纯橡树岭反应堆生产的放射性碘，供医生使用。麻省理工学院是碘-131的主要供应地点。[⑬] 而同位素分部的埃伯索尔德则认为，即使政府不想证明人类使用同位素制剂的安全性，他们也可以很好地供应同位素材料，

---

⑩ 参见 John Lawrence to Area Engineer，undated [c. Jan. 1947]，NARA Atlanta，RG 326，OROO Files Relating to K-25，X-10，Y-12，1943-1948，box 57，folder AEC 400.32 Isotopes Vol.1.

⑪ 参见 Paul C. Aebersold to M. E. Hubbard，2 Jun 1947，NARA Atlanta，RG 326，MED CEW Gen Res Corr，Acc 67B0803，box 177，folder AEC 441.2（R-Veterans Administration）. 埃伯索尔德指出，对于口服用药，许多使用者只是用水稀释了橡树岭的制剂。

⑫ 参见 Paul C. Aebersold to Edgar J. Murphy，7-8 Aug 1946，NARA Atlanta RG 326，OROO Files Relating to K-25，X-10，Y-12，Acc 67A1309，box 14，folder Press Releases & Background Dope，p.2.

⑬ 参见 F. R. Keating，Jr.，Mayo Clinic，to Paul C. Aebersold，26 Jul 1946，NARA Atlanta，RG 326，OROO Files Relating to K-25，X-10，Y-12，Acc 67A1309，box 14，folder Press Re-leases & Background Dope，p.2.

“以便人体注射的物质的最终适应方式可以变简单”，如稀释。[114]几年之内，随着雅培公司在橡树岭的一家放射性药物工厂的建立，工业用途开始涉入，填补了空白。[115]

其他安全方面的担忧也源于碘-131。这种放射性元素在生物和医学应用最广泛的同位素中几乎是独一无二的，因为它实际上是反应堆中持续存在的铀裂变反应的副产品。这意味着碘-131可以用化学方法从反应堆裂变产物的混合物中提取出来。在这个意义上，放射性碘符合《原子能法》的确切措辞，该法案授权原子能委员会“向寻求此类材料的申请人以免费或收费的形式分发副产品材料，用于进行研究或开发活动、医学治疗、工业用途或其他类似方面”[116]。(原子能委员会对“副产品”进行了宽松的解释，以便包括在反应堆中生产的任何人造放射性同位素)在同位素分配的早期，从废反应堆燃料中用化学方法提取放射性碘很困难，橡树岭团队通过辐照碲来制备碘-131。[117]当原子能委员会能够从汉福德丰富的钚副产品开始生产碘-131时，这一变化带来了新的安全问题，特别是钚可能造成的污染。这种情况令人担忧，因为大多数碘-131用于医疗诊断和治疗。原子能委员会试图让人们放心，他们认为杂质的含量已经微乎其微：“以碘-131为例，用于人体注射是可能的，不会因为钚而造成不必要的伤害。”[118]

---

⑭ 参见 Aebersold to Murphy，7–8 Aug 1946，p.2.

⑮ 参见第六章。

⑯ 参见“Atomic Energy Act of 1946”(1946)，引语来自 p.20.

⑰ 参见 Minutes of Initial Meeting，Advisory Sub-Committee on Human Applications of the Interim Advisory Committee on Isotope Distribution Policy，NARA Atlanta，RG 326，OROO Lab & Univ Div Official Files，Acc 68A1096，box 6，folder Radioisotopes-National Distribution.

⑱ 参见“Proposed Shipments of Isotopes to UK and Canada under the Technical Cooperation Program,” Report by the AEC Member of the CPC Subgroup of Scientific Advisers，10 Jan 1950，NARA College Park，RG 326，E67A，box 46，folder 5 Foreign Distribution of Stable Isotopes，p.6.

对于那些以前购买回旋加速器生产的放射性碘的用户，现在改为从橡树岭购买，这也存在一些标准化的问题。到 1946 年 11 月，客户向同位素分部的科学家报告，他们自己对分离的磷 -32 的放射性测量结果与购买时曼哈顿地区所提供的数据不一致。正如同位素分部的一位工作人员所指出的，“我们的大部分客户过去都是从麻省理工学院获得他们的材料的，而这些材料是在回旋加速器上制备的，因此，他们已经将麻省理工学院的材料标准作为他们测量的标准了。”[119] 他们要求曼哈顿工程区允许将 10 毫居里的磷 -32 转送到麻省理工学院的回旋加速器组，以便可以使用他们的方法和仪器测定其放射性。[120]

原子能委员会所设置的监管，尤其是针对人类应用的监管，也给习惯从回旋加速器处获取放射性同位素的用户带来了问题。同位素分部的埃伯索尔德坚持认为所有人类使用的放射性同位素都必须经过人类应用小组委员会的批准。[121] 他解释了这一规则，认为甚至对于那些在原子能委员会成立之前就已经应用了放射性同位素的实验室（如伯克利拉德辐射实验室），以及设立在委员会自己的设施内的实验室，此规则同样是适用的。自 20 世纪 30 年代后期以来，那些一直在临床上使用放射性同位素的人发现，新的审批程序既繁琐又不必要。埃伯索尔德在一份备忘录中指出，“这一程序在过去没有得到一致的遵守”。[122] 他给伯克利唐纳

---

⑲ 参见 J.A.Cox to The District Engineer，25 Nov 1946，NARA Atlanta，RG 326，OROO Files Relating to K–25，X–10，Y–12，Acc 67A1309，box 14，folder Reports to Aebersold on Shipments and Shipping Memo.

⑳ 截止到 1947 年 6 月，橡树岭的活性测量，至少是对磷 -32 的活性测量，已经在麻省理工学院和标准局进行了核对。参见 Paul C. Aebersold to M. E. Hubbard，2 Jun 1947，NARA Atlanta，RG 326，MED CEW Gen Res Corr，Acc 67B0803，box 177，folder AEC 441.2（R-Veterans Administration）.

㉑ 参见 Paul C. Aebersold to A. H. Holland，Jr.，Director of Research and Medicine，5 Oct 1949，NARA Atlanta，RG 326，OROO Lab & Univ Div Official Files，Acc 68A1096，box 33，folder Isotopes Program 1–General Policy.

㉒ 出处同上。

实验室的约翰·劳伦斯和阿尔贡实验室的医疗部门主任赫尔曼·利斯科写了信件，告知他们需要得到人体应用小组委员会的批准，即使放射性同位素不是来自橡树岭。“应该强调的是，即使放射性物质是在实验室中生产和使用的，也要遵守该规则。”[123]同样，埃伯索尔德批评了橡树岭癌症研究医院的研究人员，因为他们没有向人类应用小组委员会申请使用同位素的许可。这个监管框架存在的漏洞是，原子能委员会对使用放射性同位素的最初规定并没有延伸到回旋加速器生产的同位素，而只限于委员会设施生产的同位素范围。[124]

在橡树岭，放射性同位素的生产受到了基础设施的限制。因而当X-10反应堆的中子通量不够高，不足以产生某些高强度的放射性同位素（如铁、钴、镍和锌）时，阿尔贡和汉福德的高通量反应堆就被用了起来。[125]不过，一般来说，橡树岭的局限性与辐照后化学处理的工作空间不足有关，而且随着生产水平的提高，这一问题更加凸显。[126]工作空间不足导致了样品交叉污染，因此一些工作不得不移到户外进行。[127]最

---

[123] 参见 Memorandum by Paul C.Aebersold to A.Tammaro，Manager，Chicago，Use of Radioisotopes in Human Subjects，5 Oct 1949，AEC Records，NARA Atlanta，RG 326，OROO Lab & Univ Div Official Files，Acc 68A1096，box 33，folder Isotopes Program 1-General Policy.

[124] 参见 “Regulations for the Distribution of Radioisotopes，” AEC 398，22 Jan 1950，Report by the Division on Research and Isotopes Division，NARA College Park，RG 326，E67A，box 45，folder 1 Regulations for the Distribution of Radioisotopes.

[125] 参见 “Pile Capacity and Rate of Production at Oak Ridge National Laboratory，” Annex A to Appendix D of “Study of Wider Use of Isotopes，” Info Memo 48-92，29 Jul 1948，NARA College Park，RG 326，E67A，box 45，folder 6 Study of Wider Use of Isotopes.

[126] 参见 Paul Aebersold 于 1947 年 12 月 29 日在美国科学促进会第 114 次会议上提交的论文，“Isotopes and Their Application to Peacetime Use of Atomic Energy”，Appendix B to “Study of Wider Use of Isotopes，” Info Memo 48-92，29 Jul 1948，RG 326，E67A，box 45，folder 6 Study of Wider Use of Isotopes，p. 3.

[127] 参见 “Production Limitations，” Appendix D to “Study of Wider Use of Isotopes，” Info Memo 48-92，29 Jul 1948，NARA College Park，RG 326，E67A，box 45，folder 6 Study of Wider Use of Isotopes.

终，在克林顿实验室作为一个国家实验室长期建立起来之后，这些不足之处才得到解决。不过这一过程颇费了些周折，因为战后初期对橡树岭来说是个动荡的年代，其中部分原因是承包商的更换。于是当时的橡树岭士气低落，很难留住科学家。早在1948年，原子能委员会就把克林顿实验室的合同授予了联合碳化物公司，部分原因是该公司还管理着铀气体扩散工厂（K-25）。然而，这却引发了劳资问题。在工资和附加福利方面，X-10和K-25之间存在差异，毫不奇怪，代表X-10工人的美国劳工联合会反对这些差异。尽管在劳工谈判僵局中援引了《塔夫脱－哈特莱法案》（Taft-Hartley）的禁令，但在冲突解决之前，X-10工厂几乎关闭了。[128]

尽管如此，1947年X-10地点仍被认定为国家实验室，并于1948年更名为橡树岭国家实验室，这标志着原子能委员会对田纳西州的长期研究承诺。橡树岭的活动组合很多元化，涵盖广泛的基础和应用研究与开发，还包括一个放射生物学项目。[129]永久性设施的建设始于1949年，其中包括一个用于加工、包装和运输放射性同位素等功能的十栋建筑物的新综合体。[130]它被称为“同位素小巷”。[131]到1949年，有72名工作人员在从事反应堆操作或同位素生产加工。[132]1950年，原子能委员会进一步扩充了设备，增加了一个新的同位素加工区，并配备了遥控设备和装配

---

⑱ 参见 Atomic Energy Labor Relations Panel，Report for Period 1 Jun–31 Oct 1949；Dec 1949，NARA College Park，RG 326，E67A，box 3，folder AEC Labor Policy and the Labor Situation（General），Vol.1.

⑲ 参见 Quist，“Classified Activities”（2000），p.18；Rader，“Hollaender's Postwar Vision”（2006）.

⑳ 参见 Johnson and Schaffer，*Oak Ridge National Laboratory*（1994），p. 57；Quist，“Classified Activities”（2000），p.18.

㉛ 参见 Fred Strohl，ORNL，personal communication，25 Jul 2006.

㉜ 参见 A. M. Weinberg，“Research Program at ORNL,” 22 Mar 1949，MMES/X-10/Vault，CF-49-3-233，DOE Info Oak Ridge，ACHRE document ES-00497.

线。[133]（见图 3.5）

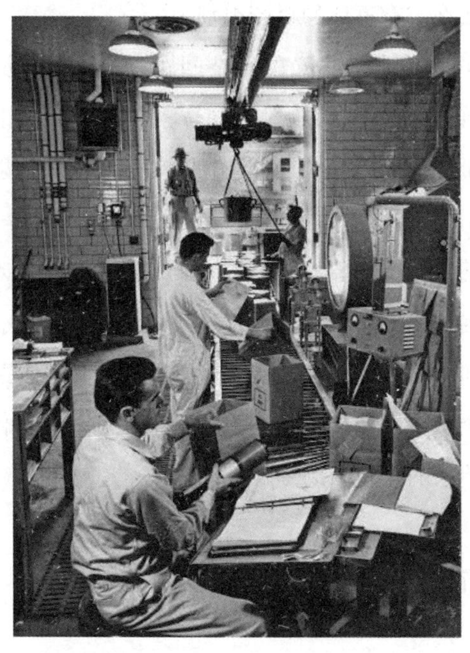

图 3.5　图为橡树岭国家实验室的同位素出货室，同位素在此包装、标记、称重，并在发货前检查辐射泄漏（参见美国国家档案馆，RG 434-SF，box 25，folder 2，photograph no. AEC-55-5353）

从组织上来说，同位素分部并不十分切合原子能委员会的结构。工厂位于橡树岭国家实验室，处理授权和销售的办公室位于几公里之外的橡树岭营运大楼。这种做法在当地也许行之有效，但与华盛顿的关系却颇为复杂。有一份备忘录这样评价：同位素分部不能“只与一个部门或办公室有关系，因为它与研究部门和生物医学部门密切相关，并且与生产部门有频繁的业务往来”。[134]销售活动也带来了新的会计问题，这些问

---

[133] 参见 Press Release，1 Feb 1950，NARA College Park，RG 326，E67A，box 47，folder 1 Foreign Distribution of Radioisotopes Vol.3.

[134] 参见 “Administration and Administrative Controls”, Appendix F to “Study of Wider Use of Isotopes,” Info Memo 48-92，29 Jul 1948，NARA College Park，RG 326，E67A，box 45，folder 6 Study of Wider Use of Isotopes，p. 29.

题不仅在对外销售的活动中存在，在对内使用的活动中也有，因为放射性同位素必须放在“有责任的财产类别中”。[135]

尽管面对着这些官僚主义的复杂问题，原子能委员会还是愿意继承这个来自曼哈顿工程区的放射性同位素分配项目。正如该委员会在1947年向国会提交的年中报告中指出的，“生产这些放射性和非放射性（稳定）同位素的成本只是整个原子能计划成本的很小一部分，但是其好处却是不可估量的。”[136]新任命的委员面临的一个政治难题是，是否允许将放射性同位素运送到国外的实验室。保守的国会代表反对这样做，他们不想把任何材料送到国外，认为这可能帮助其他国家发展核技术。[137]但是，原子能委员会的国内项目向大学、医院和公司提供同位素，受到了科学家和政治家的一致颂扬。

一站式同位素商店

1946年12月31日午夜时分，放射性同位素项目正式从曼哈顿工程区转移到原子能委员会，但在同位素分部的往来通信中几乎看不到相关的信息。在橡树岭基地的人们看来，这仅仅是格罗夫斯时代建立的系统在新的管理模式之下的延续。然而，一个民用原子能机构的设立确实在放射性同位素分配的“公共利益”方面带来了新的政治价值。

以下两个方面可以说明此次移交所带来的变化：一是通过比较管理人员如何看待与项目有关的成本；二是从原子能委员会对扩大该项目的兴趣来看，其通过扩大计划以囊括那些无法从X-10反应堆获得的同位

---

⑬ 参见 Memorandum to Lt. Col. W. P. Leber，Operations Officer，X-10,，29 July 1946，NARA Atlanta，RG 326，OROO Lab & Univ Div Official Files，Acc 68A1096，box 15，folder Accountability-Isotopes.

⑬ 参见 AEC，*Second Semiannual Report*（1947），p.27.

⑬ 参见第四章。

素。《原子能法》授权原子能委员会“以免费或收费的形式分配放射性副产品”。[138] 在设立该项目时，曼哈顿工程区决定对放射性同位素收费，以“阻止滥用材料”。[139] 在该项目的前21个月，原子能委员会回收了256449美元的同位素购买费用，而该机构的运营费用为705227美元。然而，来自外部消费者的收入还不到20万美元——约6万美元的销售额来自原子能委员会的账户，包括用于“项目”使用的放射性同位素。[140] 格罗夫斯认为同位素项目超出了军队的工作范围，他担心放射性同位素项目甚至没有收回成本。[141] 除此之外，他更担心国会将调查与曼哈顿计划相关的巨额费用。[142]

原子能委员会没有面临同样的压力，并且认为放射性同位素项目相对其政治利益而言是廉价的。根据原子能委员会的文件，放射性同位素的价格约为其生产成本的60%。[143] 第二种放射性同位素目录和价格表于1947年3月1日生效，它反映了生物研究和医学治疗中使用最广泛的三种放射性同位素的价格下降了，包括碳-14、磷-32和

---

⑬ 参见 “Costs and Prices,” Appendix C to “Atomic Energy Commission, Study of Wider Use of Isotopes”, Info Memo 48-92, 29 Jul 1948, NARA College Park, RG 326, E67A, box 45, folder 6 Study of Wider Use of Isotopes, p.9.

⑬ 出处同上，p.10.

⑭ 参见 “Radioactive Isotopes Sales, Oak Ridge National Laboratory” and “Radioactive Isotope Production Costs, Oak Ridge National Laboratory”, Annex B and Annex C to Appendix C of “Study of Wider Use of Isotopes”, Info Memo 48-92, 29 Jul 1948, NARA College Park, RG 326, 67A, box 45, folder 6 Study of Wider Use of Isotopes.

⑭ 参见 Groves, *Now It Can Be Told* (1962), p.385. 科恩预测，随着碳-14生产量的提高，放射性同位素项目将停止亏损，事实证明此说法是过于乐观了，参见 Waldo E. Cohn to Major General L.R.Groves, 1 Oct 1946, NARA Atlanta, RG 326, OROO Lab & Univ Div Official Files, Acc 68A1096, box 13, folder Isotopes-3.

⑭ 参见 Groves, *Now It Can Be Told* (1962), p.70; Rader, “Hollaender's Postwar Vision” (2006), p.692.

⑭ 关于反应堆生产的放射性同位素在补贴方面的信息，参见 AEC memo 195, “Program for Production and Distribution of Cyclotron-Produced Isotopes,” NARA College Park, RG 326, E67A, box 45, folder 3 Distribution of Radioisotopes-Domestic.

碘 -131。[144]这三种同位素的销售代表了“非项目分配收入的主要部分”。[145]原子能委员会在宣传中经常提出，使用核反应堆而非回旋加速器生产放射性同位素可节约大量成本。他们经常重复的例子是，一毫居里碳 -14 在橡树岭的出售价为 50 美元，而“用回旋加速器生产大约要花费 100 万美元”。[146]

原子能委员会试图让其他同位素，包括非放射性同位素，也纳入可使用的范围。在战争期间建造的橡树岭电磁分离工厂（Y-12）可用于分离铀 -235 和铀 -238，它生产了几种稳定的同位素作为副产品。从 1945 年 12 月到 1948 年 12 月，在 Y-12 的设施中以这种方式生产了 30 种元素的 129 种稳定同位素。[147]到 1946 年底，物理学家劝说原子能委员会向计划外使用者发放浓缩的稳定同位素。[148]作为回应，原子能委员会于 1947 年 5 月宣布，委员会实验室以外的研究人员可以使用稳定同位素，如放射性同位素。[149]然而，由于供应有限，成本高昂，大多数稳定同位素不是通过出售，而是以“借贷方式”（每个同位素的处理费为 50

---

⑭ 参见 *Radioisotopes，Catalog and Price List*，NARA College Park，RG 326，E67A，box 46，folder 3 Foreign Distribution of Radioisotopes Vol.1，p.10.

⑮ 参见 Memorandum from A. V. Peterson to Col. K. E. Fields，23 Dec 1946，Revised Cost Estimate for Radioisotopes，NARA Atlanta，RG 326，OROO Lab & Univ Div Official Files，Acc 68A1096，box 13，folder Isotopes-3.

⑯ 参见 AEC，*Second Semiannual Report*（1947），p.25；“Background Material on Activity in First Year of Distribution of Pile-Produced Radioisotopes，” Press Release，2 Aug1947，NARA College Park，RG 326，E67A，box 45，folder 3 Distribution of Radioisotopes-Domestic，p.3.

⑰ 参见 AEC Info Memo 163，6 Apr 1949，NARA College Park，RG 326，E67A，box 45，folder 7，Production of Stable Isotopes by Electromagnetic Processes，p.1.

⑱ 参见 Robley D.Evans to Robert F. Bacher，31 Dec 1946，NARA College Park，RG 326，E67A，box 46，folder 3 Foreign Distribution of Radioisotopes Vol.1.

⑲ 随后发布了七个月前的一份公告，宣布原子能委员会将把旧金山斯图尔特氧气公司生产的重水和氘气分配给有资质的使用者，参见“United States Atomic Energy Commission Announces Distribution of ‘Heavy Water’”，Press Release，1 May 1947，NARA College Park，RG326，E67A，box 45，folder 13 Distribution of Stable Isotopes Domestic.

美元）提供。[149] 因此，原子能委员会优先考虑不会用尽材料的研究，如核测量。[150]1948 年，同位素分部共运送出了 75 种稳定同位素（98 批货物），涉及 25 种不同的元素。然而，委员会决定停止电磁分离铀 −235，此决定使 Y−12 生产设施的未来，包括其稳定同位素项目在内，变得不确定。在当时，这样的生产方式的成本当然是高昂的。1948 年，生产稳定同位素耗资 200 万美元，其中包括 50 万美元的研究费用。[152] 因此联合碳化物公司提议重组以削减一半的成本，因此，到 1950 年，Y−12 的同位素研究和生产部已变为橡树岭国家实验室同位素分部的一部分。[153]

导致这种结果的部分原因是是对稳定同位素的需求不如放射性同位素的需求大。稳定的同位素不能用于医疗，而医疗用途是原子能委员会生产的放射性同位素（特别是碘 −131 和磷 −32）的主要需求来源。生物学家可以从商业供应商那里获得他们最感兴趣的两种稳定同位素以作为示踪剂：碳 −13 和氮 −15。[154] 此外，用于检测稳定同位素的设备，即质谱仪，成本高昂。为了解决这个障碍，同位素分部探索了在 Y−12 上提供大规模检测服务的可能性，但是这并没有实现。[155] 最后，原子能委员会继续实施了昂贵的稳定同位素项目，因为这个计划让自己实验室的核科学

---

⑩ 田纳西州橡树岭美国原子能委员会同位素分部给出了一份可销售的稳定同位素（部分为化合物）的清单，参见 *Isotopes Catalogue and Price List No. 3*，*July 1949*，NARA College Park，RG 326，E67A，box 46，folder 6 Foreign Distribution of Radioisotopes，Vol.2，p.35.

⑪ 参见 "United States Atomic Energy Commission Announces Distribution of Stable Isotopes"，Press Release，4 Dec 1947，NARA College Park，RG 326，E67A，box 45，folder 13，Distribution of Stable Isotopes Domestic，p.3；Memorandum from Walter J.Williams to Carroll L. Wilson，29 Aug 1947，NARA College Park，RG 326，E67A，box 45，folder 13，Distribution of Stable Isotopes Domestic，p.4.

⑫ 参见 AEC Info Memo 163，6 Apr 1949，NARA College Park，RG 326，E67A，box 45，folder 7，Production of Stable Isotopes by Electromagnetic Processes，p.2.

⑬ 参见 Quist，"Classified Activities"（2000），p.21.

⑭ 参见 Aebersold，"Isotope Distribution"（1947）. 伊士曼 − 柯达公司出售碳 −13 和氮 −15。

⑮ 参见 AEC Info Memo 163，6 Apr 1949，NARA College Park，RG 326，E67A，box 45，folder 7，Production of Stable Isotopes by Electromagnetic Processes，p.5.

研究受益，尤其是在武器研究方面。[155]美国研究人员可优先考虑利用这个机构，这给原子能委员会也带来了好处：大学的科学家利用这些同位素进行非机密研究，这使得一个军事优先的项目具有民用的功能。

为了成为一站式商店，在1947年原子能委员会的同位素分部提出了一个回旋加速器项目来补充基于反应堆的项目。[157]并非所有有需求的放射性同位素都可以在反应堆中生产；有些只能在回旋加速器中制造。此外，正如原子能委员会官员指出的，大学的回旋加速器实验室并没有配备“处理涉及分配、正式请求的筛选运输问题和与销售相关的法律安排问题等大量行政事务的机构”。[158]另外，处理外部请求会干扰回旋加速器研究项目。原子能委员会计划允许橡树岭的承包商从各个机构（麻省理工学院、匹兹堡大学、加州大学、华盛顿卡内基学院和华盛顿大学）购买回旋加速器。[159]随后将这些同位素运往克林顿实验室进行处理和销售。通过这种方式，原子能委员会试图在关于安全处理、处置程序和人类使用的监管框架下，合并回旋加速器生产的同位素。[160]

提供回旋加速器生产的放射性同位素需要比提供反应堆生产的同

---

⑯ 参见 AEC Info Memo 163，6 Apr 1949，NARA College Park，RG 326，E67A，box 45，folder 7，Production of Stable Isotopes by Electromagnetic Processes，p.4.

⑰ 关于这个计划的外部支持，参见 L. F. Curtiss，Chair，Committee on Nuclear Science，National Research Council，“Proposal to the Atomic Energy Commission for the Distribution of Cyclotron-Produced Radioisotopes”，28 Sep 1948，Appendix “B”；Walter J. Williams（Manager，Field Operations，Oak Ridge）to Carroll Wilson，12 Jun 1947；“Proposal to Distribute Cyclotron-Produced Isotopes”，Appendix “D” to AEC 195；“Program for Production and Distribution of Cyclotron-Produced Isotopes”，30 Mar 1949：以上文件来自 NARA-College Park，RG326，E67A，box 45，folder 3 Distribution of Radioisotopes-Domestic.

⑱ 参见“Program for Production and Distribution of Cyclotron-Produced Radioisotopes”，NARA College Park，RG 326，E67A，box 45，folder 3 Distribution of Radioisotopes-Domestic，p. 2.

⑲ 参见“AEC Announces Distribution Program for Cyclotron-Produced Radioisotopes”，Press Release，24 Jul 1949，NARA College Park，RG 326，E67A，box 45，folder 3 Distribution of Radioisotopes-Domestic.

⑳ 参见“Program for Production and Distribution of Cyclotron-Produced Radioisotopes”，NARA College Park，RG 326，E67A，box 45，folder 3 Distribution of Radioisotopes-Domestic.

位素发放更高的补贴；原子能委员会认为他们可以收取不超过实际生产和加工成本的三分之一的费用。[161]由于回旋加速器在国外很多地方已经建成，拟议的项目将购买者限制在美国。此外，最初的计划也只包括那些至少有三十天半衰期的放射性同位素。即使数目不多，但这些放射性同位素中包含了许多对生物医学研究极有价值的种类，如钠 –22、铁 –59、锌 –65、砷 –63 和碘 –125。[162] 1949 年 3 月 23 日，原子能委员会批准了同位素分部的计划，但有一个条件。原子能委员会要求工作人员“确保在任何可能的情况下（原文如此），在委员会的反应堆项目发展的情况下，委员会分发的同位素是在反应堆而不是在回旋加速器中制造的”。[163]这个条件反映了技术上的妥协。一些可以在反应堆中制备的同位素，如铁 –59，如果用回旋加速器生产，其放射化学纯度会更高。[164]原子能委员会如此表述的取向不是从科学考虑的，而是从政治上考虑的，因为只有反应堆生产的同位素代表了原子能的民用利益。[165]

在 1949 年的一份新闻稿中，原子能委员会提到回旋加速器项目旨

---

⑯ 参见 “Program for Production and Distribution of Cyclotron-Produced Radioisotopes”，AEC 195，18 Mar 1949，NARA College Park，RG 326 E67A，box 45，folder 3 Distribution of Radioisotopes-Domestic，p. 8.

⑯ 参见 “AEC Announces Distribution Program for Cyclotron-Produced Radioisotopes”，Press Release，24 Jul 1949，NARA College Park，RG 326，E67A，box 45，folder 3 Distribution of Radioisotopes-Domestic.

⑯ 参见 Extract from Status Report，1-15 Jan 1950，“Program for Production and Distribution of Cyclotron-Produced Isotopes（AEC 195）”，NARA College Park，RG 326，E67A，box 45，folder 3 Distribution of Radioisotopes-Domestic.

⑯ 参见 “A Review of the Possibility of Reactor Production of Isotopes Currently Produced by Cyclotron Bombardment”，report by the Manager，Oak Ridge Operations Office，20 Feb 1950，NARA College Park，RG 326，E67A，box 45，folder 3 Distribution of Radioisotopes-Domestic，p. 4 有关铁 –59 在医学研究中的使用，参见第六章。

⑯ 参见 “Procedures to Insure Distribution of Reactor-Produced Rather than Cyclotron-Produced Radioisotopes Wherever Possible”，AEC 195/3，26 May 1950，NARA College Park，RG 326，E67A，box 45，folder 3 Distribution of Radioisotopes-Domestic.

在“全面推行放射性物质的分配方案”。[166] 设立这个一站式同位素商店的结果是，所有这些研究物质的补贴商品化。在某种程度上，这一转变是必要的，因为放射性同位素的消耗量急剧增加，回旋加速器不能生产足够量的碳 -14、磷 -32、碘 -131 和硫 -35 以满足研究人员和医生的需要。但是新的基础设施是由核武器的生产基地发展起来的，因而放射性同位素被置于政府核监视的保护伞之下（关乎安全和保密）。此外，联邦政府在放射性同位素的消费方面发挥了许多作用：供应、补贴、促进、调节。责任的多重性来源于《原子能法》，该法案规定了政府的核垄断，但是最终，原子能委员会促进和管理原子能的使用被视为一种不可调和的利益冲突。[167]

用于战争的放射性同位素

原子能委员会认为，向平民科学家提供放射性同位素有助于在发生核战争时更大程度地加强军事准备：“有人也提出，如果发生核战争，那么至关重要的是，尽可能多的科学家能够接受放射性物质处理技术方面的训练。”[168] 更直接的是，X-10 制造的放射性同位素既用于其他“项目”设施中的秘密研究，也用于非秘密的研究。橡树岭也为各种军事研究单位提供放射性同位素。虽然这些使用者提交的表格与平民购买者相同，但并不要求他们披露计划的研究用途。正如陆军生物战研究中心提交的一份申请表中指出的，“本表格第 9、10 和 11 段已被删除，因为在

---

[166] 参见“AEC Distributes 8，363 Shipments of Radioactive and Stable Isotopes in Three Years”，Press Release，3 Aug 1949，NARA College Park，RG 326，E67A，box 45，folder 13 Distribution of Stable Isotopes Domestic. 该项目于 1955 年停止，参见第六章。

[167] 参见 Walker，*Containing the Atom*（1992）.

[168] 参见“Background Material on Activity in First Year of Distribution of Pile-Produced Radioisotopes”，Press Release，2 Aug 1947，NARA College Park，RG 326，E67A，box 45，folder 3 Distribution of Radioisotopes-Domestic，p. 10.

该装置上进行的工作属于高度机密。”⑯

反应堆生产的放射性材料有另一种军事应用，即在战争中用作直接药剂。⑰甚至在曼哈顿计划开始之前，美国科学家就认为德国人可能会使用“放射性毒药”来对付盟军。物理学家尤金·维格纳和亨利·德沃夫．史密斯计算出：“一天内产生的10万千瓦反应堆的裂变产物可能足以使大面积区域无法居住。”⑱随后的秘密通信主要集中在对抗放射性战争的防御措施上。⑲为了研究放射性战争，芝加哥冶金实验室的卫生部门成立了一个军事部，不过并没有运作多久。⑳但是，这个议程在曼哈顿计划的生物研究项目中浮出水面。伯克利的约瑟夫·汉密尔顿以职业健康和安全为名进行了裂变产物调查，这激励他始终坚持主张在军事中把这些材料用作毒药。㉑此外，克林顿实验室的战时研究还包括放射性战争研究，包括防御和进攻。主管肯尼斯·科尔（Kenneth Cole）总结了他的团队在三方面的工作：

> 生物学实验小组旨在调查放射性对生物体产生影响的未知因素，为下列问题提供依据：（1）在过程中保护我方人员和公众，

---

⑯ 参见 John D. M. Shaw to Military Liaison Committee，27 May 1948，NARA Atlanta，RG 326，MED CEW Gen Res Corr，Acc 67B0803，box 148，folder AEC 441.2（R–Camp Detrick）. 1956年之后，此设施改称为德特里克堡（Fort Detrick）。

⑰ 参见 Bernstein，“Radiological Warfare”（1985）；Hacker，*Dragon's Tail*（1987），pp. 46–48；de la Bruheze，“Radiological Weapons”（1992）.

⑱ 参见 Smyth，*Atomic Energy for Military Purposes*（1945），p. 65. 他们的报告日期为1941年12月10日。

⑲ 参见 memorandum from J. C. Stearns to A. H. Compton and R. L. Doan，25 Jul 1942，MMES/X–10/ Vault，CF–42–7–11，DOE Info Oak Ridge，ACHRE document ES–00442.

⑳ 参见 Westwick，*National Labs*（2003），p. 242.

㉑ 参见 Grover，“All the Easy Experiments”（2005）. 汉密尔顿后来对这个话题仍然感兴趣，参见 Memorandum from Joseph G. Hamilton to Professor Ernest O. Lawrence，28 Apr 1948，LBL Archives，ARO–998，folder Joseph G. Hamilton Radioactive Warfare（Project 48A）Reports，1946—1948.

（2）估计敌人可能造成的伤害（3）该产品用于军事的结果。[175]

奥本海默和费米在1943年曾经就放射性物质从裂变产物的发展，特别是可能使用放射性锶来毒害食物的问题进行了通信。[176]然而，制造原子弹的势头很快就盖过了对放射性武器的探讨。

战后，关于放射性战争的讨论又重新出现。1946年7月23日，比基尼岛（贝克测验）的水下核武器试验引起的放射性污染超出预期水平，这重新燃起了人们对战争中放射性物质的军事用途的兴趣。[177]在橡树岭进行的初步试验为原子能委员会在1947年10月的报告提供了基础，该报告是关于放射性战争的可能研究和发展计划。[178] 1948年春，由原子能委员会与国家军事机构联合组成的联合小组开始举行会议，该联合小组由罗彻斯特大学化学家W.A. 诺伊斯（W.A.Noyes）任主席。[179]到了同年秋天，该组织提交了一份报告，建议军方和原子能委员会在放射性战争中同时采取进攻性和防御性的措施。[180]这成为1949年成立的武装部队特种武器项目的一个重点工作，这个项目汇集了军方所有分支机构的代表，他们与原子能委员会在业务层面上合作，特别是发展核武器。[181]格罗夫斯是这个小组的首任主任。1948年，尼科尔斯接替了他的职位。

---

[175] 参见K. S. Cole，"Experimental Biology," rough draft，21 Apr 1943，[for] Stone，S. Warren，and Cole，MMES/X-10/Vault，CF-43-4-33，DOE Info Oak Ridge，ACHRE document ES-00443.

[176] 参见Bernstein，"Oppenheimer"（1985）；idem，"Radiological Warfare"（1985）.

[177] 参见ACHRE，*Final Report*（1996），pp. 325-326.

[178] 参见de la Bruheze，"Radiological Weapons"（1992），p. 213.

[179] 国家军事机构成立于1947年，并于1949年更名为国防部。

[180] 参见ACHRE，*Final Report*（1996），p. 326；K. D. Nichols，"Conduct of Research and Development in Radiological Warfare. Includes Draft Motion on Radiation Warfare Policy"，13 Sep 1948，OpenNet Acc NV9757161.

[181] 参见Nichols，*Road to Trinity*（1987），p. 253.

橡树岭在放射性战争研究中占有突出地位，部分原因在于其特殊的设施和人员。像放射性同位素分发一样，放射性战争被认为是橡树岭国家实验室的一个合适的项目，其研究重点仍在确定之中。[182]事实上，同样的基础设施（X–10 反应堆和放射性同位素处理设施）都可以用来为这两个项目生产材料。有几种放射性元素被认为是放射性战剂，如锆和钽，其他的，如镧，则可能在野外测试中很有用。[183]

在 1948 年 6 月在橡树岭举行的会议上，橡树岭国家实验室计划进行四项放射性战争调查，包括两项化学研究和两次实地测试。[184]化学项目首先涉及的是开发一种程序，以便从汉福德的钚生产废料中回收材料用作放射性武器。其次，研究在汉福德反应堆中大规模地照射钽的可行性。这两场实地测试都用了在 X–10 反应堆中制备的放射性物质。这些辐射源将被放置在特定的位置，以便可以测量和绘制所得的剂量水平。第一次是 1948 年 7 月 23 日在橡树岭进行的单源现场试验，使用了放射性镧（罗拉）。[185]第二次用了一种均匀分布的放射性钽材料进行网格测试。这次试验在 1948 年 7 月 2 日举行，地点是 K–25 厂附近的一块空地上，其中有 5 条由 7 排放射源放置在 275 × 300 码（约 251 × 274 米）的矩形上。辐射水平的读数被记录在每个方格的边缘和中心，以及在网格区域之外的 100 码（约 91 米）处。根据橡树岭国家实验室的保健物理学负责人卡尔・Z. 摩根（Karl Z.Morgan）的研究，这些数据表明“每平方英

---

⑱ 参见“Minutes of the Discussions That Took Place in Oak Ridge June 28 and 29, 1948—Re: Program”, MMES/X–10, Director's Files CF–48–7–110, DOE Info Oak Ridge, ACHRE document ES–00420.

⑱ 有关各种裂变产物作为可能的放射性战争药剂的讨论，参见 Ridenour,“Radioactive Poisons”（1950）。

⑱ 参见“Minutes of the Discussions”.

⑱ 这可能与 7 月 15 日的计划测试相同，该测试显然使用了三种不同的单一放射源，分别为 1000 居里、100 居里和 10 居里。参见 Memorandum on AHRUU Project to Karl Z. Morgan, 14 Jul 1948, MMES/X–10, CF–48–7–171, DOE Info Oak Ridge, ACHRE document ES–00095.

里内 1 兆居里放射源将会在中心附近产生大约 3.5 伦琴 / 小时的剂量”。[186] 而合适的放射性战剂的剂量应为每人每天 10–100 伦琴。[187] 因此，要达到能造成伤害的剂量，就需要非常大的放射源。

这两项测试都涉及密封的放射源，一旦被移除，就不会在田野上留下任何放射性污染物。[188] 在橡树岭进行了这些初步实地测试后，从 1949 年至 1952 年，陆军化学兵团在犹他州的达格威试验场进行了 65 次放射性武器测试，其使用的放射性钽是在橡树岭 X–10 厂制备的。[189] 橡树岭管理部门决定，每月可生产 700 居里的放射性钽，同时不会干扰“正在进行的其他材料的照射”。[190] 在这些试验中，放射性钽不是密封放射源，而是分散的颗粒状形式。

1952 年，化学部队提出了一个更大的 10 万居里的测试，但是在第二年此类的现场测试被暂停了。军方没有扩大试验的一个原因是现有的设施还不能提供更多的放射源，这大概指的是 X–10 反应堆。在犹他州的测试中，放射性尘埃所带来的危害也是安全方面所关心的。如此，放射性战争的调查将不得不依赖其他活动作为信息来源，特别是大气层核试验。[191]

---

⑱ 参见 Letter from Karl Z. Morgan to Carl B. Marquand，re：RW tests，21 Jun 1949，MMES/ X–10/ Vault，CF–49–6–250，DOE Info Oak Ridge，ACHRE document ES–00453. 有关该规划，参见 Karl Z. Morgan，“Uniformly Distributed Source，ARUU Program，” MMES/ X–10，Director’s Files ORNL–126，DOE Info Oak Ridge，ACHRE document ES–00422. 自 1928 年以来，伦琴被定义为电离辐射的数量单位（最初电离辐射被当成 X 射线），标准条件下，在一立方厘米的空气中产生一个静电单位电荷。参见 Hacker，*Dragon’s Tail*（1987），p. 16.

⑱ 参见 de la Bruheze，“Radiological Weapons”（1992），p. 219. 这是 1950 年的估计。

⑱ 参见 ACHRE，*Final Report*（1996），p. 326. 第三次试验显然是于 1948 年在橡树岭进行的。

⑱ 出处同上。

⑲ 参见 “Minutes of the Discussions.”

⑲ 参见 ACHRE，*Final Report*（1996），pp. 326–327.

结论

政府战时进入放射性同位素生产并没有令其他供应商立即变得过时。相反，放射性同位素在回旋加速器中生产和在反应堆中生产是同时进行的，这些系统齐头并进的时间也是短暂的。一方面是因为需要进行物质交换，特别是在橡树岭的反应堆与伯克利的回旋加速器之间。另一方面，战争结束后，和回旋加速器相关的科学家和医生与新设立的政府机构之间的关系并不和谐，这些科学家习惯于控制供应和制定关于使用放射性同位素的规则，而新设立的政府机构拥有自己的监管机构。这种紧张关系并不是政府和非政府之间的事情（伯克利回旋加速器实验室已经成为曼哈顿计划的核心部分，后来成为原子能委员会的设施），而是在曼哈顿计划转型的民用机构内部争夺权力。

美国政府介入放射性物质经济，其身份不仅是一个监管者，也是一个生产者。与基于回旋加速器生产的系统中放射性同位素被当作礼物交换的情形相反，美国政府的体系是工业化和商品化的。正如一位陆军中校所观察到的："计划外同位素分发项目的启动已经给生产的同位素赋予了货币价值"。[192] 在某种程度上，这反映了格罗夫斯将军的意图，他不认为放射性同位素应该免费提供。他在自传中说："我认为在我的职责内不应放弃属于美国的物质，其次，我认为如果付费的话，大家对物质的使用要比不花费任何代价要小心谨慎得多。"[193] 负责麻省理工学院回旋加速器的罗布利·埃文斯表示同意："在任何情况下，我都认为应该对提供的放射性物质收费。即使是多余的政府财产也应被出售，而不是被

---

⑲² 参见 Lt. Col. Walter P. Leber to Mr. Prescott Sandidge，31 Jul 1946，NARA Atlanta，RG 326，OROO Files Relating to K-25，X-10，Y-12，Acc 67A1309，box 14，folder Approvals. 他接下来还说："一切有关同位素的生产、分发和使用的解密材料都应记录在适当的、可靠的财产记录中，这样做是有必要的，也是恰当的。"

⑲³ 参见 Groves，*Now It Can Be Told*（1962），p. 386.

赠送。”[194]麻省理工学院开创了政府出售放射性同位素的先例，他们对这些产品的运输收取费用，其中大部分是向战时合约工作的科学家出售。劳伦斯在回旋加速器上的专利将会影响战后使用该技术的放射性同位素生产的商业化，而《原子能法》禁止大部分核技术获得专利。[195]

《原子能法》还保证了政府反应堆生产的放射性同位素的垄断。放射性同位素的新经济可能已经货币化，但它不是一个自由市场。原子能委员会特别补贴了放射性同位素的生产以鼓励购买。这样的政府政策，有时几近政治宣传，但几乎没有遭遇抵抗——事实上，在战争结束之前，对这些材料的需求在不断增长。实际上，原子能委员会把提供放射性同位素看作是一种公共服务，并未希望销售能为该机构带来收入。不过礼品交换系统的某些方面仍然存在，因为原子能委员会希望其提供的可支付的放射性同位素要有政治利益。原子能委员会想通过向外国科学家和医生出口政府控制的同位素，从而不仅获得美国国内公众的支持，也获得来自国外的支持，然而人们担心放射性同位素可能用于军事，这使该机构的这些努力变得复杂。

---

⑲④ 参见 Robley D. Evans to Lee Dubridge，10 Apr 1946，Evans papers，box 1，folder 1 Isotopes-Clinton Lab.

⑲⑤ 参见 Wellerstein，“Patenting the Bomb”（2008）.

第四章

禁运

放射性同位素在国内外的销售，从形式上来说并无秘密或邪恶之处。尽管这些交易无法显著地推动各国原子能项目的发展，但是它们可以，也正在为基础科学、医学、农业和工业的进步做出重大贡献。到今天为止，在原子能对和平时期人类福祉所做的贡献中，同位素构成了其中最重要的部分。

——美国原子能委员会新闻稿，1951 年[①]

① 引自原子能委员会提交的新闻稿，“AEC Enlarges Radioisotope Export Program”，Appendix E to AEC 231/16，NARA College Park，RG 326，E67A，box 47，folder 1 Foreign Distribution of Radioisotopes Vol. 3，p.16.

在原子能委员会最初成立的几年里，放射性同位素成了政治工具，被美国政府用来宣传，也被批评者用来批判平民对原子能的掌控。在科学家的敦促下，国会抱着原子能在和平时期的利好很快就会成真的想法，为原子能成立了一个民间机构。但是在战后的几年里，原子能委员会所面临的诸多争议暴露了该机构的政治弱点，尤其在是否应该向外国科学家运送放射性同位素这一问题上。其他国家的科学家意识到，想要拿到曼哈顿计划的设施所产出的丰富的放射性同位素，就要被卷入美国国家安全的政治争斗中。科学的国际主义理念与美国对海外共产主义者的怀疑产生了激烈的斗争。[②]对国家安全方面的顾虑导致美国禁止向外国机构运送其生产的同位素，禁运时间长达一年。这种对于向国外运送放射性同位素可能撼动美国核能的至高地位的担忧，在20世纪50年代的国会政治与举国舆论中都产生了深远的影响。

1946年颁布的《原子能法》旨在保护（或至少延长）美国的原子能垄断地位；为此，该法案禁止出口可裂变材料。与此同时，该法案还赋予美国原子能委员会促进原子能民用的职责，授权将所谓的副产品（如放射性同位素）进行分配并用于和平用途。至于如何获得反应堆生产的放射性同位素，该法案在声明中的原用语为“全国分配”，而且在橡树岭也有一个共识，那就是国内的需要应该首先得到满足。[③]国外买家根本买不到美国原子能委员会的同位素。正如一位物理学家在1946年底向该机构汇报时所说，“尽管在这个国家没有一个人知道有任何禁止向外国人运送同位素的规定，但是我国的科学家不愿分享所占材料的

② 参见Smith，*Peril and a Hope*（1965）；Wang，*American Science*（1999）；Slaney，“Eugene Rabinowitch”（2012）.

③ 参见“Availability of Radioactive Isotopes”（1946）。关于首先满足国内需求，参见“Foreign Distribution of Radioisotopes”，Appendix A to Memorandum by J. B. Fisk，Director，Division of Research，to Carroll L. Wilson，General Manager，13 Aug 1947，NARA College Park，RG 326，E67A，box 46，folder 3 Foreign Distribution of Radioisotopes Vol. 1，p.8.

说法在国外广为流传。”[④] 对于诸如乔治·德·赫韦西等在20世纪30年代末到40年代初就从伯克利取得放射性磷的欧洲科学家们，美国政府有效中断了美国产同位素的供应。

禁止向国外运送放射性同位素这一限令并非来自于曼哈顿计划的领导层。美国陆军方面本想与其他国家，至少是与英国和加拿大原子能计划中的科学家分享政府的核反应堆成果。然而，杜鲁门政府对战后继续进行核物质交换的前景持不甚明朗的态度。1947年夏，美国原子能委员会的五名委员认为，对外分配同位素这一问题到了紧要关头。尽管这五名委员并非一致赞成，但委员会经过投票决定同意同位素出口。他们以响应马歇尔计划的号召为由，而非以英美军事合作的名义，来证明该决定的合理性。在宣布这一计划时，杜鲁门说，向国外出口同位素，是为了确保“在医学和生物研究领域实现更好的国际合作”。[⑤] 第一批放射性同位素于1947年秋运抵外国医院和实验室。

随着冷战愈演愈烈，国会中的保守派以怀疑的态度密切监视原子能委员会对外的同位素运输。1949年，他们指控该机构向挪威和芬兰运送同位素的行为破坏了国家安全。而委员会从未改变其政策——事实上，20世纪50年代初，该机构还扩大了出口的范围，将工业运输也包括在内——但在1949年对该机构的国会调查听证会上，这些运输也成为了证明原子能委员会在国家安全问题上疏忽的证据。就在这之后几个月，苏联第一颗原子弹的爆炸摧毁了美国在核武器上的垄断地位。[⑥] 此外，英国和加拿大政府开始向外国买家出售放射性同位素，限制性条件比原子能委员会要少得多。美国对其他国家封锁放射性物质和核技术的

---

④ 参见 Robley D. Evans to Robert F.Bacher，31 Dec 1946，NARA College Park，RG 326，67A，box 46，folder 3 Foreign Distribution of Radioisotopes Vol. I.

⑤ 参见1947年9月3日杜鲁门总统给第四届国际癌症研究会主席E.V.考德里的电报，引自1947年9月4日的新闻报道，NARA College Park，RG326，E67A，box 46，folder 6 Foreign Distribution of Radioisotopes Vol.2.

⑥ 参见 Gordin，*Red Cloud at Dawn*（2009）.

政策已经变得毫无意义。在 20 世纪 50 年代初期，艾森豪威尔总统在其“原子用于和平”计划中对美国的核优势采取了一种新思路，把重点从机密守护转向技术共享。他将放射性同位素描述为国际外交的工具，并结合 1954 年修订的《原子能法》，允许外国更多地（虽然仍受控制）获取核材料和技术，最终平息了对原子能对外运输的政治猜疑。[⑦]

当时社会上关于放射性同位素所持的两种看法使放射性同位素在冷战初期具有重要的政治意义。首先，民用用途与军事用途按学科被区分开来，生物学和医学从本质上被认为是民用的，而物理学和工程学从本质上是军用的。普遍认为，核物理研究不可避免地涉及核武器的发展，因此原子能委员会在出口计划中强调药物治疗和生物学研究，将同位素出口归为纯粹的人道主义行径。[⑧] 值得注意的是，放射性同位素的出口中最富争议的莫过于向芬兰和斯堪的纳维亚物理科学家的出口。国会中的批评者声称，这些放射性同位素最终可能会落入苏联军队手中，进而削弱美国的国家安全。其次，同位素出口的批评者们，尤其是持反对意见的委员刘易斯·斯特劳斯（Lewis Strauss），暗示以同位素形式共享核材料就相当于以一种 1946 年《原子能法》所禁止的方式向外国传播核机密。保守派利用美国对核垄断地位的丧失来抨击原子能委员会的同位素的国际流通行为。

“美国”同位素海外分配的政治

从 1945 年秋到 1946 年春，国会对原子能的立法停滞不前，问题在美国与其前盟友之间科技交流的程度上僵持不下。[⑨] 罗斯福和丘吉尔于

---

⑦ 参见 Krige，“Atoms for Peace”（2006），关于早期情况，参见同上，“Politics of Phosphorus-32”（2005）.

⑧ 参见 Creager and Santesmases，“Radiobiology”（2006）；Santesmases，“Peace Propaganda”（2006）.

⑨ 参见 Mallard，“Quand l’expertise se heurte”（2006）；同上，*Atomic Confederacy*（2008）.

1943 年就所谓的“魁北克协定”进行了谈判，开放了核武器研发计划中美国、英国，还有加拿大参与者之间的技术交流。[10] 英国政府希望在战后继续与美国合作。然而，杜鲁门政府认为技术信息的共享会对美国维持其核垄断的目标不利。美国国会内部绝大多数人对此都表示同意：1946 年 8 月 1 日杜鲁门总统签署的《麦克马洪法案》禁止政府“与其他任何国家分享核技术信息”。[11]

该法案在限制信息共享的同时，也授权分配所谓的副产品材料。核裂变的主要副产品是放射性同位素，包括铀 -235 衰变产生的同位素和暴露在反应堆中子通量中的目标物质。该条款开启了曼哈顿工程区中的放射性同位素分配计划。8 月初，等待了整个夏天的放射性同位素运输工作开始了。

与此同时，曼哈顿工程区还收到来自外国机构获取同位素的请求。曼哈顿计划的军事领导层也收到了来自英国和加拿大原子能项目相关研究人员的直接恳求，希望美国能看在战时技术共享的先例上向其运送同位素。1946 年 9 月 9 日，J.D. 考克饶夫写信给莱斯利·格罗夫斯将军，信中写到关于英国科学家尚未得到满足的获得同位素的请求，而其中对于用于生物实验的 10 毫居里磷 -32 的请求在五个月前就发过来了。格罗夫斯告诉考克饶夫，曼哈顿工程区可以在原子能委员会正式成立之前向英国和加拿大提供放射性同位素。[12] 他向加拿大恰克

---

⑩ 参见 Hewlett and Duncan，*Atomic Shield*（1969）chapter 8.

⑪ 参见 Ball，“Military Nuclear Relations”（1995）p.440。虽然严格意义上的科学信息交换是允许的，但是法律规定“禁止与其他国家交换有关原子能用于工业方面的任何信息”。这种不一致本身对原子能委员会来说就是一个麻烦。参见“Atomic Energy Act of 1946”（1946）；Paul，*Nuclear Rivals*（2000）.

⑫ 参见 Letters from L. G. Groves to J. D. Cockcroft at Harwell，England and W. B. Lewis at Chalk River，Canada，both 24 Oct 1946，NARA Atlanta，RG 326，OROO Lab & Univ Div Official Files，Acc 68A1096，box 13，folder Isotopes-3. 考克饶夫代表英国医学研究委员会发出了关于磷 -32 的请求。

河的 W.B. 刘易斯（W. B. Lewis）发了一封内容相同的信，来回应对方的请求。[13] 而美国陆军方面由于没有及时收到购买订单，在新年来临之前无法进行货物运送，所以军队最终将请求推给了刚刚成立的原子能委员会。[14]

1946 年 12 月 31 日午夜，曼哈顿工程区的大部分基础设施都合法移交给了原子能委员会。该机构由五名委员领导：主席大卫 · J. 利连索尔、罗伯特 · 巴切尔（Robert Bacher）、刘易斯 · 斯特劳斯、萨姆纳 · T. 派克（Sumner T. Pike）和威廉 · W. 韦马克（William W. Waymack）。1947 年 1 月 2 日，五位委员首次会面。[15] 由格罗夫斯选定的原子能委员会陆军联络员肯尼思 · D. 尼科尔斯上校为他们提供曼哈顿工程区启动的民用放射性同位素计划的最新信息。他解释说，国内的订单已在发货，但满足外国请求的行动却一再推迟。他强调来自哈维尔和恰克河的请求有特殊地位，因为这些请求来自参与原子弹计划的科学家：

> 鉴于过去加拿大、英国和美国在原子能事务方面的合作，建议原子能委员会批准继续对加拿大和英国出售美国过剩的同位素用于非机密、非原子弹研发的相关用途。[16]

---

⑬ 在此阶段，加拿大人索要包括磷 –32、碳 –14 和硫 –35 等各种元素；他们在哈维尔的同僚们也要求得到同样的同位素，以及锌 –65 和钙 –45。参见 Memorandum from Colonel K. D. Nichols to Carroll L. Wilson，15 Jan 1947，NARA College Park，RG 326，E67A，box 46，folder 3 Foreign Distribution of Radioisotopes Vol. 1.

⑭ 参见 Memorandum re：Distribution of Radioisotopes Abroad，from E. E. Huddleson，Jr.，Deputy General Counsel，to Carroll L. Wilson，General Manager，5 Mar 1947，NARA-College Park，RG 326，67A，box 46，folder 3 Foreign Distribution of Radioisotopes Vol. 1.

⑮ 1946 年 11 月 1 日，杜鲁门任命五名委员休会；他们的任职听证会持续了 1947 年的整个 3 月。参见 Hartmann，*Truman and the 80th Congress*（1971），p. 32.

⑯ 参见 Memorandum from Colonel K. D. Nichols to Carroll L. Wilson，15 Jan 1947，NARA College Park，RG 326，E67A，box 46，folder 3 Foreign Distribution of Radioisotopes Vol.1.

然而，大部分来自外国的请求都与战时联盟无关。到 1947 年 3 月，有二十个国家请求美国政府给予同位素。[17]

原子能委员会主管卡罗尔·威尔逊认为，该机构在放射性同位素领域的前沿地位，或多或少是被其核反应堆的非军事应用“无意中强行促成的”。因此，委员会认为自己是“这些特殊资源的保管者”，也就是放射性同位素的保管者。[18]大多数的科学家，特别是那些之前服务于曼哈顿计划的科学家，都认为应该尽可能地向科研人员提供原子能委员会所生产的同位素。在曼哈顿工程区同位素分配项目成立之初就负责指挥工作的保罗·埃伯索尔德也强烈主张向外国科学家开放该项目。但委员会却在是否授权国际分销一事上犹豫不决，尽管针对“反对放射性同位素海外销售案”而编写的备忘录反驳了其中最主要的反对意见。[19]

委员会在同位素分配问题上的顾虑部分源于在其他方面的政治斗争。身为田纳西河流域管理局（TVA）前负责人的利连索尔在入职听证会上饱受争议，会议一直拖到 1947 年 3 月才结束。共和党在 1946 年 11 月的选举中获得了多数席位，而听证会让他们有机会反对利连索尔的新政事业，并且重提原子能是否应该受到军方管制的问题。[20]保守派专栏

---

⑰ 曼哈顿工程区官方所列的国家包括阿根廷、澳大利亚、比利时、玻利维亚、巴西、加拿大、智利、古巴、英国、法国、荷兰、冰岛、墨西哥、新西兰、秘鲁、葡萄牙、俄罗斯（不是苏联）、西班牙 、瑞典和瑞士。参见 Colonel K. D. Nichols to Carroll L. Wilson，21 Jan 1947，and Colonel C. G. Haywood to Bennett Boskey，both in NARA College Park，RG 326，E67A，box 46，folder 3 Foreign Distribution of Radioisotopes Vol.1.

⑱ 参见“Foreign Distribution of Radioisotopes”，13 Aug 1947，Appendix A to memorandum from Carroll L. Wilson to J. B. Fisk，NARA College Park，RG 326，E67A，box 46，folder 3 Foreign Distribution of Radioisotopes Vol. 1，p. 4.

⑲ 参见 Memorandum from A. Shurcliff to Bennett Boskey，14 May 1947，subject：The Case Against Sale of Radioisotopes Abroad，copy in Strauss papers，AEC Files，folder Isotopes Jan-Aug 1947.

⑳ 参见 Hartmann，*Truman and the 80th Congress*（1971），pp.31–35；Wang，*American Science*（1999），pp.160–161.

作家德鲁·皮尔逊（Drew Pearson）在听证会召开期间透露，加拿大境内存在一个牵扯到政府官员的核间谍网络。[21]而利连索尔的批评者便揪住可能存在的核间谍活动不放。俄亥俄州的参议员罗伯特·A. 塔夫脱（Robert A. Taft）形容利连索尔“在对与共产主义和苏俄有关的问题上‘太软弱’”。[22] 那年春天的新闻报道披露，已经有“机密档案”从原子能委员会的实验室中丢失或被盗。如此一来，利连索尔就更需捍卫才刚刚成立几个月之久的委员会作为民间原子能机构存在的合理性。

主持众议院非美活动调查委员会的众议员J. 帕内尔 . 托马斯（J. Parnell Thomas）对利连索尔尤其不满。6月份，他发表了两篇批评原子能委员会的文章。第一篇文章登在《美国》杂志上，声称苏联人或其他任何想要制造原子弹的人现在可以从美国专利局获取原子能专利，包括在战争期间保密的信息。[23]第二篇文章刊登在《自由》杂志上，内容抨击了橡树岭的安全系统并提到遗失和可能被盗的机密文件，从而引出进一步的新闻调查和报道。[24]联邦调查局很快就向利连索尔报告说，洛斯阿拉莫斯还有其他机密材料遗失了近一年，直到最近才刚刚找回。原子能委员会的批评者们呼吁对该机构进行军事接管，因其安全管理能力不足——尽管部分失窃案件发生时，实验室还在陆军的控制下。[25]

利连索尔对放射性同位素的出口前景持合理的怀疑态度。在他看来，将同位素运往海外并不会促进发展“国际对控制原子能的协

㉑ 参见 Craig and Radchenko，*Atomic Bomb*（2008），p.121.

㉒ 引自 Hewlett and Duncan，*Atomic Shield*（1969），p.11.

㉓ 参见 Wellerstein，“Patenting the Bomb”（2008）；同上，*Knowledge and the Bomb*（2010）.

㉔ 托马斯声称，这篇文章是基于他与罗伯特·E·斯特里普林参观工厂时收集到的信息，后者为美国众议院非美活动调查委员会的调查员（参见 Hewlett and Duncan，*Atomic Shield*[1969]，p.89）。参见 Thomas，“Russia Grabs Our Inventions”（1947）；参见 Thomas and Jones，“Reds in Our Atom-Bomb Plants”（1947）. 就利连索尔而言，这些歪曲的事实让他震惊不已，他写道：“如此可耻的行为确实让我有点生气。”参见 Lilienthal，7 Jun 1949，*Journals*（1964），Vol. 2，p. 190.

㉕ 参见 Hewlett and Duncan，*Atomic Shield*（1969），pp. 88–95，324.

定”。[26]美国的开放可能会加速其他地方核武器的发展，与此相比，与外国科学家分享放射性同位素所带来的好处似乎就微不足道了。“比方说，放射性同位素可以帮助法国和瑞典进行基础性研究，可能还会促进国际知识联盟的恢复，然而这也使（我）有了更进一步的想法，产生令人痛苦的孤立，还有比孤立更有侵略性的事情。”[27]然而，与这种孤立主义推论截然相反的是，原子能委员会生产钚所需的铀矿有很多都位于其他国家。[28]此外，利连索尔也认识到，放射性同位素的分配问题与原子能管控的其他方面一样，揭露了美国外交政策中存在的矛盾：减缓俄罗斯原子弹发展脚步的目标与“近来杜鲁门和马歇尔所极力推崇的支援和协助欧洲复兴的宣言”之间存在冲突。[29]随着时间的推移，他开始把放射性同位素的出口视为对美国有利的宏观利益交换系统的一部分。

利连索尔不断发展的观点受到了该机构令人信赖的科学家们的影响。6月初，原子能委员会下属的总顾问委员会（GAC）讨论了该机构是否应向国外研究人员提供同位素。由J. 罗伯特 . 奥本海默领导的总顾问委员会的成员全部是物理学家，该组织早年对委员会产生了非常重要的影响。他们强烈支持原子能委员会将放射性同位素对外分配，认为这将“证明这个民主国家将尽其所能，与自身的防卫和安全保持一致，在全世界范围内改善公共福利，提高人民生活水平”。[30]

1947年6月5日，原子能委员会开始就总顾问委员会向外国科学

㉖ 参见 Lilienthal，7 Jun 1947，*Journals*（1964），Vol. 2，p. 190。作为“利连索尔－艾奇逊”报告的作者，他曾经深刻地思考过原子能的国际管控问题。

㉗ 出处同上，p.191。

㉘ 参见 Colonel C. G. Haywood to Bennett Boskey，31 Jan 1947，NARA College Park，RG 326，67A，box 46，folder 3 Foreign Distribution of Radioisotopes Vol.1.

㉙ 参见 Lilienthal，7 Jun 1947，*Journals*（1964），Vol. 2，p. 191.

㉚ 来自总顾问委员会讨论拟定的关于在国外发送同位素的公开声明草案，参见 1 Jun 1947，Oppenheimer papers，box 176，folder GAC-Radioisotopes，Foreign Distribution。载于 GAC，Sylves，*Nuclear Oracles*（1987）.

家发放放射性同位素的建议展开讨论。会议记录中叙述了各种“赞成”和“反对”的因素。会议中认识到的主要风险是共享同位素可能会损害美国的军事优势。[31]虽然提议的出口方案中的放射性同位素对核武器的开发没有直接协助作用，但是利用同位素获得的经验将有助于其他国家的科学家发展原子能，并可能导致放射性战争。如何控制二次分销也存在问题。斯特劳斯早已给出评论，如果该机构不愿意向苏联运送放射性同位素，那么就根本不应该将放射性同位素运往美国境外，因为委员会无法控制这些同位素的最终去向。[32]

另一方面，严格管控下的同位素的共享也能带来诸多好处。首先，美国研究人员可以从将放射性同位素用于科研的外国科学家所发表的作品中受益。其次，出口共享放射性同位素是远离美国孤立主义所迈出的一步，这一步将使各国在政治上对美国更友好。这也将向世人说明原子能委员会不是受军方支配的。正如利连索尔所认为的那样，本着马歇尔计划的精神，恢复“知识领域的国际友谊”意识对于巩固与欧洲“友邦”的联盟至关重要。[33]第三，共享放射性同位素可能有助于美国向他国购买铀矿石的谈判。这些铀矿分布于其他国家或其殖民地，是连续不断的生产核武器所需要的原料。[34]第四，可以用放射性同位素计划来获取其他国家核计划方面的信息，通过收集情报来加强国家安全。正如一份备忘录所记录的那样：

㉛ 参见 Minutes from 62nd AEC Meeting，5 Jun 1947，NARA College Park，RG 326，E67A，box 46，folder 3 Foreign Distribution of Radioisotopes Vol.1.

㉜ 参见 Lewis L. Strauss，memorandum to Robert F. Bacher，23 May 1947，Strauss papers，AEC Files，folder Isotopes Jan-Aug 1947. 有趣的是，在 Hickenlooper papers，Senate Committee Files，folder JCAE-Isotopes Jan-Aug 1947 也有一个副本，这说明斯特劳斯正在向他传递有关放射性同位素出口的信息。

㉝ 参见 Lilienthal，7 Jun 1949，*Journals*（1964），vol. 2，pp.190-191。有关科学在欧美关系中的重要性参见 Krige，*American Hegemony*（2006）.

㉞ 参见 Haywood to Boskey，31 Jan 1947.

> 能够确信某些外国人忙于放射性同位素的研究而非其他更危险的项目，对美国来说无疑是有益的。反过来说，如果某些应该申请同位素的人不在申请名单之列，这些人可能会被怀疑是在从事与美国利益背道而驰的事业。[35]

此外还有一个紧迫的因素：如果美国能在其他国家开发出具有生产规模的、可提供放射性同位素的核反应堆之前采取行动，那么美国将最大化其政治利益。

1947年的夏天，由于委员们对放射性同位素的出口含糊其辞，科学家们对原子能委员会的限制性政策感到越来越失望。英国的生物学家们只能依靠卡文迪许回旋加速器来提供微量的磷－32和钠－24，美国物理学家罗布利·埃文斯形容他们“完全受制于同位素的匮乏”。[36]欧洲的研究人员向美国同事抱怨说，美国政府拒绝分享其核反应堆的成果：

> 这表明外国科学家对于美国将这些用途广泛又不涉密的物质据为己有、拒绝分享的作为倍感不满，尤其在美国的放射性同位素产出充裕，并且在这方面发展迅速的情况下。我们中的许多人都遗憾地认识到，那些来自往常与美国交好的国家的科学家们已经变得不耐烦了，他们十分厌恶我们想方设法维系科学垄断的行为。[37]

原子能委员会的同位素禁运给人的印象是军方控制着美国的科学。加州

㉟ 参见“Foreign Distribution of Radioisotopes”，13 Aug 1947.

㊱ 参见 Robley D. Evans to Robert F. Bacher，15 Jul 1947，NARA College Park，RG 326，67A，box 46，folder 3 Foreign Distribution of Radioisotopes Vol.1.

㊲ 参见 Memorandum from Paul C. Aebersold to Walter J. Williams，6 Aug 1947，NARA College Park，RG 326，67A，box 46，folder 3 Foreign Distribution of Radioisotopes Vol.1.

理工学院物理学家查尔斯·劳里森在给巴切尔委员的信中写道："人们普遍认为，这里大多数实验室都是由军方出资和掌控的，因此研究和出版的自由很少或根本没有。"[38]埃伯索尔德也附和这种说法，声称美国拒绝分享放射性同位素"在科学和政治事务上，将我们自己与苏联归为同类"。[39]

1947年7月21日，科学家们通过《纽约先驱论坛报》（该报的国际主义倾向反映出其所有者的共和党自由主义做派）一篇题为"科学垄断"的社论向媒体表达了不满。这篇文章批评原子能委员会改变放射性同位素共享的开放政策，转而拒绝与其他国家进行分享。"战前，尽管用回旋加速器制造的同位素量很少，但美国仍非常慷慨地向外国科学家运送少量的同位素。如今，放射性同位素的供应量相比当时大得多，但是美国却坚决不与他国分享。"[40]哪怕是共享少量的放射性同位素对于欧洲科学家来说也将是至关重要的，而这并不会对美国的核垄断构成任何威胁。在给原子能委员会的信中，尼尔斯·博尔的联络员这样写道：

> 博尔和我一并认为，我们能够做得最有用、最有说服力和最友善的事情之一就是把少量的对生物学有用的同位素和示踪元素等物质立即送到欧洲去。我们都知道（最近来过的鲍勃·埃文斯[Bob Evans]也会强调这一点），即使是我们随手扔掉的洗瓶水中所含的剂量都够这边用上几个月的。当然，可裂变材料就没什么

㊳ 参见 Charles C. Lauritsen to Robert F. Bacher，25 Jun 1947，NARA College Park，RG 326，E67A，box 46，folder 3 Foreign Distribution of Radioisotopes Vol.1.

㊴ 参见 Memorandum from Paul C. Aebersold to Walter J. Williams，6 Aug 1947，NARA College Park，RG 326，E67A，box 46，folder 3 Foreign Distribution of Radioisotopes Vol. 1.

㊵ 参见"Scientific Monopoly"（1947）。副本见 NARA College Park，RG 326，E67A，box 46，folder 3 Foreign Distribution of Radioisotopes vol. 1。刊登于 *New York Herald Tribune*（《纽约先驱论坛报》），参见 Kluger，*The Paper*（1986）.

好说的了。[41]

即使是美国实验室用回旋加速器生产的同位素，外国科学家也获得不了多少。从 1937 年到 1940 年，乔治·赫韦西从伯克利拉德辐射实验室得到了少量的放射性磷。1946 年，他再次请求 E.O. 劳伦斯给他一些同位素。劳伦斯不得不这样答复："我们整个实验室现在都依靠陆军的支持，当局已经通知我说，在合理满足本国对磷的需求之前，我们不应该把这些材料送到国外去。"[42]

到 1947 年中旬，橡树岭已经收到 96 个来自国外的关于放射性同位素的请求，其中有 73 个是为了医学研究和治疗，但这些请求却无法得到满足。近一半的请求来自英格兰和欧洲大陆，包括来自比利时、丹麦、法国、荷兰、意大利、葡萄牙、西班牙和瑞典的研究人员。[43]该机构负责监管同位素销售的研究部门起草了一份临时政策提案，允许向外国科学家配发由十九种元素制成的 28 种不同的放射性同位素。该清单

㊶ 参见 Albert Stone to US Naval Research attaché，1 Jul 1947，NARA College Park，RG 326，67A，box 46，folder 3 Foreign Distribution of Radioisotopes vol.1. 表示强调的字来自原文。

㊷ 参见 E. O. Lawrence to George Hevesy，10 Aug 1946，EOL papers，series 1，reel 13，folder 9：7 Hevesy，George C. de. 保罗·埃伯索尔德建议另一位想要钠 –22 的哥本哈根科学家可以从麻省理工学院卡内基研究所或俄亥俄州立大学这两个拥有回旋加速器的机构申请。埃伯索尔德在给罗林·J. 穆林斯的信中写道："这些机器属于私人机构，不受美国原子能委员会的监管。"参见 Aebersold to Lorin J. Mullins，17 Jun 1947，NARA Atlanta，RG326，MED CEW Gen Res Corr，Acc 67Bo8o3，box 158，folder AEC 44I.2（R-Institute for Theoretical Physics）.

㊸ 参见 Appendix，"List of Foreign Countries from which Requests for Isotopes Have Been Received"，NARA College Park，RG 326，E67A，box 46，folder 3 Foreign Distribution of Radioisotopes Vol.1. 另参见"Foreign Distribution of Radioisotopes"，memorandum with letter from David E. Lilienthal to George C. Marshall，27 Aug 1947，Hickenlooper papers，Senate Committee Files，folder JCAE-Isotopes，1947—1948.

包括生物医学研究人员最感兴趣的同位素。[44]原子序数高于 83 的天然放射性元素的国外分配尚未得到授权。而鉴于其在医学治疗中的重要性，碘 -131 成为唯一可以出口的裂变产物。政策备忘录中称该出口方案“不会促成任何形式上在毒药战争中的应用”。[45]放射性同位素的出口将“有助于克服外国科学家对我们自己的科学家存在的敌对情绪，并有助于重建科学的国际化”。[46]而碳 -14、碘 -131、磷 -32 和硫 -35 这四种最具生物效益的同位素在橡树岭的产量除了满足国内需求，也足够满足国外的需求。[47]

8 月 19 日，委员们就这个悬而未决的提案进行了投票，结果是四比一，同意放射性同位素的出口。[48]斯特劳斯坚持表示不相信原子能委员会提出的保障措施将阻止放射性同位素被其他国家用于增强军事优势。据他估计，这一风险会压过所有的好处。他认为同僚们太天真了，他们以为“所有科学家在国际政治争论中实际上都和我们站在一边”。[49]斯特劳斯怀疑外国科学家（包括欧洲的共产党支持者）会

㊹ 即碳 -14，钙 -45，碘 -131，磷 -32，钠 -24 和硫 -35。参见 Memorandum from J. H. Manley to Carroll L. Wilson，General Manager，24 Jun 1947，NARA College Park，RG 326，67A，box 46，folder 3 Foreign Distribution of Radioisotopes Vol.1.

㊺ 参见“Memorandum to the Department of State”，Appendix B to Memorandum by J. B. Fisk，Director，Division of Research，to Carroll L. Wilson，General Manager，13 Aug 1947，NARA College Park，RG 326，67A，box 46，folder 3 Foreign Distribution of Radioisotopes Vol.1，p.5.

㊻ 参见 J. H. Manley to Carroll L. Wilson，24 Jun 1947，p.4.

㊼ 参见 Memorandum from Walter J. Williams to Carroll L. Wilson，General Manager，19 Jun 1947，NARA College Park，RG 326，E67A，box 46，Folder 3，Foreign Distribution of Radioisotopes Vol. 1.

㊽ 参见 Hewlett and Duncan，*Atomic Shield*（1969），pp. 109–110.

㊾ 参见 Memorandum from Lewis Strauss to Carroll L. Wilson，25 Aug 1947，on Foreign Distribution of Radioisotopes，NARA College Park，RG 326，E67A，box 46，folder 6 Foreign Distribution of Radioisotopes Vol. 2，p.1.

将这些资源传送给苏联及其附庸国来帮助它们发展。[50]他还质疑放射性同位素是否能使美国"收买外国科学家的善意"。最后，他认为向外国人分配放射性同位素"严重破坏国家安全，其程度可以与史密斯报告相比肩"。[51]

在其他四名委员看来，如果美国不出口放射性同位素，那么对美国信誉的损害就会超过出口所带来的风险。此外，自他们上次讨论这个问题以来，加拿大在恰克河的第一个反应堆已经投入使用。对大多数的委员来说，这使得形势变得紧急起来：

> 在这个问题上，美国应当发挥领导作用，而不是勉强地追随加拿大和英国的脚步。此时，比起在适当保护条件下发放放射性同位素可能造成的危害，非友好国家基于美国拒绝对外分配同位素所做的政治宣传更能威胁国家安全。[52]

韦马克指出，放射性同位素的运输符合"美国政策的首要关键"——

---

[50] 参见 Atomic Energy Commission，Minutes of Meeting No. 95 at Bohemian Grove，19 Aug 1947，NARA College Park，RG 326，67A，box 46，folder 6 Foreign Distribution of Radioisotopes Vol.2.

[51] 出处同上，p. 201。史密斯报告是曼哈顿计划的第一个正式记录，许多保守派人士认为该报告提供了太多有关核武器的技术细节。参见 Smyth，*Atomic Energy for Military Purposes*（1945）。斯特劳斯声称他并不反对向外输出用于医疗的同位素，他甚至同意出口放射性同位素，用于"基础科学研究或教学"的目的。不过，他认为应该禁止任何用于军事或工业的放射性同位素的出口。在他看来原子能委员会的政策还不够严格。参见 Strauss，*Men and Decisions*（1962），pp. 258–259.

[52] 参见 Minutes of the Atomic Energy Commission of Foreign Distribution of Radioisotopes，19 Aug 1947，copy in Oppenheimer Papers，box 186，folder Isotopes-Miscellaneous Information，p. 3.

马歇尔计划的目标。[53]国务院于8月底批准了原子能委员会的政策。[54]

1947年9月3日，在圣路易斯举行的第四届国际癌症研究大会上，杜鲁门总统宣布，外国科学家可使用美国原子能委员会的放射性同位素，并将“主要用于医学和生物学研究”。这个决定被认为是将“医学研究公开、公正和国际化的特质带入举世关注的其他问题中”。[55]原子能委员会不仅能将其声明与癌症研究挂钩，而且在1946年8月2日接受该机构首次放射性同位素官方运输的E. V. 考德里（E. V. Cowdry）更是本次会议的领导人，使得原子能委员会一并可从中获取政治收益。相应的背景也突出了出口与国内分配项目的衔接。新闻稿指出，美国政府此时向外国人提供同位素，源于橡树岭的产量增加，而不是政策发生改变。[56]欧洲的观察家们认为该声明解除了“禁止向外国科学家出口放射性同位素的条令”。[57]事实上，虽然公开声明强调了放射性同位素的医疗

---

[53] 参见 Minutes of the Atomic Energy Commission of Foreign Distribution of Radioisotopes，19 Aug 1947，copy in Oppenheimer Papers，box 186，folder Isotopes-Miscellaneous Information，p. 3.

[54] 参见 Summary of actions at Commissioners' meetings re：foreign distribution of radioisotopes，NARA College Park，RG 326，67A，box 46，folder 6，Foreign Distribution of Radio-isotopes Vol. 2.

[55] 参见1947年9月3日杜鲁门总统给第四届国际癌症研究大会主席E.V.考德里的电报，引自1947年9月4日的新闻报道，NARA College Park，RG326，67A，box 46，folder 6 Foreign Distribution of Radioisotopes Vol.2.

[56] 参见 Press Release，“Radioisotopes for Medical and Biological Research Available to Users Outside United States”，4 Sep 1947，NARA College Park，RG 326，E67A，box 46，folder 6 Foreign Distribution of Radioisotopes Vol.2. 另参见“Radioisotopes for International Distribution Catalog”（同一文件夹）；Memorandum from E. E. Huddleson，Jr.，Deputy General Counsel，to Carroll L. Wilson，General Manager，5 Mar 1947，NARA College Park，RG 326，E67A，box 46，folder 3 Foreign Distribution of Radioisotopes Vol.1.

[57] 参见 Lt. Col. F. G. Camino，Military Attaché，Spanish Embassy，Washington，to T. Raymond Jones of Isotopes Branch，Oak Ridge，4 Sep 1947，AEC Records，NARA Atlanta，RG 326，MED C W Gen Res Corr，Acc 67B0803，box 173，folder AEC 441.2（R-Spanish Embassy）. 另参见 Vladimir Houdek to Isotopes Branch，11 Sep 1947，AEC Records，NARA Atlanta，RG 326，MED CEW Gen Res Corr，Acc 67B0803，box 151，folder AEC 441.2（R-Czechoslovak Embassy）.

和生物用途，但原子能委员会并没有禁止向工作在这些领域以外的外国科学家运送放射性同位素。他们对此也没有宣扬，欧洲的一些科学家仍然认为原子能委员会出口的放射性同位素只用于医疗目的。[58]

杜鲁门的措辞表明，放射性同位素出口可能是在围绕国际原子能控制争议不断的外交舞台上的一个成功要素。而原子能委员会的一些官员则更进一步地把同位素国外分配计划与提议的国际核武器控制计划比较起来。一份反驳“反分配案”的机构备忘录中写道：“这一提议与利连索尔－巴鲁克国际原子能控制提案有相似之处。两者都需要与原材料相关机构人员在活动上有一定程度的开放性。”[59]在杜鲁门发布宣言后的几个星期，这种关联显得不合时宜：9月份，联合国与苏联就国际控制问题的谈判停滞不前。[60]斯特劳斯起草了一份备忘录，要求其他委员考虑暂停所有的对外运输，“直到联合国就国际原子能控制计划达成一项令人满意的协议为止”。[61]但是他的请求并没有被采纳。

虽然大多数委员已经制定了政策，但斯特劳斯不愿就此罢休。为了监督该计划，他要求原子能委员会的经理每月向他发送一份清单，其中记录“我们出口的同位素，其描述，以单位放射量或重量，亦或兼用二者计算出的总量，其目的国，收货人和用途”。[62]他开始针对那些发给对

---

[58] 参见 K. T. Bainbridge to Paul C. Aebersold，7 Nov 1947，NARA Atlanta，RG 326，MED C W Gen Res Corr，Acc 67B0803，box 151，folder AEC 441.2（R-Harvard University）.

[59] 参见 Memorandum from J. H. Manley to Carroll Wilson，24 Jun 1947，NARA College Park，RG326，E67A，box 46，folder 3 Foreign Distribution of Radioisotopes Vol.1.

[60] 参见 Hewlett and Duncan，*Atomic Shield*（1969），p. 272.

[61] 有关“决定对外出口同位素是不是错了？”这一问题，参见 Draft memorandum from Lewis Strauss to Robert Bacher，23 Sep 1947，其中有一条记录显示，在那一周期间该草案给了其他三名委员过目；引自 Strauss Papers，AEC Files，folder Isotopes Sep-Dec 1947，p. 9. 另参见 memorandum from Lewis L. Strauss to David E. Lilienthal，Robert F. Bacher，Sumner T. Pike，W. W. Waymack（1947 年 8 月，具体日期不详），Strauss papers，AEC Files，folder Isotopes Jan-Aug 1947.

[62] 参见 Memorandum from Lewis L. Strauss to Carroll L. Wilson，18 Sep 1947，Strauss papers，A C Files，folder Isotopes 1947 Sep-Dec.

美国不甚忠诚的国家或个人的运输专门搜寻记录，以便将这些信息传递给原子能委员会的国会批评者们，引起对放射性同位素出口的担忧。(63)对他的不满，其他一些人表示支持。原子能委员会下属军事联络委员会的主席布莱顿将军认为，这个问题并未经过妥善的审查，并在9月24日的联合会议上向委员们发了一通牢骚。(64)

比起国内采购者，外国人向原子能委员会购买放射性同位素要走完全不同的流程。接收国必须获得国务院的明确批准。这涉及通过常见的外交途径向国务卿提出申请，并任命一个驻美国的代理人代表国家处理相关请求。该代理人可以是外交官员、公司或个人，并将负责各类任务："安排发货，付款，向其国家感兴趣的科学家发送技术通告，[提交]进度报告。"(65)该指定代理人还负责从商务部获得放射性同位素的出口许可证。该机构要求一切交流所用语言必须是英文。(66)某些外国申请者还要面临官僚事务以外的问题。在就"俄罗斯（苏联）或其所支配的国家所提出的请求"采取行动之前，该申请必须由原子能委员会的总经理过目并批准。(67)

---

(63) 原子能委员会的内部文件有多个副本，例如，Lewis Strauss's memorandum to Robert F. Bache，23 May 1947（上文曾引用）in the Hickenlooper papers，Senate Committee Files，folder JCAE-Isotopes Jan-Aug 1947.

(64) 参见 Excerpt of AEC-MLC meeting，24 Sep 1947，NARA College Park，RG326，E67A，box 46，folder 6 Foreign Distribution of Radioisotopes Vol.2.

(65) 参见 Press Release，"27 Nations Qualify to Receive Radioisotopes from Atomic Energy Commission"，3 Feb 1949，NARA College Park，RG 326，E67A，box 46，folder 6 Foreign Distribution of Radioisotopes Vol.2.

(66) 参见 *Radioisotopes for International Distribution*，*Catalog and Price List*，Sep 1947，Isotopes Branch，NARA College Park，RG 326，E67A，box 46，folder 6 Foreign Distribution of Radioisotopes Vol.2.

(67) 参见"Procedure for Handling Foreign Requests for Radioisotopes"，26 Sep 1947，memorandum from John C. Franklin，Manager，Oak Ridge Operations，to Carroll L. Wilson，General Manager，AEC Records，NARA College Park，RG 326，E67A，box 46，folder 6 Foreign Distribution of Radioisotopes Vol.2，p.4.

原子能委员会要求外国接收者每半年报告一次使用放射性同位素获得的结果，并仅将试剂用于在申请中明确说明的目的，和国内用户遵守一样的实验室安全指南，同时“允许所有国家有资质的科学家访问他们的机构，并自由获取项目有关信息”。(68)探访和检查问题也正好成为国际原子能控制中的一个难点。对于有兴趣获得原子能委员会同位素的国家来说，这项政策具有强制性——这意味着向美国访客开放实验室，而访客中包括美国政府在欧洲各个国家所任命的科学专员。(69)换句话说，这意味默许美国的情报收集工作。(70)

目的地和并发问题

原子能委员会最先出口的 13 批放射性同位素于 1947 年秋天运抵澳大利亚。当中大部分是用于癌症和甲状腺疾病的治疗，但部分是用于生理和代谢研究，包括对植物病毒的研究。下一个出口对象是阿根廷，位于布宜诺斯艾利斯的国立医学院在 12 月初收到了用于医疗的 10 毫居里的磷 –32。一批磷 –32 也被送到伦敦汉普斯特德的国家医学研究所，用于生理学研究。第一批到达欧洲大陆的货物是于 12 月 30 日送往丹麦哥本哈根镭中心用于药物治疗的碘 –131；随后在 1948 年 1 月，一批碳 –14 被运往那不勒斯动物学研究站，用于无脊椎动物卵

(68) 参见 AEC，*Fourth Semiannual Report*（1948），p.15.

(69) 在 1948 年 12 月 15 日的会议上，委员们讨论了芬兰对放射性同位素的第一次申请，S 萨姆纳·派克指出，在瑞典的美国科学专员可以检查芬兰对放射性同位素的使用。参见记录摘要，来自 memorandum from T. O. Jones，Acting Secretary of the Commission，to Edwin E.Huddleson，Jr.，Acting General Counsel，16 December 1948，NARA College Park，RG 326，67A，box 47，folder 6，Foreign Distribution of Radioisotopes Vol. 2.

(70) 参见 Krige，“Atoms for Peace”（2006）；Doel and Needell，“Science，Scientists，and the CIA”（1997）. 需要澄清，美国的科学专员并非专门的情报人员，因此收集情报在其职业外交职责范围之外。

细胞的代谢研究。[71]

从 1947 年秋到 1948 年底，原子能委员会向世界各地的实验室和治疗中心运送了 356 批放射性同位素。（见表 4.1）其中近七成运往了欧洲和英联邦。瑞典收到了 62 批货物，是最大的消费国，其次是收到了 58 批的英国。除了澳大利亚和新西兰之外，位于阿根廷、秘鲁和南非的这些非欧洲国家的机构也收到了同位素。[72] 约 90%的同位素被国外领受者用在药物治疗或生理研究领域。另外 10%被用于自然科学和农业方面的基础研究。[73] 国外的分配计划比国内的分配计划更倾向于将同位素用于生物学和

同位素接收国	数量 / 批	同位素接收国	数量 / 批
加拿大	23	冰岛	2
哥伦比亚	1	瑞士	16
秘鲁	7	丹麦	40
巴西	1	英国	97
阿根廷	35	西班牙	1
南非	22	意大利	2
澳大利亚	81	比利时	61
新西兰	5	荷兰	33
挪威	24	法国	21
瑞典	97	土耳其	1
芬兰	3		

表 4.1　此表显示了该计划头 22 个月 (1947 年 9 月 –1949 年 6 月) 美国原子能委员会放射性同位素外国运输的目的地。原图参见美国原子能委员会，*Isotopes*（1949），p59

[71] 参见 Monthly Reports of Foreign Shipments-Radioisotopes，Reports 1–5，NARA College Park，RG 326，67A，box 46，folder 4 Reports of Foreign Shipments.

[72] 参见 Monthly Reports of Foreign Shipments-Radioisotopes，Report 16，Dec 1948，NARA College Park，RG 326，67A，box 46，folder 4 Reports of Foreign Shipments.

[73] 出处同上，p.24.

医学方面。[74]这种取向在消除坊间对于放射性同位素促使其他地方军事技术发展的担忧——尤其是核武器方面——颇为重要。

在某个重要方面，同位素的官方出口清单是不完整的。从1948年10月1日开始，原子能委员会批准向加拿大和英国在恰克河和哈维尔的原子能设施运送稳定的放射性同位素。这些运输是“技术合作计划”的一部分，由1947年最后几个月美国、英国和加拿大之间签下的暂定协议指定。[75]美国在这个协议中的动机显而易见。比利时属刚果出产的铀矿石有一半正运往英国；原材料的竞争很快就会阻碍美国核武器计划的发展。

随着更多的决策者意识到这一现实，他们对1946年《原子能法》中限制条件的缺点有了更好的理解。尽管如此，“技术合作计划”和放射性同位素的出口一样，都是刘易斯·斯特劳斯和其他国家安全监督人员眼中的敏感问题。运往恰克河和哈维尔的放射性同位素不是很多——从1948年10月1日到1949年8月1日，有3次是运往英国，15次是运到加拿大。运输的物质包括硼−10、氚、氧−18、碳−14、磷−32、铁−58、氦−3和锕−227。英国和加拿大的研究人员可以使用这些材料，只要这些材料不被“在官方的原子能项目之外挪用或转移给这些项目中未经授权的人员”。[76]这些同位素因不在对民间机构销售的范畴内，

---

[74] 参见Press Release，“AEC Sends Radioisotopes to 22 Nations for Research and Therapy，” NARA College Park，RG 326，67A，box 46，folder 6 Foreign Distribution of Radioisotopes Vol. 2.

[75] 参见Hewlett and Duncan，*Atomic Shield*（1969），chapters 9 and 10. 要从英方角度看这些协议，参见Gowing，*Independence and Deterrence*（1974），Vol. 1，ch. 8.

[76] 参见“Proposed Shipments of Isotopes to UK and Canada Under the Technical Cooperation Program”，AEC 43/215，10 Jan 1950，NARA College Park，RG 326，E67A，box 46，folder 5 Foreign Distribution of Stable Isotopes，p. 1 and box 47，folder 1 Foreign Distribution of radioisotopes Vol.3. 有关1947年底与英国和加拿大政府签订的临时协定的发展，参见Hewlett and Duncan，*Atomic Shield*（1969），pp.273 −284.

而没有出现在对外运输的月度报告中。(77)

原子能委员会同时参与了制定遵守原子能开发有关的工业设备和供应品出口管制的指导方针。1947 年 12 月 19 日，国会通过立法，扩大商务部出口管制权。该法案授权对运往欧洲大陆、不列颠群岛、冰岛、土耳其、苏联、葡萄牙、西班牙和地中海岛屿的所有货物实行全面控制计划。(78)尽管该政策颇具广泛性，但其具体目标是“控制可能协助苏联发展原子能计划的物质的出口”。(79)这项政策反映了自 1946 年《原子能法》通过以来时局的变化。原本只有与生产核武器裂变燃料直接相关的材料是被禁止出口的。(80)扩大的全面管制方案将一般的工业和建筑设备也一并禁止出口，因其“对苏联的原子能计划具有相当大的间接重要性”。(81)这条新政策不仅反映了苏联作为潜在核对手的地位发生了变化，而且反映了工业化规模生产设施在原子武器生产中的作用。

在这种对出口政治敏感的大环境下，原子能委员会不得不强调，其放射性同位素的对外出口不能帮助国外原子能计划的发展。另一方面，

---

(77) 参见 Monthly Reports of Foreign Shipments-Radioisotopes，NARA College Park，RG 326，E67A，box 46，folder 4 Reports of Foreign Shipments.

(78) 参见 AEC 23，Export Control Program，NARA College Park，RG 326，E67A，box 44，folder 1 AEC Export Policy Vol. 1，p. 3. 通常这些国家的殖民地也包括在内。有关出口管控计划的历史，参见 Berman and Garson，“United States Export Controls”（1967）and Funigiello，*American-Soviet Trade*（1988）.

(79) 参见 Draft Letter to Secretary of Commerce from the Chairman，AEC，Appendix A to “Export of General Industrial Equipment”，10 Dec 1947， 来自 AEC 23，Export Control Program，NARA College Park，RG 326，E67A，box 44，folder 1 AEC Export Policy Vol. 1，p.5.

(80) 参见 Memo from Walker L. Cisler to Carroll L. Wilson，General Manager，2 Jul 1947，re: Export of General Industrial Equipment，Appendix C to “Export of General Industrial Equipment”，10 Dec 10，1947， 来自 AEC 23，Export Control Program，NARA College Park，RG 326，67A，box 44，folder 1 AEC Export Policy vol. 1. 有关工业咨询小组的活动将在第六章讨论。

(81) 参见 Draft Letter to Secretary of Commerce from the Chairman，AEC，Appendix A to “Export of General Industrial Equipment”，10 Dec 1947，来自 AEC 23，Export Control Program，NARA College Park，RG 326，E67A，box 44，folder 1 AEC Export Policy Vol.1.

斯特劳斯正在搜集任何他能找到的可疑运输的证据。1948 年 8 月，他让助手去询问同位素部门负责人保罗·埃伯索尔德，明确问道是否有除了用于生物或医疗项目之外的对外货物运输。[82] 他确信即使是那些用于医学研究和治疗的货物也没有达到预期的目的。一篇发表在英国社会主义杂志《科学工作者》上的文章抨击了美国放射性同位素出口计划的管制。斯特劳斯将这篇文章转发给时任原子能联合委员会主席的爱荷华州共和党参议员博尔克·希肯卢珀（Bourke Hickenlooper），以此为据反驳"当时认为向外国出口同位素就能让我们与他们的科学家交上朋友的论点"。[83] 实际上，斯特劳斯所表现出的反共立场和对国家安全的首要关切意味着在涉及放射性同位素出口问题时，他和其他委员根本谈不到一块去。

1948 年 12 月，芬兰政府申请购买用于医疗的放射性磷。委员们对这项申请表现得十分谨慎。[84] 委员会与国务院展开广泛磋商，国务院方面声明的政策是鼓励芬兰摆脱苏联的影响。尽管芬兰与苏联刚刚谈判达成共同防御条约，但国务院强调"芬兰不在铁幕之下"。[85] 把芬兰纳入放射性同位素计划，标志着它在欧洲民主国家中占据一席之地，而美国正致力于协助和影响这些国家。国务院的观点反映了马歇尔计划背后的逻辑，该计划通过政治影响而不是军事手腕将欧洲国家纳入美国主导的资

---

[82] 参见 Memorandum from Lewis Strauss to William T. Golden with request to query Aebersold, 6 Aug 1948，Strauss papers，AEC Files，folder Isotopes 1948.

[83] 参见 Note from Strauss to Bourke B. Hickenlooper，9 Mar 1948，Strauss papers，AEC Files，folder Isotopes 1948.

[84] 原子能委员会认识到这个决定将可能引发公众的关注："芬兰将有资格接收原子能委员会制造的放射性同位素，这一事实将引起新闻界极大的关注，成为合法报道的主题。"参见 Memorandum from Morse Salisbury to Roy B. Snapp，Secretary to the Commission，14 Dec 1948，NARA College Park，RG 326，67A，box 46，folder 6 Foreign Distribution of Radioisotopes Vol.2.

[85] 参见芬兰国务院的政策声明，2 Sep 1948，in NARA College Park，box 46，folder 6 Foreign Distribution of Radioisotopes，vol. 2，p. 5. 芬兰和苏联于 1948 年 5 月 4 日签署了共同防御条约，苏联在 1938 年首次向芬兰提出这一想法，这项条约一旦达成，就会损害芬兰保持中立的想法。参见 Jakobson，*Finland in the New Europe*（1998），p.57.

本主义世界体系。(86) 12 月 21 日，委员们以四比一的票数将芬兰纳入出口计划。刘易斯·斯特劳斯再次投了反对票。(87) 为了应对可能出现的批评意见，委员们要求国务院书面确认："芬兰不是苏联的势力范围，美国政策要求给芬兰提供非军事援助和支持。" (88)

尽管委员会尽力应付对同位素项目的指责，但一系列其他麻烦问题和指控使该机构在国家安全方面的信誉受到了削弱。首先，委员会于 1948 年决定，该机构生物医学和物理科学博士后奖学金将向任何政治背景的申请人开放。这使原子能委员会在科学家中更受信任，却很难向公众和主要国会赞助人交代。原子能委员会将奖学金授予了一名加入了共产党的科学家，此事尤其招致各方的批评声音。(89) 希肯卢珀在 5 月 12 日亨利·德沃夫·史密斯入职原子能委员会委员的听证会上就此问题攻击利连索尔，主张所有政府奖学金获得者应获联邦调查局事先批准。(90) 其次，原子能联合委员会对原子能委员会向国会提交的第五次半年度报告的发表表示担忧，该报告记录了关于其设施和计划的详细信息——对于迫切希望看到国家保护其原子能信息的政客来说，这份报告透露了太多内容。(91) 第三，5 月 17 日，有报道披露了另一起

(86) 参见 Craig and Radchenko，*Atomic Bomb*（2008），p.128；Krige，*American Hegemony*（2006）.

(87) 参见 Foreign Distribution of Radioisotopes [A Summary of Commission Actions]，NARA College Park，RG 326，box 46，folder 6 Foreign Distribution of Radioisotopes，Vol. 2，p. 2. 对于所需的运输量，300 毫居里的磷 -32，希肯卢珀也表示担忧。他派助手威廉·戈登查看了其他申请的数量，戈登发现这是迄今为止数量最大的申请，其他的几个请求为每个 100 毫居里。参见 William T. Golden to Lewis L. Strauss，22 Dec 1948，Strauss papers，A C Files，folder Isotopes 1948.

(88) 参见 Foreign Distribution of Radioisotopes [A Summary of Commission Actions]，NARA College Park，RG 326，box 46，folder 6 Foreign Distribution of Radioisotopes，Vol. 2.

(89) 参见 Kaiser，"Cold War Requisitions"（2002），especially pp.140–141.

(90) 参见 Hewlett and Duncan，*Atomic Shield*（1969），p. 356；Lilienthal，14，15，17，and 19 May 1949，*Journals*（1964），Vol. 2，pp. 528–531.

(91) 尽管如此，这些信息，包括设施的位置，都曾在史密斯报告中发表过。参见 Lilienthal，20 Mar 1949，*Journals*（1964），Vol. 2，pp. 488–89；Hewlett and Duncan，*Atomic Shield*（1969），pp. 289，340，352.

涉嫌破坏安全的事件——阿尔贡国家实验室丢失了一部分裂变铀。这一指控促使国会原子能联合委员会对原子能委员会展开调查，以“彻查其受到的严重指控”。[92]5 月 22 日，希肯卢珀要求利连索尔引咎辞职，以明确自己的立场。[93]

斯特劳斯对外国运输记录采取密切监视，他期望发现的可疑的出口事件终于出现了。1949 年 4 月 28 日，一批铁 -59 被运到位于切勒的挪威国防研究机构进行高温钢的冶金研究，而该研究可应用在喷气发动机的开发上。[94]斯特劳斯在听证会开始前一周给其他委员的备忘录中关于这批货物这样写道，“需要有相当丰富的想象力，才能把这看成是能够促进同位素的‘善用’”。[95]考虑到斯特劳斯与希肯卢珀关系密切，这是将要出现麻烦的警告信号。几天后，也就是 1949 年 5 月 24 日，原子能委员会发布了一篇新闻稿，阐明了“关于放射性同位素对外分配计划发展的真相”。希肯卢珀在到手的复印件中做了标注，突出了稿中对出口货物在用途上的强调。在他看来，这次运往挪威的放射性铁与所谓的

---

[92] 参见美国国会原子能联合委员会（JCAE），*Investigation*（1949），Part I，26 May 1949，p.1. 我对一系列更为复杂的事件简述如下：希肯卢柏在 1949 年 5 月的一封信中指控原子能委员会“重大管理不当”。当原子能委员会请求回应时，美国国会原子能联合委员会主席布赖恩·麦克马洪举行了听证会。参见 Balogh，*Chain Reaction*（1991），p.70.

[93] 参见 Hewlett and Duncan，*Atomic Shield*（1969），p. 358. 几个月前，这样的担忧已经悄悄出现：1949 年 1 月 24 日，参议员希肯卢珀写信给利连索尔，担心向芬兰运送的放射性同位素很可能被转移到苏联并用于一些未经授权的目的。参见 NARA College Park，RG 326，E67A，box 37，folder 6 Foreign Distribution of Radioisotopes，Vol.2.

[94] 这便是 508 号货物，一毫居里的高活性铁 -59。参见 Monthly Reports of Foreign Shipments-Radioisotopes，Report 20，Apr 1949，NARA College Park，G 326，67A，box 46，folder 4 Reports of Monthly Shipments. 有关记载这批货物的另一个副本，参见 AEC Files，folder Isotopes 1949.

[95] 参见 Lewis L. Strauss，Memorandum to the Commissioners，18 May 1949，Strauss papers，AEC Files，folder Isotopes 1949.

"医疗和生物研究"的联系十分牵强。(96)

反对者利用正在举行的各种听证会，就原子能委员会在包括同位素出口等国家安全问题上的可靠性提出质疑。5 月 24 日，参议院下属拨款小组委员会将注意力集中在一周前公开的一起事件上，事件中两根铀棒从汉福德被运走后整整三个月无人察觉。(97)怀俄明州参议员约瑟夫·奥马霍尼（Joseph O'Mahoney）借此机会将大家的注意力引向斯特劳斯委员针对原子能委员会向海外出售放射性同位素的政策的异议上。(98)利连索尔为其机构向国外，包括向挪威和瑞典（因靠近苏联而令人不安）的科学家和医院运输放射性同位素的行为进行了辩护。(99)他极力主张，受质疑的放射性同位素不能帮助原子弹的研究或发展。然而，斯特劳斯反驳了他的看法，在作证时说美国无法保证"同位素在离开我们的掌控后，只被用于无害事物的研究"。(100)此外，在原子能委员会批准芬兰参与同位素出口计划仅仅数周之后，芬兰买方没做任何解释，就取消了第一个订单。(101)此事在反对将芬兰列入出口计划的批评者中引起担忧；斯特劳

(96) 参见"Foreign Distribution of Radioisotopes", AEC Press Release, 24 May 1949, copy in Hickenlooper papers, Senate Committee Files, folder JCAE-Isotopes 1949, p. 5.

(97) 参见 US Senate, *Independent Offices Appropriation*（1949）, 24 May 1948, p. 588.

(98) 出处同上，pp. 584–585.

(99) 参见 US Senate, *Independent Offices Appropriation*（1949）, 24 May 1948, p.577.

(100) 出处同上，p.578. 莫里斯在《纽约时报》对此做了报道，参见"Two Uranium Bars Taken"（1949）.

(101) 参见 letter from David Lilienthal to Brien McMahon, 9 Jun 1949, NARA College Park, RG 326, E67A, box 46, folder 6 Foreign Distribution of Radioisotopes Vol. 2. 利连索尔解释说，芬兰大学能够更快地从英国政府那里获得他们订购的放射性磷。1949 年 1 月 28 日，经国务院批准芬兰参与同位素出口计划。芬兰公使馆于 1948 年 8 月 31 日指定巴尔航运公司为其代理人，9 月 29 日，该公司提交了 300 毫居里放射性磷的申请。参见 AEC 173/3, "Inclusion of Finland in the Program for Foreign Distribution of Radioisotopes", NARA College Park, G 326, 67A, box 46, folder 6 Foreign Distribution of Radioisotopes, Vol. 2.

斯将这一消息告知了希肯卢珀。[102] 原子能委员会拙劣地应付了新闻媒体就此问题的密切关注，正如《纽约时报》所报道的那样，“委员会官员们不知道……到底有没有同位素确实被送到了由俄罗斯所支配的国家。”[103]

原子能联合委员会很快就在其调查听证会上就同位素出口将警钟敲得更响。斯特劳斯连续两次在利连索尔缺席的执行会议中表达了他对委员会的担忧，可能也一并提供了对外运输中最可疑的货物批次的信息。[104] 6月8日，希肯卢珀指控原子能委员会的政策“明显违反了1947年9月3日总统宣布的同位素分配计划的范围和限制”。[105] 他指出，四月向切勒的挪威国防研究机构运送放射性铁并不符合“同位素几乎专门用于生物和医学研究”的原则。[106]《纽约时报》在听证会前不久报道说，挪威正迫切要在切勒建造一座核反应堆，让局势更加紧张。[107] 希肯卢珀也提出了对其他运输的担忧，其中三次是运往芬兰，用于物理科学研究；另外的早已运往法国弗雷德里克和伊雷娜·约里奥-居里夫妇的实验室——二位物理学家与法国共产党的关系让希肯卢珀对这些运输起了疑心。这位参议员警告说：“一旦这些同位素不再属于我们，我们将无法控制其实际使用，也无法掌控这些同位素和从中发掘的信息的去向。”[108] 他认为，

---

[102] 来自刘易斯·斯特劳斯在1949年2月4日的封面笔记，附于莫尔斯·索尔兹伯里给原子能委员会关于赫尔辛基大学取消放射性磷订单的备忘录。参见 Hickenlooper papers，Senate Committee Files，folder JCAE-Isotopes 1949.

[103] 参见 Morris，“Two Uranium Bars Taken”（1949），p. 15.

[104] 参见 Lilienthal，9 Jun 1949，*Journals*（1964），Vol. 2，p. 541.

[105] 参见 JCAE，*Investigation*（1949），Part 5，8 Jun 1949，p.204.

[106] 出处同上。希肯卢珀写了一份备忘录，强调了运往挪威和瑞典皇家技术学院两批同位素的重要性，参见 31 May 1949，Hickenlooper papers，Senate Committee Files，folder JCAE-Isotopes 1949.

[107] 参见“Norwegian Defense Board Pressing an Atomic Pile”，*New York Times*，29 May 1949，摘自 Hickenlooper papers，Senate Committee Files，folder JCAE-Isotopes 1949。对挪威核发展的担忧是对的，因为该国在凯勒（JEEP）的第一座反应堆曾于1959年6月30日发生危机，这是除美国、英国、法国、加拿大和苏联以外的第一座反应堆。

[108] 参见 JCAE，*Investigation*（1949），Part 5，8 Jun 1949，p. 207.

在国会建立国际保障之前，这些运输违反了《原子能法》禁止“与其他国家就原子能工业用途交换情报”的规定。[109]

斯特劳斯公开表示支持希肯卢珀。正如他在当天作证时所说：“在冷战时期是否应该不加选择地传播原子能知识是问题的关键。”[110]斯特劳斯通过提及“知识”而不是同位素材料的传播，暗示出口放射性同位素抛开了《原子能法》禁止共享核信息的条令。一些污蔑手段使受控违规行为之间的区别变得模糊起来：芬兰因与苏联签订的条约而受到怀疑；鉴于约里奥毫不避讳其共产主义者身份，法国也脱不了干系；而挪威，因其军事研究也被当成共产主义——尽管挪威是美国的盟国，并且也是北大西洋公约组织（NATO）的创始成员国之一。[111]对利连索尔的憎恶让斯特劳斯和希肯卢珀看什么都是一片赤红。

第二天，报纸上报导了希肯卢珀的控诉，标题是“美国同位素出口危机重重”。[112]据《纽约时报》报道，“在听证会重开之际，希肯卢珀先生对大卫·E. 利连索尔就‘重大管理不善’提起的指控让国会原子能联合委员会陷入了激烈的争辩。”[113]原子能联合委员会不乏坚决捍卫者，其中不仅有任联合委员会主席同时也是1946年同名法案发起人的布赖恩·麦克马洪（Brien McMahon），还有最近被任命为委员的亨利·德沃夫·史密斯。J. 罗伯特·奥本海默于6月13日作证捍卫原子能联合委员会出口放射性同位素的决定，但国会议员和参议员反复质问他运给欧洲人的放射性同位素是否可能会落到苏联人手中并加快他们原子武器的发展。[114]奥本海默反驳道：

---

⑩ 参见JCAE，*Investigation*（1949），Part 5，8 Jun 1949，p. 207.

⑪ 参见JCAE，*Investigation*（1949），Part 6，9 Jun 1949，p. 236.

⑫ 关于挪威和北美自由贸易协定，参见Krige，*American Hegemony*（2006）.

⑬ 参见“U.S. Isotope Export”（1949）.

⑭ 参见Morris，“Isotopes Shipment”（1949），p.1.

⑮ 例如J. Robert Oppenheimer，testimony，JCAE，*Investigation*（1949），Part 7，13 Jun 1949，p.284.

> 没有人能强迫我说你不能使用这些同位素来获取原子能。你用一把铲子也能获得原子能。实际上你已经在这么做。你也可以用一瓶啤酒获得原子能。确切地说你也在这么做。但是客观来看，在战时和战后这些材料确实没有起到什么重要的作用，据我所知是根本没有任何作用。但不是所有的同位素都是这样。钚就是一个很好的反例，它发挥了很大的作用。而委员会出口政策中包含的那组同位素就没什么用。[115]

奥本海默和原子能委员会的其他捍卫者努力区分出口的放射性同位素和对发展核武器实际有用的放射性同位素之间的区别，到最后这却是徒劳——而且可能无关紧要。对于斯特劳斯来说，就算放射性同位素是用来发展常规军事技术也足以证明其罪过。[116]无论如何，在听证会结束仅仅三个月之后，苏联就引爆了他们的第一颗原子弹。这进一步加深了对不忠诚的美国科学家，甚至政府自己泄露国家核机密的怀疑。[117]

充满竞争的外国市场中放射性同位素的分配

1949 年夏的国会听证会使原子能委员会的领导层付出了惨痛代价。利连索尔辞去委员会领导人的职务，由麦克马洪参议员的前法律合伙人戈登·E. 迪恩（Gordon E.Dean）继任。尽管委员会在迪恩的领导下发生了一些方面的变化，其放射性同位素的计划出口始终未减。[118]但是，委员们的确开始审查外国用于非生物或非医疗用途的同位素申

---

⑮ 参见 JCAE，*Investigation*（1949），Part 7，13 Jun 1949，p.282.

⑯ 参见 Lewis L. Strauss to Senator Brien McMahon，24 Jun 1949，NARA College Park，RG 326，E67A，box 46，folder 6 Foreign Distribution of Radioisotopes，Vol. 2.

⑰ 参见 Kaiser，“Atomic Secret”（2005）；Gordin，*Red Cloud at Dawn*（2009）.

⑱ 比如国会拨款程序发生了变化。参见 Hewlett and Duncan，*Atomic Shield*（1969），pp. 442–484.

请。[119]他们之间的分歧持续存在。斯特劳斯明确了他的指导原则："如果这些申请是为了医学、基础科学研究或教学目的，我希望这些申请能获得批准。但如果是为了军事或工业用途，则不予通过。"[120]

橡树岭放射性同位素处理设施的改进以及需求的上涨推动了田纳西州出货量的增加。到 1950 年年底，原子能委员会已经发出了超过 14500 批放射性同位素，其中仅在过去一年就发出了 5000 批左右。至 1950 年 11 月，外国实验室收到 975 批，其中运往欧洲大陆和英国的占 563 批。包括治疗、诊断和研究在内的医学用途在外国接收者的使用中继续占据主导地位：975 批对外运输的货物中磷 –32 占 436 批，碘 –131 占 220 批，碳 –14 占 106 批，硫 –35 占 54 批。[121]委员会在其出版物中推介放射性同位素项目时，国内外的销售政策之间仍存在差异。在某些情况下，甚至定价也不同。用于癌症研究的放射性同位素对美国的购买者是免费的，但委员们拒绝给予外国人这种优惠。[122]

1950 年春季，委员会考虑如何扩大同位素出口计划，以应对英国

⑲ 参见 AEC 231/5，"Swedish Request for Radioisotopes for Non-Medical or Biological Uses"，5 October 1949，以及其他类似请求，NARA-College Park，RG 326，E67A，box 46，folder 6 Foreign Distribution of Radioisotopes，Vol. 2.1950 年 1 月，原子能委员会提出了一项《原子能法》的修正案，该修正案将阐明其在美国以外分配同位素的权力。1950 年 5 月，这些调整方案在预算局通过，但之后便停滞不前了。参见 Gordon Dean，Acting Chairman，to Senator Brien McMahon，Chairman of the JCAE，Enclosure "A" to AEC 236，"Revision of the Language of the Atomic Energy Act Relating to Foreign Distribution of Radioisotopes"，23 May 1950，NARA College Park，RG 326，67A，box 47，folder 1 Foreign Distribution of Radioisotopes Vol.3.

⑳ 参见 Note in Strauss's hand，24 Aug 1949，appended to memorandum AEC 231/2，Requests from Foreign Countries for Radioisotopes for Non-Medical Uses，30 Aug 1949，NARA College Park，RG 326，E67A，box 46，folder 6 Foreign Distribution of Radioisotopes vol. 2. 另一副本参见 the Strauss papers，AEC files，folder Isotopes 1949.

㉑ 参见 AEC，*Ninth Semiannual Report*（1951），p.31；AEC，*Isotopes*（1949），pp.23–24.

㉒ 参见 Conclusions and Recommendations，"Study of Wider Use of Isotopes"，Info Memo 92/1，9 Oct 1949，NARA College Park，RG 326，E67A，box 45，folder 6 Study of Wider Use of Isotopes.

和加拿大分配计划的竞争。[123] 在英美之外，核力量也得到了发展。此时法国已拥有自己的实验反应堆，而美国也掌握苏联反应堆运行的证据。包括瑞典、挪威、比利时、印度和瑞士在内的一些国家也已制定了反应堆项目计划。[124] 英国和加拿大的出口计划并没有限定同位素只能用于科学研究和药物治疗，而是允许同位素在工业中的应用。原子能委员会认识到，这些供应计划会让美国研究人员转而请求进口外国同位素。[125]

继放宽对外国接收者使用汇报的要求后，委员会在 1951 年 1 月 30 日投票决定扩大放射性同位素出口计划。[126] 限定国内购买的同位素只剩下了氚，因为哪怕是出口少量的氚都遭到了军事联络委员会的反对（氚是氢弹的重要组成部分）。扩大后的计划还将允许外国人购买用于工业用途的同位素，与英国和加拿大的计划一样。与此相关，美国公司还可

---

⑫3 在杜鲁门总统宣布美国同位素出口计划开始的第二天，加拿大原子能委员会宣布其反应堆已投入运行，并将向国内和国外出售同位素。参见 Memo from Carroll L. Wilson to the Commissioners, Progress and Procedure on Foreign Distribution of Isotopes, 25 Sep 1947, NARA College Park, RG 326, E67A, box 46, folder 6 Foreign Distribution of Radioisotopes Vol. 2.

⑫4 参见 Note by the Secretary, 17 May 1950, AEC 231/12, NARA College Park, RG 326, 67A, box 47, folder 1, Foreign Distribution of Radioisotopes Vol. 3, p. 3.

⑫5 比如，英国提供的磷 -32 比橡树岭提供的放射性要高，参见本书 p.249。

⑫6 1950 年春，在等待预算局和联合委员会对他们提出的修正案做出答复期间，原子能委员会开始对报告事项的要求进行修改，比如购买者可以每 12 个月提交一次报告，而不是每 6 个月，并且委员会没有义务公布结果。参见 "International Distribution of Radioisotopes", 29 Mar 1950, AEC 231/10, 以及 letter from Sumner T. Park to Brien McMahon, 10 May 1950, NARA College Park, RG 326, E67A, box 47, folder 1 Foreign Distribution of Radioisotopes Vol.3. 报告事项的要求最终于 1954 年 10 月 4 日尘埃落定，当时斯特劳斯担任委员会主席。在此方面，该机构承认，大部分放射性同位素的使用完全是按惯例来的，"英国和加拿大的放射性同位素出口条件不比美国的……严格。" 参见 AEC 231/24, International Distribution of Radioisotopes, 1 Sep 1954, and Lewis L. Strauss to Sterling Cole, 1 Oct 1954, NARA College Park, RG 326, E67B, box 29, folder 1 Isotopes Program 3 Foreign, p.10.

向国外推销某些含有同位素的仪器，如β射线测厚仪。原子能委员会呼吁加拿大和英国的同行一起消除之间所剩差异。1951 年 4 月 25 日，美国、加拿大和英国原子能计划的代表就外国购买者购买同位素的价格和获取渠道方面达成了协议。[127]

原子能委员会于 1951 年 5 月宣布扩大对外放射性同位素的分配计划，并向其国会主要赞助人麦克马洪议员保证，新扩大的计划“完全符合确保共同防务和安全的首要目标”。[128]公开该政策的新闻稿措辞谨慎，以减轻公众对出口的担忧（参见前文篇章引言）：

> 美国的外交政策呼吁在和平时期为外国发展提供帮助，而我们认为扩大同位素出口计划符合这一政策。即使国际上对原子能缺少控制，同位素出口计划的扩大也将促进增加国际合作。[129]

新闻稿还强调了外国科学家培训计划在增加国外对同位素需求方面所起的作用。位于田纳西州橡树岭的橡树岭核研究所下属同位素学院在 1940 年末期到 1951 年之间招收了数量有限的外籍人士。[130]

即使做出了这么多改变，原子能委员会对放射性同位素出口设限的结果仍是英国和加拿大政府侵吞了大量美国政府的市场份额。英国出

---

⑫⑦ 参见“International Distribution of Radioisotopes,” AEC 231/15，11 May 1951，NARA College Park，RG 326，67A，box 47，folder 1 Foreign Distribution of Radioisotopes Vol.3.

⑫⑧ 参见 Sumner T. Pike，letter to Senator Brian McMahon，7 May 1951，Appendix B to AEC 231/16，NARA College Park，RG 326，E67A，box 47，folder 1 Foreign Distribution of Radioisotopes Vol. 3.

⑫⑨ 参见 Proposed Press Release，“AEC Enlarges Radioisotope Export Program,” 附于 AEC 231/16，NARA College Park，RG 326，E67A，box 47，folder 1 Foreign Distribution of Radioisotopes Vol.3，p. 16.

⑬⓪ 出处同上。John Krige 分析了这种与艾森豪威尔的“原子用于和平倡议”有关的培训计划在“技术乌托邦之梦”中的重要性（2010）。另参见 Herran，“Isotope Networks”（2009）.

口计划开始的一年内，从哈威尔向国外运输的放射性货物数量就超过了橡树岭。[131]原子能委员会在一份1951年6月份的备忘录中承认，三国政府已成为区域性而不是全球性的同位素供应商："英国有能力，大多时候也确实在向西欧国家供应半衰期短的放射性同位素；我们将这些材料分配给拉美各国。"[132]另外，苏联正在迅速发展向东欧集团国家供应放射性同位素的能力。[133]美国唯一的优势是在生产放射性标记化合物方面，不过从1949年就开始供应放射性标记化合物的英国国有公司安玛西亚（Amersham）缩小了在这方面与美国的差距。[134]该公司成为了美国公司的主要竞争对手，而令后者格外震惊的是，该公司并没有面临同样的利润压力。[135]

因为英美加三国政府都在补贴同位素销售，所以美国无法在成本上竞争——加拿大和英国政府从一开始就按照橡树岭的价格定价。正如委员会所承认的那样，"价格上的这种差异本身并不是选择哪个国家作为供应商的决定性因素。运输成本上的差异是需要考虑的一个更重要的经济因素。"[136]除了价格以外，美国以国家安全为名执行的复杂外交管制更

---

⑬1 参见 Herran，"Spreading Nucleonics"（2006）.

⑬2 参见 AEC 231/17，19 June 1951，NARA College Park，RG 326，E67A，box 47，folder 1 Foreign Distribution of Radioisotopes Vol.3.

⑬3 参见 Medvedev，*Soviet Science*（1978），pp. 48–49.

⑬4 本书第6章介绍了美国放射性标记化合物供应商的出现。有关安玛西亚，参见 Kraft，"Between Medicine and Industry"（2006）.

⑬5 参见 Interview with Paul McNulty，New England Nuclear sales manager in 1960—1984，29 Mar 2002，Newton，Massachusetts. 英国和加拿大的定价政策倾向于遵循美国原子能委员会的政策。参见 Sumner Pike to Brien McMahon，28 Jun 1951，NARA College Park，RG 326，E67A，box 47，folder 1 Foreign Distribution of Radioisotopes，vol.3. 放射化学中心是一家由英国政府所拥有的公司，1982年，首相撒切尔将其私有化。该公司的信息见安玛西亚官网：http：//www.amersham.com/about/heritage.html.

⑬6 参见 Sumner Pike，Acting Chair，to Senator Brien McMahon，28 June 1951，NARA College Park，RG 326，67A，box 47，folder 1 Foreign Distribution of Radioisotopes Vol. 3，p. 7.Pike 说："实际上，英国完成了大部分西欧国家常规生产的同位素订单。"

让原子能委员会处于不利的地位。

原子用于和平

一名共和党员最终切断了保守派在同位素的对外出口和松懈的国家安全之间的政治联系。德怀特·艾森豪威尔总统于 1953 年底向联合国发表了他的演讲“原子用于和平”，其主旨倡议美苏两国同时为实现和平使用原子能的计划提供可裂变材料。[137]计划中规定了双方都要提供的可裂变材料的数量，而比起苏联，美国依靠其库存能更轻易地满足供应。事实上，该计划中的美苏原子资源共享最终也未实现。[138]总统在其他方面的愿景倒是取得了成果，包括国际原子能机构的成立。[139]艾森豪威尔的演讲标志着美国战略政策的转变，从拒绝与他国分享核材料和技术，到开始与他国分享这些资源，以此来展示美国的慷慨并确保与发展中国家的外交关系。[140]他的提案突出强调了放射性同位素分配计划所象征的人民福祉这一长期重点。

1954 年通过的《原子能法》修正案放宽了原先 1946 年制定的严格安全限制，允许公司申请原子能技术专利并授权使用可裂变材料。该法案旨在鼓励民用原子能的商业发展，使美国与其他已经拥有该技术的国家进行竞争。[141]为了让工业参与到反应堆开发当中，大规模的解密工作得到开展。该法案还规定通过与“友好国家”达成双边协议框架，与

---

⑬⑦ 参见 Eisenhower，*Atoms for Peace*（1990）.

⑬⑧ 参见 Krige，“Atoms for Peace”（2006），p. 164；Weart，*Nuclear Fear*（1988），p.158；更全面的叙述，参见 Soapes，“Cold Warrior Seeks Peace”（1980）.

⑬⑨ 国际原子能法规于 1956 年 10 月得到联合国 81 个国家的一致通过，这促成了 1957 年国际原子能机构的成立。参见 Hewlett and Holl，*Atoms for Peace and War*（1989），p.225；AEC，*Eighteenth Semiannual Report*（1955），p.5.

⑭⓪ 参见 Krige，“Techno-Utopian Dreams”（2010）.

⑭① 本书第 6 章阐述了原子能委员会尝试培育民用核工业。

其他国家共享核技术信息。[142]这些协议允许各国从美国获得设备和材料，特别是反应堆燃料。对于迈入新开放的民用核能领域的美国公司而言，这些协议还为他们开展民用反应堆贸易提供了国外市场。[143]

“原子用于和平”这一计划力图在核领域展示美国资本主义，同时将外国的资源从原子武器开发上转移开来。[144]控制反应堆技术共享的双边协议旨在将其他国家的核发展限制在民用领域。[145]这并不是说美国打算放慢自身原子能在军事发展上的步伐。1952 年艾森豪威尔当选美国总统时，美国核武器储备是 841 枚；到 1960 年约翰・F. 肯尼迪当选时，储备量已经增长到 18,638 枚。[146]向热核武器的转变也进一步增强了核弹的杀伤力。然而艾森豪威尔明白，使用核武器会给美国带来毁灭性的后果，而且这种武力威胁并不足以让美国在全球冷战中赢得盟友。“原子用于和平”计划将注意力从不断加剧的军备竞赛上转移开来，并借此赢得发展中国家的“民心”，不然他们可能会把注意力集中在美国表面的军国主义上。[147]

在冷战的新阶段，技术信息和可裂变材料与放射性同位素一起被作为稀缺资源来换得政治影响。[148]1955 年前 6 个月，美国和其他国家签署了 27 个双边协议。协议允许传播设计反应堆的技术信息，并授权转移

---

⑭ 参见 AEC，*Seventeenth Semiannual Report*（1955），p.vii.

⑭ 参见 Medhurst，“Atoms for Peace”（1997）.

⑭ 参见 Krige，“Atoms for Peace”（2006）；Osgood，*Total Cold War*（2006），ch.5.

⑭ 有关民用核电计划不一定与军事计划不相容，参见 Hecht，*Radiance of France*（1998）。John Krige 描述了一个类似的美国战略，在航天部门中，将其他国家的资源从军事转移到民用计划中。参见 Krige，“Technology，Foreign Policy and International Cooperation”（2006）.

⑭ 参见 Krige，“Atoms for Peace”（2006），p. 162.

⑭ 克里格（Krige）在《原子用于和平》（2006）一文中强调了赢得“心与心灵”的重要性；梅德赫斯特（Medhurst）则集中关注把民用计划当作“转移”对象（参见“Atoms for Peace”[1997]）。在第五章中，我讨论了美国核武器试验，特别是灾难性的布拉沃炮击对世界舆论的影响。

⑭ 有关 1954 年《原子能法》后来对工业发展的影响，参见 Palfrey，“Atomic Energy”（1956）.

不超过 6 千克的 20% 铀 -235 来为外国反应堆提供燃料。[149] 反应堆技术和燃料的扩散最终会使放射性同位素变得不再那么稀有——基本上，各国将不再依赖于美国、英国、加拿大或苏联这些主要原子能源国来提供同位素，他们可以用自己的民用反应堆在国内生产同位素。但是这样的基础设施发展缓慢且代价高昂，特别是在美国向大多数国家仅提供小型研究反应堆的情况下。

“原子用于和平”实际上包括了“加快和促进向外国分配放射性同位素”的计划。[150] 原子能委员会继续高举以放射性同位素为象征，代表美国原子能事业人道主义的形象。这一形象自 1947 年出口计划开始以来从未改变。而现实是，大多数外国人从美国政府购买同位素比从英国或加拿大购买要更加困难。如 1956 年希尔兹·沃伦向生物学与医学咨询委员会所说的那样，“同位素计划饱受诟病，原因在于其中繁文缛节拖累太多，相比之下从英国获得同位素的过程要简单很多。”[151]

在供应放射性同位素方面，美国在拉丁美洲一直保持优势，该地区也是受“原子用于和平”倡议影响最大的区域。[152]

1956 年 6 月，原子能委员会与原子能和平发展基金会合作，派出一个“同位素代表团”访问委内瑞拉、巴西、阿根廷和乌拉圭。[153] 1947 年至 1957 年领导同位素部门的保罗·埃伯索尔德与代表团同行，他的旅行记录强调了放射性同位素在打击“反美团体宣传”方面的政治价

---

⑭ 参见 Hewlett and Holl，*Atoms for Peace and War*（1989），p. 236；AEC，*Eighteenth Semi-annual Report*（1955），pp. 6–7.

⑮ 参见 Minutes，57th ACBM Meeting，21–22 Sep 1956，Washington，DC，OpenNet Acc NV0411750，p. 8.

⑮ 出处同上，p. 20.

⑮ 参见 Alonso，“Impact in Latin America”（1985）.

⑮ 参见 Memo to Fields from Hall，Re：Radioisotope Mission to South America，25 May 1956，NARA College Park，RG 326，E67B，box 29，folder 1 Isotopes Program 3 Foreign.

值。[154]（见图 4.2）他在两年前参加了在巴西圣保罗举行的第六届国际癌症大会，并在 1956 年夏天提到在放射性同位素使用的空间和设备方面已经取得了一些进展。但是，每个国家同位素使用者的增长状况“不是很好”，而且他在南美洲所有的实验室中只见到四五个与美国“一样水平的同位素实验室”。[155]通过培训更多处理放射性材料的人员，为实验室

图 4.2　此图为 Paul C.Aebersold 的手绘肖像。图中 Aebersold 围着地球小跑，到处推广放射性同位素。1957 年 4 月，他将去原子能委员会在华盛顿特区的总部工作，图中的他已准备好迎接他在橡树岭的送别会。他公文包上名字首字母缩写下方的“DCA”代表原子能委员会下属的民事申请部门（授权转载于 Aebersold papers，box 2，folder 11，Cushing Memorial Library and Archives，Texas A&M University）

---

⑭ 参见 Paul C. Aebersold，handwritten notes from “Atoms for Peace Mission to SA”，Jun 1956，Aebersold papers，box 2，folder 2-6 General Correspondence，June 1956.

⑮ 出处同上。

提供美国设备并出口更多的放射性同位素，可以实现“原子用于和平”倡议的部分目标。就原子能委员会而言，在拉丁美洲发展放射性同位素在生物医学上的应用将促进美国的外交政策的发展，并使这些国家在美国的帮助下发展自己的民用核基础设施。[156]

结论

1949 年夏天举行的希肯卢珀听证会和苏联第一次原子弹试验使战后存在过一段时间的对原子能的和平应用超过军事应用的期冀化为泡影。[157]这以两种方式改变了放射性同位素的象征意义。首先，放射性同位素计划从一定程度上代表了原子能和平使用的新时代，但随着冷战的不断激化，这一切都变成了不切实际的幻想。作为曼哈顿计划的继任者，原子能委员会从未停止过供应核武器，但随着经济性核能前景的消退，该机构可能发展成田纳西河流域管理局的原子机构版本的设想也随之消失。与苏联的核军备竞赛导致了新的政策冲突：关于美国是否应该建造“超级”氢弹的争论加剧了原子能委员会内部以及与国会原子能委员会成员之间的分歧。[158]其次，美国不再拥有原子垄断地位的新现实使得保守派更难将放射性同位素的出口描绘成对该国霸权地位的危害。来自英国和加拿大的对外放射性同位素分配计划的竞争让扩大美国出口计划在政治上更容易被接受。到 1950 年，美国政府利用反应堆生产的材料来表现自己慷慨大方的机会正在消失，同时原子能委员会官员正试图

---

⑯ 实际上，大多数拉美国家的民用核技术发展缓慢。受到政府资助的一位阿根廷科学家声称，在南美建造第一座核反应堆，结果是一种欺诈，如果仅仅把这看作是美国政策的失败则是太过简单了。正如约翰·克里格所说（参见“Techno-Utopian Dreams”［2010］），原子用于和平计划增长了发展中国家对核现代化的渴望，也促进了计划的实施。关于阿根廷参见 de Mendoza，“Autonomy，Even Regional Hegemony”（2005）.

⑰ 参见 Hewlett and Duncan，*Atomic Shield*（1969）.

⑱ 参见 Galison and Bernstein，“In Any Light”（1989）.

夺占其不断下降的市场份额。

尽管（或者说正是因为）冷战不断激化，原子能的和平发展在政治上仍然大有用处。艾森豪威尔的“原子用于和平”倡议重新将放射性同位素当作外交政策工具，并扩大范围将核信息和技术也包括在政策内——这些核信息和技术的传播在以前是受1946年的《原子能法》制约的。从这个意义上说，不仅放射性同位素，连核“秘密”都不再被视为国家安全的隐患。这反映了战争结束以来地缘政治局势的变化。美国已经失去了核垄断地位，而苏联早就以确保政治联盟为目的与各国——特别是之后所谓的不结盟国家——分享原子能在“和平时期”所带来的利好。[159] 1954年修订的《原子能法》鼓励传播先前保密的信息和在原子能发展中的私人参与，使现行立法更符合新的全球状况。随着核能的预期商业化，放射性同位素失去了其作为原子能和平时期利好典范的地位。然而，无论是对美国公民还是全世界人民来说，放射性同位素仍然是原子能在人道主义层面强有力的象征。其中一个原因是人们一直希望放射性同位素能够治愈患者，尤其是那些身患癌症的人。

---

[159] 一些不结盟国家，例如印度，特别善于利用超级大国之间的利益，以最大限度地获得援助。关于印度，参见 Abraham，*Making of the Indian Atomic Bomb*（1998）.

第五章

红　利

起初，我们惊讶地发现对比基尼环礁试验的兴趣如此之小，但我们真的没有权利那么做。原子能是一个让人不安的话题。像约翰·赫西所著的《广岛》那样的内容令人倍感不适。转念想想未来的医学奇迹，寿命的延长，以及人们处处期冀的阳光灿烂的日子，又是多么美好。

——大卫·布拉德利（David Bradley），1948[①]

① 参见 Bradley，*No Place to Hide*（1948），pp. 167–168.

原子弹爆炸给广岛和长崎的人们造成了可怕的伤亡，但这并未减少人们对人造放射源将彻底改变医学的希望。如果有什么不同的话，那就是原子能发展的新规模提高了人们的期望水平。1947年5月阿尔伯特·Q.梅塞尔（Albert Q. Maisel）在《科利尔》（*Collier's*）杂志上发表的文章中指出，“原子弹研究的第一个良性结果是，它已经成为医学科学家的新工具，能够治愈迄今无法治愈的疾病。”文中附有一张引人注目的插图，这是一张合成照片，图片里有一个穿着睡衣的男子已从轮椅上站起来，前边有一朵“蘑菇云”，他该是被这朵“蘑菇云”治好了（参见图5.1）。梅塞尔说，这些原子变形所体现的“医疗红利”，抵消了人们对核武器的恐慌：

图5.1　阿尔伯特·梅塞尔在1947年5月3日《科利尔》杂志“人与原子”专题中的“医疗红利”一文的插图

> 橡树岭实验室曾经给我们带来了这个时代最痛苦的问题，但它现在流动着一股放射性同位素之流，虽然小却很稳定。原子能生产中的这些奇怪的副产品对人类的重要性可能就像原子弹或廉价的原子能一样重要，不过这对人类来说还只是一种希望。因为对于科学家来说，在战胜痛苦和死亡的永恒斗争中，放射性同位素是力量的工具；它甚至可能是一种途径，可以撬开曾经紧闭的大门，以了解

生命本身的内在过程。[②]

梅塞尔所用的主要例子是放射性磷和放射性碘，使用这些已经证明了“原子能的两种用途——作为示踪剂侦察和作为体内医疗子弹”。[③]当时，磷-32和碘-131正是在橡树岭最频繁装运的两种同位素。它们约占国内出货量的三分之二左右，出口外国的比例也较高。在战后初期，它们是治疗中主要使用的同位素。[④]

梅塞尔的文章呼应了美国原子能委员会的宣传，强调的是原子能所带来的希望而非其放射性危险。许多学者研究了冷战初期对原子药物救赎般的希望，通常将其解读为一种错误的、未来主义的乐观情绪，或者认为是美国政府做出的愤世嫉俗的行为，以弥补核武器带来的破坏以及政府不断要付出的成本。[⑤]然而，在第二次世界大战后，人们对原子的治愈能力普遍有了热情，社会有了一些具体的认识基础。美国原子能委员会对民用利益的预测与放射性同位素的潜力结合在一起，革新了医学。正如我们所看到的，这种希望不是新产生的。20世纪30年代晚期E.O.劳伦斯和约翰·劳伦斯便提出了人工放射性同位素将改变癌症的治疗方法，此后政府便一直延续着这一期望。即便如此，过度暴露于辐射将危害健康，这是人们几十年前便已知晓的，广岛和长崎的日本人民所遭受的痛苦也为此提供了新的证据。于是，在20世纪50年代，越来越多的公众关注核武器试验的放射性尘埃，这逐渐破坏了放射性同位素作为医疗手段的形象。此外，放射性同位素在内科治疗中的影响比最初想

---

② 参见 Maisel，“Medical Dividend”（1947），p. 14.

③ 出处同上，引自 p. 43。

④ 此估算依据的是截至1949年6月30日的信息，参见 AEC，*Isotopes*（1949），June 30, 1949，pp. 5–6，22，54，59. 碘-131的半衰期为8天，磷-32的半衰期是14天，这两种物质被频繁运送，其原因之一就是它们的贮存期很短。参见 Aebersold，“Isotopes for Medicine”（1948）.

⑤ 例如，Boyer，*By the Bomb's Early Light*（1985）；参见 Leopold，*Under the Radar*（2009）.

象的要小（尽管发现了它在其他方面的医学用途）。因此，公众越来越担心职业、环境，甚至临床暴露在放射性物质下的危险，科学界也存在同样的担忧，而核医学就在这种背景下出现了。[⑥]

原子能委员会不断深入了解与放射性有关的健康风险和益处，这可以追溯到 1948 年成立的生物学与医学部的活动，以及生物学与医学咨询委员会，该委员会的工作人员包含一些外部专家。原子能机构的放射性同位素项目不在生物学与医学部，而是通过生产部门进行管理，生产部门的主要职责是生产用于核武器的裂变材料。虽然不归这个部门管辖，但它为生物医学研究的最初使命是提供放射性同位素，这是美国原子能委员会癌症计划的早期组成部分。此外，生物学和医学部还负责监督整个机构设施的辐射安全。[⑦]其关于辐射安全的政策对原子能委员会生产和分发的放射性同位素的处理和处置有影响。

在 20 世纪 50 年代初，官方对放射性的担忧主要表现在核电站的职业安全管理和民防计划。但在这十年中，新的证据表明低剂量辐射会诱发白血病和其他恶性肿瘤，这引起了人们的疑问：政府通过的允许剂量的标准是否足够保护民众？尽管媒体倾向于关注核武器试验带来的放射性尘埃的潜在危险，但艾森豪威尔政府于 1954 年通过的《原子能法》，推动了民用核能产业的出现，带来了更多的环境辐射。[⑧]核电行业的出现也会增加电离辐射的职业暴露。到 1954 年，政府坚定地致力于继续进行核武器试验和民用原子能的发展，并坚持认为这些活动不会对人类健康造成危害。许多科学家，特别是遗传学家和生态学家，开始公开质疑政府的断言，即与这些行动相关的辐射暴露是安全的。

随着公众媒体对这些辩论的报道，原子能委员会本身也在重新评估

---

⑥ 参见 Boudia，“Radioisotopes’ ‘Economy of Promises’”（2009）.

⑦ 参见 Statement of Shields Warren，JCAE，*Investigation*（1949），Part 22，p. 876.

⑧ 有关这些工业发展情况及其监管方面的更多信息，参见第六章。

辐射的安全。在第二次世界大战期间和之后，基于实际的考虑和对新制造的放射性材料的影响尚不完全了解的情况，放射防护的标准设置十分随意。[9] 负责监督职业安全的健康物理学家在毒理学框架下工作，他们假设存在一个阈值，低于此阈值的辐射对人无害。显著低于诱发急性损伤的辐射水平被认为是“可忍受的”。但在20世纪50年代，有关低水平辐射的长期影响的新证据使这些假设受到质疑。这不仅对原子能委员会的工厂和新兴民用核工业的安全产生了影响，而且对原子能机构如何保证它从橡树岭运来的放射性同位素的安全，以及对这些放射性同位素的大规模消耗所产生的放射性废料如何安全处置也产生了影响。当该机构资助的遗传学家表示辐射暴露导致的突变损伤没有下限时，该机构如何确保暴露水平是无害的？

人们对放射性的看法也发生了相应的改变。[10] 到20世纪50年代晚期，关于放射性尘埃的辩论将目光锁定在一些特殊原子如锶 -90 和碘 -131 爆炸裂变产物的风险。草原上沉积的锶 -90 被牲畜食用后，导致了肉和牛奶的放射性污染，改变了放射性同位素的象征价值。放射性同位素曾被认为是有疗效的，但现在越来越多的人认为它是污染物，甚至是致癌物质。在20世纪60年代和70年代，人们对核辐射危险的认知变得更加强烈，这使得政府对原子的健康红利的重视相形见绌。

瞄准癌症

癌症是国内原子能政治中一个特别重要的主题，为美国原子能委员会在生物学和医学领域的计划提供了动力。利用原子能与癌症作斗争，符合核武器时代的普遍矛盾心理——原子的危险和希望共存。此外，辐

---

⑨ 参见 Caufield，*Multiple Exposures*（1990），特别是序言和第八章；另参见 Whittemore，*National Committee on Radiation Protection*（1986）.

⑩ 参见 Boyer，*By the Bomb's Early Light*（1985）；Weart，*Nuclear Fear*（1988）.

射本身对癌症而言就是双刃剑，早在建立核武器的崩溃计划之前人们就已经认识到：辐射暴露可能导致癌症。通过对 X 射线和镭元素的观测研究，新辐射源既有风险，亦有治疗疾病的可能性。[11]这些关于癌症的希望和恐惧都是围绕着原子的力量而重新形成的。在占领日本期间，一位美国生物物理学家发表了一篇很受欢迎的文章，题为《原子能：癌症的福音……还是癌症的原因？》[12]

同位素治疗癌症的希望是建立在这样一个观念上的，即它们将特定肿瘤定位并传递内部辐射。1947 年报道的一个引发轰动的病例强化了这些期望。一位患甲状腺癌的病人接受了碘 -131 治疗。放射性碘局限于甲状腺癌的几个转移肿瘤，都能被检测到，但随着时间的推移，肿瘤在不断缩小。[13]就像梅塞尔在《科利尔》中所说的那样，“B 先生的案例在医学界很长一段时间内是最有希望的事情之一。因为它表明原子能的两种用途——作为示踪剂侦探和作为体内医疗子弹——而它也正在美国各地的实验室和医院中以多种方式得到越来越多的应用”。[14]一些新闻工作者在宣布这一突破时不那么谨慎，比如有篇报道标题为《在橡树岭炽热的死亡峡谷中发现癌症的福音》。[15]

这种把放射性同位素当成灵丹妙药的表现形式，让放射性呈现一种古老的形象，成为恢复活力的源泉。20 世纪 20 年代的一些专利药品就含有镭[16]。在“原子炉”中由核裂变产生的放射性同位素似乎在摧毁癌细胞方面比自然辐射源更有效。同样重要的是，放射性同位素的治疗性使用抵消了，甚至可能是弥补了原子能更具破坏性的一面。因

---

⑪ 参见 Serwer，*Rise of Radiation Protection*（1976）；Lavine，*Cultural History of Radiation*（2008）.

⑫ 参见 Henshaw，“Atomic Energy”（1947）.

⑬ 参见 Seidlin，Marinelli，and Oshry，“Radioactive Iodine Therapy”（1946）.

⑭ 参见 Maisel，“Medical Dividend”（1947），p. 43.

⑮ 由布鲁塞引用，参见“Nuclear Medicine”（1978），p. 595。关于改变癌症疗法，参见 Pickstone，“Contested Cumulations”（2007）；Cantor，*Cancer in the Twentieth Century*（2008）.

⑯ 参见 Weart，*Nuclear Fear*（1988），p. 50；Campos，*Radium and the Secret of Life*（2006）.

此医学物理学家罗布利·埃文斯在1946年断言："事实是，仅通过医学的进步，和在广岛和长崎被扼杀的生命相比，原子能已经拯救了更多的生命。"[17]

然而，原子能委员会在医学方面的作用在一开始就不明确。作为曼哈顿计划的接班人，该委员会更注重自然科学和工程学，而不是生命科学。其总顾问委员会完全由物理科学家组成。而且，其中唯一的科学家委员是罗伯特·巴切尔，他是一位物理学家。[18]1946年的《原子能法》规定，新机构应开展有关"将可裂变和放射性材料用于医疗、生物、卫生或军事目的"和"在研究和生产活动中保护健康"的研究[19]。美国原子能委员会从曼哈顿工程区继承下来的两个项目符合国会的指示。第一个是放射性同位素项目，委员会正式成立时，该项目已经运送材料达四个月之久。第二个项目是，曼哈顿工程区于1946年7月宣布的，在研究型项目地（如伯克利和芝加哥）的医疗项目预算中，有15%可以分配到"治疗恶性组织"的基础研究中。[20]这一小项目与战时活动相悖；在曼哈顿计划下，给健康物理学配置的为职业管理安全，而不是进行生物医学的研究。[21]由斯塔福德·沃伦担任主席的曼哈顿工程区医疗咨询委员会，在1946年9月第一次与原子能委员会交涉时，强烈支持这一举措。[22]几个月后，美国原子能委员会再次召开会议时，指出了与原子能

---

⑰ 参见 Evans，"Medical Uses of Atomic Energy"（1946），p. 68. 目前尚不清楚 Evans 是如何计算出被救人数的；尽管他有"严正"的声明，但这似乎是一个夸张的说法。

⑱ 参见 Westwick，*National Labs*（2003），p. 245.

⑲ 参见 Sec. 3（a）（3）and（5），"Atomic Energy Act of 1946"（1946），p. 19；Westwick，*National Labs*（2003），p. 247.

⑳ 参见 Westwick，*National Labs*（2003），p. 244.

㉑ 参见 Westwick，*National Labs*（2003），pp. 242–243；Hacker，*Dragon's Tail*（1987），pp. 36–44；Malloy，"'A Very Pleasant Way to Die'"（2012）.

㉒ 参见 Westwick，*National Labs*（2003），p. 245.

相关的医学研究和技术方面的大量机会。[23]然而，委员会在其头六个月内没有在这一领域制定政策。

国会提出的解决癌症问题的新任务促使原子能委员会建立了生物医学研究项目。1947 年 4 月至 6 月，众议院拨款委员会就原子能委员会提议的 1948 财政年度 5 亿美元的预算举行了听证会。5 月 15 日，埃弗雷特 · M. 德克森（Everett M. Dirksen）代表主张，原子能委员会应该参与寻找有效治疗癌症的方法，这对他自身来说也是“一场改革”。[24]“每 3 分钟就有 1 人死于癌症”，这相当于“每年 72 个珍珠港事件”。[25]德克森指出，《原子能法》赋予该机构将“可裂变和放射性材料用于医疗、生物、健康或军事目的”的权利。他声称放射性材料构成了“整个癌症行业的关键点”。[26]他说，癌症是“病毒疾病”，科学的疗法很容易攻克它。因此他提出，放射性物质可以等同于治疗癌症的青霉素，青霉素本身则是美国政府在战时动员工作中通过工业化手段开发的。一位国会议员问道：“放射性难道不是科学家治愈癌症的唯一希望吗？”德克森说，“这是对的，原子能委员会这些人可能拥有整个放射性领域最丰富的信息背景。”[27]

对德克森来说，曼哈顿计划的继任者承担癌症问题研究似乎特别合适，他认为“如果我们要在原子能领域花费数亿美元来制造完美的夺命武器，那么让我们用其中少数的钱来开发一种延续生命的手段吧”。[28]（参见图 5.2）或者，正如一名科学新闻的作者所写的那样：“与制造炸弹相

㉓ 参见 Transcript of the Discussion at the First Meeting of the Medical Review Board，AEC，Washington，DC，16 Jun 1947，OpenNet ACC NV0709599.

㉔ 参见 Statement of Everett M. Dirksen，15 May 1947，in US Congress，House，*Independent Offices Appropriation*（1947），p. 1539.

㉕ 出处同上，p. 1539.

㉖ 出处同上，pp. 1538–1559.

㉗ 出处同上，p. 1542.

㉘ 出处同上，p. 1540. 另参见 Keller，“From Secrets of Life”（1992）.

比，控制癌症是为科学研究者提供的替代方案。”[29] 德克森指出，如果国会通过了由美国癌症委员会实施的项目，“拨出不少于2500 万美元用于癌症研究”（约占国会预算的 5% 至 10%），那么国会甚至不需要通过新的立法就能解决这个问题。[30] 众议院委员会批准了德克森的提议。[31]

图 5.2 《达拉斯晨报》1945 年 8 月 12 日刊登的政治漫画，描绘了利用原子能治疗癌症的画面，仅仅几天前，原子弹在广岛和长崎被引爆（经《达拉斯晨报》允许转载）

参议院拨款委员会反对德克森的大胆计划，同样反对的还有原子能委员会本身的委员。因为无论是公共的还是私人的研究项目，都存在重复设立与癌症相关项目的问题。例如，美国公共卫生服务部门每年拨款 1250 万美元，用以支持癌症研究。美国癌症协会也筹集了大量资金，仅在 1946 年就有 1000 万美元。在这笔资金中，有 350 万美元被指定用于医学研究拨款，这笔款项将通过新成立的国家研究委员会的“发展委员会”发放。[32] 一位参议员说：“我不明白原

㉙ 参见“Control of Cancer Instead of Atomic Bombs”（1946），p. 213.

㉚ 参见 Statement of Everett M. Dirksen，p. 1539. 关于 Lilienthal 对此事震惊的态度，参见：Transcript of the Discussion，pp. 20–21.

㉛ 参见 Feffer，“Atoms，Cancer，and Politics”（1992），esp. pp.256–258.

㉜ 正如在第三章所提及，发展委员会还游说联邦政府向研究人员和医生提供更多的放射性同位素。参见 Eugene P. Pendergrass to Robert S. Stone，31 Jul 1945，NARA Atlanta，RG 326，OROO Lab & Univ Div Official Files，Acc 68A1096，box 13，folder Isotopes-3；Shaughnessy，*Story of the American Cancer Society*（1957）；Patterson，*Dread Disease*（1987）；Bud，“Strategy in American Cancer Research”（1978）；Gaudillière，“Molecularization of Cancer Etiology”（1998）.

子能委员会为什么跟癌症研究扯上关系”。[33]因此，委员们表达了他们自己的保留意见。刘易斯·斯特劳斯对新机构能否有效地将这么多资金用于癌症研究表示怀疑。[34]大卫·利连索尔也明确指出，原子能委员会没有要求对此负责，他不希望看到该机构参与癌症治疗或授予研究资助。[35]在他看来，原子能委员会与这个问题的主要关系在于其提供了“同位素——它能进一步发展有关控制甚至是决定癌症的基础科学”。[36]尽管存在这些顾虑，但仍有相当可观的拨款到位。其中一项总体上比较严格的科研基金拨款预算中，国会给原子能委员会在癌症研究上就拨出五百万美元。[37]

原子能委员会于是求助于医学评审委员会，该委员会的前身来自曼哈顿工程区，原子能委员会就如何在癌症研究上花费大量资金向他们寻求建议。[38]这种以资金为导向的方法让一些成员感到不安，这反映了精英科学家们更普遍的观点，即“定向”研究将会腐蚀科学家的自由和创造力。对许多美国人来说，大规模的联邦科学支持带有社会主义的味道。[39]赫伯特·加塞尔（Herbert Gasser）提出了一种担忧，即这种资助

㉝ 参见 Senator Clyde M. Reed，in US Congress，Senate，*Independent Offices Appropriation*（1949），p. 52；Westwick，*National Labs*（2003），pp. 252–257.

㉞ 参见 Strauss in US Congress，Senate，*Independent Offices Appropriation*（1949），p. 56.

㉟ 参见 Lilienthal in US Congress，Senate，*Independent Offices Appropriation*（1949），p. 58.

㊱ 出处同上，p. 53.

㊲ 参见 Feffer，“Atoms，Cancer，and Politics”（1992），p. 258.

㊳ 医学审查委员会的成员包括哈佛医学院的 A. 贝尔德·黑斯廷斯（A. Baird Hastings）、宾夕法尼亚大学医学院的德特列夫·布朗克（Detlev Bronk）、范德堡医学院的欧内斯特·古德帕斯特（Ernest Goodpasture）、加州理工学院的乔治·比德尔（George Beadle）、加州大学的卡尔·迈耶（Karl Meyer）、克利夫兰西区保护区的约瑟夫·韦恩（Joseph Wearn），以及明尼苏达大学的 E.C. 斯塔克曼（E. C. Stakman）。参见 AEC Press Release，“Statement by Medical Board of Review Advising United States Atomic Energy Commission on Programs and Policies in the Field of Medical Research”，22 Jun 1947，NARA College Park，RG 326，E67A，box 26，folder 9 Medical Board of Review.

㊴ 参见 Reingold，“Vannevar Bush's New Deal”（1987）.

的前景是否会诱使大学寻求原子能委员会的支持，即使这“对他们的主要目的和目标有害”。[40]此外，原子能委员会的安全防范可能需要与大学特有的“自由研究”划清界限。[41]然而，医学审查委员会敦促原子能委员会通过提供反应堆生产的材料参与到研究中来：“当然，继续从原子能委员会的设施获得放射性同位素的供应是同样重要的。原子能计划没有任何阶段能比现在这样给人类带来更大的希冀了。”[42]医学评审委员会建议原子能委员会为感兴趣的研究人员增加一项同位素“咨询服务”，并敦促委员会将分配延伸到外国研究者。[43]

虽然原子能委员会没有要求对此负责，但国会的癌症拨款给了该机构一个立即展现原子能医疗效益的机会。早在 1947 年夏天，这一政治价值就变得明显了，因为总顾问委员会告知原子能委员会，他们对于迅速建立国内原子能的期望是完全不现实的。[44]

为了就原子能在健康和生命科学中的应用提供专家指导，委员会用一个由洛克菲勒基金会的艾伦·格雷格（Alan Gregg）主持的生物学与医学咨询委员会（ACBM）取代了医学审查委员会。[45]另外，原子能委员会创建了一个生物和医学部门，其主任将直接向委员会和总经理汇报。[46]希尔兹·沃伦（Shields Warren）（与斯塔福德·沃伦并无关系）于

㊵ 参见 Transcript of the Discussion，Record #4，p. 10.

㊶ 出处同上，p. 9. 委员会在其最后报告中建议，“在符合国家安全的情况下，应避免生物和医学研究领域的秘密。”参见 Report of the Medical Board of Review，20 Jun 1947，NARA College Park，RG326，E67A，box 26，folder 9 Medical Board of Review，p. 11.

㊷ 参见 AEC Press Release，“Statement by Medical Board”，p. 3.

㊸ 参见 AEC Press Release，“The United States Atomic Energy Commission Releases Report of Medical Board of Review”，6 Jul 1947，NARA College Park，RG 326，E67A，box 26，folder 9 Medical Board of Review. 关于出口计划，参见第四章。

㊹ 参见第六章。

㊺ 参见 Summary of the 68th AEC Meeting，25 Jun 1947，NARA College Park，RG 326，E67A，box 23，folder 7 Advisory Committee for Biology and Medicine.

㊻ 参见 Westwick，*National Labs*（2003），p. 247.

1947 年 10 月被任命为主任。

沃伦是哈佛医学院的病理学教授，曾在临时医疗咨询委员会任职，并领导过广岛和长崎的海军医学调查队。[47]这个新部门负责原子能委员会设施的辐射安全以及生物医学研究，却与其他原子能委员会的单位并列，这颇有些奇怪，因为其他部门主要的任务是为了继续发展核科学和制造核武器，其内容包括：原材料、生产、工程、军事应用和研究。而在沃伦看来，生物学与医学部的使命是“维护安全和抗击疾病”。[48]

到了那年秋天，该委员会已经克服了它的早期惯性，包括生物医学研究。依靠生物学和医学咨询委员会的投入，该机构开始设计一个符合国会拨款的癌症项目，不重复其他政府机构的做法。[49]原子能委员会的癌症项目于 1948 年 1 月正式被委员会接受，它包括三项主要活动，其中两项涉及为已有项目提供资金。[50]首先是支持原子弹伤亡委员会的工作，该委员会对广岛和长崎爆炸事件的医疗后果进行研究，包括评估幸存者的癌症发病率。[51]其次，该机构将把橡树岭出售的某些放射性同位

㊼ 参见 AEC Press Release No. 64，“Dr. Shields Warren Appointed Interim Director of Biology and Medicine”，24 Oct 1947，NARA College Park，RG 326，E67A，box 23，folder 8 Division of Biology and Medicine-Organization and Functions.

㊽ 参见 Statement of Shields Warren，JCAE，*Investigation*（1949），Part 22，p. 876.

㊾ 这是立法授权癌症研究预算的一项规定。关于生物和医学委员会在规划癌症计划中的作用，参见 AEC Press Release No. 55，“United States Atomic Energy Commission Names Advisory Committee for Biology and Medicine”，12 Sep 1947，NARA College Park，RG 326，67A，box 23，folder 7 Advisory Committee on Biology and Medicine.

㊿ 参见 A Plan for a Cancer Research Program for the Atomic Energy Commission，Report by the Director of the Division of Biology and Medicine，Atomic Energy Commission，5 Jan 1948，OpenNet Acc NV0702018；AEC 26，Cancer Research Program for the Atomic Energy Commission，30 Jan 1948，NARA College Park，RG 326，E67A，box 64，folder 5 Research in Biological and Medical Science.

51 参见 Beatty，“Genetics in the Atomic Age”（1991）；Lindee，*Suffering Made Real*（1994）. 原子能委员多年来一直在资助原子弹伤亡委员会。

素，免费用于癌症研究、诊断和治疗。从 1948 年 4 月开始，橡树岭就免费提供了放射性钠、放射性磷和放射性碘，用于与癌症相关的用途（唯一的成本是运费）。1949 年初，该项目的范围扩大，包含了所有放射性同位素；到同年 8 月，癌症项目占了超过 2000 批次的同位素出货量。[52]

原子能委员会癌症项目的第三部分涉及实验性的癌症治疗，这需要新的组织和基础设施。[53] 该机构通过与橡树岭核研究所签订合同，在橡树岭开辟了一个临床癌症研究机构，这是南方几所大学的一个附属机构，已经开展了同位素的培训课程。[54] 在阿尔贡的癌症研究计划更加雄心勃勃：该机构拨出 175 万美元在芝加哥建立了一个有 50 个床位的医院，致力于实验性癌症治疗，计划于 1951 年开放。[55] 决定为阿尔贡癌症医院提供资金，委员会因此得以花掉五百万美元的癌症预算中的一大部分——这时距离 1948 年财政年度的最后期限只有两天。[56] 该机构预计，

---

[52] 2059 批货物中有 90% 是放射性磷或放射性碘。参见 Press Release for 3 Aug 1949，"AEC Distributes 8，363 Shipments of Radioactive and Stable Isotopes in Three Years"，NARA College Park，RG 326，E67A，box 45，folder 13 Distribution of Stable Isotopes Domestic. 当该计划扩大到包括所有放射性同位素时，重点是推进研究和治疗的前沿。参见 Isotopes Division，US Atomic Energy Commission，Oak Ridge，Tennessee，*Isotopes Catalogue and Price List No. 3，July 1949*，copy in NARA College Park，RG 326，E67A，box 46，folder 6 Foreign Distribution of Radioisotopes vol. 2，p. 7.1952 年该计划进行了修改，用户支付用于癌症治疗、诊断和研究的放射性同位素生产成本的 20%。参见 AEC，*Twelfth Semiannual Report*（1952），p. 32.

[53] 参见 Lilienthal to Bourke B. Hickenlooper，15 Dec 1947，Appendix D to AEC 26 Cancer Research Program for the Atomic Energy Commission，RG 326，NARA College Park，E67A，box 64，folder 5 Research in Biological and Medical Science.

[54] 橡树岭核研究所接着启动了远程治疗评估委员会，以开发和评估基于放射性同位素的癌症治疗手段，参见第九章。

[55] 参见 David Lilienthal to Alan Gregg，9 July 1948，NARA College Park，RG 326，E67A，box 64，folder Research in Biological and Medical Science. 最后，医院在 1953 年 3 月 14 日开放。参见 US Congress，House，*Second Independent Offices Appropriation*（1953），Part I，p. 455.

[56] 参见 Feffer，"Atoms，Cancer，and Politics"（1992），p. 259.

这所医院将“主要用于研究放射性同位素治疗癌症患者”。(57)

但实际上，放射性同位素并不是所设想的“医疗子弹”。就像1948年希尔兹·沃伦评估过的那样，“迄今为止尝试过的同位素中，只有少数几种从治疗的角度来看是有用的。”(58)很少有放射性同位素能充分定位于一种组织，来用于内部放射治疗。研究人员试图通过将放射性同位素与化合物或抗体结合，设计出引导放射性同位素到达特定器官和组织的方法，但这些方法的研究仍处于初级阶段。(59)只有一种同位素能集中在单个器官中，这种同位素是放射性碘，不过它对大多数甲状腺肿瘤都无效。(60)斯隆－凯特琳癌症研究所所长科尼利厄斯·罗兹表示，放射性碘的治疗性使用“被那些希望通过人为地应用副产品来证明原子弹生产合理化的人热烈地欢迎”。(61)事实证明，放射性同位素能为治疗癌症提供全新的工具的预期被高估了，而此阶段最重要的进展是开发了钴－60，它替代镭成为外部辐射源。(62)在一定程度上，为了应对这一两难局面，该机构开始强调放射性同位素在癌症研究中作为示踪剂的价值，而非治疗中的价值。

除了癌症项目，原子能委员会开始收到其他与辐射或原子能相关的生物和医学研究提案。由于原子能委员会还没有设立拨款部门，它的外部研究项目是通过海军研究办公室授予的。在生物学与医学部的人员配备齐全之前，生物学与医学咨询委员会作为同行评审小组来审查这种外部提案。(63)

---

(57) 参见 AEC，*Atomic Energy and the Life Sciences*（1949），p. 91.

(58) 参见 Warren，“Medical Program”（1948），p. 233.

(59) 参见 AEC，*Atomic Energy and the Life Sciences*（1949），p. 100.

(60) 根据波士顿埃文斯纪念医院放射性同位素分部负责人Joseph Ross的说法，约15%的甲状腺癌病人会摄入放射性碘治疗。参见 Ross，“Radioisotope Division”（1951），p. 39.

(61) 参见“Business in Isotopes”（1947），p. 158.

(62) 参见第九章。

(63) 参见 Draft Minutes，5th ACBM Meeting，9 Jan 1948，Los Alamos，New Mexico，OpenNet Acc NV0711640.

原子能委员会的区域实验室也将其范围扩大到生物医学研究领域。奥斯丁·布伦斯领导下的阿尔贡生物部门，以及约翰·劳伦斯和约瑟夫·汉密尔顿领导下的伯克利拉德实验室项目领先，而橡树岭国家实验室也迅速取得了进展。[64]然而，癌症计划仍然是该委员会生物医学研究事业的一个关键组成部分，该项目经费在1949年占生物学与医学部预算的三分之一。[65]

核武器时代的辐射危害

原子能委员会除了参与国家抗癌运动之外，还有更直接的动机去发展生物和医学项目。其中最重要的就是能更好地理解其下设工厂的实验室工作人员面临的职业风险。正如亨利·德沃尔夫·史密斯所说："癌症是原子能行业特有的工业危害。"[66]该机构试图将其职业健康要求描述为创造研究机会：

> 辐射可以引起癌症，也可以控制癌症，这需要充分研究。在阿尔贡、橡树岭和国家癌症研究所进行了大量的实验，以确定什么水平的放射性射线和同位素对于原子能领域的人来说是安全的，这些实验有助于人们了解癌症是如何产生的。[67]

虽然委员会对工人安全的责任使辐射的致癌作用具有高度相关性，

---

[64] 参见 Westwick，*National Labs*（2003），pp. 247–248.

[65] 参见 Shields Warren，JCAE，*Investigation*（1949），Part 22，p. 885；Westwick，*National Labs*（2003），p. 252.

[66] 参见 Henry DeWolf Smyth to Ernest Goodpasture，28 Dec 1951，as quoted in Minutes，30th ACBM Meeting，10–12 Jan 1952，University of California，Davis and Berkeley，OpenNet Acc NV0711826，p. 5. 显然，史密斯是在引用古德帕斯特的一句话，表示对他的赞许。

[67] 参见 AEC，*Atomic Energy and the Life Sciences*（1949），p. 96.

但它也促使该机构去质疑或淡化危险的证据。特别是在战后早期，原子能委员会将放射安全问题的重点放在辐射“损伤”这一急性效应上，而不是长时间暴露可能造成的长期效应上。

总的来说，围绕原子能委员会放射性同位素计划的宣传以及对原子能的民用效益的普遍重视都是基于这样一个假设，即辐射暴露的健康风险可以直接控制。然而在这两个领域的活动都突出了这一假设在实际和理论上的困难。首先是核武器试验所造成的环境污染，特别是作为1946年在比基尼进行的十字路口试验所产生的环境污染。随着美国政府开始将核武器试验从太平洋环礁转移到内华达试验场，这一问题对美国人来说就更加息息相关了。第二个是民防计划，由于朝鲜战争和氢弹的发展，民防计划在20世纪50年代得到强化，氢弹释放的放射性碎片比当初的核裂变炸弹多得多。虽然这两项活动都不是与原子能委员会的放射性同位素计划直接相关，但都形成了公众对辐射的普遍理解，最终与原子能机构有关原子能红利的正面报道形成了对比。

在战后初期，大多数美国人并没有对和平时期的核武器试验表现出强烈的反对。盖洛普民意调查在1946春季对成年人进行了调查，当问到“美国应该继续在比基尼岛进行原子弹试验，还是应该放弃？”43%的民众赞成继续进行试验，37%的被访者倾向于取消试验，20%的民众保持中立。第二次世界大战时期的退伍军人和受教育程度较高的群体对试验的支持程度是最高的。(68)那些反对者所持的理由不一定集中在辐射危害上，其还包括，例如，持续的试验可能会破坏巴鲁克的国际原子能控制计划。此外，也有预测指出，原子弹爆炸可能会破坏地壳，或者会引起巨大的潮汐波，威胁美国大陆。(69)显然，核试验没有导致这些自然灾害发生，因此早期试验的短期效果平息了公众的恐惧。核武器可以以

(68) 盖洛普调查日期为1946年3月29日—4月3日，调查号为368-K，10号问题，参见*Gallup Poll*（1972），p. 571.

(69) 参见Boyer，*By the Bomb's Early Light*（1985），p. 82.

一种受控的方式引爆，至少看起来是这样的。

然而，1946 年夏天的水下核爆炸（贝克试验爆炸）对船舶和自然环境造成的广泛污染逐渐影响了这种安全感。正如保罗·博耶（Paul Boyer）所断言，“是比基尼环礁，而不是广岛和长崎，首次让这个国家深深地意识到放射性所带来的问题。”(70) 贝克爆炸后，一层“移动的放射性雾”向停泊在泻湖内的船只喷洒污染物。事实证明，对最热的船只进行净化排污是不可能的，因为清洁船只的人员所受的辐射暴露在测量到的范围内已经超过允许的水平。更糟糕的是，清理人员不想在闷热的天气里戴上防护手套和穿上防护服。(71)

在比基尼环礁试验一年后，《生活》杂志刊登了一篇名为《从比基尼学到了什么科学知识》的文章。这篇文章指出，许多用于贝克试验的目标船“仍然放射性太强，船员无法留在船上”。放射性污染的持续危险对发生核战争的平民有影响：“从水柱底部射出的巨大的放射性喷流显示着一种新的可怕的核战争可能性。”(72) 大卫·布拉德利在 1948 年出版的《无处藏身》一书也讨论了十字路口行动中数千名士兵（他就是其中之一）所面临的不可避免的放射性污染。然而，他也承认，要消除人们普遍认为放射性是可控的和有疗效的观念是多么困难。(73)

原子能委员会开始研究放射性污染的长期危险，特别是在核战争的情况下。1949 年早些时候，该机构发起了一项秘密研究，即加布里埃尔计划，以“确定一些原子弹爆炸可能通过空气、水和土壤的放射性污染对动植物生命产生的长期影响”。(74) 橡树岭国家实验室的物理学家尼古拉斯·N. 小史密斯（Nicolas N. Smith Jr.）计算出，要产生重大的辐射

(70) 参见 Boyer，*By the Bomb's Early Light*（1985），p. 90。

(71) 参见 Hacker，*Dragon's Tail*（1987），pp. 140−145.

(72) 参见 “What Science Learned at Bikini”（1947），p. 74.

(73) 参见本章的标题，摘自 Bradley，*No Place to Hide*（1948）.

(74) 参见 Memorandum from Shields Warren，Director，Division of Biology and Medicine to the General Advisory Committee，13 Feb 1952，OpenNet Acc NV0403989.

危险，需要进行多少次核爆炸。针对钚、锶 -90 和钇 -90 的潜在污染，史密斯计算出，要严重扰乱农业生产，一个生长期需要 3000 次爆炸。(75) 1951 年，史密斯使用最新试验数据进行进一步计算；其结果似乎更令人放心。(76) 当希尔兹·沃伦在更新生物学与医学咨询委员会的信息时写道："根据来自温室和护林试验的额外数据……如果没有二次效应等不适当危险发生，理论上可以引爆 10 万枚当量的炸弹。"(77) 不用说，一切都取决于所谓的"不适当危险"。

关于放射性事故的报道和原子弹爆炸后日本幸存者的痛苦使公众把注意力集中在与急性暴露水平相关的辐射病上。1951 年《长崎的我们》的译本，描述了原子弹爆炸后辐射暴露的恐怖，强化了这一关注点。(78) 但是对两个暴露在较低辐射水平下的人群的研究提供了有关其长期影响的令人不安的证据。这些结果比原子能委员会的加布里埃尔计划更加发人深省。1948 年，原子弹伤亡委员会开始调查广岛和长崎原子弹爆炸幸存者中的白血病发病率。1952 年，他们的第一个出版物记录了这些幸存者中有更高的白血病发病率。与爆炸距离有关的是白血病的发病率：那些距离爆炸不到 2000 米的人比那些离爆炸较远的人患白血病的概率更高，尽管两组暴露的人患白血病的概率都有所增加。(79) 那些即使没有患上辐射病的人也没有完全幸免。

---

(75) 参见 Hewlett and Anderson，*Atomic Shield*（1969），p. 499.

(76) 参见 Memorandum requesting assistance of Dr. Nicholas Smith，19 June 1951；关于加布里埃尔计划的重新评估备忘录，参见 21 Aug 1951，OpenNet Acc NV0404822；Hewlett and Holl，*Atoms for Peace and War*（1989），p. 265.

(77) 参见 Minutes，30th ACBM Meeting，10−12 Jan 1952，University of California，Davis and Berkeley，OpenNet Acc NV0711826，p. 10. 更新的计算结果来自 1951 年 11 月任命的一个特设委员会，该委员会负责重新评估加布里埃尔计划，其成员中没有遗传学家。参见 Jolly，*Thresholds of Uncertainty*（2003），p. 132.

(78) 参见 Nagai，*We of Nagasaki*（1951）.

(79) 参见 Folley，Borges，and Yamawaki，"Incidence of Leukemia in Survivors"（1952）；Moloney and Kastenbaum，"Leukemogenic Effects of Ionizing Radiation"（1955）.

另一个受辐射的群体是家庭和专业人士：放射科医生。在 1950 年的一项研究中，H. C. 马尔希分析了 20 年间内科医生的白血病发病率，发现放射科医师的发病率比整个研究组高出 9 倍。[80]这些结果在临床工作者之外的相关性仍不清楚，因为数量相对较少，他们所受的辐射剂量无法被精确量化。原子能委员会领导层坚持认为，低于某一阈值的辐射不会导致癌症。[81]但这些研究，特别是综合起来看，却呈现出了一种令人不安的景象，它关乎辐射难以察觉的危险。

作为一个遗传问题的辐射危害

在 20 世纪 50 年代，对辐射危害的认识逐渐从严重的影响转为长期的后果。在评估和平时期核试验所造成的危险时（也可以说是评估核战争的前景时），存在争议的是哪些健康问题被认为是有害的。早期的辐射防护标准旨在防止任何已知的短期急性辐射影响。另外，从镭表盘画家的案例中可以看出，摄入放射性同位素与长期致癌风险的关系已经变得很明晰。[82]然而，辐射安全专家更倾向于假设一个接触阈值，辐射低于这个水平时，对生物不会造成实际有害的影响。自从 1929 年，一个非政府组织——X 射线和镭防护咨询委员会向工业界提出了采用“耐受剂量”的建议。在原子时代，随着新的放射性物质被发现，辐射安全问题变得更加复杂。在 1946 年，该咨询机构更名为国家辐射防护委员会（NCRP），并将“耐受剂量”改为“最大允许剂量”。[83]这一术语的微妙改变相当于承认了没有可接受的安全暴露水平。

---

⑧⓪ 参见 March，“Leukemia in Radiologists”（1950）.

⑧① 参见 Jolly，*Thresholds of Uncertainty*（2003），ch. 3.

⑧② 出处同上，p. 36.

⑧③ 参见 Walker，*Permissible Dose*（2000），pp. 10–11. 另参见 Boudia，*Gouverner les risques*（2010）.

国家辐射防护委员会倾向于关注所谓的辐射对身体的影响——辐射暴露对健康的直接影响。除了烧伤和其他直接影响外，从20世纪20年代和30年代对镭辐射后果的早期观察来看，辐射与肿瘤和白血病的出现有关。(84)但还有另一类影响，即生殖细胞系的突变，这会影响受辐射个体的生育能力和他的后代。在1927年，H.J. 穆勒证明X射线可以诱发突变，这一发现迅速扩展到其他形式的辐射。(85)遗传学家认为，没有依据可以识别辐射突变影响的较低阈值，这显示了辐射剂量的线性关系。早在20世纪50年代，这种遗传学观点与健康物理学家的观点之间仍然存在差距，后者为原子能委员会制定和实施辐射防护，其中的一部分原因是学科方面的差异，另一部分来自概念的不同。(86)

在第二次世界大战之后，有关遗传效应是否应该对辐射的"最大允许剂量"水平的设定产生影响这个问题出现了。1949年，以研究镭度盘刷漆工（radium dial painters）闻名的物理学家罗布利·埃文斯发表了一篇题为《辐射对人类遗传效应的定量推断》的文章。(87)埃文斯的分析表明，在政府允许的剂量水平下或低于该剂量水平的暴露，不会显著增加超出其自发水平的突变率。(88)1949年3月2日，科学服务处的一份新闻稿中将埃文斯的文章当作对穆勒公开声明的一种挑战，穆勒曾宣称，"从和平时期的暴露到核辐射和某些X射线辐射的暴露，人类正处在遭

(84) 参见 Stone，"Concept of a Maximum Permissible Dose"（1952）；另参见 Whittemore，*National Committee on Radiation Protection*（1986）；Kathren，"Pathway to a Paradigm"（1996）.

(85) 参见 Muller，"Artificial Transmutation of the Gene"（1927）.

(86) 参见 Jolly，*Thresholds of Uncertainty*（2003），chapters 3 and 4.

(87) 参见 Evans，"Quantitative Inferences"（1949）.

(88) 埃文斯对辐射引起的突变率的估算似乎是基于 D.G. 卡奇赛德（D.G.Catcheside）在1947年6月2日的《辐射对人类的遗传效应》和 D.E. 利（D.E.Lea）的备忘录《与辐射的遗传效应有关的耐受剂量》。这两份文件都是为医学研究委员会保护工作分委员会的耐受剂量讨论小组准备的，其手稿以及埃文斯的笔记参见 Evans papers，box 1，folder Genetics 1.

受有害遗传变化的危险之中”。[89]其争议的焦点在于来自原子能设施的辐射暴露（或者说来自放射性物质的临床应用）是否显著增加了人类的基线突变率。埃文斯在一封信中说：“每个人都承认，少量的基因变化总是由辐射引起的。然而，我们必须记住，自发的基因突变一直都在发生。我觉得问题的重点是，诱发突变与自发突变之间的比例是多少。”[90]

埃文斯关于人类自发突变率的数据是根据血友病等罕见遗传疾病的发病率推算出来的。然后，他计算出了“双倍剂量”——也就是说，辐射水平会导致自发突变率增加两倍，即每一代每个人有 300 伦琴。[91]而原子能委员会允许的最大辐射剂量为每个工作日 0.1 伦琴。一名每天暴露在这一辐射水平上的工人可能在 10 年内积累 250 伦琴，仍低于双倍剂量。[92]实际上，几乎没有工人接触到辐射的最高允许水平，所以埃文斯认为，辐射诱发的突变率很低，几乎可以忽略不计。

在埃文斯发表论文后，遗传学家休厄尔·赖特（Sewall Wright）却对其计算提出质疑。[93]赖特指出，埃文斯对人类自发突变率的基准是两种罕见但具有破坏性的遗传性疾病——血友病和结节性硬化症。每一代配子的突变率为 10^{-5}。然而，果蝇的实验证明，并非所有的突变都像这两种疾病一样造成有害的后果。因此，埃文斯的估计可能太高了。由果

---

⑧⑨ 参见 Frank Thone，Science Service Biology Editor，“Long-Range Debate Stated on Genetic effects of Radiation”，25 Mar 1949，Evans papers，box 1，folder Genetics 1. 关于媒体报道穆勒观点的例子，参见“Radioactive Rays Held Peril to Race”（1947）and“Our Defective Race”（1947）。穆勒关于这个主题的许多演讲都是公开发表的，例如，Muller，“Menace of Radiation”（1949）。另参见 Muller，“Some Present Problems”（1950）.

⑨⓪ 参见 Robley Evans to E. E. Stanford，3 Jun 1949，Evans papers，box 1，folder Genetics 1.

⑨① 埃文斯并非使用双倍剂量的第一人；其背后的普遍假设是，自然突变率加倍不会对种群造成重大的伤害。参见 Jolly，*Thresholds of Uncertainty*（2003），p. 95.

⑨② 参见 Evans，“Quantitative Inferences”（1949），p. 302.

⑨③ 根据埃文斯的说法，在 1948 年底芝加哥大学的一次讨论中，休厄尔·赖特同意他的观点，即从遗传角度看，每天接触 0.1 粒伦琴是安全的。参见 Robley D. Evans to J. O. Hirs-enfelder，22 Jul 1949，Evans papers，box 1，folder Genetics 1.

蝇实验推断出的自发突变率为 10^{-7}。将自发突变率降低两个数量级，也将埃文斯的双倍剂量从 300 伦琴减少到更令人担忧的 3 伦琴的水平，则如果在允许的暴露限度附近地点工作，原子能工厂的工作人员可能会在几个月内就积累这些伦琴量。赖特认为，在这个水平上的暴露可能会显著地改变一个人的后代突变的发生率（但可能无法检测到，因为大多数突变是隐性的）。(94)

阿诺德·格罗布曼（Arnold Grobman）1951 年的著作《我们的原子遗产》也引发人们担心原子能委员会的职业安全标准是否会保护工人远离遗传基因受损。(95)虽然原子能委员会准备了一份公开声明，旨在向工人保证，其设施内有足够的放射性防护措施，但他们不愿介入格罗布曼批评一事，因为他们担心"该书的出版是否会在承包商中间引起不必要的忧虑"。(96)有趣的是，就连格罗布曼对该机构的批评也没有触及放射性同位素计划。在《我们的原子遗产》中，有一个关于"热原子"的章节，将同位素作为一种新的医学工具，并利用原子能委员会的出版物来介绍其在医学、农业、科学和工业方面已经取得的诸多研究成果。

生物学和医学咨询委员会多次商议人类低辐射暴露的遗传风险，而这些风险是非常不确定的，除此之外还讨论委员会的相关政策应该是什么。在一次检查委员会一个遗传学研究项目的会议上，成员们

---

(94) 穆勒担心突变会对整个人群造成有害影响，而赖特关注的是个体效应。遗传学家对 20 世纪 50 年代人口中突变率增加的后果持不同意见。参见 Wright，"Population Genetics and Radiation"（1950）；Jolly，*Thresholds of Uncertainty*（2003），pp. 90–93；Beatty，"Weighing the Risks"（1987）.

(95) 参见 Grobman，*Our Atomic Heritage*（1951）；Jolly，*Thresholds of Uncertainty*（2003），pp. 117–119.

(96) 参见 Notes on 541st AEC meeting，26 Mar 1951，Genetic Effects of Radiation on Human Beings，NARA College Park，RG 326，E67A，box 65，folder 8 Radiation Hazards Unclassified.

"一致认为人类突变率的知识是极其重要的"。随后对外部辐射的设定和放射性同位素允许剂量水平方面的进展进行了审查。委员会"欣慰地获悉，在过去两年中，由于委员会的相关防护活动，并没有出现任何放射性损伤的案例"。[97]但这种措辞回避了基因损害的问题。暴露于人造放射性辐射而引起的基因突变是否被认为是"辐射伤害"？特别是当受到损害的是一个人的后代时。如果是，允许剂量必须设定到多低才能保证辐射安全？

新的研究（其大部分由原子能委员会资助）支持了遗传学家对低水平辐射暴露导致人类突变率增加的担忧。在橡树岭国家实验室，威廉（William）和莉安·罗素（Lianne Russell）夫妇发起了他们的"超级老鼠"研究，以便更好地估算哺乳动物的自发突变率，从而更准确地评估低水平辐射对人类遗传的影响。早期结果显示哺乳动物的自发突变率可能比果蝇低一个数量级。[98]这将使埃文斯对双倍剂量的估算减少三个数量级，从而使基因免受损害的安全前景更加遥远。遗传学家一致认为，电离辐射造成的突变损害是线性的、累积的和有害的，即使此观点得到原子能委员会自己的顾问和科学家的认可，但原子能委员会也不愿意接受这一观点[99]

---

[97] 参见 Minutes，24th ACBM Meeting，10–11 Nov 1950，Washington，DC，OpenNet Acc NV0711806，p. 10–11.

[98] 参见 Jolly，*Thresholds of Uncertainty*（2003），p. 112，此处概述了威廉·罗素写给希尔兹·沃伦的信，Jan 1951；另参见 Rader，*Making Mice*（2004），ch. 6；同上，"Hollaender's Postwar Vision"（2006）.

[99] 在 1955 年秋加入生物学与医学咨询委员会的遗传学家 Bentley Glass，在评估该机构的放射防护标准时特别坚持这一点。"格拉斯博士指出，'这些建议是基于看起来行得通的东西，而不是基于多少量的辐射在遗传上是无害的，不存在这种辐射量。'我肯定所有遗传学家都非常同意这一点。"参见 Minutes，56th ACBM Meeting，26–27 May 1956，Washington，DC，OpenNet Acc NV0411749，p. 28. 有些基因实验挑战线性观点，尽管他们没有动摇前沿遗传学家们的共识。参见 Calabrese，"Key Studies"（2011）.

放射性同位素、癌症和放射性尘埃

20 世纪 50 年代中期的一些医学研究损害了原子能的治疗形象。就像放射科医生和日本原子弹幸存者已经提到的那样，在婴儿时期接受 X 射线治疗的儿童患白血病和癌症的概率更高。[100]在一篇有影响力的英国论文中，牛津的爱丽丝·斯图尔特（Alice Stewart）及其同事报告说，在子宫中暴露于诊断 X 射线下的婴儿患恶性疾病的概率更高。[101]

放射性同位素在临床应用中已经很普遍，但也受到牵连。I·菲利普斯·弗罗赫曼（I. Phillips Frohman）在《美国医学协会杂志》上指出，放射性碘的使用从战后的每月几毫居里增加到 1956 年的每月近五万毫居里。放射性磷每月使用近 1.3 万毫居里，1950 年引进的放射性金的用量也是每月五万毫居里。[102]一些病人在使用放射性同位素治疗后出现健康问题，这些问题似乎与他们所接受的辐射有关。尽管案例数量不多，但医学期刊上关于此类案件的报道却令人不安。塞缪尔·塞德林（Samuel Seidlin）是一位率先应用放射性同位素疗法的医生，在他用碘 -131 治疗的 14 名甲状腺癌患者中，有两名死于亚急性髓系白血病。[103]另一名接受放射性金治疗的病人后来患上再生障碍性贫血。[104]在治疗中广泛使用的磷 -32 似乎也产生了一些长期的严重副作用。两名研究人

---

[100] 参见 Simpson，Hempelman，and Fuller，“Neoplasia in Children”（1955）.

[101] 参见 Stewart，Webb，Giles and Hewitt，“Malignant Disease in Childhood”（1956）.

[102] 参见 Frohman，“Role of the General Physician”（1956）。接受磷 -32 疗法的患者可能总共接受 3–80 毫居里，这取决于患病程度。参见 Neely，and Samples，“Radioactive Phosphorus”（1959），p. 945；Chodos and Ross，“Use ofadioactive Phosphorus”（1958）.

[103] 参见 Seidlin，Siegel，Melamed，and Yalow，“Occurrence of Myeloid Leukemia”（1955）.

[104] 参见 Frohman，“Role of the General Physician”（1956）；有关原报告参见 Schoolman and Schwartz，“Aplastic Anemia”（1956）.

员报告说，在先前接受过磷 -32 治疗的患者中出现了一些急性白血病。[105]动物在服用磷 -32 后出现了肿瘤，这表明，“人类的治疗剂量很可能在致癌范围内”。[106]

政府和工业行业放射性同位素的倡导者对这些担忧置之不理。作为放射性药品的主要商业供应商，雅培公司不仅宣扬同位素的医疗用途，而且还强调它们的安全性。该公司在 1956 年的一本小册子中宣称，“经验表明，正确使用的同位素对医生或其所属医院不会造成明显的危险。没有证据表明，诊断性或中度治疗剂量会对患者造成任何损害。”[107]原子能委员会继续推广“原子医学”。1956 年 1 月，一个九人的平民小组向国会原子能联合委员会提交了一份评估核政策的报告；其中关于平民福利的建议再次强调了利用原子能进行医疗。[108]该报告指出，新的研究成果和诊断工具是原子能对医学最重要的贡献，尽管“公众的注意力集中在癌症的放射治疗上”。[109]似乎是为了说明这一点，《时代》杂志对这份报告做出如下总结，“癌症的原子诊断和治疗将会延长寿命，因此美国必须抛弃它的理论，即工作寿命在 65 岁结束。”[110]

然而事实上，那些曾希望放射性同位素能彻底改变癌症治疗方法的医学研究人员却不那么乐观。正如约翰·劳伦斯所言：“一个从一开始就在这个领域工作的人，如果要求他总结一下自己的经历，那他不禁要

---

[105] 参见 Hall and Watkins，“Radiophosphorus in Treatment”（1947）；另参见 Brues，“Biological Hazards”（1949）.

[106] 参见 Furth and Tullis，“Carcinogenesis”（1956），p. 10.

[107] 参见由雅培公司出版的小册子 *Nuclear Medicine for the Modern Physician and His Hospital*，1 Jan 1956，Opennet Acc NV0723949，p. 21. 108。Hewlett and Holl，*Atoms for Peace and War*（1989），p. 328.

[108] 参见 Hewlett and Holl，*Atoms for Peace and War*（1989），p. 328.

[109] 参见 US Congress，Joint Committee on Atomic Energy，Report of the Panel（1956），p. 55. 有关放射性同位素诊断的更多信息，参见第九章。

[110] 参见“Atomic Energy：The Nuclear Revolution”（1956）.

说，他的治疗成就是令人失望的。”[111] 原子能委员会的工作人员、科学家西米恩·坎特里尔（Simeon Cantril）在 1955 年也承认，“我们很难说，原子能委员会迄今所花费的资金，让癌症死亡率有任何显著的下降。”[112] 虽然进展不顺利，但这没有削弱原子能委员会的雄心；1956 年，委员会增加了对“使用原子治疗癌症的研究”的预算要求。但《纽约时报》讽刺道，“这份报告没有提及这一领域取得的进展。”[113]

这些重新评估的意见出现在放射性尘埃的辩论中，其结果对放射性同位素的公众形象非常重要，无论其具体的临床利弊如何。关于放射性尘埃的争论遗留下来的问题是复杂的，以下的叙述集中于两个直接相关的方面。首先，对于辐射的一些体细胞效应，特别是癌症问题，人们开始以突变术语来理解，如遗传效应。穆勒在 1948 年曾提出，在体细胞中辐射诱发的突变可能是恶性肿瘤的罪魁祸首，而这种想法在 20 世纪 50 年代得到了广泛的关注。[114] 这一解释颠覆了原子能委员会在体细胞效应和遗传效应之间的明确区分，同时关注了放射性尘埃产物，如锶 –90 和少量的碘 –131 的致癌作用。如果没有基因损伤的阈值，那么即使是极少量的这些污染物也可能诱发致癌的体细胞突变。其次，与之相关的是，将这两种放射性尘埃的产物作为潜在危险的重点，破坏了放射性同位素作为医疗红利的形象。放射性同位素逐渐被当作致癌原因而非治疗手段。对于研究者或医生来说，这种观念的改变并没有减少放射性同位素的利用价值，但它削弱了原子能委员会借此得到的政治信用。

随着核试验的步伐加快，正如两名原子能委员会官员所说，“美国

---

(111) 参见 Lawrence and Tobias，“Radioactive Isotopes”（1956），p. 185；Boudia，“Radioisotopes’ ‘Economy of Promises’”（2009），p. 255.

(112) 参见 Minutes，53rd ACBM Meeting，1–2 Dec 1955，Washington，DC，OpenNet Acc NV0411747，p .12.

(113) 参见“A.E.C. Adds to Funds for Disease Studies”（1956）.

(114) 参见 Muller，“Some Present Problems”（1950），p. 56.1948 年 3 月 26—27 日在由田纳西州橡树岭国家实验室生物系主办的辐射遗传学研讨会上宣读。

许多社区的放射性水平短暂的上升”，这引发了人们对核和平时期民众健康成本的新的担忧。[115] 美国政府开始在内华达州进行许多核装置的试验，这意味着放射性尘埃可能波及普通美国民众。[116] 在 1951 年和 1952 年间，内华达州的试验研究中心共发生了 20 次核爆炸；1953 年上半年又发生了 11 起。[117]1952 年 5 月一次试验的放射性碎片飞到了遥远的盐湖城。[118]1953 年春，在一段重度核试验期间，一些牧羊人报告说，羊羔和母羊的损失非常多。在委员会的主持下，政府对他们的申诉进行了调查，尽管问题依然存在，但是调查认定辐射没有造成牲畜死亡。[119] 原子能委员会的《第 13 次半年度报告》坚决否认试验危及任何人的说法："没有人接触到足够量的有害放射性尘埃辐射。一般说来，放射性尘埃的放射性远远没有达到有害的水平，不会对人类、动物或农作物造成任何伤害。"[120]

核武器本身也在以惊人的方式发生变化。1952 年首次在太平洋试验场进行测试的所谓氢弹，释放出的放射性物质和裂变产物比常规炸弹要高得多。1954 年 3 月，原子能委员会在埃尼威托克测试了一种热核装置“布拉沃”，它将放射性尘埃广泛传播到太平洋各处，吞没了“幸运龙”（一艘不幸被如此命名的日本渔船）。[121] 近 26 个渔民暴露于辐

---

⑮ 参见 Eisenbud and Harley，“Radioactive Dust”（1953），p. 141.

⑯ 内华达州的地面测试仅限于几万吨的产品，然而更大的爆炸发生在太平洋地区。参见 Hacker，*Elements of Controversy*（1994），p. 82.

⑰ 参见 Hewlett and Duncan，*Atomic Shield*（1969），pp. 672–673；Hewlett and Holl，*Atoms for Peace and War*（1989），pp. 146–147.

⑱ 参见 Hacker，*Elements of Controversy*（1994），p. 81.

⑲ 参见 Hacker，“Hotter Than a $2 Pistol”（1998）.

⑳ 参见 AEC，Thirteenth Semiannual Report（1953），p. 78.

㉑ 当这个环礁被选为测试地点时，其名字的拼写为 Eniwetok，但美国政府后来考虑到马绍尔人对此的敏感而改为 Enewetak。我遵循这个惯例。参见 Hacker，*Elements of Controversy*（1994），pp.14，140；“H-Bomb and World Review”（1954）；从长期后果看，参见 Harkewicz，“*Ghost of the Bomb*”（2010）.

射中并受到伤害，其中一人于1954年9月死亡；这些伤亡事件在美国和日本都被媒体广泛报道。[122]作为回应，原子能委员会没有向批评者让步。委员会主席刘易斯·斯特劳斯公开否认放射性尘埃可能会伤害到人的事实。[123]

1954年6月，遗传学家A.H.斯特蒂文特（A. H. Sturtevant）在美国科学促进会太平洋分部的会上做主席演讲时反驳了斯特劳斯关于核辐射的言论，他的演说随后发表在《科学》杂志上。斯特蒂文特在叙述辐射的危害时，把突变性与所谓的体细胞效应联系了起来："有理由认为人体由于核暴露所引发的基因突变也构成了对该个体的危害——特别是在暴露多年以后也许患恶性肿瘤的可能性会增加。"与在规定允许照射剂量内引起的辐射伤害相比，可能引起这种体细胞突变的辐射量并没有更低的限制。斯特蒂文特得出结论："事实上，没有明确的安全剂量。"[124]

原子能委员会和持不同意见的科学家之间的公开辩论引发了大量的媒体报道，这反过来又致使公众的恐慌。1955年冬天的早些时候，艾森豪威尔政府在讨论如何通过披露更多的信息来化解关于辐射危害的批评之时，原子能委员会和国务院之间的新闻稿准备工作却停滞不前。[125]就在新闻发布之前，拉尔夫·拉普（Ralph Lapp），该机构的长期批评者，发表了两篇关于"布拉沃"辐射规模的文章，其中一篇出现在《原子科学家公报》上，另一篇则收于《新共和》。[126]拉普断言，一枚像"布拉沃"

---

[122] 参见 Lapp，*Voyage of the Lucky Dragon*（1958）.

[123] 参见"Chairman Strauss's Statement on Pacific Tests"（1954）；Kopp，"Origins of the American Scientific Debate"（1979）。Strauss 的声明包含了几个明显的谎言，比如渔民的皮肤损伤是由于"珊瑚中转化物质的化学活性，而不是放射性"。

[124] 参见 Sturtevant，"Social Implications"（1954），p. 406。斯特蒂文特是根据穆勒早期的建议提出来的，即"辐射的一般生物学效应"是体细胞基因遭到损害而造成的，参见 Muller，"Some Present Problems"（1950），p. 44.

[125] 参见 Hewlett and Holl，*Atoms for Peace and War*（1989），pp. 279–287.

[126] 参见 Divine，*Blowing on the Wind*（1978），pp. 36–38.

那样大小的氢弹会释放出一团炽热的碎片，在数小时内可以传播 200 英里（约 321 公里），其严重致命的放射性将污染整个地区。[127] 在拉普的文章之后，原子能委员会的报告在很大程度上证实了他的严峻评估。

新闻界则放大了这些担忧。《新闻周刊》将原子能委员会的报告描述为“可怕的真相”，它如此预测东北地区热核爆炸可能造成的可怕后果：“从天而降的这些灰尘，在这 7000 平方英里（约 1813 平方公里）的雪茄形区域内，它会毒害接触到的一切。它将威胁生活在像新泽西州如此大的地方的所有生命。”[128] 在 2 月 22 日的一次听证会上，参议院军事委员会民防小组委员会的成员质问原子能委员会的官员，为什么在该机构发表声明之前就有一名独立科学家已经公开披露氢弹的辐射危险。[129] 1955 年 4 月 15 日原子能联合委员会就这些事件举行了听证会，其结果不过是让原子能委员会的官员多了一次机会向公众保证，核武器试验产生的放射性尘埃正处于被监控的状态，当前的水平不会造成任何直接或长期的健康危害。然而，在幕后，原子能委员会启动了“阳光计划”，这是一项秘密的全球数据收集工作，旨在评估放射性裂变产物在土壤、植物、动物和人类中的积累。生物学和医学部与美国慈善机构和在南亚和拉丁美洲有联系的医疗机构合作，在世界各地秘密收集婴儿骨骼。[130]

在同一时期，原子弹伤亡委员会对日本原子弹爆炸幸存者的长期研究得出了明显好坏参半的结果。一方面，据《时代》杂志报道，在距离爆炸发生 1000 米以内的人群中，白血病的发病率“是日本正常白血病发病率的六百多倍”。[131] 在离爆炸地点近两英里（约 3.2 平方公里）之外的幸

---

⑫⁷ 参见 Lapp，“Fall-Out”（1955）.

⑫⁸ 参见“To Live-or Die”（1955），p. 19；Divine，*Blowing on the Wind*（1978），p. 38.

⑫⁹ 参见 Hewlett and Holl，*Atoms for Peace and War*（1989），pp. 287–288；Straight，“Ten-Month Silence”（1955）.

⑬⁰ 1953–1956 年采集的样本大多来自死胎。参见 ACHRE，*Final Report*（1996），pp. 402–407；Memorandum to ACHRE，8 Feb 1995，OpenNet Acc NV0750699.

⑬¹ 参见“Nuclear Revolution”（1955）.

存者中也发现了高于正常水平的白血病发病率，这表明暴露在原子弹爆炸下的长期健康后果。一位与这项研究有关的医生推断出了辐射的问题：“莫洛尼医生预计其他形式的癌症会在今后出现，他怀疑氢弹中的放射性物质会产生更大的致癌效应。”[132] 另一方面，对幸存者后代基因损伤的研究结果则没有那么令人震惊。在1955年，原子弹伤亡委员会的遗传学家宣布了他们的结果，是“阴性的”，或者说是不确定的。[133] 保守主义者倾向于发表这一结论，用以反驳关于辐射暴露的危言耸听。例如，《美国新闻与世界报道》发表了一篇题为《数千婴儿无一受到核爆炸的影响》的报道。[134] 原子弹伤亡委员会的基因研究从一开始在科学上就是困难的，在政治上也是有争议的，部分原因是要在幸存者的后代中确定哪些表征符合突变的特点，这并不简单。[135] 此外，大多数遗传学家认为，调查幸存者所生孩子的先天性异常不太可能揭示出已发生的突变。

原子辐射生物效应（BEAR）与体细胞突变假说

为了对公众争议的辐射危害进行独立评估，美国国家科学院召集了一个小组来评估原子辐射对生物的影响。被任命为小组成员的专家又分为六个委员会：遗传学、病理学、农业和粮食供应、气象学、海洋学和渔业以及放射性废物处置。[136]1956年6月，该科学院发布了专家小组的

---

⑫ 参见“Nuclear Revolution”（1955）.

⑬ 这一结果的公布是在1955年3月29日美国全科医生学会上；参见Hill，“Effect of A-Bomb”（1955）。第二年出版了专著：参见Neel and Schull，*Effect of Exposure*（1956）.

⑭ 参见“Report on Hiroshima”（1955）。这是对原子弹伤亡委员会负责人罗伯特·霍姆斯的采访，这个故事中有几个不准确的地方。

⑮ 参见Lindee，“What Is a Mutation?”（1992）；同上，*Suffering Made Real*（1994）。正如Lindee所述，原子弹伤亡委员会的指导方针反映了社会现实和标准，以及科学的准则。

⑯ 参见Beatty，“Genetics in the Atomic Age”（1991）；Lindee，*Suffering Made Real*（1994）；Jolly，*Thresholds of Uncertainty*（2003），chapter 6；Higuchi，*Radioactive Fallout*（2011）.

分析报告，即“原子辐射生物效应报告”。该报告建议将生殖细胞的最大累积辐射照射量从 300 伦琴降到 50 伦琴，并将三十岁以下普通人口的平均辐射剂量限制为 10 伦琴。[137]

遗传学委员会和病理学委员会都讨论了辐射对健康的影响，但提供了截然不同的评估。遗传学家把注意力集中在低剂量上，并强调“从遗传角度来说任何辐射都是不可接受的”。[138] 即使是辐射照射的微小增加，也会导致有害的突变，或“基因缺陷”。这些发生变异的人最终都会成为悲剧而被人排斥。[139] 该委员会特别关注医学上过度使用放射性药物，对大多数美国人来说，这相当于本底辐射（3–4 伦琴），远远超过辐射沉降物所造成的伤害（0.1 伦琴）。遗传学家的建议是“尽量减少我们所有的辐射支出”。[140]

病理委员会的报告讨论了与辐射暴露有关的一系列严重健康问题，但在低水平辐射问题上却没有更多的纠缠。在一定水平下的辐射可能“对个体无害”。在谈论日本原子弹幸存者和放射科医生中存在的辐射“晚期”效应——即白血病——时，他们强调，这些人要么接受了几乎致命的单一剂量的辐射，要么由于职业暴露，受到了“高于可接受的允许剂量”的辐射。[141] 这意味着，低于允许剂量的辐射暴露不会导致任何长期的影响，如罹患白血病或个体寿命缩短。委员会完全否定了癌症的体细胞突变理论。

---

⑬ 参见“Summary Report”, National Academy of Sciences , *Biological Effects*（1956）, p. 8. 有关在英国同时发表的那份并非巧合的类似报告：参见 Hamblin，“‘Dispassionate and Objective Effort’”（2007）.

⑬ 参见 National Academy of Sciences,“Report of Committee on Genetic Effects of Atomic Radiation,” *Biological Effects*（1956）, p. 23.

⑬ 出处同上，pp. 25–26。

⑭ 出处同上，p. 30. 关于委员会的报告，参见 Beatty，“Masking Disagreement”（2006）.

⑭ 参见 National Academy of Sciences ,“Report of Committee on Pathologic Effects of Atomic Radiation,” *Biological Effects*（1956）, pp. 36，39.

病理效应委员会的一项主要任务是评估放射性尘埃所产生的锶-90的污染水平是否会导致人类癌症发病率增加，锶-90通常潜伏在牛奶和食物中。原子能委员会委托兰德公司检测的报告中便指出："风险就在于：锶-90的骨保留特性和放射性属性使它具有很高的致癌能力。"[142]这种被称为内部发射器的物质特别危险，因为它一旦进入骨头，就会持续照射器官。而锶-90的半衰期长达近30年，这就产生了更多的担心，因为放射性元素可以在环境中持续存在，通过食物链传递。原子辐射生物效应病理学委员会承认锶-90辐射与某些癌症之间可能存在关系，但最终得出结论认为，目前的辐射水平并不构成致癌威胁。[143]尽管如此，随着公众对核武器试验产生的放射性后果的不满情绪日益高涨，这种特殊的放射性同位素成为核武器释放"原子毒药"的象征。[144]1957年6月15日，美国发表了一篇社论，题为《锶-90辩论》，并将放射性同位素称为"生命和健康的威胁"。[145]

为了对和平时期进行核武器试验的必要性加以辩护，原子能委员会的官员们一再指出，与自然辐射和正常的临床辐射（特别是X射线）相比，试验引起的辐射暴露水平较低。例如，在1955年5月6日，威拉德·F. 利比（Willard F. Libby）写了一封信给莱纳斯·鲍林解释为什么原子能委员会"有理由说，尽管基因效应是未知的，但与自然背景相比，试验产生的放射性尘埃影响很小，更重要的是，既然自然背

---

⑫ 参见 RAND Corporation, "Worldwide Effects of Atomic Weapons: Project Sunshine," 6 Aug 1953, 251, AEC, OpenNet Acc NV0717541, p. 4. 此文也被引用在 Jolly, *Thresholds of Uncertainty*（2003）, p. 154.

⑬ 参见 National Academy of Sciences, *Biological Effects*（1956）, p. 21. 病理效应委员会同样承认长期、低剂量接触所造成的伤害存在，如白血病和皮肤癌，但坚持认为"在那些坚持目前允许剂量水平的患者中，没有发现任何影响"（p. 34）。

⑭ 参见 Larsen, "Midwest Center for Research"（1955）.

⑮ 参见 "Strontium-90 Debate"（1957）.

景的变化通常能被接受，所以我们不能说试验是危险的。”[146]原子能委员会在1956年7月向国会提交的半年度报告中重申了利比对这件事的分析，称“在目前武器试验的水平上，锶-90对当前和将来的全球生态都没有造成重大影响。”[147]然而，越来越多的科学家同意少数族裔委员托马斯·默里（Thomas Murray）的观点，他对原子能委员会的报告中提到的这个问题持不同意见。拉尔夫·拉普也发表了对官方解释的批判意见，莱纳斯·鲍林在1959年《纽约时报》的一封信中引证了锶-90与癌症之间的联系。[148]

记者们开始关注进入食品供应的放射性物质，特别是在内华达试验场附近。他们把公众的注意力集中在了牛奶可能被锶-90污染的问题上，这是因为人们曾在被污染的西部牧场上放牧，这也引起了公众极大的焦虑。原子能委员会低估了污染食品，尤其是牛奶纯度的象征意义。在整个20世纪的美国，牛奶的纯度一直是一个强有力的象征，于是人们以前对牛奶被结核杆菌污染的担忧，转变为对被放射性污染的恐惧。[149]当婴儿和儿童饮用了受污染的牛奶、吸收了锶-90，这种放射性物质就会进入他们的骨骼，他们可能将遭受几十年的辐射。在1956年的总统竞选中，民主党候选人阿德莱·史蒂文森（Adlai Stevenson）提出一项单方面的氢弹试验禁令，以保护美国人免受放射性尘埃的持续影响。[150]虽然人们对放射性尘埃的恐惧不足以影响艾森豪威尔再次当选，但这一

---

[146] 参见 W. F. Libby to Linus C. Pauling，6 May 1955，in NARA College Park，RG 326，67B，box 49，folder 7 Medicine，Health & Safety 13 Genetics；Libby，“Radioactive Fallout”（1956）.

[147] 参见 AEC，*Twentieth Semiannual Report*（1956），p. 106.

[148] 参见 Lapp，“Strontium-90 in Man”（1957）；Pauling，“Effect of Strontium-90”（1959）；Jolly，“Linus Pauling”（2002）.

[149] 参见 Smith-Howard，*Perfecting Nature's Food*（2007），chapter 5.

[150] 参见 Stevenson，“Why Raised the H-Bomb Question”（1957）。公共卫生服务部门于1958年开始监测牛奶中的锶-90水平，虽然他们所报告的增长水平仍低于最大允许剂量，但仍加强了公众的警觉。参见 Divine，*Blowing on the Wind*（1978），pp. 263-264.

问题已成为美国政治的焦点。

1957 年，国会召开了关于放射性尘埃的性质及其对人类影响的听证会，这为原子能委员会的批评者——甚至是其支持者——提供了一个质疑该机构的顽固态度的机会。担任原子能联合委员会主席的国会议员切特·霍利菲尔德（Chet Holifield）严厉指责该委员会没有更早地披露有关信息，来说明武器试验所产生的放射性尘埃的性质和程度，并指责该委员会建立了淡化其危险性的“政党路线”。[151] 斯特劳斯误判了该机构科学评论家的顽强和政治联系，甚至把他们的担心斥为歇斯底里。生物学和医学咨询委员在一次会议记录中指出，“原子能委员会并没有准备好应对科学界各部门的情感主义，而是认为当前关于放射性尘埃的听证会的结果应该是有益的。”[152] 关于放射性同位素，听证会上出现的情景很复杂。尽管原子能机构继续赞扬放射性同位素（以及原子能）在科学方面的好处，但也有人提到“放射性同位素可能是食品中的污染物”，也有人认为暴露于各种形式的电离辐射中在遗传和体细胞方面都会产生有害后果。[153]

加州理工学院生物学教授爱德华·B. 刘易斯于 1957 年在《科学》杂志上发表的一篇论文强调了放射性尘埃对健康危害的迫切性。他做了一项比较四个暴露于电离辐射下的人的白血病研究。“（1）日本原子弹辐射幸存者；（2）因强直性脊柱炎而接受放射性治疗的病人；（3）婴儿时接受胸腺扩大放射性治疗的儿童；（4）放射科医生。”[154] 在每一种情况下，剂量效应反应呈线性，而且没有证据表明接触低于某一阈值便不构

---

[151] 参见 Hewlett and Holl，*Atoms for Peace and War*（1989），pp. 454–455.

[152] 参见 Minutes，63rd ACBM Meeting，18 Jun 1957，Washington，DC，OpenNet Acc NV0712175，p.6.

[153] 参见 US Congress，Joint Committee on Atomic Energy，*Nature of Radioactive Fallout*（1957），引用部分来自 p. 1960。

[154] 参见 Lewis，“Leukemia and Ionizing Radiation”（1957），p. 965.

成危险。[155]各种接触引起的白血病的风险是相当的，因此路易斯假设诱发白血病的最低值为每人 2×10^{-6} 雷姆 / 年，新的剂量名称“雷姆”相当于之前的伦琴。

暴露和未暴露于辐射的日本人群中白血病的发病率对路易斯的分析至关重要，因为它能强有力地表明，电离辐射的风险没有更低的阈值。让日本原子弹幸存者来充当辐射受害者的代表是有问题的，因为关于放射性尘埃的争论取决于低水平辐射的负面影响，而许多日本幸存者接触到的辐射水平相对较高，无论他们是否患有辐射病，这一点原子能委员会早就指出来了。不管怎样，在日本幸存者中诊断出的白血病病例的数量，其中甚至有那些距离爆炸中心 1000 米以上的病例，这些都是令人信服的证据，表明电离辐射以线性、剂量依赖性的方式诱发了白血病。（请参见表 5.1。）

地区	与辐射源距离 / 米	暴露人群中的幸存者人数（1950 年 10 月）	白血病确诊人数	白血病发病率
A	0—999	1870	18	0.96
B	1000—1499	13730	41	0.30
C	1500—1999	23060	10	0.043
D	2000 及以上	156400	26	0.017

表 5.1　在广岛和长崎合并暴露的人群中，根据离辐射源中心的距离的白血病发病率（1948 年 1 月至 1955 年 9 月）（来自 E.B.Lewis，“Leukemia and Ionizing Radiation,” *Science* 125（1957）：965–972，表在 967。美国科学促进会允许重印）

路易斯认为白血病发病率与辐射暴露的线性、剂量依赖性相关，这个结论来自关于癌症是体细胞发生突变的假说。经过分析，路易斯认为放射性尘埃中锶 -90 浓度的增加有可能足够将美国白血病的发病率提高 5%–10%。这一估算借助了许多假设；但目前尚不清楚诱发白血病所需

---

[155] 乔利（Jolly）所指出的，刘易斯并没有声称自己已经证明了线性，但他认为证据表明了这一点，而且他的估计在三倍之内是有效的。参见 *Thresholds of Uncertainty*（2003），p. 494.

的锶 -90 在人体骨骼中的浓度为多少。[156] 尽管存在科学的不确定性，遗传学家对辐射危害的线性、剂量依赖性的观点是有影响的。联合国原子辐射效应委员会于 1958 年 8 月 10 日发表的一份报告预测，由于放射性尘埃的影响，全球范围内的白血病死亡人数将上升，这和刘易斯的分析是一样的。他们指出，放射性增加的辐射量很小，仅为从天然来源获得的总辐射量的 5%。然而，即使是辐射量的微小增加也会导致癌症发生率的增长。[157]

突变不仅仅关乎人类的未来，还代表着国家发展原子能计划所要承担的癌症负担。另一个同样重要的是，体细胞效应和遗传效应之间的明显差异正在逐渐消失，尽管许多原子能委员会研究人员（特别是非遗传学家）直到 20 世纪 60 年代中期才肯放弃阈值概念。[158]1958 年，阿尔贡国家实验室研究员米丽娅姆·芬克尔（Miriam Finkel）发表的一篇论文，报告了一项研究的结果：在这项研究中小鼠暴露于不同剂量的锶 -90。研究者观察到其寿命缩短和患白血病的预期效果，但接受最低剂量的小鼠并没有表现出这种影响。[159] 芬克尔认为，锶 -90 的临界值是存在的，它远远低于人类在放射性尘埃中的暴露水平，但莱纳斯·鲍林和其他人很快对这一解释提出了质疑。作为回应，阿尔贡实验室的负责人奥斯

---

[156] 参见 Minutes，52nd ACBM Meeting，9–10 Sep 1955，Washington，DC，OpenNet Acc NV0411746，p. 13.

[157] 参见 Divine，*Blowing on the Wind*（1978），p. 222.

[158] 梅里尔·艾森巴德（Merrill Eisenbud）曾担任原子能委员会健康与安全实验室主任以及纽约运营办公室经理，他认为放弃这一阈值概念是在 1963 年，尽管 1966 年的一份机构出版物表示，没有造成基因损害的辐射阈值，而对于躯体症状是有辐射阈值的。参见 Asimov and Dobzhansky，*Genetic Effects of Radiation*（1966），pp. 35–36；另参见 Human Radiation Studies：Remembering the Early Years，Oral History of Merrill Eisenbud. Conducted January 26，1995 through the Department of Energy by Thomas J. Fisher，Jr. and David S. Harrell，and published at http：//www.hss.energy.gov/Health Safety/ohre/roadmap/histories/index.html.

[159] 参见 Finkel，"Mice，Men and Fallout"（1958）.

丁·布鲁斯则声称，线性理论仍未得到证实。[160]

人们对体细胞突变理论也褒贬不一，特别是在医生和肿瘤学家中。[161]因为对于已知的致癌因子，如病毒和激素，都有很长的研究历史和可能的机制。突变是如何导致癌症的，对任何人来说都不是很清楚，至少对所有倡导这一理论的遗传学家来说是如此。在20世纪50年代后期，观察辐射突变效应的主要技术是细胞遗传学，对染色体的微观分析，任何人都不清楚突变引起癌症的原因？尤其是所有主张这一理论的遗传学家。在20世纪50年代末，观察辐射突变效应的主要技术是细胞遗传学，即染色体的显微分析。[162]长期以来，人们一直在研究辐射对染色体结构的影响，就像癌症细胞中的染色体异常一样，但其他类型的突变并不是很容易找到或显现。尽管原子能委员会官员仍然把体细胞突变理论当作一个未经检验的假设，但他们却也不能再把遗传效应边缘化，仿佛它们与健康问题无关。20世纪60年代，随着DNA成为放射生物学和化学诱变研究的重要对象，癌症成因的体细胞突变理论得到了发展。[163]更重要的是，遗传学家对电离辐射的影响是线性的、累积性的描述成了公众的常识。

结论

在1957年2月原子能联合委员会为听证会准备的材料中，原子能

---

[160] 参见Divine，*Blowing on the Wind*（1978），pp. 223–225；Brues，“Critique of the Linear Theory”（1958）.

[161] 希尔兹·沃伦写道：“许多肿瘤学家不接受这个理论。”参见“You，Your Patients and Radioactive Fallout”（1962），p. 1125。关于医学界对体细胞突变的接受态度，参见Jolly，*Thresholds of Uncertainty*（2003），ch.12.

[162] 约翰·格夫曼（John Gofman），原子能委员会研究员（最后成为该机构评论员）在20世纪50年代对白血病患者和实验动物的染色体异常进行研究之后，在其著名的低水平放射和癌症研究中应用了细胞遗传学。参见de Chadarevian，“Mutations in the Nuclear Age”（2010）；Semendeferi，“Legitimating a Nuclear Critic”（2008）.

[163] 例如，1966年冷泉港定量生物学研讨会的主题就是诱变。

委员会将同位素作为“美国原子能投资所带来的第一个和平红利”。[164]同样，沃尔特·迪士尼公司1956年发行的电影《我们的朋友原子》将原子能描绘成了一个精灵，尽管它拥有非常可怕的力量，但它能帮助人类实现三个愿望：权力、食物和健康、和平。它强调了原子能所带来的医学新时代，与“放射性同位素可以治愈疾病”的说法相呼应。[165]这种反复描述不仅仅是宣传；放射性同位素确实在科学研究和医学研究中非常有用，尽管并不总是按照20世纪40年代晚期想象的那样。

然而，到了50年代，放射性同位素有害的形象得以传播发展。有关放射性尘埃的争论以及对核电站放射性废物的关注愈加强烈，逐渐改变了公众对原子能与癌症关系的看法。放射性同位素开始被视为毒药，而不再是1947年的“医疗子弹”。20世纪50年代，医生发现了一些令人不安的证据——即使通过放射性同位素药物治疗成功了，辐射暴露也可能在数年后导致血液疾病或癌症。事实上，临床医生利用这些观察结果来校准治疗剂量，以尽量减少这些副作用，医学研究人员利用低水平和短半衰期的放射性同位素开发了一系列更安全的诊断方法。[166]然而，公众意识到，即使是低水平的辐射暴露也是危险的且很难消除。

这一时期，放射性的象征价值和辐射安全的意义都发生了变化。20世纪40年代晚期，原子能委员会声称辐射暴露是安全的，不会造成任何短期伤害。例如，在该机构向国会提交的第六次半年期报告中，其中有一节关于放射性同位素的研究描述了人类志愿者参与实验的情况：

---

⑯ 参见“Hearings Under Section 202 of the Atomic Energy Act，February 1957，Table of Contents” NARA College Park，RG 326，67B，box 71，folder 1 Org. & Man. 7 Joint Committee on Atomic Energy（BP 1 of 5）.

⑯ 参见 Haber，*Our Friend the Atom*（1956），p. 157. 原子能作为精灵的形象比迪士尼的寓言还要古老；参见 Weart，Nuclear Fear（1988），p. 404.

⑯ 参见第九章。

> 大约两百名年轻男子自愿接受低剂量的放射性铁注射，其辐射低于人类能够安全耐受的水平。这些人在六个月后进行的测试表明辐射没有造成任何不良影响。[167]

10年后，这样一份关于吸收放射性同位素的无害声明，如果没有遭到彻底批评，也会受到审查。从长期来看，辐射的危害可以理解为患白血病和其他癌症的风险增加了，可能只有通过对疾病发病率的统计和基于人群的分析才能检测到其影响。[168] 原子能委员会坚持认为，暴露于放射性尘埃中遭受的辐射量远低于自然环境和临床使用的辐射量。然而，这一对比结果已经不足以安慰美国人了。

到20世纪60年代初，突变和癌症发病率的增加似乎是美国对原子能承诺的副作用。毫无疑问，这种危害将伴随整个核战争。正如战略家赫尔曼·卡恩（Herman Kahn）所说："发动现代战争的人很快就会像关心B-52的范围或阿特拉斯导弹的准确性一样关心骨癌、白血病和遗传畸形"。[169] 但即使是和平时期的核武器试验也带来了生物伤亡。斯特劳斯告诉生物学与医学咨询委员会，"试验中的辐射暴露结果应该与原子战争后的结果保持相对的平衡"。[170] 然而，原子能委员会的批评者认为，国家安全不应要求美国人付出这一生物代价，他们主张，即使环境放射性的小幅增加也是不可接受的。1963年所通过的禁止核试验条约证实了这一观点，并反映了人们就原子能的红利和

---

[167] 参见 AEC，*Sixth Semiannual Report*（1949），p. 81.

[168] 1958年，生物学与医学咨询委员会的成员谈到了"全人类辐射流行病学"的必要性。他们讨论了是否可以通过人体实验以"确定非常小的剂量对几倍大自然背景的影响"。他们认为必须"尽可能以最大的规模"开展这项工作，才能提供信息。参见 Minutes，70th ACBM Meeting，17–18 Oct 1958，Germantown，OpenNet Acc NV710349，p. 5.

[169] 参见 Kahn，*On Thermonuclear War*（1960），p. 24.

[170] 参见 Minutes，63rd ACBM Meeting，18 Jun 1957，Washington，DC，OpenNet Acc NV0712175，p.7.

危险问题在态度上的改变。在 20 世纪 40 年代原子能委员会利用民众对癌症的恐惧，使其作为改善公民健康的民间机构的地位得以正当化，但在和平时期，民众对癌症的恐惧威胁到了该机构的利益——原子能。

第六章

销　售

想象一下吧，一家制造商1950年的总产量不超过十分之一盎司，而这个行业每年出货大约9000批，每批产品的净重甚至低于用来书写你名字的铅笔芯的重量。

——W.E. 汤姆森，橡树岭国家实验室，1952年[①]

① 参见W.E. Thompson，“Oak Ridge National Laboratory Research and Radioisotope Production”，Jan 1952，MMES/X-10/Vault，CF-52-1-212，DOE Info Oak Ridge，ACHRE document S-00226，p. 16.

从一名1946年的生物医学研究人员的角度上来看，放射性同位素只不过变得和其他市面上的试剂或仪器一样，可以公开买卖了。大部分此类项目的产业化都依赖私营企业。[②]作为其自然科学计划的一部分，洛克菲勒基金会促进了许多新兴实验室技术的发展，如电泳、光谱学、超速离心法等，旨在利用物理学的技术和方法来解决生物学上的问题。[③]斯宾克、克莱特和贝克曼等公司于20世纪40年代开始基于这些技术手段将生物物理仪器商业化。[④]国家，特别是美国联邦政府，间接发挥了主导作用——战后政府对生物医学研究经费投入的迅速增加，为这些复杂机器的商业市场注入了生机。

放射性同位素的产业化呈现出一条不同的发展轨迹：国家本身承担了战后放射性同位素的规模化生产。美国联邦政府利用橡树岭的石墨核反应堆生产人造放射性同位素，并以此实现了放射性同位素的商品化，尽管该商品需要政府的大量补贴。原子能委员会希望通过低定价和教育培训，在满足市场的同时将需求进一步扩大。他们在这方面也确实取得了成功。原子能委员会在其成立后的十年内，向实验室、公司和诊所卖出了将近6.4万批原始放射性材料。[⑤]不用说，橡树岭放射性同位素的生产规模与原子能委员会核武器制造规模相比还是要小很多。到了20世纪50年代初期，政府对原子能设施和设备的总资本投入“超过了美国

② 参见 Gaudillière and Löwy，“Introduction”（1998）；Elzen，“Two Ultracentrifuges”（1986）；Kay，“Laboratory Technology”（1986）；Zallen，“Rockefeller Foundation”（1992）；Lenoir and Lécuyer，“Instrument Makers”（1995）；Rasmussen，*Picture Control*（1997）；Rheinberger，“Putting Isotopes to Work”（2001）；Slater，“Instruments and Rules”（2002）.

③ 参见 Kohler，“Management of Science”（1976）；idem，*Partners in Science*（1991）；Abir-am，“Discourse of Physical Power”（1982）；Kay，*Molecular Vision of Life*（1993）.

④ 参见 Kay，“Laboratory Technology”（1988）；Elzen，*Scientists and Rotors*（1988）；Creager，*Life of a Virus*（2002），ch. 4.

⑤ 参见 AEC，*Eight-Year Isotope Summary*（1955），p. 2.

钢铁公司和通用汽车公司的投资总和”。[⑥] 正如委员会同位素部门的负责人所调侃的，“原子能是真正的大生意”。[⑦]

联邦政府垄断放射性同位素交易核心地位的局面与原子能委员会的两个法定目标相违，而这两个目标本身也互相冲突。一方面，该机构主张在原子能发展道路上“加强私营企业之间的自由竞争”，另一方面也主张“确保公众以及原子能（放射性同位素）使用者受到足够的健康保护”。[⑧] 原子能委员会尽了最大努力鼓励商业参与放射性材料的销售，但是该业务毕竟受 1946 年《原子能法》管制，而早年政府单凭其基础设施上的优势就可以在生产廉价的放射性同位素方面没有任何竞争对手。与其直接和橡树岭竞争，零售商开始配合原子能委员会的批发，提供放射性标记化合物和放射性药物。在监管方面，该机构对民用放射性同位素的安全控制落后于其推广工作。最初，放射性物质从联邦政府到研究机构和医院的转移完全是出于对接收者安全使用的信任——如果使用不当，接收者负全部责任。原子能委员会颁布了安全处理和排放放射性同位素的准则，但是并没有贯彻执行这些规定，在项目成立的最初几年里更是如此。

1954 年修订的《原子能法》放宽了对裂变材料私有化和专利的限制，以促进核电产业发展。在接下来的十年内，这对放射性同位素的销售产生了两个重要影响。首先，民用反应堆数量和市场对放射性同位素的需求不断增长，导致该行业开始挑战政府作为供应商的主导地位。企业请求原子能委员会让私营部门接管生产出自反应堆的放射性同位素。虽然 X-10 反应堆于 1963 年被果断关停，但是坐拥其他更先进反应堆

---

⑥ 参见保罗·埃伯索尔德于 1952 年 12 月 4 日在克利夫兰举行的美国管理协会会议上的演讲《工业使用放射性同位素的现状》，Aebersold papers，box 6，folder 6-53，p. 2.

⑦ 出处同上。

⑧ 参见“Revised McMahon Bill”（1946），p. 2；Conference on Commercial Distribution of Isotope-Labeled Compounds，30 Oct 1947，Appendix“E”to AEC 108，NARA College Park，RG326，E67A，box 47，folder 3 Isotopes：Labeled Compounds，p. 27.

的联邦政府退出同位素生产行业的过程还是缓慢而不均的。其次，原子能委员会制定了更为严格的监管手段，既针对新兴的核电行业，也影响了放射性同位素的使用者。即便如此，到了 20 世纪 60 年代，随着越来越多公用事业公司的民用反应堆建成，质疑政府监管是否充分的声音不绝于耳。原子能委员会作为原子能的推广者和监管者，面临着双重角色之间的利益冲突，而这在橡树岭放射性同位素早期销售和安全监督方面就表现得很明显。这个问题最终导致原子能委员会在 1975 年解散，随之组建了一个能源机构（后更名为能源部）和一个监管机构（核管制委员会）。⑨

原子能委员会和自由企业

1946 年《原子能法》中的国家安全条例严格限制了业界参与。所有可裂变材料、反应堆和原子武器部件制造厂的所有权都属于美国，由委员会管理。此外，该法禁止个人和公司就核发明或技术申请新专利。已存在的专利由委员会强制买断。⑩ 这些法案条例在国会上被认为存在社会主义色彩，但是最后还是保留了下来。⑪ 这就导致了一个新兴产业在几乎完全缺失商业专利的前提下发展的反常情形。⑫

原子能委员会承认他们的行为不仅不是商业运营，甚至与其背道

---

⑨ 参见 Mazuzan，“Conflict of Interest”（1981）.

⑩ 参见 “Revised McMahon Bill”（1946），p. 5；Turchetti，“Slow Neutrons”（2006），p. 14；同上，“Invisible Businessman”（2006）；Wellerstein，“Patenting the Bomb”（2008）.

⑪ 众多原子能技术不受《专利法》保护是对麦克马洪原始法案的修正。参见 Hewlett and Anderson，New World（1962），pp. 495–498. 正如图尔凯蒂（Turchetti）所指出的那样（参见 “Slow Neutrons” [2006]，p. 15n44），这些规定在参议院通过后受到了各种利益集团的攻击，其中包括美国律师协会、制造商协会和全国专利委员会。同时参见 Miller，“Law Is Passed”（1948），p. 816.

⑫ 参见 Turchetti，“Contentious Business”（2009），p. 192.

而驰："只要禁止私人保管和占有可裂变材料的法案一朝不改，私人原子能企业就将一直缺失发展所需的核心。"[13] 这使原子能委员会在政治上陷入两难。保守的国会议员可能就委员会涉嫌松懈国家安全措施及其反商业的表象两方面批评该机构。直接参与原子能的公司都是政府的承包商，它们负责管理委员会的实验室和工厂。委员们视此为承包商制度弥足珍贵的原因之一，但是靠这些合同来赞助工业发展与资本主义自由竞争的模式相差甚远。[14]

原子能委员会的第一任主席大卫·E. 利连索尔，早在任命之初就受到了商界的极大怀疑。[15] 在 1933 年到 1946 年担任田纳西河流域管理局主席时，他选择通过农村电力合作社（而非私人公用事业公司）来分配大型水坝发的电。显然，利连索尔对联邦政府开发国家资源的信心塑造了他想把原子能委员会建成原子能领域的田纳西河流域管理局的愿景。在他 1947 年发表在《科利尔》杂志的一篇题为《原子冒险》的文章中，利连索尔认为，人均机电能源产量最大的国家会享有最高的军事安全；为供给国内电力而开发原子能是一种能"让美国人民广泛分享"这一新资源的方式，对于私营企业尤其如此。[16] 利连索尔重点强调了业界在原子能事业中所扮演的重要角色，部分是为了平息那些对他过往罗斯福新政式的作为而感到不满的批评者们。但他同时也认识到在没有经济利益

⑬ 参见 AEC 297，AEC Policy of Operating through Contractors，14 Feb 1950，NARA College Park，RG326，67A，box 9，folder 1 AEC Relationship with Contractors，Vol. 2，p. 5.

⑭ AEC，*Second Semiannual Report*（1947），pp. 5–6. For a list of AEC's majors contractors，Hewlett and Holl，*Atoms for Peace and War*（1989），参见 pp. 10–11.

⑮ 参见 Hughes，"Tennessee Valley"（1989）；Wellerstein，Knowledge and the Bomb（2010），ch. 7.

⑯ 参见 Lilienthal，"Atomic Adventure"（1947），p. 12. 我发现"原子能领域的田纳西河谷管理局"很好地描述了利林索尔对核能发展的预测。类似情况参见 Weart，*Nuclear Fear*（1988），p. 159. 尽管如此，这个词也是国会中利林索尔的反对者抨击他的地方之一，他们反对利林索尔被任命为委员会的主席，因为他在田纳西河流域管理局就致力于能源的公有开发。对于这一问题，参见 Lowen，"Entering the Atomic Power Race"（1987），p. 466.

集团的支持下，维护一个联邦机构的利益是相当困难的，所以他打算让新兴的核工业与原子能委员会站到一起。[17]（参见图 6.1）

图 6.1　大卫·利连索尔的文章《原子冒险》和莱斯特·维勒（Lester Veile）的文章《美国惰性》中的插图，在 1947 年 5 月 3 日发表于《科利尔》杂志第 119 期"人与原子"特刊中，12–13 页。左图是原子弹爆炸后的日本，右边是发电厂

利连索尔寄予核电迅速发展的愿望过于乐观了。由 J. 罗伯特·奥本海默领导的原子能委员会下属总顾问委员会在 1947 年 7 月起草了一份备忘录，其中阐明经济型增殖反应堆（增殖反应堆是指裂变物质产出量大于投入量的核反应堆）的开发需要数年时间。[18] 当务之急是利用可裂变材料制造核武器，要是没有增殖反应堆，至少需要几十年的时间才

⑰ 政治学家把国会委员会、经济利益集团和行政机构之间相互支持的联盟称为"铁三角"。由于田纳西河流域管理局缺乏经济利益集团的支持，利林索尔准备为原子能委员会获得这方面支持，但是该机构、原子能联合委员会和核产业三者之间的冲突阻碍了有效的铁三角形成。参见 Balogh，Chain Reaction（1991），p. 16 and chapter 3.

⑱ 1947 年 7 月 29 日第二稿载于 AEC 信息备忘录 264，NARA College Park，RG 326，67A，box 56，folder 10 Development of Atomic Power-General.

能积累足够的核燃料用来发电。正如原子能委员会官方历史中指出的，“这份备忘录给了委员们一锤重击”。[19]委员们请求詹姆斯·柯南特（James Conant）和奥本海默对备忘录稍作修改，增加一段话来说明放射性同位素对科学、医药和工业的好处。[20]但二位科学家并未改变其客观评价，将未作修改的备忘录于1948年7月公开发表。[21]

尽管对核电的期望降低了，原子能委员会还是组建了一个产业咨询小组来对该机构如何增加原子能领域的商业参与进行评估。利连索尔于1947年10月6日在底特律发表演讲声称，原子能委员会计划“摆脱政府目前的垄断”并“寻找业界参与的契机，也就是说创造盈利的机会”。[22]产业咨询小组由底特律爱迪生公司的总裁詹姆斯·W. 帕克（James W. Parker）就任主席，其他成员包括许多电力公司和工业研究公司的高管。[23]该小组在接下来近六个月的时间里，分别会见了原子能委员会成员、一些原子能委员会主要承包商的工作人员，以及部分曼哈顿

---

⑲ 参见 Hewlett and Duncan，Atomic Shield（1969），p. 100.

⑳ 出处同上。

㉑ 参见 AEC，Recent Scientific and Technical Developments（1948），pp. 43–46. 报告结论是，“我们不知道如何在最有利的情况下，在20年期限届满之前把目前世界上相当一部分的电力供应由核燃料替代。”关于总咨询委员会对声明的若干修订，参见 Balogh，*Chain Reaction*（1991），p. 83。工业计算表明，美国的核能成本比煤电和水电发电的成本要高十倍左右；参见 Hood Worthington to David E. Lilienthal，2 Feb 1948，in AEC Info Memo 264，NARA College Park，RG 326，E67A，box 56，folder 10 Development of Atomic Power-General.

㉒ 正如在同位素标记化合物商品销售会议上所引用的，具体参见 Minutes of the Meeting，30 Oct 1947，Appendix “E” to AEC 108，NARA College Park，RG326，E67A，box 47，folder 3，Isotopes：Labeled Compounds，p. 26.

㉓ 参见 Mazuzan and Walker，Controlling the Atom（1985），p. 17. 其他成员有布鲁斯·K. 布朗（Bruce K. Brown），古斯塔夫·艾格洛夫（Gustav Egloff），保罗·D·富特（Paul D. Foote），埃萨特·哈特先生（Isaac Harter Sr.），杰罗姆·C. 汉萨克（Jerome C. Hunsaker），加百利·O. 威森诺尔（Gabriel O. Wessenauer）和罗伯特·E. 威尔逊（Robert E. Wilson）。原组织的两名成员奥利弗·E. 巴克利（Oliver E. Buckley）和 唐纳德·F. 卡彭特（Donald F. Carpenter），在该组织决定听从政府管理之前就辞职了。沃特·西斯勒（Walter Cisler）曾是该委员会的顾问，他与产业咨询小组密切合作。

工程的前工作人员。该小组还实地考察了委员会在橡树岭、阿尔贡、汉福德和斯克内克塔迪的设备设施。[24]

产业咨询小组认为原子能商业化的主要障碍是国家的安全条例，企业甚至无法获得足够的信息来确定商业机遇是否存在。[25]就连咨询小组都因原子能委员会的安全措施很难评估当时的情况："想要获得安全许可很难，安排接触工作人员和设施的相关手续很麻烦，保管记录和文件的程序也十分复杂，与其他保密限制加起来，产业调查研究的开展受到重重阻碍。"[26]放射性和稳定的同位素似乎是"与原子能有关的唯一开放的重要领域"。[27]即便是在这一方面，小组主要关注的也是核材料工业消费的滞后，而不是材料生产或新商品。"如果能按需提供安全使用放射性示踪剂的简要说明"，更多公司会尝试使用这些新工具。[28]正如该小组指出的那样，用承包商制度来推动企业自由化本身就是有问题的。由联邦政府挑选公司并分配具体任务，不仅不能促进企业之间的竞争，而且还使其产业合作伙伴失去了开创精神。[29]此外，企业认为政府的专利政策"不利于原子能领域的业界参与"。[30]原子能委员会也没有采取什么措施来消除这种看法。

㉔ 参见 Preliminary Draft of Report to the United States Atomic Energy Commission by the Industrial Advisory Group，29 May 1948，NARA College Park，RG 326，E67A，box 25，folder 4 Industrial Advisory Group，p. 2.

㉕ 参见 Preliminary Draft of Report，29 May 1948，p. 6；产业咨询小组在 1948 年 12 月 15 日向美国原子能委员会的报告，后附詹姆斯（James）的信。详情参见 Parker to David E. Lilienthal，22 Dec 1948，NARA College Park，RG326，E67A，box 25，folder 4 Industrial Advisory Group，pp. 10−11.

㉖ 参见 Report to the United States Atomic Energy Commission，p. 3.

㉗ 出处同上，p. 6.

㉘ 参见 Preliminary Draft of Report，p. 5.

㉙ 参见 Report to the United States Atomic Energy Commission，p. 8.20 世纪 50 年代，承包商制度的法律特点和经济特点得到了更仔细的审查；参见 Palfrey，"Atomic Energy"（1956）；Tybout，Government Contracting in Atomic Energy（1956）.

㉚ 参见 Report to the United States Atomic Energy Commission，p. 15.

产业咨询小组的报告发表于《原子科学家公报》，同时发表的还有利连索尔的回复。[31]毫无疑问，报告中针对围绕核科学和技术的重重保密障碍的批评鼓舞了期刊的编辑和读者，其中不乏在战争结束时为解除原子能军事化而四处游说的科学家。[32]同年，《原子科学家公报》刊登了一些其他文章，重点关注《原子能法》对商业活动的限制，特别是大卫·利连索尔的"私有产业和公有原子"，以及詹姆斯·纽曼（James Newman）和拜伦·米勒（Byron Miller）常被援引的"社会主义岛"。[33]除了任命更多的产业小组来研究这个问题之外，原子能委员会还启动了培训项目来培养核技术领域的工程师，并为企业参与反应堆设计提供政府资助。[34]然而，阻碍商业参与的法律规定仍然存在。在核管制委员会官方历史学家乔治·T. 玛祖赞（George T.Mazuzan）和J. 塞缪尔·沃克（J.Samuel Walker）看来，产业咨询小组最重要的贡献，便是给这些颇具影响力的美国商界领袖展示了当前原子能发展的水平。[35]

以放射性同位素培育核工业

正如产业咨询小组针对原子能事业的报告所说，似乎只有放射性

㉛ 参见"Report of the AEC Industrial Advisory Group"（1949）.

㉜ 参见 Smith，*Peril and a Hope*（1965）.

㉝ 参见 Lilienthal，"Private Industry and the Public Atom"（1949）；Newman and Miller，"Socialist Island"（1949）。后者是纽曼和米勒 1948 年的作品《原子能的控制》其中一章的再版。该章在 1949 年以单篇文章发表时，随后发表的一篇文章批评了它的主张，该文章参见 Lerner，"Control of Atomic Energy"（1949）。利连索尔在离开委员会之后，对这一问题发表了更多主张，他在 1950 年宣称，"没有哪个苏维埃工业垄断企业比美国的自由企业中的原子工业更国有化。"参见 Lilienthal，"Free the Atom"（1950），p. 13.

㉞ 参见 Mazuzan and Walker，Controlling the Atom（1985），p. 19；Balogh，Chain Reaction（1991），p. 97. 不仅是安全审查问题导致教育举措难以落实，委员会自己的承包商还拒绝其他公司员工参与他们经营的设施。参见 Hewlett and Duncan，*Atomic Shield*（1969），p. 436.

㉟ 参见 Mazuzan and Walker，*Controlling the Atom*（1985），p. 17.

同位素已经做好商业参与的准备。具体来说的话，是带有放射性标记化合物的合成与销售为产业提供了切入点。[36]在许多实验中，同位素原子本身不是科学家使用的试剂——他们通常需要的是用放射性同位素原子标记的特定化合物。（这个放射性标记通常是碳-14，因为它的半衰期很长，而且碳元素普遍存在于有机化合物中）擅长使用示踪剂进行研究的实验室通常会有有机化学家，他们可以根据需要合成带有放射性标记的化合物，但是大多数实验室缺乏这种化学人才。根据原子能委员会的判断，"目前，个人从业者通常需要自己合成一批所需的标记化合物，或者聘用他人来做这件事；这一现状无法充分或有效地满足市场的总体需求。"[37]研究人员早已迫切希望部分标准化合物能以带标记的形式出现以便他们使用。[38]放射性同位素能否在生物学和医学中广泛应用看来取决于放射性标记化合物和放射性药物的零售供应商的建立。

1947年10月30日，原子能委员会在橡树岭召开了同位素标记化合物商品销售会议。派出代表参加会议的公司包括示踪实验室（Tracerlab），太阳石油（Sun Oil），陶氏化工（Dow Chemical），胡德利公司（Houdry Process），孟山都化工（Monsanto Chemical），斯图尔特氧气公司（Stuart Oxygen），伊士曼柯达公司（Eastman Kodak），美国氰胺公司（American Cyanamid）和雅培公司（Abbott Laboratories）。其中派出了两名代表参加会议的示踪实验室刚刚成立，是一家专攻核技术的公司。《财富》杂志1947年的一篇专题文章将其描述为"第一

㊱ 参见 Lenoir and Hays，"Manhattan Project for Biomedicine"（2000）.

㊲ 参见 Isotopes Division Circular E-21，Special Considerations in the Synthesis and Distribution of C14-Labeled Compounds，15 Apr 1948，Appendix "G" to AEC 108，NARA College Park，RG326，67A，box 47，folder 3 Isotopes：Labeled Compounds，p. 35.

㊳ 参见 AEC 108/1，NARA College Park，RG 326，E67A，box 47，folder 3 Isotopes：Labeled Compounds，p. 4.

家完全依靠原子弹副产品建立的公司”。[39]该公司致力于放射性化学物质的合成、辐射计数仪器研制和使用同位素开发工业控制方法（其在辐射探测设备方面的专长帮助公司设计出用于侦测裂变产物的航空测量仪器，该仪器在1949年探测到苏联第一次原子武器试验）。[40]示踪实验室的代表早在参会之前就已与原子能委员会通信，询问是否可以让他们公司加工橡树岭生产的放射性同位素并将其转售给研究人员。回应的官员说，加工可以，但是转售是不允许的。[41]此外，原子能委员会会议上的与会者主要是化工大亨，只有两家制药公司派代表参与。

会议目的是阐释生产放射性标记化合物的必要性，并“培养企业对放射性标记化合物的生产和销售计划短期和长期的兴趣”。[42]委员会希望能在6到18个月内取得实质性进展。一位业内代表咨询企业“能否拥有加工和新生产方法的专利权”。[43]委员会表示美国政府扶持的研究往往需要保留一些专利权。[44]禁止私人拥有核技术专利权的《原子能法》是这些私有企业的又一痛处。[45]另一位代表在会议上就购买原子能

㊴ 参见“Business in Isotopes”（1947），p. 121.

㊵ 参见 Gordin，Red Cloud at Dawn（2009），chapters 5 and 6.

㊶ 参见 Apr 1947 correspondence between F. C. Henriques，Jr. of Tracerlab and T. Raymond Jones of Oak Ridge，NARA Atlanta，RG 326，MED CEW Gen Res Corr，Acc 67B0803，box 175，folder AEC 441.2（R-Tracerlab，Inc.）.

㊷ 参见 Conference on Commercial Distribution of Isotope-Labeled Compounds，Minutes of the Meeting，30 Oct 1947，Appendix “E” to AEC 108，NARA College Park，RG326，E67A，box 47，folder 3 Isotopes：Labeled Compounds，p. 25.

㊸ 出处同上，p. 28.

㊹ 参见 Eisenberg，“Public Research”（1996）.

㊺ 事实证明，原子能委员会并未将该专利限制扩大到大多数生物和医学应用，与反应堆开发不一样。参见 Minutes，Atomic Energy Commission Meeting No. 882，26 Jun 1953，in AEC 615/16，Patent Policy in Connection with Industrial Development of Atomic Power，NARA College Park，RG 326，E67B，box 35，folder 4 Legislation on Industrial Participation Program Vol. 2，p. 3.

委员会的放射性同位素协议中一项条款提出反对，该条款要求消费者报告材料的使用情况。他认为“该要求本身就附带了一种监管权”。[46]总的来说，业界代表们认为，这种报告存在泄露专利的潜在风险。[47]关于专利的问题和对报告的担忧“在工业代表心中是紧密相关的”，这反映了他们对原子能领域政府控制和监督程度的敏感。[48]工业代表们对政府可能实施的价格管制也倍感不满。原子能委员会工作人员表明，企业可能在合成化合物后，将其返还给委员会分销，而这种做法在业内看来是无法接受的。

保罗·埃伯索尔德是同位素部门负责人，他向业界代表提供了一份包含 25 种急需的放射性标记化合物的清单，其中大部分是生物合成的中间产物或一般产物。[49]他提到了对标记糖（例如果糖和葡萄糖）、类固醇激素、氨基酸和一些脂肪酸的强烈兴趣。示踪实验室已经向原子能委员会提交了一项提案，申请负责生产清单上的 11 种化合物，并且还为清单上未列出的一些化合物开发了合成方案，包括甘氨酸、乙酰氯和睾酮。相比之下，氰胺公司和孟山都化工的代表对商业化制备放射性标记化合物并不感兴趣，即便两家公司都正在从事这项工作。斯图尔特氧气公司和伊士曼柯达公司对稳定的同位素化合物更感兴趣。原子能委员会确实承认碳 -14 标记的化合物的生产规模“构不成‘大生意’，特别是在总销量要被几家公司瓜分的情况下，而现实也绝对如此。”[50]当前委员会面临的问题是如何吸引业界开发这些产品。

实际上，这些公司生产放射性标记化合物的发展进度是跟不上原子能委员会自有实验室的。1947 年 7 月，加州大学伯克利分校放射实

㊻ 参见 Conference on Commercial Distribution，30 Oct 1947，p. 28.

㊼ 参见 AEC 108/1，NARA College Park，RG 326，E67A，box 47，folder 3 Isotopes：Labeled Compounds，pp. 8–9.

㊽ 参见 Conference on Commercial Distribution，30 Oct 1947，pp. 28–29.

㊾ 出处同上，p. 30.

㊿ 参见 Isotopes Division Circular E–21，15 Apr 1948，p. 37.

验室的梅尔文·卡尔文（Melvin Calvin）向原子能委员会递交了一份提案，称他的生物有机小组的工作人员可以合成部分碳 -14 标记的化合物以用于分销。[51]洛斯阿拉莫斯科学实验室的研究人员也从用碳 -14 喂食的细菌中分离出了带有放射性标记的化合物，但是这种方法并不能与卡尔文的化学合成方法相竞争。[52]同位素部门的成员认为，委员会“有义务满足”对碳 -14 标记化合物的需要，然而让产业参与其中的进展却十分缓慢。[53]他们认为卡尔文的提案不过是权宜之计，而很多公司却不确定。同年 10 月，示踪实验室和孟山都双双表示了他们的担忧，他们认为该计划可能对“商业推广同位素标记化合物过程中的私营企业和自由竞争”产生负面影响。[54]橡树岭的领导人坚持认为，私营部门的生产能力还不足以满足研究需求，所以委员会参与供应只是暂时的。[55]

1948 年 6 月 9 日，委员会批准了一项提案，允许“委员会设施生产用于非项目分配的放射性同位素标记化合物”。[56]这一规定旨在确保政府的行为不会妨碍或阻止商业参与。委员会只出售其他公司制造不出来的放射性化合物，并且“当一家商业公司能证明其具备充分合成某种化

---

[51] 参见 Distribution of C 14 Labeled Compounds by the Atomic Energy Commission，24 Jul 1947，Tab to Annex to Appendix “D” of AEC 108，NARA College Park，RG326，E67A，box 47，folder 3 Isotopes：Labeled Compounds.

[52] 参见 AEC，*Atomic Energy and the Life Sciences*（1949），p. 79.

[53] 同位素部门在提供放射性标记材料方面呈现出的道德义务是十分惊人的（十有八九是因为保罗·埃伯索尔德），这篇文章下文提到，“我们对整个国家的福祉，特别是对正在使用或将要使用放射性同位素的所有科学技术人员，都肩负着真正的责任。”参见 Isotopes Division Circular -21，15 Apr 1948，p. 37.

[54] 参见 J. C. Franklin and Paul C. Aebersold，“Proposal for Distribution of C 14-Labeled Compounds Synthesized Under Berkeley Area Program”，9 Oct 1947，NARA Atlanta，RG 326，MED CEW Gen Res Corr，Acc 67B0803，box 157，folder 441.2（R-Instr.），p. 1.

[55] 出处同上，p. 4.

[56] 参见 AEC 108，Isotope Labeled Compounds，2 Jun 1948，NARA College Park，RG 326，E67A，box 47，folder 3 Isotopes：Labeled Compounds.

合物的能力时，委员会就会退出该化合物的生产。”[57]自 1947 年秋天以来，同位素部门与产业伙伴的合作取得了一些进展。委员会与示踪实验室和雅培公司已达成协议，将为他们提供资金支持，希望他们不要将开发成本转嫁给消费者。

这个决定背后不只是产业上的不情愿。在某种程度上，视放射性同位素生产为服务大众的理念不容易融入自由市场框架。例如，放射性同位素的定价涉及大量的政府补贴，是否所有使用这些同位素作为商业产品原材料的公司都应得到这种补贴？[58]另外，商业供应商参与销售放射性标记化合物，意味着原子能委员会必须建立使同位素二级市场合法化并对其实施监管的机构。[59]放射性同位素分配计划确立时明确规定禁止二次分配，原子能委员会的同位素部门借此确保每个接收放射性同位素的机构都已提交正当的证书，其处理放射性材料的设施和安保都已得到授权。委员会能否相信公司可以确保每个买家都经过他们的审查？更重要的是，原子能委员会如何能在试图引导公司作为放射性标记化合物供应商参与的同时，又对这些公司进行有效的监督呢？委员会已经准备对业界做出一定的让步，尤其是委员会将不再保留制造和使用同位素标记化合物的相关专利权。[60]

1949 年 3 月 28 日，原子能委员会终于宣布，将出售来自伯克利辐射实验室的四种化合物：丁酸钠、戊酸钠、己酸钠和庚酸钠，这些化合物羧基上都有碳 -14 标记。根据委员会对这些化合物供应情况给

---

[57] 参见 AEC 108，Isotope Labeled Compounds，2 Jun 1948，NARA College Park，RG 326，E67A，box 47，folder 3 Isotopes：Labeled Compounds，p. 2.

[58] 出处同上，p. 11.

[59] 参见 Acceptance of Terms and Conditions for Order and Receipt of Byproduct Materials，Appendix “F” to AEC 108，NARA College Park，RG326，E67A，box 47，folder 3 Isotopes：Labeled Compounds.

[60] 参见 AEC 108，Isotope Labeled Compounds，NARA College Park，RG 326，E67A，box 47，folder 3 Isotopes：Labeled Compounds，p. 13；Lilienthal to Hickenlooper，24 Jun 1948，NARA College Park，RG326，E67A，box 47，folder 3 Isotopes：Labeled Compounds.

出的通知，每毫居里150美元的价格是“基于一个为计算合理的材料生产成本而设计的公式”。委员会对碳-14标记的化合物的定价显然低于商业机构的定价，但委员会并不认为这会“阻碍商业化生产”。[61]伯克利的科学家们在盈利上分不到一杯羹，便寻求揽下功劳，要求这些化合物“以其来源的实验室命名，如我们的全称就是‘加州大学伯克利分校放射实验室的生物有机部门’，为原子能委员会旗下实验室之一。”[62]

原子能委员会很快就让公司参与提供用于研究的放射性标记的试剂，同年与6家私营公司签订了65种标记化合物的生产合同。[63]虽然有了这样的扩张，商业市场并没有像委员会预期的那样迅速发展。正如生物和医学部门主管希尔兹·沃伦对研究部门的肯尼斯·皮泽尔（Kenneth Pitzer）所说，只有那些“可以大量销售”的化合物在供应商看来在经济上才是可行的。[64]许多研究人员向沃伦表达了他们希望得到少量更多种类放射性标记化合物的愿望。生物和医学部

---

[61] 参见 Isotopes Division Circular-39，28 Mar 1949，NARA College Park，RG 326，E67A，box 47，folder 3 Isotopes：Labeled Compounds. 然而，由恩里科·费米及同事发明的用来减慢中子的制造放射性同位素最重要的专利，被原子能委员会买断，赔偿金只是其价值的一小部分。参见 Turchetti，“Slow Neutrons”（2006）.

[62] 参见 Distribution of C 14 Labeled Compounds by the Atomic Energy Commission，24 Jul 1947，Tab to Annex to Appendix “D” of AEC 108，NARA College Park，RG326，E67A，box 47，folder 3 Isotopes：Labeled Compounds，p. 23. 芝加哥直营活动经理收到一份附加备忘录，该备忘录授权高达5万美元的资金，以支付卡尔文为橡树岭国家实验室的同位素部门合成化合物。关于定价原则发展，参见 Memorandum from F. H. Belcher，Oak Ridge Laboratory Division，and J. C. Franklin，Manager，19 Jul 1948，NARA Atlanta，RG 326，OROO Files elating to K-25，X-10，Y-12，Acc 67A1309，box 65，folder Isotopes Program 3 Distribution.

[63] 参见 Press Release “Progress in Radioisotopes Program”，28 Nov 1949，NARA College Park，RG 326，67A，box 45，folder 3 Distribution of Radioisotopes-Domestic.

[64] 参见 Memorandum from Shields Warren，Director，Division of Biology and Medicine，to Kenneth S. Pitzer，Director，Division of Research，14 Mar 1950，NARA Atlanta，RG 326，New York Operations，Acc68B0588，box 29，folder Isotopes Program 1- General Policy.

门愿意在1950和1951年分别投资5万美元，以支持同位素部门合成和分销所需要的化合物。这么做背后的愿望是这样的补贴不仅能够“加速科学进步”，还能通过扩大在研究人员之间的需求来发展商业市场。[65]

医疗市场呈现出自己的挑战和机遇。原子能委员会并不能保证从橡树岭运出的放射性同位素可以对人体直接安全使用。雅培作为一家专注于临床用化合物的制药公司，与委员会签订合同为医学研究人员生产带有某些放射性标记的药物。[66]当加利福尼亚大学的科尼利厄斯·托比亚斯（Cornelius Tobias）请求适用于医学实验的放射性硫代硫酸钠金时，同位素部门联系了雅培，委托其生产这种材料。[67]还有一些人（包括保罗·哈恩［Paul Hahn］在内）开始对使用胶体放射性金进行癌症治疗试验产生兴趣，雅培公司与委员会签订了一份合同，以在阿尔贡国家实验室对接受照射的金元素进行制备，因为这里靠近该公司在芝加哥的设施。[68]

这时候临床上需要大量现成的放射性磷和放射性碘。雅培公司的都那利·L. 泰本（Donalee L.Tabern）建议公司在X-10反应堆附近搭建设备，把政府生产的放射性磷净化并制备成标准化无菌溶液供医院和

---

⑥⑤ 参见 Memorandum from Shields Warren，Director，Division of Biology and Medicine，to Kenneth S. Pitzer，Director，Division of Research，14 Mar 1950，NARA Atlanta，RG 326，New York Operations，Acc68B0588，box 29，folder Isotopes Program 1– General Policy.

⑥⑥ 这些包括碳-14标记的巴比妥酸盐和硫代巴比妥酸盐，以及用放射性碘和放射性硫标记的青霉素。1950年7月1日至1951年6月30日的合同价格为9,900美元，并在接下来的两年内以大致相同的价格续订。参见合同文件#AT-（40-1）-290 with Abbott Laboratories，NARA Atlanta，RG 326，series 16，DOE Contracts-Retired.

⑥⑦ 参见 Paul C. Aebersold to D. L. Tabern，8 Sep 1947，NARA Atlanta，RG-326，MED CEW Gen Res Corr，Acc 67B0803，box 144，folder AEC 441.2（R-Abbott Laboratories）. 关于保罗·哈恩研究轨迹的更多信息，参见第八章。

⑥⑧ 这样做，雅培公司是在“无偿奉献泰本的服务”，但是这种安排显然不会永远持续下去。详情参见 Memorandum from Paul C. Aebersold to Shields Warren，15 Apr 1948，Open Net Acc NV0720838。关于放射性金的合同，参见 documents in NARA Atlanta，RG-326，MED CEW Gen Res Corr，Acc 67B0803，box 144，folder AEC 441.2（R-Abbott Laboratories）.

实验室购买。(69)（示踪实验室对提供类似业务也颇有兴趣，至少是在按需提供碘 -131 方面）(70)尽管授予一家公司这种独家特权可能会阻碍该领域的“自由竞争”，但原子能委员会还是同意了这种安排。(71)1951 年，雅培公司在橡树岭国家实验室建立了一个放射性药物生产厂来就地生产临床上可用的同位素和标记性化合物，在放射性同位素原料到位当天就可以将那些半衰期短的物质发货。(72)到 1953 年，该公司引进了“放射胶囊”，这种胶囊含有的放射性碘 -131 的剂量，恰好可供诊断和治疗甲状腺疾病。到 1954 年，雅培公司每个月从橡树岭发货的数量超过了政府。(73)之后两年之内，雅培公司每年出货量超过 3 万件，其中主要是碘 -131，磷 -32 和金 -198。该公司早期对放射性药物市场的追求是明智的。到 1956 年，据原子能委员会估计，每年有超过 50 万人接受放射性同位素诊断或治疗。(74)（雅培公司的各分支机构通过电传与橡树岭和北芝加哥保持联系，使得所需物资“同天”就可发货。包括西海岸的西雅图、洛杉矶、旧金山，东海岸的波士顿、纽约、巴尔的摩、费城，内陆的亚特兰大、达拉斯、匹兹堡等主要城市。）

---

(69) 参见 Letter from D. L. Tabern to Fenton Schaffer，copied to Paul C. Aebersold，23 Jun 1948，in NARA Atlanta，RG-326，MED CEW Gen Res Corr，Acc 67B0803，box 144，folder AEC 441.2（R-Abbott Laboratories）.

(70) 参见 William E. Barbour，Jr. to Paul C. Aebersold，6 Feb 1947，NARA Atlanta，RG-326，MED CEW Gen Res Corr，Acc 67B0803，box 144，folder AEC 441.2（R-Tracerlab）.

(71) 参见 Paul C. Aebersold to D. L. Tabern of Abbott，9 Apr 1948，NARA Atlanta，RG-326，MED CEW Gen Res Corr，Acc 67B0803，box 144，folder AEC 441.2（R-Abbott Laboratories）.

(72) 参见雅培公司出版的小册子 *Nuclear Medicine for the Modern Physician and His Hospital*，1 Jan 1956，OpenNet Acc NV0723949，p. 4 and p. 8；Johnson and Schaf-fer，Oak Ridge National Laboratory（1994），p. 35.

(73) 参见 Capsule Summary of Isotopes Distribution Program，Sep 1954，in Aebersold papers，box 1，folder 1-16 Gen Corr 1954.

(74) 参见雅培公司出版的小册子 *Nuclear Medicine for the Modern Physician and His Hospital*，1 Jan 1956，OpenNet Acc NV0723949，p. 4.

原子能委员会有条不紊地退出放射性同位素供应链

1954 年修订的《原子能法》允许公司拥有反应堆，申请原子技术专利并授权可裂变材料，名义上结束了政府对原子的垄断。(75) 促成法案修订的并非核能经济的活力，而是美国担心自己落后于其他国家的政治焦虑。(76) 原子能委员会资助建成了首个为商业电网供电的反应堆。该反应堆由西屋电气公司负责建造，坐落于宾夕法尼亚州的希平港。(77) 反应堆于 1957 年启动，但其电力生产成本要比煤电厂高好几倍。(78) 委员会还启动了一个为期五年、耗资 2 亿美元的实验反应堆项目，依靠业内承包合同，而非自由竞争，来实现技术进步。(79)

原则上来说，这个新的布局意味着企业可以开始从民用反应堆而不是从原子能委员会那里获得放射性同位素，但现实中这样做尚不经济，尽管放射性同位素和放射性标记化合物的市场份额在 1953 年已超过 50 万美元。(80) 示踪实验室和底特律本迪克斯航空公司的研究表明，"同位素生产和分销完全商业化"的时候未到，至少还需要五年时间才可行。(81) 放射性同位素零售市场的公司似乎对原子能委员会充当批发商的角色感到满意，尤其是由于政府的参与，他们不需要大量的投资。相应地，委员会也退出了与零售商的直接竞争。1955 年，橡树岭国家实验室化学部门

---

(75) 参见 Palfrey，"Atomic Energy"（1956）.

(76) 参见 Mazuzan and Walker，*Controlling the Atom*（1985）；Lowen，"Entering the Atomic Power Race"（1987）；Walter L. Cisler and Mark E. Putnam to Gordon Dean，16 Apr 1953，attached to AEC 615，Patent Policy in Connection with Industrial Development of Atomic Power，NARA College Park，RG 326，67B，box 35，folder Legislation on Industrial Participation Program Vol. 2.

(77) 参见 Mazuzan and Walker，Controlling the Atom（1985），p. 21.

(78) 参见 Lowen，"Entering the Atomic Power Race"（1987），p. 477.

(79) 参见 Palfrey，"Atomic Energy"（1956），p. 372.

(80) 参见 AEC，Fifteenth Semiannual Report（1954），p. 40.

(81) 出处同上，p. 40.

对其库存中那些碳 -14 标记的化合物举行“停业大甩卖”。[82]与此相似，委员会于 1949 年启动的分配回旋加速器生产的同位素计划也于 1955 年停止，因为“私营产业已经准备好承担这一职能”。[83]这项只要私营企业可以跟进原子能委员会就退出的原则，成了委员会政策的一个固有特点。

放射性标记化合物的研究市场在 20 世纪 50 年代明显增长，部分反映出是美国政府为生物医学研究提供的资金大幅增加。[84]1956 年，示踪实验室的两名员工西摩·罗斯柴尔德（Seymour Rothschild）和埃德·夏皮罗（Ed Shapiro）辞职创立了自己的公司——位于波士顿的新英格兰核公司（New England Nuclear）。[85]该公司从橡树岭（特殊情况下，从回旋加速器那里）大量购买放射性同位素，然后合成化合物，卖给其他科学家。最初的员工团队因为他们与科学界的紧密联系而感到自豪，他们建立的生产线可以在接到订单的 24 到 48 小时内运出所需的放射性标记化合物。他们主要生产含有碳 -14 和氢 -3 的放射性化学物质，这些化学物质逐渐成为生命科学研究的首选示踪剂。

与其他商业供应商一样，新英格兰核公司仅向经过许可的科学家、机构和医院出售放射性标记化合物，并且每次出货必须向联邦政府报

---

[82] 参见 Rupp and Beauchamp，“Early Days”（1966），p. 38.

[83] 参见 Press Release，“AEC to Discontinue Distribution Program of Cyclotron-Produced Radioisotopes，” 30 August 1955，copy in Hickenlooper papers，Senate Committee Files，folder JCAE-Isotopes 1951—1964.

[84] 参见 Press Release，“AEC to Discontinue Distribution Program of Cyclotron-Produced Radioisotopes”，30 August 1955，copy in Hickenlooper papers，Senate Committee Files，folder JCAE-Isotopes 1951—1964.

[85] 参见 Interviews with Charles Killian，6 Mar 2003；Paul McNulty，19 Mar 2003；Robert Ludovico，19 Mar 2003；Rheinberger，“Putting Isotopes to Work”（2001）. 20 世纪 50 年代后期还有许多其他公司出售放射性同位素和同位素标记的化合物。例如《核子学》杂志 1958 年一期中列出了 23 家销售同位素标记化合物的公司，36 家销售放射性同位素的公司和 16 家销售稳定同位素的公司。研究市场中新西兰核公司的主要竞争对手是芝加哥核公司和安玛西亚公司。

告。(86)到 1962 年，他们的产品包括 400 种标记化合物，其中有 300 种是含有碳 -14 标记的；公司总销售额亦达到 100 万美元。(87)20 世纪 60 年代初，其销售额平均每年增长 50% 以上，新英格兰核公司也满足了大部分国内市场对放射性标记化合物的需求。(88)（参见图 6.2）

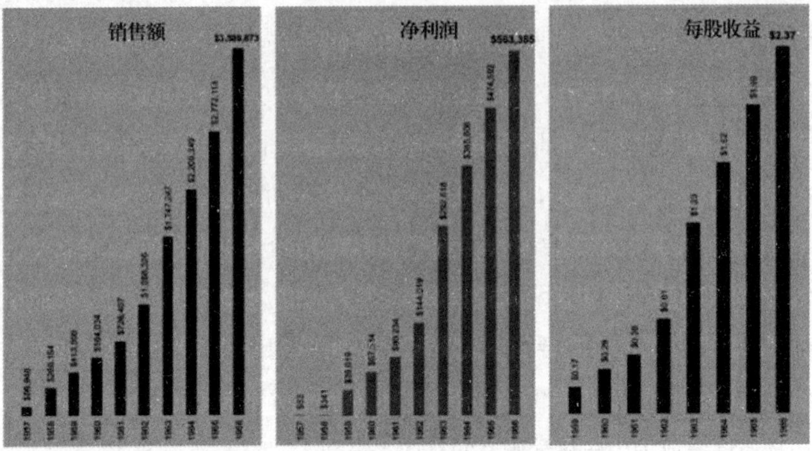

图 6.2　新英格兰核公司第一个十年的销售额、净利润和每股收益表（来自 1964 年新英格兰核公司年报，由保罗·麦克纳尔迪（Paul McNulty）提供）

其他以放射性同位素为基础的试剂、药物和诊断测试的主要供应商为雅培公司、安玛西亚公司、伯乐公司（Bio-Rad）、加州生化研究公司（California Corporation of Biochemical Research）、默克公司（Merck）、核子公司（Nucleonic Corporation）、示踪实验室和沃克放射化学公

(86) 参见 Interview with Robert Ludovico，initial accountant and then Treasurer for New England Nuclear，29 Mar 2002，Wellesley，Massachusetts.

(87) 参见 Tivnan，“Firm’s Annual Report”（1962）.

(88) 保罗·麦克纳尔迪于 2002 年 3 月 29 日在马萨诸塞州牛顿市的访谈；平均增长率根据新英格兰核公司年度报告计算，报告截至 1963 年 2 月 28 日，副本由保罗·麦克纳尔迪提供。

司（Volk Radiochemical）。[89]截至 1959 年，美国商业供应商每年发出大约 10 万件放射性货物。但这依然是一个二级市场，因为那年从橡树岭发出的 1.2 万件货物中有许多是运往这些零售商的。[90]国际原子能机构 1959 年发布的《放射性同位素国际目录》将橡树岭国家实验室列为全球 44 个供应商中"美国放射性同位素主要来源地"。[91]零售市场意味着购买者不一定会意识到政府是放射性同位素的首要批发商，尽管政府是供应链的核心。

到了 1965 年，美国境内约有 140 座已投入运行的民用反应堆，其中包括发电站，实验反应堆，检测设施，研究反应堆和教学反应堆。[92]（这一数字包括原子能委员会全资独有的 49 个反应堆，委员会也和其他公司共同拥有或者资助建成许多坐落在自身设施以外的反应堆）委员会自己的放射性同位素生产线变得十分多元。[93]橡树岭的 X–10 反应堆

---

⑧⑨ 参见 International Atomic Energy Agency，International Directory of Radioisotopes，Vol. Ⅱ（1959），pp. i–ii.10 年之后，该领域大约有了 20 家公司。参见"U.S. Radioisotope Industry–1966，"（1967），p. 209.

⑨⓪ 参见 AEC，Radioisotopes in Science and Industry（1960），p. 2. 回旋加速器生产放射性同位素的市场规模相对较小，侧面反映了公共部门和私营部门之间的伙伴关系，与较大规模供应的反应堆生产的放射性同位素情况类似。1955 年，原子能委员会不再负责回旋加速器生产的放射性同位素的加工和分配，尽管它仍然是放射性同位素的主要供应商。20 世纪 60 年代中期，负责供应加工过的回旋加速器生产的放射性同位素主要是雅培公司、剑桥核公司、新英格兰核公司、核科学与工程公司、美国核能公司和核顾问公司（万灵科制药公司的一个部门）。详情参见"U.S. Radioisotope Industry–1966"（1967）.

⑨① 该清单包括 13 个政府机构或设施，以及几个国家的放射性标记化合物、放射性药物和各种医疗和工业辐射源的主要商业供应商。参见 International Atomic Energy Agency，*International Directory of Radioisotopes*，Vol.（1959），p. vii.

⑨② 参见 Eisenbud，*Environmental Radioactivity*（1963），Appendix 8–1. 引人注目的是，一个私人反应堆是由弗吉尼亚州美国烟草医学院出资建造的，部分是为研究香烟中的钋 –210 提供同位素。参见 Proctor，*Golden Holocaust*（2011），p. 184；Rego，"Polonium Brief"（2009）.

⑨③ 原子能委员会的作用不容小觑，正如巴洛格（Balogh）指出的那样，"1963 年以前建造的每一个动力反应堆都直接或间接得到了政府的援助。"参见 *Chain Reaction*（1991），p. 118.

越来越陈旧，最终于1963年关闭，距离最初投入运行已经过了20年。(94)委员会在这之前就已经开始使用橡树岭、布鲁克海文和阿尔贡的其他设施制造放射性同位素。(95)同位素部门与汉福德签订合同来净化裂变产物，并与萨凡纳河工厂（委员会另一个钚生产点）一起制备钴-60，侧面反映了对大规模放射材料需求的增加。(96)

尽管不是放射化学物和放射性药品的零售商，一些公司也开始对政府在同位素批发市场中的统治地位不满。委员会的政策则是，在通过商业渠道可以合理满足市场需求时，就终止该放射性同位素的生产。1963年10月1日，原子能委员会停止生产碘-125和碘-131，后者是使用量最大的同位素。(97)当时已有数家公司在出售放射性碘，其中包括由其在橡树岭的工厂从事生产的雅培公司、加州普莱森顿的通用电气公司、马萨诸塞州剑桥的Iso/Serv、圣路易斯的核顾问公司（Nuclear Consultants Corporation）、匹兹堡的核科学与工程公司（Nuclear Science and Engineering Corporation）、新泽西州新不伦瑞克的施贵宝公司（E. R. Squibb）、纽约州塔士多的联合碳化物公司（Union Carbide）和伊利诺伊州斯科基的沃克放射化学公司。次年，原子能委员会退出了另外6种放射性同位素的生产。(98)1965年3月，委员会规定，企业可以提请

(94) 埃伯索尔德的论文中有关于反应堆"退休派对"的媒体报道，box 20，folder 20-3 Clippings about ORNL，Sep-Dec 1963.

(95) 阿尔贡提供的同位素和辐射服务通常是橡树岭没有的。布鲁克海文提供了氟-18、碘-132，碘-133，镁-28和标准的反应堆装置，以及回旋加速器射线轰击、γ射线照射和热实验室服务。参见International Atomic Energy Agency，*International Directory of Radioisotopes*，Vol. 1（1959），pp. iii-iv. 从20世纪50年代中期开始，原子能委员会的参与力度开始不仅限于橡树岭国家实验室；参见Press Release，27 Jan 1955，NARA College Park，RG 326，67B，box 58，folder 6 Organization & Management 2 Division of Licensing and Regulation.

(96) 参见Rohrmann，"Hanford Isotopes Plant"（1964—1965）；"Growing Demand for Cobalt-60"（1965）.

(97) 参见"AEC Withdraws from Routine Production of Radioiodine"（1963—1964）.

(98) 参见"AEC Ends Routine 85Sr Production"（1965）.

政府停止生产和销售具体的放射性同位素。[99]此后不久，核科学与工程公司就递交了停止政府生产另外 19 种放射性同位素的请愿书，其中包括几个在生物学和医学上很重要的放射性同位素，如磷 -32、硫 -35、钠 -24 和金 -198。1966 年 1 月 25 日，原子能委员会宣布，将在 3 月份从这些放射性同位素的日常生产和销售中退出，将市场让给这家公司。[100]根据联合碳化物公司（承包商）的报告，橡树岭在 3 月份的放射性同位素出货量仍然达 577 批，其辐射能超过 163000 居里。[101]委员会于 1965 年调整了仍在销售的同位素价格，以收回全部生产和分销的成本。[102]

20 世纪 60 年代中期，放射性同位素业务的大幅增长刺激了这种供应的转变。1967 年，五个私营反应堆汇报称其放射性同位素销售额达 560 万美元。零售额也有所增加：19 家公司的放射性化学物质（主要是放射性标记化合物）销售总额为 800 万美元，自 1966 年以来增长了 15%；8 家公司的放射性药物销售总额达 1200 万美元，增长 20%。18 家公司的封装辐射源销售总额达 300 万美元，比前一年增加了 20%。[103]委员会不仅不再补贴放射性同位素，反而尽可能地要价。正如《商业周刊》的一篇文章所指出的："原子能委员会每年都会对其批量销售的同位素任意定价；由于缺乏自由市场，委员会给这些材料的定价就会趋高。这样一来，用户在能买到最终产品之前，过高的成本已经推高了产

---

[99] 参见"Formal Procedure Adopted for Withdrawal"（1965）.

[100] 参见亚特兰大国家档案与文件署文件，RG 326，OROO Office of Public Information，Acc 73A0898，box 202，folder Isotopes：AEC Withdrawal from Routine Production and Sale of I9 Radioisotopes.

[101] 出处同上。

[102] 参见"AEC Announces Change in Prices"（1965）.

[103] 这些数字并不能表明用于制备放射性化学物质、放射性药物和封装辐射源的放射性核素是来自政府反应堆还是私人反应堆。参见 Martin Moon to Mr. Downey，Sale of Isotopes by Private Reactor Operators during 1967，18 Jan 1968，NARA Atlanta，RG 326，OROO Office of Public Information，Acc 73A0898，box 224，folder Isotopes Program-8 Reports & Data.

品的价格。”[104]这样做部分本是为了确保市价足够稳健，以鼓励商业批发商接手，却同时压缩了零售业。

联合碳化物公司、通用电气公司以及核科学与工程公司的生产活动促使反应堆为放射性药物生产的放射性同位素的批发最先被转移到私营部门。通用电气公司在1959年进入放射性同位素的生产市场，花了四年的时间才将销售额提到40万美元。[105]橡树岭国家实验室仅为放射性药物制造商提供尚不能商业生产的放射性同位素，而加拿大恰克河的原子能设施却不受这些限制，成了与美国企业竞争的主要非本土供应商。[106]这种转变可以从政府对核医学重要支柱：碘-131和磷-32的市场占有率表中明显看出。（参见图6.3）按居里来算，橡树岭碘-131和磷-32的产量在1958年达到峰值。即便如此，到了1966年，原子能委员会仍然是反应堆生产的放射性同位素在国内主要的生产商和经销商。[107]这在很大程度上是因为政府在发挥提供大规模的放射材料的作用。委员会也是碳-14的主要供应者；随着对放射性标记化合物的研究需求不断增加，碳-14的销售量也一直上涨。

原子能委员会重视行业参与的水平和活力，所以他们鼓励而不是禁止自由企业。出于同样原因，整个美国核工业都特别依赖于美国联邦政府。委员会在20世纪60年代早期，为私营反应堆建设免费提供了7年的技术信息和反应堆燃料，还研究和开发了放射性废物的排放办法。1957年的《普莱斯-安德森法案》限制了发生事故时核电行业的责任，并要求政府承担保险责任（虽然是公用事业支付了保险费）。原子能委员会不光采购和处理所有的核材料，在1964年之前还对一切核材料有

---

[104] 参见“Radioisotope Business Is Booming”（1963），copy in Aebersold papers，box 20，folder 20-1 General Newspaper Clippings，1963—1970.

[105] 出处同上。

[106] 参见Virgona，“Radiopharmaceutical Production at Squibb”（1967），p. 222.

[107] 参见“U.S. Radioisotope Industry-1966”（1967），p. 207.

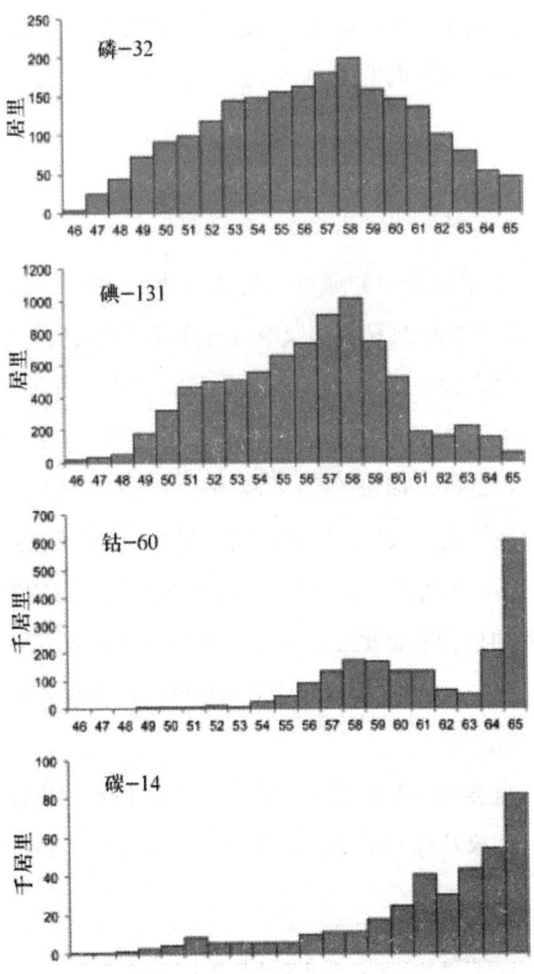

图 6.3 该图显示磷 -32、碘 -131、钴 -60 和碳 -14 的年销售额、单位居里（前两个）或千居里（后两个）（来源于橡树岭国家实验室，1946—1965 年。载于 "Twenty Years of Radioisotopes"，*Isotopes and Radiation Technology* 4：1（1966）：66–67）

所有权。毋庸置疑，政府本身就是裂变材料的主要消费者，实际上也掌握了定价权。正如当代一位观察家所说，"委员会打个喷嚏，整个业界都感冒。"[108] 在放射性同位素的批发中，从公有到私有的过渡仍然不彻底。

[108] 参见 "Growing Market"（1963），p. 175；Walker，Containing the Atom（1992），p. 35.

被政府一路哄着的工业生产虽然已有起色，但橡树岭仍然包揽了所有无法商业化的放射性同位素生产。

销售和放射性同位素用户的安全

1954 年《原子能法》的通过，把放射防护的监管范围有效扩大，监管对象包含了新的一批私营领域中持有许可证的人员。原子能委员会必须严加控制其在设施以外的辐射暴露问题。[109] 在某种程度上，围绕核辐射开展的辩论促使委员会加大力度维护公众不受辐射影响，并对拥有放射性材料许可证的人加强规范。[110] 这不仅涉及对工地放射性防护的监督，而且涉及民用设施放射性废物的安全排放。[111] 原子能委员会成立了一个新的监察部门来管理正在建造或者正在使用民用反应堆的许可证持有者，华盛顿的机构官员也建议该部门接管放射性同位素许可证持有者的监察工作。[112] 与之前同位素部门对放射性同位素购买者的监督相比，这次的改动相当显著。

原子能委员会从一开始就认识到放射性同位素的供应会呈现潜在的责任问题。如果从橡树岭购买的放射性同位素对人造成了危险程度

---

(109) 参见 Mazuzan and Walker，Controlling the Atom（1985），pp. 55–56.

(110) 参见 Dunlavey，"Federal Licensing and Atomic Energy"（1958）.

(111) 比起实验室，医院放射性废物的处理影响更大，因为治疗剂量的放射性要比常用于研究的示踪剂的放射性大得多。使用放射性碘和放射性磷的医院通常会把废物排入下水道。（毫无疑问，实验室的科学家也是这样做的）越来越多的人关注这个问题可能导致的危险，促使原子能委员会资助西奈山医院（Mount Sinai Hospital）的一项关于公共下水道排放放射性废物的研究。研究人员把放射性废物流过的下水管道拆下来，最后总结出其污染程度不足以威胁任何工作的管道工人。至于污水处理工人，委员会确认"正常情况下的流量和流速能将活性物质稀释到安全水平"。参见 AEC，Tenth Semiannual Report（1951），p. 42.

(112) 参见 H. Johnson to S. Sapirie，Re：Licensing and Inspection Functions of the Isotopes Division Under the Atomic Energy Act of 1954，Aebersold papers，box 2，folder 2-1 Gen Corr Jan-June 1955，pp. 7–8.

的辐射，委员会是否要负责？主管卡罗尔·威尔逊在1947年6月的会议上对医学审查委员会说，在同位素分配方面，《原子能法》的规定很难满足：

> 委员会也有责任确保（这是法规规定的）人们不会因为委员会的行为受到伤害。例如，在生产和销售同位素方面，委员会有责任尽最大努力或尽其所能，确保与同位素打交道者或者使用同位素的人及其周边环境不会受到伤害。委员会能在多大程度上履行这一职责，必然取决于实际情况。委员会不可能一天24小时监督使用同位素的人，也不该这样做。而在另一方面，委员会有必要采取一些措施。[113]

最初，委员会试图通过在分配过程中"签订合同"来解决责任问题。在提交采购订单之前，橡树岭放射性同位素的接收人必须签署协议，确保不论是孟山都公司（1946年的设施承包商）还是联邦政府都不会对"在处理或应用材料时对人或其他生物产生伤害或对财产造成任何损害"负责。[114]接收机构承担了这些责任，同时"负责监督该机构合理控制辐射和污染"的个人必须在购买申请书中注明。接收方还必须负责处理排放放射性废物，保证处理后的废物对人和非实验动物的辐射"在耐受范围内"，并且把对设施的污染降到最小。申请人提交了"放射性同位素采购申请"之后，同位素部门会向其发放"放射性同位素采购

---

[113] 参见 Transcript of the Discussion at the First Meeting of the Medical Review Board，AEC，Washington，DC，16 Jun 1947，OpenNet Acc NV0709599，pp. 18–19.

[114] 原子能委员会放射性物质订购和接收协议与条款的副本以及签发的证书都已在亚特兰大国家档案与文件署存档，RG 326，Files Relating to K–25，X–10，Y–12，Acc 67A1309. 原始合同授权购买者可以在重新申请前12个月内订购放射性材料。

授权书”，以向供应商证明可以出货了。[115]

原子能委员会发布了相关刊物，来说明放射性同位素和辐射源的安全处理和屏蔽方法以及放射性废物的处理办法。[116]1947年1月，委员会刚成立一个月，同位素部门就向放射性同位素用户发布了两份通告：《关于放射性危害的通用规则和程序》（简称《通用规则程序》）以及《处理放射性同位素过程中的健康保护》。《通用规则和程序》摘录了X-10反应堆所在的克林顿实验室（后来更名为橡树岭国家实验室）对放射性物质的管理规定。这本油印的小册子总共有12页，详细说明了每种辐射的最大允许照射量，同时强调了“在每次操作中尽可能降低每日总暴露量”的重要性。[117]规定的保护措施包括（通过放射量测定器）监测工作人员接触的辐射量，使用防护服、保护手套和保护设备，禁止在“热”实验室进食或吸烟。实验室内部和工作人员手部净化处理、放射性物质运输及固液体放射性废物处理都有明确指示。有关钚的众多使用规定从侧面反映出克林顿实验室的军事倾向。如此一来，从橡树岭购买放射性同位素的人员也应遵守原子能委员会自己的员工规定。

另一本手册《处理放射性同位素过程中的健康保护》专门针对研究实验室中的放射安全。哈佛医学院生物物理学家亚瑟·K.所罗门

---

[115] 1950年时，“放射性同位素采购申请”的表格是AEC-313，“放射性同位素采购授权”的表格是AEC-374。参见AEC 398，Atomic Energy Commission，Regulations for the Distribution of Radioisotopes，22 Jan 1951，NARA College Park，RG 326， 67A，box 45，folder 1 Regulations for the Distribution of Radioisotopes，p. 2.

[116] 参见Order Blank for Isotopes Division Circulars on the Techniques and Uses of Radioisotopes，Isotopes Division Circular E-15，29 January 1948，Appendix A to “Study of Wider Use of Isotopes，” Info Memo 48-92，29 Jul 1948，NARA College Park，RG 326，E67A，box 45，folder 6 Study of Wider Use of Isotopes. 几年后，同位素部门开始发布这种信息，详情参见Isotopics. E.g.，Ward，“Design of Laboratories”（1951）.

[117] 参见Isotopes Branch Circular No. B-1，General Rules and Procedures Concerning Radioactive Hazards（Excerpts from Clinton Laboratories Regulations），8 Jan 1947，Evans papers，box 1，folder 1 Isotopes-Clinton Lab，p. 1.

（Arthur K.Solomon）撰写的这个只有六页的油印小册子本来只是“用来引导建立可适用于其他小规模放射性同位素用户的规范”。[118]同位素部门还设立了现场咨询服务小组，派出小组成员到访同位素用户，“就辐射防护、监测和测量设备、放射性标准、实验室设计、远程处理设备和放射性废物处理等问题提供现场咨询”。[119]实际上，现场咨询服务小组有权终止放射性同位素的危险使用，尽管他们的重点是“提供指导和普及信息”。[120]但委员会靠的是科学家们的自我监督。正如所罗门的小册子中所指出的，“在每个实验室里，应该委派一名负责成员监督所有的地方保护措施。”[121]

原子能委员会依靠国家辐射防护委员会（NCRP）来规定暴露水平的可接受范围。该组织成立于1929年，也就是在第二届国际放射学大会设立国际X射线和激光防护委员会之后那年，当时该组织取名为X射线和激光防护咨询委员会。从设立之初，这个组织就与美国国家标准局保持着密切联系，部分是因为其主席——物理学家劳雷斯顿·S.泰勒（Lauriston S.Taylor）在该组织中从事制定X射线标准工作。国家标准局发布了国家辐射防护委员会的报告，但并没有对其表示认可。[122]正如第5章所述，该组织最初的建议规定了辐射“耐受”剂量，首先于1934年规定了外部辐射耐受量（每天全身暴露量不超过0.1伦琴），然后于1941年规定了内部辐射或“内辐射源”耐受量（每天不得超过0.1微居

---

(118) 参见 Isotopes Branch Circular No. B–2，Health-Protection in Handling Radioisotopes by Arthur K. Solomon，20 Jan 1947，Evans papers，box 1，folder 1 Isotopes-Clinton Lab，p. 3.

(119) 参见 AEC，Eighth Semiannual Report（1950），p. 75. 同时参见保罗·埃伯索尔德于1947年12月29日在第114届美国科学促进会上所做的演讲《同位素及其在原子能和平利用中的应用》，Appendix B to “Study of Wider Use of Isotopes，” Info Memo 48–92，29 July 1948，NARA College Park，RG 326，67A，box 45，folder 6 Study of Wider Use of Isotopes，p. 9.

(120) 参见 Bizzell，“Early History”（1966），p. 31.

(121) 参见 Isotopes Branch Circular No. B–2，p. 1.

(122) 参见 Mazuzan and Walker，Controlling the Atom（1985），p. 34.

里的镭 -226)。这为第二次世界大战期间曼哈顿计划的放射安全规定提供了依据。[123]

国家辐射防护委员会下设机构的成员和原子能委员会咨询机构的成员之间存在着相当大的重叠，特别是在生物和医学咨询委员会和同位素分配咨询委员会之间。虽然这促进了组织之间的信息沟通，但也导致了冲突。原子能委员会一度向国家辐射防护委员会施压，要求他们预先提供辐射工作人员安全剂量的信息。泰勒就此说，“原子能委员会从国家辐射防护委员会那里拿到了关于新标准的‘非公开’信息。”[124]然而，国家辐射防护委员会的领导层力图保持独立，避免受到那些政府机构或对他们的评估感兴趣的行业的影响。[125]不过国家辐射防护委员会也确实接受了原子能委员会的财政支持，以为其参加委员会会议的成员报销，侧面反映了其自愿性。[126]

1949 年，国家标准局发布了一本关于“安全处理放射性同位素”的国家辐射防护委员会手册。该手册是由国家辐射防护委员会下设的放射性同位素和裂变产物处理小组委员会编写，该小组委员会的八名成员包括埃伯索尔德和约瑟夫·汉密尔顿。该手册在详细说明放射性同位素的危害以及如何防范之前，首先列出了正在使用中的主要放射性同位素，标明每种的半衰期、排放类型和典型用途。册中的一张表把最广泛使用的放射性同位素根据危险性分了组，用居里水平渐增的“活性”范围来表示其危害。值得注意的是，在实验室和医院中最常用的同位素——氚、碳 -14、磷 -32、碘 -131 都被

[123] 参见 Walker，Permissible Dose (2000)，pp. 8–9；Hacker，Dragon’s Tail (1987)，p. 25.

[124] 参见 Taylor，Organization for Radiation Protection (1979)，p. 7–16.

[125] 参见 Mazuzan and Walker，Controlling the Atom (1985)，p. 37.

[126] 参见 Taylor，Organization for Radiation Protection (1979)，p. 7–32. 正如伊丽莎白·罗尔夫 (Elizabeth Rolph) 所说：“虽然国家辐射防护委员会声望很好，但它是一个不受政府管辖的私人组织，几乎没有机会得到研究经费支持。”参见 Rolph，Nuclear Power and the Public Safety (1979)，p. 45.

列为中度危险。国家辐射防护委员会解释说，处理放射性同位素的过程中有四种危险（按重要性排序）：摄入、吸入或吸收放射性同位素，在体内沉积；全身暴露于 γ 射线辐射；身体暴露于 β 射线辐射；手部暴露于 γ 射线或 β 射线辐射。手册强调了良好的内务、工作习惯和个人卫生在防范污染方面的重要性。（“在食品处置、人员活动、废物处理等方面”）不具备防辐射技能的人员“被建议去做其他工作”。[127]

国家辐射防护委员会建议每周检测（希望是整洁而负责任的）工作人员暴露情况，以确保他们接受的辐射水平低于规定标准。[128]剂量测量徽章（或称胶片徽章）可以追踪工作人员遭受的外部辐射。[129]该委员会还建议操作放射性溶液或辐射源的工作人员佩戴可以检测到辐射暴露的指环。为了落实这些安全措施，同位素部门向同位素买家提供了胶片徽章，买家可以将徽章交还给橡树岭进行检测。[130]胶片徽章也可以在市面上获得，在示踪实验室就可以买到，而且该公司也提供每周检测。他们声称自己的服务比原子能委员会提供的还要好。[131]

与早期使用镭的医疗业和工业相比，防辐射保护在原子能项目中更

---

⑫⑦ 参见 National Committee on Radiation Protection，Safe Handling of Radioactive Isotopes（1949），p.10.

⑫⑧ γ 射线辐射标准是每周 300 毫雷姆，β 粒子辐射标准是每周 500 毫雷姆。国家辐射防护委员会的手册指出：“根据目前所掌握的知识，在没有其他类型的辐射暴露的情况下，就人身伤害而言，这个程度的 γ 射线照射是安全的。对后代产生基因变化并没有重要影响。”出处同上，p. 6.

⑫⑨ 手册发布时，国家辐射防护委员会建议同时使用袖珍电离室和胶片徽章来记录 γ 辐射和 β 辐射，但似乎胶片徽章就可以检测到两种辐射。参见“Intercomparison of Film Badge Interpretations”（1955）.

⑬⓪ 参见 Order Blank for Isotopes Division Circulars on the Techniques and Uses of Radioisotopes，Isotopes Division Circular −15，29 Jan 1948，Appendix A to “Study of Wider Use of Isotopes,” Info Memo 48−92，29 July 1948，NARA College Park，RG 326，E67A，box 45，folder 6 Study of Wider Use of Isotopes.

⑬① 参见“Business in Isotopes”（1947），p. 158.

为复杂，其原因在于各种裂变产物、人造放射性同位素和放射源所造成的不同危害。通过不同的放射性衰变释放的 α 粒子、β 粒子和 γ 射线对人体皮肤的穿透程度不同，因此需要不同程度的屏蔽。（α 粒子没有穿透力；γ 粒子穿透性很强；而 β 粒子则需要与其他两种粒子不同的放射量测定器）一旦摄入某些放射性元素（如碳 -14），其生物效用也会增加其危害。正如报告所述，放射性碳“将像稳定态碳一样，渗透到身体结构的任何部分；除非被排泄出来，否则将会一直在受害者体内释放较弱的 β 辐射”。[132] 相比之下，摄入的放射性碘只会集中在甲状腺，但是其较强的 γ 和 β 辐射可能会损伤该器官，从而影响全身。

根据委员会的说法，橡树岭出售的放射性同位素只造成过一例重大辐射伤害事故——一名研究生意外接触了 200 居里的钴 -60。在接受了 250–300 拉德的全身照射后，他得了急性放射病（这大约是 1950 年国家辐射防护委员会规定一年允许照射剂量的 20 倍）。尽管如此，据报道，他在“没有专门治疗方法的情况下康复程度令人满意”。[133] 如果说急性放射病才算得上是职业病的话，那么原子能委员会大可宣称自己的放射性同位素项目是完全安全的（尽管国家辐射防护委员会规定的可接受剂量远远低于能造成肉眼可见伤害的剂量，因为较低的剂量仍然能造成伤害）。话说回来，大多数研究人员使用放射性同位素作示踪剂时都是以微居里为单位，他们所接受的辐射远低于防护委员会允许的最大剂量。研发像那名研究生所接触的高强度钴 -60 和铯 -137 的危险程度会高得多。

现场咨询服务小组推出了使用放射性同位素所需实验室和设备的缩小模型，其中包括用来处理发射 β 粒子的放射性同位素的两室实验室，和既可以处理发射 β 粒子的放射性同位素，又可以处理发射 γ 射线的放射性同位素的三室实验室（参见图 6.4）。装备一个能够处

---

⑬² 参见 AEC，*Eighth Semiannual Report*（1950），p. 13.

⑬³ 参见 Bizzell，“Early History”（1966），p. 31.

图 6.4　原子能委员会的三室实验室模型，用于处理能产生 β 和 γ 射线的放射性同位素。左侧为高辐射房间，中间为低辐射房间，右侧是辐射计数室。这种安排可以防止高辐射实验室的随机辐射在计数室仪器上出现错误的“计数”，并将传播污染的可能性降到最低。工作人员会在进入计数室之前用中间房间里右侧的大型白色仪器来检查自己的衣物和手是否被污染。仪器罩包括托盘和铅砖，托盘用来盛任何溢出物，铅砖用来作为防 γ 射线的盾牌（美国国家档案馆，RG 326-G，box 2，folder 2，AEC-50-3930）

理多达 500 毫居里 γ 射线同位素的大型实验室需要 2 万美元。[134] 显然这是一笔很大的开支。橡树岭直营活动经理建议委员会向非营利组织提供资金，用于支付在现有设施中建立“半热”同位素实验室的费用，每个实验室大约花费 1 万到 2 万美元不等。然而，这个建议似乎并没有被采纳。[135]

一项鲜有人知但很重要的国会立法进一步推动了原子能委员会监管机构的发展。1946 年通过的《行政程序法》具体规定了联邦机构应如何

[134] 参见 AEC，Eighth Semiannual Report（1950），p. 76.

[135] 参见“Study of Wider Use of Isotopes”，Info Memo 48-92，29 Jul 1948，NARA College Park，RG 326，67A，box 45，folder 6 Study of Wider Use of Isotopes，p. 6. 成本数值来自第 26 页。

制定和裁决规则，还建立了一套联邦法院审查该机构的决定和规章的程序。[136]为了响应这一法律，委员会同位素部门在 1950 年被要求制定他们对放射性同位素的采购规程。由此产生的指导方针将对同位素分配的控制从合同制转移到政府监管之下。原子能委员会认为这一规章制度有几个明显的优势——新规减少了所需表格的数量，同时培养了更多放射性同位素的工业用户，而这些用户原本因合同中的责任划分条款望而却步。[137]新规则还给已经在使用放射性同位素的机构更大自由，让有经验的机构获得广泛的机构使用许可。[138]只要放射性同位素的放射性低于一定程度（以微居里为单位，不同同位素的规定不同）就算是获批了，不需要申请。[139]

条例草案于 1951 年 1 月 25 日交由各委员审议时，研究部、同位素部（组织上属于研究部）、生物和医学部以及反应堆开发部都已提前批准通过。委员们也批准了这些条例。联邦法规第 30 部分第 10 条，《放射性同位素分配条例》于 1951 年 4 月 13 日在联邦公报发布后开始生效。[140]1956 年初，第 30 部分又进行了修订，以契合 1954 年的《原子能法》，并简化了放射性同位素出口的流程，减少限制。[141]

然而，这些规定忽略了放射性同位素使用的一个方面。同位素分配咨询委员会在 1950 年 3 月审查了关于安全标准的草案部分，但就里面规定的可允许辐射照射量无法达成一致。那一部分条例提交给一个附属

---

⑯ 参见 Shapiro，“APA”（1986）.

⑰ 参见 AEC 398，Atomic Energy Commission，Regulations for the Distribution of Radio-isotopes，22 Jan 1951，NARA College Park，RG 326，E67A，box 45，folder 1 Regulations for the Distribution of Radioisotopes，p. 9.

⑱ 参见 Bizzell，“Early History”（1966），p. 32.

⑲ 参见 Schedule B of AEC 398.

⑳ 根据原子能委员会《398 放射性同位素分配规定》，这些规定最早于 1951 年 2 月 6 日发布在联邦公报上，但直到 4 月 13 日才开始生效。参见原子能委员会 Tenth Semiannual Report（1951），p. 35.

㉑ 参见 AEC，Radioisotopes in Science and Industry（1960），p. 103.

委员会进一步进行审议，预计至少一年才有结果。[142]1953年，同位素部门发放许可证的条款中要求“遵守所有适用的政府安全条例和原子能委员会的规定”。[143]但正式的成文规定那时还没有完成。

直到1955年7月，原子能委员会才开始对辐射防护标准公开征求意见。1957年2月，最终版本被收入联邦法规第20部分第10条。对于放射性同位素的研究和医疗用途，第20部分规定了对工作人员的放射保护和放射性废物处理的要求。任何可能接触超过25%允许剂量的员工都要佩戴监测设备（通常是剂量测量徽章）。所有员工的记录都要留下来，被许可方（通常是一个机构）也被要求进行辐射调查，以检测设施中的污染。[144]

结合这些新的规定，委员会审议了该机构的哪一部分应该负责执行。同位素部门主任保罗·埃伯索尔德极力反对将对同位素用户的许可认定、监管或检查转移到另一个部门。1947年建立的现场咨询服务小组到20世纪50年代中期已发展演变成放射安全部门（RSB）。其八名员工每年访问400–500家机构，检查持证人是否遵守法规和指令，并从放射卫生的角度评估设施的适当性。违反安全规定可能导致刑事诉讼，但放射安全部门通常以给出建议的方式来整改“不符合要求的条件”。正如埃伯索尔德所吹嘘的那样，“放射安全部门现在通过教育能解决95%以上问题。几乎所有的用户都愿意并且迫切遵守安全条例和原子能委员

---

⑭② 参见AEC 398，Atomic Energy Commission，Regulations for the Distribution of Radio-isotopes，22 Jan 1951，NARA College Park，RG 326，E67A，box 45，folder 1 Regulations for the Distribution of Radioisotopes，p. 5.

⑭③ 参见Aebersold，“Philosophy and Policies”（1953），p. 4. 1950年时，申请人需要填写的表格是AEC–313——“放射性同位素采购申请”。此表格和具体申请流程在公告GM–161“保障同位素材料和辐射服务流程”中都有介绍，生效日期为1950年7月1日，参见Copy in AEC Records，NARA College Park，RG 326，67A，box 45，folder 1 Regulations for the Distribution of Radioisotopes.

⑭④ 参见AEC，*Radioisotopes in Science and Industry*（1960），p. 104.

会的规定。”他认为，只有在对方“明显违反法律，考虑刑事诉讼”的时候才应涉及监察部门。[145]除此之外，他坚持认为常规的监督权力应该保留在他的部门内。

在埃伯索尔德的备忘录中，他把推广放射性同位素的工作放在了优先位置，还担心更严格的监督可能会阻碍同位素的广泛使用。他在 1955 年 10 月 15 日写给内森·伍德拉夫（Nathan Woodruff）的信中写道：

> 维持监管控制和活动之间的良好平衡，以鼓励和促进更广泛地使用放射性同位素……尽管部门的工作只有不到 10% 是教育或宣传工作，但这些活动在鼓励和协助放射性同位素使用的快速增长方面十分有效。[146]

埃伯索尔德认为应把增加放射性同位素的消费放在首要地位，这进而影响了原子能委员会对有问题的许可证持有人的处理方式。一些放射性同位素的申请由于安全方面不达标，被同位素部门拒绝。一份备忘录指出：“有一次，申请人提出每周接受一次辐射，其剂量在几个星期内无疑会导致极其严重的辐射损伤，甚至可能导致死亡。”[147]同位素部门负责颁发许可的小组成员与这些申请者合作，制定更安全的研究提案。该机构向国会提交的第八次半年度汇报中描述了他们的监管方式：“委员会通过积极的方式，鼓励和推行可供分配的放射性同位素的健康安全

---

⑮ 参见 Paul C. Aebersold to N. H. Woodruff，6 Jan 1955，Re：Functions of the Radiological Safety Branch，Isotopes Division，Aebersold papers，box 2，folder 2–1 Gen Corr Jan—June 1955，pp. 4–5.

⑯ 参见 Aebersold to N. H. Woodruff，13 Oct 1955，Re：Manager’s Meeting，Aebersold papers，box 2，folder 2–3 Gen Corr Aug-Dec 1955.

⑰ 参见 S. Sapirie to T. H. Johnson，15 Nov 1954，Re：Licensing and Inspecting Functions of the Isotopes Division Under the Atomic Energy Act of 1954，Aebersold Papers，box 2，folder General Correspondence Aug–Dec 1955，p.6.

标准。”[148]

这种思维方式也影响了埃伯索尔德对于放射性同位素定价的看法。他认为价格足够低才适合全面推广，即使需要靠政府补贴。只有在某种特定的同位素销售市场建立起来之后，才应调高价格以收回成本。[149]同样，他认为促进私营企业参与放射性同位素生产的最佳方式是政府培养和稳定需求，使其达到盈利水平。正如他在 1957 年所说："私营企业参与放射性同位素生产似乎迫在眉睫，可能需要进一步发展放射性同位素市场来支持这种私营活动。"[150]放射性同位素太重要了，不能不对自由企业进行扶持。

埃伯索尔德希望他的部门可以同时保有对放射性同位素的颁发许可、监管和检查的权力，以最大限度地提高销售额，但这种想法未能在该机构政治和组织上的变动中得到实现。1957 年，委员会决定将民用应用部门的监管和宣传职能分开。[151]随后委员会成立了一个授权和监管部门，由哈罗德·普莱斯（Harold Price，前民用应用部门主管）负责。[152]大部分同位素扩展部门的人员被划入这个部门，负责管理放射性同位

⑱ 参见 AEC，Eighth Semiannual Report（1950），p. 75.

⑲ 参见 Background material for JCAE Hearings [March 1956]，Aebersold papers，box 2，folder 2–4 Gen Corr Jan—Mar 1956，pp. 4–5.

⑳ 参见 Aebersold，Introductory Remarks，NICB Round Table Conference，How to Develop Better Products Through Radioisotopes，14 Mar 1957，Aebersold papers，box 2，folder 2–10 Gen Corr Mar 1957.

[151] 在这一决定中，原子能联合委员会（JCAE）起到了重要作用，详细背景参见 Mazuzan and Walker，Controlling the Atom（1985），ch. 6 and 7；Rolph，Nuclear Power and the Public Safety（1979），pp. 38–43.

[152] 重组持续了好几年，直到 1961 年成立了一个监管部门，依然由哈罗德·L. 普莱斯领导，该部门于 1964 年重新获得监督权力。参见 AEC Press Release No. G–64，AEC Makes Organizational Changes in Its Regulatory Program，28 Mar 1964，Records of the Nuclear Regulatory Commission papers，NARA College Park，RG 431，Entry 16，box 11，folder Organization & Management 2，Division of Safety Standards，3/28/64–10/12/66.

素许可证发放工作。[153]该部门针对副产品材料许可证申请者制定了更具体的评估标准，其中包括在放射性防护原则和实践方面对工作人员的培训。[154]

被称为“同位素先生”的埃伯索尔德在1957年已经从橡树岭搬到了委员会在华盛顿特区的总部，在重组之后继续从事促进放射性同位素工业利用的工作。[155]原子能委员会还建立了一个同位素和辐射发展咨询委员会，其成员来自化学和工业领域，并下设分别负责商业活动、工艺辐射、放射性同位素能源（主要是热应用）和辐射系统的附属委员会。[156]在会议纪要中，该小组几乎不再关注放射性同位素在科学或医学治疗中示踪剂的使用，因为这已不再是一个前沿领域。[157]部分由于高居里辐射源的钴-60和铯-137的产量日益增加，委员会正试图鼓励使用辐照作为保存食品和消毒医疗设备的手段。[158]原子能委员对放射性同位素工业用途的支持引来了政治批评。《华盛顿邮报》的一篇社论提出了一个问

---

⑬ 参见 Paul C. Aebersold to R. Maxil Ballinger，20 Jan 1958，Aebersold papers，box 3，folder 3-1 Gen Corr Jan-Feb 1958.

⑭ 参见 AEC-R 8/5，Policies，Regulations and Procedures Governing the Licensing of Atomic Energy Materials and Facilities，Records of the Nuclear Regulatory Commission papers，NARA College Park，RG 431，Entry 16，box 9，folder PFC 1-1 Radiation Protection，vol. 2. 这个文件第5页列出的六个标准可能不是新的，但我从未见过它们在同位素部门早期文件中以这种形式出现。

⑮ 参见 Barbara Land，“Dr. Paul C. Aebersold: Mister Isotope,” Science World，4 May 1960，copy in Aebersold Papers，box 1，folder 1-1 Biographical Materials.

⑯ 1958年，同位素生产和分配咨询委员会解散，成立同位素和辐射发展咨询委员会，因为原子能委员会的监管和颁发许可职能已经与其经营活动分开。参见“U.S. Radioisotope Industry-1966”（1967），p. 213.

⑰ 参见 Nuclear Regulatory Commission papers，NARA College Park，RG 431，Entry 16 Regulatory Program Gen Corr Files，1956—1972，box 12698，folders on Organization and Management 7 Isotopes & Radiation Dev.，Adv. Cmtee. [1964—1968].

⑱ 参见 Buchanan，“Atomic Meal”（2005）；Zachmann，“Atoms for Peace”（2011）.

题，即“私营公司是否被引导过度依赖政府”。[159]同位素发展办公室就其本身而言，在谈到“原子能委员会放射性同位素生产、市场和销售计划”时，已采用了商业语言。[160]

结语

1951 年，美国克利夫兰凯斯理工学院的放射性同位素实验室（在原子能委员会的合作和资助下）召开了“工业中的放射性同位素”会议。会议上，原子能委员会专员 T. 基思·格伦南（T. Keith Glennan）将联邦政府在放射性同位素生产上起到的不寻常作用描述为对“科学的私人领域”的干涉：

> 从某种意义上说，政府在同位素行业的存在是人为造成的，而这并不是因为同位素需要保密或者出于安全考虑需要被管制，而是因为政府几乎是供应的唯一来源。其原因与同位素的利用（生产绝大多数同位素的核反应堆中也含有制造核武器用的可裂变物质）毫无关系。

他断言称“原子能委员会的最终目标是从同位素业务中抽身出来”。[161]这个声明在接下来的 12 年里不断被重复，但是美国政府一直在提供放射性同位素，至今也未停止。即使在 1954 年《原子能法》颁布

---

⑮⑨ 参见“Nuclear Enterprise”（1958），p. A14. 保罗·埃伯索尔德于 1958 年 11 月 3 日发表驳辩，p. A12.

⑯⓪ 此次重组之前，委员会促进同位素在工业中使用的活动是由工业发展办公室的同位素开发人员负责的，这个小组最后与同位素部门合并。参见 Announcement No. PSMO-120，18 Mar 1959，Organization and Principal Staff of the Office of Isotopes Development，Aebersold papers，box 1，folder 1-1 Biographical Materials.

⑯① 参见 Glennan，“Radioisotopes：A New Industry”（1953），pp. 7-8.

之后，放射化学和放射性药物公司也没有理由建立自己的反应堆。政府在橡树岭的反应堆是从曼哈顿计划里拨款而建（原子能委员会其他的反应堆同样也是政府资助建成的），这些成本从未转移到消费者（包括二级分销商）身上。此外，某些原始材料（如氚）是继续核武器生产的副产品，这也拉低了其成本。

美国人理想中企业的公私分离对于发展资本主义经济至关重要，而政府和私企共同参与原子能发展违背了之前的原则。必须强调的是，原子能并非唯一理想与现实不符的领域——交通和通讯行业的特点就是国家推动，（乃至）监管。[162]然而分配给原子能委员会对私营部门的责任十分不协调，这一点非常明显。早年在委员会工作的律师约翰·戈哈姆·帕弗雷（John Gorham Palfrey）说在1954年通过《原子能法》时，“国会也曾试图分一杯羹”。该法律试图“从政府垄断、竞争性政府运作、政府监管、私人竞争和私人活动的政府推广中获得最大的公共利益”。他对“竞争、推广和监管能否共同有效运作”提出质疑，并预测固有的利益冲突将瓦解原子能委员会。[163]

对于放射性同位素项目来说，核技术发展的特殊道路尤为重要。无论是从原子能委员会直接购买还是间接从零售企业购买放射性同位素，购买者都受益于修建核反应堆的大量公共投资以及当时的政治环境，这一政治环境迫使核武技术必须让公众受益。政府补贴和推广活动相结合，无疑推动了科学、医学和工业上同位素的消费。同样重要的是，原子能委员会一手扶植了放射性标记化合物和放射性药物方面的业务，同时还在新兴核工业中扮演了自由企业的角色。[164]

20世纪50年代中期，在美国政府试图激励私营部门参与原子能的同时，原子能委员会增加了对用于研究的放射性同位素的补贴。1955年

---

⑯² 参见 Horwitz，Irony of Regulatory Reform（1989）.

⑯³ 参见 Palfrey，“Atomic Energy”（1956），p. 390.

⑯⁴ 参见 Herran and Roqué，“Tracers of Modern Technosc ience”（2009）P. 129.

7 月 1 日，该机构将之前对在癌症研究、治疗和诊断方面使用放射性同位素提供的 20% 折扣延伸到国内生物医学、农业研究、药物治疗和诊断的所有领域。[165] 其他建有原子能设施的国家也有类似的政策。正如内斯托尔·埃朗（Néstor Herran）和泽维尔·洛克（Xavier Roqué）所猜测的那样："各原子大国在核项目上的巨额投资创造了一种'虚假'的同位素经济，实际上补贴了放射性材料，把价格拉低到运输成本，而不是生产成本。"[166] 原子能方面的立法对专利权的影响进一步降低了同位素的价格。[167]

价格保持在低水平的同时，落实放射性同位素消费者安全保护工作的优先地位也被拉低了。伊丽莎白·罗尔夫对此说道，在最初几年里，"委员会和公众似乎都对'安全'模糊不清的定义很放心"。[168] 如果安全只是意味着没有急性辐射伤害，那么原子能委员会大可吹嘘其近乎完美的纪录——他们在 1950 年半年度汇报中也这么做了。然而，在 20 世纪 50 和 60 年代积累的证据表明，照射低剂量的辐射可能增加患白血病和其他癌症的风险；这彻底改变了安全的含义，国家辐射防护委员会也已认识到这一问题。总的来说，原子能委员会在辐射保护方面听从国家辐射防护委员会的领导，一方面原因是可以不用制定自己的标准。例如，当他们在 1958 年降低累积辐射暴露的允许剂量时，原子能委员会也相应地更新了辐射防护条例。1961 年 6 月，原子能联合委员会就辐射安全和监管举行了听证会，原子能委员会长期顾问沃尔特·津恩（Walter Zinn）在会上声称委员会的目标是"将对公众造成严重危害的可能性降到足够低的水平，使其风险与我们社会中其他可以接

---

⑯⑤ 参见 AEC，Eighteenth Semiannual Report（1955），pp. 92–93.

⑯⑥ 参见 Herran and Roqué，"Tracers of Modern Technoscience"（2009），p. 129.

⑯⑦ 出处同上；Turchetti，"Contentious Business".

⑯⑧ 参见 Rolph，Nuclear Power and the Public Safety（1979），p. 49.

受的风险相当”。[169]这一声明反映了他们承认，“安全”这种主观的认知需要被更可量化的风险所取代。[170]但是，谁来界定哪些风险是可以接受的呢?

关于原子能发展安全的公共辩论大多围绕原子武器的放射性和民用反应堆的辐射。相比之下，同位素的辐射暴露问题主要是职业性的而不是环境性的（尽管放射性废物排放也是问题）。然而，原子能委员会的同位素部门十多年来因专注推广放射性同位素的使用，放松了对使用者的监管。这对医院来说要比对研究实验室的影响更大，因为用于治疗的剂量往往比大多数科学家作为示踪剂使用时的剂量要多得多。此外，医院人员不太了解放射防护原理。保罗·埃伯索尔德在20世纪50年代后期的担忧是，公众对辐射危害的误解以及监管力度的加大将拖累放射性同位素的销售。[171]然而，当人们对低剂量辐射新的担忧转化成对用户更为严格的监管时，对放射性同位素的依赖已经在实验室研究和临床实践中根深蒂固。到了那个时候，政府监管会一直影响科学和医学中放射性同位素的常规使用，且范围不断在扩大。

---

⑯⑨ 参见 Nuclear Power and the Public Safety（1979），p. 50.

⑰⓪ 参见 Beck，Risk Society（1992）.

⑰① 正如“合规检查会议”的评论中总结的那样：“在颁发许可、监督和推广之间需要保持平衡——所有人都必须跟得上安全使用方面适当的扩张步伐。在最后的分析中，原子能委员会的每个成员（甚至是律师）都对原子能的所有民用用途的健康快速增长感兴趣。”参见 22 Jul 1958，Aebersold papers，box 8，folder 8-35，p. 1.

第七章

路径

盖格或闪烁计数器通过识别特定的原子和分子，把时间变成了动植物和人类生化过程的已知维度之一，并对生物过程提出了别的方法都无法达成的独到见解。

——希尔兹·沃伦，1956[①]

① 参见 Davis，Warren，and Cisler，“Some Peaceful Uses”（1956），p.294.

正如上述题词所述，同位素示踪剂以新的方式展现了生物系统的时间性。首先，在研究生化途径时使用放射性示踪剂，能让研究人员在产生特定生物分子的系列反应中追踪做了标记的化合物，继而观察代谢物随着时间的显现（和消失）。这些随着时间的变化在原理图中被表现为空间上的变化，最显著的是代谢途径的示意图，以及元素在身体或环境中的循环图。其次，稳定同位素和放射性同位素实验表明，哺乳动物体内分子的流动比任何人想象的都要快得多。同位素从分子角度揭示了生命是流动不息的，而非一成不变。第三，放射性同位素本身自带时间维度，即半衰期。示踪剂研究可以利用这一点，只要选择的放射性同位素的放射性衰变适于检测化学转化中的元素即可，但衰变率不能太高，以免影响研究过程。换句话说，同位素的半衰期和要研究的生物转化的活性和速率相称。汉 – 约格 · 莱茵伯格在放射性标记实验中生动地描述了"产生踪迹中的矛盾"："射线照片使已经不再存在的东西重现原地：踪迹产生的那一刻，也是标记物无可挽回地衰变消失的时候。"[②] 然而，并不是所有研究中的放射性都会在实验过程中消除。对于半衰期长的放射性同位素，特别是在病人或受试人身体（第八章和第九章会讲到）以及环境中（第十章中会涉及）放射性的持续存在使人们逐渐意识到，示踪剂研究以及放射性污染的长期后果。

本章介绍了最初的同位素生物学实验是如何采用追踪方法学的，然后着重分析了两个案例研究来说明放射性同位素如何随着时间流逝使分子转换显现。一个案例涉及植物中最常见的代谢过程——光合作用，即植物将二氧化碳和阳光转化为碳水化合物和氧气的过程。20 世纪 40 年代到 50 年代，伯克利放射实验室的研究人员通过放射性碳确定了光合

② 参见 Rheinberger, *Epistemology of the Concrete*（2010），p.230. 另参见 Landecker, "Living Differently"（2010），其中对时间性有相关见解。

作用中精确的化学反应，这些反应始于二氧化碳并产生果糖和蔗糖。这个有名的碳 -14 实验使同位素在中间代谢研究中得到更广泛的应用。[③]阐明光合作用的步骤对农业研究也非常重要。一些评论家预测，由此获得的知识能让科学家利用这一化学过程人工生产食品。[④]

另一个案例主要关注的是细菌病毒的研究人员，他们将放射性标记的生化实践延伸到了分子结构和遗传问题上。例如，同位素标记物可用于跟踪遗传复制中的物质转移（可与沿代谢途径的原子路径类比）。1952 年，赫尔希—蔡斯实验就采用了这种方法，用磷 -32 标记 DNA，用硫 -35 标记细菌病毒蛋白或噬菌体。之后，各种被标记的噬菌体感染实验显示，病毒中只有磷 -32 标记的核酸组分显著地进入了细菌细胞。[⑤]在这之前，大多数生物学家认为蛋白质可能与核酸（作为“核蛋白”）一起作为生物体（包括病毒）的遗传物质。[⑥]阿尔弗雷德·赫尔希（Alfred Hershey）和玛莎·蔡斯（Martha Chase）以其惊人结果推翻了这一推测——他们的放射性标记物显示噬菌体的传染性和遗传性源于其 DNA，使生物学家重新考虑核酸的重要性。[⑦]一系列类似的实验将这项工作与分子生物学中其他经典的标记转移实验联系起来。梅瑟生 - 史达（Meselson-Stahl）实验使用稳定同位素氮 -15 证实了 DNA 的半保留

---

③ 参见 Ashmore，Karnovsky，and Hastings，“Intermediary Metabolism”（1958）.

④ 关于实例，参见“Photosynthesis and Biosynthesis”，in AEC，*Some Applications of Atomic Energy*（1952），pp.126–133. 理解光合作用有助于解决营养问题和增加粮食生产，这一想法可追溯到 19 世纪。参见 Nickelsen，*Of Light and Darkness*（2009）.

⑤ 参见 Hershey and Chase，“Independent Functions”（1952）.

⑥ 参见 Olby，*Path to the Double Helix*（1974）；Kay，“Protein Paradigm” in *Molecular Vision of Life*（1993），pp.104–120；Creager，*Life of a Virus*（2002），chapter 6.

⑦ 虽然赫尔希和蔡斯并不是提出基因是由 DNA 组成的第一组人（艾弗里、麦克劳德和麦卡蒂八年前提出过），但他们的这个实验通常被认为是说服生物学家的“功臣”。关于对早期研究的引用等各种观点，参见 Stent，*Molecular Genetics*（1971），p.315；Judson，*Eighth Day of Creation*（1979），pp.130–131；Echols，*Operators and Promoters*（2001），pp.12–13. 关于赫尔希 - 蔡斯实验如何在流行的教学表征中得到简化，参见 Wyatt，“How History Has Blended”（1974）.

复制。[⑧]

早期的看法将放射性同位素当作抗癌灵丹妙药，这忽略了放射性示踪剂对生物学甚至医学的重要性。放射性同位素计划启动伊始，原子能委员会就将放射性同位素作为示踪剂和作为放射源的应用区分开来。[⑨]这个区分表现在几个层面。首先，放射性同位素主要作为特定研究背景下的示踪剂。相比之下，大多数临床使用的目的是用特定的放射性同位素代替如 X 射线和镭这样的放射源，通常是希望能更好地定位辐射照射。放射性同位素在医学诊断中的应用则是例外，因为医学诊断中同位素是作为示踪剂使用的。尽管如此，放射性同位素在作为示踪剂和作为放射源之间普遍的区别展现了医学用途和研究之间的相关差异。其次，这两类应用需要物质的多少大有区别。一般来说，磷 -32 等同位素的治疗剂量的放射性要比其用作示踪剂的放射性高 1000 倍以上。[⑩]除了药物治疗，作为辐射源的放射性同位素大部分应用于工业，如食品辐照。[⑪]一些生物物理学家和遗传学家有兴趣使用包括放射性同位素在内的反应堆所生成的辐射源，来研究辐射的生物学效应。然而，一般来说，放射性同位素不能代替科学家用来诱发突变和细胞性改变的传统辐射源，特别是紫外线辐射和 X 射线。

战后早期工作中，放射性同位素作为示踪剂和辐射源之间的明确区

---

⑧ 半保留复制，如下所述，意味着子链以每个“亲”链 DNA 为模板，生成的 DNA 复制分子，一半采用原始材料，一半采用新合成材料。原子能委员会的同位素分配计划包括重同位素，如梅瑟生和史达使用的氮 -15，但它们的需求量不如生物医学研究人员使用的放射性同位素大。参见 Meselson and Stahl，“Replication of DNA”（1958）.

⑨ 关于实例，参见 AEC，*Fourth Semiannual Report*（1948），p.5.

⑩ 关于在这些应用之间的千倍差距，参见 Human Radiation Studies：Remembering the Early Years，Oral History of Biochemist Waldo E.Cohn，Ph.D. Conducted January 18，1995 through the Department of Energy by Thomas Fisher，Jr. and Michael Yuffee，网址为 http：//www.hss.energy.gov/HealthSafety/ohre/roadmap/histories/index.html.

⑪ 参见 AEC，*Twenty-Second Semiannual Report*（1957），p.34；Buchanan，“Atomic Meal”（2005）；Zachmann，“Atoms for Peace”（2011）；idem，“Atoms for Food”（2013）.

分造成了盲点。把放射性同位素用作示踪剂的研究人员通常不会考虑系统中辐射造成的生物效应。[12]事实上，正是因为他们观察到低水平辐射量并不影响基本生命过程，放射性同位素示踪剂当作探针的使用才正当化。[13]然而，有时放射性同位素的示踪剂用量也超过了这个限度。例如，在赫尔希－蔡斯实验的前期研究中，华盛顿大学的生物学家发现其同位素标记物的辐射效应不容忽视。一旦某些细菌病毒在基因转移实验中被标记，掺入的磷－32的比活度就会足够高，以致其放射性衰变降解噬菌体DNA。这一观察结果使得研究人员开始研究掺入的放射性同位素在“自杀实验”中的细胞内遗传效应（因为放射性衰变往往是致命的）。通过这种方式，磷－32成为了一种新的放射生物学实验中的分子辐射源，实验中放射性同位素在噬菌体颗粒中随时间的分布可以由生存曲线记录。在这些病毒增殖的研究中，磷－32作为示踪剂和辐射源都具有不寻常的、甚至是独特的用途。

早期的同位素示踪剂

生命科学研究中同位素标记物的使用早在原子时代20多年前就已出现。1922年，乔治·德·赫韦西用放射性同位素进行了第一次生物学实验，当时他使用钍B（同位素铅－212之前的名字）追踪其在植物组织中的摄取。[14]在这之后，赫韦西和其他科学家开始了一系列类似的研究，监测铋、钍和钋等重放射性元素在动植物组织中的结合和迁移。[15]研究人员可以检测它们集中于哪个组织或器官以及它们的排出速度。研究也涉及人体实验。1924年，哈佛医学院的赫尔曼·布卢姆加

⑫ 这在人体实验中造成了非常棘手的后果；参见第八章。

⑬ 参见Kamen，*Radioactive Tracers in Biology*（1951），p.122.

⑭ 参见Hevesy，“Absorption and Translocation”（1923）；idem，“Historical Progress”（1957）.

⑮ 参见Broda，*Radioactive Isotopes*（1960），p.1；Fink，*Biological Studies*（1950）.

特（Herrmann Blumgart）和同事将镭 C（铋 –214）注射到临床受试者的手臂中，以此来用威尔逊云室确定放射性到达另一个手臂所需要的时间。[16]

研究这些工业用物质（特别是镭）的效应的背后还存在其他的实际诱因。动物和人类体内镭分布的毒理学研究可追溯到 20 世纪初期。[17]20 世纪 20 年代，镭元素使表盘画家惨遭折磨乃至死亡，以此敲响了镭对健康危害的警钟，关于放射性物质的定位和生物效应的知识开始具有严峻的医学意义。[18]然而，在早期示踪剂实验中使用的镭和大多数重放射性元素几乎未在生物体内发现，因此这些研究并没有直接揭示生理过程。为了使用放射性同位素来追踪生命过程，尤其是新陈代谢的动态，科学家们需要组成生命物质主要部分的轻元素同位素，即碳、氢、氧、氮、磷和硫。这些轻元素最先以稳定同位素的形式出现。

1932 年，哈罗德·尤里（Harold Urey）发现了氘（氢的重同位素），并用它来制备重水（^2H_2O）。他热切地寻求这个新同位素物质在生物学上的应用。研究人员在可以获取足量该物质后，开始观察重水作为介质对各种生物过程的影响——鱼的呼吸、卵的分裂、真菌的生长和植物种子的萌发。[19]作为氢的稳定同位素，氘不会衰变（氚作为氢的放射性同位素会衰变），但氘有一个额外的中子，质量更大，因此在质谱仪中可以检测到它的存在。氘也可以作为生物分子的组成部分来从内部跟踪生命过程，而不仅仅是从外部改变其性质。

巧合的是，对稳定同位素感兴趣的尤里与对中间代谢工作有浓厚

---

⑯ 参见 Early，“Use of Diagnostic Radionuclides”（1995），p.650；Blumgart and Yens，“Study on the Velocity of Blood Flow，I.”（1927）；Blumgart and Weiss，“Studies on the Velocity of Blood Flow，II.”（1927）.

⑰ 关于实例，参见 Seil，Viol，and Gordon，“Elimination of Soluble Radium Salts”（1915）.

⑱ 参见 Clark，*Radium Girls*（1997）；Hacker，*Dragon's Tail*（1987），第一章 .

⑲ 参见 Kohler，“Rudolph Schoenheimer”（1977），p.269；Hevesy and Hofer，“Diplogen and Fish”（1934）.

兴趣的生物化学家一拍即合。[20]这些研究者正在研究合成和降解生物体主要分子——蛋白质、脂肪、碳水化合物和核酸的种种化学转化。事实上，他们打开了19世纪摄入—产出生理学的有机黑匣子。[21]19世纪的化学家已经确立了许多生物化合物（如糖、氨基酸、脂肪酸、二羧酸以及酮酸）的定义和结构，之后的化学家致力于理解体内连接这些化合物的反应链，其每个步骤看起来是受特定的酶控制。[22]1936年，奥托·迈尔霍夫（Otto Meyerhof）和W. 基斯林（W. Kiessling）发表了厌氧碳水化合物代谢（糖酵解）的反应步骤，将其命名为恩布顿－迈尔霍夫途径。次年，汉斯·克雷布斯（Hans Krebs）基于其早期对尿素循环的阐述，提出了柠檬酸循环（“克雷布斯循环”）。[23]该循环在生物化学家中成为典范，被诸多忙于确定大量代谢物合成和降解中间步骤的研究人员视作范例。[24]

同位素甚至比化学压力计更适合检测代谢中间体。这些代谢中间体的产生量很小，并且很快就会转化。[25]尤里发现的氘可以确定代谢反应的顺序，而一个能推进这一研究的生物化学家鲁道夫·舍恩海默（Rudolph Schoenheimer）于1934年抵达哥伦比亚。舍恩海默之前曾研究脂肪酸的生物化学过程及其在动脉粥样硬化中的作用。他很快意识到氘代化合物可以被用来研究类固醇代谢。[26]洛克菲勒基金会慷慨地资助了这个项目，作为他们将物理科学中的工具和方法应用到生物学计划的一部分。[27]

---

⑳ 参见 Holmes，“Manometers，Tissue Slices，and Intermediary Metabolism”（1992），p.151.

㉑ 参见 Holmes，“Intake-Output Method”（1987）.

㉒ 参见 Kohler，“Enzyme Theory”（1973）.

㉓ 参见 Krebs，“Cyclic Processes in Living Matter”（1947）；Nickelsen and Graßhoff，“Concepts from the Bench”（2009）.

㉔ 参见 Holmes，*Between Biology and Medicine*（1992），p.77.

㉕ 参见 Holmes，“Manometers，Tissue Slices，and Intermediary Metabolism”（1992），p.152.

㉖ 参见 Kohler，“Rudolph Schoenheimer”（1977），p.274.

㉗ 参见 Kohler，*Partners in Science*（1991）；Abir-Am，“Discourse of Physical Power”（1982）；Kay，*Molecular Vision of Life*（1993）.

舍恩海默和同事大卫·里滕伯格（David Rittenberg）将氘化亚麻籽油喂给老鼠，并惊讶地发现即便老鼠体重减轻了，体内脂肪的沉积依然吸收了大量摄取的脂肪酸。因此脂肪根本不是代谢迟缓的能量货币，而是处于高代谢通量的状态。[28]接着，舍恩海默表明，胆固醇是在哺乳动物的组织中合成的，而不是仅从膳食中摄取的。这些实验说明了同位素标记物刻画生物化学途径的能力，经常会通过简单的喂食实验而颠覆人们的认知。[29]

尤里继续关注其他自然产生的同位素，如氧-18、氮-15和碳-13。这些同位素可以代替各种生物分子中的普通原子，以通过代谢转化来追踪化合物。[30]在一组设计精妙的蛋白质代谢实验中，舍恩海默和康拉德·布洛赫（Konrad Bloch）使用氮-15展示了精氨酸和甘氨酸是如何合成肌酸的。[31]舍恩海默还发现组织中的蛋白质转换率比任何人想象的都高。他推测，重要的化合物不断被分解然后从代谢库中再生，这是他称为“身体组成部分的动态状态”的一部分。[32]然而，随着这项工作的展开，放射性同位素开始与稳定同位素争夺作为示踪剂的资格。[33]战争结束后美国政府发起的分配计划，决定性地倾向使用放射性示踪剂。

㉘ 参见 Kohler，“Rudolph Schoenheimer”（1977），pp.277–279. 舍恩海默的发现加强了弗雷德里克·戈兰德·霍普金斯对生命化学动力学的研究。参见 Kamminga and Weatherall，“Making of a Biochemist，I.”（1996）.

㉙ 参见 Kohler，“Rudolph Schoenheimer”（1977）.

㉚ 参见 Cohn，“Some Early Tracer Experiments”（1995）；idem，“Atomic and Nuclear Probes”（1992）；Schoenheimer and Rittenberg，“Application of Isotopes”（1938）.

㉛ 参见 Fruton，*Molecules and Life*（1972），pp.461–463，其中有更全面的讨论和引用。

㉜ 参见 Schoenheimer，*Dynamic State*（1942）。正如 Kohler 所指出的，舍恩海默的研究基于赫韦西对肌肉组织中磷酸肌酸的“分子复兴”（据赫韦西定义）以及 S.C.Madden 和 George H. Whipple 关于血浆蛋白快速转换的研究成果。参见 Kohler，“Rudolph Schoenheimer”（1977），pp.289–290.

㉝ 参见 Kohler，“Rudolph Schoenheimer”（1977），pp.294–295.

放射性碳在光合作用研究中的应用

放射性碳，最初通过同位素碳 -11 获取，为标记几乎所有令人感兴趣的生物分子带来了希望。在伯克利大学，山姆·鲁宾与生理学家伊思瑞尔·L. 切克奥夫合作，利用碳 -11 来研究老鼠的碳水化合物代谢。他们指望利用生物学而不是化学来制备放射性标记的糖，通过植物的光合作用将碳 -11 标记的二氧化碳转化成碳 -11 标记的葡萄糖，之后把放射性标记的葡萄糖喂给老鼠并跟踪碳 -11 标记的代谢归宿。这个复杂的方案最终被证明是行不通的，但鲁宾意识到，利用放射性碳研究光合作用本身的碳固定这一问题同样令人着迷。提供原始材料的放射化学家马丁·卡门也加入了鲁宾的行列。他们邀请植物生化学家威廉·泽夫·哈西德（William Zev Hassid）来进行实验合作，并一同发表了第一篇关于使用放射性碳作为生物示踪剂的论文。[34]

通过使用碳 -11 标记的二氧化碳和大麦叶，鲁宾、卡门和哈西德发现绿色植物进行光合作用的首个结果是从二氧化碳到未知分子羧基的碳转化。令人惊讶的是，即便光照不足，二氧化碳固定过程也发生了。[35]他们开始使用单细胞绿藻蛋白核小球藻进行同样的实验。奥托·沃伯格（Otto Warburg）之前已经明确了这个物种对光合作用研究的功用；与完整的植物或叶子相比，使用藻类更为方便，因为它们可以在水性悬液中像微生物一样生长。除了非常适合定量研究之外，小球藻比高等植物更具代谢活性。正如鲁宾、卡门和哈西德所指出的，“悬浮于 10 毫升水

㉞ 参见 Ruben，Hassid，and Kamen，“Radioactive Carbon”（1939）；Kamen，Radiant Science（1985），pp.81–86. 参见 Nickelsen，*Of Light and Darkness*（2009）chapter 5，其中有更详细和出色的描述。

㉟ 参见 Ruben and Kamen，“Radioactive Carbon in the Study of Respiration”（1940）；Kamen，“Cupful of Luck”（1986），p.6；Zallen，“‘Light’ Organism for the Job”（1993），p.71.

中的100立方毫米的小球藻细胞比足以装满10升干燥器的大麦减少了更多的 $^{11}CO_2$。”[36] 沃伯格把小球藻和他的测压装置一起使用，后者能检测微升范围内的气体交换。[37] 最终，他利用这套装置和同事确定了产生一个氧分子所需光子的最小数量为4。[38]

相比之下，卡门、哈西德和鲁宾更有兴趣用小球藻来确定从二氧化碳到糖的光合作用途径中的化学中间体。将小球藻培养物置于碳-11标记的二氧化碳中之后，他们分离出几种放射性化学中间体，并使用化学分析和超速离心法尽可能地全面分析。由于标记物的半衰期很短（21分钟），结果差强人意。[39] 但阴性结果也具有意义。多数研究人员认为，光合作用的第一步为二氧化碳和叶绿素之间的化合物的形成，接着进行光化学还原步骤产生甲醛。[40] 甲醛可以聚合成糖，将氧以气体形式释放。然而，鲁宾、卡门和哈西德分离出的碳-11标记的化合物中明显缺乏甲醛。[41] 与之前的大麦试验一样，在小球藻中标记的二氧化碳转化成了羧基化合物。

与此同时，哈罗德·尤里正在大力推广作为生物工作示踪剂的稳定

㊱ 参见 Ruben，Kamen，and Hassid，“Photosynthesis with Radioactive Carbon，II.”（1940），p.3443.

㊲ 参见 Nickelsen，“Construction of a Scientific Model”（2009）.

㊳ 这个数字符合沃伯格的“光合作用如何完美的浪漫概念”，但不是正确的。目前的数字是生产每个氧分子需9–10个。参见 Robert Blankenship，pers. comm.，4 Jun 2012；Nickelsen and Govindjee，Maximum Quantum Yield Controversy（2011）.

㊴ 他们第一次使用的超速离心机位于斯坦福大学，这不是什么好事。参见 Kamen，“Early History”（1963），p.588，卡门试图获得一些碳-13与鲁宾一起研究；参见1940年6月12日马丁·卡门致 Ed［McMillan］的信件，EOL 文件，第一辑，第14卷轴，10：10 Kamen，Martin D 文件夹。

㊵ 参见 Willstätter and Stoll，Untersuchungen über die Assimilation（1918）；Myers，“Conceptual Developments in Photosynthesis”（1974）.

㊶ 参见 Ruben，Kamen，and Hassid，“Photosynthesis with Radioactive Carbon，II.”（1940）. 关于普遍的观点，参见 Ruben and Kamen，“Photosynthesis with Radioactive Carbon，IV”（1940），p.3453.

同位素。[42]1939 年 9 月，E.O. 劳伦斯为了促进竞争，授权卡门使用 37 英寸和 60 英寸的回旋加速器以系统地寻找半衰期更长的氢、碳、氮、氧放射性同位素。[43]因此，卡门和鲁宾于 1940 年 2 月分离出放射性同位素碳 −14，这是碳 −11 绝佳的替代物，估计其半衰期为 4000 年。（后来更新到 5730 ± 40 年）[44]那年秋天，尤里写信给劳伦斯，称碳 −14 于碳 −13 来说是“绝对的竞争品”。另外由于他正在向伊士曼柯达公司提供商业化生产碳 −13 的计划，他还询问了如何以低成本生产碳 −14。劳伦斯告诉他，回旋加速器无法生产足够满足科学需求的碳 −14。[45]最终，战时动员推迟了二者商业化的直接前景，也推迟了卡门和鲁宾对光合作用的进一步研究。[46]卡门后来参与了伯克利辐射实验室的铀分离工作，而鲁宾则参加了毒气战的相关研究。[47]悲剧比战争的干预更具决定性。1943 年 9 月下旬，一场光气事故夺走了鲁宾的生命。次年夏天，由于安全问题，卡门被辐射实验室解雇。[48]他在伯克利北边的船厂找了份工作来维持生计。

多亏了生物化学家赫拉斯 · A. 巴克（外号“努克”）从鲁宾以前的研究生那获得了少量碳 −14 标记的碳酸盐，卡门才能继续在伯克利校

㊷ 鲁宾和卡门在他们的案例中使用了稳定的同位素氧 −18，用于光合作用的示踪实验。他们确定光合作用中产生的氧气来源是水而不是二氧化碳。参见 Ruben，Randall，Kamen，and Hyde，“Heavy Oxygen”（1941）.

㊸ 尤里所使用的同位素是氢 −2（氘），碳 −13，氮 −15 和氧 −18。参见 Kamen，“Cupful of Luck”（1986），p.9.

㊹ 参见 Godwin，“Half-Life of Radiocarbon”（1962）.

㊺ 引自 Harold Urey to E. O. Lawrence，7 Oct 1940；Urey to Lawrence，27 Sep 1940；Lawrence to Urey，3 Oct 1940；EOL paper，series 1，reel 14，folder 10：10 Kamen，Martin D.

㊻ 劳伦斯的拉德辐射实验室在珍珠港事件前几个月就参与了战争工作。参见 Kamen，“Cupful of Luck”（1986），p.10.

㊼ 化学武器虽然未被美国用于战争中的重大战役，但却是研究和战略考虑的对象。参见 Moon，“Project SPHINX”（1989）；Price，*Chemical Weapons Taboo*（1997）.

㊽ 参见 Kamen，*Radiant Science*（1985），pp.165−167. 关于卡门被解雇原因的更多信息，请参见第二章。

园进行研究。[49]晚上，卡门会在船厂的工作结束之后来到巴克的实验室。他们手上只有几微居里的碳 -14，而且没法获取更多，这迫使他们寻求一种能让他们恢复并重复使用标记物的微生物。他们选择了热醋酸梭菌，这种厌氧微生物能在高温下繁殖，并能将葡萄糖代谢成乙酸。[50]对在碳 -14- 碳酸盐中生长的热醋酸梭菌培养物产生的放射性乙酸的化学分析表明，标记物在分子甲基和羧基基团中表现的程度相同。[51]这一结果支持了巴克的观点：葡萄糖发酵成两个乙酸分子和两个二氧化碳分子，它们会形成另一个乙酸分子。[52]这也表明研究人员用放射性碳不仅可以标记特定化合物，而且可以标记化合物中的特定原子。因此，与尤里的碳 -13 一样，碳 -14 也是敏感的标记物。除了取得这些可喜的结果之外，卡门的境况也有所改善。1945 年底，在他们的实验结果发表之前，华盛顿大学聘请卡门指导操作回旋加速器，并开发其在医学和生物学研究中的应用。[53]

战后，意识到碳 -14 很快可以从核反应堆中获得的人们将光合作用视作一个即将解决的难题。在长崎投放原子弹两个月后，威廉 · 劳伦斯（William Laurence）（曼哈顿计划的半官方记者）在《纽约时报》的一篇报道中描述了光合作用，并叙述了原子能在和平时期的应用。正如他所说："现有新型'标记原子'的出现，可以为解决自然界的一个重大谜题提供新的方法。该谜题就是植物是如何通过名为叶绿素的绿色着

㊾ 尽管我的消息来源并未证实这一点，但鲁宾之前的研究生几乎可以确定是安德鲁 · 本森（Andrew Benson）。（见下文）

㊿ 参见 Kamen，*Radiant Science*（1985），pp.171–172.

51 参见 Barker and Kamen，"Carbon Dioxide Utilization"（1945）. 巴克和卡门很快又发表了两篇文章，研究其他两种厌氧发酵罐的发酵过程：Barker，Kamen，and Haas，"Carbon Dioxide Utilization"（1945）；Barker，Kamen，and Bornstein，"Synthesis of Butyric and Caproic Acids"（1945）.

52 哈兰 · 伍德（Harland Wood）和同事们研究了这些微生物发酵的代谢途径；参见 Ljungdahl and Wood，"Total Synthesis of Acetate"（1969）.

53 参见卡 Kamen，*Radiant Science*（1985），p.175.

色物质来利用太阳的能量。”[54] 伯克利辐射实验室已经开始使用放射性碳来研究光合作用，E.O. 劳伦斯渴望在那里可以完成这一研究。1945 年末，他说服伯克利化学家梅尔文·卡尔文开始使用伯克利提供的碳 -14 来研究光合作用。两人之前在曼哈顿计划里一起进行铀—钚裂变产物提取时便互相熟悉了。[55]

卡尔文邀请鲁宾之前的合作者安德鲁·本森（Andrew Benson）带领光合作用的研究。[56] 事实上，鲁宾在去世前把碳 -14 标记碳酸钡的全部供应交给了本森。[57] 根据曼哈顿计划解密的报告，卡尔文和本森很快发表了四篇论文，这代表与伯克利植物生化学家哈西德和巴克的协作一直持续着。[58] 由于这项工作是与辐射实验室合作开展，很快原子能委员会拨款给劳伦斯，支持其工作。[59] 实际上，可以说采用碳 -14 进行的光合作用研究完全占据了以前的辐射实验室。随着 37 英寸的回旋加速器被 60 英寸的回旋加速器取代，并被捐赠给了加州大学洛杉矶分校物理系，以往安置它的木构建筑也被转让给卡尔文用于工作。[60]

---

[54] 参见 Laurence，“Atomic Key”（1945），p.6. 另见 Laurence，“Is Atomic Energy the Key to Our Dreams?”（1946），p.41. 关于劳伦斯（媒体中原子能最重要的推动者之一），参见 Gordin，Five Days in August（2007），p.109–111.

[55] 卡尔文记起劳伦斯曾告诉他，他们应该在参与曼哈顿计划后做一些“有用”的事情。参见 Calvin，Following the Trail of Light（1992），p.51.

[56] 出处同上，p.53；以及 Seaborg and Benson，“Melvin Calvin”（1998），p.9.

[57] 参见 Benson，“Following the Path of Carbon”（2002），p.34.

[58] 在 A C 书目中，这些报告（未标日期）为 A. Benson and M. Calvin，“Dark Reductions of Photosynthesis”，MDDC 1027；S. Aronoff，A. Benson，W. Z. Hassid，and M. Calvin，“Distribution of C14 in Photosynthetic Barley Seedlings，” MDDC 965，于 1947 年以差不多的名字出版；S. Aronoff，H. A. Barker，and M. Calvin，“Distribution of Labeled Carbon in Sugar from Barley”，MDDC 966；以及 S. Aronoff and M. Calvin，“Phosphorus Turnover and Photosynthesis”，MDDC 1589.

[59] 此为美国原子能委员会合同：#W-7405-Eng-48. 参见 Aronoff，Benson，Hassid，and Calvin，“Distri-bution of C14”（1947），note 1；Seidel，“Accelerating Science”（1983）.

[60] 参见 Seaborg and Benson，“Melvin Calvin”（1998），p.9.

在进一步研究大麦幼苗之后，伯克利的重心又回到了便利的小球藻上，它成为了主要的样板生物。(61)鲁宾和卡门发现即使在没有光照的情况下，光合作用中二氧化碳的初始还原也发生了，这表明产生碳水化合物的代谢途径可以与光化学步骤区分开来。在此之后，本森最初试图从标记的二氧化碳中找出具有羧基的中间体。本森花了三年时间来结晶中间体琥珀酸，之后意识到它实际上并不是二氧化碳固定的首个中间产物。(62)

果不其然，卡尔文成为购买橡树岭碳 -14 的先锋。橡树岭碳 -14 比伯克利回旋加速器的碳 -14 具有更高的比活度，这使得卡尔文团队可以分离出二氧化碳固定中飞逝的最早产物。(63)本森设计了一个巧妙的玻璃器皿，绰号“棒棒糖”，盛有可以注入碳 -14 标记的二氧化碳的培养物悬浮液。(64)一根玻璃管穿过“棒棒糖”的顶部，使得空气能够在培养物处于光照下时起泡。这使光合作用的速率加快。除去起泡器，剩余的空气用氮气去除，立即加入碳 -14 标记的碳酸氢溶液。然后随着放射性标记的碳被吸收，将烧瓶密封并在光照下摇动。在预定的时间段（几秒钟到几分钟不等）结束时，研究人员将悬浮液倒入沸腾的乙醇中以杀死细胞。(65)（见图 7.1）

下一步是分析小球藻的放射性物质。假设所有被同化的二氧化碳都进入了光合作用途径，那么每个从二氧化碳还原到糖的代谢中间体都应该被标记了。开始的几年间，研究人员在标记的中间体确定方面取得了

---

(61) 参见 Aronoff，Barker，and Calvin，“Distribution of Labeled Carbon”（1947）；Aronoff，Benson，Hassid，and Calvin，“Distribution of C14”（1947）。最初，卡尔文和本森研究另一种藻类 Scenedesmus D3。

(62) 参见 Benson，“Following the Path of Carbon”（2002），34.

(63) 参见 Seaborg and Benson，“Melvin Calvin”（1998），p.10.

(64) 参见 Fuller，“Forty Years”（1999），pp.8–9.

(65) 参见 Bassham，“Mapping the Carbon Reduction Cycle”（2003），p.40.

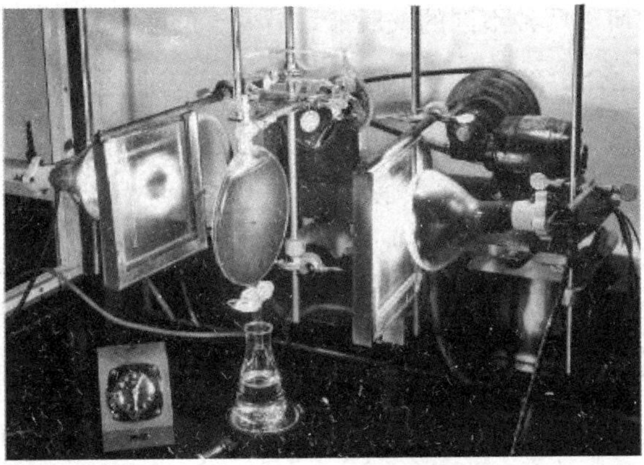

图 7.1 用于培养具有碳 –14 标记二氧化碳的蛋白核小球藻的“棒棒糖”装置图（鸣谢（加利福尼亚大学劳伦斯伯克利国家实验室）

有限的进展。(66) 一个复杂的问题是，一些固定的 $^{14}CO_2$ 进入了其他途径，因此研究人员无法证明每种标记的化合物都是光合作用中间体。因为在暴露于二氧化碳之前已经被“预照射”了至少十分钟的藻类细胞随后固定了更多的气体，伯克利研究人员依靠这种技术使标记碳最大程度地同化为光合作用产物。但是这个可以消除混杂的代谢反应的假设最终被证明是过分简单化的。(67)

研究人员面临的另一个挑战仅仅是确定标记的化合物。最初的研究依赖于传统的化学提取和分析技术，但是在 1948 年，植物营养系的合作者威廉 · A. 斯代普卡（William A. Stepka）引入了一种新的分离方法——纸色谱分析法，该方法可以区分化学上相似的放射性标记化合物。(68) 研

---

(66) 参见 Bassham，“Mapping the Carbon Reduction Cycle”（2003），p.40.

(67) 参见 Nickelsen，*Of Light and Darkness*（2009），p.278；同上，“Path of Carbon”（2012）.

(68) 参见 Benson et al，“C14 in Photosynthesis”（1949）；Stepka，Benson，and Calvin，“Path of Carbon in Photosynthesis，II”（1948）；Nickelsen，“Path of Carbon”（2012）. 关于斯代普卡的作用，参见 Benson，“Paving the Path”（2002），p.11；Calvin，“Intermediates in the Photosynthetic Cycle”（1989），p.404。几年前在英格兰发明了纸层析法，参见 Martin and Synge，“Analytical Chemistry”（1945）.

究人员依次使用两种不同的洗脱液，沿着纸的两个垂直边来分离藻类汁。不同的化合物在二维空间中以离散点的形式迁移。将纸色谱图暴露于医用 X 射线胶片，使研究人员能够找到放射性化合物，然后从纸张上割下放射性化合物以进行化学分析。[69]（见图 7.2）

通过比较分别暴露于二氧化碳较短时间和较长时间的放射自显影图，研究人员可以追踪新化合物中放射性的出现。随着时间的推移，新斑点的出现揭示了标记碳沿着各种代谢途径进行的化学转化，包括（尤其是）光合作用。正如本森后来所说的，能够从一张藻类提取物的色谱图上分析所有物质，对于他们确定每一种光合作用中间体的成功至关重要。[70]

该团队的色谱分析法不仅比传统的提取技术更有效，而且其视觉效果令人印象深刻。1948 年 8 月 26 日，物理学家弗里曼·戴森出席了卡尔文就这些结果举办的一次讲座，并称赞生成的图片“以最直接的方式展示了放射性碳被同化时所参与的微妙瞬间的反应”。对戴森来说，卡尔文的研究有力地证明了原子科学带来的进展：

> 在核能问世时，有远见的人就说，它在生物学研究上的应用会比它在能源上的应用更为重要。但我怀疑是否有人预料到事态会像现在发展的一样快。这种吸墨纸加放射活性技术完全是革命性的，因为这意味着我们可以让任何物质都进入细胞并仔细观察其每秒的转化过程，即便物质数量太少而不能称重或以肉眼看见，或者物质太不稳定而无法承受老式的蒸馏和化学萃取。[71]

---

[69] 借助另一项新技术离子交换树脂，卡尔文和本森确定了二氧化碳同化的第一个产物是磷酸甘油酸。本森设计了一个精巧的双标记实验，使用碳 -14 和磷 -32 证明添加了二氧化碳以生成两个磷酸甘油酸分子的化合物是核酮糖 -1，5- 二磷酸。现在将该化合物称为核酮糖 -1，5- 二磷酸酯。参见 Benson，“Identification of Ribulose”（1951）.

[70] 参见 Benson，“Paving the Path”（2002），p.12.

[71] 参见弗里曼·戴森在伯克利致家人的信件，于 1948 年 8 月 26 日发表在戴森个人论文中。

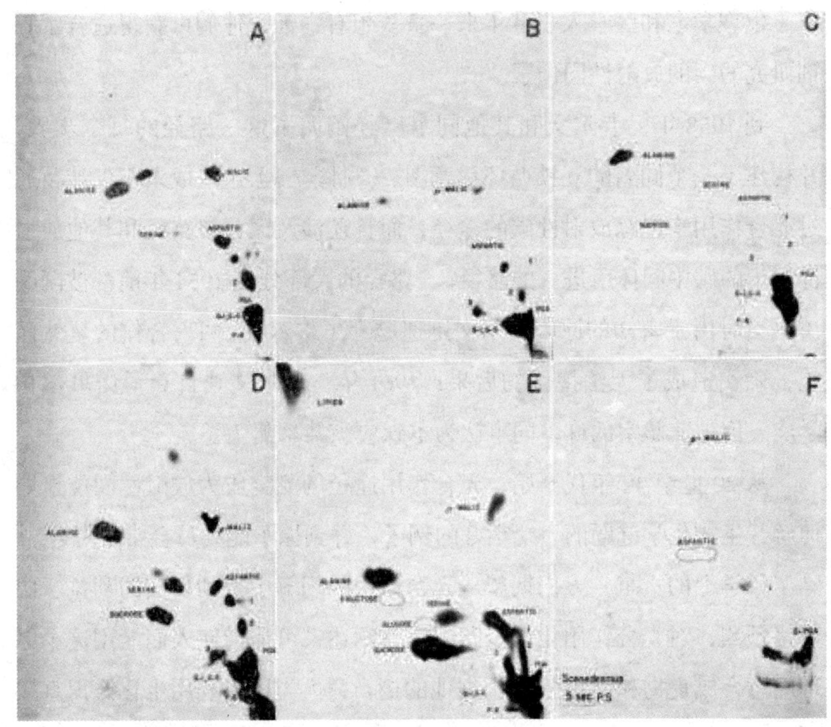

图 7.2 藻类提取物的色谱图显示在几个不同时间点的光合作用过程中放射性碳的吸收。序列 B–E 表示随着放射性标记的碳沿代谢途径（特别是光合作用途径）移动时，新化合物的产生。虚线圆圈表示果糖和葡萄糖的位置，这两者不具有放射性，而蔗糖具有放射性。（A）15 秒 被预照明 15 分钟的小球藻的暗固定。这表明光吸收和二氧化碳固定可以分开进行。（B）5 秒 小球藻的光合固定；（C）30 秒 小球藻的光合固定；（D）90 秒 小球藻的光合固定。（E）5 分钟 小球藻的光合固定；（F）5 秒 另一种藻类，栅藻光合固定。（转载自 Melvin Calvin and Andrew A. Benson，“The Path of Carbon in Photosynthesis，IV：The Identity and Sequence of the Intermediates in Sucrose Synthesis”，Science 109（1949）：140–42，p. 141. 经美国科学促进协会许可重印）

鉴于他的背景，戴森对这个物理学工具如何改变生物学感到兴奋可能并不令人意外。化学家和生命科学家针对这方面的潜力所勃发的热情也丝毫不减。(72)格伦·西博格在 1947 年报道："有机化学家、生物化学家、生理学家和医学人士多年来一直梦想有一天，他们可获得适合示踪剂研究的碳的放射性同位素。"(73)

到 1958 年，卡尔文和其他同事已经阐明了这一路径的每个步骤，并构建了一个同名的互锁循环示意图。（见图 7.3）这些成果不仅涉及通过光合作用来追踪放射性碳的途径，而且还涉及区分该路径和其他放射性标记的碳中间体所进入的路径。(74)路径的大部分在 1954 年前都被阐明了，当时由于未知的原因卡尔文迅速抛弃了本森。(75)两人合作的戛然而止，确实造成了无法挽回的后果；1961 年，卡尔文独自获得诺贝尔化学奖，但他实验室的许多同事认为本森应该共享此荣誉。(76)

从 20 世纪 40 年代开始，光合作用途径的测定成为放射性同位素如何解开生物化学谜题的一个很好的例子，好到原子能委员会常常提起。(77)除了科学上的贡献，人们期望从光合作用的理解中得到切实的利益。西博格预测，对光合作用化学步骤的完整阐述"可能会使人们能用这个原理随意合成食物和燃料"。(78)根据他的逻辑，人类可以利用生化知识直接利用太阳的能量。大众普遍认为，卡尔文和本森的成果象征着农业生产力新纪元的到来。《基督教世纪》赞扬"原子科学家"解决了饥饿这个

---

(72) 一种观点如下："在研究中间代谢中使用的同位素已经成为强大的工具，并且被广泛使用，因此在一章中不可能公正地讨论最近几年在这个课题取得的众多进展。"参见 Ashmore，Karnovsky，and Hastings，"Intermediary Metabolism"（1958）.

(73) 参见 Seaborg，"Artificial Radioactive Tracers"（1947），p.351.

(74) 关于这一过程的精妙分析和涉及的复杂事物，参见 Nickelsen，"Path of Carbon"（2012）。

(75) 参见 Benson，"Last Days"（2010）.

(76) 参见 Fuller，"Forty Years"（1999），esp.p.10.

(77) 关于实例，参见 AEC，*Fourth Semiannual Report*（1948），p.5.

(78) 参见 Seaborg，"Artificial Radioactive Tracers"（1947），p.352.

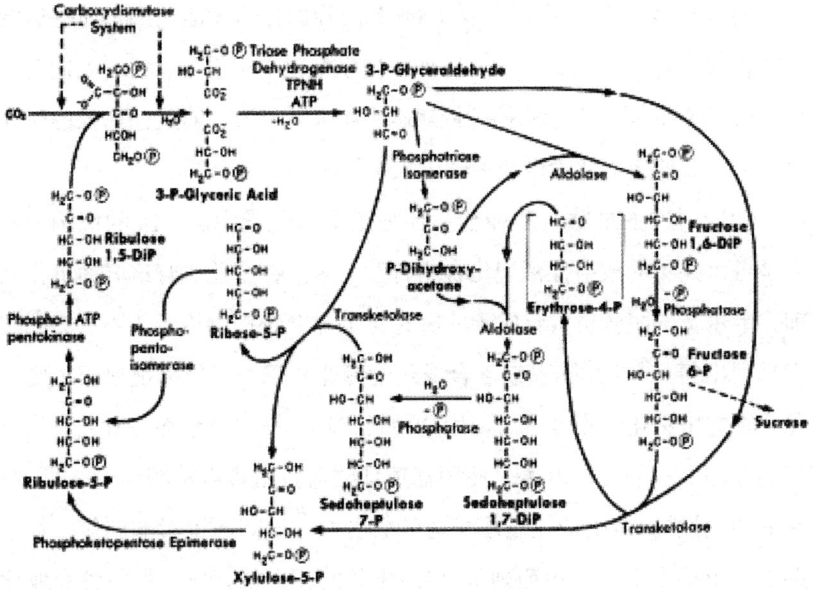

图 7.3 光合碳循环（“卡尔文－本森循环”）示意图。[经 Pearson Education Inc., Upper Saddle River，NJ 许可，转载自 Melvin Calvin，“Photosynthesis，” in *Radiation Biology and Medicine*: *Selected Reviews in the Life Sciences*，ed. Walter D. Claus（Reading，MA: Addison-Wesley，1958），pp. 826–848，p.836.©1958.]

古老的问题：“最近的实验表明，未来一年左右世界粮食供应将大幅度增加！”[79] 然而，解决光合作用的难题更多的是说明了碳 −14 在研究中的重大作用，而不是发起了农业上的革命。

作为几乎通用的生物分子标记物，碳 −14 对战后的生物化学领域十分重要。碳 −14 有非常长的贮藏寿命，并且很容易检测到。与比活度足够高的物质结合，碳 −14 可以在被稀释 10 亿倍后仍然通过放射性衰变来被检测到。[80] 原子能委员会经常援引其碳 −14 的销售量来说明使用核反应堆生产同位素实在经济实惠。在向国会提交的一份报告中，委员会估计，鉴于橡树岭堆可以在几周内以约 1 万美元的成本制造 200 毫

(79) 参见“Atomic Research May End World's Hunger”（1948），p.749.

(80) 参见 Kamen，“Early History”（1963）；Libby，“Radiocarbon Story”（1948）.

居里的碳 -14，“这个产量需要 1000 个回旋加速器才能达到，而且运营成本将大大超过 1 亿美元。”(81) 正如一位生物化学史学家所说，人们对以碳 -14 为首的同位素示踪剂的依赖越来越大，导致“对代谢途径的研究之广之深，使生物化学专业的学生焦头烂额。”(82)

随着时间的推移，两种趋势加强了生物化学中碳 -14 的应用。首先是可供购买的放射性标记化合物日益增多。在企业接管这方面工作之前，卡尔文的团队负责合成碳 -14 标记的化合物以供原子能委员会同位素部门出售。(83) 这意味着缺乏合成化学专业知识，又想标记他们想要的化合物的生物化学家也可以使用这种新工具。第二个趋势与研究人员可用的检测手段的变化有关。使用盖革计数器技术难以检测碳 -14 衰变；它的 β 射线能量很低，没法穿透计数管壁（该问题也影响到氚，在这种试管中根本无法被检测到）。战后十年间，人们开发了另一种商业化的辐射探测技术——闪烁计数。(84) 闪烁计数器非常适合测量碳 -14 和氚，使这些标记物的用途更加广泛。

这两种趋势是相辅相成的。(85) 种类繁多的放射性标记化合物在酶测定和其他生物化学测试中颇具竞争力。计数仪器，尤其是 1953 年推出的帕卡德的 Tri-Carb 液体闪烁计数仪，使研究人员能够轻松地测量标记的化合物（在许多酶测定实验中则是产生的标记产物）。事实上，闪烁计数器配备了自动样品计数器，让研究人员可以加载数百个试管，通宵进行计算。

(81) 参见 AEC，*Fourth Semiannual Report*（1948），p.10. 科学家们充分利用了反应堆生产的价廉物美的碳 -14，而碳 -14 是从橡树岭出售的同位素当中出货量第三大的，前两位的磷 -32 和碘 -131 都用于治疗。国内和国外的销售情况都是如此。参见 AEC，*Isotopes*（1949），pp.53–54.

(82) 参见 Fruton，*Molecules and Life*（1972），p.446.

(83) 参见第六章。

(84) 参见 Rheinberger，“Putting Isotopes to Work”（2001）.

(85) 出处同上，p.163.

基因转移实验中的磷-32

除了从事上述的光合作用工作，马丁·卡门在搬到圣路易斯的华盛顿大学之后还参与了磷-32在噬菌体繁殖研究中的应用分析。据卡门称，他在1945年刚到这里时，化学系新任组长约瑟夫·W.肯尼迪(Joseph W. Kennedy)就找到他，问他是否有兴趣了解病毒繁殖。[86]卡门干脆地回答说："斯德哥尔摩的免费旅行、住宿和国宴在等着成功解决这个问题的人。"[87]肯尼迪建议卡门进行实验，在实验中用磷-32标记烟草花叶病毒，然后用标记的病毒感染植物，观察标记物是否遗传给了感染病毒的子代。肯尼迪推断，如果没有，这将显示这一亲代只是病毒复制的模板。相反，如果标记在子代中均匀分布，这表明亲代病毒被分成片段，随后并入新合成的病毒中。卡门认为，对于这个问题，至少在量化感染单位方面，有比烟草花叶病毒更好的系统。这个系统便是噬菌体。而且，在华盛顿大学有一位细菌病毒专家——细菌学和免疫学副教授阿尔弗雷德·D.赫尔希。

卡门的研究生霍华德·杰斯特(Howard Gest)参与了这一工作。杰斯特碰巧有过噬菌体研究的经历，因为1940年他在加州大学洛杉矶分校攻读本科期间对这方面颇感兴趣。他曾在1941年和1942年的夏天在冷泉港担任马克斯·德尔布吕克(Max Delbrück)和萨尔瓦多·卢瑞亚(Salvador Luria)的研究助理，并在1942年秋季跟随德尔布吕克在范

---

[86] 肯尼迪先后就职于曼哈顿工程和原子能委员会的同位素分配咨询委员会，因此非常了解放射性同位素的潜在用途。参见"Committee on Isotope Distribution: Report by the Manager of the Office of Oak Ridge Directed Operations in Collaboration with the Directors of the Division of Research and the Division of Biology and Medicine", Dec 1947, AEC General Secretary Records, RG 326, E67A, box 25, folder 7 Isotope Distribution, Committee on.

[87] 参见Kamen, "Cupful of Luck"(1986), p.13.

德堡大学开始了博士研究。随后战争中断了杰斯特手头的学问工作。战争结束后，他在华盛顿大学跟随卡门重新开始研究生工作，那时的卡门正继续研究光合作用。(88)杰斯特在三种磷酸合成细菌和藻类中研究了放射性标记的无机磷酸盐（P_i）的摄取，并且发现这三种生物在受到照射时都摄取了更多的 P_i。(89)杰斯特推测这种无机磷酸盐转化为低分子量有机磷酰基化合物，而后者又是如 ATP 等“高能量”磷酰化合物的前体。令杰斯特遗憾的是，卡尔文的实验没有证实他们的研究成果，尽管卡尔文的结果后来被证明是错误的。

杰斯特把他的注意力从光合作用转移到噬菌体上，进入了放射性示踪剂工作的另一个竞争性领域。在芝加哥大学，弗兰克·W. 普特南（Frank W. Putnam）和洛伊德·M. 科兹洛夫（Lloyd M. Kozloff）通过在磷 -32 中培养 T6 噬菌体来标记它们。随后，当他们用这种“热”噬菌体感染未标记的大肠杆菌时，便可以追踪磷的运动。他们发现子代噬菌体中有近 70% 的磷来自培养基，据推测应该是通过细菌途径传递的。(90)然而，这些实验并没有分析出复制过程中单个病毒原子的情况。通过解读奥勒·马洛伊（Ole Maaløe）和詹姆斯·D. 沃森（James D. Watson）对这一问题的看法可以得知，进行复制的不是原子而是基因，从而能了解繁殖的生化问题。那么形成新基因的原子从哪里来呢？(91)对于一代生物学家来说，病毒繁殖问题似乎是理解基因性质的关键，而放射性同位

(88) 参见 Gest，“Photosynthesis and Phage”（2002），p.333；Ruben，“Photosynthesis and Phosphorylation”（1943）. 由于卡门负责用华盛顿大学的回旋加速器来制备批量的放射性同位素，以供“放射科临床医师在治疗某些血液疾病中的使用”，杰斯特借此获得了磷 -32。参见 Gest，“Photosynthesis and Phage”（2002），p.334.

(89) 杰斯特开始使用回旋加速器生产的磷 -32 作为示踪剂来验证塞缪尔·鲁宾的假设，即在光合作用中，通过“高能磷酸盐化合物”将光能转化为化学能。参见 Gest，“Photosynthesis and Phage”（2002），pp.333–334.

(90) 参见 Putnam and Kozloff，“Origin of Virus Phosphorus”（1948）；Kozloff and Putnam，“Biochemical Studies”（1950）；Putnam and Kozloff，“Biochemical Studies”（1950）.

(91) 参见 Maaløe and Watson，“Transfer of Radioactive Phosphorus”（1951），p.507.

素则为在分子层面研究这一过程提供了一个诱人的手段。

在对磷酸化化合物及其新陈代谢熟悉的基础上，杰斯特与赫尔希、肯尼迪和卡门合作设计了一个实验，用于“追踪单个噬菌体颗粒在单个大肠杆菌细胞中繁殖期间放射性磷的变化趋势”。(92) 放射性磷会从亲代噬菌体转移到其子代还是留在原来的噬菌体颗粒中？研究人员从橡树岭获得放射性比度高的磷 -32 来标记赫尔希研究的 T2 噬菌体菌株。虽然磷 -32 标记的噬菌体具有较高的放射性活度，但赫尔希因教学任务把感染实验推迟了几周。这个推迟影响巨大。杰斯特和赫尔希在开始实验之前重新测定放射性和噬菌体滴度，但他们沮丧地发现噬菌体滴度明显降低了。几周后，另一测试显示噬菌体滴度进一步下降。杰斯特回忆说：“最后，我们明白了在噬菌体颗粒中一定数量的磷 -32 分解会导致生物失活。我们意外地发现，磷 -32β 衰变会引起噬菌体‘自杀’的现象。”(93)

之后该合作项目的目标从追踪感染过程中磷的动态转移转向研究磷 -32 标记的噬菌体的存活率。正如赫尔希、卡门、杰斯特和肯尼迪（以下简称赫尔希等人）在论文中论述的，他们的分析提供了两种信息：失活率表示噬菌体中的放射性磷的比活度，而存活曲线揭示了放射性在噬菌体种群内的分布特点。(94) 在整个 20 世纪 40 年代，为了丰富用 X 射线、γ 射线、α 射线、电子、中子和氘核灭活病毒的文献，紫外线照射后 T- 噬菌体的存活率被广泛研究。并非所有辐射剂都直接作用于病毒。关于各种病毒（首先是乳头状瘤病毒，然后是噬菌体，最后是植物病毒）的 X 射线灭活研究表明，这种试剂的作用由电离辐射产生，是

(92) 参见 Gest，“Photosynthesis and Phage”（2002），p.335.

(93) 出处同上，p.335。原文加粗。

(94) 参见 Hershey et al.，“Mortality of Bacteriophage”（1951），p.305. 肯尼迪是该出版物的合著者。

间接的。(95)间接效应和直接效应的区别在于是否可以通过改变培养基来保护噬菌体，如萨尔瓦多·卢瑞亚所述，“电离辐射的直接效应被定义为‘不可保护的’效应”。(96)研究人员确定，一次辐射“冲击”会使病毒颗粒失活，而这为与目标理论有关的许多研究奠定了基础。(97)

赫尔希等人认为他们的结果最好理解成是与噬菌体颗粒的失活是“同化了的磷-32的单一原子（不一定是第一个）分解的结果”这一假设相一致。他们从对磷-32标记的T4噬菌体的放射敏感性的广泛研究中确定，“经过平均约11.6次分解后，噬菌体颗粒死亡。”(98)失活效率低意味着噬菌体是直接因核反应而死亡。但是这并没有解释死亡的确切原因，磷-32衰变的几种效应中的任何一种都有可能导致死亡：衰变时能量的释放，原子核对释放的30电子伏的吸收，与重新排列的电子相关的其他能量耗散，硫原子取代磷的位置。(99)

在他们1951年发表的论文中，赫尔希等人从放射性磷噬菌体颗粒中的定位推断出“这一重要结构中含有核酸”。(100)赫尔希于1950年开始利用放射性同位素示踪剂进一步研究噬菌体的“重要结构”，当时他在冷泉港的遗传学系担任新职位。赫尔希在1950-1951年的卡内基研究报告中写道：“如果……标记的原子以特殊遗传物质的形式转移，放射性种子第一个生长周期的子代将主要在这种特殊遗传物质中，含有放射性原子。因此，在第二个生长周期中，应该更有效地保存放射性。”(101)

事实上，在哥本哈根已经在进行类似的实验。1951年，奥勒·马

---

(95) 参见Luria，“Radiation and Viruses”（1955）。正如卢瑞亚在脚注中所表明的那样，该评论于1951年撰写，未在出版前更新。

(96) 出处同上，p.337。原文突出。

(97) 参见Summers，“Concept Migration”（1995）.

(98) 参见Hershey et al.，“Mortality of Bacteriophage”（1951），pp.308 and 315.

(99) 出处同上，p.316.

(100) 出处同上，p.317.

(101) 参见Hershey et al.，“Growth and Inheritance”（1951），p.175.

洛伊和詹姆斯·沃森公布了一个实验的结果，该实验的目的是追踪两代 ^{32}P 标记的噬菌体。如前所述，普特南和科兹洛夫已经证明 30% 的同位素标记物从亲代转移到了子代噬菌体上，但是标记物在子代的定位和分布还不清楚。他们认为噬菌体可能由遗传和非遗传成分组成，每个成分都被磷 –32 标记。未转移到下一代的部分就是病毒的非遗传部分。1950 年，在冷泉港举行的夏季噬菌体会议上，西摩·科恩（Seymour Cohen）指出，可以通过取出子代中标记了的噬菌体来验证这一假设；马洛伊和沃森把这个想法称为“第二代实验”，该想法为他们的实验带来了灵感。[102]

马洛伊和沃森发现，30% 的同位素标记物从第一次感染的子代转移到了第二代。这意味着磷在亲代和子代中处于类似的位置。由于原来的放射性噬菌体颗粒应该是被均匀标记的，其子代也应如此。这否决了科兹洛夫和普特南的建议，即部分磷 –32 可能标记了病毒的遗传部分，而另一部分标记了非遗传部分，但 30% 代表转移的遗传部分上的标记物。但是，马洛伊和沃森认定，他们的实验只确定了磷原子的归宿。“使用硫这样的标记物也许会得到不同的答案，因为这类物质会专门标注噬菌体的蛋白质部分。”[103]

这正是赫尔希和玛莎·蔡斯所做的实验，两人因此写出著名论文《病毒蛋白质和核酸在噬菌体生长中的独立功能》。[104]蔡斯是和赫尔希共事的技术人员，负责标记实验。[105]赫尔希初期的标记实验并没表明核酸

---

[102] 参见 Maaløe and Watson，“Transfer of Radioactive Phosphorus”（1951），p.508.

[103] 出处同上，p.508.

[104] 参见 Hershey and Chase，“ Independent Functions”（1952）.

[105] 蔡斯是分子生物学历史上除了其同名实验之外几乎无人知晓的人物。另外，借用史蒂芬·夏平（Steven Shapin）的《隐形技术人员》（1989 年）中的话，她是该领域的“隐形技术人员”之一。赫尔希非常重视蔡斯的贡献，告诉布鲁斯·华莱士（Bruce Wallace）只有蔡斯“拥有执行赫尔希—蔡斯实验协议所需的集中力”。参见 Stahl，We Can Sleep Later（2000），p.99.

的特殊作用。[106]但是，一种新技术在与蔡斯对这个问题重新研究的过程中得到了应用：厨房搅拌器。混合感染的培养物使噬菌体不再附着到细菌细胞的外部，这样就可以物理分离细胞内和细胞外病毒颗粒。这一发现是决定性的，揭示了标记噬菌体蛋白质转移和噬菌体核酸转移之间的巨大差异。硫-35标记的噬菌体蛋白质有80%仍存在于细菌细胞外（并且因此被搅拌器搅动并返回上清液中），而磷-32标记的DNA只有30%。标记了的病毒DNA中，剩下的70%存在于细胞内，吸附在噬菌体后立刻进入细菌中。[107]换句话说，与磷-32标记的DNA不同，很少有硫-35标记的噬菌体蛋白进入细菌细胞，这类似于感染活性剂和噬菌体遗传。（无法找回上清液中的所有硫-35可能是由于部分噬菌体在有搅拌器操作的情况下仍保留在细胞中）（见图7.4）

根据实验中进入细菌细胞的每种标记物（磷-32和硫-35）的量，赫尔希和蔡斯认为病毒DNA是噬菌体复制的活性剂。[108]赫尔希本人对这一结果感到意外。[109]这一结果意味着噬菌体不应该再像病毒研究人员十多年来认为的那样，被视为一个不可分割的单位，被称为核蛋白。[110]蛋白质和核酸具有不同的生物角色。赫尔希认为蛋白质是围绕、携带和传递噬菌体遗传物质的“膜，”而遗传物质完全是核酸。

---

(106) 赫尔希在早期实验中使用硫-35标记亲代噬菌体蛋白质，表明硫-35标记的亲代蛋白质的约三分之一标记物存在于噬菌体后代，大约与磷-32标记的转移亲代DNA的数量相同。此外，这35%的转移率在第一轮和第二轮生长中均可观察到。根据赫尔希的说法，“这意味着磷和硫都不会以噬菌体颗粒的特殊遗传部分形式从亲代转移到子代。”蔡斯的实验推翻了这种解释。引自Hershey，Roesel，Chase，and Forman，“Growth and Inheritance”（1951），p.198.

(107) 关于与蔡斯进行的重新研究这个问题的实验，参见Hershey，“Intracellular Phases”（1953），p.102.

(108) 赫尔希和蔡斯低调地说，“我们推断含硫蛋白在噬菌体增殖中没有功能，但DNA具有一些功能。”参见Hershey and Chase，“Independent Functions”（1952），p.54.

(109) 关于赫尔希的期望，参见Szybalski，“In Memoriam”（2000），p.19。关于对噬菌体DNA缺乏兴趣的原因，参见Hershey，“Injection of DNA into Cells”（1966）.

(110) 参见Hershey，“Intracellular Phases”（1953），p.99.

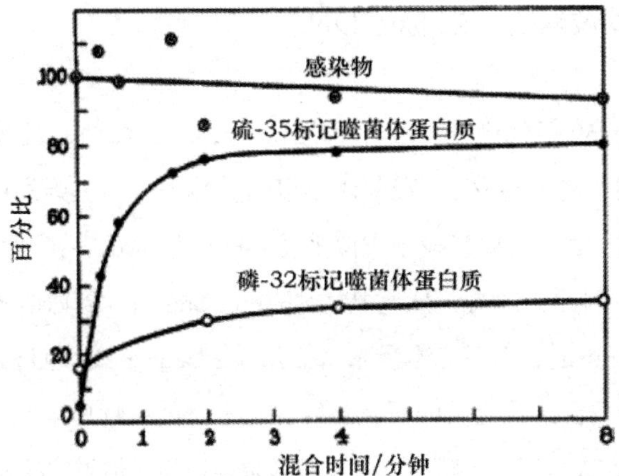

图 7.4　示意图表示在用瓦林牌混碎机搅拌时，放射性噬菌体感染的细菌中硫 -35 和磷 -32 的去除，以及被感染细菌的存活。© 洛克菲勒大学出版社。(最初发表于 A. D. Hershey and M. Chase, "Independent Functions of Viral Protein and Nucleic Acid in Growth of Bacteriophage," *Journal of General Physiology* 36（1952）：39–56，p.47）

托马斯·安德森（Thomas Anderson）拍摄了尾部附着在细菌细胞上的噬菌体颗粒的电子显微照片，罗杰·赫里奥特（Roger Herriott）发现渗透性休克可以使噬菌体 DNA 释放到溶液中留下"形骸细胞"或蛋白质壳，由此，赫尔希获得启发。[11] 赫尔希推断，噬菌体蛋白不是遗传性物质，而是其载体，吸附在细菌上，起着"将噬菌体 DNA 注入细胞的工具"的作用。[12] 关于噬菌体 DNA 的归宿越来越不明晰。"在繁殖过程中，亲代 DNA 组成部分是物质守恒的，而亲代膜（蛋白质）组成部分则不然。这个结果是否具有重要意义尚不明确。"[13]

---

⑪ 参见 Anderson，"Techniques for the Preservation"（1951）；Herriott，"Nucleic-Acid-Free T2 Virus 'Ghosts'"（1951）.

⑫ 参见 Hershey and Chase，"Independent Functions"（1952），p.56.

⑬ 参见 Hershey，"Intracellular Phases"（1953），pp.110–111.

用放射性同位素磷 -32 标记 DNA

20 世纪 50 年代中期，赫尔希用磷 -32 作示踪剂，继续探究亲代与子代之间的物质转移。⑭ 噬菌体小组的其他人致力于开发同位素的放射生物学潜力。⑮ 这种实验方式似乎尤其吸引先前从事物理科学的噬菌体工作者（例如，冈瑟·斯腾特［Gunther Stent］，塞勒斯·莱文索尔［Cyrus Levinthal］，西摩·本泽尔［Seymour Benzer］），也许是因为此方式延续了与目标理论有关的研究路线，它本身就是物理学在遗传学中的运用。⑯ 研究人员用掺入磷 -32 的紫外线辐射模拟了最先进的噬菌体实验。他们这样做，力图确定有关紫外线辐射噬菌体的重大遗传学发现（例如多重复活、交叉复活、光致复活）是否也能够通过磷 -32 的放射观察到。⑰ 换言之，这些实验旨在用生物物理学工具解释基因本质的一些基本问题。二战后，大多数相关研究都直接或间接地对放射的遗传危害表示担忧，这个

---

⑭ 参见 Hershey，"Conservation of Nucleic Acids"（1954）；Hershey and Burgi，"Genetic Significance"（1956）.

⑮ 此处引用的信件证实了与德尔布吕克、卢里亚和赫尔希密切相关的噬菌体研究核心团体的活力，这三个人通常享有"噬菌体小组"的作品署名权。同时，这些放射性标记实验揭开了更广泛参与者的面纱，有些不是集团的一部分或是其中的边缘人物，如西摩·科恩和劳埃德·科兹洛夫（Lloyd Kozloff）。

⑯ 参见 Sloan and Fogel，*Creating a Physical Biology*（2011）.

⑰ 复感染复活是指萨尔瓦多·卢瑞亚的说法，即两种或更多种紫外线灭活的噬菌体颗粒（如果它们感染相同的细菌）可以合作或结合产生成活后代。交叉复活也被称为标记补救；它发生在混合感染中，当非活性辐射噬菌体与活性噬菌体杂交时，前者的遗传标记物出现在子代中。雷纳托·杜尔贝科（Renato Dulbecco）在 1950 年发现了光复活，当时他观察到紫外线灭活的噬菌体可以通过可见光源照射而复活。参见 Luria，"Reactivation of Irradiated Bacteriophage"（1947）；Dulbecco，"Experiments on Photoreactivation"（1950）；Luria，"Reactivation of Ultraviolet-Irradiated Bacteriophage"（1952）；另关于总体说明，参见 Stent，*Molecular Biology*（1963），特别参见 pp. 282–291.

由国家政府支持的研究命题成为了发展原子能的重要部分。[118]

1952 年，遗传学家圭多·蓬泰科尔沃（Guido Pontecorvo）发现，人们可以将基因定义成重组单位、变异单位或者生理活动单位。[119] 每一种单位都是有效的，但某些时候会有差异，这种差异在遗传学和生物化学交叉层面尤为明显。许多有生物物理学思维的噬菌体研究人员试图将这模糊的学科范畴内的基因理解成精确的物理实体。[120] 在噬菌体放射生物学领域，卢瑞亚和雷蒙德·拉塔尔热（Raymond Latarjet）的实验做了很好的展现。在此实验中，已感染噬菌体的细菌暴露在不同剂量的辐射下，从而估算已进入增殖过程的噬菌体的辐射敏感度。[121] 他们发现，T2 噬菌体的紫外线辐射敏感度在感染初期显著下降，之后表现出多目标性状，最终紫外线敏感度再次上升。西摩·本泽尔用 T7 噬菌体复制了这个实验，因为 T7 和 T2 不同，T7 在灭活的噬菌体颗粒中并没有表现出基因重组（所谓的复感染复活作用）。这次实验的结果比卢瑞亚和雷蒙德的结果更加明确："每个细胞的靶目标平均数随时间而增加，每个靶

---

[118] 更多案例，参见 Beatty，"Genetics in the Atomic Age"（1991）；Lindee，*Suffering Made Real*（1994）；de Chadarevian，"Mice and the Reactor"（2006）；Rader，"Hollaender's Postwar Vision"（2006）；de Chadarevian，"Mutations in the Nuclear Age"（2010）．关于生物物理学和分子生物学的关系，参见 Rasmussen，"Mid-Century Biophysics Bubble"（1997）；idem，Picture Control（1997）；de Chadarevian，*Designs for Life*（2002）；Strasser，*La fabrique d'une nouvelle science*（2006）．

[119] 参见 Pontecorvo，"Genetic Formulation of Gene Structure"（1952）。他的兄弟布鲁诺·蓬泰科尔沃（Bruno Pontecorvo）是一位核物理学家，怀疑其是在 1950 年叛逃到苏联的间谍。参见 Turchetti，Pontecorvo Affair（2012）．

[120] 西摩·本泽尔举例说明了这一趋势，并引用了蓬泰科尔沃的论文；参见 Holmes，Re-conceiving the Gene（2006）．

[121] 参见 Luria and Latarjet，"Ultraviolet Irradiation of Bacteriophage"（1947）．用噬菌体生物学的话来说，卢瑞亚－拉塔尔热实验检验了生长　噬菌体在"潜伏期不同阶段"的放射敏感性。参见 Stent，Molecular Biology（1963），p.300. 噬菌体感染细菌后感染性颗粒无法恢复的时期，称为"黑暗期"或隐蔽期。

目标在放射性上与 T7 颗粒相似。”[122] 然而即使像这个实验一样，结果与靶理论相符合，也很难用放射生物学工具确定基因的性状。

冈瑟·斯腾特在哥本哈根就读博士后期间与赫尔曼·卡尔卡（Herman Kalckar）合作，第一次使用磷 –32 标记的噬菌体进行实验。1940 年，斯腾特离开纳粹德国，在伊利诺伊大学拿到了物理化学博士学位，后来对噬菌体研究产生兴趣。他在哥本哈根的课题旨在“通过放射性示踪剂”研究“感染病毒的宿主细胞将磷同化并将其吸收进噬菌体物质的动力学过程”。[123] 斯腾特与马洛伊合作，继续进行沃森和马洛伊第二代噬菌体标记物的转移实验。他们用磷 –32 证明了感染性病毒释放之前就存在含磷的“类噬菌体结构”，并通过离心机沉降、吸附敏感细菌、抗噬菌体血清沉淀得以鉴定。[124]

一方面，这是解决老问题的一个新方法：德尔布吕克和卢瑞亚在最初合作的实验里试图用不止一种噬菌体重复感染，从而获取并分析病毒复制中间体。他们解释说如果能用两种不同噬菌体感染一个合适的宿主细菌，那么当一种噬菌体正处于增殖阶段时，另一种噬菌体会溶解细菌，并揭示通常在细胞内部隐藏的“病毒生长的中间阶段”。[125] 不过，赫尔希数年后评价道，“该实验涉及了一些未被完全探索的其他课题，并且最终得出病毒遗传重组的发现。”[126] 他们沿这一思路的合作

---

[122] 参见 Benzer，“Resistance to Ultraviolet Light”（1952），p.69.

[123] 参见 Gunther Siegmund Stent，“Fellowship Summary，August 1950–July 1951，Radioactive Phosphorus Tracer Studies on the Reproduction of T4 Bacteriophage，”与致 Charles 的信一同提交。Richards，National Research Council，16 Aug 1951，Stent papers，box 1，folder American Cancer Society.

[124] 参见 Maaløe and Stent，“Radioactive Phosphorus Tracer Studies”（1952）.

[125] 参见 Delbrück and Luria，“Interference between Bacterial Viruses”（1942），p.111.

[126] 参见 Hershey，“Reproduction of Bacteriophage”（1952），p.125.

也揭示了干扰现象——一种噬菌体感染会阻碍另一种噬菌体的感染。[127]然而，这些实验并没有弄清楚噬菌体的增殖方式。

放射性标记法似乎提供了另一种更有前景的将病毒复制的中间阶段可视化的方式。1952 年秋天，斯腾特在伯克利继续用放射性标记法研究细胞内噬菌体的发育，并进入了伯克利的温德尔·斯坦利（Wendell Stanley）的病毒实验室。斯腾特在《微生物遗传学公报》的总结中写道："我致力于用放射性示踪剂研究噬菌体核酸的增殖，也探究放射性磷嬗变对掺入放射性磷的噬菌体的遗传性状的影响。"[128]

塞勒斯·莱文索尔本是一名物理学家，后转为研究噬菌体。他在密歇根大学设立了一个类似的研究项目，用复感染复活作用的紫外线辐射继续进行观察。他与斯腾特的通信中反映出做这种放射性磷实验有多困难。这某种程度上是由于得到足量且比活度足够高的无载体的磷 -32 很难（斯腾特最终从英国哈维尔的原子能机构进口了此放射性同位素，但是他在实验过程中还是遇到了物质质量和运输速度方面的问题）。[129]莱文

---

⑫⑦ 具体而言，一种噬菌体（γ，后称为 T2）的感染防止细菌产生另一种噬菌体（α，后称为 T1），这种现象称为"干扰"。后续研究使研究人员能够区分"互斥"（其中一种细菌一次只能产生一种病毒）与"抑制剂效应"，这参考了以下观察结果：一种感染超过一种噬菌体的细菌产生的主要噬菌体比其他条件下少。虽然有趣，但这些研究结果并没有增进对病毒繁殖的理解，只是明显增加了德尔布吕克的挫败感。正如他 1946 年的主张："请记住，我们要研究的是繁殖过程，我们希望深入了解当一种病毒颗粒侵入细菌细胞时产生更多病毒颗粒时发生的情况。我们所有的工作都围绕着这个核心问题。"参见 Delbrück，"Experiments with Bacterial Viruses"（1946），p.162.

⑫⑧ 参见 Gunther S. Stent to Evelyn Witkin，2 Dec 1952，Stent papers，box 16，folder Witkin，Evelyn.

⑫⑨ 参见 letters from 1952—1955 in Stent papers，box 1，folder Atomic Energy Research Establishment；box 7，folder Isotopes；and box 11，folder Oak Ridge。斯腾特还探讨了从恰克河的加拿大原子能设施中获取放射性磷。直到 1951 年美国原子能委员会才允许美国研究人员从英国进口放射性同位素。参见 AEC 231/16 in NARA-College Park，RG 326，E67A，box 47，folder 1 Foreign Distribution of Radioisotopes，Vol. 3。关于英国的放射性核素供应，见 Kraft，"Between Medicine and Industry"（2006）.

索尔告诫斯腾特："如果说我们的经历有任何启示的话，那就是即使你得到了高比活度的磷 -32，这些自杀实验的问题也远远不会结束。"[130]

1953 年初，斯腾特的噬菌体自杀研究终于顺利开展。他将这些"超级磷 -32- 热的 T2 和 T3"的实验看作是"赫尔希、卡门、肯尼迪和杰斯特与卢瑞亚—拉塔尔热实验之间的交叉"。[131] 斯腾特将被磷 -32 标记（或没有标记）的噬菌体突变体混合，随时间流逝分析混合感染，并在不同时间点用液氮冻结等分试样。T2 噬菌体感染的所谓隐蔽期只有短短的 13 分钟，而磷 -32 的半衰期为 14 天。[132] 因此，他必须通过在液氮中冷冻感染的细胞来减慢复制过程，使（不受温度影响的）放射性衰变发生。该实验目的是评估放射性衰变引起的噬菌体死亡率在病毒繁殖过程中的变化，以此来确定在该循环中感染噬菌体何时在遗传上是易感的。

这种方法参照了早期（由赫尔希、科兹洛夫和普特南以及沃森和马洛伊进行的）放射性标记物转移实验，并进行了一番尝试：这里的实验设计旨在评估磷 -32 衰变的遗传效应，而不是简单地追踪放射性标记物从感染病毒到子代的转移。1953 年冷泉港"病毒"研讨会上，斯腾特将其问题思路视作对赫尔希和蔡斯关于噬菌体核酸"主导感染颗粒的复制"实验的后续论证。他新的掺入实验将"解答亲代核酸在感染后多长时间内仍以这种方式主导的问题，换句话说，即亲代核酸感染后多久完成其使命"。[133]

斯腾特的交叉感染实验也允许不同突变体之间发生重组，从而他能够评估灭活噬菌体的标记补救。但这也意味着他的实验在同一时间有

---

⑬⓪ 参见 Cyrus Levinthal to Gunther S. Stent，Nov. 17，1952，Stent papers，box 9，folder Levinthal，Cyrus.

⑬① Gunther Stent to A. H. Doermann，19 Feb 1953，Stent papers，box 4，folder Doermann，A. H.

⑬② 有关时间测定，参见 Stent，"Decay of Incorporated Radioactive Phosphorus"（1955），p.855.

⑬③ 参见 Stent，"Mortality Due to Radioactive Phosphorus"（1953），p.256.

许多变量。斯腾特写信给橡树岭的 A.H. 德曼（A.H. Doermann，他正在进行类似的紫外线辐射实验）的时候说：“到目前为止，我已经完成了一个庞大的实验。我让噬菌体生长 0、3、5 和 7 分钟后，冷冻所有样品，每天分析所有样品爆发前后的斑块类型。我敢保证实验结果是非常有趣的，但我不能说我能完全理解。”[134] 德曼回复说，他和研究生富兰克林·史达（Franklin Stahl）正在“研究密切相关的问题，我们的结果非常一致。”[135]

到 1953 年秋，斯腾特终于得到了结果，表明他可以在他的“遗传兼磷 -32 自杀工作”中用 T2 噬菌体的放射性标记淘汰个体基因位点。[136] 他先后用非放射性 T2（$T2h^+r^+$）菌株和磷 -32 不稳定的 T2 噬菌体（T2hr）菌株感染细菌，然后观察存活噬菌体中的遗传标记物。[137] 关注特定的位点而非简单的噬菌体生存能力使实验操作起来更加复杂。斯腾特在致莱文索尔的一封信中说：“遗憾的是，重要的实验必须在单次爆发中完成，而在衰变的后期，或许只有十分之一的爆发是有意义的；因此，除了持续时间长达一个月外，这些实验还非常繁琐。”[138] 斯腾特认为，掺入噬菌体 DNA 中的磷 -32 的衰变可能使特定的基因位点失活，德曼展示的外源性 X 射线

---

[134] 参见 Gunther S. Stent to A. H. Doermann，25 Aug 1953，Stent papers，box 4，folder Doermann，A. H.

[135] 参见 A. H. Dermann to Gunther S. Stent，28 Aug 1953，Stent papers，box 4，folder Doermann，A. H. 德曼也评论说“我们的解释可能有所不同，”但是斯腾特很快就放弃了德曼不同意的解释：一个标记物的失活使另一个标记物稳定。参见 Gunther S. Stent to A. H. Doermann，10 Sep 1953，Stent papers，box 4，foldere Doermann，A. H.。德曼于 1953 年秋季从橡树岭搬到罗彻斯特；关于他们小组的结果，参见 Doermann，Chase，and Stahl，“Genetic Recombination and Replication”（1955）.

[136] Gunther S.Stent to Cyrus Levinthal，14 Sep 1953，Stent papers，box 9，folder Levinthal，Cyrus.

[137] 参见 Stent，“Cross Reactivation”（1953）.

[138] 参见 Gunther S. Stent to Cyrus Levinthal，14 Sep 1953，Stent papers，box 9，folder Levinthal，Cyrus.

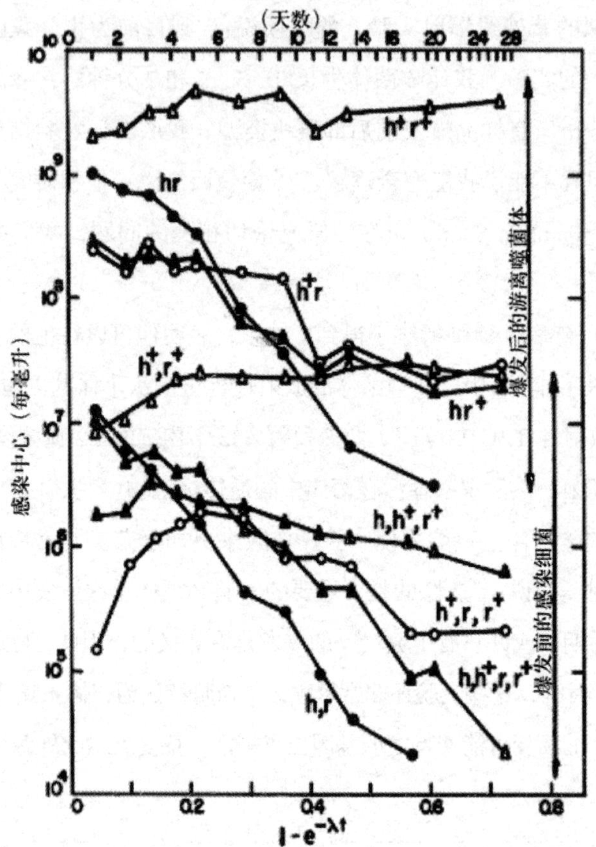

标记	菌体类型	爆发前感染细菌释放的定位点	爆发后的噬菌体类型
●	大，清晰	h,r	hr
▲	小，清晰	h,h^+,r^+	hr^+
○	大，浑浊或杂色的浑浊	h^+,r,r^+	h^+r
△	小，浑浊	h^+,r^+	h^+r^+
◭	杂色，清晰	h,h^+,r,r^+	…

图 7.5　该图描绘了 $T2h^+r^+$ 混合感染中高度标记的 ^{32}P–T2hr 的衰变（转载自 Gunther S. Stent，“Cross Reactivation of Genetic Loci of T2 Bacteriophage after Decay of Incorporated Radioactive Phosphorus，” *Proceedings of the National Academy of Sciences*，*USA* 39（1953）：1234–1241，p.1237）

照射也有相同效果；赫尔希对此持怀疑态度。[139]（见图 7.5.）

这些配对实验更多利用了放射性衰变的遗传效应，而非同位素标记物的追踪能力。但是，斯腾特也就病毒繁殖过程中亲代磷的归宿与霍华德·沙赫曼（Howard Schachman）和渡边格（Itaru Watanabe）合作，继续依照马洛伊和沃森的脉络进行了一些追踪实验。他们同时使用了生物物理和生化技术来跟踪噬菌体 DNA。通过对感染细菌细胞的内含物做超离心，他们得以确定噬菌体样颗粒何时可测；通过观察含有磷 –32 的 DNA 是否在三氯乙酸中沉淀（不管是否用脱氧核糖核酸酶消化三氯乙酸），他们评估了高分子量纤维或较低分子量片段形式的放射性标记的 DNA 是否存在以及何时存在。他们发现，在所谓的隐蔽期，许多亲代磷酸仍与高分子量 DNA 相关，因此可以将磷 –32 从亲代直接转移至子代。

渡边格、斯腾特和沙赫曼指出，他们的转移实验与最近的沃森 – 克里克双螺旋 DNA 模型是一致的，并且早在 1954 年就已经成为重要的参照点。[140] 他们断言："我们可以自由地推想，细菌噬菌体 DNA 的复制是通过如沃森和克里克提出的过程来实现的，在这个过程中亲代和子代结构之间存在直接的物质连续性。"[141] 但是他们的结果也没有排除其他可能性。一些感染颗粒的 DNA 被分解成低分子量的物质，保留了间

---

⑬⑨ 参见 Stent，"Cross Reactivation"（1953）. 关于针对斯腾特的解释提出的怀疑论，参见 Stent to Hershey，10 Nov 1953，Stent papers，box 7，folder Hershey，Alfred Day #2.

⑭⓪ 参见 Watson and Crick，"Structure for Deoxyribose Nucleic Acid"（1953）；同上，"Genetical Implications"（1953）。沃森 – 克里克结构被视为一种模式，而非确定性。德尔布吕克提出了关于复制双螺旋 DNA 的拓扑困难的问题。为了响应此事以及超速离心 DNA 的实验结果，斯腾特在伯克利的同事霍华德·沙赫曼和查尔斯·德克尔提出了一种涉及间断链的替代 DNA 模型，斯腾特认为颇具说服力。参见 Dekker and Schachman，"On the Macromolecular Structure"（1954）；Holmes，*Meselson，Stahl，and the Replication of DNA*（2001），ch.1.

⑭① 参见 Watanabe，Stent，and Schachman，"On the State of the Parental Phosphorus"（1954），p.47.

接转移的可能性（该可能中子代由细胞中存在的小分子合成）。代际转移问题仍然扑朔迷离。斯腾特致拉塔尔热的信中称："我总是在追寻一个难以捉摸的问题——即亲代 DNA 分子在复制过程中磷的归宿，我对此仍抱有希望。"[142]

从自杀实验到半保留 DNA 的复制

尽管取得的成果微不足道，但使用放射性标记物在病毒的整个生命周期中追踪其遗传物质的原子的可能性仍然十分吸引人。沃森—克里克双螺旋 DNA 模型为噬菌体研究人员提供了一个设想 DNA 复制过程中物质转移的具体模型。斯腾特与研究生克拉伦斯·富尔斯特（Clarence Fuerst）正在进行的噬菌体自杀研究使他们发现了一种掺入 DNA 中的磷 -32 的致死性机制。因为根据沃森—克里克模型，DNA 是双链的，在放射性衰变时用硫 -32 取代磷 -32 原子或者衰变释放出的能量导致的多核苷酸主链中的单个断裂不会破坏 DNA 分子。但是第一个断裂附近的第二个断裂将破坏双螺旋链。[143]斯腾特大胆地认为，X 射线电离以相似的方式，即通过破坏 DNA 双螺旋来灭活噬菌体；这很快就被史达证实了。[144]

原子能委员会认为斯腾特正在进行的项目前景光明，于 1955 年开始向他提供放射性同位素的研究资助。[145]原子能委员会之前已经启动了一项广泛的针对遗传学的会外补助计划，20 世纪 50 年代，委员会通过

---

⑭ 参见 Gunther S. Stent to Raymond Latarjet，12 Apr 1954，Stent papers，box 9，folder Latarjet，Raymond，p.2.

⑭ 参见 Stent and Fuerst，"Inactivation of Bacteriophages"（1955），esp.pp.454–456.

⑭ 参见 Stahl，"Effects of the Decay"（1956）.

⑭ 参见 McGarry to F. S. Harter，15 Nov 1955，Stent papers，box 7，folder Isotopes.

该计划援助了该领域近50%获得联邦资助的研究项目。[146]由于正在进行的原子武器试验和公众对放射性尘埃的安全问题的关注，委员会对利用辐射遗传学的成果来协助确定低辐射照射的可接受限度抱有极大兴趣。[147]

斯腾特将磷-32自杀的原理从噬菌体扩展到细菌，并表明在足够高的活性下掺入标记物可以杀死细菌细胞。[148]正如噬菌体实验，这种自杀研究旨在揭示遗传繁殖的性质，在这里就是指细菌DNA在子细胞中的分配。在此，斯腾特的问题让人联想到沃森和马洛伊所提出的有关噬菌体的问题：

> 已经表明，大肠杆菌细胞的DNA在随后的整个细菌生长和增殖过程中都保留其磷原子。这些磷原子如何分布在子细胞核上？一些子代原子核只包含重新同化的原子，其他原子核只含有亲代的磷原子，还是亲代原子核的原子分散在其所有的子代原子核中？DNA-磷-32原子的衰变是细菌细胞死亡的主要原因，这为解决该问题提供了方法。[149]

斯腾特和富尔斯特发现，细菌DNA以“亲代和最新同化的DNA-

---

⑭⑥ 参见Beatty，“Genetics in the Atomic Age”（1991）；idem，“Genetics and the State”（1999）.

⑭⑦ 参见第五章以及Jolly，*Thresholds of Uncertainty*（2003）；Rader，*Making Mice*（2004），ch. 6.

⑭⑧ 这些实验越来越费力，斯腾特有时对使用它们来理解DNA复制感到绝望。参见Gunther S.Stent to A. D. Hershey，8 Jul 1954，Stent papers，box 7，folder Hershey、Alfred Day #2。实验的复杂性在斯腾特“Decay of Incorporated Radioactive Phosphorus”（1955）一文中很明显。即便如此，这种研究是有结果的：Werner Arber与Daisy Dussoix在1960年和1961年的自杀实验推进了他们对通过限制性内切酶进行宿主控制的DNA修改的定义；参见Strasser，“Restriction Enzymes”（2005）.

⑭⑨ 参见Fuerst and Stent，“Inactivation of Bacteria”（1956），p.84.

磷原子在子代原子核内混合”的方式，从亲代细胞转移到子代细胞中。[150] 然而放射性标记物的扩散并没有进一步阐明复制的机制。

斯腾特也进行了实验，以研究噬菌体中的磷-32从母体到子代的第三代转移。他和合著者发现，第二代转移中的放射性分解减少了“第三代”噬菌体中标记物的出现，与第一代和第二代之间过程重合。[151] 在与德尔布吕克合著的一篇文章中，斯腾特将他们的发现表述如下：

> 亲代（标记物 =100）→第一子代（标记物 =50）→第二子代（标记物 =25）→第三子代（标记物 =12）

德尔布吕克和斯腾特把每一代的不完全转移归因于“整个亲本 DNA 在感染、复制和成熟过程中所经历的随机损失”。[152] 实际上，挑明不同过程在放射性标记物转移中起到的不同效应是很困难的。此外，噬菌体从亲代到子代转移的原始问题与遗传标记和重组的研究紧密相关（有人可能会说，回顾历史，前者被后者混淆了）。1956 年和 1957 年，莱文索尔和斯腾特曾发生分歧。莱文索尔认为遗传物质从噬菌体亲本到子代的转移通过与遗传标记物相关的大片段（如噬菌体染色体），斯腾特则认为原始遗传物质在噬菌体繁殖过程中分散。[153] 1956 年，莱文索尔发表了一篇论文，描述了亲代 DNA 如何分配给子代的三种模式：

---

[150] 原文为斜体字。本文继续指出：“不幸的是，不可能从目前的实验中推导出这种分散发生的机制，即它是否是由于在 DNA 自身的基本复制过程中亲代原子的分裂（如某些关于这一过程的提案所要求的），还是由于一些后复制事件的随机效应，例如“交叉”或“染色体”分配（同上，pp.86–87）。

[151] 参见 Stent，Sato，and Jerne，“Dispersal of the Parental Nucleic Acid”（1959）.

[152] 参见 Delbrück and Stent，“On the Mechanism of DNA Replication”（1957），p.716.

[153] 参见 Gunther S. Stent to Ole Maaløe，30 Apr 1956，Stent papers，box 10，folder Maaløe，Ole。另见 Holmes，*Meselson，Stahl，and the Replication of DNA*（2001），pp.100–112.

（Ⅰ）模板型复制，（Ⅱ）分散复制，（Ⅲ）互补复制（后更名为半保留复制）。[154] 噬菌体繁殖时重组和 DNA 复制一并进行使测试这些模型的实验变得复杂。莱文索尔始终认为 T 偶列噬菌体的 DNA 是二分体，由一个大片段和许多（10–20 个）小分子组成。[155]（见图 7.6）

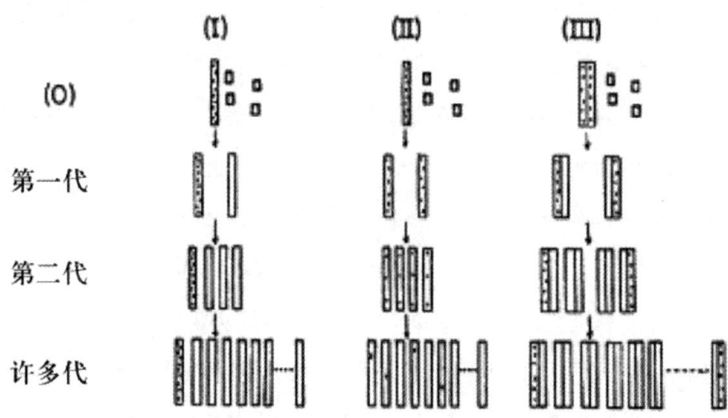

图 7.6　莱文索尔描述的 DNA 复制的三种模型。小点代表放射性标记，空心方块表示用于构建新结构的非放射性亚基。（O）是最初的标记分子。Ⅰ是将标记物留在一个分子中的模板型复制（后来称为保留型）；Ⅱ是马克斯·德尔布吕克提出的分散型复制；Ⅲ是詹姆斯·D·沃森和弗朗西斯·H.C. 克里克提出的互补型复制（后来称为半保留型）（图和图例参见 Cyrus Levinthal，"The Mechanism of DNA Replication and Genetic Re-combination in Phage，" Proceedings of the National Academy of Sciences，USA 42（1956）：394–404，p.395）

最终，通过既非噬菌体又非放射性同位素的转移实验，人们清楚地认识到遗传物质从亲本到子代的遗传过程。[156]1957 年，马修·梅瑟生

---

⑭ Holmes 称，基于他对斯腾特的采访，斯腾特将莱文索尔的"模板型复制"重命名为"保留复制"，将"互补复制"重命名为半保留复制。参见 Holmes，*Meselson，Stahl，and the Replication of DNA*（2001），p.109，p.462n98.

⑮ 参见 Stent，*Molecular Biology*（1963），p.67.

⑯ 值得指出的是，梅瑟生和史达首次尝试使用密度方法研究 DNA 复制，涉及使用 5–溴尿嘧啶标记噬菌体，而 5–溴尿嘧啶同时也在被研究其在诱变和放射敏感性中的作用，这与史达早期使用 ^{32}P 标记的 T4 噬菌体进行的自杀实验具有连续性。参见 Holmes，*Meselson，Stahl，and the Replication of DNA*（2001），pp.157–168.

（Matthew Meselson）和富兰克林·史达使用重同位素氮 -15 来标记同步化的（意指培养物中的细胞将同时分裂）大肠杆菌的 DNA。然后他们在超速离心机中以氯化铯梯度形式跟踪标记的核酸，氮 -15 和氮 -14 之间的质量差使得亲代和子代原子得以从沉淀模式中区分。梅瑟生和史达这样介绍他们关于放射性标记物转移实验的论文："放射性同位素标记物在几种生物体子代分子中的亲代原子的分布实验中得到应用。"[157] 由于大肠杆菌与自杀实验中的噬菌体不同，其复制不需重组，故梅瑟生和史达能够清楚辨别半保留 DNA 复制的模式。因此，"子代" DNA 链由一条亲本链（作为模板）和一条新合成链组成。他们于 1958 年发表的论文被广泛引用，这不仅由于他们的发现很重要，而且因为生物学家将其视为沃森和克里克的双螺旋 DNA 结构模型的决定性证明。

噬菌体研究人员利用自杀实验和其他放射性技术来理解病毒遗传学，使得科学文献渐渐晦涩起来，其中大部分内容现在鲜为人知。正如史达在 1959 年的一篇题为《噬菌体的放射生物学》的评论中所述：

> 有时评论家可能忘记了在噬菌体研究中使用辐射的主要目的是阐明事情的正常状态。然而，几乎所有涉及噬菌体辐射的实验提出的问题都比解答的多得多。这导致了现在存在一种"噬菌体的放射生物学"：一系列由辐射实验得出的观察和假设，不知道要向什么方向发展，只顾自私地要求解释。[158]

噬菌体研究人员原本期待放射性同位素能够阐明基因复制的分子过程，却发现了意想不到的关于辐射的生物学效应的复杂问题，而似乎只要还能继续实验，他们就不愿放弃这些问题。人们不禁想问，20 世纪

---

[157] 参见 Meselson and Stahl，"Replication of DNA"（1958），p.671.

[158] 参见 Stahl，"Radiobiology of Bacteriophage"（1959），p.354。不同字体来自原文。

50 年代中后期关于放射性尘埃的辩论是否使这些“自杀实验”与渗透到核时代的文化焦虑产生了一种扭曲的共鸣。在另一个层面上，放射性标记物使得研究人员可以以点的形式（放射性原子结合之处）而不是整体上来把基因视觉化。忽略该技术的敏感性，人们也不一定能够辨别标记物的转移是追踪繁殖、重组、分裂和再融合还是某种组合。这一研究使生物物理学家和噬菌体遗传学家更加确信生殖是分子过程而不是生物过程。

结论

20 世纪 30 年代，人们开始能够获得放射性同位素，二战后其来源更为丰富，这促进了人们从分子水平上理解生命——从微小代谢物的动态更新开始，发展到酶和核酸等大分子的功能和调节。乔治·惠普尔在 1939 年评价 E.O. 劳伦斯从伯克利寄给他的放射性同位素的用处时说：“如你所知，在研究的道路上有很多吸引人的岔道出现，很难一直沿直线前行。”[59] 当时，他手上回旋加速器生产的放射性铁的储量非常有限，但是一旦可以从原子能委员会购买反应堆生产的放射性同位素，生命科学家就可以全面追寻这个新工具所开辟的一切前景光明的途径。然而，另一个隐含意义是，某些路径是因放射性同位素才显现并供追寻，即使其方向繁多。从这个意义上，可以说，放射性同位素引领实验人员走向了通往新陈代谢和遗传等关于生命的分子知识的道路。

这里提到的示踪剂实验还阐明了放射性同位素如何与其他研究实践（包括放射自显影、色谱和遗传存活曲线）相互作用。放射性同位素使得这些实践和其他战后实验室技术（如超速离心和电泳）更易于使用，

---

[59] 参见 George H. Whipple to Ernest O. Lawrence，26 Jul 1939，EOL papers，series 1，reel 23，folder 15：26A，University of Rochester，1939. 参见马丁·卡门回应惠普尔的信件，1 Aug 1939，他将这段话称为“轻描淡写的杰作”。

因为研究人员通常可以标记让其感兴趣的分子并通过分离过程来进行追踪。即使动机发生了变化，但标记激素、蛋白质、核酸或酶底物等研究分子对象的习惯持续了数十年。20 世纪 60 年代之后，生物化学家从确定代谢途径的步骤转向研究酶在各步骤的控制和机制。分子生物学家从分析基因复制中的 DNA 转移转换到研究如何将遗传信息传递到信使 RNA（转录）和蛋白质（转化）。不过，他们的实验一般都是从放射性标记开始的。

从这个意义上说，标记生物研究对象的常规在 20 世纪 30 年代到 50 年代的放射示踪的冲动平息之后依然留存了下来，从而使得一系列具有生物化学和分子生物学特点的实验室程序（蛋白质纯化、酶测定、核酸杂交、DNA 测序等）仍然与放射性同位素供应基础设施息息相关。换句话说，研究人员追踪放射性标记物的方式从通过生物系统转换到实验系统。[160] 直到基因组学时代，生物化学和分子生物学中放射性标记都普遍存在，并且由于原子能委员会的分配计划而获得了动力。

本章重点在于放射性同位素在生物化学和分子生物学中的应用，也揭示了这些领域之间的重叠。[161] 在科学实践层面，共性尤其明显。然而，之后的放射性同位素实验，比生物化学家和分子生物学家的实验涉及更广泛的应用。从内分泌学到生态学的各个领域的生命科学家都仿效了 20 世纪 30 年代后期代谢的生化和生理学研究的放射性示踪剂工作。然而，由于研究体系牵扯到人类试验体和自然环境，放射性同位素的广泛使用引发了新的问题。

---

⑯ 关于实验系统，参见 Rheinberger，*Toward a History*（1997）.

⑯ 关于实例，参见 de Chadarevian 和 Gaudillière "Tools of the Discipline"（1996）中收集的文章。关于将分子生物学划分为一门独立学科背后的动机，参见 Abir-Am，"Politics of Macromolecules"（1992）.

第八章

试验品豚鼠

委员会在讨论了人体实验中能否使用放射性同位素和其他辐射源的问题后，认为（希尔兹）沃伦医生应该明确向（罗伯特）斯通医生表达他们的观点，即他们不赞成这种实验。

——1948 年 5 月 8 日，原子能委员会生物学与医学咨询委员会第九次会议纪要[①]

① 参见 Minutes，9th ACBM Meeting，8 May 1948，Washington，DC，OpenNet Acc NV0711621，p. 7.

第二次世界大战之后，尽管放射性同位素并没有达到像宣传的那样可以治愈癌症的效果，但它们也成为了疾病诊断的重要工具。政府以核反应堆为基础提供放射性同位素，其中的一个结果便是，在战后的10年中，有越来越多的放射性同位素用于人体试验。当时，使用放射性同位素的研究人员并未完全区分治疗性实验和非治疗性试验。在治疗性试验中，受试者可以从治疗中获益，而在非治疗性试验中，却没有这种预期益处。由于这个原因以及其他原因，许多研究后来都被认为是有很大问题的。目前被认为是涉及伦理问题的人体实验，并不容易与具有开创性、能获得诺贝尔奖的放射性同位素研究分离开来。本章将通过对贫血和糖尿病的研究，阐述原子时代人体试验研究的前景和危害，受试者包括孕妇、儿童、士兵、糖尿病患者和所谓的健康志愿者。

范德堡医学院为了研究孕期营养对新生儿和母体产后健康的影响，进行了一项长达5年的调查，其中一部分可以算是最大规模的使用健康人进行放射性同位素的实验之一。这项实验是在长期研究铁代谢的基础上发展起来的，铁代谢是很多血液疾病的关键。20世纪30年代晚期，E.O. 劳伦斯在伯克利使用回旋加速器生产放射性铁，乔治·惠普尔和他在罗彻斯特的同事是第一批使用放射性铁的研究人员。惠普尔和同事给狗喂食铁－59，发现贫血的狗比正常的狗从食物中吸收了更多的铁。[②] 像上一章的生物化学家们一样，惠普尔使用放射性元素作为示踪剂，但通过器官系统而非沿着化学途径追踪。20世纪30年代晚期，放射性铁的同化和代谢研究开始从狗转移到人身上，首先是对罗彻斯特的住院患者进行实验，然后随着放射性铁的普及，带来了战后更广泛的应用。1945年至1947年间在范德堡，一组研究人员（包括惠普尔小组的一名研究人员）让800多名孕妇口服放射性铁并追踪其吸收情况。这些孕妇并没有从放射性同位素中得到任何好处，许多人似乎并不知道她们

② 参见 Hahn et al.，“Radioactive Iron”（1938）；Hahn et al.，“Radioactive Iron”（1939）.

自己是研究对象。范德堡的研究已经成为医学研究界通过对实验对象颇为随意的治疗，试图了解辐射对人类影响的象征性案例了。尽管这并非20世纪40年代对孕妇使用放射性铁的研究目的，但范德堡的研究人员在20世纪60年代发现，此前的这项研究也揭示了正在发育的胎儿对辐射的敏感性。③

20世纪40年代晚期和50年代，放射性同位素也被用于研究退伍军人的甲状腺功能、血液循环和糖尿病。核物理学家罗莎琳·亚洛和医生所罗门·贝尔松在布朗克斯的退伍军人管理局医院进行了碘-131的研究。令人惊讶的是，那些退伍军人使用碘-131标记的胰岛素后，血液中产生血源性抗体，亚洛和贝尔松利用这一结果开发了一种新型结合分析法。这种方法被称为放射免疫分析法，随着它成为标准的诊断方法，豚鼠在实验中替代了人类。放射免疫分析法利用来自人或豚鼠抗体的巨大特异性作为技术支持，帮助使用者测量特定分子的微小浓度（例如，10^{-10}—10^{-12}摩尔），即使是在其他分子浓度超过10亿倍的情况下也能测量。④该分析方法成为一种非常重要的工具，不仅广泛应用于医学诊断领域，而且广泛应用于基础实验室研究以及环境和药物检测。放射免疫分析法的发现被认为是放射性同位素在生物医学研究中最成功、最有效的应用之一。

在以上的两个研究中，人类受试者都是实验的主题。在过去的20年里，一些调查记者和克林顿总统的人体辐射实验咨询委员会对使用人类作为原子能研究对象的特殊伦理问题进行了广泛的审查，委员会于1995年发布了审查报告。第二次世界大战期间和战后，人类不知不觉

---

③ 参见ACHRE，*Final Report*（1996），pp. 213–216；Hagstrom et al.，"Long Term Effects of Radioactive Iron"（1969）.

④ 关于其他基于抗体的工具和免疫诊断问题，参见Cambrosio and Keating，*Exquisite Specificity*（1995）；Keating and Cambrosio，*Biomedical Platforms*（2003）；Silverstein，*History of Immunology*（1989），chapter 12.

地成为原子武器相关研究的实验对象。曼哈顿工程区和后来的原子能委员会进行了分类试验，在这些实验中，被诊断为患有某种晚期疾病的患者接受了少量放射性同位素，如钚、钋和铀，以追踪其吸收和代谢。这些研究旨在评估工作人员和其他接触这些放射性物质的人如何代谢这些放射性物质，如果剂量足够大，可能会产生什么样的生物效应。在其他情况下，人类受试者（通常是癌症患者）在实验中接受大剂量的辐射，以了解其效果。在这方面著名的（也是臭名昭著的）例子是由加州大学旧金山分校的罗伯特·斯通和辛辛那提大学的尤金·森格尔（Eugene Saenger）所做的调查。森格尔的项目说明了军事研究和癌症研究人员目的趋同，因为他负责的有关患者全身照射（旨在减少疼痛转移性生长）的工作，部分是由美国国防部资助，为的是获取在核战场上士兵可能经历的认知上和生理上的变化信息。[⑤] 直到 20 世纪 90 年代，许多类似的实验才被公开。

虽然大多数人体放射性同位素实验依赖于原子能委员会生产的放射性同位素，但这些实验却并没有得到政府的资助。此外，当前标准的“人体辐射实验”标签不能说明与这类研究有关的各种动机、议程和放射性照射类型。本章分析放射性铁实验的目的不在于了解铁 −59 的放射性衰变是如何影响人体的，而是要阐明普通铁的同化和代谢，因为它是一种重要的营养成分。临床研究人员向人类受试者施用放射性铁，将其作为一种示踪剂，并乐观地认为这种低剂量的放射性物质是无害的。[⑥] 放射免疫分析法的发展通常被认为是科学的进步而非医学判断的失误，

---

⑤ 关于斯通的研究，参见 Jones and Martensen，“Human Radiation Experiments”（2003）；关于森格尔的研究，参见 Kutcher，“Cancer Therapy”（2003）和 *Contested Medicine*（2009）。第九章将讨论其他全身辐射研究。

⑥ 许多回顾性描述都同意这个一般观点。正如 J. 纽厄尔·斯坦纳尔德（J. Newell Stannard）所说，“一旦‘热’源被稀释到示踪剂水平，对其毒性的担忧可以降到最低。总的来说，这种乐观的态度是在为示踪剂的使用辩护”。参见 *Radioactivity and Health*（1988），Vol. 1, p. 289.

但它同样依赖人类受试者，包括患者和“健康志愿者”在放射性同位素临床研究中的作用。[⑦]令人惊讶的是，退伍军人的身体为这一发现提供了重要的实验材料，导致了战后更广泛地将士兵作为“原子试验品”的模式。[⑧]但更普遍的是，使用这些机构规定的人群，如病患和退伍军人进行临床调查，体现了大卫·罗斯曼（David Rothman）对医学研究“镀金时代”的描述。在那个联邦医疗研究基金快速增长的时代，伦理方面的考虑全都托付给了研究者，人们很少顾及为患者考虑和研究特权之间的冲突。[⑨]回顾历史，布朗克斯退伍军人管理局医院和范德堡大学的工作可能同时代表了民用人类放射性同位素实验的最佳和最差表现。不过二者也是20世纪中叶美国医学研究特点和规模的典型代表。

战后，临床实验迅速发展，在此背景下原子能的政治形态决定了人类放射性同位素研究如何以两种不同方式进行。首先是联邦政府大力宣传放射性同位素的科学价值和医疗价值，正如前面章节所述。这种对放射性同位素价值的热情、甚至是痴迷延伸到人体研究，原子能委员会认为，只要遵循一定的规章和指南就是安全的。因此，由于材料的可用性以及抱着科学知识的收益大于次要风险的心态，许多对人类进行的放射性同位素实验开始了。大多数此类生物医学调查与武器开发无关，并在公开文献中发表。正如本章所述，这种工作是在一系列私人和公共机构中发展起来的。

其次是放射性同位素研究涉及的军事方面——有关武器材料和裂变产物代谢的人体实验。原子能委员会的领导层明白这些研究既存在伦理问题，也存在政治问题。如果公开这种实验，自然会给美国人留下一种联邦政府正在拿“人类做试验品”的印象。出于这个原因，原子能委员

⑦“健康受试者”和患者之间本身就是可以相互转化的。参见Stark，*Behind Closed Doors*（2012），ch.4.

⑧参见ACHRE，*Final Report*（1996），ch. 10.

⑨参见Rothman，*Strangers at the Bedside*（1991），ch. 3.

会拒绝解密许多涉及人类的研究，即使这些研究对国家安全并不重要。[10]该机构还于 1947 年制定了指导方针，例如如何争得临床实验受试者的同意，旨在保护患者和其他使用放射性物质的人类医学研究对象。然而，这些指导方针似乎并未在原子能委员会范围以外的实验室中实施，这就导致一种奇怪的情况——实验对象的监管框架似乎只适用于秘密的放射性同位素人体研究。

政府对于使用放射性同位素进行“项目外”临床研究的主要监督任务是由原子能委员会同位素部门的人类应用小组委员会执行。该小组的医学专家将审查向原子能委员会递交的任何对人类使用放射性物质的申请（有否决权）。大多数申请都能通过审查。直到 1946 年 10 月，也就是橡树岭开始运输同位素两个月后，217 种放射性同位素中的 94 种都被申请用于人体实验，其中 90 种获得批准。[11]至于对放射性同位素到达目的地之后的安全管理和处理，原子能委员会最先考虑依靠当地医院和研究机构的委员会。随着时间的推移，实验室和医院开始使用更强有力的监管手段，这既是联邦法规法典的一部分，也响应了 1954 年《原子能法》为保护公众权益出台的更严格的法规。事实证明，在 20 世纪 50 年代和 60 年代期间，越来越多的人意识到低水平的辐射暴露对健康有害，而那时已经进行了大量的人体实验。

放射性铁作为生理示踪剂

罗彻斯特大学医学院的医学研究人员乔治·H. 惠普尔开始使用 E.O. 劳伦斯发现的放射性铁进行生理学研究；1937 年，他是第一批不

---

⑩ 参见 ACHRE，*Final Report*（1996），p. 49.

⑪ 参见 ACHRE，*Final Report*（1996），p. 175；Isotopes Branch，Research Division，Manhattan District，Reports of Requests Received through 31 Oct 1946，NARA Atlanta，OROO Lab & Univ Div Official Files，Acc 68A1096，box 6，folder Radioisotopes-National Distribution.

属于当地的收货人，接受了伯克利回旋加速器生产的放射性同位素。[12]同时罗彻斯特大学也在建造回旋加速器，而这个回旋加速器成为二战期间研究辐射生物学效应的主要研究中心之一。1943年，罗彻斯特大学放射学教授斯塔福德·沃伦被任命为曼哈顿计划的医学主任。沃伦与罗彻斯特医学院签订了一份关于研究铀的毒理学的战时合同，后来这份合同也包括调查钚的急性和慢性毒性作用。[13]战争结束时，这一工作已经成为曼哈顿工程区应用医学和生物学研究的第二大项目，1945—1946年间得到170万美元的支持。[14]原子能委员会继续为罗彻斯特提供高额资金，用于研究辐射的生物效应。这一军事相关的项目设施就建在医学院对面，并受到严格保护。战后不久，作为项目的一部分，罗彻斯特纪念医院的“代谢病房”中，11名患者注射了微量的钚，以追踪其在人体内的代谢、定位和排泄。[15]罗彻斯特的研究与约瑟夫·汉密尔顿在伯克利进行的长寿命裂变产物代谢的研究类似。在这两个原子能委员会支持的研究实验中，研究人员都曾给患者注射与武器相关的放射性物质，然而几十年来这些实验一直保密。

这些与战争相关的辐射实验与惠普尔小组的工作没有直接关系——实际上，下面要讨论的放射性铁实验比罗彻斯特钚实验的发生时间更早。但是惠普尔的工作利用了曼哈顿计划所重视的关键资源，特别是放射学部门使用了最新的放射资源和当地的核物理专业知识，以及邀请著

⑫ 参见第二章。

⑬ 参见 Hacker，*Dragon's Tail*（1987），pp. 49–50，67.

⑭ 那一年，只有芝加哥大学得到更多资金支持，约250万美元，尽管在1946—1947年间，芝加哥的资金被消减至100万美元，而罗彻斯特得到120万美元。这些资金是1945—1946年间医学总研究预算的一部分，1945—1946年总预算为491万美元，而在1946–1947年为388万美元。参见 Lenoir and Hays，“Manhattan Project for Biomedicine”（2000），p. 38.

⑮ 在艾琳·韦尔森（Eileen Welsome）令人动容的关于原子能医学研究的描述中，几乎所有不知情的受试者都已经被确认参与了政府组织的钚研究，参见 *Plutonium Files*（1999）.

名物理学教授李·A. 杜布里奇监督回旋加速器的工作。此外，使用放射性铁进行的研究凸显出在使用回旋加速器生产的放射性同位素进行人体实验、曼哈顿计划下的应用辐射研究时代与战后临床研究之间重要的连续性。那些发展核物理和医学领域的大学就是曼哈顿计划和原子能委员会所选择的机构，负责对有关原子武器开发的放射性同位素的危害进行调查。

因为发现治疗恶性贫血的肝脏疗法，惠普尔、乔治·米诺特（George Minot）和威廉·P. 墨菲（William P. Murphy）共同获得 1934 年的诺贝尔生理学或医学奖。惠普尔首先关注的是因失血造成的贫血，并发明了“标准贫血狗”，其症状是由失血和特殊饮食引起的。1925 年到 1930 年，惠普尔及其实验室技术人员佛里达·罗斯凯 – 罗宾斯（Frieda Robscheit-Robbins）陆续发表了 18 篇关于“严重贫血中血液再生”的论文。他们测试了各种食品补充剂的再生效果，发现生的或煮熟的肝脏是最有效的（米诺特和墨菲将这种饮食方法用于他们对恶性贫血的研究）。惠普尔和罗斯凯 – 罗宾斯最终发现，无论是从动物还是植物中提取的食物，其治疗贫血的功效都与铁的含量有关，虽然单独喂食铁盐不如喂食肝脏那么有效。[16] 惠普尔使用狗做研究对象延续了伊万·巴甫洛夫（Ivan Pavlov）三十多年前的生理学研究传统。为了研究胃肠道的各个方面，有些实验狗经过了手术改造。[17]

从红细胞中识别铁，以及证明铁是所有动物（从昆虫到哺乳动物）血红蛋白的重要组成部分，此类研究可以追溯到 19 世纪。[18] 但是从食物中摄取的铁对血液疾病的临床意义仍不明确。20 世纪早期，人们不再

---

⑯ 参见 Miller，“George Hoyt Whipple”（1995），pp. 382–383. 惠普尔和罗斯凯 – 罗宾斯最初的结论是，铁对单纯贫血毫无治疗价值，必须依托于功效更强的肝脏。然而 1925 年，他们评估后认为铁对慢性严重贫血有治疗作用。参见 Wintrobe，*Blood*，*Pure and Eloquent*（1980），p. 174.

⑰ 参见 Todes，“Pavlov's Physiology Factory”（1997）；同上，*Pavlov's Physiology Factory*（2002）.

⑱ 参见 Edsall，“Blood and Hemoglobin”（1972）；Holmes，“Crystals and Carriers”（1995）.

重视“萎黄病”的病因分类研究，而是转向贫血症的研究，这一转变不是因为铁的治疗变合理化，而是因为铁对于妇女以及新诊断技术的意义发生了文化转变。[19]虽然在20世纪30年代，不同形式铁的疗效在医学文献中仍充满矛盾，但临床医生通常使用补铁剂治疗“低色素性贫血”（可能源于某种营养不良或慢性失血）。[20]人们对微量元素，如铁、铜、锌生理作用的兴趣与20世纪初至20世纪30年代生物化学领域主要进行的维生素研究并行不悖。[21]人工放射性同位素为追踪这些微量元素（或“微量营养素”）的同化和代谢提供了手段。[22]

1937年，美国国家科学院在罗彻斯特大学举办其秋季会议，惠普尔有机会介绍他对贫血和膳食铁的研究。E.O.劳伦斯出席会议并告诉惠普尔，马丁·卡门最近在伯克利辐射实验室发现了一种具有47天较长半衰期的铁的同位素。[23]这种铁-59的半衰期足够在狗食用后进行追踪。[24]此外，通过标记膳食铁，研究人员可以将新同化的铁与体内已有的铁区分开。尽管在研究光合作用中使用的同位素碳是有用的，因为所有生物分子中都含有碳元素，但是人工放射性铁在体内不是普遍存在的，不过仍然十分重要。

惠普尔是首批得到这种最新发现的同位素铁的研究人员之一。

⑲ 参见 Wailoo，*Drawing Blood*（1997），ch. 1.

⑳ 关于贫血的治疗，参见 Strauss，“Use of Drugs”（1936），esp. 1635. 关于医学文献中的分歧，参见“Metabolism of Iron”（1937）.

㉑ 参见 McCance and Widdowson，“Mineral Metabolism”（1944），关于维生素的研究，参见 Kamminga，“Vitamins and the Dynamics”（1998）.

㉒ 在20世纪中叶该领域的一项调查使用了微量元素（trace element）这一术语，是“因为它的历史关联”，同时也承认了最近的术语“microelement”或“micronutrient”。参见 Underwood，*Trace Elements*（1956），p. 1.

㉓ 参见 Corner，*George Hoyt Whipple*（1963），p. 245.

㉔ 惠普尔在“给劳伦斯的备忘录”中提到他希望采用伯克利回旋加速器生产的放射性铁。参见 23 Nov 1937，EOL papers，series 1，reel 23，folder 15：26，University of Rochester，1935—1938.

1937年末，劳伦斯从伯克利向罗彻斯特运送了一批铁-59。[25]杜布里奇告诉劳伦斯，惠普尔“对自己有机会使用感到十分兴奋”，尽管起初“他认为放射性铁十分珍贵，甚至不敢使用它”。1938年初，惠普尔从伯克利获得第二批放射铁时，毫无疑问，他克服了之前的犹豫，而这批放射性铁具有更高的特殊活性。[26]劳伦斯和卡门发现的放射性铁的功效因合著论文得到了罗彻斯特研究人员的认可。[27]这些参与合作的人员包括威廉·F.巴尔（William F. Bale），他是一名在罗彻斯特的斯塔福·德沃伦放射科工作的物理学家，负责对放射性进行计数；还包括曾在病理系与惠普尔一起工作的保罗·哈恩（Paul F. Hahn），他在麻省理工学院接受工程学初步培训后得到了博士学位。[28]

该小组最初在《美国医学协会》杂志上发表文章阐述当时的背景环境：“生理学家们都承认我们对铁代谢的理解已经陷入困境，对于体内铁代谢的每个阶段都有几乎截然相反的观点。公平地说，这种困难大部分与铁的分析方法有关。”[29]放射性铁为惠普尔和同事们提供了一种明确的方式来追踪铁元素从食物到血细胞的吸收。正如第二篇较长的论文中

㉕ 参见 Lee A. DuBridge to Ernest O. Lawrence，17 Dec 1937，EOL papers，series 1，reel 23，folder 15：26 University of Rochester，1935—1938.

㉖ 卡门不得不在高压电下操作回旋加速器以获得更大的活性，尽管这样会产生足以熔化铁的高温。参见 Martin D. Kamen to Lee A. DuBridge，11 Jan 1938，EOL papers，series 1，reel 23，folder 15：26 University of Rochester，1935–38. 第二批是具有更高特殊活性的放射性铁样本（Lawrence to Whipple，5 Apr 1938，same folder）.

㉗ 劳伦斯最初不同意作为合著者，但惠普尔坚持至少在第一篇论文中加上他的名字。卡门是随后一篇论文的合著者。参见 Hahn et al.，“Radioactive Iron”（1938）；Hahn et al.，“Radioactive Iron”（1939）. 同时参见 Lawrence to Whipple，30 Nov 1937；Whipple to Lawrence，7 Dec 1937；Lawrence to Whipple，1 Oct 1938；and Whipple to Lawrence，11 Oct 1938，EOL papers，series 1，reel 23，folder 15：26 University of Rochester，1935–38.

㉘ 参见 G. H. Whipple to Warren Weaver，22 Apr 1946，RAC RF 2–1946，series 200，box 333，folder 2254.

㉙ 参见 Hahn et al.，“Radioactive Iron”（1938），p. 2285.

所表达的那样，“生理学家已经得到了用来理解和研究身体代谢的‘罗塞达石碑’，他们心怀感激。”[30] 从 1938 年 1 月到 1940 年 1 月，劳伦斯和卡门给罗彻斯特的小组输送了 22 种放射性铁的样本，使研究小组能进行各种各样的关于铁吸收和排泄的动物实验。[31] 即便如此，早期供应的放射性铁依然很少，研究人员不得不收集狗的粪便，将排出的同位素再次使用。[32]

通过给实验狗喂食铁 -59，惠普尔和同事发现实际吸收情况取决于狗体内的铁是否耗尽。六只贫血的狗吸收了大量的放射性铁，而三只正常的狗只吸收了微量的放射性铁。[33] 若每天多次用 30–40 毫克的小剂量喂食贫血的狗，铁的吸收率更高（高达 50%）。[34] 惠普尔和同事们牺牲了三只贫血的狗和所有对照组的狗以确定放射性铁在血液、器官和骨骼中的分布情况和分布量。他们连续几天抽取剩下的狗的血液以测量铁 -59 是否存在和其持久性。在贫血的狗体内，喂食的放射性铁在数小时后出现在红细胞中。[35]（作者评论：“铁吸收和转移到红细胞的速度是十分惊人的。”）[36]（参见图 8.1）

早期实验包括给一只怀孕的比格犬喂食放射性铁，口服 12 小时后，它产下一个死胎。24 小时后，它产下一只活的小狗；30 小时后，它又产下另一只活的小狗。但这两只活的小狗都被用来分析放射性铁是否发

㉚ 参见 Hahn et al.，“Radioactive Iron”（1939），p. 739.

㉛ 参见 List of shipments with letter from George H. Whipple to E. O. Lawrence，8 Feb 1940，OL papers，series 1，reel 23，folder 15：27，University of Rochester，1940–1959. 同一文件夹中还有一份罗彻斯特论文的清单，这些论文都是关于使用放射性铁的实验 .

㉜ 约瑟夫 · 罗斯负责从狗的粪便中提取放射性铁。参见 Oral history of Joseph F. Ross by Eric Hoffman，11–12 Jun 1986，Columbia University Oral History Library.

㉝ 参见 Hahn et al.，“Radioactive Iron”（1939）.

㉞ 出处同上，p. 745. 50% 的数据来自于后来发表的论文：Hahn et al.，“Radioactive Iron”（1939）.

㉟ 参见 Hahn et al.，“Radioactive Iron”（1939），p. 747.

㊱ 出处同上。p. 753.

<table>
<tr><td></td><td colspan="7">贫血狗</td><td colspan="3">正常狗</td></tr>
<tr><td>狗编号</td><td>H-9</td><td>H-8</td><td>37-116</td><td colspan="2">37-227</td><td colspan="2">37-204</td><td>37-202</td><td>37-77</td><td>37-344</td><td>37-214</td></tr>
<tr><td>喂食次数</td><td>4</td><td>2</td><td>1</td><td colspan="2">1</td><td colspan="2">1</td><td>1</td><td>18</td><td>5</td><td>1</td></tr>
<tr><td>血液容量</td><td>330</td><td>350</td><td>500</td><td colspan="2">370</td><td colspan="2">400</td><td>770</td><td>480</td><td>630</td><td>700</td></tr>
<tr><td>血浆容量</td><td>260</td><td>260</td><td>390</td><td colspan="2">250</td><td colspan="2">330</td><td>620</td><td>240</td><td>360</td><td>400</td></tr>
<tr><td>喂食铁量</td><td>220</td><td>66</td><td>130</td><td colspan="2">84</td><td colspan="2">300</td><td>115</td><td>650</td><td>103</td><td>60</td></tr>
<tr><td>喂食后每分钟计量</td><td>770</td><td>464</td><td>5730</td><td colspan="2">21500</td><td colspan="2">6590</td><td>13000</td><td>600</td><td>2120</td><td>14240</td></tr>
<tr><td>喂食时 Hb. 百分比</td><td>39</td><td>62</td><td>53</td><td colspan="2">68</td><td colspan="2">61</td><td>56</td><td>178</td><td>138</td><td>114</td></tr>
<tr><td>喂食后时间</td><td>20</td><td>20</td><td>23</td><td>4</td><td>75</td><td>11</td><td>26</td><td>6</td><td>84</td><td>23</td><td>7</td></tr>
<tr><td colspan="12">放射性铁发现量</td></tr>
<tr><td>肝脏</td><td>0.4</td><td>0.4</td><td>0.5</td><td colspan="2">--</td><td colspan="2">--</td><td>--</td><td>0.2</td><td>0.03</td><td>0.02</td></tr>
<tr><td>脾脏</td><td>0.0</td><td>0.0</td><td>0.1</td><td colspan="2">--</td><td colspan="2">--</td><td>--</td><td>0.0</td><td>0.02</td><td>0.01</td></tr>
<tr><td>骨髓</td><td>0.2</td><td>3.0</td><td>2.0</td><td colspan="2">--</td><td colspan="2">--</td><td>--</td><td>0.0</td><td>0.03</td><td>--</td></tr>
<tr><td>血浆</td><td>0.0</td><td>0.3</td><td>0.1</td><td>0.7</td><td>0.1</td><td>0.8</td><td>0.2</td><td>3.5</td><td>0.0</td><td>0.01</td><td>0.05</td></tr>
<tr><td>红细胞</td><td>8.7</td><td>9.0</td><td>1.4</td><td>0.9</td><td>4.6</td><td>0.0</td><td>0.4</td><td>0.2</td><td>0.04</td><td>0.06</td><td>--</td></tr>
<tr><td>放射性铁总量</td><td>9.3</td><td>12.7</td><td>4.1</td><td>1.6</td><td>4.7</td><td>0.8</td><td>0.6</td><td>3.7</td><td>0.24</td><td>0.15</td><td>0.08</td></tr>
</table>

图 8.1　9 只喂养铁 -59 的实验狗的结果数据表格，6 只为贫血狗，3 只为正常狗。贫血狗对放射性铁的吸收程度更高。“Hb” 是血红蛋白的缩写（原表版权归洛克菲勒大学出版社所有。参见 P. F. Hahn，W. F. Bale，E. O. Lawrence，and George Whipple，“Radioactive Iron and Its Metabolism in Anemia：Its Absorption，Transportation and Utilization，” *Journal of Experimental Medicine 69*（1939）：739–53，p.744）

生转移。第二只小狗体内只有小部分器官出现少量放射性铁。保罗·哈恩和威廉·巴尔在未发表的报告中指出：

第二只小狗体内检测到的少量放射性铁会引发一些猜测。迄今为止，大多数研究者假定一旦放射性铁进入血液，铁会和球蛋白结合，并被运输到通常的储存位置。如果这种假设成立，为了解释通过胎盘的情况，就有必要假设铁与蛋白质会发生分离。[37]

尽管研究人员有意通过进一步的妊娠研究来解决这个问题，但显然并没有实施，而且这一发现也没有公布。然而，研究人员的言论表明他们期待给怀孕的狗（或人）使用放射性铁时，放射性铁不会轻易转移给胎儿。

惠普尔告诉劳伦斯，最初的实验带来了许多其他可能的研究线索，他不知道该“选择哪个方向”：体内分布问题、运输工具、储存、肌肉和骨髓的利用、放射性铁的转运速度等十几个项目亟待研究。我们也想尽快在人体病例上进行实验。[38]

惠普尔的团队通过与放射科和妇产科的工作人员合作，将他们的实验对象扩展到人类。最终发表的报告包括 34 例病例，其中有因为各种原因（如出血性溃疡和恶性贫血）住院的男性、女性和儿童，以及一名被当作对照的医学院学生。研究中也有 14 个不同妊娠阶段的孕妇，其中一半是因治疗性流产（出于各种医学理由不得不流产）而住院，另一半则是住院分娩。该实验遵循标准的道德规范，即只有在动物实验之后才开始对人类进行医学研究。[39]作者认为进行人类研究务必要“排除狗和人类生理机能之间可能存在的任何差异。”[40]

所有受试者都需要接受放射性铁，通常是口服。他们的吸收情况将通过血液样本测定，根据患者的住院时间，样本采集会持续几年或者几个月。研究人员列出的是以毫克为单位的放射性铁的量，而非规定的毫居里或微居里的放射量，这样根本无法确定患者摄入的辐射剂量有多大。同样，罗彻斯特的研究人员发现想要确定样品的绝对辐射量是很困难的；

㊲ 参见 Paul Hahn and William F. Bale，“Report No. 4，Radioactive Iron Experiments，” 9-pg. typescript enclosed with George H. Whipple to Ernest O. Lawrence，29 Sep 1938，EOL papers，series 1，reel 23，folder 15：26 University of Rochester，1935—1938，p. 2.

㊳ 参见 George H. Whipple to Ernest O. Lawrence，25 Jan 1939，EOL papers，series 1，reel 23，folder 15：26A，University of Rochester，1939.

㊴ 参见 Lederer，*Subjected to Science*（1995），pp. 1 ，74.

㊵ 参见 Balfour et al.，“Radioactive Iron Absorption”（1942），p. 16.

铁 –59 衰变产生的 β 射线是"软的"，无法通过盖格 – 米勒计数器有效接收。[41] 论文中并没不担心人类受试者可能遭受辐射，或者以此为由反对实验进行。实验的重点是了解作为营养物质的铁在这些病理情况中的作用。此外，研究人员将其视为治疗性研究还是非治疗性研究尚不清楚；有关铁吸收的信息对于某些病例可能具有临床价值。实验结果验证了在实验狗中观察到的情况。那些由于失血或者因为不完全流产而大出血导致贫血的患者，比健康受试者摄入的放射性铁多两到三倍。但并非所有的贫血患者都容易吸收铁，这表明一些贫血现象（如恶性贫血）不是由于体内铁减少造成的。[42] 孕妇对放射性铁吸收的最多，比正常人体吸收高 2–10 倍。[43]

虽然 1942 年后，由于战时动员，伯克利辐射实验室不能给惠普尔和同事提供放射性铁，但他们继续用狗进行实验，直到 1944 年才停止。[44] 麻省理工学院的回旋加速器成为继续研究所需放射性铁的主要供应来源。[45] 他们把实验对象扩展到经过手术改造的贫血狗，使得它们的

㊶ 罗彻斯特的科学家们向 E.O. 劳伦斯写信告知他们在定量测量含有放射性铁的样品时遇到的困难，只有 2% 的衰变可以被记录下来。参见 W. F. Bale and P. F. Hahn, "Radioactive-Iron Experiments," write-up of experiments enclosed with G. H. Whipple to Ernest O. Lawrence，11 Mar 1938，EOL papers，series 1，reel 23，folder 15：26，University of Rochester，1935—1938.

㊷ 参见 Case 7 in Balfour et al.，"Radioactive Iron Absorption"（1942），p. 22.

㊸ 出处同上，p.29. 一些怀孕病人吸收了 16% 至 17% 的放射性铁。惠普尔在向劳伦斯报告他的初步人体实验结果时指出，"孕妇或哺乳期妇女在大多数情况下会耗尽自身的铁储备，所以很容易吸收口服铁。" 参见 George H. Whipple to Ernest O. Lawrence，11 Nov 1941，OL papers，series 1，reel 23，folder 15：27 University of Rochester，1940–59.

㊹ 参见 Martin D. Kamen to George H. Whipple，9 Feb 1942，EOL papers，series 1，reel 23，folder 15：27 University of Rochester，1940–59；"Special Materials，" 7–pg. typescript，undated［1946?］，OL papers，series 3，reel 32，folder 21：22 Special Materials。此外，惠普尔小组从罗彻斯特回旋加速器得到了一些放射性铜，以研究其在正常和贫血狗中的摄取情况。详情参见 Yoshikawa，Hahn，and Bale，"Red Cell and Plasma Radioactive Copper"（1942）.

㊺ 这一转变在 1942 年就开始了。参见 Robley D. Evans to Howland H. Sargeant，4 May 1942，MIT President's Papers，box 82，folder 1 Robley Evans，1942. 如上所述，罗彻斯特回旋加速器不能在非常高的电压下产生具有足够特定活性的、用于生理学实验的放射性铁。

胃和小肠的各个部分（空肠、十二指肠和回肠）均可以通过手术创建的瘘管和囊袋进行实验。[46]实验结果显示吸收情况呈梯度分布，放射性铁在十二指肠的吸收量最高，在空肠和胃中吸收量慢较少，而在回肠和结肠中几乎没有。放射性铁的消化更是一个渐进的过程；研究人员发现放射性铁只能通过胆汁缓慢分泌。由于铁的消化速度很慢，通过胃肠黏膜上皮的选择性吸收，吸收成为铁浓度的主要调节机制。惠普尔假设是体内储存的铁而不是贫血本身可以控制铁的吸收。[47]

除了惠普尔的小组之外，只有少数研究人员能从伯克利回旋加速器得到铁 -59。[48]这样导致他人很难挑战罗彻斯特小组的权威结果和解释。例如，华盛顿大学的卡尔 · V. 摩尔（Carl V. Moore）在 1940 年开始使用从 E.O. 劳伦斯和马丁 · 卡门那里得到的铁 -59 样品研究狗和人的铁吸收情况。战争期间，他转向使用由华盛顿大学回旋加速器生产的铁 -59，当时华盛顿大学回旋加速器已经加入放射性同位素供应网。[49]在摩尔的实验室中，许多人类研究对象都是实验室里的工作人员。研究人员埃尔默 · 布朗（Elmer Brown）回忆说："我们都是一种实验或者另一种实验的研究对象，如果你浏览卡尔、比尔 · 哈林顿（Bill Harrington）等人的论文，可以很容易通过首字母辨认。"他解释说，这是血液学的一个传统，且摩尔是第一批志愿者。原因并不在于"自我实验的神秘感

㊻ 关于这些技术的发展，参见 Todes，*Pavlov's Physiology Factory*（2002）.

㊼ 参见 Hahn et al.，"Red Cell and Plasma Volumes"（1942）；Hahn et al.，"Radioactive Iron Absorption"（1943）；Hahn et al.，"Peritoneal Absorption"（1944）.

㊽ 其他在 1940 年从放射实验室收到放射性铁的人有艾里希 · 贝尔（多伦多），乔治 · 赫维希，I. L. 因曼和卡尔 · V. 摩尔（华盛顿大学），摩尔在 1941 年收到第二批放射性铁。相比之下，惠普尔小组所在的罗彻斯特大学分别在 1937 年、1938 年、1939 年、1940 年、1941 年和 1942 年都收到了放射性铁，但数量不明。参见"Special Materials".

㊾ 参见 Moore et al.，"Absorption of Ferrous and Ferric Radioactive Iron"（1944）. 有关伯克利运送的放射性铁，参见第 756 页脚注。摩尔在 1941 年收到了从伯克利发出的第二批货物，但是这次是铁 -55，参见 Martin D. Kamen to Carl V. Moore，21 Jul 1941，E. O. Lawrence papers，Banc Film 2248，series 1，reel 14，folder 10：10 Kamen，Martin D.

或任何大胆冒险行为带来的愉悦感”，而是研究人员比患者有更多积极性、可靠性和知识储备，并且愿意忍受“反复实验”。在“血液学变得更加复杂”之后，他发现实验开始转向使用带薪实习的医学院学生和其他医院志愿者——“恐怕在这个过程中我们疏忽了什么东西”。[50]作为实验对象始终是有风险的，而且实验室工作的各个方面都存在危险，尤其是在放射性回旋加速器内部制备磷 -32。[51]然而，在华盛顿大学和哈佛医学院等研究中心，研究人员似乎接受了他们在进行研究和提供治疗过程中不得不接受辐射暴露的事实。[52]

战时和战后关于放射性铁的研究

保罗·哈恩在罗彻斯特和惠普尔共同完成了几乎所有的关于放射性铁的研究，战争期间，他搬到范德堡，继续从事铁代谢的研究。1945 年发表的一篇论文讨论了 9 名患者和 3 只狗分别对二价铁和三价铁形式的铁元素的吸收情况，并举例说明在第二次世界大战期间，使用放射性同位素进行的医学研究是如何在小范围内进行的。论文的合作者包括来自罗彻斯特大学和路易斯安那州立医学院的几名研究人员，以及来自麻省理工学院物理系的温德尔·皮科克（Wendell Peacock），麻省理工学院

---

⑩ 参见 Elmer B. Brown to Max Wintrobe，17 Jan 1982，Wintrobe papers，box 70，folder 10，pp. 5 and 6.

⑪ 参见 Virginia Minnich to M. M. Wintrobe，2 May 1983，Wintrobe papers，box 73，folder 12；oral history of Joseph F. Ross conducted by Eric Hoffman，11–12 Jun 1986，Columbia University Oral History Research Office.

⑫ 有关罗斯制备用于治疗的镭，以及在回旋加速器材料可用时制备铁 -59 和磷 -32 的口述历史，出处同上。他谈到了从镭和 X 射线使用初期就一直在哈佛医学院的“家伙们”，因为癌症，他们的手臂被连续截肢到肩关节。在伯克利，马丁·卡门在给研究人员提供放射性同位素之前，都会做大部分的放射化学分离，而麻省理工学院的回旋加速器同样也设立了放射化学设施。

负责提供研究使用的铁 –59。[53] 研究对象是根据贫血患者住院或门诊治疗情况而选择；在这方面，该研究与 1942 年罗彻斯特的研究一样。[54] 出于治疗原因，所有患者都口服补铁剂。（从这个意义上说，尽管放射性本身没有治疗价值，但该研究还算治疗性研究）每个受试者都要接受三次放射性铁治疗（以毫克为单位，而不是居里），交替服用二价铁和三价铁。患者服用四到八天后，通过测量血液样本红细胞中铁的放射性来确定吸收情况。

对受试者的描述显示了当时医学上盛行的家长式作风。受试者中有四个是“有色人种病人”，分别因胃癌、子宫肌瘤、溃疡和多发性妊娠铁缺乏而住院。没有关于这些患者对自己参与研究是否知情的记载。令人吃惊的是，作者直接指出受试者的种族与他们的配合情况和智商之间的关联。当这四个人的研究结果不能充分证明哪种形式的铁更容易吸收时，研究人员决定“找几个值得信任的研究对象，他们除了接受用作示踪剂的铁之外不会服用其他的铁元素”。为此，他们选择了“两个年轻的白人女性，她们的智商和可靠性是毫无争议的”[55]。这两个人被告知她们是受试者，这样她们不会服用其他的铁，结果显示二价铁的吸收效率更高。另外三名门诊病人也做了类似的实验，证实了这一结论，不过他们的实验并未涉及种族问题。显然，研究人员对受试者行为（包括饮食）的控制能力并非没有限制，但是他们也没有把研究告知所有患者，如果说明情况，有可能导致患者的有意合作，或者他们会彻底拒绝。在这些问题上，早期放射性同位素的研究与其他

---

[53] 参见 Hahn et al.，“Relative Absorption”（1945）. 关于麻省理工学院提供放射性同位素的信息，参见 Robley D. Evans，“Radioactivity Center，1934—1945，” unpublished history，28 Jun 1945，Evans papers，box 1，folder Radioactivity Center 1934—1945.

[54] 从文献中我们看不出来这些患者是在范德堡、罗彻斯特或者路易斯安那州立医学院就诊。

[55] 参见 Hahn et al.，“Relative Absorption”（1945），p. 196.

临床试验本质相同。[56]

战争期间，作为科学动员的一部分，麻省理工学院在科学研究与发展办公室医学研究委员会的资助下使用放射性铁研究休克。血浆广泛应用于治疗战场上发生的休克，但是人们对于这种缺乏红血球的血液成分是否能使组织充分氧合存在疑问。研究人员利用放射性铁发现，在休克时，红细胞被隔离，无法参与血液循环。因此使用血浆治疗休克（以增加血容量）可能没有以前想象的那么有用，特别是对发生大出血而伤亡的情况。这项研究大部分使用动物进行实验，但也有人体实验。在至少一次的人体实验中，健康的受试者接受放射性铁注射。1948 年一篇对这些实验的报道提到了备受关注的安全问题："受试者摄入的部分放射性铁在二至四周内依次合成参与血液循环的红细胞中的血红蛋白，受试者在接受少量辐射的情况下，没有任何不适反应。"[57]

1946 年，橡树岭开放放射性铁的购买，更多的医学院校和医院的研究人员可以得到。[58]原子能委员会向国会提交的第四次半年度报告介绍了使用橡树岭生产的放射性同位素进行的研究，其中包括 14 个在生物学和医学方面使用放射性铁的实验。[59]大多数实验的重点都是各种实

㊻ 20 世纪上半叶，美国医生和科学家制定了在非治疗研究中需取得受试者同意的准则，但这一准则并没有很好的落实，有时甚至被忽视。更不用说记录那些非官方运作的涉及伦理的实验有多难了。参见 ACHRE，*Final Report*（1996），ch. 2 and p. 160；Halpern，*Lesser Harms*（2004），introduction；Rothman，*Strangers at the Bedside*（1991）；Stark，*Behind Closed Doors*（2012）.

㊼ 参见 Burchard，Q. E. D.（1948），p. 156.

㊽ 罗彻斯特小组发明了一种使用放射性铁测定红细胞和血浆容量的方法，详细信息参见 Hahn et al.，"Red Cell and Plasma Volumes"（1942）。这种方法并没有广泛使用，因为人们不能用放射性铁在体外标记红细胞，但是人们可以用放射性碘标记血清白蛋白，同时也存在使用放射性碘测定血量的类似方法。参见 Berlin，"Blood Volume：Methods and Results"（1953）.

㊾ 参见 AEC，*Fourth Semiannual Report*（1948），Appendix A. 在"生物学和医学研究"一节中提到了 73 个机构，在"医学治疗和诊断"一节中提到 39 个，两节所提到的机构有重合。

验动物对铁的吸收和代谢。例如，波士顿桑代克纪念实验室的研究人员试图探究摄入铁的吸收是否受到“环境条件”（如辅食、pH 值的变化、氧化还原剂和所给的铁的形式）的影响。[60] 这些研究为提高补铁剂的作用提供了有用信息。一些研究也涉及动物营养或农业。[61]

战后其他使用放射性铁的著名研究都是针对血液学的。克莱门特·芬奇（Clement Finch），绰号“铁先生”，在他的血液病研究中广泛使用放射性同位素。[62]20 世纪 30 年代末，作为罗彻斯特大学的一名医科学生，芬奇通过参与乔治·惠普尔（和保罗·哈恩）的研究，初步了解到铁代谢和病理性。战后，与波士顿大学血液学家约瑟夫·罗斯（Joseph Ross）的友谊使他有机会接触哈佛大学和麻省理工学院里使用回旋加速器生产放射性铁的研究人员。[63] 后来，芬奇成为彼得本布里格姆医院血液科的一名工作人员（他曾在那里实习），研究通过静脉注射铁的正常受试者和各种血液疾病患者体内铁的摄取量。[64]

1949 年，芬奇来到华盛顿大学，并在医学院开设血液学系。他在国立卫生研究院和原子能委员会的资助下，进行体内铁代谢的研究，他的研究重点为除血红蛋白以外的含铁蛋白的作用，如铁蛋白和含铁血黄素。在一项既有健康受试者又有患者的经典研究中，芬奇和他的同事使用放射性铁检测骨髓中血红蛋白的合成速率以及在血液循环中血红蛋白

---

⑩ 参见 AEC，*Fourth Semiannual Report*（1948），p. 87.

⑪ 例如，夏威夷大学的研究人员使用铁 -59 来“确定当提供大量锰时菠萝植株出现萎黄病的生理机制”。根据他们的研究，铁与叶绿体中一种酶促蛋白的结合也与这种机制有关。参见 AEC，*Fourth Semiannual Report*（1948），p. 106.

⑫ 关于芬奇的绰号，参见 Altman，“Clement A. Finch”（2010）.

⑬ 罗斯曾在罗彻斯特与惠普尔和哈恩一起使用放射性铁研究血液疾病。参见 Oral history of Joseph F. Ross by Eric Hoffman，11–12 Jun 1986，Columbia University Oral History Library；oral history of Clement A. Finch by Keith Wailoo，16 Nov 1990，Columbia University Oral History Library.

⑭ 参见 Finch et al.，“Iron Metabolism”（1949）.1941 年至 1949 年间，芬奇除了有一年在波士顿大学与约瑟夫·罗斯合作以外，都在布莱根医院工作。

被运送到红细胞的速率。他们发现，患有恶性贫血的患者能够合成足量的血红蛋白，但是大部分红细胞在骨髓中被破坏，无法进入血液循环。[65]在另一篇关于红细胞寿命的论文中，他和其他合作者提出铁的代谢是一个循环的回路，铁的流动方向可能会因为“铁负荷”或重新流回骨髓而发生改变。就像生化代谢周期一样，他们的表述强调了铁随着人体调节的生物合成和分解循环运动。（参见图 8.2）

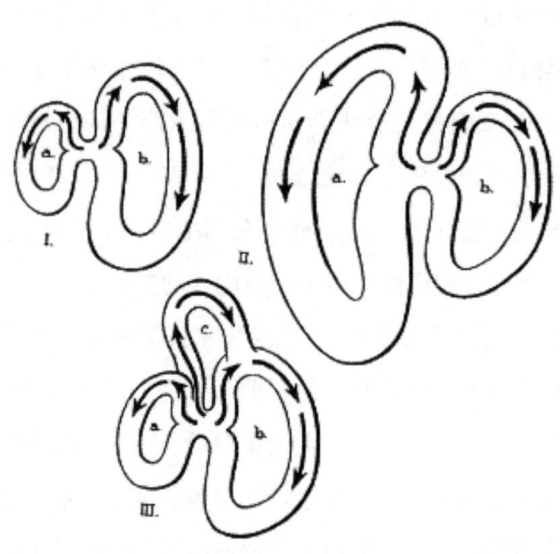

图 8.2　体内铁代谢可以形成循环回路。a 部分表示除了红细胞团外体内所有的含铁组织，包括铁蛋白、含铁血黄素、肌红蛋白和含铁细胞酶；b 表示红细胞内合成血红蛋白的部分；c 表示铁最初通过的一个假设的回路，随后铁会回到红细胞系中。图 I 是正常的铁代谢，其中大约 80% 的铁进入红细胞团 b，而较小一部分铁进入其他组织 a。图 II 是出现“铁负荷”情况。进入回路 a 中的铁大量增加，只有流经血清铁区室的一小部分铁进入红细胞团 b。图 III 中额外的回路 c 用来解释不同寿命细胞研究中铁代谢结果的差异。（说明文字和图片均来自 E. Langdon Burwell，Barbara A. Brickley，and Clement A. Finch，“Erythrocyte Life Span in Small Animals：Comparison of Two Methods Employing Radioiron，” *American Journal of Physiology* 172（1953）：718–24，p.719.）

---

[65] 参见 Finch et al.，“Erythrokinetics in Pernicious Anemia”（1956）. 关于这一实验的重要性和在教科书中的地位，参见 Wintrobe，*Blood，Pure and Eloquent*（1980），pp. 290–291.

华盛顿大学的卡尔·摩尔（Carl Moore）带领着另一个著名的血液学小组研究铁代谢和血液疾病。摩尔也是从橡树岭购买放射性铁，他试图挑战惠普尔的理论，即铁的摄取受到肠道黏膜的控制，并受到体内储存的铁调控。[66]摩尔既使用健康的受试者也使用患者，研究恶性贫血是如何影响血红蛋白和红细胞的合成。[67]其他研究人员探究了放射性铁在其他血液疾病（真性红细胞增多症和难治性贫血）患者脾脏内积累的速度。[68]原子能委员会于1955年发表的《八年同位素总结报告》包含了该领域的最新发现，并介绍了定向闪烁计数器可用于测定使用放射性铁的人类受试者脾脏内的放射量。不同的血液疾病可以通过脾脏中放射性铁积累的不同形式来区分。（参见图8.3）

尽管在很多情况下研究结果可能为治疗患者提供了有用信息，但早期使用放射性铁进行的研究并没有说明其治疗作用。一部分原因是放射性同位素主要作为研究工具而不是作为治疗剂或诊断剂用于血液疾病的研究。[69]在这一领域的临床研究中，使用放射性同位素带来了新的问题和机遇。克莱门特·芬奇说，在他职业生涯的早期，在使用其他人类受试者（如卡尔·摩尔实验室的研究人员）之前，他倾向于亲身体验每一个实验。正如他所说的那样，“这似乎是一个评估他人是否适合进行实验的好方法。”[70]然而，他指出大量可用放射性同位素的出现以及它们在

---

⑯ 参见AEC，*Fourth Semiannual Report*（1948），p. 90. 关于摩尔为反对惠普尔的理论提出的证据，参见Moore，“Iron Metabolism and Nutrition”（1961）.

⑰ 参见Dubach，Callender，and Moore，“Studies in Iron Transportation”（1948）；Moore and Dubach，“Absorption of Radioiron from Foods”（1952）.

⑱ 惠普尔的研究小组将肝脏视为“通过肠胃道进入的、想要在体内发挥用途的铁的仓库”。参见Hahn et al.，“Radioactive Iron Absorption”（1943），p. 183.

⑲ 参见Oral history of Joseph F. Ross by Eric Hoffman，11–12 Jun 1986，Columbia University Oral History Library.

⑳ 参见Oral history of Clement A. Finch by Keith Wailoo，16 Nov 1990，Columbia University Oral History Library. 关于这些展示“研究者的高尚品质”的自我实验，参见Lederer，*Subjected to Science*（1995），p. 127.

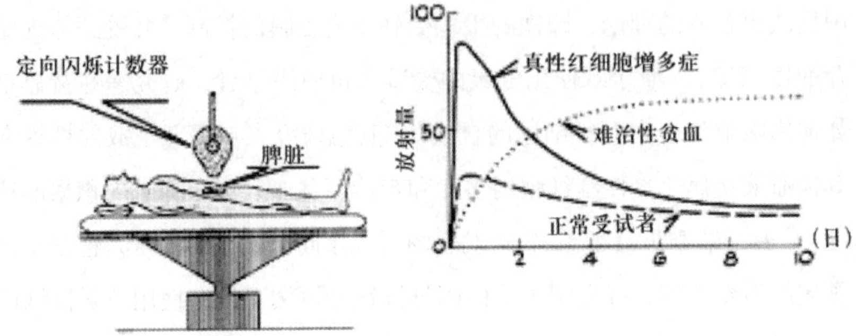

图 8.3　本图显示如何测量人体脾脏中随时间积累的放射量。时间为 0 时，受试者接受一定剂量的放射性铁。通过指向脾脏的闪烁计数器可以测量放射性铁衰变产生的 γ 射线。在右图中，红细胞过多导致的真性红细胞增多症患者的脾脏中迅速出现大量放射性铁，这表明患者体内既生成了许多寿命较短的细胞（并且在脾脏中分解），也生成了寿命为 120 天的正常红细胞。在难治性贫血的案例中，由于红细胞被破坏，分解产物留在脾脏中，所以导致放射性铁在脾脏中积累。（摘自 US Atomic Energy Commission，*Eight-Year Isotope Summary*，Vol. 7 of *Selected Reference Material*，*United States Energy Program*（Washington，DC：US Government Printing Office，1955），p.10）

血液学研究中的常规应用使得他的方法变得不可能——研究人员体内的放射性会随着时间的积累而过高。战后大量流入的联邦资金和放射性同位素在研究中的广泛应用推动着患者成为最主要的研究对象。[71]

范德堡营养研究

与刚刚讨论的临床研究相比，使用放射性铁进行的营养研究对象主要是健康的人类受试者。规模最大的研究是在田纳西州公共卫生部、营养基

---

[71] 参见 Rothman，Strangers at the Bedside（1991），pp. 51-55.

金会和洛克菲勒基金会国际卫生部的支持下，范德堡医学院进行的营养研究。最初的动力源于洛克菲勒基金会在 1938 年将其公共卫生工作范围扩大到营养方面。[72]该基金会试图拉拢南方几个州的卫生部门参与其中；第一批响应的州包括田纳西州和北卡罗来纳州。[73]南部的一些疾病可能与营养不良有着密切关系，这一事实已经被长时间认可，糙皮病是“南部饥饿的显著标志”。[74]1939 年，范德堡大学医学院的研究人员选择了两名田纳西州的居民进行饮食调查，并在实验室检测他们的基本维生素和矿物质缺乏情况。[75]

哈恩于 1943 年来到范德堡后，也加入了这个营养项目。[76]他被指派调查“人体处理营养必需品的方式以及这些营养必需品对人体的作用模式，以获取信息帮助设计或改进营养状况的测试”。[77]虽然哈恩是生物化学系的助理教授，但是他的职位取决于软性资金，最初是来自洛克菲勒基金会的资助，后来是营养基金会。[78]哈恩来到范德堡一年后，威廉·J.

---

⑫ 参见“Nutrition as a Public Health Problem,” RAC，RF 1.1，series 200，box 65，folder 789 Vanderbilt University-Nutrition，April—December 1939.

⑬ 参见 John A. Ferrell to W. C. Williams，Commissioner，Tennessee Department of Health，12 Aug 1938，RAC RF 2–1938，series 100，box 154，folder 1137.

⑭ 参见 Etheridge，“Pellagra”（1988），p. 115. 1937 年研究发现缺乏维生素烟酸碱（烟酸）会导致糙皮病。

⑮ 参见 documents in RAC，RF 1.1，series 200，box 65，folder Vanderbilt University-Nutrition，1940. 北卡罗来纳州也有类似计划。

⑯ 参见 William D. Robinson to J. A. Ferrell，14 Oct 1943，RAC，RF 1.1，series 248，box 1，folder 7 Nutrition August—October 1943.

⑰ 参见“Duties of Personnel,” RAC，RF 1.1，series 248，box 1，folder 8 Nutrition November—December 1943.

⑱ 国际卫生司的约翰·费雷尔要求将哈恩（1943 年 10 月入职）的工资在年底全部纳入非洛克菲勒基金会的预算部分（由营养基金会提供的资金）。范德堡项目的现任负责人威廉·罗宾逊雇用了两名生物化学家，但只有一名被纳入预算。哈恩因为申请自然科学部门的奖金（该部门政策规定任职第一年没有任何资助）被拒绝而离开，费雷尔认为如果由国际卫生司负责哈恩的工资，则看起来很不像话。当时哈恩既有田纳西河流管理局资助，研究磷中毒和疟疾寄生虫（哈恩使用的是放射性磷），也收到了理特咨询公司和科学研究发展办公室的其他小额赠款。参见 documents in RAC，RF 1.1，series 248，box 1，folder 8 Nutrition November—December 1943 and RG 2–1946，series 200，box 333，folder 2254.

达比（William J. Darby）被任命为医学系助理教授以及重组后的田纳西－范德堡营养项目的负责人。在达比的领导下，这项研究的成果已经发展成为范德堡医学院的营养部门。[79]达比也是学生物化学专业出身，还研究维生素和营养不足。

1945年，达比发起了范德堡母婴营养合作研究，该项目包括了医学院内五个系的研究人员和田纳西—范德堡营养项目。[80]洛克菲勒基金会对于他们最初在田纳西州赞助的基于调查的营养研究感到失望，而对达比以临床和实验为基础的方法十分满意。[81]该项目旨在评估范德堡医院门诊接收的孕妇的营养状况。研究将持续到她们完成分娩，这样一来就可以评估新生儿的健康情况。达比试图确定怀孕期间的营养状况是否与新生儿的健康表现存在相关性。[82]范德堡医院孕妇的数量可以提供充足的数据以确定相关性。在门诊求医的妇女普遍贫困；由于医疗保健的限制，她们都是白人。之前从范德堡医院妇产科收集的数据显示，与私人医院的产妇相比，他们那里的产妇出现血毒症、产褥热的概率以及新生儿的死亡率都较高，这表明“与经济状况相关的某个因素可能决定了她们的健康表现”。[83]达比怀疑这

---

⑲ 参见 William J. Darby, “An Application for a Grant to Assist in the Developing of a Division of Nutrition in Vanderbilt University School of Medicine,” with cover note from Ernest W. Goodpasture to Hugh H. Smith, 26 Sep 1946, RAC, RF 1.1, series 248, box 1, folder 12 Nutrition 1946.

⑳ 参见 Darby, Densen, et al., “Vanderbilt Cooperative Study”（1953）; Darby, McGanity, et al., “ Vanderbilt Cooperative Study”（1953）. 研究组涉及的医学院系有预防医学、妇产科、儿科内科和生物化学部门。

㉑ 参见 change in the correspondence in RAC RF 1.1, series 248, box 1, folder 5 Nutrition January—May 1943 and folder 11 Nutrition 1945.

㉒ 始于1946年7月1日的田纳西－范德堡营养项目B部分活动预计划，参见 letter from William J. Darby to R. H. Hutchison, 11 Aug 1945, RAC, RF 1.1, series 248, box 1, folder 11 Nutrition 1945, p. 3.

㉓ 参见 “Outlines of Plans for a Cooperative Study of Nutritional Status during Pregnancy,” enclosed with letter from William J. Darby to Hugh H. Smith, 21 Sep 1945, RAC, RF 1.1, series 248, box 1, folder 11 Nutrition 1945, p. 2.

个因素可能是营养。他得到洛克菲勒基金会、营养基金会和范德比特大学的继续支持，还获得了美国公共服务机构的资助。[84]（参见图 8.4）

图 8.4　患者在范德堡医院的妇产科登记。正如原始说明所述，“所有产前来诊所的白人孕妇都被纳入研究”，即被纳入范德堡母婴营养合作研究。（照片来自 Rockefeller Foundation Photographs，series 248，box 59，folder 1351. 感谢洛克菲勒档案中心）

孕期贫血是一个众所周知的医学问题，因此研究包括缺铁问题就不足为奇了。[85] 达比计划让每个怀孕的受试者都进行铁吸收实验，同时进行维生素 B 排泄实验。[86] 这项研究包括对每个女性受试者进行的一系列

㊹ 参见 Darby，“An Application,” 26 Sep 1946. 营养基金会成立于 1941 年 12 月，食品工业通过提供资金和《营养评论》杂志，支持其营养研究及传播。参见 Nutrition Foundation pamphlet，RAC. RF 2–1943，series 200，box 246，folder 1700.

㊺ 关于孕期贫血，参见 Larrabee，“Severe Anemias”（1925）；Bland，Goldstein，and First，“Secondary Anemia”（1930）；Elsom and Sample，“Macrocytic Anemia”（1937）.

㊻ 参见 “Outlines of Plans,” 21 Sep 1945，p. 5. 营养基金会科学总监 C.G. 金（C. G. King）与 D.F. 米拉姆（D. F. Milam）就缺铁和补铁剂研究的可行性进行了商讨，米拉姆负责洛克菲勒基金会在北卡罗来纳州的营养研究。在咨询国际卫生部门的约翰·费雷尔（John Ferrel）后，米拉姆提出了反对意见。但是这表明研究该问题是十分应景的。没有证据表明达比将铁吸收研究纳入项目的动机来自营养基金会。参见 correspondence from Mar 1943 between Ferrell，Milam，and King in RAC，RF 2–1943，series 200，box 246，folder 1700.

其他实验室血液成分和维生素排泄实验，但只有铁的检测使用放射性同位素。达比致洛克菲勒基金会的休·史密斯（Hugh Smith）的信中写到，“放射性铁的研究将是第一个这样广泛的系列研究，研究应该提供许多怀孕期间铁需求的基本生理信息。”[87] 史密斯回信表达了他对这项调查的热情，他唯一的建议是为大部分妇女增加一项血容量测量。[88]（参见图 8.5）

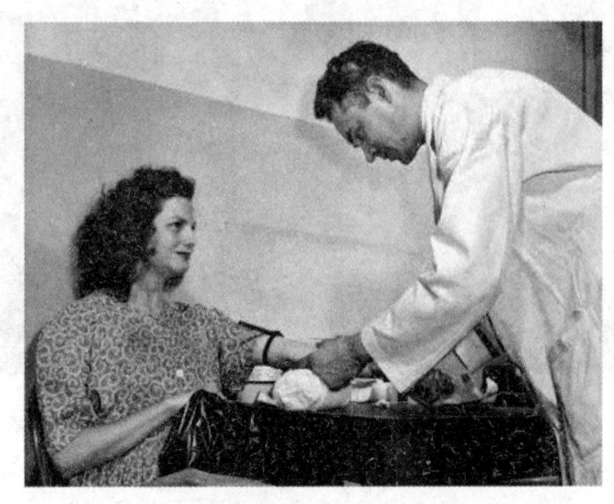

图 8.5　一名受试者在范德堡母婴营养合作研究中心进行抽血。这张照片是在 1949 年放射性元素实验停止后拍摄的。（照片来自 Rockefeller Foundation Photographs，series 248，box 59，folder 1351。感谢洛克菲勒档案中心）

显然，哈恩在范德堡的存在使得铁摄入的研究成为可能。1945 年，达比、哈恩和其他四位合作者进行了一项关于放射性铁吸收的初步研究。研究对象是来自两个纳什维尔学区的 189 名儿童。他们对实验结果十分满意，证明了“在大规模的人口调查中使用同位素的可行性，并促使机构将对孕期铁需求进行更广泛的类似调查”。[89] 儿童喝下含有微量

---

⑰ 参见“Outlines of Plans,” p. 7.

⑱ 参见 Hugh H. Smith to William J. Darby，25 Sep 1945，RAC，RF 1.1，series 248，box 1，folder 11 Nutrition 1945.

⑲ 参见 Darby et al.，“Absorption of Radioactive Iron by Children”（1947），p. 108. 关于初步研究详情，参见 Darby et al.，“Absorption of Radioactive Iron by School Children”（1946）.

铁 –59 的柠檬水，两周后抽取血液样本测量铁和其他血液标记物的吸收情况。麻省理工学院放射中心向哈恩提供了放射性铁。[90]

这项针对小学生所做的调查结果显示，尽管存在明显的社会经济差异，但两个地区学生的铁吸收情况和血红蛋白并无明显的统计学差异。血清抗坏血酸和胡萝卜素水平不同（还有体重差异）表明较富裕地区儿童营养更好。[91] 这些论文都没有提到实验中儿童所接受的辐射水平。范德堡的另一项关于新生儿铁吸收情况的调查也没有提到其所接受的辐射水平。这一研究是为了探究大多数婴儿在 12—14 周所经历的“生理性”贫血是否是由于无法吸收铁而引起的。14 名足月儿和 10 名早产儿通过饲管每分钟施用 200,000 计数的铁 –59，并在接下来的两到六周内对每个婴儿抽血以测量进入红细胞中的放射性铁的量。所有婴儿对铁的吸收量都在实验所用剂量的 0.4%–8.2%，与正常儿童的吸收范围相同。[92] 研究人员似乎认为这种剂量的放射性铁没有明显的生物辐射效应，可以作为示踪剂。

保罗・哈恩设计了范德堡研究中评估 800 多名孕妇铁吸收的部分，这项研究开始于 1945 年 9 月，在橡树岭开始出售放射性同位素之前。[93] 哈恩最初是从麻省理工学院获得所需的放射性铁，但是当原子能委员会开始出售放射性铁时，他就从那里购买了。回旋加速器生产的放射性铁与反应堆产生的放射性铁存在一个重要区别：回旋加速器可以产生纯的铁 –59，而反应堆生产的铁 –59 含有 10% 的铁 –55。铁 –55 释放的辐射能量较低，但具有较长的半衰期，回想一下，那些计划人体实验的人

---

⑩ 参见 Robley D. Evans，“Radioactivity Center，1934–1945，” unpublished history，28 Jun 1945，Evans papers，box 1，folder Radioactivity Center 1934—1945，p. 32. 标有日期 1945 年 3 月 24 日的附录 IX 列出了一份战时政府项目清单，这些项目都依赖放射性中心，还有一份正在接受放射性同位素研究或治疗人员的名单。

⑪ 参见 Darby et al.，“Absorption of Radioactive Iron by Children”（1947），p. 110.

⑫ 参见 Oettinger，Mills，and Hahn，“Iron Absorption”（1954）.

⑬ 参见 ACHRE，*Final Report*（1996），p. 214，note c.

应该关注这一问题。[94]讽刺的是，虽然原子能委员会同位素分部建议该机构使用回旋加速器生产的铁 -59，但委员们却要求“只要可能……委员会分销的同位素应该是由反应堆产生，而不是由回旋加速器产生。”[95]该研究中的孕妇在第二次产检期间接受单次剂量的含有放射性铁的治疗性补铁剂，第二次产检是在怀孕 10 到 35 周之间，在任何地方都可以进行。当时使用的放射性同位素的剂量按照 20 世纪 40 年代的标准来衡量是很低的；每个孕妇服用一种含有每分钟 200000 至 1000000 计数的放射性铁溶液。[96]作为实验设计的一部分，每名孕妇接受的非放射性治疗铁的量各不相同，下次产检时，抽取她们的血样来确定放射性铁的吸收情况。

哈恩于 1946 年 12 月在新奥尔良举行的美国临床研究联合会议上提出了自己的早期结论，他的发言被收录在纳什维尔报告中，标题为《实验证明，放射性补铁剂有助于妊娠》。[97]1947 年在美国实验病理学会的会

---

⑭ 参见“Availability of Radioactive Isotopes”(1946)，esp. Table 4；Welsome，Plutonium Files(1999)，ch. 22 and esp. p. 223，其中引用了哈恩 1947 年给佛罗里达州一名医生的信，哈恩指出铁 -55 和铁 -59 的半衰期太长，无法用于治疗（虽然他同意将其用于示踪实验）。

⑮ 节选自 Status Report，1–15 May 1949，“Program for Production and Distribution of Cyclotron-Produced Isotopes-AEC 195，” NARA College Park，RG 326，E67A，box 45，folder 3 Distribution of Radioisotopes-Domestic. 正如随后同位素部门评估的那样，“通过反应堆生产的放射化学性能上纯的放射性铁 -59 在产量上是无法和回旋加速器的快中子所产的相比较的。”参见“A Review of the Possibility of Reactor Production of Isotopes Currently Produced by Cyclotron Bombard-ment，” report by the Manager，Oak Ridge Operations Office，20 Feb 1950，NARA College Park，RG 326，67A，box 45，folder 3 Distribution of Radioisotopes-Domestic，p. 4.

⑯ 如果计数完全有效，根据我的计算，范围应在 0.1 至 0.5 微居里。有一位当代教科书作者将“示踪剂数量”规定在微居里范围内。参见 Siri，*Isotopic Tracers*(1949)，p. 450。当时研究人员没有将致命的有效剂量的估算作为研究的一部分；按照现在的算法这一部分大约是几百毫雷姆（1 雷姆对应 X 射线和 γ 射线的 1 伦琴）。参见 ACHRE，*Final Report*(1996)，p. 214，notes e-f.

⑰ 参见 *Nashville Banner*，13 Dec 1946. 另一篇标题为“VU To Report On Isotopes”的报道刊登在 1946 年 12 月 14 日纳什维尔的《田纳西人报》，两篇文章均被引用在 ACHRE，*Final Report*(1996)，p. 214，note h.

议上，哈恩提出了更进一步的研究结果。[98]哈恩和他的同事确定了孕妇体内铁元素的总平均摄入量为 28.5%；随着妊娠时间的增加，摄入百分比增加，从怀孕前四分之一时间内的 17% 上升到最后的 36%。他们还在 10% 的孕妇分娩时分别抽取脐带血和母亲的血液。对这些血液样本的分析结果显示，胎儿体内的含铁量是母亲的十分之一。这一发现证实了哈恩和贝尔在 1938 年的一项观察结果，即放射性铁能够穿过胎盘，当时他们的实验对象是一只狗，观察的结果没有发表。鉴于那个时候产科医生普遍认为胎盘是密不可透的，这可能是一项颇为出人意料的发现。[99]

范德堡研究的完整报告直到 1951 才发表，哈恩是第一作者。[100]报告提供了 466 名怀孕患者的研究结果，其中只包括那些参与复查的和血液样品符合某些放射化学纯度标准的人。尽管作者被标注为范德堡医学院及各院系的成员，但那时哈恩已经离开。因为 1946 年，营养项目进行了再融资，没人给哈恩发工资了。尽管哈恩已经晋升为生物化学部门的副教授，威廉·达比依旧不能说服该部门负担哈恩一半的工资（另一半由营养基金会提供）。他也不能说服洛克菲勒基金会为一名教师支付薪水。[101]

由于资金陷入僵局，哈恩于 1947 年来到同城的玛雅医学院，它在历史上是一所黑人医院。从日期上看，哈恩离开范德堡的同时，母婴营

---

[98] 参见 Hahn et al.，“Iron Uptake”（1947）.

[99] 参见 Dally，“Thalidomide”（1998）. 有关哈恩和贝尔的工作，参见第 269 页。

[100] 参见 Hahn et al.，“Iron Metabolism in Human Pregnancy”（1951）.

[101] 参见 Entry for 9 Jan 1946，Hugh H. Smith Diary，RAC RF 12.1，box 130，1946 volume，p. 5. 医学院院长欧内斯特·古德帕斯丘（Ernest Goodpasture）曾努力向洛克菲勒基金会的沃伦·韦弗（Warren Weaver）争取对哈恩计划的资金支持，但是韦弗声称他的部门预算已经超负荷运转。古德帕斯丘认为“这种情况并没有影响到哈恩的工作，他十分出色”。参见 Goodpasture to Weaver，9 Apr 1946，RAC RF 2–1946，series 200，box 333，folder 2254；Weaver to Goodpasture，10 Mar 1947 and Goodpasture to H. Marshall Chadwell，9 Oct 1947，RAC RF 2–1947，series 200，box 374，folder 2521。根据这些文献并不能判断究竟是什么原因最终导致哈恩离开范德堡，是因为他的个人性格，日常表现还是机构优先权？不得而知。

养合作研究中的放射性铁实验也终止了。[102]次年，哈恩向原子能委员会报告，他在玛雅医学院使用从橡树岭购买的放射性铁对 1000 名住院病人（此为制度允许的人数范围）进行铁吸收的研究，但是哈恩并未公开任何完整结果。[103]事实上，哈恩正在将放射性同位素的用途从示踪剂转变为辐射源，开始使用放射性锰治疗白血病，还使用胶体金 -198 进行放射治疗。[104]他后来的大多数论文都针对这一主题，还编写了一本书。[105]引人注目的是，原子能委员会放射性同位素项目成立的第一年，哈恩的范德堡研究小组和同事 C.W. 谢泼德（C. W. Sheppard）得到了“最大的发货量和最多的材料总活性”。[106]

哈恩在范德堡短暂的任职期间的往来通信很少带有个性。惠普尔写给沃伦·韦弗（Warren Weaver）的信中说，“有时哈恩有点过于热情，但这是一个很好的缺点。”[107]洛克菲勒基金会的官员从未批评过哈恩在人类受试者身上使用放射性同位素；事实上，捐赠函件中几乎没有提到过

---

⑩² 该小组发布最近的研究发现（即胎儿吸收了母体十分之一的放射性铁）的过程中很可能透露了这一决定，不过似乎这个决定更可能是人事变动的结果。

⑩³ 初步结果发表在 AEC，*Fourth Semiannual Report*（1948），p. 77.

⑩⁴ 哈恩在范德堡时就开始了这项工作；参见 Robinson to E. W. Goodpasture，11 Apr 1946 and “ U Doctors Discover Therapy for Leukemia，” clipping from Nashville Tennessean，23 Apr 1946，RAC RF 2-1946，series 200，box 333，folder 2254.

⑩⁵ 参见 Hahn and Sheppard，“Selective Radiation”（1946）；Sheppard，Goodell，and Hahn，“Colloidal Gold”（1947）；Hahn et al.，“Direct Infiltration”（1947）；Hahn，*Therapeutic Use*（1956）.

⑩⁶ 参见 “Background Material on Activity in First Year of Distribution of Pile-Produced radioisotopes，” Press Release，2 Aug 1947，AEC Records，NARA College Park，RG 326，67A，box 45，folder 3 Distribution of Radioisotopes-Domestic，p. 8. 同一文件（第 10 页）描述了第九章讨论的哈恩对放射性金疗法的研究，而不是使用放射性铁作为示踪剂的实验（毫无疑问，这种实验使用的放射性物质要少得多）。

⑩⁷ 参见 G. H. Whipple to Warren Weaver，22 Apr 1946，RAC RF 2-1946，series 200，box 333，folder 2254. 一名曾在 1957 年到访过哈恩实验室的洛克菲勒基金会的官员说：“在一片蓝色的香烟烟雾中，我很难看清楚他，我觉得这些烟雾只有等哈恩长时间休假的时候才能消散干净。”这位官员不建议马上资助玛雅医学院的任何奖学金项目或者对研究进行赞助，参见 O. L. Peterson，diary entry，17 Oct 1957，RAC RF 2-1957，series 200，box 25，folder 203.

此项目的这个方面。有趣的是，在罗彻斯特与哈恩一起工作的血液学家约瑟夫·罗斯（Joseph Ross）说，惠普尔并不鼓励哈恩攻读医学学位，还对哈恩说，他在生物化学方面所接受的训练足够让他胜任想做的放射性同位素工作。按照罗斯的说法，这成为哈恩对自己专业感到沮丧的原因之一，因为他“从来没有真正走出来，成为临床调查人员”。[108]

范德堡研究人员在1951年发表的《人类妊娠中的铁代谢》一文开头引用了关于放射性铁吸收的研究，这是1942年在罗彻斯特医院对包括孕妇在内的住院患者进行的。这项大规模的研究在惠普尔的惊人发现的基础上做出了一个更仔细的探究，惠普尔的研究发现孕妇对铁的吸收是非妊娠个体吸收的两到十倍。范德堡的研究与罗彻斯特小组相比，不仅在规模上有所不同，而且使用产前门诊患者作为实验对象。回想一下，在罗彻斯特接受放射性铁的孕妇要么是足月的，要么是住院治疗流产的。相比之下，几乎所有参与范德堡研究的孕妇的胎儿均在妊娠期重要时间内接受了放射性铁发出的放射性照射。当时，医学研究人员及其资助机构显然并不关心这个问题。正如安·达利所观察到的，“20世纪中期，医学界普遍否认胎盘具有渗透性。”[109]直到20世纪50年代，有证据显示低水平电离辐射对健康有不利影响，这才促使人们重新广泛地评估人体暴露于示踪剂剂量的放射性同位素中的安全性。

20世纪60年代，新的科学证据不断显示低水平辐射对胎儿发育的危害，这促使范德堡大学的研究人员对一些孩子的健康问题进行了重新评估，因为这些孩子的母亲曾服用过放射性铁。1956年，爱丽丝·斯图尔特（Alice Stewart）和她在牛津的同事们发表了一个有争议的发现：在怀孕期间接受诊断性X射线检查的妇女所生的孩子中，白血病和其

---

[108] 罗斯认为正是这种沮丧最终导致哈恩开始酗酒。参见Oral history of Joseph F. Ross by Eric Hoffman，11–12 Jun 1986，Columbia University Oral History Library.

[109] 参见Dally，“Thalidomide”（1998），p. 1197. 她认为直到20世纪60年代，有充分的证据表明沙利度胺对胎儿发育有害，这一情况才发生改变。

他恶性肿瘤的发病率增加。[10]批评者指出，这些儿童并不是“医学上未经选择的人群”；他们的母亲已经有被确诊的病症，这些孩子很可能会因此患上癌症。范德堡母婴营养合作研究项目选取一组医学上未经选择的人群，通过这组人群可以测试胎儿接受辐射暴露与随后发生癌症之间的相关性。范德堡预防医学部门的露丝·哈格斯通（Ruth Hagstrom）负责这项研究，其中大多数接受过放射性铁治疗的女性都被找到，经过联系她们接受了检查；之后把她们与没有接受过放射性铁治疗的同一诊所的 705 名妇女进行比较，以观察其癌症发病率。哈格斯通和她的合作者发现，母亲中恶性肿瘤的发病率并不高，但是确实发现在子宫中接受过放射性铁照射的儿童的癌症发病率有小幅上升。母亲接受过放射性铁治疗的 634 名儿童中，有 3 名被诊断患有癌症，而对照组中却一个也没有。研究人员认为这种差异“很小，但具有统计学意义”。[11]

1993 年，又有新闻报道深入调查了这项由政府资助的将人类受试者置于辐射暴露下的研究，这一实验再一次受到关注。[12]1996 年，曾参与这项放射性同位素研究的受试女性，因为实验对其未出生的孩子造成的辐射暴露，对范德堡大学和洛克菲勒基金会集体提出诉讼。最后他们以一千万美元和解，并收到正式道歉。[13]1945 年，医生们并不重视发育中的胎儿对辐射的敏感性；具有讽刺意味的是，这项研究最终提供了重要的确凿证据，证实发育中的胎儿对辐射具有特别的敏感性。[14]

---

⑩ 参见 Stewart et al.，“Malignant Disease in Childhood”（1956）.

⑪ 参见 Hagstrom et al.，“Long Term Effects”（1969），p. 1. 0.03 的 *P* 值确实很小。

⑫ 最重要的贡献者是艾琳·威尔森，她因报道钚注射实验而获得了普利策奖。各种引用的新闻故事参见 LeBaron，*America's Nuclear Legacy*（1998），pp. 98–99.

⑬ 参见 Proctor，“Expert Witnesses”（2000）；Rothman，“Serving Clio and Client”（2003）.

⑭ 范德堡第二组研究人员发表了一篇相关论文，证明了胎儿对辐射的敏感性，参见 Dyer and Brill，“Fetal Radiation Dose”（1969）。同时参见 Dyer et al.，“Maternal-Fetal Transport”（1969）.

监督问题

那么在战后初期，对于人类研究中放射性同位素的使用，政府有哪些监督呢？值得注意的是，范德堡研究始于原子能委员会成立之前，那时对回旋加速器生产的放射性同位素没有任何规定（同样，范德堡对小学生进行初步研究中所用的放射性铁也是私底下从麻省理工回旋加速器所获得）。[115] 即使哈恩开始使用从橡树岭购买的放射性铁，也没有迹象表明范德堡大规模的营养研究引起了人们的关注。如上所述，当地的同位素委员会和原子能委员会的人类应用小组委员会必须批准即将用于人类的所有放射性同位素的申请。哈恩使用放射性铁的申请也必须被接受。[116] 同位素分配计划开始时，人类应用小组委员会的主要担忧是如何进行分

---

⑮ 哈恩在他其他的著作中称他使用的铁 −59 主要来自麻省理工学院的回旋加速器，这与麻省理工学院的记录一致。马萨诸塞州费尔纳德学校进行的实验也是同样的情况，实验中，麻省理工学院的营养学研究人员给一些费尔纳德学校的教养院儿童使用铁 −59 作为示踪剂，这个项目是由通用磨坊资助的。这项 1946 年进行的实验使用的示踪剂铁也是由麻省理工学院回的旋加速器生产的铁 −59。对比之下，一项在 1950 年至 1953 年间进行的放射性钙的相关研究，使用的是从橡树岭得到的钙 −45，参见 Massachusetts Task Force，*Report on the Use of Radioactive Materials*（1994）；West，“Radiation Experiments on Children”（1998）.

⑯ 哈恩在政府分配开始之前，在 1946 年夏天提出了一项关于放射性铁（表中列为“铁 −55，59”）的申请；用于“动物和人类铁代谢研究”。参见 Isotopes Branch，Research Division，Manhattan District，Reports of Requests Received through 31 Jul 1946，NARA Atlanta，OROO Lab & Univ Div Official Files，Acc 68A1096，box 6，folder Radioisotopes-National Distribution Report of Requests Received to July 31，1946，p. 4. 它也在原子能委员会的清单中，参见 AEC，*Isotopes*：*A Five-Year Summary*（1951），p. 227.“放射性物质订购和接收的协议和条款”是由 Hahn，Charles W. Sheppard，James P. B. Goodell，and Ernest W. Goodpasture（作为范德堡医学院院长）共同签署，1946 年 8 月 12 日由同位素分部同意，协议列出了可以使用放射性材料的部门，包括生物化学、医学、儿科、产科和外科。参见 NARA Atlanta，OROO Files Relating to K−25，X−10，Y−12，Acc67A1309，box 14，Certificates. 我找不到人类应用小组委员会的记录，因此无法确定哈恩的申请是否表明了他打算使用孕妇作为受试者。

配——因为放射性同位素仍被视为稀缺资源，因此该小组有权决定在各种可能的人类用途以及在人类使用和研究应用之间的优先权。然而，随着橡树岭的产量增加，供应与需求逐渐保持一致——实际供应已超过需求。回顾看来，分配问题已远不及安全和知情权问题重要。此时，政府对发展原子能的紧迫感已经超越了对暴露危险的科学认识，有时甚至超过了对已知危险的防护。

某些使用放射性材料的人体实验确实促使原子能委员会的领导层肩负起对其人类受试者的责任。为了收集有关裂变材料和原子武器带来的放射性副产品的危害信息，曼哈顿计划的领导人认为有必要进行一些人体实验。[117]这样得到的信息可以确保职业安全，因为该机构各处的设备设施中有数千名工作人员会接触到危险性不明的放射性物质。这些实验开始于战争期间，由曼哈顿工程区签约的研究人员负责。1945 年至 1947 年间，共有 18 名来自旧金山、芝加哥和罗彻斯特的病人注射了少量的钚，以研究人体如何代谢和排泄该物质，研究人员还对钋和铀进行了类似的实验。[118]

原子能委员会从曼哈顿工程区请来的医疗顾问们，特别是斯塔福德·沃伦，强烈建议民用机构在战后继续进行这一研究。由沃伦担任主席的原子能委员会临时医疗委员会于 1947 年 1 月举行会议，批准 12 所大学和国家实验室开展生物医学研究，其中许多研究都属于这种性质。在罗彻斯特大学，安德鲁·道迪（Andrew Dowdy）负责“人体中钚、钋和镭等元素新陈代谢的研究”。1947 至 1948 年间，委员会还与加州伯克利分校（在约瑟夫·汉密尔顿和罗伯特·斯通领导下）、负责委员会在代顿设施的孟山都化学公司以及洛斯阿拉莫斯（与罗彻斯特合作）签

---

⑰ 参见 ACHRE，*Final Report*（1996），p. 7.

⑱ 出处同上，ch. 6；Welsome，*Plutonium Files*（1999）。引人注意的是，原子能委员会发表了对人体受试者进行的钋注射实验：参见“Studies of Polonium Metabolism”（1950）。第九章讨论了铀注射实验。

署了其他具体涉及人类受试者的相关项目或临床研究合同。[119] 这些实验在机构文件中被称为“人类示踪剂实验”。

1947 年初，尽管在向民用机构过渡期间，钚注射“在最高层引起了强烈反应”，委员会仍然继续履行这些合同。[120] 毕竟，在同样的几个月里，美国医学协会在纽伦堡审判中建议起诉纳粹医生。[121] 原子能委员会的领导层很快意识到，如果公开，那么政府对人类进行的研究可能引发政治问题。于是，委员会决定将这些实验的信息保密，并为今后调查制定规则。1947 年 4 月，原子能委员会主管卡罗尔·威尔逊概述了其签约研究人员“在病人治疗过程中要获取委员会感兴趣的医疗数据（这可能涉及临床试验）时需要遵循的程序”。原子能委员会将要求“在治疗之前，每个清醒的患者都需要清楚地了解治疗的性质及其可能产生的影响，并表示愿意接受治疗”。[122] 此外，必须有两名医生书面证明这是真实的。这与曼哈顿工程区处理此类实验的方式截然不同，但似乎并没有打算将其应用于放射性同位素的“项目外”生物医学实验。[123] 人类辐射实验咨询委员会并没有找到证据证明这一政策已经传达给（除了旧金山的

---

⑲ 参见 Stafford L. Warren，Report of the 23–24 Jan 1947 Meeting of the Interim Medical Committee，US Atomic Energy Commission，OpenNet Acc NV0727195，quote from p. 8.

⑳ 参见 ACHRE，*Final Report*（1996），p. 152.

㉑ 安德鲁·C. 艾维（Andrew C. Ivy）博士是美国医学协会检察官的官方顾问，参见 ACHRE，*Final Report*（1996），ch. 2；Annas and Grodin，Nazi Doctors（1992）；Glantz，“Influence of the Nuremberg Code”（1992）.

㉒ 参见 Carroll L. Wilson to Stafford L. Warren，30 Apr 1947，reproduced in ACHRE，*Final Report*，Supp. Vol. 1（1995），pp. 71–72. 同时参见 ACHRE，*Final Report*（1996），pp. 47–48.

㉓ 威尔逊（参见 Plutonium Files［1999］，p. 193）将这封信，和另外一封由威尔逊在那年秋天写的信当作原子能委员会对人体实验政策的证据，但是人体辐射实验咨询委员会（参见 ACHRE，*Final Report*［1996］，p. 48）认为，这种解释与原子能委员会同位素计划中的非治疗性实验以及已签订的医学研究合同的中心地位不一致。我发现咨询委员会在这个问题上更谨慎，更有说服力。

加利福尼亚大学以外的）为了原子能委员会进行医学研究的机构。[124]

1947年秋，当原子能委员会橡树岭运营办公室向威尔逊质询政府为“人类使用同位素”承担了什么法律责任时，在人类受试者身上使用放射性同位素作为示踪剂的问题再次被推上风口浪尖。一份包含这一问题和其他政策担忧的备忘录也被送到该机构新成立的生物学与医学咨询委员会。该备忘录明确概述了由“项目内”，即由原子能委员会的承包商进行“示踪剂研究”的优势和劣势，如下：

> **优势：**
>
> 1. 示踪剂研究是毒性研究的基础。
>
> 2. 我们对现有员工提供的健康保障是否足够，很大程度上取决于使用示踪剂技术获得的信息。
>
> 3. 新的和改进的医疗应用只能通过仔细的实验和临床试验来开发。
>
> 4. 示踪剂技术是放射性同位素分配计划中固有的。
>
> **劣势：**
>
> 1. 道德、伦理和医学方面的法律反对未经患者知情或同意使用放射性材料。
>
> 2. 如果联邦机构允许人类作为实验对象，或许会承担更大的责任。
>
> 3. 在某些情况下，公布这些研究会损害原子能委员会的最大利益。

---

[124] 这方面的证据与埃尔莫·艾伦（Elmer Allen）的医疗档案中一些符合这些要求的文件有关。艾伦是最后一名注射钚的患者，也是这封信之后唯一被注射钚的病人。参见 ACHRE, *Final Report*（1996），p. 48. 在我自己的调查中，没有发现任何证据能证明这些规则被用于“项目外”研究。

4. 由原子能委员会承包商的工作人员所做实验的发表可能经常是诉讼的来源，对原子能委员会保险处的正常运作产生不利影响。[125]

禁止非治疗性人体实验将使原子能机构不得不放弃一些重要的研究，因为“示踪剂技术是放射性同位素分配计划中固有的”。[126]本备忘录的作者认为这些使用放射性同位素的“人类示踪剂实验”对于该机构和它的使命是必不可少的，特别是在提供有关原子武器生产过程中遇到的放射性同位素代谢和效应方面的知识更是如此——所以应该把研究重点放在毒性研究、保险事宜以及原子能设备的工作人员身上。[127]同时，备忘录也提出了更广泛的议题，即委员会是否对如何应用放射性同位素负有法律责任，以及政府是否应该加强安全管理。

最终，原子能委员会制定的政策（获得患者知情同意并将人体实验限制在可能获得治疗效果的情况下）仅适用于“项目内”实施的实验，特别是那些旨在为原子武器发展确定放射安全性的实验（即使是在这些实验中，政策是否统一适用也不清楚）。人类注射钚的实验在这项政策制定后的几个月内就停止了，该机构试图控制附属于自己计划的研究人员——特别是伯克利的约瑟夫·汉密尔顿和旧金山的罗伯特·斯通，他们似乎既无视潜在的危险，也无视政府最新提出的在人类研究中需征得病人同意的要求。生物学与医学咨询委员会认为，这些研究人员应该遵循原子能委员会针对他们所有研究（即使不是和机构签约的项目）的医学研究准则：“对于那些持有原子能委员会合同的人来说，他们有责任确保无论是否在原子能委员会主持下，在治疗患者的过程中都不会出现

---

[125] 参见 Medical Advisor’s Office of Oak Ridge Directed Operations to Advisory Board on Medicine and Biology，8 Oct 1947，reproduced in ACHRE，*Final Report*，*Suppl. Vol. 1*（1995），pp. 80–88，quote from pp. 82–83.

[126] 出处同上，p. 83.

[127] 我相信这份文件的措辞，它专门提到了秘密实验。在这些实验中，被诊断为绝症的人类受试者注射了可裂变材料（如钚）或者裂变产物。

任何问题。”[128]

相比之下，那些从橡树岭购买放射性同位素的民用机构的生物医学研究人员，其项目除了经由人类应用项目小组委员会审查外，也受到原子能委员会的审查。该小组委员会的一项职责是“尽可能的防止患者被滥用放射性同位素”。[129]一般来说，他们允许在“正常人类受试者”身上使用放射性物质，条件是该受试者知道该研究并且同意参与，而且实验已经通过动物实验证明可行。[130]但该机构并没有严格执行这些准则。有一位不属于原子能委员会的研究人员，在他已经获得允许将一些磷 –32 用于非治疗性研究之后，向该机构询问“许可形式”和“医疗法律规定”时，生物学和医学部门将责任推给同位素部门，而同位素部门则说他们帮不上忙，并建议他遵循当地审查委员会（该机构称之为“医疗同位素委员会”）的程序。[131]1949 年政策转变时，原子能委员会明确指出，其规定（包括需要人类应用小组委员会批准的）将适用于所有使用实验室生产的放射性材料进行的研究项目（例如，来自于当地回旋加速器，而不是从橡树岭购买）。[132]然而，像伯克利的约翰·劳伦斯这样经验丰富的研

---

[128] 参见 Memorandum from Shields Warren to Carroll L. Wilson，14 Oct 1948，Report of the 12th Meeting of the Advisory Committee for Biology and Medicine，8–9 Oct 1948，Hanford，Washington，OpenNet Acc NV0711671，p. 2. 这个问题在下一次会议的会议记录中再次提到，罗伯特·斯通也被点名（参见 Minutes，13th ACBM Meeting，10—11 Nov 1948，Los Alamos，NM，OpenNet Acc NV0711689，p. 17）。他是让他们最担心的研究人员。由于担心他使用人类受试者，斯通的研究提案很难得到加州大学旧金山分校癌症委员会的同意。参见 Jones and Martensen，“Human Radiation Experiments”（2003），p. 93.

[129] 参见 Isotopes Division Circular D–4，Radioisotopes for Use in Medicine，6 Dec 1948，DC–LBL files，box 1，folder 4 Chemistry Program：Isotopes：General Correspondence，p. 1.

[130] 这些标准都在 1948 年 3 月 29 日的文件中作出规定，参见 ACHRE，*Final Report*（1996），p. 51.

[131] 参见 ACHRE，*Final Report*（1996），p. 51，关于当地委员会，参见 pp. 179–183 and 192n61.

[132] 参见 A. Tammaro and Paul C. Aebersold，“Use of Radioisotopes in Human Subjects，” 5 Oct 1949，DC–LBL files，box 1，folder 4 Chemistry Program：Isotopes：General Correspondence.（“由于这个程序在过去并没有统一执行，所以我们写信告诉你一些相关细节。”）

究人员连当地委员会的监督都抵制，更别说同位素部门了。[133]

虽然原子能委员会十分担忧公共关系，但令人惊讶的是，其领导层却不担心由于私人医生或大学里的研究人员不负责任地使用放射性同位素而造成的不良影响。不过从法律角度来看，该机构认为他们的责任是有限的。一旦购买者被同位素分部和人类应用小组“认定为合格”，则“该委员会对于人类使用就几乎没有任何责任”。该机构之所以判断相关的判例为实验性药物检测，是因为医生而不是制药公司承担责任：“实际上，每一病例中，主治医生承担了全部责任，因此可能会或可能不会被判治疗不当，机构不承担任何责任。”[134] 显然，原子能委员会认为其为同位素用户准备的安全指导方针和现场咨询服务足以满足其任务。但颇具讽刺意味的结果是，与武器相关的人类研究受到原子能委员会的监督，因此与民用同位素实验相比，它遵守了更严格的医学伦理标准。

布朗克斯退伍军人管理局医院的放射性同位素

另一个政府机构，退伍军人管理局也与“人体辐射实验”有着千丝万缕的关系。1946 年比基尼岛的原子弹试验以“十字路口行动”命名，这为退伍军人管理局（VA）开发一种新的放射学专业知识提供了动力。[135] 这场有超过 20 万军人参与的测试最终导致试验船和服务船上始料未及的放射性污染。[136] 格罗夫将军和其他政府官员担心，那些参与比

---

⑬ 参见 Jones and Martensen，“Human Radiation Experiments”（2003）.

⑭ 参见 Medical Advisor’s Office of Oak Ridge Directed Operations to Advisory Board on Medicine and Biology，8 Oct 1947，reproduced in ACHRE，*Final Report*，*Suppl. Vol. 1*（1995），pp. 80–88.

⑮ 参见 ACHRE，Final Report（1996），pp. 299–300.

⑯ 事实上，三次计划中的第三次实验被完全取消，部分是因为第二次实验中，水下爆炸造成了放射性灾难。参见韦斯盖尔《十字路口行动》（1994）。

基尼海军行动的人可能会因为他们被迫受到放射性暴露的伤害而对政府提起诉讼。[137]1947年，新成立的“中央咨询委员会”建议退伍军人管理局设立一个原子医学部门，负责处理退伍军人由于原子弹测试遭受辐射致残的索赔和其他诉讼。[138]该委员会还想将放射性同位素计划作为原子医学部门的一部分，以促进“旨在使退伍军人受益于与放射性同位素使用相关的实现医学突破带来的好处”。[139]尽管最初的设想没有实现，但是放射性同位素计划实现了，在原子能委员会的资助下，6家退伍军人管理局医院设立放射性同位素科。[140]到1953年，这些科室的数量增加到33个，总共有202名员工。[141]

该项目是原子能委员会扩大计划的一部分，目的是培育用于放射性同位素医疗用途的临床设施。早些时候，该机构资助了一些医学院的研究项目和新设施，如加州大学洛杉矶分校和罗彻斯特大学（正如我们所

---

⑬ 结果，类似诉讼直到四十年后才出现，参见本章最后一节以及韦斯盖尔的《十字路口行动》(1994)。

⑬ 在他们的报告中，人体辐射实验咨询委员会提到，“中央咨询委员会”建议退伍军人管理局将设立原子医学部门一事保密，但是公开放射性同位素项目。委员会的名称已经被选定，以便不透漏“可能存在所谓的与服役有关的残疾索赔要求的问题”。参见 George M. Lyon to Committee on Veterans Medical Problems，8 Dec 1952（ACHRE document VA-05294-A），as quoted by ACHRE，*Final Report*（1996），p. 300 and p. 314，footnote 177.

⑬ 参见 Lenoir and Hays，“Manhattan Project for Biomedicine”（2000），p. 54. Lenoir 和 Hays 表示，原子医学部门成立于1947年，但根据人体辐射实验咨询委员会的说法，“十字路口行动导致的可怕的诉讼没有成为现实，而且……并没有建立秘密的原子医学部门”。参见 ACHRE，*Final Report*（1996），p. 300.

⑭ 最初参与放射性同位素项目的退伍军人管理局医院分别位于马萨诸塞州的弗雷明翰、纽约的布朗克斯、俄亥俄州的克利夫兰、伊利诺伊州的汉斯、明尼苏达州的明尼阿波利斯和加州的范奈斯。原子能委员会的同位素部门官员和退伍军人管理局官员之间，关于建立这些放射性同位素科的往来通讯存放于 NARA-SE，Manhattan Engineer District/Clinton Engineering Works General Research Correspondence，Acc 67B0803，box 177，folder AEC 441.2（R-Veterans Administration）.

⑭ 参见 Lenoir and Hays，“Manhattan Project for Biomedicine”（2000），p. 57.

见，后者已经得到曼哈顿计划的资助，用于研究人类辐射效应）。[142]原子能委员会还在阿尔贡和橡树岭国家实验室建立了许多癌症研究医院，并在1949年将其中一家作为“临床试验场”。[143]虽然很多设施仍在建设中，但是在退伍军人管理局医院设立放射性同位素科这一前景为放射性同位素的利用开辟了一个重要的、容量更大的临床场所。[144]

位于纽约布朗克斯退伍军人管理局医院的放射性同位素服务部门是最初建立的六个科室之一，该医院于1947年聘请了年轻的物理学家罗莎琳·亚洛帮助他们建立了这个项目。[145]（参见图8.6）到1949年底，亚洛在那里已建成一个实验室，正在研究放射性磷和钠在诊断肿瘤方面的作用。[146]当她在医院全职进行研究时，她询问医院药科主任伯纳德·斯特劳斯医生是否知道有哪些医生可以与她一起合作。斯特劳斯向她推荐了一名年轻的临床医生所罗门·贝尔松。1950年，贝尔松在内科完成实习后就加入了亚洛的研究。[147]二人很快在使用放射性示踪剂进行的医

---

⑭² 参见 Lenoir and Hays，“Manhattan Project for Biomedicine”（2000），p. 57.

⑭³ 参见 AEC，*Sixth Semiannual Report*（1949），p. 91.

⑭⁴ 同一时期，退伍军人管理局医院为放射性同位素的临床应用发展提供了关键场所，这些医院对于临床试验的发展同样重要。参见 Marks，*Progress of Experiment*（1997）.

⑭⁵ 尽管女性物理学家在20世纪40年代并不常见，但自21世纪初以来，有很多女性物理学家参与放射性研究。要深入分析这一专业领域的女性史学，参见 Rentetzi，“Gender, Politics, and Radioactivity Research”（2004）。亚洛的传记作家深刻反映了她的个人经历，她不仅是一名女性科学家，还是犹太移民的孩子。正如书中所说，纽约医学界由哥伦比亚大学的内科医生、外科医生和康奈尔医学院主导，很少有犹太学生，且几乎没有犹太教师。布朗克斯退伍军人管理局医院的医学系于1946年任命了一位犹太医生为主任，开创了此类任命的先例。在麦卡锡时代，该部门集犹太人、女性，甚至非裔美国人于一体，这使其在1954年成为调查的目标。这是亚洛和贝尔松早期合作的政治、文化背景，这是两位雄心勃勃、光辉灿烂的犹太科学家的合作。参见 Straus，*Rosalyn Yalow*（1998）.

⑭⁶ 根据这些实验提交的一份论文被交给原子能委员会，作为该机构出版物《同位素》（1949）第89页的参考书目：Roswit et al.，“Use of Radioactive Phosphorus”（1950）.

⑭⁷ 参见 Yalow，“Radioactivity in the Service of Humanity”（1985）and Straus，Rosalyn Yalow（1998），p. 5 ff。从1947年到1950年，亚洛在布朗克斯退伍军人管理局医院担任顾问的同时，还在亨特学院任教；1950年，她成为该医院放射性同位素科主任助理。

学研究中建立了密切的合作关系，特别是使用碘-131在退伍军人管理局医院患者中研究甲状腺生理学。他们还使用带有钾-42或磷-32标记的红细胞来测量血容量。[148]这些研究依赖于能向患者注射同位素标记的物质。亚洛和贝尔松的著作一般不涉及他们的研究对患者的治疗和护理作用的信息。同样，他们的论文中关于知情条款也十分含糊。考虑到放射性同位素的临床消耗，他们重点改进对患者使用碘-131的测量方法是有意义的。原子能委员会出售的放射性碘比其他任何同位素的量都多；它被用来诊断甲状腺功能和治疗甲状腺疾病。[149]

图 8.6　罗莎琳·亚洛正在准备一份“原子鸡尾酒”（1948 年，国家档案馆，RG326-G，box1，folder 4，AEC-48-183）

在几年之内，亚洛和贝尔松用他们精确的测量血液蛋白的方法来观察糖尿病受试者体内放射性同位素标记的胰岛素是否比正常受试者体内消耗得更快。该研究听取了一位知名糖尿病专家的建议，该专家认为糖

[148] 参见 Berson et al,“Determination of Thyroidal and Renal Plasma”（1952）；Berson and Yalow,“Use of K42 or P32 Labeled Erythrocytes”（1952）；Berson et al.,“Biological Decay Curve”（1952）；Berson et al.,“Tracer Experiments”（1953）；Berson and Yalow,“Distribution of 131 Labeled Human Serum Albumin”（1954）.

[149] 参见 AEC，*Isotopes*（1949），p. 5. 有关原子能委员会生产的碘-131早期使用的更多信息，参见 Creager，“Nuclear Energy”（2006）.

尿病是由于血清胰岛素的异常快速降解引发的。[150]亚洛和贝尔松将放射性碘标记的胰岛素分别用于糖尿病和非糖尿病受试者，以及一些伯朗克斯退伍军人管理局医院“健康的实验室工作人员志愿者”。[151]令他们惊讶的是，他们观察的结果与他们预期的截然相反：胰岛素在大多数糖尿病患者的血液中存在的时间远比正常受试者长。这推翻了糖尿病的快速降解理论，但也提出了另一个问题——为什么糖尿病患者血液中胰岛素的代谢率如此低?

亚洛和贝尔松可以通过分析医院的另一群患者——使用胰岛素进行“休克疗法”的精神病患者，来区分糖尿病与胰岛素治疗的影响（从 20 世纪 30 年代到 60 年代，美国精神科医生使用胰岛素诱导血糖降低，导致病人休克，甚至昏迷，以此治疗过数千名精神分裂症患者）。[152]两名接受胰岛素治疗的精神分裂症患者的血液样本中存在长时间未降解的胰岛素（与抗体结合），这与使用胰岛素治疗糖尿病患者的特征一样；胰岛素在血液中的持续存在与患者是否接受外源性胰岛素有关。[153]亚洛和贝尔松得出结论认为，牛或猪胰岛素的免疫原性导致胰岛素抗体的存在。

亚洛和贝尔松认为使用动物源性胰岛素治疗的患者会产生抗体，这一观点颇具争议。他们的手稿先是被《临床研究杂志》拒绝，后又被《科学》杂志拒绝，因为审稿专家不相信胰岛素这种小分子可能具有免

---

[150] 这位专家是 I · 亚瑟 · 米尔斯基博士（Dr. I. Arthur Mirsky），他在 1952 年劳伦森大学激素会议的演讲中提出了成年期发病的糖尿病理论（“糖尿病病因学”）。他的快速降解理论源于“成年糖尿病患者的胰腺中几乎含有正常数量的胰岛素”。参见 Yalow，“Radioactivity in the Service of Humanity”（1985），p. 58.

[151] 参见 Berson et al.，“Insulin-I^{131} Metabolism in Human Subjects”（1956），p. 170.

[152] 参见 James，“Insulin Treatment in Psychiatry”（1992）.

[153] 参见 Yalow，“Development and Proliferation”（1999）.

疫原性。[154]《临床研究杂志》的编辑在他的拒绝信中解释说，“该领域的专家”坚持认为作者没有证明这种球蛋白是使用胰岛素后产生的抗体。[155]（参见图 8.7）为了让他们的论文被接受，亚洛和贝尔松不得不在题目中

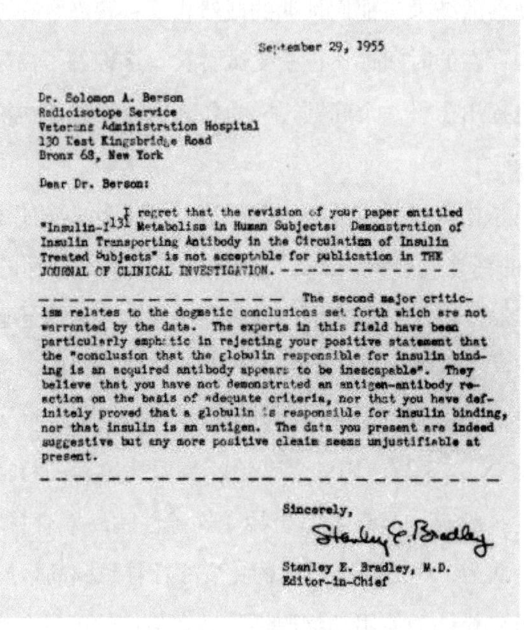

September 29, 1955

Dr. Solomon A. Berson
Radioisotope Service
Veterans Administration Hospital
130 West Kingsbridge Road
Bronx 68, New York

Dear Dr. Berson:

I regret that the revision of your paper entitled "Insulin-I^{131} Metabolism in Human Subjects: Demonstration of Insulin Transporting Antibody in the Circulation of Insulin Treated Subjects" is not acceptable for publication in THE JOURNAL OF CLINICAL INVESTIGATION. - - - - - - - - - - - - -

- - - - - - - - - - - - - - - - The second major criticism relates to the dogmatic conclusions set forth which are not warranted by the data. The experts in this field have been particularly emphatic in rejecting your positive statement that the "conclusion that the globulin responsible for insulin binding is an acquired antibody appears to be inescapable". They believe that you have not demonstrated an antigen-antibody reaction on the basis of adequate criteria, nor that you have definitely proved that a globulin is responsible for insulin binding, nor that insulin is an antigen. The data you present are indeed suggestive but any more positive claim seems unjustifiable at present.

- -

Sincerely,

Stanley E. Bradley

Stanley E. Bradley, M.D.
Editor-in-Chief

图 8.7 《临床研究杂志》拒绝信的摘录（来自 Rosalyn S. Yalow，“Radioimmunoassay：A Probe for the Fine Structure of Biologic Systems，” *Science* 200（1978）：1236–45，on p. 1238. 版权所有者：诺贝尔基金会 1977）

---

⑭ 亚洛指出，小分子肽可以诱导产生血浆抗体，这一理念“直到 20 世纪 50 年代才被免疫学家接受”。参见 Yalow：“Radioimmunoassay：A Probe”（1978），p. 1237. 在一本 1945 年再版的免疫化学著作中，卡尔·兰德斯坦纳（Karl Landsteiner）阐述了能否称这种血清蛋白为抗体的不确定性。他指出，胰岛素可以作为抗原，但是这种能力很弱（“幸亏是用于治疗”）。文章中还说：“继续使用各种激素后，血清中会出现中和剂，也就是所谓的‘抗激素’……这一系列研究还有一个问题尚未解决（假设作用机制都相同），即血清中发现的中和物质到底是血清学上的抗体，还是根据 Collip 的理论，正常动物体内存在的少量拮抗性激素？……支持抗体理论的事实是，中和血清还不能完全被证明为低分子激素，例如肾上腺素或雌激素。”参见 Landsteiner，*Specificity of Serological Reactions*（1945），p. 37.

⑮ 参见 Yalow，“Radioimmunoassay：A Probe”（1978），p. 1238.

将“抗体”改为“胰岛素结合球蛋白”。[155]

亚洛和贝尔松利用几种物理－化学技术来支持他们的解释，即胰岛素结合球蛋白是一种特异性抗体，只存在于使用动物源胰岛素治疗的患者体内。他们使用放射电泳显示接受胰岛素治疗的患者体内被放射性同位素标记的胰岛素与血清丙种球蛋白（血浆抗体）的迁移。他们还采用层析和超速离心来分析标记的胰岛素是如何与来自患者（既有接受过胰岛素治疗的患者，也有从未接受过胰岛素治疗的受试者）的血清蛋白相互作用。所有结果都显示了一致的答案：在接受胰岛素治疗的患者体内，被标记的胰岛素的大部分放射性都与血清丙种球蛋白（即 IgG 抗体）有关。[157]虽然亚洛和贝尔松论文的最初审稿人持怀疑态度，但他们的实验赢得了这个领域的支持。贝尔松于 1957 年获得美国糖尿病协会第一届百合奖（亚洛于 1961 年获得此奖），这是他们所获的许多奖项（包括亚洛于 1977 年所获的诺贝尔奖）中第一个承认他们贡献的奖项。[158]

作为这些研究的一部分，亚洛和贝尔松试图确定血清抗体对胰岛素最大的结合能力。他们发现有放射性标记的胰岛素与固定数量的抗体的结合能力是体内胰岛素存在量的定量函数。当少量放射性标记的胰岛素加入胰岛素抗体中时，它们会被抗体全部结合。未标记的胰岛素可以根据总的胰岛素存在量来阻止被标记的胰岛素的结合。这意味着可以将被标记的胰岛素添加到含有胰岛素抗体和未知量的胰岛素溶液中，并基于被标记的胰岛素与抗体的结合程度来精确地计算胰岛素的浓度。这是放射免疫分析法的原理，尽管过了三年亚洛和贝尔松才发表了一篇文章，展示该技术如何用于测量人体血浆中胰岛素的水平。他们声称自己的技

---

⑯ 参见 Straus，Rosalyn Yalow（1998），p. 8.

⑰ 参见 Berson et al.，“Insulin-I^{131} Metabolism in Human Subjects”（1956）.

⑱ 贝尔松去世五年后，亚洛获得诺贝尔奖。参见 Yalow，“Radioimmunoassay：A Probe”（1978）.

术可以在 0.25–1.0 微米激素活性单位的范围内测量人的胰岛素水平[⑲]。这种方法的灵敏度比现有的生物测量技术提高了约两个数量级，并且使用户能够使用极少量的血液直接测量人体血清的胰岛素水平。[⑳]

放射免疫分析法的技术路径

亚洛和贝尔松不是唯一认识到竞争性结合、放射性标记和特定抗体可以一起用于定量分析的研究人员。罗杰·伊金斯（Roger Ekins）就职于英国伦敦米德尔塞克斯医科大学的医学物理系，他正与一些激素生化学家合作开发测量血清甲状腺素（甲状腺激素）的技术，他们意识到最新分离出来的特异性甲状腺素结合球蛋白（抗体）和放射性标记的激素可用于此类分析。正如他自述的那样，他的想法受到了同伴的怀疑，资助方也拒绝资助他购买所需的放射性示踪剂。然而，1957 年，一名医院病人为他提供了实验机会。该患者患有甲状腺肿瘤，正在接受大剂量的碘 –131 治疗。伊金斯发现患者血液中的放射性主要来自血蛋白，明确地说是来自患者体内现有的放射性甲状腺激素抗体。伊金斯使用该患者的血液样本来显示无标记的（外源性）甲状腺激素如何与已经和血清抗体结合的放射性内源性甲状腺激素竞争。[㉑]与亚洛和贝尔松的研究一样，战后放射性同位素（特别是放射性碘）在临床中的使用为放射免疫

---

⑲ 用于检测的胰岛素浓度是每毫升 1.25–5.0 微米单位，参见 Yalow and Berson，“Assay of Plasma Insulin in Human Subjects”（1959）；Yalow and Berson，“Immunoassay of Endogenous Plasma Insulin in Man”（1960）；Yalow and Berson，“Immunoassay of Plasma Insulin in Man”（1960）.

⑳ 使用放射免疫分析法测定的血清胰岛素水平明显低于使用其他方法测定的胰岛素样生物活性水平；这种差异导致了对胰岛素活性形式和水平长达 15 年的争论。参见 Kahn and Roth，“Berson ，Yalow，and the JCI”（2004）.

㉑ 参见 Ekins，“Estimation of Thyroxine”（1960）；作者同上，“Immunoassay，DNA Analysis”（1999）.

分析法的产生提供了条件。[162]人类受试者再次为这一发现提供了实验材料。两种正在研究的抗原胰岛素和甲状腺素都是激素。[163]

20 世纪 60 年代晚期，内分泌学仍然是放射免疫分析法应用的主要领域。[164]亚洛和贝尔松将他们的方法扩展应用于开发其他肽类激素分析法，包括生长激素、促肾上腺皮质激素、甲状旁腺素和胃泌激素。[165]这些分析法为医疗实践和研究带来了很多好处：可以检测人体血浆中各种浓度低至皮摩尔的激素，这极大地提高了临床内分泌学的诊断能力。事实上，它使得许多血液激素可以直接测量，而在 20 世纪 50 年代时，胰岛素和甲状腺素等激素因为浓度太低，不能通过抗体靶向凝聚试验进行检测。[166]

这种精密的检测方法主要依靠一种过去常用的物质——来自实验动物的抗血清作为其抗体来源。在亚洛和贝尔松的实验室中，抗血清来自豚鼠，每只豚鼠都接种了不同的抗原，如胃泌素或生长激素。亚洛的传记作者写道，清晨，亚洛会抽出时间来陪伴她的豚鼠，给它们喂食从家里带来的生菜，把它们环抱在臂弯里，对它们说甜言蜜语，为了让它们生产出世界上最好的抗血清。[167]（参见图 8.8）她的实验室并不出售这些有用的抗血清，但对于从世界各地来到布朗克斯学习他们

---

[162] 关于与英国原子能计划有关的放射性同位素的医疗用途，参见 Kraft，“Between Medicine and Industry”（2006）.

[163] 第三个研究小组于 1959 年发现了另一种激素（高血糖素）的放射免疫分析法，参见 Unger et al.，“Glucagon Antibodies”（1959）.

[164] 战后内分泌学关于放射性同位素其他重要应用的报道，参见 Fragu，“How the Field of Thyroid Endocrinology Developed”（2003）.

[165] 参见 Glick et al.，“Immunoassay of Human Growth Hormone”（1963）；Roth et al.，“Hypoglycemia”（1963）；Berson and Yalow，“Radioimmunoassay of ACTH in Plasma”（1968）；Yalow et al.，“Radioimmunoassay of Human Plasma ACTH”（1964）；Berson et al.，“Immunoassay of Bovine and Human Parathyroid Hormone”（1963）；Yalow and Berson，“Radioimmunoassay of Gastrin”（1970）.

[166] 参见 Yalow，“Radioimmunoassay：A Probe”（1978），pp. 1239–1240.

[167] 参见 Straus，*Rosalyn Yalow*（1998），p. 13.

的方法的科学家，为他们准备了优质的小样。

图8.8　罗莎琳·亚洛在她的实验室里捧着一只用于生产抗血清的豚鼠［Reproduced from Eugene Straus，*Rosalyn Yalow，Nobel Laureate：Her Life and Work in Medicine*（New York：Plenum Trade，1998），p. 15. Copyright © 1998 Straus，Eugene. Reprinted by permission of Plenum Trade，a member of the Perseus Books Group］

放射免疫分析法在20世纪70年代早期开始被广泛应用，缩写为RIA。商业性放射免疫分析法试剂和“试剂包”的出现体现并强化了这一趋势，同时也是新技术发展的有效利用。特别是用碘－125代替碘－131作为示踪剂，碘－125较长的半衰期意味着商业分析法试剂包有了较长的保质期。[168]自1956年以来，新英格兰核公司一直致力于向研究人员提供有放射性标记的试剂，他们也进军放射免疫分析法产品领域，这项技术是其1973年年报的重点。[169]他们的报告主要关注放射免疫分析法在内分泌诊断中的应用（例如用来诊断受高血压影响的血管紧张素1）和药物剂量（例如充血性心力衰竭病人使用的地高辛）。[170]红十字会使用肝炎相关抗原的放射免疫分析测试来筛查捐献的血液，而对肿瘤标志物的放射免疫分析诊断测试在肿瘤学中得到了广泛的应用。[171]（参见图8.9）

放射免疫分析法的使用范围十分可观：1975年进行了大约5200万

⑱ 参见 Charlton，“Overcoming the Radiological and Legislative Obstacles”（1979）.

⑲ 关于新英格兰核公司的更多信息，参见第六章。

⑳ 新英格兰核公司1973年年报副本，由保罗·麦克纳尔迪（Paul McNulty）提供。

㉑ 参见 Block，“Overview of Radioimmunoassay Testing”（1979）；Herberman，“Immunodiagnostics for Cancer Testing”（1979）；Yalow，“Radioimmunoassay in Oncology”（1984）.

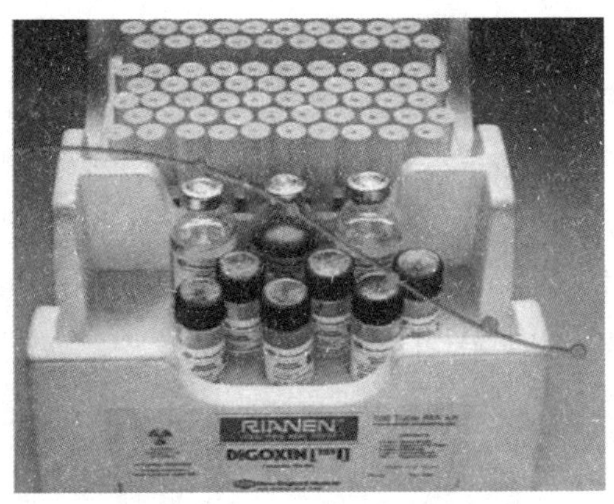

图 8.9　图为新英格兰核公司生产的地高辛碘 –125 放射免疫分析试剂包（图片和说明文字均来自 New England Nuclear 1977 Annual Report，感谢 Paul McNulty）

次放射免疫分析。[17]尽管这些分析使用放射性同位素，但它们是在试管中完成的（患者从未接触过放射性同位素）。放射免疫分析法技术利用放射性同位素作为示踪剂来识别和量化无比灵敏的抗原。因此放射免疫分析法扩展了科学家使用以前未见过的分子试剂的能力，证明了放射性标记在检测和诊断技术方面的威力。

结论

正如这些有关贫血和糖尿病医学研究的概述所说，放射性同位素在临床研究中的应用兴起于第二次世界大战之后，它建立在使用回旋加速器生产的放射性原料的强大研究模式之上，并且美国政府把放射性同位素作为和平时期的原子能红利进行了大力的推广，这也推动了它的发展。回顾过去，人们可能会说，在医学研究中放射性同位素的使用要早于保护这些研究对象的法规。这种说法显然是正确的，但这同时也假

⑰ 参见 Landon，“Look at the Future”（1979）.

定了联邦政府需要通过法规来保护医学研究对象。正如许多历史学家所说，这种推定本身就是 20 世界 60 年代出现的历史产物。[173]

令人吃惊的是，1947 年初，原子能委员会领导层在往来通讯中表明，虽然他们担心对绝症病人秘密实施的曼哈顿计划一旦被公开，那么这个新成立的民用机构的声誉将受到损害，但是他们并不担心政府对“项目之外”的实验室使用放射性同位素需要承担的责任，即使这些材料是从橡树岭购买的。一旦项目得到人类应用小组委员会的批准，原子能委员会就相信医生会遵循自愿参与和同意的普遍原则，并期待医院和其他当地机构会监督这些安全标准的遵守情况。原子能委员会担心的负面宣传确实在近半个世纪后出现，但是公众对政府监管和责任的期望已经有所转变，这意味着如果政府没有保护这些使用原子能委员会提供的放射性原料进行医学实验的受试者，政府会受到谴责，同样政府也会因为支持军事相关实验而受到批评，因为在这些实验中，患者在不知情的情况下被注射钚。不论是与原子武器危害相关的实验还是主流临床实验，许多美国人将放射性同位素研究的受试者视为“人类试验品”。正如本书在这里所尝试的，即使给出一个更有历史意义的解释，也不会缓解围绕人体实验引发的伦理问题。20 世纪 40 年代和 50 年代，即便是那些从事当时最佳的医学研究的医生也开始将弱势群体（后来的术语）作为研究对象。

除了参与放射性同位素生物医学实验的平民之外，退伍军人作为研究对象也有特殊的历史意义。在美国，“GI 试验品”在两种与原子能有关的活动中有重要意义。[174]首先，军人对 1946 年到 1963 年间参与的数十次原子爆炸试验并不知情。[175]尽管这些测试的负责人将这些军人视为

---

⑰③ 例如，Rothman，*Strangers at the Bedside*（1991）；Stark，*Behind Closed Doors*（2012）.

⑰④ 参见 Uhl and Ensign，*GI Guinea Pigs*（1980）.

⑰⑤ 参见 ACHRE，*Final Report*（1996），ch.10，“Atomic Veterans”. 并非所有辐射暴露都是军方故意的，当时对低水平辐射长期影响的关注（或科学理解）很少。（这并不能减轻军人的痛苦）

人类受试者，但他们的目的不是要调查辐射的生物效应，而是研究军人对原子爆炸的心理和生理反应。这些研究对象（经常参与现场训练演习的）形成了一个由20万人组成的小型群体，他们在美国原子武器试验中接受了辐射。在测试点接受辐射属于军人的职业伤害，这些军人仍然是生物医学数据的来源。[176]20世纪60年代和70年代，曾参与过核试验的数百名退伍军人就其服役期间所受的辐射伤害，向退伍军人管理局索要赔偿。[177]虽然退伍军人管理局只同意少部分人的索赔，但他们的理由却成为一个政治问题。1988年，国会通过了一项立法，规定对受到辐射暴露的退伍军人进行补偿，不论他们能否证明曾受过伤。

另一个军人参与的辐射暴露场合是严格临床上的：退伍军人在20世纪40年代末和50年代是退伍军人管理局医院放射性同位素医学实验的前锋。原子能委员会充分利用政府控制的军事人员医疗基础设施，建立了原子医学的临床研究基地。这意味着退伍军人能从最新的原子医学进展中受益，但他们也是原子能委员会"临床试验场"的一部分。在这一事件中，政府的动机与其说是军事上的，不如说是政治上的——该机构渴望在医疗方面取得突破，来展示原子能在新兴核军备竞赛中的和平用途。

尽管在美国和英国放射免疫分析法可以在不使用人体试验的情况下得到发展，然而这一新的结合分析方法最初是作为临床研究项目的一部分出现的，当时病人正在接受放射性同位素治疗。实际上，患者的血管是实验的容器，用以观察抗体在标记抗原存在条件下的竞争结合行为。亚洛本人强调放射免疫分析法发现的偶然性，是她在医院放射性同位素服务部门做胰岛素代谢研究时的意外收获。[178]人体本来既是结合反应的

---

⑯ 参见 ACHRE，*Final Report*（1996），pp. 283–284.

⑰ 参见 Weisgall，*Operation Crossroads*（1994），p. 278.

⑱ 例如参见 Yalow，"Radioimmunoassay：A Probe"（1978）；同上，"Radioimmunoassay：Its Relevance to Clinical Medicine"（1981）.

场所，又是抗体的来源，亚洛和贝尔松的技术有效地取代了人体，转而使用试管和动物血清。20 世纪 80 年代，体外合成的抗体（单克隆抗体）开始替代动物源抗体。尽管惠普尔和哈恩使用放射性铁进行临床研究时采用了从动物研究到人体实验的一般常规路线，但亚洛的放射性碘工作的轨迹则是一种脱胎换骨的过程，从糖尿病退伍军人到豚鼠试验品，再到使用纯合成成分的方法。或者换句话说，放射免疫分析法将临床观察外化，将体内实验转化为体外试验。我们通过回顾这项技术的历史，还原了关于退伍军人和试验品豚鼠的历程，突显出政府原子能政策和战后生物医学的临床研究所留下的复杂问题。

第

九

章

辐射束与放射物

在原子能应用的各个方面，最能让美国公众直接广泛获益的莫过于在医学研究、诊断和治疗中使用放射性同位素和辐射。若是量化其使用范围，那么仅在1970年，就有超过400万人使用了放射性同位素进行诊断或治疗。

——E.E. 福勒（E. E. Fowler），1972年[①]

① 参见 Fowler，“Recent Advances”（1972），p. 253.

放射性同位素使核医学成为战后医疗保健的技术先锋。最初，同样的放射性同位素既是诊断示踪剂又是治疗的来源，特别是碘 –131 和磷 –32，但是在 20 世纪 50 年代期间，医用同位素开始按使用目的进行分化。强度高、半衰期较长的放射性同位素，如钴 –60 和铯 –137，作为外部辐射源，主要用于放射治疗。新的诊断方法则开始使用半衰期较短的放射性同位素，从碘 –132 到氟 –18，配合各种仪器来检测人体内的放射性。

显然，这些新型诊断工具的出现是出于对患者安全的关心。正如原子能委员会在 1960 年的一份报告中所述："使用放射手段进行诊断或治疗给病人带来的好处，必须与辐射所造成的潜在的和直接的生物效应相对比"。[②] 在某种程度上，这种要把辐射的剂量减到最小的思想确实反映了其时代背景：许多使用放射性同位素的新方法是在 20 世纪 50 年代末和 60 年代发展起来的，当时公众和医学界越来越关注低水平和长期辐射暴露的危害。[③]

为了强调诊断工具的产生，核医学历史常常绕过 20 世纪 40 年代末和 50 年代初。[④] 尤其是闪烁探测器扫描仪的发明和锝 –99m 的引入极大地提高了放射性同位素用于器官可视化和功能评估的先进性。[⑤] 不过，注重放射性同位素在诊断领域的早期应用便突出了示踪剂方法在生物学和医学上的共性。此外，原子能委员会的研究设施，特别是布鲁克海文国家实验室和阿尔贡癌症研究医院，它们对开发用于放射治疗和诊断的新型仪器和同位素做出了重要贡献。

原子能委员会让核医学展现出比任何其他应用放射性同位素的领

② 参见 AEC，*Radioisotopes in Science and Industry*（1960），p. 17.

③ 参见第五章。

④ 例如 Miale，"Nuclear Medicine"（1995）.

⑤ 该同位素名称末尾的"m"表示"亚稳态"；它是锝 –99 的同核异构体，通过核重排可转化为锝 –99，发射 γ 射线。

域都更加“人道主义”的一面。然而，在生物学和医学领域，没有任何领域能像核医学那样清楚地体现原子能委员会的作用在民用利益和军用利益之间的重叠。⑥ 本章重点讨论两个案例研究，说明癌症医学和原子武器的协同作用（关于放射性同位素的临床应用的相关研究）。第一个案例将钴 -60 和铯 -137 结合到远距放射治疗仪，改进了早期使用镭进行放射治疗的模式。这些新型的高强度放射仪也被用于全身照射的实验治疗，通常是由军方资助的。受辐照的癌症患者成为一些机密信息的来源，从这些人身上可以获取关于人类对低于致死剂量的辐射作何生理和认知反应的信息。

第二个案例以威廉·斯威特（William Sweet）和戈登·布劳内尔（Gordon Brownell）为代表，对各种放射元素对脑肿瘤的检测和治疗进行研究，为随后发展正电子放射断层造影术奠定了基础。与此同时，斯威特对治疗此类肿瘤的中子俘获同位素的相关研究为原子能委员会对生命垂危患者铀代谢的秘密研究提供了基础。⑦ 在某种程度上，军事和核武器相关专家之所以关注核医学，是因为有癌症患者作为研究对象。但它也反映了这样一个事实，即同一所政府机构既在建立和管理着大规模核武器储备，同时也发展着原子能的民用利益。核医学揭示了一个共同的组织机构和一些关键材料（尤其是放射性同位素）是如何将原子能委员会的军事和民用议程联系在一起的。

从神奇“子弹”到效果更佳的辐射束

原子能委员会建立之初，不论是内科医生还是政府官员都希望放射性同位素在治疗上能集中在特定的组织中，提供内部辐射源，在原部

---

⑥ 参见 Kutcher，*Contested Medicine*（2009）；Leopold，*Under the Radar*（2009）.

⑦ 参见 Whittemore and Boleyn-Fitzgerald，“Injecting Comatose Patients”（2003）.

位根除肿瘤。这种方法并没有达到预期效果。[8]可有效定位在甲状腺的放射性碘，可用于治疗甲状腺机能亢进症，但对许多甲状腺癌患者来说效果令人失望。[9]作为另一种方法，一些研究人员开始利用不同制剂将放射性同位素导入身体的特定部位。例如，胶质颗粒易于集中在肝脏和脾脏。医学研究人员试图使用胶质制剂的放射性锆、放射性铌和放射性钇进行治疗，尽管在骨髓中收集的钇颗粒比较小。经证明，最有希望实现这一目的的放射性同位素是金 -198。1947 年，保罗·哈恩（Paul Hahn）研发了一种将胶质金 -198 注入胸腔或腹腔的技术，以减少因恶性肿瘤导致的积液。[10]胶质放射金成为治疗癌细胞转移性生长的标准缓和剂，但不能根治癌症。[11]（见图 9.1）

到 20 世纪 40 年代末，原子能委员会完全转变了其认为放射性同位素是抗癌“医疗子弹”的立场，反而强调在治疗中，同位素是镭的潜在替代物。钴 -60 有巨大潜力。[12]和镭 -226 一样，钴 -60 能发射 γ 射线。但是，这两种放射性元素的化学性质差别很大。像钙一样，镭能参与代

---

⑧ 正如约翰·劳伦斯和科尼利厄斯·托拜厄斯在 1956 年的一篇文章（“Radioactive Isotopes”）中写道：“我们在癌症研究和医学研究中使用人工制造的放射性同位素已有 20 年了。实际上，我们的第一次治疗试验是在 1936 年进行的。早期的时候我们希望，20 年后可以得到一些突出例子的报告，讲讲放射性化合物在肿瘤组织中选择性的定位，肿瘤组织可以比周围正常组织获得更多次的辐照……然而，作为一个从一开始就在这个领域工作、现在要总结一下经验的人，不得不说治疗的成果令人失望”（第 185 页）。

⑨ 参见 Aebersold，“Development of Nuclear Medicine”（1956），p. 1033.

⑩ 参见 Stannard，*Radioactivity and Health*（1988），vol. 3，pp. 1763–1764.

⑪ 正如 J.H. 穆勒的评论，“这些程序现在被广泛接受，用作治疗恶性积液的有效方法……必须指出的是，这些患者都是绝症，如果他们没有接受这种新疗法治疗，他们会在几周内或几个月内死去”。然而事实上，他描述的大多数使用放射性金进行治疗的患者患的是三期、四期或五期卵巢癌；有些患者也接受了镭或 X 射线治疗，大部分存活了一到两年。参见 Muller，“Intraperitoneal Application”（1956），pp. 270 and 291. 同时参见 Andrews，“Treatment of Pleural Effusion”（1956）.

⑫ 参见 AEC Press Release 158，“AEC to Make All Radioisotopes Available for Cancer Research Without Charge.” 27 Feb 1949，RG 326，NARA College Park，E67A，box 64，folder 5 Research in Biological and Medical Science；AEC，*Sixth Semiannual Report*（1949），p. 90.

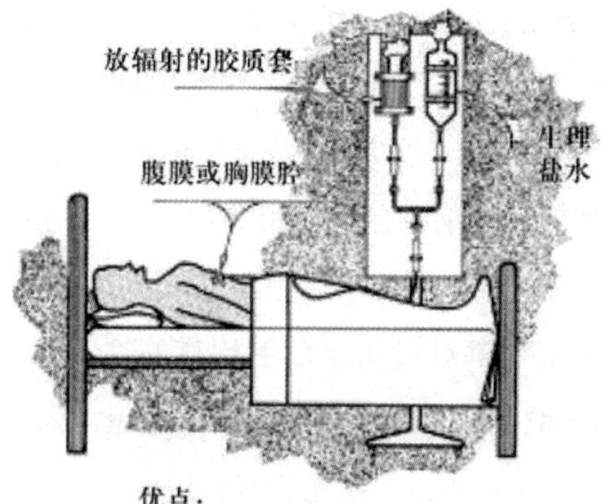

图 9.1　用于治疗的放射金 –198。本书出版时，该技术已在约 250 家医院中使用［来自美国原子能委员会，*Eight-year Isotope Summary*，vol. 7 of *Selected Reference Material*，*United States Energy Program*（Washington，DC：US Government Printing Office，1955），p.26］

谢并留在人体内。一旦进入骨骼，镭元素会永久存在，并向骨髓发射 α 粒子。相反，钴 –60 不会发射 α 射线，也不会集聚在体内。科学家发现，人体摄入钴 –60 后，会很快将其排出体外。[13]此外，钴 –60 的半衰期相对较长，约 5.3 年。或许最重要的一点是，钴 –60 的价格与镭相比是微不足道的，在 20 世纪 40 年代后期镭的成本为每克一万五千到两万美元。[14]委员利连索尔称在该机构的核反应堆中制备钴 –60 的"成本几乎可以忽略不计"。[15]

与镭相比，人们最初对钴的兴趣侧重于其与镭相比作为金属的特性上。通常情况下，镭被植入一种蜡状结构中，以适应体腔各部位，如

⑬ 对钴 –60 代谢的研究是由加州大学辐射实验室的研究人员进行的。参见 AEC，*Sixth Semiannual Report*（1949），p.90.

⑭ 参见 AEC，*Atomic Energy and the Life Sciences*（1949），p. 93.

⑮ 参见 Leviero，"Atom Bomb By-Product"（1948），p. 19. 镭的半衰期长得多，为 1500 年，但钴 –60 成本较低，弥补了这种差异。

口腔内、下颌外或宫颈附近。[16]镭本身通常被放在不易弯曲的管中，放射科医生需要仔细放置，防止出现“热点”导致过度辐射暴露。相比之下，钴 -60 是柔韧的，可以塑造成任何最适合治疗的形状。事实上，钴 -60 可以在被辐射之前预制成其最终的形状。[17]钴 -60 也具有磁性，因此可以使用电磁支架，因此，使用者可以将其远离身体。[18]几乎在每个方面，钴 -60 似乎都胜过用于放射治疗的镭 -226。《纽约时报》以《原子弹副产品会取代镭辅助治疗癌症》为标题，刊登了关于钴 -60 的故事。[19]正如 1950 年希尔兹・沃伦所言，用镭治疗癌症已经“像福特 T 型车一样过时了”。[20]

事实证明，钴 -60 并没有取代现有癌症治疗形式中的镭 -226，而是推动了一种新的放射治疗模式的发展——远距放射疗法。传统镭疗法的局限性之一是难以触及体内深处的肿瘤，为了不影响体表或肿瘤附近细胞的生长，镭通常作为“种子”放入体腔或手术植入。在远距放射疗法中，最初有一种用镭（尽管有其局限性）治疗的方法，辐射源被安置在一台机器中，其放射粒子能聚成一束，射向体内特定部位。[21]实际上，这是一种将镭治疗与 X 射线治疗中使用的输送方法结合在一起的方法。[22]钴 -60 发射的 γ 射线强度，当足够集中于远距离传输时，可以直接到达肿瘤内部，而不会对周围组织或皮肤造成大范围的损害。钴 -60 的 γ 射线的有效单波长在 X 射线上得到了改善，

---

⑯ 参见 AEC，*Atomic Energy and the Life Sciences*（1949），p. 93.

⑰ 出处同上。

⑱ 出处同上，p.94.

⑲ 参见 Leviero，“Atom Bomb By-Product”（1948），p. 1.

⑳ 参见“Cobalt Put Above Radium in Cancer”（1950），p. 81.

㉑ 镭远距放射疗法的一个局限是成本，在远距治疗仪器中隔离 4 克镭可能花费 20 万美元。还有，镭的衰变方式复杂，并存在屏蔽问题。这是为什么医院用 X 光机照射深部肿瘤的原因所在，但这种替代方案有其自身的技术问题（尤其是连续的辐射），而且仍然很昂贵。参见 Schulz，“Supervoltage Story”（1975）.

㉒ 参见 M. D. Anderson Hospital，*First Twenty Years*，pp. 193–194，p. 213. 23.

其中X射线波长并不稳定，因此在高强度的情况下，既会作用于癌症细胞，也会波及正常组织。第二次世界大战结束后，人们积极利用核反应堆生产的钴-60开发新的治疗方法，使得美国有机会在发展基于辐射的癌症治疗方面超越欧洲。然而，事实证明，美国在将远距钴治疗仪推向市场方面落后于加拿大。

在美国开发钴-60远距疗法的最初动力来自于休斯顿的M.D.安德森癌症研究医院，该医院成立于1944年。首任院长兼首席外科医生R.李.克拉克（R. Lee Clark）和放射科主任吉尔伯特·H.弗莱彻（Gilbert H. Fletcher）对欧洲先进的镭治疗技术的印象十分深刻。[23]在访问国外的一些放射学中心时，弗莱彻遇到了伦纳德·格里梅特（Leonard Grimmett），他是伦敦哈默史密斯医院的物理学家，曾在20世纪30年代设计了首批远距镭照射装置。不久之后，格里梅特被聘请到M.D.安德森癌症研究医院工作，他于1949年来到休斯顿后，当时的想法是在活性达1000居里的放射性钴源附近建立一个远距治疗装置。[24]时任原子能委员会生物学和医学分部主任的希尔兹·沃伦认为这是行不通的，因为海军在100居里的钴源附近搭建仪器时就遇到困难了，因此，原子能委员会没有对该项目提供支持，不过戴蒙·鲁尼恩（Damon Runyon）癌症研究基金会开始为其提供资金（最初是通过一场特殊的足球比赛筹集的）。[25]

为了让原子能委员会支持格里梅特远距放射疗法的理念，克拉克找到了另外一种途径，他联系了橡树岭核研究所（ORINS）。这一组织是南方多所大学在1946年成立的联合会，旨在帮助该地区的大学研究人员获得橡树岭国家实验室的设施和资源。这是原子能委员会签约在橡树岭负责提供放射性同位素培训课程的组织，它接待来到橡树岭参加原子

㉓ 参见Leopold，*Under the Radar*（2009），p. 65.

㉔ 参见M.D. Anderson Hospital，*First Twenty Years*（1964），pp. 213–215.

㉕ 出处同上，p.212。

能委员会研究项目的研究生和教员。[26] 橡树岭核研究所成立之初有 14 所大学参与；到 1950 年，规模已达 24 所。

为了响应原子能委员会的癌症项目，橡树岭核研究所制定了医疗项目并建造了一些设施。1948 年，原子能委员会与橡树岭核研究所签订合同，在橡树岭建立并运营一所有 32 张床位的临床研究医院兼实验室，用于测试癌症治疗和诊断中使用的放射性物质。[27] 马歇尔 · 布鲁塞（Marshall Brucer）成为橡树岭核研究所医疗部门负责人，该部门也受到研究所其他六所附属医学院人员所组成的医疗咨询委员会的监管。[28]1950 年，医院和新的实验室大楼开放运营；研究项目也在同年夏天全面开展。研究重点在于使用放射性同位素治疗癌症。橡树岭核研究所附属医学院的医生只会将这种方法用于有治疗前景的患者身上。[29] 有一篇描述该研究项目的文章写道：“对于该项目来说，最糟糕的事情莫过于被迫告诉前来的患者，这里没有适合他们的特殊肿瘤的同位素疗法。”[30] 这所医院的设计理念是建成一所“模范医学放射性同位素实验室”，有安全

㉖ 参见 A Chronology of the Clinical Studies Program at the Oak Ridge Institute of Nuclear Studies/Oak Ridge Associated Universities，11 Jan 1994，DOE OpenNet Acc NV0707053. 这份文件还列出了 1948 年橡树岭核研究所的所有成员：阿拉巴马大学、阿肯色大学、奥本大学、美国天主教大学、杜克大学、埃默里大学、佛罗里达大学、佐治亚大学、佐治亚理工学院、肯塔基大学、路易斯安那州立大学、密西西比大学、北卡罗莱纳大学、田纳西大学、得克萨斯大学奥斯汀分校、杜兰大学、范德比尔特大学和弗吉尼亚大学。由于橡树岭核研究所是一个非保密组织，因此研究人员和学生去那里比去橡树岭国家实验室容易得多，而只有无犯罪记录的美国公民才能访问橡树岭国家实验室。

㉗ 参见 AEC，*Sixth Semiannual Report*（1949），p. 90；Statement by W. R. Bibb before the Subcommittee on Investigations and Oversight Committee on Science and Technology，US House of Representatives，23 Sep 1981，OpenNet Acc NV0707565，p. 5. 橡树岭核研究所的临床设施被安置在原子能委员会拥有的一家社区医院的一处未使用的侧楼里（是按合同运作的）。增加了一栋实验室大楼，并对侧楼进行了翻修。

㉘ 参见 Bruner and Andrews，“Cancer Research Program”（1950）.

㉙ 出处同上，p.579.

㉚ 出处同上，p.577.

处理放射性的仪器和屏蔽措施。[31]作为一所"放射性同位素医院"，这里还有一些特殊规定。治疗期间限制访问，避免他人受到"热点"患者的辐射。[32]此外，"护士、技术人员、女护工和勤务人员"必须经过专门的放射安全培训。[33]

布鲁塞十分热衷于利用钴 -60 开发远距放射疗法，并于 1949 年 12 月与克拉克和格里梅特在橡树岭与核研究所成员和原子能委员会官员会面。因此，格里梅特的初步设计被暂时接受，于是他可以申请将一个小型钴装置运回休斯敦进行测量工作。然而，布鲁塞还希望能请到更多领域的人来参与研究，于是请求"全国各地的研究人员提交钴 -60 仪器的设计方案"。[34] 1950 年 2 月，在华盛顿特区举行的一次大会上，有 12 所大学提出了有关远距放射治疗仪的方案。格里梅特的方案被评为最可行的设计方案，并被原子能委员会选中由官方进行开发。

格里梅特的设计方案要求用四块厚板的形式来制成一台 1000 居里的钴 -60 辐照器，每块平板的厚度与一枚 25 美分硬币的厚度相当。这些厚板放置在一个直径为 18 英寸的钨合金圆柱体内，钨合金圆柱体又安装在一个可旋转的圆盘上，该圆盘也是钨制成的。γ 射线光束从圆柱体底部的一个孔射出。可以通过远程控制旋转圆盘来照射或覆盖钴 -60。[35] 1950 年 7 月，通用电气（GE）X 射线公司签订合同，制造辐照器的头，并设计一个悬臂式支撑机构。[36]通用电气公司在 X 射线和高压设备方面十分专业，是制作这台机器的最佳选择，而且通用电气公司本来就是原子能委员会的承包商。可惜，格里梅特于 1951 年

㉛ 参见 Bruner and Andrews，"Cancer Research Program"（1950）.p.583

㉜ 出处同上，p.580.

㉝ 出处同上，p.581.

㉞ 参见 M. D. Anderson Hospital，*First Twenty Years*（1964），p. 215.

㉟ 出处同上，pp.215–216.

㊱ 出处同上，p.216.

5月27日去世了，几天后，通用电气完成了这个项目。[37]（见图9.2）

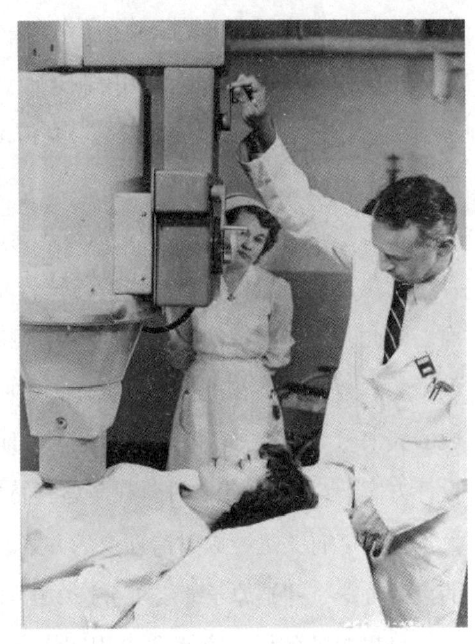

图9.2　橡树岭核研究所医学分部的放射学家在示范如何调整钴-60远距放射治疗仪。这似乎是由伦纳德·格里梅特设计并由通用电气公司制造的原始机器。感谢休斯顿橡树岭核研究所（来自国家档案馆，RG 326-G，box 3，folder 3，AEC-51-4337）

以上这台机器的钴片不是在橡树岭接受辐照的，而是在位于乔克河的加拿大核反应堆接受辐照的。按计划，这些钴片要在反应堆中放置两年，以便将足够百分比的金属转化为钴-60，从而使样本的活性能达到1,000居里。朝鲜战争干扰了这些计划，因为加拿大核反应堆要用于军事用途，所以在1952年7月钴被运走之前，其活性只有805居里，它被送到橡树岭，组装进辐照器的头。[38]该仪器被留在橡树岭核研究所进行初步测试，包括动物实验。然后，在1953年9月，该仪器被运到休斯敦，并安装在得克萨斯医疗中心用于临床。1954年2月22日，第一批患者接受了治疗。[39]

远距放射疗法评估委员会推广钴-60

布鲁塞对M.D.安德森癌症研究医院的这一倡议印象深刻，但他希

㊲ 参见 M. D. Anderson Hospital，*First Twenty Years*（1964），p.217.

㊳ 出处同上。

㊴ 参见 Leopold，*Under the Radar*（2009），p. 67.

望有更多的人参与开发远距放射疗法。1952 年，他成立了一个远距放射疗法评估委员会，由全国各地医学院的 20 名代表组成（大多数来自放射科）。委员会宣称其宗旨是“研究、开发和评估用于远距放射疗法的放射性同位素”。[40] 实际上，橡树岭核研究所并没有将这种新技术推向市场，而是召集了区域专家协助其开发和商业化。通用电气公司为 M.D. 安德森癌症研究医院制作的仪器只是一个起点——委员会计划开发和测试自己的原型。[41] 商业利益的追求在表面上是受限的，因为禁止公司个人成为委员会成员，但他们可以担任顾问。同时还设立了五个小组委员会来评估新技术的各个方面：源评估和屏蔽设计、小源设计、旋转方法、壳体设计和临床方案。标准源容器的设计给商业化带来了特别的问题，橡树岭核研究所与原子能委员会的同位素部门合作，与制造商共同解决这些问题。[42] 钴 -60 并不是可用作远距放射疗法辐射源的唯一放射性同位素；铯 -137 和铕 -152 也是可供选择的其他同位素。[43]

橡树岭核研究所的远距放射疗法评估委员会的资金来源有点不合常规：委员会中的代表机构各自要为其研究工作出资 2,500 美元，尽管原子能委员会支付辐射源的费用，并每年提供 1 万美元的运营费用。出资的大学将获得自己的远距放射治疗仪，按照自己的规格制作，用于临床试验。[44] 在橡树岭核研究所附属机构，其远距放射治疗仪的四分之一

---

⑩ 参见 Minutes of August 8［1952］Meeting of Teletherapy Evaluation Board［the first official meeting］, copy from DOE Archives，OpenNet Acc NV0720833，p. 3.

㊶ 参见 Brucer，“Teletherapy Evaluation Board”（1953）.

㊷ 参见 Leopold，*Under the Radar*（2009），p. 70.

㊸ 参见 Minutes of August 8 Meeting of Teletherapy Evaluation Board，addendum draft contract for p. 2. 经证明铕 -152 很难制备，但董事会认为可以使用 7,500 居里的铯 -137 作为辐射源。参见 Minutes of the Meeting of the Executive Committee of the Teletherapy Evaluation Board，ORINS，New York University College of Medicine Building，3 Jun 1953，OpenNet Acc NV0718571.

㊹ 参见 Marshall Brucer，“A Proposal for a Research Contract,” draft version，undated，to be returned with suggestions and corrections by 15 May 1953，ORINS Teletherapy Minutes and elated Documents，File 1 of 3，OpenNet Acc NV0718558，pp. 1135470–1135472.

时间将用于远距放射疗法评估委员会制定的研究。远距放射疗法评估委员会的财务安排引发了原子能委员会生物学与医学咨询委员会成员的批评，该咨询委员会负责审查其资助申请。在他们 1954 年 6 月召开的会议上，焦阿基诺・法伊拉（Gioacchino Failla，被誉为“美国医学物理学泰斗”）指出，加入的唯一真正标准是捐款。[45]其结果可能是，“那些捐款的机构并不是这个领域的最佳机构”。[46]在他看来，委员会中没有一流的放射科医生，而布鲁塞运作这个项目的方式则是在与“有影响力的人”抗衡。[47]他认为这样一个项目如果由国家癌症研究院来管理可能会更好。

尽管生物学与医学咨询委员会有所保留，但使用放射性同位素对抗癌症在政治上是有利的，因此该机构继续支持橡树岭核研究所远距放射疗法评估委员会。在癌症治疗中，其他由原子能委员会支持的、使用放射性同位素的方法还没有被淘汰。保罗・哈恩在梅哈里医学院继续研究的用放射金治疗肿瘤的项目似乎走进了死胡同。正如法伊拉在下一届生物学与医学咨询委员会会议上所说：“最近哈恩博士的项目没有新进展，同样，其他许多项目也没有新成果出现。”[48]次年，生物学与医学咨询委员会再次质疑“继续支持远距放射疗法的可行性”，但没有停止拨付资金。[49]在某种程度上，问题演变成原子能委员会在生物医学领域是否有责任支持研究或治疗。对于这个问题，生物学和医学部主任查尔斯・邓

㊺ 参见 Goldsmith，“Rosalyn S. Yalow”（2012），p. 21N. 法伊拉擅长高压治疗；参见 del Regato，*Radiological Oncologists*（1993），ch. 14.

㊻ 参见 Minutes，45th ACBM Meeting，25–26 Jun 1954，Washington，DC，OpenNet Acc NV0712007，p. 8.

㊼ 出处同上，p.9. 法伊拉当时在哥伦比亚大学，有人怀疑他的观点是否存在一些地域偏见。

㊽ 参见 Minutes，46th ACBM Meeting，17–18 Sep 1954，Washington，DC，OpenNet Acc NV0411742，p. 3.

㊾ 参见 Minutes，53rd ACBM Meeting，30 Nov–2 Dec 1955，Washington，DC，Open-Net Acc NV0411747，p. 24.

纳姆（Charles Dunham）给出了一个明确的答案："我们不支持只为治疗而进行的治疗。"[50]然而，远距放射疗法仍然处于实验阶段（因此也是可资助阶段）。

为了研究新型钴-60仪器的治疗效果，临床项目小组委员会制定了一套"经批准的治疗模式"，所有相关的放射科医生都遵循这一模式。[51]该方案规定了脑、食管、鼻咽、后舌、扁桃体、内喉、喉、骨和肺各部位肿瘤治疗的时长和剂量。此外，制定和分发标准数据表，以确保远距放射疗法评估委员会获得完整的信息进行评估。与基于放射性同位素的远距放射治疗仪相比，用250千伏X光机治疗肿瘤也要用相同的标准数据表。到1955年，橡树岭核研究所参与的医学院有13台远距放射治疗仪，其中三台为千居里机器，其他是较小的百居里机器。此外，一个1,500居里的旋转铯装置以及两台钴机器正在橡树岭核研究所医院进行测试。[52]

临床项目小组委员会汇编了所有在这些地方参与治疗的患者数据。早期结果鼓舞人心：在橡树岭核研究所附属医学院接受治疗头部、颈部

---

⑩ 参见 Minutes，53rd ACBM Meeting，30 Nov–2 Dec 1955，Washington，DC，OpenNet Acc NV0411747，p.25. 邓纳姆提到了原子能委员会补贴所有生物医学研究中使用的放射性同位素的政策（截至1955年7月1日，补贴了国内购买者生产成本的80%），但该补贴不覆盖那些用于"常规临床治疗"的放射性同位素。参见 AEC 398/14，Decision on A C 398/12，Proposed Subsidy of Radioisotopes Program，23 Aug 1955，NARA College Park，RG 326，E67B，box 28，folder 5 Isotopes Program 3：Distribution Vol. 1.

⑪ 参见 Minutes of the Teletherapy Evaluation Board Clinical Program Subcommittee Meeting，6 Nov 1954，ORINS Teletherapy Minutes and Related Documents，File 1 of 3，OpenNet Acc NV0718551，p. 1135200. 根据远距放射疗法董事会执行委员会首次会议的决定，临床项目小组委员会将由所有执行委员会成员和另外6名成员组成。参见 Minutes of the Meeting of the Executive Committee of the Teletherapy Evaluation Board，ORINS，Medical Division Library，Oak Ridge，Tennessee，25 Jan 1953，OpenNet Acc NV0718571，p. 1137072.

⑫ 参见 Minutes，51st ACBM Meeting，5–7 May 1955，Oak Ridge，Tennessee，OpenNet Acc NV0708697，p. 4；Comas and Brucer，"First Impressions"（1957）. 铯-137仪器也是一种千居里远距放射治疗仪。

或口腔癌的21位患者中，有13位患者在治疗后症状消失（例如，肿瘤已经退化），3位死于无关病症，另有5人虽未病愈，但还活着。[53]临床项目小组委员会计划在5到10年内分析远距放射疗法的效果。这并不意味着这个行业要等待这些长期结果。远距放射疗法评估委员会发现，在附属的医学院医院中，由于使用钴-60仪器，转诊治疗的患者增加了10%-30%。[54]（见图9.3）

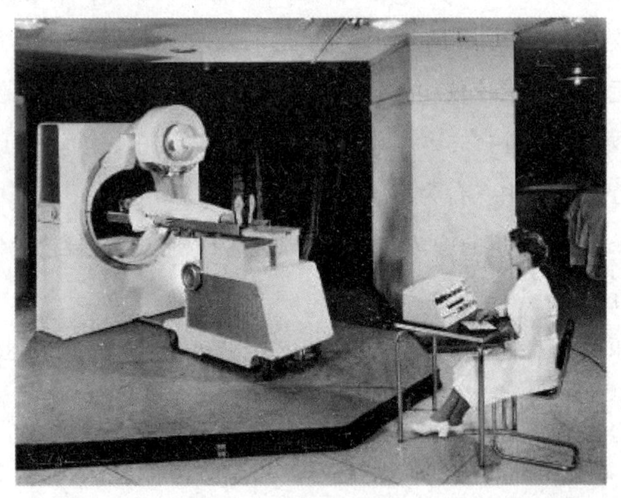

图9.3 在橡树岭核研究所的要求下，1957年西屋电气公司开发并制造了一台钴-60远距放射治疗仪。在这名女患者身体正上方的鼓状部分，有七个固定的入口用来接收钴-60射线（钴被固定在鼓状部分中）（感谢：西屋电气公司。美国国家档案馆，RG 326-G，box 6，folder 5. AEC-57-5799。翻印经西屋电气公司许可）

经证明，推广远距放射治疗仪的限制因素是辐射源的供应。与原子能委员会生产的几乎所有其他同位素不同，在20世纪50年代中

---

[53] 参见 Minutes of the Fourth Annual Teletherapy Evaluation Board Meeting，3-4 Mar 1955，ORINS Teletherapy Minutes and Related Documents，File 1 of 3，OpenNet Acc NV0718558，p. 1135438. 治疗后评估肿瘤的时间从1个月到5个月不等。

[54] 出处同上，p.1135433.

期，钴 -60 的需求量实际上超过了其供应量。[55]部分原因是每种辐射源都需要配备浓缩的放射性。1953 年，远距放射疗法委员会指示成员医学院尽可能早地向原子能委员会订购辐射源（2,000 居里的钴 -60 或 7,000 居里的铯 -137），因为订单太多，他们遵循“先到先得”的原则。同时向人类应用研究小组委员会提出申请，以获得人类研究的许可，以便一旦有了辐射源，这些机器就可以马上用于临床研究。[56]因此，为了不阻碍远距放射治疗设备的工业发展，原子能委员会制定了一项分配政策，允许公司每次最多可以订购 5 种辐射源。[57]

橡树岭主要的放射性同位素生产反应堆没有制造钴 -60 所需的中子通量。原子能委员会不得不转向他们新建的反应堆（这是为该机构自己的研究和生产项目建造的），特别是爱达荷州的大型材料测试核反应堆。钴 -60 用于癌症治疗的生产在原子能委员会中具有足够的优先权，可以在短期内超过爱达荷州核反应堆的其他工作。到年底时，该核反应堆生产了 22,000 居里钴 -60，满足了现有一年的需求。然而，原子能委员会并不计划在 1956 年或 1957 年上半年生产高活性钴；钴 -60 的需求必须与原子能委员会生产用于武器的裂变材料相平衡。为了解决这一问题，生物学与医学咨询委员会要求该机构加快钴 -60 的生产，每年增加到 50,000 居里，这样才不需要另找地方满足需求：“如果原子能委员会不能到达这个目标，加拿大原子能公司将在国际范围内率先供应用于医

---

⑮ 更糟糕的是，加拿大核反应堆的泄漏事故使其钴 -60 生产计划延后了 12–18 个月。参见 C. H. Hetherington，“Current Production，Schedules，and Problems of Canada” Third Industrial Conference on Teletherapy，14–15 May 1954，OpenNet Acc NV0718572，p. 1137234.

⑯ 参见 Minutes of the Meeting of the Executive Committee of the Teletherapy Evaluation Board，3 Jun 1953，ORINS Teletherapy Minutes and Related Documents，File 1 of 3，OpenNet Acc NV0718558，p. 1135549.

⑰ 为了获得这些资源，公司需要在 1954 年 7 月 1 日之前获得授权，并记录五个国内用户的准备情况，以便在六个月内交付仪器。参见 Distribution Policy for High Specific Cobalt 60 Sources，1 Mar 1954，OpenNet Acc NV0717416，pp. 1137166–1137167.

疗的钴。”[58]

来自加拿大的在钴远距放射治疗仪领域的竞争并不新鲜。1951 年 10 月，两台首批钴 -60 远距放射治疗仪安在了萨斯喀彻温省和安大略省，使用来自乔克河核反应堆的千居里辐射源。[59]加拿大原子能公司是一家国营公司，既生产钴源，也生产机器，还销售整机。因此，该公司的钴远距放射治疗仪早在任何美国模型产出之前就已经上市了。在美国医院安装的前十个钴设备中，有六套是从加拿大进口的。此外，加拿大人能够向苏联和中国市场提供放射治疗设备，美国公司则无法出口核技术。[60]

加拿大和英国都依赖国有企业将原子能技术推向市场，而美国原子能委员会则致力于向自由企业示好。在远距放射疗法的开发以及放射性标记化合物和放射性药剂的商业化过程中，该机构大力鼓励工业参与。[61]其主要机制是由橡树岭核研究所成员、原子能委员会同位素分部官员和 15 家公司代表举行的一系列会议。布鲁塞在第一次联合会议上宣布："美国原子能委员会和橡树岭核研究所目前没有 X 射线业务，也不打算进入该领域。"[62]艾琳・利奥波德（Eileen Leopold）敏锐地指出：通过这些会议，原子能委员会"主要提供行业协会的服务"，为企业提

---

[58] 参见 Minutes, 49th ACBM Meeting, 11–12 Mar 1955, Washington, DC, OpenNet Acc NV0411744, pp. 8–9 (quote on p. 9); Paul C. Aebersold, "Current Production, Schedules, and Problems of Cobalt Production in the United States," Third Industrial Conference on Teletherapy, 14–15 May 1954, OpenNet Acc NV0718572, p. 1137230.

[59] 参见 Aebersold, "Progress against Cancer" (1955), p. 788.

[60] 参见 Leopold, *Under the Radar* (2009), pp. 71–72; Funigiello, *American-Soviet Trade* (1988), ch. 5.

[61] 参见第六章。

[62] 参见 Minutes of the Joint Meeting of the Oak Ridge Institute of Nuclear Studies-Isotopes Division-and the X–Ray Industry on Teletherapy and Human Radiographic Problems with Isotopes, 3 Oct 1953, OpenNet Acc NV0718572, p. 1. 在第 14 页，埃伯索尔德提出相同观点。

供场地来解决设计和生产问题，并就商业标准达成一致。[63]

尽管20世纪50年代中期美国钴-60的供应量有限，但医院开始大量购买远距放射治疗仪。这些被称为钴“弹”的机器被吹捧为“自20世纪20年代以来放射治疗仪器的最大进步”。[64]到1955年，至少有30台远距放射治疗仪在美国开始被使用，除了其中一台之外，其余都用钴-60辐射源（例外的是用铯-137）。另外还有15台仪器正在订购，等待爱达荷国家核反应堆测试站对钴-60片的辐照。[65]到1957年，医院的远距放射治疗仪数量增加到了110台。20世纪50年代后期，远距放射治疗仪的销售额持续增长，通用电气公司和西屋电气公司的商业机构进入市场。

大型的千居里远距放射治疗仪是永久安装的，不能移动，需要大量的空间（通常需要专用空间）以及大范围的屏蔽。这些都是复杂的仪器，其中的辐射源可以围绕患者旋转以将γ射线射向肿瘤而不会不必要地辐射皮肤或正常组织。早在20世纪50年代中期，一些型号的仪器就将电子计算机纳入控制，以指导治疗期间的计时机制。[66]购买远距放射治疗仪是医院的一项重大投资，通常需要几年的时间才能收回成本。[67]到1975年，医院中大约有970台钴远距放射治疗仪在使用。[68]

---

⑥③ 参见 Leopold，*Under the Radar*（2009），p. 70. 第三次这种会议于1954年5月14—15日举行，被称为第三次远距治疗工业会议。会议记录参见 OpenNet Acc NV0718572，其中附有前几次的会议记录。

⑥④ 参见 M. D. Anderson Hospital，*First Twenty Years*（1964），p. 212.

⑥⑤ 参见 AEC，*Eight-year Isotope Summary*（1955），p. 30.

⑥⑥ 出处同上，p.29.

⑥⑦ 参见 Leopold，*Under the Radar*（2009），p. 78. 远距放射疗法董事会委员亨利·贾非（Henry Jaffee）谈到了安装在洛杉矶西达斯黎巴嫩医院的钴-60机器。其总安装费用为42,000美元。每天可以治疗20名患者。参见 Minutes of the Fourth Annual Meeting of the Teletherapy Evaluation Board，3-4 Mar 1955，Detroit，Michigan，ORINS Teletherapy Minutes and Related Documents，File 1 of 3，OpenNet Acc 0718558，p. 1135423.

⑥⑧ 参见 Leopold，*Under the Radar*（2009），p. 77.

全身照射疗法与远距放射疗法的危害

远距放射治疗仪的设计目标是针对体内肿瘤的辐射，但也可用于全身照射（TBI），或者将外部辐射均匀地传送到全身。这种方法是在20世纪30年代纪念斯隆－凯特林癌症研究所开发的，使用高压X光机。战后钴和铯远距放射治疗仪的发展使其使用增多。总的来说，有两种情况可能使放射科医生采用全身照射疗法：一种是弥散性癌症，如白血病或淋巴瘤，这种癌症患者全身都有需要消灭的细胞；另一种是高度转移性的癌症，可用全身照射疗法收缩（即使不能消除）令人痛苦的癌细胞生长，即使这种癌症是抗辐射的。全身照射疗法因此可以用于初级治疗或姑息治疗。在20世纪60年代建立以广泛分散的癌细胞为目标的化学疗法之前，全身照射疗法是为数不多的几种治疗选择之一。[69]到了20世纪50年代后期，研究人员还尝试全身照射疗法与骨髓移植联合治疗某些癌症。[70]在M.D.安德森癌症研究医院，钴－60远距放射治疗仪的存在成为进行全身照射疗法的依据。[71]1957年以后，橡树岭核研究所越来越多的患者接受全身照射疗法而不是靶向放射疗法。[72]

全身照射疗法也引起了军方的兴趣，因为它可以用来提供人体如何应对亚致死剂量辐射的信息。在曼哈顿计划中，针对斯隆－凯特林研究所的癌症晚期患者的全身照射实验性治疗为军方获取了这些数据，尽管它在治疗相关癌症方面的记录很差。在战争期间，旧金山加州大学医院（在罗伯特·斯通的指导下）和芝加哥肿瘤研究所也进行了类似的

---

⑲ 参见 ACHRE，*Final Report*（1996），chapter 8.

⑳ 参见 Kraft，“Manhattan Transfer”（2009）.

㉑ 参见 Kutcher，*Contested Medicine*（2009），p. 68.

㉒ 参见 ACHRE，*Final Report*（1996），pp. 248–250.

研究。[73]斯通后来承认，“曼哈顿工程区对全身照射疗法的效果感兴趣，这件事一直是个秘密。”[74]在战后时期，军方领导人继续关注人体对高强度全身辐射的生理和认知反应。为原子弹战争准备好作战部队是军队最重要的问题了。什么剂量的辐射会使士兵在战斗中失去战斗力或无法执行复杂的命令？在癌症治疗中使用高剂量辐射为回答这个问题提供了一个实验机会。

甚至是在具有开创性意义的钴-60远距放射治疗仪安装在医院之前，M.D. 安德森癌症研究医院已经与美国空军签订了一份合同，从接受全身照射疗法的癌症患者那里获得人体全身辐射效应的实验数据。[75]空军对这些数据的兴趣与其在“推进航空器的核能”计划中要承担的责任有关。[76]军方可能在飞机上安装核反应堆，这使人们开始担忧飞行员可能受到辐射的影响。“推进航空器的核能”计划的医疗咨询委员会认为，只有人类的辐射实验才能提供可靠的信息。“推进航空器的核能”计划提出让囚犯志愿者进行这种研究，这样的建议引起了约瑟夫·汉密尔顿的关注，他本人对人体实验并不陌生，他说：“我认为那些原子能委员会的相关人员将遭受铺天盖地的批评，不可否认，这有点像布痕瓦尔德集中营的做法。”[77]于是囚犯只好从实验对象的名单上删除了。

对这项研究来说，剩下的最佳候选人就是接受放射治疗的癌症患者了。患病的平民必须成为健康士兵的实验替代品。[78]实际上，空军的

---

⑬ 参见 ACHRE，*Final Report*（1996），p.252.

⑭ 参见 Robert Stone to Alan Gregg，4 Nov 1948，出处同上，p. 231.

⑮ 参见 ACHRE，*Final Report*（1996），p. 235.

⑯ 参见 Bowles，*Science in Flux*（2006），pp. 38–40.

⑰ 参见 Joseph G. Hamilton to Shields Warren，28 Nov 1950，as quoted in Leopold，*Under the Radar*（2009），p. 85.

⑱ 这种情况不仅发生在 M.D. 安德森癌症研究医院，也发生在尤金·森格尔（Eugene Saenger）在辛辛那提大学医院进行的全身照射疗法治疗研究，该研究由国防部资助；参见 Kutcher，*Contested Medicine*（2009），ch. 4.

代表已经与M.D. 安德森癌症研究医院的克拉克、弗莱彻和格里梅特会面，讨论与航空医学院开展有关癌症患者的联合研究项目。[79]“推进航空器的核能”计划的要求为即将进行的研究设定了许多参数，包括患者将接受的辐射剂量范围。在治疗前后，患者将接受一系列认知和运动技能测试，以评估辐射对飞机能力的影响。“推进航空器的核能”计划在M.D. 安德森癌症研究医院的合同始于1951年（钴远距放射治疗仪到达之前两年），一直持续到1956年。因此，从使用钴 –60 机器治疗癌症患者开始，M.D. 安德森癌症研究医院也将其用于军事研究。入选“推进航空器的核能”计划研究的患者不一定会受益于放射治疗，而且许多患者都很贫困。研究结果发表在了空军航空医学院的杂志上，该杂志没有明确承认“推进航空器的核能”计划的合同。[80]调查记者、政府官员和学者都批评了这些实验的道德伦理问题。[81]

战后此类全身照射疗法实验并不局限在M.D. 安德森癌症研究医院开展。20世纪50年代后期，“钴弹”的扩散使得国防部提供了更多支持癌症研究的机会，也为军方提供有价值的信息。美国陆军资助了两项研究，其中一项的研究对象是从1954年到1963年在休斯顿的贝勒大学医学院接受全身照射疗法治疗的癌症患者（包括抗辐射的癌症患者），另一项研究是在纽约纪念斯隆 – 凯特林癌症研究所进行的。至于军方本身，在马里兰州贝塞斯达海军自己的医院使用钴 –60 远距放射治疗仪对接受全身照射疗法治疗的患者进行了研究。[82]在每一例病例中，在实验对象进行全身照射疗法治疗后收集其代谢数据以寻找辐射的生物标记物（寻找“生物剂量计”）。美国辛辛那提大学医学院的尤金·森格尔与

---

⑲ 参见 Leopold，*Under the Radar*（2009），p. 86.

⑳ 出处同上，p.95。

㉑ 例如，US Congress，House，*Oversight*：*Human Total Body Irradiation*（1981）；ACHRE，*Final Report*（1996）. 有关全身照射疗法评估历史的详细分析，参见 Kutcher，*Contested Medicine*（2009）.

㉒ 参见 ACHRE，*Final Report*（1996），pp. 238–239.

国防部签订合同，开展了类似的更长期、更大规模的研究。[83] 美国国家航空和宇宙航行局（NASA）也对接受全身照射疗法治疗的患者感兴趣，他们希望了解人类在太空中会遇到的辐射对生物的影响。从 1957 年到 1974 年，橡树岭核研究所医院采用全身照射疗法治疗了将近 200 名患者，从部分患者那里为美国国家航空和宇宙航行局（NASA）收集了数据。[84] 与和国防部签约的研究不同，橡树岭核研究所的医生选择了患有对放射敏感癌症的患者，他们理应从全身照射疗法的治疗中受益。但是就像为国防部所做的研究一样，这些病人也是别人的替代品，在这项研究中他们替代了宇航员。

这些研究是在更广泛地使用全身照射疗法的背景下进行的，20 世纪 50 年代末和 60 年代，医院安装了许多钴 –60 和铯 –137 远距放射治疗仪，使全身照射疗法的治疗成为可能。因此，远距放射疗法的开发以推进靶向癌症治疗为名获得了原子能委员会的极大支持，有助于更广泛地使用广义放射，特别是用作最后的治疗手段。此外，放射性同位素的这种应用揭示了战后原子能在军事和民用方面之间紧密而又不明确的联系。

除了与军事有关的研究之外，重要的是要认识远距放射疗法在 20 世纪 50 年代仍然是一种新的治疗方法，而且这种技术的快速普及带来了健康风险。原子能委员会只会将一个远距放射疗法辐射源分配给“一位有执业资质、在当地的医疗协会信誉良好并且至少有 3 年的放射治疗经验的医生”（包括 X 射线治疗）。[85] 即便如此，这项保护措施以及制造商设计的仪器要符合国家辐射防护委员会安全指导原则的要求，并没有

---

⑧③ 这项研究从 1960 年持续到 1971 年，一直是癌症患者军事研究项目中最具争议性及被审查次数最多的研究；参见 ACHRE，*Final Report*（1996），pp. 239–248. Kutcher 在 *Contested Medicine*（2009）中对主要资源和史学进行了出色的分析。

⑧④ 参见 ACHRE，*Final Report*（1996），pp. 248–250.

⑧⑤ 参见 Minutes of the Joint Meeting of the Oak Ridge Institute of Nuclear Studies，p. 15.

阻止放射治疗患者辐射过度事故的发生。远距放射治疗仪产生非常强烈的辐射光束，并不是每个医院都有“一流的物理学家”来进行恰当的放射性测量和照射监测。[86]就他们而言，X 射线和远距放射治疗仪的制造商拒绝“保证机器及其安装的放射性安全”。[87]

有一起案件可以有力证明这些仪器是多么的危险。诉讼人是厄玛·纳坦松（Irma Natanson），起诉事件是她在 1955 年接受乳房切除手术后因接受钴远距放射疗法治疗而受到伤害。[88]她遭受了严重的、致残性的辐射灼伤，使得她摘除了几根肋骨和一些胸部组织，并进行了大范围的皮肤移植。纳坦松起诉称，她的放射科医生约翰·R. 克兰（John R. Kline）没有警告她治疗的风险，也没有进行正确治疗。陪审团驳回了有关疏忽和不当行为的指控，但经过上诉，1960 年法院认定，克兰因疏忽而未能充分披露放射治疗的性质、后果和可能的危害。[89]在原子能委员会和橡树岭核研究所举行的会议中，就远距放射疗法的行业发展中病人安全的问题，围绕设备制造商或放射科医生是否应对事故负责进

---

⑧⑥ 参见 James E. Lofstrom，“Essential Data A Radiologist Must Get from the Manufacturer of Cobalt Therapy Units,” Third Industrial Conference on Teletherapy，14–15 May 1954，OpenNet Acc NV0718572，p. 1137249.

⑧⑦ 参见 J. A. Reynolds of Picker X-ray Corporation，in discussion following Paul C. Aebersold，“Allocation Policy for Teletherapy Source Units,” Third Industrial Conference on Teletherapy，14–15 May 1954，OpenNet Acc NV0718572，p. 1137244. 另一位来自同一家公司的行业代表说：“我先说明我们的政策。相信这一政策已被 X 射线行业广泛接受。我们认为，安全剂量使用的责任完全取决于放射科医生。放射科医生有责任了解仪器的辐射情况，并定期检查。制造商可以标出自己在输出量、深度剂量和等剂量曲线等方面的信息，用于广告或促销；然而应该认识到，这样的数据仅仅是典型数据，并不能用于与患者治疗相关的方面。因此，我们不会在机器上提供数据，因为这样做会使得人们使用时不再进一步核验，这样是非常危险的。参见 J. B. Stickney，“Essential Data a Manufacturer Must Supply to the Radiologist,” p. 1137247.

⑧⑧ 这个案例是 Leopold 的著作 *Under the Radar*（2009）的核心。

⑧⑨ 纳坦松起诉克兰一案通常因为其对知情同意的法律地位的重要性而被引用，参见 Faden and Beauchamp，*History and Theory of Informed Consent*（1986）.

行了讨论。引人注目的是，虽然医生和工业界代表在争论哪一方应为安全负责，但是没有人期待政府发挥更大的作用。[90]

更广泛地说，辐射源治疗癌症这种有潜在危险的应用比原子能的军事开发要早得多。通过原子能委员会开发兆居里钴 -60 和铯 -137，放射性同位素没有替代外部放射治疗，反而强化了这种较陈旧的治疗模式。辐射损伤在 20 世纪早期并不罕见，因为 X 射线和镭是广泛存在的，有时在诊所和工业中也被滥用。钴远距放射疗法的历史因此揭示了战前在医学和战后发展中使用辐射和放射性同位素之间的联系，这些连续性是概念上的，但也是技术上的和工业上的（人们说起通用电气公司，就会想起它是一家生产 X 射线机的公司）。与此同时，钴 -60 仪器作为“原子用于和平”计划的一部分，表明了这项技术的独特政治框架，作为一种医疗和民用红利，它显然是军事基础设施提供的。[91]

医学诊断中的放射性同位素

虽然治疗癌症的原子能应用集中在远距放射疗法上，但是放射性同位素也被证明对医学诊断非常有用。原子能委员会在 1948 年向国会提交的报告中指出，研究人员和医生利用某些放射性元素的快速吸收来确定肿瘤的位置。[92]这是一种示踪方法学在医学中的应用，类似于遵循代谢途径的步骤用放射性碳标记化合物，或者类似于将一个放射性元素投入到湖中通过生态系统以追踪其循环。诊断性放射性同位素也是建立在

---

⑩ 参见 the contributions and discussion in Third Industrial Conference on Teletherapy，14–15 May 1954，OpenNet Acc NV0718572.

⑪ 参见 US Delegation to the International Conference on the Peaceful Uses of Atomic Energy，*International Conference*（1955），Vol. 1，pp. 298–299；Leopold，*Under the Radar*（2009），pp. 68–69.

⑫ 参见 AEC，*Fourth Semiannual Report*（1948），p. 23.

使用X射线观察解剖结构的传统应用上的，同时，将放射源移动到体内。[93]肿瘤不是唯一的目标。到1955年，放射性同位素被用于各种诊断测试。与以前的方法相比，基于放射性同位素的诊断方法可以更频繁地动态观察器官功能或循环状况。此外，放射性同位素示踪剂的应用通常所需的放射性量要比治疗应用所需的剂量小得多。[94]事实上，理想情况下，在诊断测试中使用放射性同位素，其放射性剂量可以相当低，对患者的危险可以忽略不计。

在20世纪30年代，通过稀释放射性同位素来诊断体内元素的浓度。例如，汉密尔顿早期的钠-24研究工作为使用这种放射性元素进行诊断测试，进而为评估可交换的全身钠奠定了基础。[95]使用相同的一般原理，铬-51或铁-59可用于测量红细胞质量，碘-131标记的血清白蛋白可用于测量血浆容量。也可以使用放射性同位素来测量循环系统中的血液流速。根据汉密尔顿早期通过研究流向四肢的血流对钠-24吸收和运动所做的研究，钠-24可用于评估心输出量并诊断周围血管的疾病。其他诊断试验是追踪放射性标记的化合物在人体内的代谢。例如，恶性贫血患者尿中排泄的维生素B-12不如正常人的多。因此，通过对实验对象施用经钴-60标记的维生素B-12，然后进行精确的尿液测试，可以实现可靠的诊断。[96]

也许最有名的基于放射性同位素的诊断涉及物理定位，例如，自20世纪30年代后期以来使用碘-131研究甲状腺生理和功能障

---

[93] 关于X射线在医疗诊断中的应用，参见Pasveer，“Knowledge of Shadows”（1989）.

[94] 这些应用之间可能有千差万别。参见Human Radiation Studies：Remembering the Early Years，Oral History of Biochemist Waldo E. Cohn，Ph.D. Conducted January 18，1995 through the Department of Energy by Thomas Fisher，Jr. and Michael Yuffee，and published at http：//www.hss.doe.gov/healthsafety/ohre/roadmap/histories/0464/0464toc.html.

[95] 参见Aebersold，“Development of Nuclear Medicine”（1956），p. 1031.

[96] 出处同上，p.1032.

碍。[97] 1956年，埃伯索尔德估计"自那时起，有超过50万的甲状腺研究一直使用碘-131"。[98] 同样，约翰·劳伦斯和其他研究人员在20世纪30年代已经注意到磷-32在肿瘤中的定位，并且许多癌症的诊断程序都是使用这种同位素来开发的。然而，使用放射性同位素定位体内器官中的肿瘤或测量功能的挑战是检测问题——人体组织既吸收又干扰同位素释放的辐射。

避开检测问题的一种方法是，在手术的同时使用诊断同位素，即打开病人的身体，直接测量放射性。在原子能委员会的资助下，马萨诸塞州综合医院的神经外科医生威廉·H. 斯威特（William H. Sweet）发明了一种用磷-32定位脑肿瘤的方法（从橡树岭获得）。[99] 他和同事发现，磷-32在病人的脑瘤中定位良好，在脑中的灰质和白质中集中了4到70倍，虽然其β射线没有足够能量可以从头皮或颅骨射出而被检测到。[100] 因此，只有在手术期间大脑暴露出来，磷-32才能用作诊断标记。哈佛医学院的查尔斯·V. 罗宾逊（Charles V. Robinson）开发了小型盖格计数器，伯特伦·塞尔维斯通（Bertram Selverstone）（与斯威特一起工作）将其改造，使其适合在开颅手术过程中直接被置入大脑。[101] 在他们的研究中，33名被诊断患有胶质母细胞瘤的患者在手术前3天接受了一次1至4毫居里的磷-32静脉注射。外科医生通过移除颅骨得以进

---

⑰ 碘-131也成为治疗格雷夫斯病的一种方法，格雷夫斯病是一种甲状腺机能亢进症。有关碘-131在诊断和治疗中的早期应用，参见第二章。

⑱ 参见Aebersold，"Development of Nuclear Medicine"（1956），p. 1031.

⑲ 参见Minutes，23rd ACBM Meeting，8–9 Sept 1950，Washington，DC，OpenNet Acc NV0708842，p. 16. 其他人也在尝试使用放射性标记化合物的类似方法，例如Moore，"Use of Radioactive Diiodofluorescein"（1948）.

⑳ 关于脑肿瘤的浓度水平，参见Interview with Dr. William Sweet by Gil Whittemore，ACHRE Staff，8 Apr 1995，OpenNet Acc NV0751118，p. 5；同时参见Selverstone，Sweet，and Robinson，"Clinical Use of Radioactive Phosphorus"（1949）.

[101] 参见Early，"Use of Diagnostic Radionuclides"（1995），p. 651；Selverstone，Solomon，and Sweet，"Location of Brain Tumors"（1949）；Sweet，"Use of Nuclear Disintegration"（1951）.

入患者的大脑，在大脑的不同深度插入 1 至 3 毫米长的探针。计数率相对于正常脑组织增加 5 至 100 倍就表明存在脑瘤。在首次研究的 33 名患者中，有 29 名成功找到了肿瘤。[102] 这种定位脑瘤的方法大大改进了传统的方法，即把空气送入头部内含流体的腔内并寻找变形部位。[103] 在该方法首次发表后几年，斯威特宣称所谓的塞尔维斯通 – 罗宾逊探测“现在经常用于常规操作”。[104]（见图 9.4 和 9.5）

斯威特还试图开发一种基于同位素的检测方法，该方法可用于头部仍然完整的患者。他和他的同事们试验了释放 γ 射线的几种放射性同位素，因为这些同位素可以从头骨释放出来。因此，例如，钾 –42 可定位肿瘤并被检测到；然而，放射性同位素也被肌肉和头皮组织吸收。[105] 另一个复杂的问题是脑组织本身倾向于散射 γ 射线，使信号变得模糊。[106] 戈登 · 布朗内尔（医院物理学家）有了尝试释放正电子同位素的

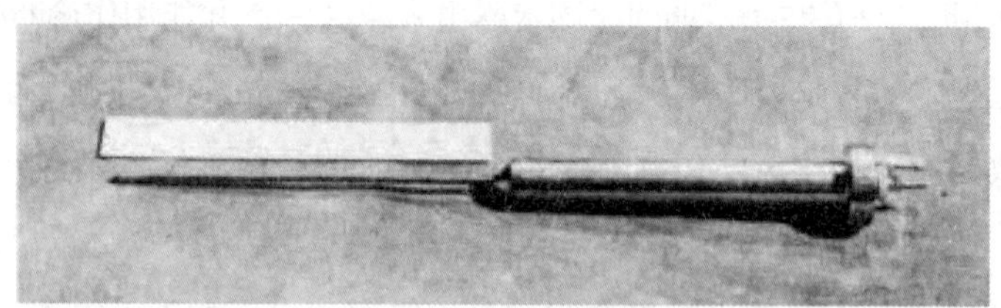

图 9.4　塞尔维斯通 – 罗宾逊探针计数器（来自 William H. Sweet and Gordon L. Brownell，“The Use of Radioactive Isotopes in the Detection and Localization of Brain Tumors，” *Radioisotopes in Medicine*，ed. Gould A. Andrews，Marshall Brucer，and Elizabeth B. Anderson（Washington，DC：US Government Printing Office for the Atomic Energy Commission，1955），pp. 211–218，on p. 211）

---

[102] 参见 Selverstone，Sweet，and Robinson，“Clinical Use of Radioactive Phosphorus”（1949），p. 649. 有一名接受手术的病人最终肿瘤消失，完全康复了。

[103] 参见 Interview with Dr. William Sweet，p. 8.

[104] 这一说法是在 1953 年 9 月的一次会议上提出的，尽管两年后才公布。参见 Sweet and Brownell，“Use of Radioactive Isotopes”（1955），p. 211.

[105] 参见 Selverstone，Sweet，and Ireton，“Radioactive Potassium”（1950）.

[106] 参见 Sweet，“Use of Nuclear Disintegration”（1951），p. 876.

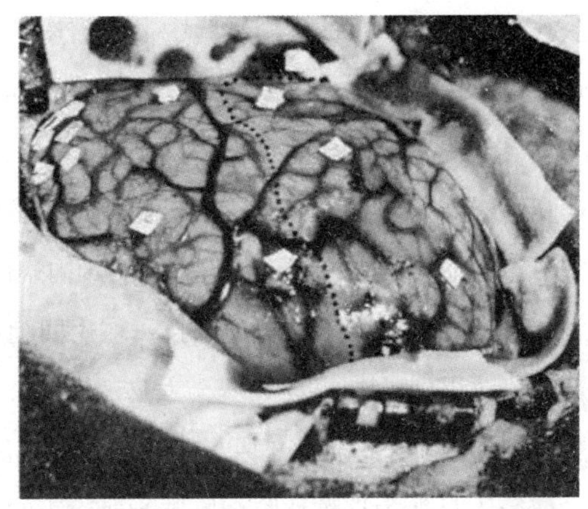

图 9.5 患者手术区域，大写字母 T，F 表示插入探针计数器（如图 9.4 所示）的位置（来自 William H. Sweet and Gordon L. Brownell，“The Use of Radioactive Isotopes in the Detection and Localization of Brain Tumors,” *Radioisotopes in Medicine*，ed. Gould A. Andrews，Marshall Brucer，and Elizabeth B. Anderson（Washington，DC：US Government Printing Office for the Atomic Energy Commission，1955），pp. 211–218，on p. 211）

想法，它与 β 辐射是一样的，但符号是相反的。一旦发射出的正电子不可避免地遇到一个电子，这些粒子就会被湮没并释放出两个相反方向的 γ 光子。[107] 布朗内尔和斯威特指出，通过在头部相对两侧使用两个探测器来获取重合的光子，可以确定正电子发射体的位置。[108] 使用闪烁计数器而不是盖革 – 穆勒计数器进一步提高了检测的灵敏度和效率。[109]

---

⑩⑦ 光子与 X 射线发出的辐射形式相同，所以探测技术得到了很好的发展。马丁・卡曼和塞缪尔・鲁本在 20 世纪 30 年代后期探索了发射正电子的放射性同位素的应用，包括碳 –11、氮 –13、氧 –15 和氟 –18，但是他们在发现半衰期长的同位素碳 –14 后就放弃了前几种同位素。参见 Dumit，“P T Scanner”（1998）.

⑩⑧ 参见 Brownell and Sweet，“Localization of Brain Tumors”（1953）.

⑩⑨ 参见 Wrenn，Good，and Handler，“Use of Positron-Emitting Radioisotopes”（1951）. 杜克医学院的这个神经外科小组也得到了原子能委员会的资助，开发使用放射性同位素进行脑肿瘤定位的方法。

在20世纪50年代初期，这种诊断试验中最有前途的发射正电子的放射性元素是砷；将砷-72和砷-74以每公斤体重20微居里的标准一起静脉注射。[110]（所涉及的金属砷的量远低于药物中毒的量）到1953年，共有300名患者在马萨诸塞州综合医院利用放射性砷接受了脑部扫描。在133例接受测试的脑肿瘤患者中，有99例可检测出颅内病灶放射性集聚，病灶位置通过手术获得证实。[111] 1956年，该技术在用回旋加速器生产的砷-74进行脑部扫描时得到了进一步改善。[112]典型的砷-74用于脑部扫描的量是2.3毫居里，给患者这一剂量与原子能设施工作人员工作13周的容许剂量相当。研究人员认为这种危险与脑肿瘤所带来的危险相比是很小的。[113]（见图9.6）医疗诊断中应用正电子发射对用户进行扫描的潜在市场非常大。1957年，马萨诸塞州剑桥原子仪器公司正在开发商用扫描仪。[114]

在20世纪50年代初期，斯威特也在进行实验，探索放射性同位素是否可用于治疗脑肿瘤。这项工作得到了原子能委员会和美国癌症协会的双重资助。[115]与正电子发射断层造影术的发展一样，该项目利用了某些同位素的新特性，在这一项目中是利用放射性元素"捕获"一个中子的能力。自从20世纪30年代以来，从约翰·劳伦斯开始，医生一直在试图利用中子束作为治疗癌症的一种手段，但收效甚微。植物辐射研究激发了将内部放射性同位素治疗和外部放射治疗结合起来的另一种方法。[116]1950年，橡树岭国家实验室的艾伦·康格（Alan Conger）和诺

---

⑩ 有一本书中显示所用的放射性砷来自麻省理工学院回旋加速器而非产自橡树岭。参见Brownell and Sweet，"Localization of Brain Tumors"（1953）. 动物实验用于观察肿瘤和各组织中各种同位素的定位，参见Locksley et al.，"Suitability of Tumor-Bearing Mice"（1954）.

⑪ 参见Sweet and Brownell，"Use of Radioactive Isotopes"（1955），p. 214.

⑫ 参见Brownell and Sweet，"Scanning of Positron-Emitting Isotopes"（1956）.

⑬ 参见Mealy，Brownell，and Sweet，"Radioarsenic in Plasma"（1959），p. 317.

⑭ 参见Sweet and Brownell，"Localization of Intracranial Lesions"（1955），p. 1188.

⑮ 参见acknowledgments for Javid，Brownell，and Sweet，"Possible Use of Neutron-Capturing Isotopes"（1952）.

⑯ 参见Brownell et al.，"Reassessment of Neutron Capture Therapy"（1972），p. 827.

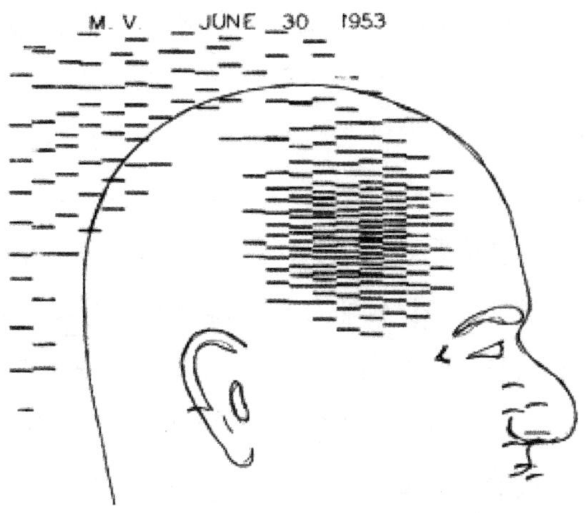

图 9.6　脑部扫描显示，注射了放射性砷的患者头部右侧和左侧之间的放射性是不对称的。条形集聚部分表示计数增加的区域；手术发现放射性集中的区域有肿瘤（来自 William H. Sweet and Gordon L. Brownell，"The Use of Radioactive Isotopes in the Detection and Localization of Brain Tumors，" *Radioisotopes in Medicine*，ed. Gould A. Andrews，Marshall Brucer，and Elizabeth B. Anderson（Washington，DC：US Government Printing Office for the Atomic Energy Commission，1955），pp. 211–218，on p.216）

曼·贾尔斯（Norman Giles）发现，用慢中子照射百合植物可造成染色体畸变，其原因要归于百合鳞茎中的微量硼。[⑰] 硼 –10（一种稳定的同位素）对慢中子具有很强的亲合力；微量的硼 –10 同位素就能"捕获"中子。在吸收一个中子后，硼 –10 分解成锂 –7 并在仅能传播 5 至 9 毫米的高能 α 粒子中释放 2.4 兆电子伏。斯威特和他的同事意识到，如果能够将足够的硼 –10 定位在肿瘤上，然后用缓慢的中子流照射这个区

⑰ 参见 Conger and Giles，"Cytogenetic Effect of Slow Neutrons"（1950）. 硼不是能捕获中子的唯一元素，氢和氮也可以，而且这两种元素数量更多。这三种元素决定了中子捕获的 99% 的电离剂量。虽然硼在植物组织中的聚集量非常低，但是它的作用是惊人的。

域，则肿瘤可能被优先破坏。[118]或者，如斯威特在回顾记录中所述，“最接近硼 –10 原子的细胞将承受该原子爆炸的冲击。”[119]

斯威特和布朗内尔与布鲁克海文国家实验室的科学家共同监督这种疗法的实验性试验。[120] 1951 年至 1953 年间，10 名被诊断为患有多形性胶质母细胞瘤的患者接受了硼 –10 中子俘获治疗；硼已经在新建成的布鲁克海文国家实验室的核反应堆上进行了辐照。[121]胶质母细胞瘤总是致命的，因此（在这些研究人员眼中）可以揭示“一种新的控制方法”。[122]第一组治疗后最长的存活时间是 186 天，虽然一些患者接受治疗后有病情改善的，表明肿瘤暂时退化了。[123]随后使用更高剂量的中子治疗第二组患者，有一名患者存活了 18 个月。[124]

总之，在斯威特和他的同事用中子捕获疗法治疗的 21 名患者中，有 8 名被证实肿瘤的生长受到阻滞。[125]1953 年 6 月，生物学与医学咨询委员会在波士顿召开会议，听取了关于哈佛医学院的各种癌症研究项目的汇报。根据本次会议记录，委员会对威廉·斯威特博士及其小组关于使用正电子发射同位素（如放射性砷）进行体外脑肿瘤定位的研究表现

---

⑱ 由于脑肿瘤中正常的血脑屏障不太明显，硼 –10 的聚集得以实现。斯威特的小组还试验了锂 –6，这是另一种稳定的同位素，也可以捕获中子，并在随后的分解过程中释放高能 α 粒子。参见 Luessenhop et al.，“Possible Use”（1956）.

⑲ 参见 Sweet，“Early History”（1997），p. 19.

⑳ 关于布鲁克海文国家实验室方面的这些实验，参见 Crease，*Making Physics*（1999），pp. 182–192.

㉑ 一些患者同时服用甘油与硼砂，试图提高肿瘤组织的摄取。参见 Sweet and Javid，“Possible Use”（1952）.

㉒ 参见 Farr et al.，“Neutron Capture Therapy”（1954），p. 280.

㉓ 出处同上，特别是第 284 页编号为 3977 和 4055 的患者。关于该小组更进一步的临床研究，参见 Farr et al.，“Neutron Capture Therapy of Gliomas”（1954）；Godwin et al.，“Pathological Study of Eight Patients”（1955）.

㉔ 参见 Summary Factsheet Human Experimentation，SFS8.001，Neutron Capture Therapy，OpenNet Acc NV0704284.

㉕ 参见 Struxness et al.，“Distribution and Excretion of Hexavalent Uranium”（1956），p. 186.

出了极大的兴趣。斯威特博士表示，他和他的工作人员正在与布鲁克海文国家实验室的医务人员密切合作，研究脑肿瘤治疗的中子捕获技术。委员会认为，哈佛医学院正在进行的工作是最高质量的基础性研究。[126]

令人高兴的是，该方法可以经过改善扩大应用范围，于是在1961—1962年间，马萨诸塞州综合医院与麻省理工学院合作进行了另一组临床试验（核反应堆辐照）。[127]然而，事后回想时，布朗内尔和斯威特称所有这些早期研究“一律令人沮丧”。[128]血液中仍残留大量的硼；这是由中子束激活的，由此产生的辐射波及到身体的许多部位。[129]患者的寿命未明显延长，死后病理分析显示正常的脑组织受到辐射损伤。[130]

波士顿项目

斯威特对这种新型癌症疗法的研究为原子能委员会军事方面进行实验打开了大门。科尼利厄斯·托拜厄斯（Cornelius Tobias）和伯克利的医学物理学家进行的小鼠实验表明，铀-235可以代替硼-10用于捕获中子。铀-235是最易裂变的铀同位素；它被用来点燃在广岛爆炸的第一颗原子弹（“小男孩”）。在橡树岭核反应堆（也是用来生产放射性同位素的核反应堆），研究人员给小鼠注射铀-235，然后用亚致死剂量的慢中子轰击，小鼠在三周内死亡。与对照的比较表明，小鼠的死亡不

---

⑱ 参见 Minutes，38th ACBM Meeting，Cancer Research Institute，Boston，26–27 Jun 1953，OpenNet Acc NV0711916，p. 3.

⑰ 斯威特表示，他们得到了所有在布鲁克海文国家实验室和麻省理工学院接受硼中子捕获治疗的患者的口头同意。在麻省理工学院的试验中，硼以苯硼酸的形式被注射到大多数患者身上，试图改善其在肿瘤中的定位。参见 Sweet，“Early History”（1997），p. 23.

⑱ 参见 Brownell et al.，“Reassessment of Neutron Capture Therapy”（1972），p. 827.

⑲ 参见 Stannard，*Radioactivity and Health*（1988），vol. 3，p. 1770. 此信息来自1982年9月15日斯坦纳德对布鲁克海文国家实验室的尤金·P. 克朗凯特（Eugene P. Cronkite）的采访。

⑳ 参见 Godwin et al.，“Pathological Study of Eight Patients”（1955）.

是因铀的化学毒性造成的，而是由于诱发的裂变。铀衰变释放的能量是硼－10的50多倍。斯威特的小组希望利用巨大的铀裂变能量在体内摧毁脑肿瘤。[131]

不用说，裂变铀同位素不能简单地从橡树岭购买。不过，通过马萨诸塞州综合医院的斯威特小组与橡树岭国家实验室的保健物理部门的科学家之间的合作，人们获得了铀。这项被称为“波士顿项目”的合作是向一些患有致命脑癌（胶质母细胞瘤）的患者注射各种铀同位素。就癌症研究而言，是为了探索铀是否可以代替硼来进行中子捕获治疗。然而，这些患者没有被安排进行中子照射，因此不能从预想的治疗中获益。换句话说，这显然是非治疗性的研究。仅仅是想看看铀在脑肿瘤中的浓度是否足够用于中子捕获治疗（但至少对未来的患者来说是有用的）。[132] 为此目的，任何铀的同位素都可用。[133] 1953年至1957年间，11名昏迷性晚期癌症患者通过波士顿项目接受注射铀－233、铀－235或铀－238。[134] 与之前的钚注射实验不同，这些患者或亲属同意参与这项研究，并且研究结果被发表于公开的医学文献上。[135]

波士顿项目的产生是由另一组研究目标促成的，与中子捕获疗法无关。对于原子能委员会来说，确定铀的代谢和毒性问题是一个紧迫的问题，而从早期曼哈顿工程区的研究中获得的信息很有限，这令人担忧。

---

[131] 参见 Tobias et al.,“Some Biological Effects”（1948）.

[132] 参见 ACHRE，*Final Report*（1996），p. 159.

[133] 铀的稳定同位素并不存在。

[134] 参见 Boston-Oak Ridge Uranium Study：Chronology of Significant Events，MMES/ X–10，CF Human Studies Project Files，DOE Info Oak Ridge，ACHRE document ES–00298. 根据惠特莫尔（Whittemore）和博林－菲茨杰拉德（Boleyn-Fitzgerald）（参见“Injecting Comatose Patients”［2003］，p. 173）的观点，铀同位素的使用受到严格控制，这就意味着该实验没有经过原子能委员会的一般批准渠道，包括经过人类应用小组委员会的审查。

[135] 参见 Struxness et al.,“Distribution and Excretion of Hexavalent Uranium”（1956）；Luessenhop et al.,“Toxicity in Man of Hexavalent Uranium”（1958）；Bernard，“Maximum Permissible Amounts of Natural Uranium”（1958）.

铀损伤肾脏，动物数据显示不同物种的耐受差异很大，小鼠对铀的耐受剂量比兔子高 100 倍，一些小鼠品种的耐受剂量甚至会高 200 倍。[136] 罗彻斯特大学医学院进行了对裂变材料代谢的人体实验，他们对六名患者进行硝酸铀酰注射实验。[137] 这些患者并不是晚期病人，因此该研究提供了关于铀排泄的数据，但并未提供铀在人体全身器官的分布情况。罗彻斯特大学医学院的数据虽然有限，但却引发了一些疑问：原子能委员会为原子能工作者设定的对铀的最高允许暴露水平是否过高，特别是为橡树岭 Y-12 铀同位素分离厂工作的原子能工作者所设定的安全水平是否过高。[138]

斯威特在专业上（和地理位置上）与希尔兹・沃伦关系密切。希尔兹・沃伦 1949 年从原子能委员会生物学与医学分处主任的职位退休后，成为了生物学与医学咨询委员会的成员。斯威特回忆道，要么是沃伦，要么是 A・贝尔德・黑斯廷斯，另一位参与生物学与医学咨询委员会的亲密同事，建议他与橡树岭国家实验室合作，研究铀的人体新陈代谢和排泄，同时进行中子捕获治疗研究。[139] 波士顿项目包括橡树岭和波士顿之间复杂的材料运输。1953 年 10 月 31 日，两种硝酸铀溶液（一种是铀 -233，另一种是铀 -238）通过橡树岭国家实验室的商业航空班机运送到了马萨诸塞州综合医院。1953 年 12 月 8 日，橡树岭国家实验室的两名科学家乘坐另一架商业客机亲自运送了另外两种铀溶液到波士顿。1953 年 11 月至 1956 年 1 月，患者接受了铀注射。这些患者的血液、尿液、粪便和骨头样本被采集，也由商业航空公司从医院运送回了橡树岭

---

⑬⑥ 参见 Luessenhop et al.，“Toxicity in Man of Hexavalent Uranium”（1958），p. 84.

⑬⑦ 参见 Stannard，*Radioactivity and Health*（1988），Vol. 1，p. 100；ACHRE，*Final Report*（1996），p. 158.

⑬⑧ 参见 ACHRE，*Final Report*（1996），p. 158.

⑬⑨ 参见 Interview with Dr. William Sweet，pp. 27–28.

进行化学分析。[140]引人注目的是，选择接受铀注射的第一名患者以前曾经注射过磷 –32，卢森霍普（Luessenhop）向橡树岭国家实验室的斯特鲁克斯尼斯（Struxness）询问这是否会干扰铀分析计划。[141]

波士顿项目是真正具有双重目的的，它既向原子能委员会提供有关其原子武器生产设施职业危害的信息，同时也提供关于可能的癌症治疗的初步实验资料。虽然如此，利用绝症病人和不省人事的患者来获取这些数据会引发道德问题，即使在当时也是如此。濒临死亡的患者可以提供尸体解剖的资料，这对于橡树岭国家实验室的分析工作具有重要价值。[142]同样地，这种情况造成了一种利益冲突，因为对医生和研究人员来说患者的快速死亡是具有科学研究价值的。正是出于这个原因，1953年英国医学委员会发起了一项运动，反对在医学研究中使用昏迷病人作为研究对象。[143]此外，在研究过程中斯威特在给他的昏迷病人使用铀时，剂量水平从最初的 4 毫居里增加到了第 8 位患者的 50 多毫居里。其最有可能的原因是，铀在脑肿瘤中的定位结果令人失望，所以斯威特不得不以高剂量进行实验。然而，当橡树岭国家实验室保健物理部门的负责人卡尔・Z. 摩根（Karl Z. Morgan）在 1957 年获悉，给病人注射的铀

---

⑭ 关于运输的详细信息，参见 Boston-Oak Ridge Uranium Study：Chronology of Significant Events，MMES/X–10，CF Human Studies Project Files，DOE Info Oak Ridge，ACHRE document ES–00298. 更多关于铀的制备与运输的详细信息，参见 Whittemore and Boleyn-Fitzgerald，“Injecting Comatose Patients”（2003）.

⑭ 参见 Letter from Alfred J. Luessenhop to Edward G. Struxness，3 Nov 1953，MMES/X–10，Health Sci. Research Div.，1060 Commerce Park，Rm. 253，DOE Info Oak Ridge，ACH-RE document S–00320. 根据惠特莫尔和博林 – 菲茨杰拉德（参见 “Injecting Comatose Patients”［2003］，p. 175）的观点，实验继续进行，但磷 –32 的存在确实“干扰了组织分析”。他们认为这个决定表明此研究进行得过于匆忙。

⑭ 尸体解剖材料的使用是计划研究的一部分，这一点可以从一些文件中清楚看到，例如，Project Boston［handwritten notes］，MMES/X–10，Health Sci. Research Div.，1060 Commerce Park，Rm. 253，DOE Info Oak Ridge，ACHRE document ES–00325.

⑭ 参见 Mann，“Radiation：Balancing the Record”（1994），p. 473.

剂量比允许的身体负荷量高出许多倍时，他取消了该项目。[144]事实证明，研究团队选择患者的最初指导原则没有得到系统地遵循。人体辐射实验咨询委员会发现，实验中至少有一名患者没有脑瘤，而是因头部受伤后住院治疗硬膜下血肿。这名患者显然从未被医院确诊过，但他被注射了足够量的铀，导致了轻度肾功能衰竭，并且他的尸体解剖报告还显示“肝脏、脾脏、肾脏和骨髓受了辐射”。[145]

波士顿项目有两个方面值得在这里强调一下。一个是，正如我们所看到的在利用放射性铁的研究中，放射性同位素研究和核医学开发的许多领先机构也参与了原子能委员会的人体辐射实验——显然包括加州大学伯克利分校、加州大学旧金山分校医学院、罗彻斯特大学医学院、加州大学洛杉矶分校医学院，以及参与这项研究的哈佛医学院和马萨诸塞州综合医院。鉴于这些地方集中了放射性同位素临床使用的专业知识和基础设施，他们参与军事相关工作并不令人意外。大多数情况下，临床医生和科学家在原子能委员会的支持下进行常规的涉及放射材料的生物医学研究，同时也与原子能委员会签订合同，就裂变材料的放射生物学和毒理学这一课题进行人体应用研究。毕竟，该机构正在制造钚弹，尽管也在试图开发原子能的医学应用。就斯威特的项目而言，对铀中子捕获疗法的医疗应用的兴趣源于其预先建立的医学研究项目。实际上，在铀实验停止之后，使用放射性同位素开发中子捕获疗法的尝试持续了很久。

第二，研究结果虽然证实了对全国辐射防护委员会和原子能委员会制定的铀的允许剂量水平的忧虑，但并未改变政府的职业安全标准。波

---

⑭ 这是根据 1995 年对卡尔·摩根的采访；参见 ACHRE，*Final Committee*（1996），p. 159. 1958 年，摩根有兴趣继续研究，但使用的是较低剂量的铀，其剂量“更接近可吸入量”。引自 Whittemore，Interview with Dr. William Sweet，p. 38. 再参见 Whittemore and Boleyn-Fitzgerald，“Injecting Comatose Patients”（2003）.

⑮ 引自尸检报告，参见 ACHRE，*Final Report*（1996），p. 159.

士顿项目对病人的尸检表明，铀在人体肾脏中的含量高于实验动物。[146] 根据橡树岭国家实验室保健物理部门负责人卡尔·摩根的说法，这一结果表明，空气中铀化合物的最大允许浓度行业标准太高了，甚至可能高出了10倍。[147] 然而，摩根对原子能委员会工厂中铀暴露的担忧并未得到重视。因此人类辐射实验咨询委员会指出，铀暴露的职业安全标准在波士顿项目进行后的几年中实际上已经放松了。[148]

人体扫描

人体对盖格计数器和射线胶片的容量有特别的限制。最终，新的基于放射性同位素的体内可视化过程技术依赖于新仪器的开发。在斯威特和布劳内尔发明了早期正电子发射扫描仪之后，新一代的扫描仪使得基于放射性同位素的诊断从生理功能测试到成像的转变成为可能。这些设备中的大多数都检测到了 γ 辐射，使得一组不同的放射性同位素在核诊断中脱颖而出。体内元素的同位素极少；而它们由于本身的特性而被选为辐射发射器。这些同位素中的大多数都带有很短的半衰期，有的短至只有几个小时。这极大减少了接受同位素诊断测试的病人所受到的辐射。[149]

1949年，加州大学洛杉矶分校的本尼迪克特·卡森（Benedict

⑯ 参见 Bernard，“Maximum Permissible Amounts of Natural Uranium”（1958），p. 289.

⑰ 正如 Bernard（出处同上，第289页）所说：“这些数据表明，肾脏的化学毒性负担是其放射性容许负担的十分之一。”摩根指出，尸检结果的另一种解释是，铀的滞留是高剂量注射的结果，但 Bernard 谨慎地辩称论文不支持这一观点。摩根对继续与斯威特的小组合作表示出强烈兴趣，以获得有关铀存留在人体内的更多数据，但未实现。Karl Z. Morgan to William H. Sweet，16 Jul 1958，MMES/X-10，Director's Files，1958-Health Physics，copy in Oak Ridge Information Center，ES-00283.

⑱ 参见 ACHRE，*Final Report*（1996），p. 159.

⑲ 正如一份文献中所说，“这个时代发展的理由（再次强调一下）是减少给病人使用辐射剂量。因此，毒理学考虑是主要动机。第二个主要因素是速度和方便程度的提高。”参见 Stannard，*Radioactivity and Health*（1988），Vol. 3，p. 1773.

Cassen）为碘 -131 的体内定位设计了一个闪烁计数器。[150] 因为它比盖革计数器的灵敏度高 10 到 20 倍，可以探测到放射性碘释放出的 γ 射线，所以这个探测器给病人使用的碘 -131 要少一些。两年后，卡森发明了逐点计数网格，并加入了更灵敏的无机钨酸钙探测器晶体。[151] 他还将探头安装在了移动机构上，以制造出所谓的直线扫描仪。1959 年，皮克尔 X 射线公司开始商业化生产这种仪器，在检测器中使用灵敏度更高的高密度碘化钠晶体。这台仪器使甲状腺以外的器官可视化。

伯克利唐纳实验室的哈尔·安格尔（Hal Anger）随后制造了一种装置，用 10 个闪烁探测器排成一行扫描整个身体。安格尔的创新之处在于，通过孔洞"聚焦" γ 射线，利用人体散发的辐射快速构建一幅图像。[152] 这种 γ 射线"照相机"的开发推动了放射性同位素扫描装置的图像发展方向，其主要是依靠"越来越大的碘化钠晶体，使用更大的改进的探测器光电管、断层扫描应用以及与计算机高度复杂的连接"。[153]1968 年，安格尔闪烁照相机开始商业化，可以从芝加哥核能公司购买到。[154] 只有能发射 γ 辐射的放射性同位素适用于这些闪烁探测器扫描仪，然而从安全角度考虑，那些不发射 α 或 β 辐射的放射性同位素才是首选，因为它们使病人暴露在较少的电离辐射中。

在 20 世纪 50 年代期间，人们开始担心碘 -131 的副作用，即使是诊断的剂量。引起这种注意的原因是：一些在首次可获得碘 -131 治疗剂量时接受治疗的患者后来患上了白血病，这种疾病与辐射暴露有关，

---

⑮ 参见 Early，"Use of Diagnostic Radionuclides"（1995），p. 652. 151.

⑯ 参见 Myers and Wagner，"How It Began"（1975），p. 11.

⑰ 参见 Early，"Use of Diagnostic Radionuclides"（1995），p. 654；Myers and Wagner，"How It Began"（1975），p. 12.

⑱ 参见 Myers and Wagner，"How It Began"（1975），p. 12.

⑲ 参见 Miale，"Nuclear Medicine"（1995）.

这一点得到了广泛的承认。[155] 布鲁克海文国家实验室的研究人员试图确定一种碘同位素，使患者接受治疗后会被照射的辐射更少。对于半衰期短的同位素，用发生器制备要优于核反应堆和回旋加速器这两种生产手段，发生器中的同位素是当场从其同位素前体中获得的。1958 年，布鲁克海文国家实验室开发了一种碘 –132 发生器并将其推向了市场，碘 –132 的半衰期为 2.3 小时，由碲 –132 衰变生成。[156]

有一次，布鲁克海文的研究人员在制备碘 –132 时分离出了微量杂质；结果证明是锝 –99m，一种放射性同位素异构体，其半衰期仅为 6 小时。[157] 发射 γ 射线的锝 –99m 可以由类似于生成碘 –132 的发生器产生，但是要使用钼 –99（而不是碲 –132）作为放射源。（见图 9.7）布鲁克海文的科学家们使用锝 –99m 研究甲状腺生理学，但对其医学应用兴趣不大。正如一份文献所指出的那样，原子能委员会决定不申请关于锝 –99m 分离过程的专利，“理由是他们可以预见不会使用到它。”[158]

1961 年，阿尔贡癌症研究医院从布鲁克海文国家实验室订购了第一台锝 –99m 发生器，供保罗 · 哈珀（Paul Harper）和凯瑟琳 · 莱思罗普（Katherine Lathrop）使用。他们成功地利用锝 –99m 进行脑部扫描，激发了人们对这种不同寻常的同位素更大的兴趣。[159] 1966 年，布鲁克海文的鲍威尔 · 理查兹改进了发生器的设计，给它们起了个“奶牛”的绰号，因为它们使人们能够从半衰期更长的同位素前体中“挤出”半衰期

---

⑮ 参见 Furth and Tullis，“Carcinogenesis”（1956），p. 13；Blom et al.，“Acute Leukaemia”（1955）；Seidlin et al.，“Occurrence of Myeloid Leukemia”（1955）. 动物实验也指出了碘 –131 的致癌作用，参见 Edelmann，“Relation of Thyroidal Activity”（1955）.

⑯ 碲 –132 的半衰期仅为 3.2 天。碘 –132 已于 1954 年被确认，参见 Stang et al.，“Production of Iodine–132”（1954）. 碘 –125 也被提倡用作碘 –131 的替代品。参见 Stannard，*Radioactivity and Health*（1988），Vol. 3，p. 1773.

⑰ 参见 Public Affairs Office，“Celebrating 50 Years”（1997）.

⑱ 出处同上，p.44N.

⑲ 参见 Harper，Andros，and Lathrop，“Preliminary Observations”（1962）；Miale，“Nuclear Medicine”（1995）.

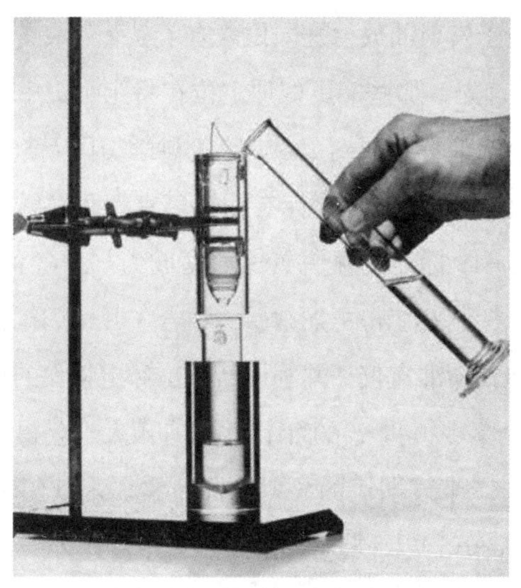

图 9.7　一名研究人员从发生器中提取锝 -99m 的照片［来自 Powell Richards，"Nuclide Generators，" in *Radioactive Pharmaceuticals*，ed. Gould A. Andrews，Ralph M. Kniseley，and Henry N. Wagner Jr.（Springfield，VA：Division of Technical Information，1966），p.160］

短的同位素。[160] 到 20 世纪 70 年代，锝 -99m 由于其发射特性和短暂的半衰期，已经成为医学诊断中最普遍的放射性同位素。[161] 在很多情况下，它只是取代了其他放射性同位素，后者以前被用来作为诊断中广泛使用的放射性物质的标签。[162] 但是，其发射的 γ 射线也能被新型闪烁检测系统（尤其是安格尔照相机）有效检测到，因此这种可用性使放射性同位素扫描技术更有可能被采用了。锝 -99m 如今仍在约 85%的诊断性成像程序中使用，仅在美国每天就有 40,000 例。[163]

其他成像技术也在快速发展。在斯威特和布劳内尔研究的 20 年后，

---

⑯⓪ 参见 Stannard，*Radioactivity and Health*（1988），Vol. 3，p. 1708.

⑯① 锝 -99m 的半衰期为 6 小时，它可衰变成另一种同位素锝 -99，其半衰期则为 21 万年。其衰变产物的半衰期很长，这意味着它的原子很少会在患者的一生中发生衰变。

⑯② 参见 Early，"Use of Diagnostic Radionuclides"（1995），p. 657.

⑯③ 参见 Wald，"Radioactive Drug for Tests"（2009）.

诊断中使用正电子发射的放射性同位素有了显著的改善，这是由于两项创新的缘故。[164]首先，那些能更好地定位在特定组织中的分子被贴上了正电子发射同位素的标签。到1980年，《科学美国人》杂志的一篇文章列出了近30种化合物，它们都标有较短半衰期和发射正电子的放射性同位素。[165]有氟-18标记的氟脱氧葡萄糖成为扫描各种癌症的首选。[166]第二项创新是，探测器变得更加敏感，结合了几个闪烁计数器（如安格尔的照相机）和收缩准直仪，并利用新算法和更强大的计算机从断层扫描数据中重建图像。20世纪60年代，华盛顿大学获得了一台回旋加速器，专门用于生产半衰期短的放射性同位素。米歇尔·特尔-波戈相（Michel Ter-Pogossian）及同事开发了一种正电子发射超声断层扫描仪，取名为PETTIII，最终简称为PET。[167]PET在那时成为（现在仍然是）最广泛使用的大脑和其他器官可视化诊断和研究工具之一，靠的是放射性同位素和放射性标记化合物的可用性。[168]

结论

核医学仍然是原子能委员会放射性同位素分配计划最持久的贡献之一，其诊断方法仍然严重依赖放射性标记。用于将人体可视化的其他技术（如磁共振成像和计算机断层扫描［CT，后者使用X射线］）可以提供更好的解剖细节，但是基于放射性同位素的方法（如PET扫描）可显示无与伦比的功能信息。另外，对于某些类型的治疗，例如甲状腺消

---

⑭ 关于正电子发射断层扫描的后期使用和意义，参见Dumit，*Picturing Personhood*（2004）.

⑮ 参见Ter-Pogossian et al.,“Positron-Emission Tomography”（1980）.

⑯ 这种有放射性标记的化合物从1979年开始生产。参见Kevles，*Naked to the Bone*（1997），p. 210.

⑰ 参见Ter-Pogossian，“Origins of Positron Emission Tomography”（1992），p. 145.

⑱ 参见Phelps et al.,“Application of Annihilation Coincidence”（1975）；Tilyou，“Evolution of Positron Emission Tomography”（1991）.

融术治疗甲状腺功能亢进，放射性同位素仍然是可供选择的治疗手段。核监管委员会主席估计，三分之一的美国住院病人会接受放射或放射性物质的诊断或治疗。[169]

具有讽刺意味的是，原子能委员会放射性同位素计划在催化核医学出现方面取得了巨大成功，颠覆了政府以反应堆为基础的供应体系的重要性。与新型扫描装置结合使用的半衰期短的放射性同位素通常不能在反应堆中生产，而是由回旋加速器或发生器来制造。那些希望提供最新核医学技术（包括 PET）的医院需要建造或购买昂贵的设备，以便可以就地生产放射性同位素。这既使旧的技术，尤其是回旋加速器，重新焕发了活力，又推动了新技术的发展，包括放射性同位素“奶牛”或发生器的发展。放射疗法的情况也显示同样的模式。20 年后，由核反应堆生产的钴 -60 和铯 -137 远距放射治疗仪主导了放射治疗，到 20 世纪 80 年代，优选的仪器变成了直线加速器。[170] 因此，在诊断和治疗两方面，核医学都是青出于蓝而胜于蓝，它来自原子能委员会基于核反应堆的放射性同位素供应体系，但其随后的发展又远超于此了。

另一件具有讽刺意味的事情是，尽管原子能委员会珍视医学的进步，视其为原子能的终极“人道主义”部署，但核医学的发展却揭示了该原子能机构根深蒂固的军事优先原则。同一组研究机构既是开发基于放射性同位素的诊疗技术（尤其是癌症诊疗）的核心机构，同时也是原子能委员会的签约机构，负责进行人体实验，为可裂变材料（如钚和铀）的代谢、分布和排泄提供资料，或是为全身照射疗法诱发的认知和生化变化提供记录。原子能委员会常常撮合辐射研究中军事和民用优先事项的合并，比如 M.D. 安德森癌症研究医院为“推进航空器的核能”计划所进行的全身照射疗法研究。同样，该机构为

---

⑯⑨ 参见 Jaczko，“Regulator’s Perspective on Safety”（2011），p. 1.

⑰⓪ 参见“Therapeutic Uses of Radiation”（1995），p. 67.

M.D. 安德森癌症研究医院的钴 –60 机器的开发提供了资金，医院随后将其用于军事研究。

一些学者认为，军队介入核医学的发展已经败坏了医学研究的世界。[⑰]然而，这种观点将普通临床实验的伦理状况理想化了。杰拉尔德·库彻尔敏锐地指出，尤金·森格尔在辛辛那提开展的针对癌症患者的全身照射疗法研究（旨在同时推进军用利益和癌症医学）中所造成的伦理冲突，实际上反映了战后医学研究和治疗特权之间更广泛、更普遍的紧张关系。[⑰]接受实验治疗的患者必然会成为他人的代理人，通常是那些在后来被诊断出病情的患者。让临终病人成为辐射战场上士兵的替身可能会是令人憎恶的，但在医学研究中，实验对象所带来的知识进步常常不能让他们自己受益，此类伦理问题几乎是战后所有的临床研究，特别是癌症医学研究的普遍问题。基于放射性同位素的癌症治疗的发展主要是由原子能委员会资助的，因此这一普遍存在却常常难以察觉的道德困境成了众矢之的。

---

⑰ 例如，Leopold，*Under the Radar*（2009）. 这与第二次世界大战后军事对物理学影响的论点类似，参见“Behind Quantum Electronics”（1987）.

⑰ 参见 Kutcher，*Contested Medicine*（2009），e.g.，p. 6.

第十章

生态系统

> 通过使用放射性示踪剂，人类有机会更多地了解环境变化过程，可以平衡环境污染可能带来的麻烦。生理学家已经成功地利用放射性示踪剂开展了研究，而生态学家在“群落代谢”研究方面的技术才刚刚起步——很显然，只要采取适当的预防措施，放射性示踪剂就可以像在实验室中一样安全地在野外使用。
>
> ——尤金·P. 奥德姆，1959 年[①]

---

① 参见 Odum，*Fundamentals of Ecology*（1959），p. 469.

放射性同位素的应用不仅影响到了生物医学，还影响到环境科学，特别是生态系统生态学的出现更使其得以发挥作用。[②]在这一领域，生态学家效仿生物化学家和生理学家在实验室中阐明代谢途径的方法，使用放射性同位素来物理追踪物质和能量在生态系统中的运动。原子能委员会支持这项研究的大部分内容，旨在追踪其工厂产生的污水和放射性废物的影响。辐射生态学发展的三个最重要的地点都是委员会的分支——汉福德工厂、橡树岭国家实验室和位于萨凡纳河工厂的佐治亚大学研究站。原子能委员会倡导的生态系统研究方法后来被用来了解其他类型污染物在环境中的传播情况。

亚瑟·坦斯利（Arthur Tansley）于 1935 年在一篇回忆弗雷德里克·克莱门茨（Frederic Clements）的贡献的文章中引入了“生态系统”一词。[③]克莱门茨的生态学理论基于两个关键思想：第一，以亨利·C. 考尔斯（Henry C. Cowles）的研究为基础，即植物的形成遵循一种预定的演替模式，最终形成顶级群落；第二，植物群落是一个复杂的有机体，具有其自身的生命周期和进化发展过程。[④]坦斯利对克莱门茨将动物和植物视为相同生物群落的“成员”的理论持批评的态度；他认为这是“把本质和行为都完全不同的东西放在平等的基础上”。[⑤]在坦斯利看来，一个更为合理的总体结构应该包括非生物成分和生物成分：

② 在这个问题上，参见 Kwa，*Mimicking Nature*（1989），ch.1；Kwa，“Radiation Ecology”（1993）；Hagen，*Entangled Bank*（1992），ch.6. 我遵循哈根（Hagen）的观点，但特别关注这种协同作用的物质基础，即放射性同位素，它成为追踪生态系统中循环模式的重要工具。

③ 参见 Tansley，“Use and Abuse”（1935）. 这篇文章是生物学家亨利·C. 考尔斯纪念文集中的一部分。

④ 参见 Kingsland，“Defining Ecology as a Science”（1991），p. 5. 有关卡尔·莫比乌斯（Karl Möbius）早期关于生物群落的论述，参见 Nyhart，“Civic and Economic Zoology”（1998）；同上，参见 *Modern Nature*（2009）.

⑤ 参见 Tansley，“Use and Abuse”（1935），p. 296.

在我看来，更基本的概念是整个系统（在物理学意义上），不仅包括有机体复合体，还包括构成我们所说的生物群落环境的整个物理因素复合体，即最广泛意义上的生境因子。[⑥]

此外，比起富含生机论和理想主义色彩的把群落看成有机体的论调，坦斯利更推崇唯物主义层面的原因；他把生态系统的自我调节功能归因于其物理、化学和生物成分之间稳定的相互作用。[⑦] 从这种意义而言，就像弗兰克·戈利所说的，生态系统是"应用于自然的机械理论"。[⑧] 尽管如此，如生态学历史学家所指出的，这些只是为形容生物群落或复杂有机体而创造出来的新术语，其中保留了克莱门茨所提到的有机体论。[⑨]

生态知识的物质基础是生态系统继续被视为一个有机体的另一原因。通过放射性同位素，生态系统就像有机体或细胞，其化学途径可以被追踪到。当坦斯利提出用"生态系统"来替代"生物群落"一词，同位素在生理学和生态学中追踪代谢途径的应用保留了该有机体的构想。G. 埃韦林·哈钦森在弗雷德里克·克莱门茨和维克托·谢尔福德（Victor Shelford）所著的《生物生态学》一书的书评中指出："如果坚持认为群落是一种有机体，那么对其新陈代谢的研究就是可以实现

---

⑥ 参见 Tansley，"Use and Abuse"（1935），p. 299；原文为粗体。

⑦ 坦斯利把矛头尤其指向南非人简·斯马茨（Jan Smuts）和约翰·菲利普斯（John Phillips），他们进一步发展克莱门茨所提出的概念。参见 Smuts，*Holism and Evolution*（1926）；Phillips，"Biotic Community"（1931）；Worster，*Nature's Economy*（1977），pp. 239 and 301；Anker，*Imperial Ecology*（2001），ch. 4.

⑧ 参见 Golley，*History of the Ecosystem Concept*（1993），p. 2.

⑨ 学者们对克莱门茨和坦斯利就"群落"和"生态系统"两大概念的对比从不同方面进行了阐释。罗纳德·托比（Ronald Tobey）强调了生态系统的引入所带来的不连续性，而坦斯利的传记作者哈里·戈德温（Harry Godwin）则认为坦斯利的概念使克莱门茨有机体的理念变得可行而没有缺陷。就像哈根因坦斯利对概念的创新所体现的连续性感到震惊。参见 Tobey，*Saving the Prairies*（1981）；Godwin，"Sir Arthur Tansley"（1977）；Hagen，*Entangled Bank*（1992），esp.pp. 79–80；Anker，*Imperial Ecology*（2001），ch.4；Kingsland，*Evolution of American Ecology*（2005），pp. 184–185。

的。”[⑩]第二年，哈钦森印证了他这一类比，发表了一篇题为《分层湖泊的中间代谢机制》的文章。[⑪]

与此同时，哈钦森与坦斯利在对非生物环境成分在“群落”运作中的关键作用的研究中都做出了贡献。他开创性地使用同位素追踪康涅狄格州水生群落的发展和代谢情况，展示了元素如何在沉积物、浮游生物等微生物和鱼类等大型生物之间迁移。这些养分循环过程使坦斯利的生态系统概念具体化。此外，绘制生态系统循环模式中的代表性实践也表明了代谢生化学与生物地球化学层面上的生态系统研究之间的认识论关系。[⑫]哈钦森对生态系统的了解认识，战后在美国生态学圈中传播开来，部分是由于在汉福德、橡树岭和佐治亚州萨凡纳工作的原子能委员会的科学家们，他们通过在水生和陆地系统中追踪放射性同位素，以了解营养物质的循环和放射性废物的迁移。

水域

经证实，与英国科学家所研究的陆地植物生态学领域相比，淡水生态学或湖沼学才是坦斯利的“生态系统”这一整体概念更有希望被应用的地方。[⑬]斯蒂芬·福布斯（Stephen Forbes）早在 1887 年在其经典文章《湖的缩影》中，就把湖描述为平衡状态下的“有机复合体”。[⑭]按照类似的思路，1918 年奥古斯特·蒂内曼（August Thienemann）把湖当作一个整体，将它描述为一个“生物系统”。[⑮]淡水体的相对有界性使物

---

⑩ 参见 Hutchinson，“Bio-Ecology”（1940），p. 268；Hagen，*Entangled Bank*（1992），ch. 4.

⑪ 参见 Hutchinson，“Mechanisms of Intermediary Metabolism”（1941）.

⑫ 并不是说相似之处是确切的：生态图包括了非生物成分，强调了能量流动和物质流动。

⑬ 参见 Golley，*History of the Ecosystem Concept*（1993），p. 36.

⑭ 参见 Forbes，“Lake as a Microcosm”（1887）；Schneider，“Local Knowledge”（2000）.

⑮ 参见 Thienemann，“Lebengemeinschaft und Lebensraum”（1918）；McIntosh，*Background of Ecology*（1985），p. 195.

质通过有机体——更具体来说，是通过不同营养级的有机体——运动，这种运动在研究中是可以追踪到的。明尼苏达大学的雷蒙德·林德曼（Raymond Lindeman）在其博士论文中就雪松沼泽附近居民广泛采样的结果进行了分析，雪松沼泽是一个浅水体系统，处于湖泊晚期演替和早期陆地演替之间的过渡阶段。[16]在与妻子埃莉诺·霍尔·林德曼（Eleanor Hall Lindeman）的合作下，他调查了各种各样的有机体——包括水生植物、浮游植物、浮游动物、昆虫、甲壳类动物和鱼类等——从而达成罗伯特·库克（Robert Cook）所说的"对营养物质从一个营养级到另一个营养级的运动有了非常深入的理解"。[17]林德曼论文的最后一章从概念上将这些发现与"群落"的生态观念（克莱门茨、蒂内曼，尤其是坦斯利所认为的）和演替联系在一起。

从1941年末一直到1942年6月，也就是林德曼生命的最后一个月，他作为博士后研究员，一直和哈钦森一起工作。林德曼在纽黑文期间，修订了论文最后的理论章节，并将其提交《生态学》杂志发表。[18]两人一直试图建立一个框架，以理解从太阳光中捕获的能量如何从植物转移到其他生物体，然后沿着食物链转移。通过合作，林德曼能够利用哈钦森的一些关键概念，解释他非常了解的水生环境中的营养和能量关系问题。[19]他们的营养动态论是对查尔斯·埃尔顿（Charles Elton）的食物链概念的一种重塑，后者将捕食关系视作"生态金字塔"。林德曼没有把被捕食者和捕食者之间的关系与动物体型大小相联系，而是把重心放在不同营养级别——即被视为生产者和消费者的生物之间的

---

⑯ 参见 Cook，"Raymond Lindeman"（1977），p. 22.

⑰ 出处同上。

⑱ 参见 Lindeman，"Trophic-Dynamic Aspect of Ecology"（1942）.

⑲ 参见 Hagen，*Entangled Bank*（1992），pp. 88–90. 哈钦森的发展理论在写于1941年的一份未发表的手稿中得以体现，另参见 *Lecture Notes in Limnology*（林德曼称其为 *Recent Advances in Limnology*）。Cook，"Raymond Lindeman"（1977），p. 217n52.

物质和能量的流动上。[20]

林德曼发表的论文利用自己和其他人的工作数据来计算食物链和食物循环的生产率，但这篇论文的贡献大部分都是理论上的。[21]他指出，早先对营养级的研究往往局限在对生物成分之间物质和能量流动、即对食物链的分析。他采取了更广泛的生物地球化学（以及哈钦森的）方法："在进一步考虑营养循环之后，将活的生物体归于'生物群落'并将死的生物体以及无机营养物归于'环境'来进行区分，似乎是武断且违背自然规律的。"[22]林德曼的食物链关系示意图的核心，是"无生命的新生渗出物"，这些物质中有很多"通过'溶解掉的营养物质'，可以很快回到有生命的'生物群落'中去"。[23]他认为，动态生态学的数据最好根据坦斯利的生态系统概念来理解，该生态系统"由在任意大小的时空单位内进行的物理—化学—生物过程，即生物群落及其非生物环境"组成。[24]林德曼分了三个营养类群：生产者（利用光合作用的能量从简单的无机化合物中合成复杂有机物的自养植物）、初级消费者（食草动物）和次级消费者（食肉动物）。这些类别以前曾使用过，但林德曼展示了它们与能量流动的关系。能量在流经较高营养级时会有所流失，因此，这些较高级别的消费者必须更有效地保留能量。

林德曼的文章还旨在揭示不同营养级之间的能量流动与生态演替的关系。从这个意义上讲，他对生态系统理论的阐述保留了胚胎发育的潜在隐喻，这一隐喻为克莱门茨和约翰·菲利普斯的超级有机体"群

---

⑳ 参见 Lindeman，"Trophic-Dynamic Aspect of Ecology"（1942），p. 408. 奥德姆继续对埃尔顿的体系进行改造，称其为"生物量的金字塔"。另参见 Kwa，"Radiation Ecology"（1993），p. 222.

㉑ 该论文强调理论，所以险些未能发表；参见 Cook，" Raymond Lindeman"（1977）.

㉒ 参见 Lindeman，"Trophic-Dynamic Aspect of Ecology"（1942），p. 399.

㉓ 出处同上，pp. 399–400.

㉔ 出处同上，p. 400.

落”的研究提供了信息。[25]然而他注意到，营养物质进入系统的生物和非生物部分并进行循环的方式，揭示了一个不同的时间维度：生态系统的“新陈代谢”。在这里，他的工作借鉴了弗拉基米尔·维尔纳斯基（Vladimir Vernadsky）建立的生物地球化学理论的内容。[26]哈钦森通过借鉴维尔纳斯基的方法进行有关水生系统中元素迁移的工作已达十年之久。[27]这一组织性隐喻强调的是一种稳态和平衡，而不是生长和发展。[28]其灵感不是源于胚胎学，而是生理学。

哈钦森此前曾将代谢的生物化学概念用在水体上。1941 年他发表了第四篇关于康涅狄格州湖泊研究的论文，其中将对林斯利池塘中的磷循环的研究“作为中间代谢的一个具体实例”。[29]他认为，湖泊中的磷循环过程是“理想条件下封闭的”；这种环境可以有效地“被看作除了水中活动和循环中接触到的泥浆之外，没有其他影响因素”。[30]在这方面，水体就像有机体，其化学相互关系可以就地研究：

㉕ 库克观察到，这种“有机论与目前在发育生物学中建立的整个概念框架是平行的”，引自 Haraway，*Crystals*，*Fabrics and Fields*（1976）. Cook，“Raymond Lindeman”（1977），p. 26n30.

㉖ 参见 Golley，*History of the Ecosystem Concept*（1993），p. 56.

㉗ 参见 Slack，“G. velyn Hutchinson”（2008）。这项工作由哈钦森的第一批研究生承担，尤其是戈登·莱利（Gordon Riley），他研究了林斯利池塘的铜循环：另参见 Riley，“General Limnological Survey”（1939）；同上，“Plankton of Linsley Pond”（1940）。哈钦森最初的研究是在南非，他于 1926 年和 1927 年在约翰内斯堡的威特沃特斯兰德大学担任研究职务。这项研究由当时的开普敦大学动物学教授兰斯洛特·霍本赞助。

㉘ 参见 Golley，*History of the Ecosystem Concept*（1993），p. 59. 沙伦·金斯兰德（Sharon Kingsland）认为人口生态学可以用“历史思维和非历史思维的冲突”来理解，后者通常涉及数学。正如她所说的，“将数学（或任何模型）强加于自然的行为往往意味着拒绝历史，赞成和谐统一的概念。”这非常符合生态系统生态学中的发展和生理学隐喻之间的张力关系。事实上，生态系统拥有自我调节的观点与运用数学来理解生态系统如何保持平衡是一致的。参见 Kingsland，*Modeling Nature*（1985），p. 8.

㉙ 参见 Hutchinson，“Mechanisms of Intermediary Metabolism”（1941），p. 56. 哈钦森也在调查生物地球化学中的特殊金属：参见 Hutchinson，“Biogeochemistry of Aluminum”（1943）.

㉚ 参见 Hutchinson，“Mechanisms of Intermediary Metabolism”（1941），p. 56.

> 关于湖泊中各种重要物质的总量，有相当多的资料。通过对浮游生物的缺氧特性和各种关于其光合作用和分解代谢活性的观察研究提供了一些资料，但就湖泊的总体代谢情况而言，这些资料往往具有相对性。继续用与个体有机体类比的话来说，其代谢的中间阶段是鲜为人知的。[31]

引人注目的是，这种对湖泊新陈代谢研究的兴趣使哈钦森不仅考虑到元素的循环，还考虑了维生素 B1 和维生素 B3 等维生素的循环。[32] 当生物化学家一直注重把维生素作为个体生物（无论是动物还是微生物）的基本营养成分进行研究，哈钦森研究的则是维生素在水生群落中的循环和功能。[33]

在 1941 年的论文中，哈钦森提供了一张图片，表明磷是如何在湖中的生物和非生物成分中迁移的，而它的总量保持在一个稳定的状态。很明显，泥浆或水的氧化还原电位影响磷的摄取形式；反过来这又取决于磷和铁的关系。[34] 当从泥浆中释放出的磷酸盐到达湖中的透光带时，会被浮游植物所吸收。之后，磷以存在于死亡的浮游生物和以植物细胞为食的浮游动物的粪便中的微粒形式沉淀到湖底。[35] 浮游植物由于泥浆中磷离子的供应而生长，有效地维持了表层水中磷持续的低浓度状态。

哈钦森想要寻求更直接的证据来证明湖中磷的自我调节模式，耶鲁大学物理科学的发展为此提供了可能性。1939 年，物理学家欧内斯

㉛ 参见 Hutchinson，“Mechanisms of Intermediary Metabolism”（1941），p. 23.

㉜ 参见 Hutchinson，“Thiamin in Lake Waters”（1943）；另参见 Hutchinson and Setlow，“Limnological Studies in Connecticut，VIII”（1946）.

㉝ 在营养生物化学史的问题上，参见 Kamminga and Weatherall，“Making of a Biochemist，Ⅰ”（1996）；Weatherall and Kamminga，“Making of a Biochemist，Ⅱ”（1996）.

㉞ 参见 Hutchinson，“Mechanisms of Intermediary Metabolism”（1941），p. 52.

㉟ 参见 Hutchinson and Bowen，“Direct Demonstration”（1947），pp. 148–149.

特·波拉德（Ernest Pollard）在E.O. 劳伦斯的协助下，在耶鲁大学成功完成了回旋加速器的建造。这使得耶鲁大学（和伯克利一样）具备了生产人造放射性同位素的能力。哈钦森向波拉德申请了一些磷-32，以继续研究池塘系统。1941年，他们两人与威廉·托马斯·埃德蒙森（W. Thomas Edmondson）合作，计划利用回旋加速器产生的半衰期为两周的磷-32来直接展示林斯利池塘中的磷循环过程。不幸的是，实验前一天晚上，回旋加速器发生故障，研究人员只获得了经计算得出的所需磷-32总量的一半。哈钦森决定无论如何都要继续进行实验。埃德蒙森这样描述他们的工作：

> 这项行动并非最有效的。我们有一艘小型划艇，一台手动绞车和几个五加仑（约18.92升）的玻璃坛。我帮忙获取样品（不停地旋转绞车把手），但我作为一个车主的主要职责是，在车上塞满玻璃坛之后，驱车把每个样本都送去奥斯本（实验室大楼）。在那里，化学技术人员安·沃拉克（Ann Wollack）通过膜过滤器过滤了大量的磷酸盐，以了解藻类和其他小生物吸收了多少磷酸盐。[36]

尽管存在局限性，但初步结果令人鼓舞。他回顾当时的情景时说道："波拉德能够检测到一些样品——包括深水物质——的放射性。所有现象都表明，只要有足够的同位素，这项研究就可以进行。"[37]磷-32的14天半衰期适合持续几周的实验。

林斯利池塘放射性物质追踪实验于1946年6月21日再次尝试，这

㊱ 参见 Letter，W. T. Edmondson to Joel B. Hagen，22 Mar 1989，courtesy of Hagen.

㊲ 出处同上。关于这一早期尝试的更多信息，可从G. 埃韦林·哈钦森与乔尔·B. 哈根（Joel B. Hagen）的访谈中获得，如参见 Hagen，*Entangled Bank*（1992），p. 2 1n45; Hutchinson and Bowen，"Direct Demonstration"（1947），asterisk endnote on p. 153；G. Evelyn Hutchinson to Edward S. Deevey，26 Sep 1944，Hutchinson papers，box 11，folder 193 Deevey，Edward S. 1944—1949.

次回旋加速器不再是问题。此外，在战争期间，用于探测放射性物质的仪器也有所改进。[38]以磷酸钠的形式溶解在碳酸氢钠溶液中大约10毫居里的磷-32，被分成24等份释放到池塘的表层水中。释放这些等分试样的地点从东向西均匀地分布在池塘中，并集中在湖水南部的几个地方，以将北风的影响降到最小。一周后，从湖水深处收集上来的竖直状态的水柱被分成四部分，经干燥，计算它们的放射性。两周后采集并统计植物样本的放射性。由于收集的液体样品中的放射性非常低，并且盖革计数器中的电压波动在某种程度上遮蔽了信号，所以必须采取大量计数。尽管如此，放射性物质的某些分布特点得以明确。虽然由于稳定的热分层，各深度的水几乎没有混合，但近一半的放射性物质已经沉降到三米以下，而10%的放射性物质存在于六米以下。这与哈钦森在1941年提出的模型中所指出的藻类在吸收可用磷后沉积在池塘底部的情况是一致的。[39]此外，这些植物样品的放射性浓度是水的1000倍。[40]

然而，要想证明磷酸盐循环的具体情况，还需进一步的实验。哈钦森是最早向原子能委员会申请购买放射性同位素的人之一。他于1947年5月获得批准，并在那年夏天第一次收到了350毫居里磷-32。[41]1947年7月25日，哈钦森和鲍恩（Bowen）在湖水中投放了70毫居里磷-32。这一次放射性同位素“被分成25等份，在湖的中央深处和边缘之间沿着一个近似圆形的路线投放；人们认为这种方式为放射性磷与

㊳ 参见 Letter，W. T. Edmondson to Joel B. Hagen，22 Mar 1989，感谢哈根。

㊴ 参见 Hutchinson and Bowen，“Direct Demonstration”（1947），p. 148.

㊵ 出处同上，p. 152.

㊶ 参见 Letter from Paul Aebersold，Isotopes Branch，to G. E. Hutchinson，8 May 1947，NA Atlanta，RG 326，MED CEW Gen Res Corr，Acc 67B0803，box 178，folder AEC 441.2（R-Yale Univ.）. 哈钦森与曼哈顿工程区和孟山都公司（作为承包商和经销商）于1946年11月27日签署了申请放射性同位素条款。参见 NARA Atlanta，RG 326，OROO Files for K-25，X-10，Y-25，Acc 671309，box 14，Certificates.

湖的浅水层混合提供了充分的机会”。[42]8月1日至22日，研究人员每周读取不同深度的水温，并在同一深度范围内采集池塘水样本。在过滤水样后，将滤纸和滤液干燥，以便测定磷的总量和放射性。实验结果与之前不同，所测量的放射性量远高于探测器的本底计数。此外，在不同深度的湖水中都发现了大量的放射性物质。事实上，回收率非常之高，这表明几乎所有释放出的磷都立即被浮游植物所吸收。较深水域的磷回收率表明，大量的磷－32是随着浮游物的沉积而残留的；其中一些磷随后进入沿岸植被，返回到自由水中。[43]研究结果再一次证实了哈钦森对湖中磷的整体代谢的描述，即藻类的生长和死亡使湖中磷的代谢保持在稳定状态。[44]

生物化学和生理学并非生态平衡和自我调节理论的唯一来源，工程学也是其一。更确切地说，生理调节本身就被诺伯特·维纳（Norbert Wiener）视为控制论的灵感来源，他在1947年创造了这个术语。[45]正如他人所指出的那样，哈钦森在1946年至1953年间参加了梅西基金会关于控制论的会议，从而直接接触到了这一理论的发展情况。[46]在关于“目的论机制”的初次会议上，哈钦森贡献了他具有影响力的论文《生态学中的循环因果系统》（1948年出版），其中强调了元素循环反映的是生态系统的自我调节特征。他的分析中有两个例子：生物圈的全球碳循环

㊷ 参见 Hutchinson and Bowen，“Quantitative Radiochemical Study”（1950），p.194.

㊸ 悬浮物是水中的微粒物质，由微小的生物和非生物成分组成，它们漂浮在水中，使水变得浑浊。

㊹ 在哈钦森论文中关于这个实验的未完成的手写笔记，参见 box 6，folder 96 Bowen，Vaughan T.，1942–1948，1956. 哈钦森并不知道，1948年7月，加拿大的一个小组在新斯科舍的一个湖中用磷－32进行了相似的实验。参见 Slack，*G. Evelyn Hutchinson*（2010），p. 162；Coffin et al.，“Exchange of Materials”（1949）.

㊺ 参见 Weiner，*Cybernetics*（1948）.

㊻ 参见 Taylor，“Technocratic Optimism”（1988），pp. 217–23. 关于梅西基金会会议的建议，参见 Heims，*Cybernetics Group*（1991）.

和内陆湖泊的磷循环。[47]

哈钦森指出，学过基础生物学的学生对于基本的碳循环是很熟悉的——植物通过光合作用将二氧化碳从大气中带走；动物对植物的消耗使碳在陆地食物链中流动；随着植物和动物的腐败，碳会流失到沉积物中并被掩埋。一些碳通过呼吸作用直接或通过细菌代谢间接返回大气层。大规模的自然事件如火山爆发、森林火灾和人类活动（即化石燃料的燃烧），造成大气中二氧化碳浓度的升高。尽管哈钦森借鉴了化学家沃尔特·诺达克（Walter Noddack）、地球化学家维克托·戈德施米特（Victor Goldschmidt）以及以前学生戈登·赖利的最新研究成果，但定量的信息比定性的图片更难获得。[48]哈钦森还认为，数据表明大气中的二氧化碳水平自 19 世纪以来有所增加。他认为这一趋势并非由于工业发展，而是生态系统的生物成分发生了变化，特别是农业发展导致的乱砍滥伐。

哈钦森对碳循环的处理表明，对生物间关系的生态学理解方式将会扩展到非生物世界。他指出，理论生态学家 V.A. 科斯蒂津（V. A. Kostitzin）已经注意到，“在一个循环中，有机体的增长率取决于光合作用速率，而后者取决于二氧化碳通过分解和消耗有机体返回大气层的速率，该循环将按照沃尔泰拉（Volterra）的捕食者—被捕食者的方程而波动。”[49]哈钦森将此与“大气中二氧化碳浓度的波动”联系在一起。[50]总体而言，哈钦森列举了碳循环中的两种自我修正系统：通过空气、海水和 CO_2—碳酸氢盐—碳酸盐中的沉积物的碳循环，以及涉及光合作用的生物循环。然而，在诺伯特·维纳和阿图罗·罗森布鲁斯（Arturo

---

㊼ 参见 Hutchinson，“Circular Causal Systems”（1948）.

㊽ 参见 Noddack，“Der Kohlenstoff im Haushalt der Natur”（1937）；Goldschmidt，“Drei Vorträge über Geochemie”（1934）；Riley，“Carbon Metabolism and Photosynthetic Efficiency”（1944）.

㊾ 参见 Hutchinson，“Circular Causal Systems”（1948），p. 222.

㊿ 出处同上。

Rosenblueth）的控制论意义上，他并未声称碳循环具有“目的性”。[51]和坦斯利一样，在理解更大的生物系统时，哈钦森是唯物主义论者，而不是生机论者。尽管如此，即便哈钦森几乎没有描述碳循环具体的化学转化过程，但他关于碳的全球生物地球化学循环的图表与当代生物化学家的代谢途径在视觉上显示出一定的相似之处。这如果不是一个生物系统，也是一个超有机体的新陈代谢过程。在这幅图中，同位素作为一种天然示踪剂，借助碳同位素相对多度的变化获取了更多的信息。[52]研究发现，从水溶液中沉淀出的碳酸盐与深成岩中的碳相比，C–13 的量较多。[53]（见图 10.1）

哈钦森很快请求使用橡树岭除磷以外的其他元素的放射性同位素，如碘、钡和溴，进行实验。[54]其他生态学家也开始采用这种颇具前景的方法。1952 年，E·斯蒂曼 – 尼尔森（E.Steemann-Nielsen）发表了一项使用碳 –14 测量水生植物生产率的敏感技术。[55]尤金·奥德姆（Eugene Odum）和同事们用磷 –32 来测量海洋底栖藻类的生产率。[56]同位素在检验生物体之间的关系方面也同样有用。罗伯特·彭德尔顿（Robert Pendleton）和 A.W. 格伦德曼（A. W. Grundmann）用磷 –32 来探讨蓟

---

[51] 参见 Rosenblueth et al.，“Behavior，Purpose and Teleology”（1943）. 另见 Rosenblueth and Wiener，“Purposeful and Non-purposeful Behavior”（1950）.

[52] 参见 Nier and Gulbransen，“Variations in the Relative Abundance”（1939）.

[53] 参见 Hutchinson，“Circular Causal Systems”（1948），p. 225.

[54] 参见 Letter from Paul C. Aebersold to G. Evelyn Hutchinson，8 May 1947，Subject：Approval of Requests for Radioisotopes，NARA Atlanta，RG 326，MED CEW Gen Res Corr，Acc 67B0803，box 178，folder AEC 441.2（R–Yale Univ.）.

[55] 尤金·奥德姆写道：“测量水生植物生产率最灵敏的方法之一是在装有放射性碳（C–14）作为碳酸盐的瓶子中进行。经过一段时间后，将浮游生物或其他植物与水分离，干燥并置于计数装置中。通过适当的计算，固定在光合作用中的二氧化碳量可以根据放射性计数来确定。”参见 Odum，Fundamentals of cology（1959），p. 84；Steemann Nielsen，“Use of Radioactive Carbon”（1954）；Ryther，“Measurement of Primary Production”（1956）.

[56] 参见 Odum et al.，“Uptake of P^{32}”（1958）.

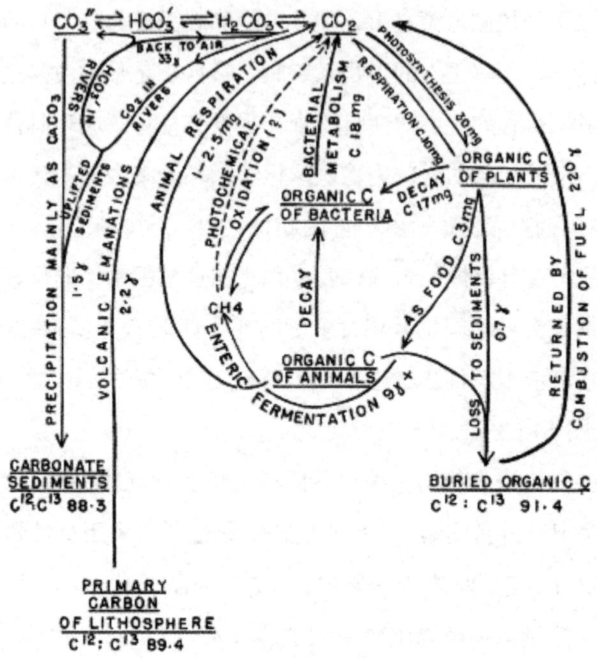

图 10.1　G. 埃韦林・哈钦森的碳循环示意图（G. E. Hutchinson，"Circular Causal Systems in Ecology，" *Annals of the New York Academy of Sciences* 50（1948）：221–246，on p. 223. John Wiley and Sons 授权重制）

中昆虫与植物的关系。[57]研究人员还对蚊子和家蝇等特定的昆虫进行了"放射性标记"。[58]到 20 世纪 50 年代末，特意释放有限数量的放射性同位素来追踪元素的吸收和循环路径成为生态学工作的重要策略。[59]在奥德姆教科书《生态学基础》1959 年的第二版中，他增加了一章"放射生态学"，总结了这一问题的走向。[60]事实上，他是在离开佐治亚大学休假期间写下的这一新章节，其间他在汉福德（见下文）与生态学家们一起度

---

57 参见 Pendleton and Grundmann，"Use of P^{32} in Tracing"（1954）.

58 参见 Hassett and Jenkins，"Uptake and Effect of Radiophosphorus"（1951）.

59 回顾性评估，参见 Auerbach，"Radionuclide Cycling"（1965）. 请注意，到 20 世纪 60 年代中期，放射性核素已经取代放射性同位素成为首选术语。

60 参见 Odum，*Fundamentals of Ecology*（1959）.

过了 4 个月。[61] 生态系统生态学为奥德姆教科书提供了组织框架，其教科书反过来在 20 世纪五六十年代传播这一理论方向，并巩固了其与放射生态学和原子能委员会的联系。

汉福德的生物浓缩现象

与生物化学和核医学中的示踪实验不同，生态学包括研究人员没有实施的“实验”。放射性物质通常通过原子能委员会排放的核废料和原子武器试验大规模地进入生态环境，生态学家正在追踪这些放射性核素的运动。在这方面，生态“追踪”与原子能的持续军事用途直接相关。放射性废料本身为生态学家提供了有用的示踪剂。[62]

美国政府支持对大战期间的核废料造成的生态恶果进行相关研究，特别是针对生产钚的有关主要设施。1942 年末，曼哈顿计划的领导层寻找了一个偏远场地建造大型钚工厂，该厂就近需要 10 万千瓦左右的电力供应，以及每分钟 2.5 万加仑（约 94635 升）的清洁冷水。[63] 莱斯利·格罗夫斯将军选择了华盛顿州哥伦比亚河上的一个地区，距离刚建成的大古力水坝不远；汉福德反应堆的建造工作于 1943 年 4 月份开始。[64] 建造水冷式核反应堆的决定使得供水问题变得更加关键。预计该

---

⑥① 奥德姆在国家科学基金会的资助下，在今年休假期间，正在寻求辐射能力更强的生物学物质。除了在汉福德的那段时间，他在加州大学洛杉矶分校又呆了四个月，该小组在内华达州的试验场研究辐射对沙漠生态的影响。参见 Kwa，“Radiation Ecology”（1993），p. 230.

⑥② 参见 Whicker and Pinder，“Food Chains”（2002）.

⑥③ 参见 Hewlett and Anderson，*New World*（1962），p. 189；Hines，*Proving Ground*（1962），p. 5. Hines 列举出的能源需求量为 20 万千瓦。

⑥④ 参见 Hines，*Proving Ground*（1962），pp. 4–6；Stannard，*Radioactivity and Health*（1988），vol. 2，p. 757. 自 20 世纪 20 年代以来，这个巨大的大古力大坝项目就陷入了争议之中，但它的完工促使在华盛顿和俄勒冈州的几座工厂得以建立，以便在战争期间生产铝。汉福德的建造工作延续了联邦政府对西北的工业发展，目的是为战争助力，尽管这一切是保密进行的。一位历史学家指出，“钚工厂一旦投入运行，就需要大古力发电厂的两台发电机同时产生的发电量。”参见 Ficken，“Grand Coulee and Hanford”（1998），p. 27.

设施的用水量将与一座城市差不多，这引发了人们对其会给哥伦比亚河带来何种影响的担忧。引入冷却反应堆所需的水量，是否会使其释放大量的热量、毒性或放射性，从而对支持渔业的鳟鱼和鲑鱼种群产生不利的影响？是否影响人类饮用水的安全（数百个社区都依赖哥伦比亚河及其支流获取饮用水）？格鲁夫斯征求了曼哈顿工程区医务科科长斯塔福德·沃伦的意见，他同意有必要就辐射对水生生物和水质的影响进行科学的研究。曼哈顿计划的高层人员，罗伯特·斯通、尤金·威格纳（Eugene Wigner）、阿瑟·康普顿和 H.L. 弗里德尔（H. L. Friedell）等还在 1943 年 5 月 20 日于芝加哥大学的一次会议上讨论了哥伦比亚河可能受到的污染，并一致认为此事值得调查。(65)

1943 年 8 月，沃伦与华盛顿大学的劳伦·R. 唐纳森（Lauren R. Donaldson）接洽，唐纳森是一名渔业助理教授，曾担任内政部建造大古力水坝的顾问。(66)他要求唐纳森开展就辐射对水生生物，尤其是鱼类影响的研究。为了对原子项目的性质进行保密，资金（高达 65000 美元）是通过科学研究与发展办公室（OSRD）而不是曼哈顿工程区安排的。合同标题“X 射线在治疗鲑鱼类真菌感染中的应用研究”掩饰了研究的实际目的。(67)华盛顿大学应用渔业实验室就这样启动了。(68)

唐纳森的小组对于辐射对水生动物的生物影响知之甚少。(69)应用渔业实验室进行了许多基础研究，评估外部辐射对各种鲑鱼品种的卵、胚

---

(65) 参见 Hines，*Proving Ground*（1962），p. 8. 斯通是芝加哥冶金项目卫生司的新任主任；威格纳是负责桩基设计的小组组长；并且沃伦在医疗部门的执行官员是弗里德尔。

(66) 出处同上，p. 8；Klingle，“Plying Atomic Waters”（1988）.

(67) 参见 Hines，*Proving Ground*（1962），p. 10.

(68) 参见 Whicker and Schultz，“Introduction and Historical Perspective”（1982），p. 4；Gerber，*On the Home Front*（2002），p. 116.

(69) 参见 Hines，*Proving Ground*（1962），p. 12.

胎和成体的影响。(70)这些资料证实，受到高剂量辐射照射后的哺乳动物所患的放射病也存在于冷血脊椎动物中，尽管潜伏期较长。(71)唐纳森小组研究所用的这些鱼并不是生长于当地的水生环境中的，而是在实验室中繁殖了几代之后的鱼。一项大规模的虹鳟鱼研究显示，若上一代暴露于（不同水平的）高剂量的 X 射线中，那其胚胎的死亡率和畸形率都很高。在这种产前放射性暴露条件下幸存的幼鱼比对照组鳟鱼长得慢。(72)研究人员还对低剂量辐射的影响进行了长期研究，在幼鱼返回海洋两年或更长时间之前让它们暴露在辐射中。在第一个汉福德反应堆投入运行之前，应用渔业实验室进行了一年的研究，导致第一次大量地、持续地向当地环境释放放射性同位素。(73)

1944 年底，唐纳森说服了曼哈顿工程区的领导人，使他们意识到在哥伦比亚河开始现场研究的重要性。(74)1945 年 6 月，他的研究生理查德 · F. 福斯特（Richard F. Foster）被调到汉福德，在一个新的水生生物实验室工作。(75)1945 年 6 月 9 日，在加州大学伯克利分校举行的一次会

(70) 这些实验使用峰值为 200 匹千伏安的皮克尔 – 韦特（Picker-Waite）放射治疗机，这是唯一可用的放射源。海恩斯指出，“目前还没有人造放射性同位素的供应来源，这可能使涉及内部发射器使用的生物学研究设计变得更加复杂，即使这样的研究已经以某种方式可视化了。”同上，p. 14.

(71) 出处同上，p. 16.

(72) 出处同上，pp. 16–17. 这个项目是理查德 · 福斯特的博士论文，涉及对 115454 个卵子的研究结果，随后得以发表。参见 Foster et al.，“Effect on Embryos and Young of Rainbow Trout”（1949）. 试验样本分为七组，每组有 20 条成年鱼，暴露在全身剂量 50、100、500、750、1000、1500 和 2500 伦琴的辐射中，然后让它们繁衍后代。研究发现，辐射全身剂量超过 500 伦琴时，后代死亡率接近 100%。

(73) B 型反应堆于 1944 年 9 月 13 日开始燃用燃料，但由于氙中毒而达到临界状态后停止运行。这个问题在今年年底得到了解决，洛斯阿拉莫斯于 1945 年 2 月 2 日从汉福德收到了第一批钚。参见 http：//www.cfo.doe.gov/me70/manhattan/hanford_operational.htm.

(74) 米歇尔 · 斯坦纳吉姆 · 戈贝尔把实地观察的动力归功于斯塔福德 · 沃伦，而不是唐纳森。参见 *On the Home Front*（2002），p. 116.

(75) 唐纳森当时即将担任水生生物实验室的顾问。参见 Hines，*Proving Ground*（1962），p. 17.

议上，在咨询了几位曼哈顿工程区的官员后汉福德的水生研究计划正式确立。(76)1945 年下半年福斯特的初步实验研究表明，如果用河水充分稀释（至少 1∶50）汉福德反应堆的冷却废水，那么废水便不会对鲑鱼和鳟鱼种群构成威胁。(77)（请参见图 10.2）相对于放射性物质对鱼类造成的毒性，铬酸钠、氯化钙和其他添加到冷却水中以防止燃料电池腐蚀的加

图 10.2 KW 和 KE 反应堆的成对进气口，在这里水从汉福德引水口被抽出，进行一次燃料电池的冷却（参见 D. Becker, *Aquatic Bioenvironmental Studies: The Hanford Experience 1944–1984*（Amsterdam: Elsevier，1990），p. 43. Copyright Elsevier 1990）

---

(76) 出席会议的有斯塔福德·L. 沃伦、H.L. 弗里德尔、A.A. 怀特、豪兰德博士（医疗团）和劳伦·唐纳森。他们建议福斯特通过一系列稀释来确定废水对鱼类的影响。他们估计这条河的实际稀释度约为 1:500。参见 R. F. Foster，"Some Effects of Pile Area Effluent Water on Young Chinook Salmon and Steelhead Trout，" 31 Aug 1946，US AEC Report HW−7−4759，Hanford Engineer Works，Opennet Acc NV0717097，p.2；L. Donaldson，"Program of Fisheries Experiment for the Hanford Field Laboratory，" July 1945，DUH−7287，OpenNet Acc RL−1−336129.

(77) 福斯特认为，"反应堆的废液有一些影响"。应该注意的是，如果反应堆的废水不被稀释，它对鱼类毒性很大，但科学家们计算出，河流中的稀释系数至少为 1∶100。福斯特研究了用稀释度从 1∶3 到 1∶1000 的不同的稀释液测试其对鱼类的影响。

工化学品的危害更大。随着废液的增加，水温升高，这对鲑鱼和鳟鱼也造成了危害，因为它们不能在高于24℃的水温下生存。新孵出的鲑鱼（“鱼苗”）比成年鱼更容易受到废液中这些“不利因素”的影响。(78) 发育阶段越早，鱼类就越敏感；在发育的早期阶段，即使在用河水稀释到1∶500的废水中，卵的死亡率也会增加。(79)

汉福德的科学家还研究了河水中的放射性水平。在离开反应堆后，废液在保留池中保存24小时，从而使半衰期短的放射性同位素衰变。这些放射性同位素大多不是反应堆的裂变产物，而是河水中的正常成分，其矿物在通过冷却容器时（通过中子俘获）活化而变得具有放射性。(80) 尽管如此，研究人员发现，在汉福德附近的河水中的裂变产物的浓度，跟燃料电池放电的排放量相比，比预期的更高且更稳定。事实证明，这是水中天然的不稳定铀在冷却过程中接触到燃料电池的中子通量被激活而造成的。(81) 废水的残留放射性是在其返回河流之前测量的。根据汉福德首席健康物理学家赫伯特·M. 帕克（Herbert M. Parker）的估计，“一直以来流域释放的水对人类生活和鱼类而言都是安全的”。(82)

战争的结束揭开了华盛顿大学应用渔业实验室正在进行的研究的神秘面纱；实验室与曼哈顿计划的联系亦公开了。唐纳森的小组拓展了他

---

(78) 参见 R. F. Foster，“Some Effects of Pile Area Effluent Water on Young Chinook Salmon and Steelhead Trout，” 31 Aug 1946，US AEC Report HW-7-4759，Hanford Engineer Works，Opennet Acc NV0717097，p.2；p.72.

(79) 出处同上。

(80) 参见 Odum，*Fundamentals of Ecology*（1959），p. 467. 福斯特观察到，围绕燃料元件的铝制外壳阻止了冷却水与铀棒直接接触。另见 Foster，“History of Hanford”（1972），p. 13.

(81) 参见 Stannard，Radioactivity and Health（1988），Vol. 2，p. 759.

(82) 参见 H. M. Parker，“Status of Problem of Measurement of the Activity of Waste Water Returned to the Columbia River，” memorandum to S. T. Cantril，11 Sep 1945，OpenNet Acc NV0719099，p.1. 另见 Foster，“History of Hanford”（1979），p. 8；Reichle and Auerbach，“U.S. Radioecology Research Programs”（2003），p. 4. 巴顿·哈克指出，人们可能会记住第二次世界大战美国对辐射安全标准的看法：即如果辐射暴露并不意味着直接伤害，那么它就是足够安全的。参见 Hacker，“No Evidence of Ill Effects”（1991），p. 147.

们在原子能委员会指导下的工作范围，在比基尼环礁的原子试验之后进行水生生物调查。[83]1946年秋，通用电气接替杜邦成为汉福德工程的承包商。位于汉福德的水生生物实验室作为放射科学部门的一部分，获得了更长久的地位。两年后，福斯特的小组与医疗器械部门的另一个小组合并，成立了一个生物部门，该部门负责研究环境放射性对陆地和水生动物的影响。[84]

1946年春，福斯特在华盛顿州渔猎局和美国鱼类和野生生物管理局的官员联席会议上介绍了他在应对汉福德工程对哥伦比亚河造成的生态影响方面所做的工作。[85]这并不意味着汉福德的生物学家的工作现在是可公开的。1946年夏天，福斯特小组的成员被要求签署一份声明，承诺"除美国政府授权的人外，不向任何人透露所收到的有关汉福德工程工作中设备使用对哥伦比亚河的鱼类生命的影响……研究的任何信息"。[86]即便如此，汉福德小组的工作在原子能委员会的高层中也有着显著的影响力。在他们1947年针对原子能委员会在曼哈顿工程遗

---

⑧③ 作为1946年夏季太平洋核试验计划的一部分，应用渔业实验室的研究人员参与了比基尼群岛爆炸前后的调查。爆炸发生一年后，对比基尼的重新调查显示，该环礁的动植物中放射性持续存在。参见《生活》杂志的特写"What Science Learned at Bikini"（1947）。这篇文章的结论部分由斯塔福德·沃伦撰写，标题为"Tests Proved Irresistible Spread of Radioactivity"（《下试验证明了放射性物质的扩散是无法抗拒的》）。关于唐纳森小组在太平洋的工作，参见Hines，*Proving Ground*（1962）；Stannard，*Radioactivity and Health*（1988）；Hamblin，*Poison in the Well*（2008），ch. 3.

⑧④ 参见Becker，*Aquatic Bioenvironmental Studies*（1990），pp. 82–83；Stannard，*Radioactivity and Health*（1988），Vol. 1，pp. 434–435. 我试图调和两个说法在这个群体的历史上的分歧。生物部门的首批主要研究之一是有关碘–131在绵羊体内的积累问题，碘–131是汉福德工厂释放的环境污染物之一。然而，这不是一项实地研究；实验绵羊被喂碘–131，然后被追踪研究。

⑧⑤ 参见Hines，*Proving Ground*（1962），p. 18.

⑧⑥ 参见"Statements Signed by Hanford Engineer Works Personnel Agreeing Not to Divulge Information Relative to the Effect of Plant Operations on Fish Life in the Columbia River，" 18 Jun 1946，OpenNet Acc NV0062060，as quoted in Gerber，*On the Home Front*（2002），p. 116.

留的辐射影响方面所做工作的调查中，临时医疗委员会提到了在汉福德进行的关于“食物链中放射性物质从浮游生物转移到鱼类”的重要研究。(87)

在接下来的几年里，汉福德小组的调查结果被记录下来，并作为机密文件分发给原子能委员会实验室和其他一些政府机构。例如，在政府内部分发了 114 份生物学研究组的第一份年度报告（1951 年），报告中涉及原子能委员会所有主要的设备和实验室（例如伯克利辐射实验室）、美国公共卫生局、专利局和海军医学研究中心。(88)值得注意的是，报告的接收名单中包括了尤金·奥德姆在萨凡纳的新研究站。事实上，这份报告在印刷后不久就被解密了，但这并没有使原子能委员会之外的科学家可以轻易地获得该报告。

福斯特和他在水生生物部门的同事继续研究废水对鱼类的影响。他们最重要的发现是 1946 年首次在内部报道的：在被辐射后，鱼类的体内，特别是肝脏和肾脏，集中了放射性。(89)1947 年，汉福德生物学家卡尔·赫尔德（Karl Herde）发现，在反应堆下游，甚至在 20 英里（约 32 公里）之外，捕获的 12 种不同种类的鱼都累积了放射性；他在第二年进行了更彻底的评估，记录的鱼体内的放射性浓度是河水的放射性浓度

---

(87) 参见 Stafford L. Warren，Report of the Meeting of the Interim Medical Committee，AEC，23–24 Jan 1947，OpenNet Acc NV0727195，p. 12.

(88) 放射科学系的生物学科认为，“汉福德废水对哥伦比亚河的水生无脊椎动物有影响”，参见 19 Jan 1951，OpenNet Acc NV0717092，p. 3.

(89) 参见 John W. Healy，“Accumulation of Radioactive Elements in Fish Immersed in Pile Effluent Water，” 27 Feb 1946，Opennet Acc NV0719097. 希利引用了一份汉德福早先的文件：C. Ladd Prossner，Wm. Pervinsek，Jane Arnold，George Svihla and P. C. Tompkins，“Accumulation and Distribution of Radioactive Strontium，Barium-Lanthanum，Fission Mixture，and Sodium in Goldfish，” 15 Feb 1945. 然而，这篇论文是一项关于裂变产物混合物代谢的实验室研究的一部分，与在汉福德进行的现场生物浓缩观测形成比较。在汉德福进行一项研究的赫尔德紧跟着希利的研究步伐。参见 “Studies in the Accumulation of Radioactive Elements in Oncorhynchus tschawytscha（Chinook salmon）Exposed to a Medium of Pile Effluent Water，” 14 Oct 1946，OpenNet Acc NV0719098.

的几千倍。[90]这是因为鱼类须从环境中吸收一些基本元素。放射性物质的浓度特别高的元素（如磷）都是自然界中含量较少的。早期，汉福德研究人员推断，大部分放射性物质来自于废水中的锰 -56 和钠 -24 等短周期同位素（钠 -24 的半衰期只有两个半小时）。直到后来，他们才意识到鱼类体内大部分放射性是来自半衰期比较长的同位素，尤其是磷 -32。[91]此外，代谢率在放射物浓度的高低中起着重要的作用。年轻、生长迅速的鱼类比年老的鱼类会吸收更多的放射性物质。

1948 年，汉福德小组的另一名成员 R.W. 库佩（R.W.Coopey）证明，浮游生物通过吸收可以把河水中的放射性浓缩至 2000 到 4000 倍；这是放射性物质进入水生食物网的起点。[92]（参见图 10.3）库佩说，“从本质上来讲，底层藻类的放射物聚集能力似乎是河流放射生物学问题的基础。”[93]正如他总结的那样，海洋生物尤其是浮游生物（如藻类）对放射性物质的集中能力使其自身成为“河流经济中放射性污染的罪魁祸首”。[94]“经济”一词并非无关紧要；1947 年汉福德发布的另一份内部文件指出，哥伦比亚河鲑鱼的现估值在 800 万至

---

(90) 参见 Karl E. Herde，“Radioactivity in Various Species of Fish from the Columbia and Yakima Rivers，” 14 May 1947，Hanford Health Instruments Section，OpenNet Acc NV0717089；同上，“A One Year Study of Radioactivity in Columbia River Fish，” 25 Oct 1948，Open Net Acc NV0717090. 赫尔德不是水生生物学组的成员，而是与福斯特合作。

(91) 参见 Gerber，On the Home Front（2002），p. 117. 福斯特和罗森巴赫所指出，“在一些必需元素（特别是磷）的天然供应受到限制的情况下，有机体中的放射性同位素浓度可能比周围水中的放射性同位素浓度高数十万倍。”参见 Foster and Rostenbach，“Distribution of Radioisotopes”（1954），p. 638.

(92) 参见 R. W. Coopey，“The Accumulation of Radioactivity as Shown by a Limnological Study of the Columbia River in the Vicinity of Hanford Works，” 12 Nov 1948，OpenNet Acc NV0717091，p. 2.

(93) 出处同上，p. 1.

(94) 出处同上，p. 11.

图 10.3　汉福德的科学家在网中收集浮游生物，以用于研究放射性物质在哥伦比亚河水生物的运动。图中可见正用于测量河流流量的流速仪。感　谢：Hanford，Washington. National Archives，RG 326-G，box 2，folder 2，AEC-50-3938.

1000 万美元之间。(95)

赫尔德将该分析扩展应用于水禽，他将圈养的北京鸭放到河里养一到十五个月，给它们喂食河里的藻类，然后检查它们组织中的放射性。在鸭子的器官中浓缩了大量的放射性物质，尤其是磷 -32。但是它们体内浓度最高的放射性是来自甲状腺中的碘 -131，而碘 -131 是它们从植物中摄取的，这些植物被化学加工厂排放到空中的放射性气体所污染。在一份公布了这些结果的内部备忘录中，赫尔德表达了他对哥伦比亚盆地灌溉项目的担忧，该项目计划从距离反应堆分布处 20 英里（约 32 公里）外的下游河中抽取河水来灌溉农作物。(96)

(95) 参见 C. C. Gamertsfelder，"Effects on Surrounding Areas Caused by the Operations of the Hanford Engineer Works，" 11 Mar 1947，OpenNet Acc RL-1-374061，p. 5.

(96) 参见 Gerber，*On the Home Front*（2002），p. 119 and ch. 4. 原定于 1948 年的灌溉工程于 20 世纪 50 年代中期才开始。

汉福德首席健康物理学家帕克也担心该地区的牲畜吸收排放到空气中的废气里含有的碘 -131。1946 年，他开始了一项暗中监测计划。他捕获了汉福德附近的一些绵羊和牛，并用盖革 - 穆勒计量器测量这些牛、羊甲状腺中的放射性。[97] 环境调查小组的成员（包括赫尔德）也打着美国农业部（USDA）代理人的幌子访问了当地的农场，以获得更多动物的甲状腺读数。[98] 他们发现“在测量的动物中，几乎所有动物的甲状腺读数都为正值，尽管数值很低”。[99] 如此低的读数让汉福德的科学家们确定，这样的辐射水平不会对牲畜或消费者造成危害。

战后初期，汉福德工厂制造放射性废料的水平稳步攀升。冷战时期军备竞赛的开始意味着钚的产量会不断增加。1947 年 8 月，汉福德开始实施雄心勃勃的扩建计划，除了已经投入使用的三座反应堆外，还要新建两座反应堆。[100]1949 年 8 月，苏联人引爆了他们的第一个原子装置，而此时原子能委员会每年的裂变燃料产量早已比大战期间的曼哈顿工程还要多。20 世纪 50 年代后期，在艾森豪威尔总统的领导下，美国原子武器生产的增长在苏联试验之后进一步加速。[101] 到 1955 年，汉福德新建了五座反应堆（另外五座建在佐治亚州萨凡纳河上）。哥伦比亚河的生态负担也随之增加；到了 1954 年，每天大约有 8000 居里的放射性物质被倾倒入河中。[102]1949 年，由美国公共卫生服务部门和华盛顿州以及俄勒冈州卫生部门的官员组成的哥伦比亚河咨询小组（Columbia River Advisory Group）成立。[103]

---

[97] 参见 Gerber，*On the Home Front*（2002），pp. 84–86.

[98] 参见 Stannard，*Radioactivity and Health*（1988），Vol. 2，pp. 760–62.

[99] Letter from K. Herde to J. Newell Stannard，30 Oct 1978，as quoted in Stannard，*Radioactivity and Health*（1988），Vol. 2，p. 762.

[100] 参见 Hewlett and Duncan，*Atomic Shield*（1969），pp. 141–153.

[101] 参见 Gerber，*On the Home Front*（2002），pp. 38–42.

[102] 参见 Herbert M. Parker，“Columbia River Situation-A Semi-Technical Review,” 19 Aug 1954，OpenNet Acc RL–1–360700.

[103] 参见 Gerber，*On the Home Front*（2002），pp. 121–22.

1950 年，浮游生物、鱼类体内和河水中的放射性测量值达到了前所未有的水平。同年，公共卫生服务部派出一个小组来为附近居民评估河水的安全状况。[104]

即使汉福德的科学家们仍然坚持认为目前哥伦比亚河不存在健康隐患，但他们也察觉到放射性生物浓缩对公众健康有影响。帕克在他 1948 年发表的一篇评论中写道：

> 在大面积水体中，藻类或胶体物质的浓缩放射性可能被鱼类吸收，之后进入人类的食物中，这会引发一系列对公众健康有重大影响的事件。到目前为止，在废物处理上过度保守的政策对这些问题绕道而行，但经济性排放设施未来将要面临的压力意味着，我们需要对这些问题进行广泛而深入的研究。[105]

尽管间接提及了此事的汉福德小组对放射性生物浓缩的发现被业内人士视为重大成果，但直到 1954 年《原子能法》被修订，以及一份揭示橡树岭国家实验室附近一个分水岭水生生物体内选择性放射性浓缩的生态调查被公布，该发现都没有被发表在公开文章中。[106]艾森豪威尔对

---

[104] 参见 Robeck et al., *Water Quality Studies*（1954）；Becker, *Aquatic Bioenvironmental Studies*（1990）, p. 20. 格伯（Gerber）认为，原子能委员会认为公共卫生服务部门的第一篇报告草案“对公共关系非常不利”，并将其修改为“保持现状”。引自 Herbert M. Parker, “Columbia River Situation-A Semi-Technical Review”, 19 Aug 1954, OpenNet Doc HW-32809, pp. 4–7. 参见 Gerber, *On the Home Front*（2002）, p. 123.

[105] 参见 Parker, “Health Physics, Instrumentation, and Radiation Protection”（1948）, p. 241. 格柏（参见 On the Home Front [2002], p. 296n35）表明，这篇评论是为原子能委员会的官员所写的，并且一直保持机密，直到 1980 年《保健物理学》杂志转载了这篇文章，但事实并非如此。

[106] 参见 Krumholz, *Summary of Findings*（1954）。事实上，许多生态学家，特别是橡树岭的生态学家，都喜欢于引用克鲁姆霍尔茨（Krumholz）关于水生生物中生物浓缩的发现。1954 年，汉福德的一篇文章刊登在 *Journal of the American Water Works Association* 上，这本杂志对生态学家福斯特和罗斯藤巴赫来说并不怎么出名。参见 “Distribution of Radioisotopes”（1954）.

发展国内核电的推动以及相关的反应堆信息的解密和传播，赋予了汉福德关于放射性废弃物的研究新的意义。在一份报告中，预计到 2000 年，美国核电裂变产物的产量将达到每天一吨。[107]

1955 年在日内瓦召开的第一届原子能和平利用国际会议为汉福德的科学家提供了一个向世界宣布他们的发现的平台。在一次关于“与反应堆运行有关的生态问题”的会议上，该小组展示了两篇论文，一篇由福斯特和戴维斯（Davis）所写，关注的是水生生物，另一篇由 W.C. 汉森（W. C.Hanson）和哈罗德·A. 科恩伯格（Harold A. Kornberg）所写，关注的是陆生动物。[108] 这些论文被整理在 1956 年的会议记录中。1958 年，戴维斯和福斯特在《生态学》杂志上发表了一篇更长的题为《通过水生食物链实现放射性同位素生物积累》的论文。[109] 相较之前编写的机密报告，就放射性污染问题而言，这些论文展示的内容更加广泛和理论化。在 1956 年的这篇论文中，福斯特和戴维斯断言：

> 哥伦比亚河中的生物从反应堆排出的废水摄入了放射性物质，这些生物可以用于大规模实验，在实验中，同位素起到示踪剂的作用。通过这种方式设计的研究，主要用于监测放射性水平，也可以提供营养周期、代谢率和生态关系等信息。[110]

---

⑩⑦ 1955 年，在给美国化学学会的一份报告中，E.I. 古德曼（E.I. Goodman）和 R.A. 布赖藤（R. A. Brightsen）提供了该数字，他们是基于美国每天利用核能生产 7.5 亿千瓦电量的估计计算得来的。参见 Laurence，“Waste Held Peril”（1955）；Hamblin，*Poison in the Well*（2008），p. 62.

⑩⑧ 参见 Foster and Davis，“Accumulation of Radioactive Substances”（1956）；Hanson and Kornberg，“Radioactivity in Terrestrial Animals”（1956）. 汉福德的科学家在会议上发表了另外两篇关于生态的论文，一篇是关于植物吸收裂变产物的，另一篇是关于环境资源辐射性综述的。参见 Stannard，*Radioactivity and Health*（1988），Vol. 2，p. 765.

⑩⑨ 参见 Davis and Foster，“Bioaccumulation of Radioisotopes”（1958）。

⑪⓪ 参见 Foster and Davis，“Accumulation of Radioactive Substances”（1956），p. 364.

他们还指出，仅仅依靠实验室里的研究来了解放射性污染是不够的。例如，福斯特和戴维斯发现，尽管实验室养殖鱼暴露在与反应堆废水一样的放射混合物中，从哥伦比亚河捕捉来的鱼携带的放射性约为实验室中养殖鱼的100倍。这样的结果是因为实验室里的鱼（与河中的那些鱼不同）食用的都是未受污染的食物。[111]

在《生态学基础》第二版中，奥德姆借鉴了该小组在汉福德的成果（他在撰写“辐射生态学”这一新章节时在那里待了四个月，因此对汉福德很熟悉）来说明食物网对放射性生物浓缩的重要性，同时从生态系统生态学方面明确解释了其结果。奥德姆指出，各种放射性同位素可以通过三条路径进入汉福德周围的环境，导致水、空气和陆地的污染。[112] 反应堆废水中的放射性物质导致水体污染。工厂的生产使得废气中含有的碘 -131（和其他放射性同位素）被释放到空气中，这导致了空气和土地污染。放射性废液的处理又造成了土地和水体污染。食物网将这些从不同环境入口点进入的放射性同位素进行扩散和浓缩。例如，冷却废水中的磷 -32 从水生昆虫、植物和甲壳动物体内转移到各种水禽体内。主要食用谷物的河鸭和鹅体内堆积的放射性磷比燕子（它们虽然不是水禽，却食用水生昆虫）和潜水鸭子体内的要少。即便如此，河鸭和鹅富含磷的蛋黄中的磷 -32 的浓度比河水中高20万倍。从汉福德化学分离设备中排放的碘 -131 通过废气进入到空气中，然后被哺乳动物、鸟类、爬行动物和昆虫所吸收。例如，兔子甲状腺中放射性碘的浓度是植物中放射性碘浓度的500倍。[113]（见图10.4）

---

[111] 参见 Davis and Foster，“Bioaccumulation of Radioisotopes”（1958），p. 531.

[112] 参见 Odum，*Fundamentals of Ecology*（1959），p. 467.

[113] 参见 Hanson and Kornberg’s paper，“Radioactivity in Terrestrial Animals”（1956），该论文称鸭子和鹅的蛋黄中磷 -32 的含量为1500000，但奥德姆指出，平均水平较低，他在《生态学基础》（1959）第468页的表格中反映如此。

用生物体中与环境中同位素的比率来展示食物链中放射性同位素的浓度

1. 磷 -32- 哥伦比亚河：·					
	水	植物	甲壳类动物	脊椎动物	卵
成年燕子	1	–	0.5	75,000	–
小燕子	1	–	3.5	500,000	–
鹅和鸭	1	0.1	0.1	7,500	200,000
2. 贮存池中长期存在的混合裂变产物：·					
	水	植物	鸟		
水鸭	1	3	肌肉中为 250（主要为铯 -137） 骨骼中为 500（主要为锶 -60）		
3. 汉福德空气中碘 -131 的污染：·					
	植物	杰克兔甲状腺	土狼甲状腺		
陆生食物链	1	500	100		
4. 哥伦比亚河磷 -32 和其他同位素：↑					
	水	浮游植物	水生昆虫	鲈鱼	
水生食物链	1	1000	500	10	

· 数据来自汉森和科恩伯格，1958。

↑ 数据来自福斯特和罗森巴赫（Rostenbach），1954。

表 10.4　根据汉福德工程人员收集的数据，该表展示了生物体和食物链中放射性同位素的浓度（来自 Eugene P. Odum，*Fundamentals of Ecology*，2nd ed.（Philadelphia：B. Saunders，1959），p. 468. © 1959，W. B. Saunders，a part of Cengage Learning，Inc. 转载已获允许，www.cengage.com/permissions）

汉福德科学家在出版物中强调，哥伦比亚河的放射性污染“从未接近过危险水平”。[114] 但奥德姆对此做出了一个更谨慎的总结：

---

⑭ 参见 Davis and Foster，“Bioaccumulation of Radioisotopes”（1958），p. 531；又见 Foster and Rostenbach，“Distribution of Radioisotopes”（1954），p. 635，在书中作者指出：“目前还未发现少量放射性存在任何影响。”对此，“汉福德科学论坛”明确传达了同样的观点，“汉福德科学论坛”是一个电视广播（由汉福德的承包商通用电气公司赞助），其特色是 1957 年在一个节目中，就水生生物作业的工作对福斯特进行了采访。采访者将这一风险项目介绍为哥伦比亚河上一种特殊的“捕鱼”方式。电视广播资源可从 http：//www.archive.org/details/HanfordS1957 网站获取。

> 因此，在被释放到环境中时，同位素可能已经被稀释到相对无害的水平，但它们被生物体或一系列生物体吸收后会在体内浓缩达到一个极点，这时同位素就会引发担忧。换句话说，我们给予“大自然”的放射性数量没有危害，但她却还以我们致命的灾难。[115]

人们对推迟已久才公布于众的汉福德研究结果的反响无疑因 50 年代中期对放射性坠尘的争议而变得尖锐，这一争议着重关注环境污染和低水平辐射危害。引人关注的是，1958 年，威拉德·利比（Willard Libby）委员在《科学》杂志上发表了一篇论文，该论文探讨了关于原子测试放射尘中锶 -90 的争议，他在论文中引用了福斯特和戴维斯 1956 年发表的文章，尽管他否认同位素会对人类健康带来风险，但依然指出了可能存在的环境浓缩机制。[116]

橡树岭和萨凡纳的放射生态学

对橡树岭国家实验室附近放射性污染的担忧促成了该地区生态研究计划的实施。斯坦利·奥尔巴赫（Stanley Auerbach）于 1954 年加入他们的部门，到 1960 年，他已经建立了全国最大的生态研究组织之一，该组织有 22 名员工。[117]1954 年《原子能法》的修订以及政府对民用核电

---

⑮ 参见 Odum，*Fundamentals of Ecology*（1959），p. 467.

⑯ 参见 Kwa，*Mimicking Nature*（1989），p. 83n43：“An early publication by W. F. Libby，member of the Atomic Energy Commission，declared the danger of Strontium−90 unimportant for humans while noting possible concentration mechanisms.” 另参见 Libby，“ Radioactive Fallout and Radioactive Strontium”（1956）. 格柏表示，甚至“原子能委员会主席刘易斯·斯特劳斯也对哥伦比亚河污染情况表示担忧”（参见 *On the Home Front* [2002]，p. 128.），鉴于斯特劳斯否认其担忧原子武器试验所产生的放射性尘埃的危害（见第五章），格柏的承认让人相当震惊。

⑰ 该橡树岭国家实验室生态学组织不断扩大，到 1978 年，已有大约 250 个员工。参见 Bocking，*Ecologists and Environmental Politics*（1997），p. 75.

发展的进一步重视，使得橡树岭的生态学家像汉福德同行一样，不仅有理由去进行研究，而且有理由去公布他们的研究。此外，从 20 世纪 50 年代初开始，“废弃物处理”使生态学家被纳入橡树岭的框架基础。与此类似的是，尤金·奥德姆在佐治亚州萨凡纳河上的原子能委员会生产中心组建了一个重要的生态研究小组。橡树岭和萨凡纳对放射性同位素运动的研究，特别是对诸如锶 -90 和铯 -137 等能长期存在的裂变产物的研究，进一步推动了生态系统研究对生态学研究的重要性，并就政府和核工业如何处理日益增加的放射性废料提供了具体的信息。

从 1951 年开始，橡树岭国家实验室通过埋入地下的方式来处理低放射性废料，这会让废料渗透到周围的土壤中。该方法期望通过与土壤颗粒相粘合，将放射性同位素固定住。[118] 此外，战时以来，几乎所有的低放射性废液都被倒入附近的白橡树溪或白橡树湖中；1943 年，一个由小水坝拦成的 35 英亩的蓄水池建成，用来容纳废液，从而使半衰期短的放射性同位素在被倒入克林奇河之前就已经衰变。（见图 10.5）早在 1948 年，健康物理部门主任卡尔·Z. 摩根（Karl Z. Morgan）就担心被污染的水道会对当地居民造成影响。这促使该部门与田纳西河流域管理局合作确定放射性污染程度，包括克林奇河达到的放射污染水平。[119]

田纳西河流域管理局的渔业生物学家刘易斯·A. 克鲁姆霍尔茨（Louis A. Krumholz）在 1950 年到 1954 年期间指导了对白橡树湖以及

---

⑱ 参见 Bocking，*Ecologists and Environmental Politics*（1997），p. 68；Reichle and Auerbach，“U.S. Radioecology Research Programs”（2003），p. 8.

⑲ 橡树岭实验所和田纳西河流域管理局之间关于放射性废物处理的合作早已开始。保健物理部和田纳西河流域管理局于 1948 年联合成立了一个废物处理研究部门，该部门有来自陆军工程兵团、公共卫生服务部门和美国地质调查局的科学家。1950 年原子能委员会授权的放射生态学调查以物理保健部门为中心，并与该部门合作完成。原子能委员会与田纳西河流域管理局的鱼类与野禽部门订立合同，共同调查。参见 Auerbach，*History of the Environmental Sciences Division*（1993），p. 3.

图 10.5　照片展示了白橡树溪流域盆地和白橡树湖的景观（图片来自 Stanley . Auerbach and Vincent Schultz，eds.*Onsite Ecological Research of the Division of Biology and Medicine at the Oak Ridge National Laboratory*，TID–16890. Washington，DC：AEC Division of Technical Information，1962，p.79）

周边地区的生态调查。调查记录显示，白橡树湖的植物、浮游植物和鱼类体内积累了放射性。[120]在水棉属绿藻中，放射性磷的浓缩系数高达850,000。[121]

放射性的浓缩似乎对生物体造成了危害的情况只有一例：一棵美国榆树“选择性地吸收足够的浓缩放射性钌，导致叶子边缘卷曲并死亡”。[122]除此之外，该调查没有发现任何能揭露放射性对水生或陆地种群产生有害影响的证据。[123]然而，大坝之下白橡树溪下游的生物繁殖能力不如上游，上游的底栖生物种类是下游的两倍。克鲁姆霍尔茨指出，黏

---

⑫⓪ 参见 Krumholz，*Summary of Findings*（1954）.

⑫① 出处同上，p.25.

⑫② 出处同上，p.14.

⑫③ 参见 Kwa，“Radiation Ecology”（1993），p. 233；Whicker and Schultz，“Introduction and Historical Perspective”（1982），p. 5；Reichle and Auerbach，“U.S. Radioecology Research Programs”（2003），p. 8；Stannard，*Radioactivity and Health*（1988），Vol. 2，p. 762 ff.

重的淤泥以及废液似乎抑制了溪流的生育力。[124]

尽管水中有大量废料，但橡树岭国家实验室管理部门采用田纳西河谷管理局的评估结果确定，白橡树水系统的污染程度尚不足以对环境造成明显的危害。[125]这几乎导致橡树岭停止所有进一步的生态工作，部分原因在于，在核物理学家看来，“他们投身的这门科学与实验室的目的几乎完全不相干。”[126]健康物理学家摩根为了让放射性废弃物得到进一步关注而发声，他认为，对野生动物的保护是健康物理学中合情合理的一部分。[127]他和助手爱德华·斯特克斯尼斯（Edward Struxness）为辐射生态学研究制定了广泛的资助计划，但原子能委员会对此事的反应并不热烈。在摩根的回忆录中，他说一位机构官员（匿名）评论说：“人类是我们应该热衷于保护的，我们应该去保护他们，而不是这些微生物和其他形式的生命。毕竟，如果辐射摧毁了所有微生物，将是一件好事。”[128]然而，其他因素扭转了局势。首先，如一个报道所说，（为了防洪）排干白橡树湖的水这一决定为研究湖床（“被自然污染的生态系统”）的污染命运创造了一个绝佳的机会。[129]其次，艾森豪威尔总统对民用核能发

---

⑫④ 参见 Krumholz，*Summary of Findings*（1954），p. 26.

⑫⑤ 需要强调的是，克鲁姆霍尔茨没有从这么积极的角度来看待他的评估。他在结论中写道，“环境中反对放射性物质对水生环境造成持续（或增长）污染的证据十分有力。尽管证据并不能确定白橡树湖的人们受到的伤害仅由辐射造成，但不可否认的是，持续受到辐射的影响可能是一个非常重要的因素。”参见 Krumholz，*Summary of Findings*（1954），p. 50.

⑫⑥ 关于生态调查工作，奥尔巴赫继续说到：“我们在环境中所接受的东西——我们需要处理的多种因素导致了环境发生巨大变化——这些因素没有得到好好处理……这在那些管理橡树岭国家实验室的更加严格的物理科学家眼中造成了一定程度的恐慌。”参见 J. Newell Stannard，transcript of interview with Stanley I. Auerbach，19 Apr 1979，Stannard papers，box 3，folder 4，quotes from p. 2.

⑫⑦ 参见 Morgan and Peterson，*Angry Genie*（1999），p.85；Bocking，*Ecologists and Environmental Politics*（1997），p.65–68. “crusade” 一词来自 Stannard，*Radioactivity and Health*（1988），Vol. 2，p. 769.

⑫⑧ 参见 Morgan and Peterson，*Angry Genie*（1999），p.85.

⑫⑨ 参见 Stannard，*Radioactivity and Health*（1988），Vol. 2，p. 769.

展的推动，使环境放射性研究成为新的紧迫事项。橡树岭实验所前主任尤金·维格纳（Eugene Wigner）仍然属于该机构的高层，他认为放射性废弃物的处理是核电的关键问题，为此他支持摩根的提议。

西北大学的生态学家奥兰多·帕克（Orlando Park）曾与斯特克斯尼斯一起做过研究，他被请来指导摩根的新计划。1955 年，橡树岭国家实验室聘用了帕克以前带的研究生斯坦利·奥尔巴赫。曾担任橡树岭 Y–12 工厂健康物理主管的斯特克斯尼斯被调到橡树岭实验室，专注于放射性废弃物管理的环境方面的研究。[130] 奥尔巴赫最初从事的是实验室研究，如调查辐射对腐烂木材中节肢动物的影响以及蚯蚓吸收放射性锶后的反应。[131]1956 年，刚被任命为原子能委员会生物和医学部门国家生态计划负责人的约翰·沃尔夫（John Wolfe）访问了橡树岭。沃尔夫是一位野外生态学家，他力劝奥尔巴赫利用刚排净水的湖泊作为研究地点。[132]

白橡树湖以直接或间接通过泥土储存坑渗漏的方式获得低活性放射性废弃物，主要包含锶 –90、铯 –137、钴 –60 和钌 –106。奥尔巴赫指出，“即使按照当时的标准，白橡树湖床也可被认为是受到了高度污染……那时这一小片地区被认为是地球上放射性最强的地方之一。”[133] 该湖中层位置的某些地方辐射量高达每小时 300 毫拉德，为了在湖底进行实地考察，研究人员需要佩戴防辐射装备。奥尔巴赫回忆说，他

---

⑬⓪ 参见 Stannard，*Radioactivity and Health*（1988），Vol. 2，p. 769.

⑬① 参见 Auerbach，*History of the Environmental Sciences Division*（1993），pp. 5–6. 或见 Auerbach，“Soil Ecosystem”（1958）.

⑬② 参见 Auerbach，*History of the Environmental Sciences Division*（1993），p. 6. 1958 年，沃尔夫成为原子能委员会生物和医学部新成立的环境科学处处长，他通过拨款的方式增加了该机构在国家实验室和高校的生态科研经费。参见 Dunham，“Foreword”（1962）.

⑬③ 参见 Reichle and Auerbach，“U.S. Radioecology Research Programs”（2003），p. 9. 奥尔巴赫解释说，这些废弃物大部分是在橡树岭实验室重新处理使用过的反应堆燃料的大量工作中产生的。

们要携带一种手枪式剂量仪，并将自己的活动范围控制在辐射量为每小时 25 毫拉德以下的区域，以保证受到的辐射量低于职业允许辐射限值。[134]

某种程度上，由于奥德姆是该项目的顾问，所以奥尔巴赫采用生态系统方法研究了湖床植被和动物生命的演替以及其中放射性同位素的生物地球化学运动。[135]他还对污染性辐射对湖床生物群产生的生态效应有兴趣，这与摩根在橡树岭实验室小组倾向于健康物理学的方向相一致。[136]该小组关注于反应堆废弃物锶 –90 和铯 –137，研究它们在植物体内的吸收情况，以及通过昆虫、鸟类和哺乳动物转移到食物链中的可能性。[137]达卡·克罗斯利（Dac Crossley）和亨利·豪顿（Henry Howden）在他们的一篇文章中说，"白橡树湖床上的生态系统可被设想为一个巨大的放射性示踪物实验，这个实验可以给出生态学家和保健物理学家都感兴趣的信息。"[138]

新员工克罗斯利（Crossley）和埃利斯·格雷厄姆（Ellis Graham）评估了土壤化学，并调查了侵入湖床的植物的演替。[139]他们发现有污染性的放射性核素被植被吸收和扩散，表明放射性废弃物不会一直停留在

---

⑭ 参见 Newell Stannard，transcript of interview with Stanley I. Auerbach，19 Apr 1979，Stannard papers，box 3，folder 4，p. 10."可爱姑娘"是一种小型的离子室检测器；这个名字是第二次世界大战期间人们给辐射探测仪器所取的众多绰号中的一个。

⑮ 参见 Bocking，*Ecologists and Environmental Politics*（1997），p. 71. 博金（Bocking）强调，阅读尤金·奥德姆的教科书 *Fundamentals of Ecology*（1959 年）对奥尔巴赫至关重要，使他意识到这种方法。

⑯ 例如，参见 Dunaway and Kaye，"Effects of Ionizing Radiation"（1963）.

⑰ 参见 Auerbach and Crossley，"Strontium–90 and Cesium–137 Uptake"（1958）；Crossley and Howden，"Insect-Vegetation Relationships"（1961）；Crossley，"Movement and Accumulation"（1963）. 保尔·达纳韦（Paul Dunaway）于 1957 年加入该组织，从事哺乳动物方面的工作。

⑱ 参见 Crossley and Howden，"Insect-Vegetation Relationships"（1961），p. 302.

⑲ 参见 Kwa，"Radiation Ecology"（1993），p. 234；Auerbach，*History of the Environmental Sciences Division*（1993），p. 9；Graham，"Uptake of Waste Sr 90 and Cs 137"（1958）.

沉积的地方。不过，这其中变数繁多。奥尔巴赫说，“我们对获得的信息摸不着头脑。有些树木发热，有些则不发热，从科学的角度——从归纳的角度，我们很快就发现只得到了一堆数字；用这种方式并不能获得有用的预测性信息。”[140]

为了获得更多的预测信息，他们开始采用一种更具实验性的方法，即在区域内增加植被或放射性。由于奥尔巴赫对“控制性实地试验”的酷爱，他的小组在被污染的湖床上种植了玉米、豆类和其他作物。[141]诺克斯维尔的田纳西大学和佐治亚大学的生物学家们合作进行这些研究，通过签订合同，他们的工作得到了原子能委员会的支持。[142]其他项目反映了橡树岭国家实验室对整个生态系统的兴趣。奥尔巴赫追随哈钦森的脚步，利用橡树岭量产的人工制造的放射性同位素来研究元素循环。[143]1962 年 5 月，橡树岭实验室的生态学家们用铯 -137 标记了橡树岭的一整片森林，目的是测量生态系统中各成分之间的铯转移。奥尔巴赫和两位合著者指出，美国的示踪剂实验以前从未在“实地实验中进行相对较大规模”的尝试。[144]他们将放射性同位素物料直接施用到每棵树干上，使 467 毫居里放射性同位素分布于整棵树上。（见图 10.6）该小组花了三年的时间开发这种大规模操作的方法。该论文的作者评论说，“实地使用这么多的长周期放射性同位素需要小心处理，并采取特殊的

---

⑭ 参见 J. Newell Stannard，transcript of interview with Stanley I. Auerbach，19 Apr 1979，Stannard papers，box 3，folder 4，pp. 8–9.

⑭ “对照田间试验（controlled field experimentation）”一词出现在奥尔巴赫的论文“Soil Ecosystem”（1958）中，第 525 页。玉米种植的结果发表在 Auerbach and Crossley，“Strontium–90 and Cesium–137 Uptake”（1958）.

⑭ 参见 Willard，“Avian Uptake of Fission Products”（1960）；DeSelm and Shanks，“Accumulation and Cycling”（1963）；Shanks and DeSelm，“Factors Related to Concentration of adiocesium”（1963）.

⑭ 参见 Johnson and Schaffer，*Oak Ridge National Laboratory*（1994），pp. 99–100.

⑭ 参见 Auerbach，Olson，and Waller，“Landscape Investigations Using Caesium–137”（1964），p. 761.

图 10.6　橡树岭国家实验室的生态学家将铯 –137 施用到一棵树上。整棵树标记了 467 毫居里的放射性同位素（来自 Stanley I. Auerbach and Vincent Schultz，eds.，*Onsite Ecological Research of the Division of Biology and Medicine at the Oak Ridge National Laboratory*，TID–16890. ashington，DC：AEC Division of Technical Information，1962，p.74）

程序，以避免标记操作过程中不必要的人员接触或意外污染。”[145]研究表明，铯从树木循环到森林土地上的落叶中，但并没有迅速通过树根返回树木系统。[146]（见图 10.7）

橡树岭的生态学家们也对放射性污染对动物的生物学影响感兴趣。在一项研究中，橡树岭实验室的研究人员斯蒂芬·凯伊（Stephen Kaye）和保尔·达纳韦（Paul Dunaway）捕获了棉鼠等小型野生哺乳动物来测定它们体内放射性废弃物的辐射水平。他们指出，“标准实验用动物的放射生物学问题已被广泛研究”，而自然界中动物的却没有。

“基于实验室的老鼠的生物半衰期、同化因子、关键器官等进行的计算和预测是否也适用于自然界中的老鼠呢？”[147]实际上，该国最大的

[145] 参见 Auerbach，Olson，and Waller，“Landscape Investigations Using Caesium–137”（1964），p. 762.

[146] 参见 Stannard，*Radioactivity and Health*（1988），Vol. 2，p. 771.

[147] 参见 Kaye and Dunaway，“Bioaccumulation of Radioactive Isotopes”（1962），p. 205.

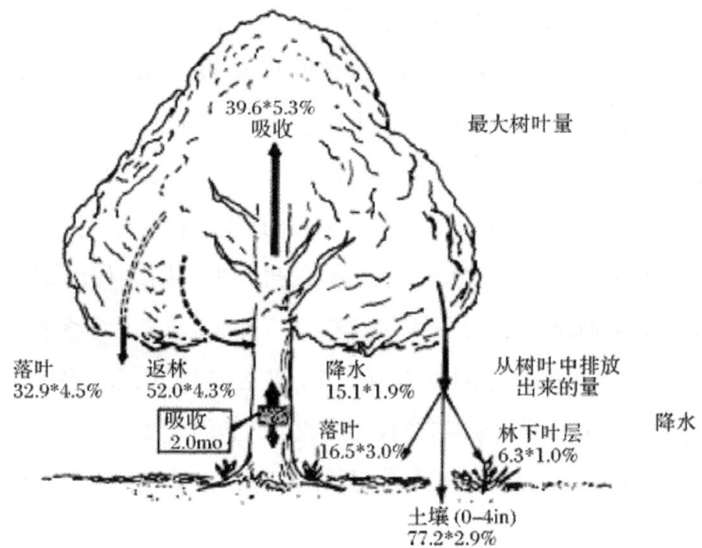

图 10.7　图为铯 –137 在树叶、土壤和森林地面上的枯叶中循环示意图，图中显示了标记实验的结果（来自 Stanley I.Auerbach and Vincent Schultz，eds.，*Onsite Ecological Research of the Division of Biology and Medicine at the Oak Ridge National Laboratory*，TID–16890. Washington，DC：AEC Division of Technical Information，1962，p. 79）

啮齿动物辐射效应实验是在橡树岭国家实验室进行的，这一"大鼠"实验由亚历山大·霍兰德（Alexander Hollaender）生物部门的威廉和莉安·罗素（William & Lianne Russell）进行指导，以确定哺乳动物的突变率。[148] 奥尔巴赫对达纳韦和凯伊的研究如此评论："虽然他们使用的是放射生物学家开发和使用的技术，但他们对自然环境中哺乳动物的研究与生物学部门的研究大不相同。"[149]

人们认为，即使是在橡树岭实验室下属的这一极其倾向于自然科学的生态学组织中，其实验室研究和实地研究之间的竞争也源远流长。[150]

---

⑱ 参见 Rader，*Making Mice*（2004），ch. 6.

⑲ 参见 Auerbach，*History of the Environmental Sciences Division*（1993），p. 19.

⑳ 有关实验室和实地研究之间争议不断的相互影响见 Kohler，*Landscapes and Labscapes*（2002）.

实地研究人员认为，他们的研究结果也将揭示野生动物暴露于放射性尘埃——包括在橡树岭当成废弃物排放的同样范围内的放射性同位素——中所受的污染。但“一般环境中的尘埃污染水平较低，这通常会给放射分析造成困难”，白橡树湖湖床“虽比尘埃的污染程度要高出多个数量级……但还是足够低，所以工作人员可以在此工作相当长一段时间而不会受到过度伤害。”[151]他们对实验动物进行的初步研究显示：体负荷足够高，预测会出现病理影响（尽管没有发现病变）。[152]然而，实验因素多变。为了支持实地实验，用围栏划定特定区域，在这片区域中，引入未被污染的动物，在控制变量的条件下研究它们对放射性同位素的吸收。[153]与此同时，研究人员试图将人口生态学问题与放射性同位素的运动和辐射照射研究相结合。

尤金·奥德姆在萨凡纳河核场进行了类似的放射性标记实验。原子能委员会决定在位于佐治亚州的这条河上新建一个钚生产工厂，委员会新成立的生物和医学部门支持研究该工厂对环境产生的影响。他们邀请南卡罗来纳大学和佐治亚大学提交对该厂“预安装”清单的建议。两所大学连续三年每年获得10000美元的资金支持，并共同分担研究任务，其中佐治亚大学重点研究恒温脊椎动物和无脊椎动物的动物种群，南卡罗来纳大学重点研究植物和冷血脊椎动物。[154]奥德姆说服原子能委员会，使他们相信提供给佐治亚大学的资金的一部分应该用于研究植被的二次更替以及废弃耕地上的动物群落。耕地废弃之前，政府将居民从指定的

---

⑮ 参见 Kaye and Dunaway，“Estimation of Dose Rate”（1963），p. 107.

⑯ 尤其是，研究人员发现并抓住了四个生活在下陷废液池中的麝鼠，它们全身的剂量都非常高，预测会出现病理现象。也许是由于受放射性污染影响的时间不足，研究人员在两只被解剖的麝鼠身上没有发现任何病变。同上，p. 109.

⑰ 出处同上，p. 111.

⑱ 参见 Odum，“Early University of Georgia Research”（1987），pp. 43–44.

25 万英亩的保护区迁离。[155]1954 年以后，生物和医学部增加了对萨凡纳河生态研究的资助，使得奥德姆最终能够在那里建立一个永久的实地实验室——萨凡纳河生态实验室。[156]

从 1957 年开始，萨凡纳河流域的研究小组开始使用放射性示踪剂进行实地试验，1951 年，在向原子能委员会的申请中，奥德姆表示他对此也感兴趣，但该申请最终失败了。[157]克瓦指出，奥德姆并没有像奥克巴赫那样，受到橡树岭实验室的关注，尤其是受到铯 -137 和锶 -90 等裂变产物的放射性废弃物的限制。[158]他可以设计自己的放射性标记实验，最好地衡量陆地生态系统中不同营养层之间物质和能量的流动。为此，在特定点将特定量的放射性物质注入系统中，能让研究人员更多地控制对其运动状况的测量。[159]作为所有生物体生长所需的元素，磷是比锶或铯更理想的示踪剂。奥德姆和爱德华·金茨勒（Edward Kuenzler）设计了一种方法来布置"热样方"，其中一种植物的所有个体都用磷 -32 进行标记。[160]1957 年春天，他们用放射性同位素标记了三个样方，每个样方都是不同的植物种类——旋复花异囊菊、酸模和高粱。

通过追踪放射性磷向更高营养层（即动物）的转移，研究人员可以隔离食物链：任何变得有放射性的动物必属于一种食物链，该食物链源自带标记的植物品种。研究人员用"标准捕获网捕捉"的方式来抽样调查与植被密切相关的节肢动物和蜗牛，而用穴居动物板（昆虫聚集在这下面）来

---

⑮ 参见 Kwa，"Radiation Ecology"（1993），pp. 227–229. Odum，"Organic Production and Turnover"（1960）.

⑯ 该现场实验室于 1960 年获得批准，1961 年投入使用。参见 Kwa，"Radiation Ecology"（1993），p. 229.

⑰ 奥德姆在 1951 年没有成功的申请书副本，参见 Appendix A（pp. 59–72）to Odum，"Early University of Georgia Research"（1987）.

⑱ 参见 Kwa，"Radiation Ecology"（1993），p. 230.

⑲ 参见 Odum and Golley，"Radioactive Tracers as an Aid"（1963）.

⑳ 参见 Odum and Kuenzler，"Experimental Isolation of Food Chains"（1963）.

捕捉与底层土壤相关的蟋蟀、地甲虫和其他昆虫。奥德姆的合作者金茨勒专门从事狼蛛的研究，他用手电筒“闪晕它们的眼睛”来捕捉它们。[161]研究人员还捕捉小鼠，观察小型哺乳动物体内是否有磷。而所有这些动物的体内都有放射性。除显示磷从初级生产者（植物）转移到食草动物和蚂蚁等初级消费者的速度之快，该实验还揭示了蜗牛的饮食习惯，其对放射性的快速获得表明草是其重要的食物来源。[162]研究人员所绘制的各种物种的放射性与时间的对比图显示了“某些营养层和栖息地群体的图示分离”。[163]（见图

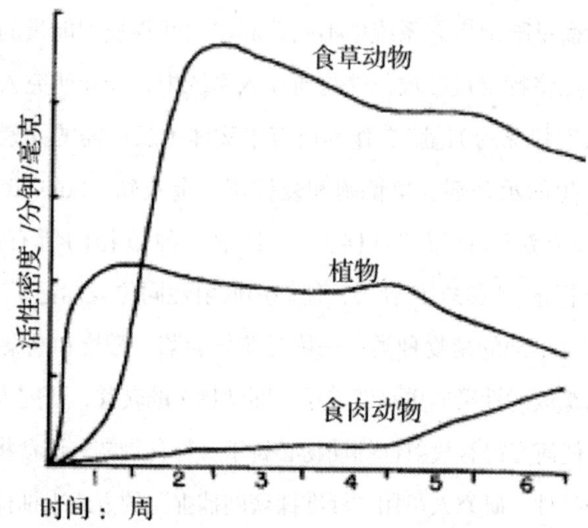

图 10.8　在 0 时，用磷 -32 标记单种草本植物，得到三个营养层下的典型放射性密度曲线。标记物从植物到食草动物再到食肉动物的移动清晰可见。所有曲线都经过放射性衰变校正（图片来自 Eugene P. Odum，“Feedback between Radiation Ecology and General Ecology,” *Health Physics* 11（1965）：1257–62，p.1260）

10.8）

奥德姆小组在较长的时间内继续进行这些研究，并指出这种放射性

---

⑯ 参见 Odum and Kuenzler，“Experimental Isolation of Food Chains”（1963）.p. 116.

⑯ 出处同上，p. 118.

⑯ 出处同上，p. 119.

标记方法有望确定“整个群落食物网的多样性”。[164]

尽管橡树岭实验室和萨凡纳仍然是主要的研究场所，但是放射生态学的影响范围在20世纪50年代末到70年代初发表的许多研讨会书以及原子能委员会的记录中可以看到。（见图10.9）在1955年和1958年有关原子能和平利用的国际会议上公开了许多生态学家的论文，多数论文主要针对民用核电发展产生的放射性废弃物问题。在1959年10月19至23日举行的明尼苏达大学生物圈放射性同位素研讨会主要关注了放射性同位素通过原子爆炸释放到大气中这一途径。同样，1966年4月25日至29日，在斯德哥尔摩召开的放射性生物浓缩过程国际研讨会讨论了放射性尘埃中放射性同位素的分布和迁移。[165]辐射研究对一般生态学的重要性也显而易见。原子能委员会资助了关于放射生态学的三次大型研讨会，第一次于1961年9月10日至15日在科罗拉多

图10.9　威斯康星大学的一位研究人员准备将碘-131释放到湖中深达13英尺（约3.96米）的地方，以确定湖泊深处的物理和生物运动。致谢：威斯康星大学。National Archives，RG 326-G，box 8，folder 2，A C-62-6582.

---

⑯④ 参见 Wiegert and Odum，“Radionuclide Tracer Measurements”（1969），p. 710.

⑯⑤ 参见 Åberg and Hungate，*Radioecological Concentration Processes*（1967）.

州科林斯堡举行，第二次于1967年5月15日至17日在密歇根州安娜堡举行，第三次于1971年5月10日至12日在田纳西州橡树岭实验室举行。

这三个专题讨论会包括数十篇论文，其中重点介绍了利用放射性同位素作为水生或陆地生态系统的示踪剂，多篇论文展示了原子能委员会在橡树岭和萨凡纳河所支持开展的工作。根据奥尔巴赫的观点，1961年的研讨会"提出了培养生态学家使用放射性同位素作为生态学研究工具的需要"。[166]对此，他的小组为生态学家们组织了一门特别的夏季课程，于1962年首次开课。[167]

利用同位素示踪剂进行的研究有助于将生态系统生态学置于量化基础之上。[168]最终，计算机被用于精准地模拟生态系统，在这一方面的发展，橡树岭实验室的表现尤为突出。[169]杰里·奥尔森（Jerry Olson）是1958年橡树岭实验室聘请的研究生态学家，他利用国家实验室的计算资源进行营养循环的数学建模，重点关注放射性核素在生态系统中的运动。[170]事实上，在1962年，研究人员用铯-137标记橡树岭森林，希望将结果数据输入到奥尔森的矿物循环计算机模型中。[171]20世纪60年代，橡树岭实验室的生态学家主张设计不断扩大的计算模型，以从其组成部分和相关联的研究数据中获取有关生态系统的信息。20世纪70年代，国际生物学计划成为大规模系统生物学发展的手段。这一部分内容虽然

---

⑯ 参见 Auerbach，*History of the Environmental Sciences Division*（1993），p. 21.

⑰ 出处同上。然而，专为生态学家组织的该夏季课程开课时间很短，最后一次开课是在1964年。之后，生态学家只要参加常规课程就可以了。

⑱ 参见 Hagen，*Entangled Bank*（1992），pp. 112–115.

⑲ 美国航空航天局和相关的太空行业为生态学家熟悉计算机模拟提供了另外一种环境。参见 Anker，"Ecological Colonization of Space"（2005）.

⑳ 参见 Olson，"Analog Computer Models"（1963）. Olson 使用了橡树岭国家实验室模拟计算机设施。参见 Kwa，"Radiation Ecology"（1993），pp. 235–236，243；Bocking，*Ecologists and Environmental Politics*（1997），pp. 77–84.

㉑ 参见 Auerbach，Olson，and Waller，"Landscape Investigations Using Caesium-137"（1964）.

超出了本章的范围，但已经有人对此进行过分析。[172]这里仅强调示踪研究和辐射生态学（更不用说通过原子能委员会可获得的“大科学”资金和基础设施）对计算机方法的出现所做的重要贡献。

原子能委员会在辐射生态学方面的足迹还延伸到太平洋珊瑚环礁的研究，以及原子武器测试，在布鲁克海文国家实验室附近的森林和波多黎各自然保护区内用铯 -137 和钴 -60 γ 射线源所做的辐射实验，以及加利福尼亚大学洛杉矶分校对裂变产物宿命感兴趣的健康物理学家们正在托立尼提核试验场和内华达试验场做的研究。[173]机构外生态学家的大量项目得到了原子能委员会生物和医学部的支持，1958 年以后，又得到了环境科学部的支持。[174]美国并不是放射生态工作的唯一赞助者；英国原子能管理局有一个在放射生态工作上非常有影响力的组织，日本科学家对此也做出了重要贡献。[175]奥德姆在 1965 年认识到，第二次世界大战后核电与生态学之间形成了积极的反馈循环。[176]

结论

从美国政府在放射生态学成形中所扮演的角色及汉福德研究的重

---

⑫ 参见 Kwa，“Radiation Ecology”（1993）；Golley，*History of the Ecosystem Concept*（1993），ch. 5；McIntosh，*Background of Ecology*（1985），ch. 6；Coleman，*Big Ecology*（2010），ch. 2.

⑬ 参见 Odum and Odum，“Trophic Structure and Productivity”（1955）；Larson，“Continental Close-In Fallout”（1963）；Woodwell，“Effects of Ionizing Radiation”（1962）；Odum，*Tropical Rain Forest*（1970）. 有关原子能委员会对海洋学的影响见 Rainger，“Wonderful Oceanographic Tool”（2004）；同上，“Going from Blue to Green?”（2004）；Hamblin，“Hallowed Lords of the Sea”（2006）；同上，*Poison in the Well*（2008）. 环境对阿拉斯加“规划战车”所做出的反应见 Kirsch，*Proving Grounds*（2005）.

⑭ 参见 Kingsland，*Evolution of American Ecology*（2005），ch. 7.

⑮ 参见 Hamblin，*Poison in the Well*（2008），ch. 3.

⑯ 参见 Odum，“Feedback”（1965）. 又见 Rothschild，“Environmental Awareness”（2013）；Schloegel，“‘Nuclear Revolution’ Is Over”（2011）.

要性可以推断，这一新领域起源于原子能的军事发展。但与生物化学一样，生态学家对利用放射性同位素作为示踪剂的兴趣要先于曼哈顿计划。对于哈钦森而言，生物化学家和生理学家成功通过放射性标记来阐明化合物在体内的运动和代谢途径催化了这一兴趣的产生和发展。哈钦森已经从“中间代谢”角度对水生物进行了观察，验证了放射性同位素对于追踪生物地球化学循环以及把生态系统内物质和能量流动的动态具象化所起的效用。这种学科交叉在其他方面也很重要：伴随放射性示踪剂的使用而产生的生理学上的理解，使生态系统重新成为一种拟有机体，而不仅仅是机械化的。

当然，即便如此，通过资助关系和前所未有的试验机会，曼哈顿计划以及随后原子能委员会在处理制造原子武器的过程中所产生的放射性废弃物方面的兴趣，在特定方向推动了生态研究。正如我们所看到的，沉积在水道和地貌中的放射性物质为生态学家提供了一个研究辐射在野外的影响以及放射性物质在环境中移动的机会。原子能委员会原子武器工厂和国家实验室周围的区域已经成为生态放射性示踪物的实验基地，相应地，人们从生态系统角度理解了这些地区的放射性废弃物问题。

从更广泛的意义上来说，放射性废弃物的生态学研究以及不断增长的对低水平辐射危险的认识，揭示了使用放射性同位素所带来的环境和职业风险，这些是原子能委员会最初不愿意接受的信息。[17]放射性示踪剂也揭示了最新的核污染的控制问题；这反过来引起了人们对来自实验室和诊所的放射性废弃物处理上的担忧，而对政府大规模原子能和武器设施的担忧更甚。[18]政府已经做了大量工作以确保放射性同位素的广泛使用，而政治环境的变化促使建立了新的联邦法规，使得放射性物质的

---

⑰ 参见第六章。

⑱ 参见 Mazuzan and Walker，*Controlling the Atom*（1985），ch. 12.

使用和处理更具挑战性。[179]

最后，在另一个关键方面，原子能的后续意义对环保主义来说很重要。雷切尔·卡森（Rachel Carson）所著的《寂静的春天》引起了公众对合成化学品造成环境污染的广泛关注；书中假定放射性尘埃的危害与化学污染物的危害有相似性："在目前环境受到普遍污染的情况下，在改变世界的本质（它所拥有的生命的本质）方面，化学品与邪恶但鲜为人知的辐射狼狈为奸。"[180]事实证明，人们发现一些杀虫剂具有与往食物链上层移动的化合物一样的生物富集特性。[181]DDT成为这一现象的代表。实际上，布鲁克海文国家实验室以研究辐射如何影响森林生态系统而声名大噪的乔治·伍德威尔（George Woodwell），证明了DDT在长岛水生生态系统中的浓度是一般情况下的150万倍。[182]伍德威尔指出，对环境十亿分之一的关注"本身就是一场革命"，并且认识到生物研究测量需要在"毫微克和微微克、毫微居里和微微居里的范围"内进行，这成为环境污染研究的一个定义性特征。[183]历史学家已经指出，环境运动是在从过去意识到藏在放射性中的无形危害演变成现在意识到合成化学物质中的无形危害的基础之上发展的。[184]这个类比还展示了科学家探究化学污染物在生态系统移动并进

---

⑰ 参见 Walker，*Containing the Atom*（1992）.

⑱ 参见 Carson，*Silent Spring*（1962），p. 6.

⑱ 参见 Woodwell，"Toxic Substances and Ecological Cycles"（1967）. 从水中到未成熟的环嘴鸥体内，浓度从稀释的 0.00005×10^{-6} 增长到 75.5×10^{-6}。参见 Woodwell，Wurster，and Isaacson，"DDT Residues"（1967）.

⑱ 从水中到未成熟的环嘴鸥体内，浓度从稀释的 0.00005×10^{-6} 增长到 $75.5x10^{-6}$。参见 Woodwell，Wurster，and Isaacson，"DDT Residues"（1967）. 奥德姆在他教科书第三版的一个图表中再现了部分数据，参见 Odum，*Fundamentals of Ecology*（1971），p.74. 关于伍德威尔在布鲁克海文就森林生态系统方面的工作见 Woodwell，"Effects of Ionizing Radiation"（1962）.

⑱ 参见 Woodwell，"BRAVO plus 25 Years"（1980），p. 62.

⑱ 参见 Lutts，"Chemical Fallout"（1985）。这并不是说生态学家认为这些危害是等同的。参见 Hagen，"Teaching Ecology"（2008）.

入食物网（在环境中扩散开来之后富集在一起）的方法。两位教科书作者在1982年提到，当涉及研究“烟雾、杀虫剂和其他可能威胁环境的化学物质”传播的生态过程时，放射性同位素是一种“污染物典范”。[185]

---

[185] 参见 Whicker and Schultz，“Introduction and Historical Perspective”（1982），p. 2.

第十一章

半衰期

我预测……不到五年或者十年，原子能委员会同位素分部的“半衰期”时限将至。我确信没有人会同意我的话。

——杰瑞·伦茨（Jerry Luntz），

《核子学》，1954 年[①]

① 参见 Jerry Luntz，“The Development of the Atomic Energy Industry,” *Third Industrial Conference on Teletherapy*，14–15 May 1954，Open-Net Acc NV0718572，p.1137310.

1956 年和 1957 年，原子能委员会赞助高中教师在哈佛大学、杜克大学和新墨西哥大学参加暑期课程。这些课程包括讲座和实验室实践，以培训教师将放射生物学、放射性同位素和核科学纳入他们的学校课程。每位参与者都获得了由该机构提供的演示工具包，其中“包含简单的辐射探测和测量设备、放射源和其他基本设备，使教师能够向本校和邻近学校的理科学生展示新技术”。[②] 其他高中生在原子能委员会赞助的美国原子能博物馆和橡树岭国家实验室之旅中了解了原子。[③] 委员会投资改善原子能日常使用方面的教育（并借此影响公众舆论），使人们对放射活动更加熟悉，减少恐惧感。即使反对核武器试验活动高涨，原子能委员会仍认为原子能在民间的使用将会被新兴的核工业所推动，受大众接纳和认可。

《与辐射共存》是委员会于 1959 年发行的一本小册子，其中自信地展现了原子能在未来的用处。在标题为“利益将危害合理化”的章节中，将人们现在对核电的反对与以前对交流电的反对进行了对比。委员会向读者们保证，“人们需要交流电来提高生活水平，并学会了安全地使用它。人们需要原子能在和平年代的利用，一样也将学会安全处理的方法。”[④] 不用说，美国政府支持核电的举措与其核武器的持续发展是分

---

② 这些工具包在 1956 年每个价值 300 美元（由生物和医学部提供），到 1957 年价格升高到 476 美元（由反应堆发展部支付）；课程也由美国国家科学基金会补助。引自 Appendix A to AEC 761/2，12 Aug 1957，NARA-College Park，RG 326，67B，box 50，folder 8 Medicine，Health & Safety 21 Education & Training，p.8；其他信息来自 Minutes，56th ACBM Meeting，26–27 May 1956，Washington，DC，OpenNet Acc NV0411749，p.4；“Program Status Report to the Joint Committee on Atomic Energy” 31 Dec 1956，Part VII Biology and Medicine，OpenNet Acc NV0719079，pp.56–57.

③ 参见 Monthly Highlight Report for March 1957，from William G. Pollard，Oak Ridge Institute of Nuclear Studies to Herman M. Roth，AEC Research and Development Division，1 Apr 1957，OpenNet Acc NV0714090. 关于橡树岭博物馆，参见 Mollela，“Exhibiting Atomic Culture”（2003）.

④ 参见 AEC，*Living with Radiation*，Vol. 1（1959），p.9.

不开的。公众对可以安全管理环境放射性的接受程度对于正在进行的和平时期武器试验来说和建造数十座核电站同样重要。[⑤] 即使在 1963 年《部分禁止核试验条约》（结束了包括美国在内的签署国的大气层原子武器试验）签署之后，政府仍然坚定地推动核电发展以在将来支撑国家基础能源设施。1973 年，原子能委员会估计，到 2000 年核电机组可产生 120 万兆瓦的电能，这将需要 1000 个电站。[⑥]

但是，原子能委员会高估了其引导舆论的能力。核武器测试的批评者认为，即使低水平的辐射暴露也可能导致癌症和先天性缺陷，20 世纪 60 年代，美国大众对各种辐射源产生了越来越多的担忧。[⑦]1966 年到 1973 年间，随着公用事业公司敲定建立数十个核电厂，公众反对建设的声音愈发高涨。[⑧] 原子能委员会自始至终只是一味支持核工业而不是深化其作为监管机构的角色，自行败坏了信誉。到 1973 年，委员们自己也认识到，原子能委员会的法定利益冲突只能通过分别建立推广和监管机构来解决。1974 年的《能源重组法案》将原子能委员会分为核管制委员会（NRC）和能源研究和发展署（ERDA）。1977 年能源研究和发展署与联邦能源署合并成为美国能源部。[⑨]

作为原子能委员会（以及之前的曼哈顿工程）成果的一部分，放射性同位素遵循了与核动力明显不同的发展轨迹。反应堆生成的放射性同

---

⑤ 关于就原子武器测试的辩论，参见 Greene，*Eisenhower*，*Science Advice*（2007）.

⑥ 1955 年至 1973 年间，美国公用事业公司购买了将近 200 座核电站，参见 Walker，*Three Mile Island*（2004），p.7.

⑦ 参见 Walker，*Containing the Atom*（1992），p.388. 美国政府对 1963 年关于禁止核武器的大气层测试条约的默认似乎证实了这些猜测。

⑧ 公用事业公司订购核电站的趋势在 1973 年之后停止。除了公众的反对，其他因素包括通货膨胀（这使得像核电站这种大型资本投资的成本增加）以及对原子能委员会执照核发程序延期的失望，这些因素影响了公用事业公司建设化石燃料电厂或取消电厂订单的打算。出处同上，p.409；参见 Walker，*Three Mile Island*（2004），p.8. 另参见 Del Sesto，*Science*，*Politics*，*and Controversy*（1979），其中涉及核电的政治争论。

⑨ 参见 Walker，*Three Mile Island*（2004），p.32.

位素的流通比民用反应堆发展早了十年，并且在三里岛事件之后很长一段时间仍是科学和医学的中流砥柱。放射性同位素在公众反对核能之前就已成为研究和治疗的常规部分，对放射性危害的认识并没有减少它们的使用。（如下所述，监管是另一个问题）同位素作为分子标签的用途（特别是在广泛使用的放射性标记化合物中）比几十年前促成同位素最初使用的、在生物系统追踪方面的兴趣要长久得多。虽然如此，到 21 世纪初期，研究实验室中的放射性同位素已经大量消失。本章将放射性同位素半衰期视作科学和医疗的工具，简要评价自原子能委员会解体以来特定领域的发展以及委员会放射性同位素计划更为广泛的后续意义。

放射性同位素和战后知识

放射性同位素在生物化学、分子生物学和生物医学研究的许多其他领域直到 20 世纪末仍被广泛使用。在 2001 年的一部实验生命科学史综述中，丹尼尔·凯夫利斯（Daniel Kevles）和吉拉尔德·盖森（Gerald Geison）将放射性同位素称为“分子生物学研究中的必需元素，作为 DNA 片段的标签在基础基因分析以至法医学遗传指纹鉴定中得到应用”。[⑩] 大多数与基因工程相关的关键技术，尤其是 DNA 测序和杂交方法（如南、北方墨点法）都使用磷 -32 或硫 -35 来标记核酸。[⑪] 从技术上来说，没有放射性同位素，20 世纪 70 和 80 年代的“重组革命”是不可能发生的。如第八章所述，碘 -125 成为了放射免疫分析法的关键成分，这种分析方法广泛用于各种研究和诊断。同样，酶的测定通常依

⑩ 参见 Kevles and Geison，“Experimental Life Sciences”（1995），p.101.

⑪ 关于这些技术的发展情况，参见 Giacomoni，“Origin of DNA：RNA Hybridization”（1993）；García-Sancho，“New Insight”（2010）；McElheny，*Drawing the Map of Life*（2010）.

赖于碳 -14 或氚标记的化合物来测量其活性。[12]对于使用放射性标记化学物质的生物学家来说，新英格兰核公司和安玛西亚仍然是主要的供应商。在这些应用中，放射性同位素更多的是作为标签，而不是示踪剂；标记物不是在体内，而是在体外被追踪。[13]

20 世纪 90 年代以来，诸多因素导致了放射性同位素在生物化学和分子生物学中应用的减少。随着科学家们开发出高容量的自动化 DNA 测序仪，他们采用荧光标签代替了放射性同位素。[14]现有的其他许多方法也偏爱荧光标记物，如 DNA 晶片上的基因表达实验。在蓬勃发展的细胞生物学领域，荧光蛋白同样用于基因表达模式的视觉分析，通常采用红色和绿色的明显色调。[15]与荧光染料和探针相结合，实时聚合酶链反应和实时逆转录聚合酶链反应使生物学家不用放射性同位素就可以检测并量化核酸。[16]电脑工具也进一步拓展了各种实验上的可能性。DNA 序列数据库的使用，让序列同源性的搜索开始取代核酸杂交实验，使研究人员能够鉴定同源序列并在“电脑模拟”中而非体外比较基因组。[17]

某种程度上，实验室中大规模放弃使用放射性同位素反映了得到许可的放射性同位素使用者的监管负担，特别是在放射性废物的处置方面。但这也可以归因于认识论上的变化。在后基因组时代，早期对追踪细胞和生物体中的单一生物化学变化以及单个基因在决定生物性状方面的作用的强调，已经让位于适应分子相互作用网络和表观遗传学角色的生物学系统方法。[18]然而，20 世纪后半叶建立的分子水平上对生命的总

---

⑫ 参见 Rheinberger，“Putting Isotopes to Work”（2001）.

⑬ 关于这种变化的反思，参见 Rheinberger，“In Vitro”（2006）.

⑭ 参见 Chow-White and García-Sancho，“Bidirectional Shaping”（2012）.

⑮ 参见 Chudakov et al.，“Fluorescent Proteins”（2010）.

⑯ 参见 VanGuilder，Vrana，and Freeman，“Twenty-Five Years”（2008）.

⑰ 参见 Auch et al.，“Digital DNA–DNA Hybridization”（2010）.

⑱ 参见 Kafatos，“Revolutionary Landscape”（2002）.

体概念（包括对基因复制、转录和转译的理解以及生物体在自我维持中调节的代谢途径网）仍然是基础性的，并且深受使用放射性标记物实验方法的裨益。在这个意义上，尽管放射性同位素在实验室中已经不那么常见，但它们的认识论足迹依然存在。

与实验生物学不同，放射性同位素的临床应用仍然规模庞大。有几种同位素依然在医学诊断和治疗中发挥作用，包括碘 −131 和铊 −201，但最主要的是锝 −99m。锝 −99m 在 20 世纪 60 年代初期首次用于生物学时就已成为主要的医学放射性同位素。由于锝 −99m 放射的 γ 辐射成像高清、其本身半衰期短暂以及患者需使用的辐射剂量较低，锝 −99m 被广泛用于各种诊断测试，包括心脏成像、癌症分期、甲状腺扫描以及骨转移瘤检测。到 2010 年，每年仅在美国就有 1600 多万个核成像过程中用到锝 −99m。[19]

锝 −99m 是以另一种放射性同位素钼 −99 为原料在发生器中当场生产的。因为钼 −99 本身的半衰期只有 66 小时，所以不能被贮存。到 21 世纪初，五座反应堆供应了全球所有的钼 −99，其中没有一座位于美国。加拿大国家通用研究反应堆为北美地区提供大部分的钼 −99。然而，由于安全考虑，这座有着 51 年历史的反应堆在 2009 年 5 月 14 日无限期关闭。[20]此时只剩比利时、法国、荷兰和南非的四座反应堆维持供应，而其中之一的荷兰佩滕（Petten）反应堆也在 2010 年 2 月由于维护关闭了 6 周。[21]这使得全球范围内钼 −99 短缺，促使临床医生降低剂量水平并寻求其他成像方法。[22]加拿大反应堆在 2010 年 8 月重新开放，缓解了当时的危机，但问题依然存在，即是否可以依靠几个拥有半世纪

⑲ 参见 Smith，“Looming Isotope Shortage”（2010）.

⑳ 参见 Wald，“Radioactive Drug for Tests”（2009）.

㉑ 参见 Smith，“Looming Isotope Shortage”（2010）.

㉒ 这些方法包括用铊 −201 代替锝 −99m，使得病人受到的辐射量稍微多了一点，成像质量也有所下降，其他成像方法包括计算机辅助测试扫描（也有辐射照射）、核磁共振成像和超声波。出处同上。

历史的反应堆来提供这种重要的医用同位素。

使用放射性同位素在水生或陆地生态系统中进行的生态实验产生了许多重要的放射生态学概念和方法，例如确定特定放射性元素的移动途径以及它们在食物网中的持久性、积累和可能的生物浓缩。[23]20世纪70年代，橡树岭国家实验室和阿贡国家实验室扩大了他们在辐射生态学方面的工作范围，以建立更广泛的环境研究计划。[24]在某种程度上，这一更普遍的框架反映了对核能引起放射性之外生态问题（例如热污染）的认识。此外，1971年，联邦法院命令原子能委员会对其发放反应堆许可的环境影响报告进行重大修订，这对委员会的生态学家提出了新的要求。[25]对于环境研究，放射性同位素的历史意义与生态系统方法的优势以及同位素提供的用于普遍理解环境污染的模板有关。正如布鲁克海文科学家乔治·伍德威尔在1970年所述，"由于其特性，辐射研究为检验证据更为零碎的其他类型污染的影响提供了有用的线索。"[26]

放射性同位素和监管

我们可以在其他背景下（在科学知识和医疗实践的变化以外）看到原子能委员会放射性同位素供应计划的影响。科学家与联邦政府关系的关键方面也可以用放射性同位素作为历史示踪剂来描述。从1946年开始，美国政府（或者严格来说，其橡树岭承包商）成为实验室用同位素

㉓ 参见 Whicker and Pinder，"Food Chains"（2002）.

㉔ 参见 Westwick，*National Labs*（2003），pp.286–291；另参见 Schloegel and Rader，*Ecology, Environment and 'Big Science'*（2005）.

㉕ 参见 Johnson and Schaffer，*Oak Ridge National Laboratory*（1994），pp.143–145.

㉖ 参见 Woodwell，"Effects of Pollution"（1970），p.429. 应当指出的是，专门化的放射生态学持续发展；参见 Shaw，"Applying Radioecology"（2005）.

的供应商。[27]但是为了购买放射性同位素，研究人员和临床医生必须申请授权并同意遵守原子能委员会为安全处理和排放放射性废弃物而制定的规则（如第四章所述，外国科学家有额外的要求和义务）。对于许多美国科学家来说，放射性同位素的使用可能是联邦政府的监管影响他们日常工作的第一个领域。当然，在这个时候，被迫进行忠诚宣誓和安全检查也影响了许多科学家的生计，特别是那些为原子能委员会工作的科学家。[28]相对而言，委员会对放射性同位素使用者的授权和安全程序的规定，以更加普通（不那么夸张）的方式影响了研究人员的生活，如申请许可证和工作中佩戴胶片徽章等。

1946 年的《原子能法》确立了政府的原子垄断，同时不再存在裂变材料的私人所有权。橡树岭放射性同位素购买者将遵守与原子能委员会内部工作人员相同的规定，包括对辐射照射水平的限制。[29]尽管委员会的承包商可以监测其工厂和实验室工人的工作辐射照射，但监管全国各地（更不用说全世界）的放射性同位素用户却是另一回事。一般来说，原子能委员会信任大学和医院对其科学家和临床医生进行的监督。委员会的第一任总经理总结了委员会的责任，“它不能、也不应该每天 24 小时监督同位素使用者。另一方面，采取一定的措施也是必要的。”[30]

㉗ 原子能委员会解释称并没有直接向购买者，而是通过承包商销售同位素。（“委员会不是直接销售，而是通过承包组织向公众和二级供应商销售和分发。”出自 Isotope Distribution Report by the Director of Research and Chief，Isotopes Division，Oak Ridge Operations，11 Oct 1951，NARA College Park，RG 326，E67B，box 28，folder 5 Isotope Program Distribution Vol. 1）然而，私密交易的观点被委员会内部对货物及其使用的报告所遮掩。

㉘ 关于国家安全问题对科学家的影响，参见 Wang，*American Science*（1999）.

㉙ 参见 Isotopes Branch Circular No. B-1，General Rules and Procedures Concerning Radioactive Hazards（Excerpts from Clinton Laboratories Regulations），8 Jan 1947，Evans papers，box 1，folder 1 Isotopes-Clinton Lab. 参见 chapter 6.

㉚ 参见 Transcript of the Discussion at the First Meeting of the Medical Review Board，AEC，Washington，DC，16 Jun 1947，OpenNet Acc NV0709599，pp.18-19，引自威尔逊长篇发言稿 p.205。

对于涉及人类的放射性同位素实验，原子能委员会另外设立了一个审查委员会（“人类应用小组委员会”）来批准或拒绝申请，但委托研究机构来进行监督。在人类受试者研究中，原子能委员会制定了重要的监管先例，包括在文件中首次使用“知情同意”一词，这在委员会对其放射性同位素的民间购买者颁布监管条例之前就已开始了。[31]这些规定主要针对原子能委员会内部的研究人员，特别是那些签约进行裂变产物生物效应和辐射实验的医学研究人员。委员会在其承包商间是否有效地落实这些指导方针尚不明确，但无论如何，具有讽刺意味的是，政府对人类受试者最勤恳负责的监管是为了军事项目的秘密研究而存在的。

同位素计划早期，原子能委员会在其规定是否适用于非橡树岭生产的放射性物质上有一些模棱两可。同位素分部称，原子能委员会关于放射性同位素使用的规定并未涉及回旋加速器产生的同位素（除非是在委员会的设施中生产的）。[32]然而，生物学和医学部负责人希尔兹·沃伦称，原子能委员会有权监管所有放射性同位素的使用，与其来源无关。[33]1950年1月，在原子能委员会讨论海外分配计划扩张的会议上，与会人员提出了委员会对使用放射性同位素的权限问题。研究部部长肯尼斯·皮泽尔认为，对放射性同位素用户的监督应该由一个适当的管理机构（如公共卫生服务署）来接管。委员萨姆纳·派克回应称：“委员会的正当角色似乎是提供建议和援助，而不是密切监管或监督同位素的使用。”[34]因

㉛ 参见 ACHRE，*Final Report*（1996），pp.49–50. 另参见 Carroll L. Wilson to Stafford L. Warren，30 Apr 1947，reproduced in ACHRE，Final Report，Supp.Vol. 1（1995），pp.71–72. 关于更多原子能委员会对放射性同位素人类应用的管理讨论，参见第八章。

㉜ 参见“Regulations for the Distribution of Radioisotopes，” AEC 398，22 Jan 1950，Report by the Division on Research and Isotopes Division，AEC Records，National Archives College Park，RG 326，E67A，box 45，folder 1 Regulations for the Distribution of Radioisotopes.

㉝ 发生在 1949 年。参见 Jones and Martensen，“Human Radiation Experiments”（2003），p.99 and p.108n104.

㉞ 参见 Notes from the 354th AEC Meeting，18 Jan 1950，NARA College Park，RG 326，box 47，folder 1 Foreign Distribution of Radioisotopes Vol. 3.

此，原子能委员会最高层之间滋生了关于机构外科学家的监管责任的矛盾。

许多橡树岭放射性同位素的早期购买者曾使用过回旋加速器生产的材料，但不习惯任何安全监督。1946 年底，从回旋加速器可生产放射性同位素开始就参与放射性同位素工作的约瑟夫·汉密尔顿反对原子能委员会对机构成立同位素审查委员会的要求。[35]有人怀疑其他研究人员根本不遵守原子能委员会关于放射性同位素的规则和条例，毕竟早年执法不严。当然，还必须指出的是，在战前和战争期间从事放射性物质工作的同一批科学家，加入了设置最大可允许辐射暴露剂量的战后国家辐射防护委员会（NCRP）小组，以及协助政府制定监管条例的原子能委员会咨询小组。例如，国家辐射防护委员会放射性同位素和裂变产物处理小组委员会由汉福德的首席健康物理学家赫伯特·M. 帕克（Herbert M. Parker）担任主席（第十章），并包括同位素分部负责人保罗·埃伯索尔德（第三章和第六章）、放射治疗师及生物和医学咨询委员会（ACBM）成员焦阿基诺·法伊拉（第九章）以及在战时和战后进行钠 –24 早期实验并研究裂变产物代谢的汉密尔顿（第二章）。[36]因此，放射性同位素的监管条例是递归的——科学家不仅仅是政府监督的对象，也是最初决定放射性安全问题的主体。

战后几年放射性同位素用户的数量迅速增长。到 1953 年，据估计美国共有 7500 名放射性同位素用户。一份报告指出，这部分人群中

㉟ 约瑟夫·汉密尔顿致信保罗·埃伯索尔德称，伯克利和旧金山加利福尼亚大学相关的教职员工对使用同位素颇有经验，他们不会请求获得“贵组织考虑不周的、以致于可能会引起严重的身体危害和问题的物质”。同时他称，经验丰富的高级教员会“抵制建立机构内针对他们所研究问题的考察委员会”。参见 Joseph G. Hamilton to Paul G. Aebersold，30 Aug 1946，EOL papers，series 1，reel 14，folder 9：26 Isotope Research. For more on this issue，see Jones and Martensen，“Human Radiation Experiments”（2003），p.99.

㊱ 其他四个成员分别是 L，F. Curtiss，J. E. Rose、L. Marinelli 和 M. M. D. Williams. 参见 National Committee on Radiation Protection，*Safe Handling of Radioactive Isotopes*（1949），p.iv.

50%−75%的个体每周接受的辐射照射量都小于0.05伦琴，远低于每周0.3雷姆的允许剂量（对于X射线和 γ 辐射，1雷姆等于1伦琴）。300位放射性同位素使用者中，只有一位在所有周内都超过了最大允许剂量。[37]人们在放射源的临床使用中所接受的辐射量比在放射性同位素应用中更大；215000名医疗技术人员暴露于主要来自X光机的潜在辐射。"可观比例"的放射科医师每天暴露于0.1伦琴以上的辐射中；对于患者而言，一次X射线检查会使其受到平均11伦琴的辐射（但是通常集中在身体的一小部分）。[38]比较之下，据估计美国人一生中从自然辐射源中接受的照射共计9伦琴。[39]值得注意的是，医疗机构和专业人员在使用镭和X光机时会进行自我监督，但由美国国家辐射防护委员会来设定推荐标准。[40]

1954年的《原子能法》扩大了委员会对放射防护的法定要求，委员会预计在核工业中将有越来越多工作人员暴露于辐射。橡树岭放射性同位素的使用者将不再是监管的局外人，因为原子能委员会设施以外的工作人员也要遵守其放射防护标准。原子能委员会管理其扩大的推广和监管活动力不从心，为后者专门成立了一个独立部门。新的监察部负责监督民间许可证持有者的设施是否符合法规，然而同位素分部负责人反对将放射性同位素用户的管理监督工作转移到这个部门。[41]1957年，原子能委员会再次重新分配职责，设立了授权和监管部门，同时负责放射性同位素用户以及反应堆的民间许可证持有者。1959年，生物和医学咨询委员会评估了原子能委员会保护放射健康的责任，并表示，委员会设施以外的，在研究、医学和工业中放射性同

㊲ 参见 Moeller et al.，"Radiation Exposure"（1953），p.60.

㊳ 出处同上，pp.57−59.

㊴ 出处同上，p.57.

㊵ 参见 Walker，*Permissible Dose*（2000），ch. 1.

㊶ 参见 Mazuzan and Walker，*Controlling the Atom*（1985），pp.55−56；参见 chapter 5.

位素的使用之“监管和控制”应委托给其他机构。[42]但这在之后的15年里并没有实行。

纵贯整个20世纪60年代，原子能委员会都在增加许可证颁发以及监管事项的人员，但60年代末，其人手仍不足应对核反应堆建设的大量申请（这需要对安全和选址进行广泛的评估）。[43]1959年关于1954年《原子能法》的修正案允许各州对放射防护行使管辖权，但参与州必须执行联邦辐射标准。这形成了一个复杂的监管制度，制度下美国大约有一半的州实行“副产品材料”的许可申请。截至1966年12月，共颁发放射性材料许可证8636本，其中4732本在参与州内。医生和医院持有2994本；工业公司有2992本；联邦和州实验室有1840本。学院和大学只持有672本，但一本机构许可证可以授权大量用户。[44]

到20世纪70年代初，原子能委员会因其监管不力而在政治上受到挑战，其被认定的失误囊括了对放射性同位素用户的监督。对放射性同位素许可证持有者的检查经常会查出违规行为。在试图向美国总审计长解释违规行为时，原子能委员会的规程部主任曼宁·芒青（Manning Muntzing）称：“委员会大约三分之二的检查没有发现违规，在许可证持有人违规时，大多数情况下他们会根据下发的书面通知采取适当的改

㊷ 参见Minutes，74th ACBM Meeting，26–27 April 1959，Washington，DC，OpenNet Acc NV0710303，p.3. 生物学与医学咨询委员会认为其他机构（例如公共卫生署或食品和药物管理局）也应该担负起监管核武器测试和原子能其他应用引起的环境污染（包括食物、空气和水）的责任。

㊸ 参见Walker，*Three Mile Island*（2004），p.41.

㊹ 背景信息，参见Commission Meeting with Radioisotopes Licensing Review Panel，6 Dec 1966，Nuclear Regulatory Commission papers，NARA College Park，RG 431，entry 16，box 12698/12，folder Organization and Management 7 Radioisotopes Licensing Review Panel，28 Jan 1966 to 24 May 1968.

正措施。”[45]他接着解释说，当出现不配合行为时，只要该行为不威胁公众或职员的健康安全，委员会就会寻求“纠正措施，而不是撤销放射性物质的使用权限，因为这在许多情况下可能会使公众丧失一项重要服务”。[46]尽管如此，芒青承诺其部门会把工作做得更好，特别是通过向违反者处以罚款的新措施：

> 然而，我们同意，某些许可证持有者必须有比过去更大的激励才能遵守监管条例。我们打算通过更加严格的执行程序并利用所有必要的制裁处罚来达到这一目标。我们认为，最近我们获得的并且已经开始实施的民事罚款的权力将提供必要的鞭策。[47]

这封信反映出当时社会环境对于机构和专业人员能够进行自我约束的信任的转变。正如医院的生命伦理委员会逐步取代医生的自由裁量权，原子能委员会（及即将成立的核管制委员会）的代表负责确保科学家和医务人员不会鲁莽地处理或排放放射性同位素而危及自身或公众的安全。[48]

20 世纪的后几十年间，对科学家的监管迅速强化，其措施包括针对重组 DNA 应用以及受试动物和人类的审查委员会的建立，科学不端行为指南的发布，还有对某些研究材料（如人类干细胞系）的控制的

㊺ 参见 L. Manning Muntzing，Director of Regulation，to Elmer B. Staats，Comptroller General of the United States，US Government Accounting Office，23 May 1972，Nuclear Regulatory Commission papers，NARA College Park，RG 431，entry 16，box 12706/34，folder Industrial Development & Regulations 14 Part 20，Vol. 1，1 Jul 1970 through 30 Jun 1972.

㊻ 出处同上。

㊼ 出处同上。

㊽ 参见 Rothman，*Strangers at the Bedside*（1991）.

加强。[49]对放射性同位素使用者的早期监管表明，政府对科学研究的监督进程缓慢甚至犹豫不决。与20世纪60年代至90年代引入新规则或监察形式的其他领域不同，约束放射性同位素使用者的联邦法规早在1946年就颁布了。然而当时，原子能委员会官员和有影响力的科学家都没有将研究机构的放射防护看作是机构的责任。就在原子能委员会试图推动和管理民用核电行业时，关于原子武器测试所产生放射性尘埃的争论瓦解了公众对政府保护公民免受放射性污染的信任。这些事情不仅加强了政府在联邦和各州层面对放射性同位素使用者的控制，而且促成了新的监督政治主张，要求政府为保护受试者和公众而规范研究。

通过放射性同位素，我们可以看到曼哈顿计划战后在生命科学和医学上留下的痕迹：在患者和健康受试者体内，在实验细菌、植物和动物中，在表示分子层次生命的示意图和理论中，也在洁净和被污染的冷战世界中。存在于医院和实验室中的放射性同位素和辐射源本是用来代表核知识在和平时期所带来的利好，即使原子能委员会和军方也同时掌握了其毁灭或缩短人类生命的潜能。短短几十年，随着放射性同位素的生产转移到私营部门以及美国公众开始认为放射性会对健康构成威胁，原子人道主义的象征意义消失殆尽。但即便如此，放射性同位素仍然是生物学和医学的重要工具。

讨论放射性同位素的半衰期就是强调它们在生产、使用、流通和衰落中复杂的时间性。一方面，时间性是军事和政治性的。政府对放射性同位素的分配源自广岛和长崎原子弹爆炸事件的后果，以及在推广原子能的非军事用途的同时从事核武器生产的民用机构的建立。然而，战后时期并不是原子能从战时使用到和平时期使用的过渡，而是两者的升级。20世纪50年代，随着联邦政府运输的放射性同位素总量增加，核

㊾ 参见 Schrag，Ethical Imperialism（2010）；Stark，Behind Closed Doors（2012）；Benson，"Difficult Time"（2011）.

试验也使更多的放射性物质进入空气、地面和水中。与此同时，其他趋势（尤其是政府监管的演进）缓解了愈演愈烈的放射性物质释放，同时也影响了政府对放射性同位素的销售。最重要的是，人们越来越担心辐射危害，使得原子能委员会开始更加积极地参与放射防护和环境修复。相对应的，政府对放射性同位素使用者的购买和应用采取了更为严格的监督，而他们也与政府进行着斗争。

另一方面，同位素丈量时间的尺度既是认识层面的也是技术性的。放射性同位素使许多领域的科学家能随着时间追踪分子变化，使时间性本身成为生物医学和环境知识的前沿。研究人员使用同位素来确定新陈代谢中的反应顺序、物质和能量沿生态系统的流动以及身体中重要分子和标记物（从葡萄糖到胰岛素）的活动或流动。但 20 世纪后期，放射性示踪剂在实用性上领先了数十年后，开始被其他工具和方法所取代。放弃放射性同位素的想法不仅仅是技术性的。尽管生态学家仍继续使用稳定同位素作为示踪剂，但如今很难想象，他们还会故意将放射性同位素释放到湖中。[50]此外，如果说放射性同位素的应用也有一个半衰期的话，并不是说该技术已经不可避免地“衰败”了，因为在核医学等领域这种衰败还没有发生。在这方面，放射性同位素作为生物学和医学工具的轨迹揭示了共同塑造消费使用方式的物质可能性、社会和政治现实以及公众认知之间复杂的相互影响。从这个意义上说，追踪放射性同位素不仅是要发现它们作为原子时代的副产品是如何使人们对生命世界的时间过程有了新的认知，而且还要看到使科学知识在一开始成为可能、而后逐渐消失的物质性。

---

[50] 参见 Bugalho et al.，“Stable Isotopes”（2008）.

参考文献

Åberg, Bertil, and Frank P. Hungate, eds. *Radioecological Concentration Processes: Proceedings of an International Symposium Held in Stockholm*, 25–29, April 1966. Oxford: Pergamon Press, 1967.

Abir–Am, Pnina G. "The Discourse of Physical Power and Biological Knowledge in the 1930s: A Reappraisal of the Rockefeller Foundation's 'Policy' in Molecular Biology." *Social Studies of Science* 12 (1982): 341–382.

———. "The Politics of Macromolecules: Molecular Biologists, Biochemists, and Rhetoric." *Osiris* 7 (1992): 164–191.

Abraham, Itty. *The Making of the Indian Atomic Bomb: Science, Secrecy and the Postcolonial State*. London: Zed Books, 1998.

ACHRE. *See* Advisory Committee on Human Radiation Experiments. Adamson, Matthew. "Cores of Production: Reactors and Radioisotopes in France." *Dynamis* 29 (2009): 261–284.

Adelstein, S. James. "Robley vans and What Physics Can Do for Medicine." *Cancer Biotherapy & Radiopharmaceuticals* 16 (2001): 179–185.

Advisory Committee on Human Radiation Experiments (ACHRE). *The Human Radiation Experiments: Final Report of the President's Advisory Committee, Supplemental Volume 1: Ancillary Materials*. Washington, DC: US Government Printing

Office, 1995.

———. *The Human Radiation Experiments: Final Report of the President's Advisory Committee, Supplemental Volume 2a: Sources and Documentation Appendices.* Washington, DC: US Government Printing Office, 1995.

———. *The Human Radiation Experiments: Final Report of the President's Advisory Committee.* New York: Oxford University Press, 1996.

Aebersold, Paul C. "The Isotope Distribution Program." *Science* 106 (1947): 175–79.

———. "Isotopes and Their Application to Peacetime Use of Atomic Energy." *Bulletin of the Atomic Scientists* 4, no. 5 (1948): 151–154.

———. "Isotopes for Medicine." *Journal of the American Medical Association* 138 (1948): 1222–1225.

———. "Philosophy and Policies of the AEC Control of Radioisotope Distribution." In Andrews, Brucer, and Anderson, *Radioisotopes in Medicine,* 1–11.

———. "Progress against Cancer with Radioisotopes." *Journal of the American Geriatrics Society* 3 (1955): 772–790.

———. "The Development of Nuclear Medicine." *American Journal of Roentgenology, Radium Therapy, and Nuclear Medicine* 75 (1956): 1027–1039. AEC. See US Atomic Energy Commission.

"A.E.C. Adds to Funds for Disease Studies." *New York Times,* 11 Dec 1956, p. 41.

"AEC Announces Changes in Prices of 60 Radioisotopes, Irradiation Services, " *Isotopes and Radiation Technology* 2, no. 3 (1965): 317.

"AEC Ends Routine 85Sr Production, " *Isotopes and Radiation Technology* 2, no. 1 (1965): 93.

"AEC Withdraws from Routine Production of Radioiodine," *Isotopes and Radiation Technology* 1, no. 2 (1963–64): 203–204.

Alonso, Marcelo. "The Impact in Latin America." *In Atoms for Peace: An Analysis after Thirty Years,* ed. Joseph F. Pilat, Robert E. Pendley, and Charles K. Ebinger.

Boulder, CO: Westview Press, 1985, 83–90.

Altman, Lawrence K. “Clement A. Finch, a Pioneer in Hematology, Dies at 94.” *New York Times*, 6 Jul 2010, p. 24.

American Cancer Society. “Foreword.” In *The Research Attack on Cancer, 1946: A Report on the American Cancer Society Research Program by the Committee on Growth of the National Research Council.* Washington, DC: National Research Council, 1946.

Anderson, Thomas F. “Techniques for the Preservation of Three–Dimensional Structure in Preparing Specimens for the Electron Microscope.” *Transactions of the New York Academy of Sciences* 13 (1951): 130–134.

Anderson, Warwick. “The Possession of Kuru: Medical Science and Biocolonial Exchange.” *Comparative Studies in Society and History* 42 (2000): 713–744.

Andrews, Gould A. “Treatment of Pleural Effusion with Radioactive Colloids.” In Hahn, *Therapeutic Use of Artificial Radioisotopes*, 295–317.

Andrews, Gould A.; Marshall Brucer; and Elizabeth B. Anderson, eds. *Radioisotopes in Medicine.* Washington, DC: US Government Printing Office, 1955.

Anker, Peder. *Imperial Ecology: Environmental Order in the British Empire, 1895– 1945.* Cambridge, MA: Harvard University Press, 2001.

———. “The Ecological Colonization of Space.” *Environmental History* 10 (2005): 239–268.

Annas, George J., and Michael A. Grodin, eds. *The Nazi Doctors and the Nuremberg Code: Human Rights in Human Experimentation.* New York: Oxford University Press, 1992.

Appel, Toby A. *Shaping Biology: The National Science Foundation and American Biological Research, 1945–1975.* Baltimore: Johns Hopkins University Press, 2000.

Arnon, D. I.; P. R. Stout; and F. Sipos. “Radioactive Phosphorus as an Indicator of Phosphorus Absorption of Tomato Fruits at Various Stages of Development.” *American Journal of Botany* 27 (1940): 791–798.

Aronoff, S.; H. A. Barker; and M. Calvin. "Distribution COPY of Labeled Carbonin Sugar from Barley." *Journal of Biological Chemistry* 169 (1947): 459–460.

Aronoff, S.; A. Benson; W. Z. Hassid; and M. Calvin. "Distribution of C–14 in Photosynthesizing Barley Seedlings." *Science* 105 (1947): 664–665.

Artom, C.; G. Sarzana; C. Perrier; M. Santangelo; and E. Segrè. "Rate of 'Organification' of Phosphorus in Animal Tissues." *Nature* (1937): 836–837.

Ashmore, James; Manfred L. Karnovsky; and A. Baird Hastings. "Intermediary Metabolism." In Claus, *Radiation Biology and Medicine*, 738–779.

Asimov, Isaac, and Theodosius Dobzhansky. *The Genetics Effects of Radiation*. Oak Ridge, TN: US AEC Division of Technical Information, 1966.

Aten, A. H. W., and George Hevesy. "Formation of Milk." *Nature* 142 (1938): 111–12.

"The Atom at Work." *Time*, 7 Mar 1955, p. 91.

"The Atomic Energy Act of 1946." *Bulletin of the Atomic Scientists* 2, no. 3–4, (1946):18–25.

"Atomic Research May End World's Hunger." *Christian Century* 65 (28 Jul 1948): 749–50.

Auch, Alexander F.; Mathias von Jan; Hans–Peter Klenk; and Markus Göker. "Digital DNA–DNA Hybridization for Microbial Species Delineation by Means of Genome–to–Genome Sequence Comparison." *Standards in Genomic Sciences*, 2 (2010): 117–134.

Auerbach, S. . "The Soil cosystem and Radioactive Waste Disposal to the Ground." *Ecology* 39 (1958): 522–529.

——— "Radionuclide Cycling: Current Status and Future Needs." *Health Physics,* 11 (1965): 1355–1361.

———. *A History of the Environmental Sciences Division of Oak Ridge National Laboratory,* ORNL/M–2732. Oak Ridge, TN: Oak Ridge National Laboratory Publication No. 4066, 1993.

Auerbach, S. I., and D. A. Crossley. "Strontium-90 and Cesium-137 Uptake by Vegetation under Natural Conditions." *Proceedings of the Second U.N. International Conference on Peaceful Uses of Atomic Energy, Held in Geneva ,1 September-13 August 1958*, vol. 18. New York: United Nations, 1958, 494-99.

Auerbach, S.; J. S. Olson; and H. D. Waller. "Landscape Investigations Using Caesium-137." *Nature* 201 (1964): 761-764.

"Availability of Radioactive Isotopes." *Science* 103 (1946): 697-705.

Axelrod, Dorothy; Paul C. Aebersold; and John H. Lawrence. "Comparative Effects of Neutrons and X-Rays on Three Tumors Irradiated in vitro." *Proceedings of the Society for Experimental Biology and Medicine* 48 (1941): 251-256.

Badash, Lawrence. *Radioactivity in America: Growth and Decay of a Science*. Baltimore: Johns Hopkins University Press, 1979.

Ball, S. J. "Military Nuclear Relations between the United States and Great Britain under the Terms of the McMahon Act, 1946-1958." *Historical Journal* 38, (1995): 439-454.

Balfour, W. M.; P. F. Hahn; W. F. Bale; W. T. Pommerenke; and G. H. Whipple. "Radioactive Iron Absorption in Clinical Conditions: Normal, Pregnancy, Anemia, and Hemochromatosis." *Journal of Experimental Medicine* 76 (1942): 15-30.

Balogh, Brian. *Chain Reaction: Expert Debate & Public Participation in American Commercial Nuclear Power, 1945-1975*. Cambridge: Cambridge University Press, 1991.

Barker, Crispin R. C. *From Atom Bomb to the "Genetic Time Bomb": Telomeres, Aging, and Cancer in the Era of Molecular Biology*. PhD diss., Yale University, 2008.

Barker, H. A., and M. D. Kamen. "Carbon Dioxide Utilization in the Synthesis of Acetic Acid by Clostridium thermoaceticum." *Proceedings of the National Academy of Sciences*, USA 31 (1945): 219-225.

Barker, H. A.; M. D. Kamen; and B. T. Bornstein. "The Synthesis of Butyric and Ca-proic Acids from Ethanoland Acetic Acid by lostridium kluyveri." *Proceedings of the*

National Academy of Sciences, USA 31 (1945): 373–381.

Barker, H. A.; M. D. Kamen; and . Haas. "Carbon Dioxide Utilization in the Synthesis of Acetic and Butyric Acids by Butyribacterium rettgeri." *Proceedings of the National Academy of Sciences*, USA 31 (1945): 355–360.

Bassham, James A. "Mapping the Carbon Reduction Cycle: A Personal Retrospective." *Photosynthesis Research* 76 (2003): 35–52.

Beatty, John. "Weighing the Risks: Stalemate in the Classical/Balance Controversy." *Journal of the History of Biology* 20 (1987): 289–319.

———. "Genetics in the Atomic Age: The Atomic Bomb Casualty Commission, 1947–1956." In *The Expansion of American Biology*, ed. Keith R. Benson, Jane Maienschein, and Ronald Rainger. New Brunswick, NJ: Rutgers University Press, 1991, 284–324.

———. "Genetics and the State." Unpublished paper presented at Penn–Princeton Workshop, 27 Feb 1999.

———. "Masking Disagreement among Experts." *Episteme* 3 (2006): 52–67. Beck, Ulrich. *Risk Society: Towards a New Modernity*. Translated by Mark Ritter. London: Sage Publications, 1992. Originally published as Risikogesellschaft: Auf dem Weg in eine andere Moderne. Frankfurt am Main: Suhrkamp Verlag, 1986.

Becker, C. D. *Aquatic Bioenvironmental Studies: The Hanford Experience 1944–84*. Amsterdam: Elsevier, 1990.

Bennett, Leslie L. "I. L. Chaikoff, Biochemical Physiologist, and His Students." *Perspectives in Biology and Medicine* 30 (1987): 362–383.

Benson, Andrew A. "Identification of Ribulose in $C^{14}O^2$ Photosynthetic Products." *Journal of the American Chemical Society* 73 (1951): 2971–2972.

———. "Following the Path of Carbon in Photosynthesis: A Personal Story." *Photosynthesis Research* 73 (2002): 29–49.

———. "Paving the Path." *Annual Review of Plant Biology* 53 (2002): 1–25.

———. "Last Days in the Old Radiation Laboratory (ORL), Berkeley, California, 1954." *Photosynthesis Research* 105 (2010): 209–212.

Benson, A. A.; M. Calvin; V. A. Haas; S. Aronoff; A. G. Hall; J. A. Bassham; and J. W. Weigl. "C14 in Photosynthesis." In *Photosynthesis in plan ts*, ed. James Franck and Walter E. Loomis. Ames: Iowa State College Press, 1949, 381–401.

Benson, Etienne. "A Difficult Time with the Permit Process." *Journal of the History of Biology* 44 (2011): 103–123.

Benzer, Seymour. "Resistance to Ultraviolet Light as an Index to the Reproduction of Bacteriophage." *Journal of Bacteriology* 63 (1952): 59–72.

Berlin, Nathaniel I. "Blood Volume: Methods and Results." In Andrews, Brucer, and Anderson, *Radioisotopes in Medicine*, 429–436.

Berman, Harold J., and John R. Garson. "United States Export Controls—Past, Present, and Future." *Columbia Law Review* 67 (1967): 791–890.

Bernard, S.R. "Maximum Permissible Amounts of Natural Uranium in the Body, Air and Drinking Water Based on Human Experimental Data." *Health Physics*, 1 (1958): 288–305.

Bernstein, Barton J. "Oppenheimer and the Radioactive Poison Plan." *Technology Review* 88, no. 4 (1985): 14–17.

———. "Radiological Warfare: The Path Not Taken." *Bulletin of the Atomic Scientists* 41, no. 7 (1985): 44–49.

Berson, Solomon A., and Rosalyn S. Yalow. "The Use of K42 or P32 Labeled Erythrocytes and 131 Tagged Human Serum Albumin in Simultaneous Blood Volume Determinations." *Journal of Clinical Investigation* 31 (1952): 572–580.

———. "The Distribution of 131 Labeled Human Serum Albumin Introduced into Ascitic Fluid: Analysis of the Kinetics of a Three Compartment Catenary Transfer System in Man and Speculations on Possible Sites of Degradation." *Journal of Clinical Investigation* 33 (1954): 377–387.

———. "Radioimmunoassay of ACTH in Plasma." *Journal of Clinical Investigation* 47 (1968): 2725–2751.

Berson, Solomon A.; Rosalyn S. Yalow; Abraham Azulay; Sidney Schreiber; and Bernard Roswit. "The Biological Decay Curve of P32 Tagged Erythrocytes: Application to the Study of Acute Changes in Blood Volume." *Journal of Clinical Investigation* 31 (1952): 581–591.

Berson, Solomon A.; Rosalyn S. Yalow; Arthur Bauman; Marcus A. Rothschild; and Katharina Newerly. "Insulin–I131 Metabolism in Human Subjects: Demonstration of Insulin Binding Globulin in the Circulation of Insulin Treated Subjects." *Journal of Clinical Investigation* 35 (1956): 170–190.

Berson, Solomon A.; Rosalyn S. Yalow; Sidney S. Schreiber; and Joseph Post. "Tracer Experiments with I131 Labeled Human Serum Albumin: Distribution and Degradation Studies." *Journal of Clinical Investigation* 32 (1953): 746–768.

Berson, Solomon A.; Roslyn S. Yalow; G. D. Aurbach; and John T. Potts Jr. "Immunoassay of Bovine and Human Parathyroid Hormone." *Proceedings of the National Academy of Sciences*, USA 49 (1963): 613–617.

Berson, Solomon A.; Rosalyn S. Yalow; Joseph Sorrentino; and Bernard Roswit. "The Determination of Thyroidal and Renal Plasma I131 Clearance Rates as a Routine Diagnostic Test of Thyroid Dysfunction." *Journal of Clinical Investigation* 31 (1952): 141–158.

Biagioli, Mario. *Galileo Courtier: The Practice of Science in the Culture of Absolutism.* Chicago: University of Chicago Press, 1993.

———. *Galileo's Instruments of Credit: Telescopes, Images, Secrecy*. Chicago: University of Chicago Press, 2006.

Bizzell, Oscar M. "Early History of Radioisotopes from Reactors." *Isotopes and Radiation Technology* 4, no. 1 (1966): 25–32.

Bland, P. Brooke; Leopold Goldstein; and Arthur First. "Secondary Anemia in

Pregnancy and in Puerperium." *American Journal of the Medical Sciences* 179, (1930): 48–65.

Block, Elliott. "An Overview of Radioimmunoassay Testing and a Look at the Future." In Schönfeld, *New Developments in Immunoassays*, 1–9.

Blom, P. S.; A. Querido; and C. H. . Leeksma. "Acute Leukaemia Following X-ray and Radioiodine Treatment of Thyroid Carcinoma." *British Journal of Radiology* 28 (1955): 165–166.

Blumgart, Herrmann L., and Otto C. Yens. "Studies on the Velocity of Blood Flow, I: The Method Utilized." *Journal of Clinical Investigation* 4 (1927): 1–13.

Blumgart, Herrmann L., and Soma Weiss. "Studies on the Velocity of Blood Flow, II: The Velocity of Blood Flow in Normal Resting Individuals, and a Critique of the Method Used." *Journal of Clinical Investigation* 4 (1927): 14–31.

Bocking, Stephen. "Ecosystems, Ecologists, and the Atom: Environmental Research at Oak Ridge National Laboratory." *Journal of the History of Biology*, 28 (1995): 1–47.

———. *Ecologists and Environmental Politics: A History of Contemporary Ecology*. New Haven, CT: Yale University Press, 1997.

Boudia, Soraya. "Radioisotopes' 'Economy of Promises': On the Limits of Bio-medicine in Public Legitimation of Nuclear Activities." *Dynamis* 29 (2009): 241–259.

———. *Gouverner les risques, gouverner par le risque: Pour une histoire du risque de la société du risque*. Habilitation à diriger des recherches, Université de Strasbourg, 2010.

Bowles, Mark D. *Science in Flux: NASA's Nuclear Program at Plum Brook Station*, 1955–2005. Washington, DC: NASA History Division, 2006.

Boyer, Paul S. *By the Bomb's Early Light: American Thought and Culture at the Dawn of the Atomic Age*. 1985. Reprint, Chapel Hill: University of North Carolina Press, 1994.

Bradley, David. *No Place to Hide*. Boston: Little, Brown, 1948.

Broda, Engelbert. *Radioactive Isotopes in Biochemistry*. Translated by Peter Oesper. Amsterdam: Elsevier Publishing Company, 1960. Originally published as *Radioaktive Isotope in der Biochemie*. Vienna: Verlag Franz Deuticke, 1958.

Broderick, Frank L. "A History of the Australia and New Zealand Association of Physicians in Nuclear Medicine." In *To Follow Knowledge: A History of Examinations, Continuing Education, and Specialist Affiliations of the Royal Australasian College of Physicians*, ed. Josephine . Wiseman. Sydney, NSW, Australia: The College, 1988, 115–127.

Brownell, Gordon L., and William H. Sweet. "Localization of Brain Tumors with Positron Emitters." *Nucleonics* 11 (1953): 40–45.

———. "Scanning of Positron–Emitting Isotopes in Diagnosis of Intracranial and Other Lesions." *Acta Radiologica* 46 (1956): 425–434.

Brownell, Gordon L.; Brian W. Murray; William H. Sweet; Glyn R. Wellum; and Albert H. Soloway. "A Reassessment of Neutron apture Therapy in the Treatment of Cerebral Gliomas." *Proceedings of the National Cancer Conference* 7, (1972): 827–837.

Brucer, Marshall. "Teletherapy Evaluation Board." Radiology 60 (1953): 738–739.

———. "Radioisotopes in Medicine Immediately After the Great 1946 Deliverance." *Isotopes and Radiation Technology* 4, no. 1 (1966): 59–62.

———. "Nuclear Medicine Begins with a Boa Constrictor." *Journal of Nuclear Medicine* 19 (1978): 581–598.

———. *A Chronology of Nuclear Medicine, 1600–1989*. St. Louis, MO: Heritage Publications, 1990.

Brues, Austin M. "Biological Hazards and Toxicity of Radioactive Isotopes." *Journal of Clinical Investigation* 28 (1949): 1286–1296.

———. "Critique of the Linear Theory of Carcinogenesis." *Science* 128 (1958): 693–698.

Bruner, H. D., and Gould A. Andrews. "Cancer Research Program of Oak Ridge Institute of Nuclear Studies." *Southern Surgeon* 16 (Jun 1950): 577–583.

Buchanan, Nicholas. “The Atomic Meal: The Cold War and Irradiated Foods, 1945–1963.” *History and Technology* 21 (2005): 221–249.

Bud, Robert F. “Strategy in American Cancer Research After World War II: A Case Study.” *Social Studies of Science* 8 (1978): 425–459.

Bugalho, M. N.; P. Barcia; M. C. Caldeira; and J. O. Cerdeira. “Stable Isotopes as Ecological Tracers: An Efficient Method for Assessing The Contribution of Multiple Sources to Mixtures.” *Biogeosciences* 5 (2008): 1351–1359.

Burchard, John. Q.E.D.: *M.I.T. in World War II.* New York: John Wiley & Sons, 1948.

“Business in Isotopes.” *Fortune* (Dec 1947): 121–125, 150, 153–154, 156, 158, 160, 163–164.

Calabrese, Edward J. “Key Studies Used to Support Cancer Risk Assessment Questioned.” *Environmental and Molecular Mutagenesis* 52 (2011): 595–626.

Calvin, Melvin. “Intermediates in the Photosynthetic Cycle: A Commentary by Melvin Calvin.” *Biochimica et Biophysica Acta* 1000 (1989): 403–407.

———. *Following the Trail of Light: A Scientific Odyssey.* Washington, DC: American Chemical Society, 1992.

Cambrosio, Alberto, and Peter Keating. *Exquisite Specificity: The Monoclonal Antibody Revolution.* New York: Oxford University Press, 1995.

Campos, Luis A. *Radium and the Secret of Life.* PhD diss., Harvard University, 2006.

Cantor, David, ed. *Cancer in the Twentieth Century.* Baltimore: Johns Hopkins University Press, 2008.

Carson, Rachel. *Silent Spring.* Boston: Houghton Mifflin, 1962.

Caufield, Catherine. *Multiple Exposures: hronicles of the Radiation Age.* Chicago: University of Chicago Press, 1990.

“Chairman Strauss’s Statement on Pacific Tests, ” *Bulletin of the Atomic Scientists* 10, no.5(1954):163–165.

Charlton, John C. "Overcoming the Radiological and Legislative Obstacles in Radioimmunoassay." In Schönfeld, *New Developments in Immunoassays*, 27–37.

Chievitz, O., and G. Hevesy. "Radioactive Indicators in the Study of Phosphorus Metabolism in Rats." *Nature* 136 (1935): 754–755.

———. "Studies on the Metabolism of Phosphorus in Animals." Kgl. Danske Videnskabernes Selskab. *Biologiske Meddelelser* 13, no. 9 (1937): 63–78.

Childs, Herbert. *An American Genius: The Life of Ernest Orlando Lawrence, Father of the Cyclotron*. New York: E. P. Dutton, 1968.

Chodos, Robert B., and Joseph F. Ross. "The Use of Radioactive Phosphorus in the Therapy of Leukemia, Polycythemia Vera, and Lymphomas: A Report of 10 Years' Experience." *Annals of Internal Medicine* 48 (1958): 956–977.

Chow–White, Peter A., and Miguel García–Sancho. "Bidirectional Shaping and Spaces of Convergence: Interactions between Biology and Computing from the First DNA Sequencers to Global Genome Databases." *Science, Technology & Human Values* 37, no. 1 (2012): 124–164.

Chudakov, Dmitriy M.; Mikhail . Matz; Sergey Lukyanov; and Konstantin A. Lukyanov. "Fluorescent Proteins and Their Applications in Imaging Living Cells and Tissues." *Physiological Reviews* 90 (2010): 1103–1163.

Clark, Claudia. *Radium Girls: Women and Industrial Health Reform, 1910–1935*. Chapel Hill: University of North Carolina Press, 1997.

Clarke, Adele E., and Joan H. Fujimura, eds. *The Right Tools for the Job: At Work in Twentieth–Century Life Sciences*. Princeton, NJ: Princeton University Press, 1992.

Clarke, Lee. "The Origins of Nuclear Power: A Case of Institutional Conflict." *Social Problems* 32 (1985): 474–487.

Claus, Walter D., ed. *Radiation Biology and Medicine: Selected Reviews in the Life Sciences*. Reading, MA: Addison–Wesley Publishing, 1958.

"Cobalt Put above Radium in Cancer." *New York Times*, 2 Apr 1950, p. 81. Coffin,

C. C.; F. R. Hayes; L. H. Jodrey; and W. G. Whiteway. "Exchange of Materials in a Lake as Studied by the Addition of Radioactive Phosphorus." *Canadian Journal of Research* 27d (1949): 207–222.

Cohn, Mildred. "Atomic and Nuclear Probes of Enzyme Systems." *Annual Review of Biophysics and Biomolecular Structure* 21 (1992): 1–24.

———. "Some Early Tracer Experiments with Stable Isotopes." *protein Science* 4, (1995): 2444–2447.

Cohn, Waldo E. "Introductory Remarks by Chairman." In *Advances in Tracer Methodology*, Vol. 4. New York: Plenum Press, 1968, 1–10.

Cohn, Waldo E., and David M. Greenberg. "Studies in Mineral Metabolism with the Aid of Artificial Radioactive Isotopes, I: Absorption, Distribution, and Excretion of Phosphorus." *Journal of Biological Chemistry* 123 (1938): 185–198.

Cowan, RuthSchwartz. "TheConsumptionJunction: A Proposal for Research Strategies in the Sociology of Technology." In *The Social Construction of Techinological Systems: New Directions in the Sociology and History of Technology*, ed. Wiebe . Bijker, Thomas P. Hughes, and Trevor J. Pinch. Cambridge, MA: MIT Press, 1987, 261–280.

Coleman, David C. *Big Ecology: The Emergence of Ecosystem Science*. Berkeley: University of California Press, 2010.

Comas, Francisco, and Marshall Brucer. "First Impressions of Therapy with Cesium 137." *Radiology 69* (1957): 231–235.

Conger, Alan D., and Norman H. Giles. "The Cytogenetic Effect of Slow Neutrons." *Genetics* 35 (1950): 397–419.

"Control of Cancer instead of Atomic Bombs." *Science News Letter*, 6 April 1946, pp. 213–214.

Cook, Robert dward. "Raymond Lindeman and the Trophic–Dynamic Concept in Ecology." *Science* 198 (1977): 22–26.

Corner, George. *George Hoyt Whipple and His Friends: The Life–Story of a Nobel Prize Pathologist.* Philadelphia: J. B. Lippincott, 1963.

Craig, Campbell, and Sergey S. Radchenko. *The Atomic Bomb and the Origins of the Cold War.* New Haven, CT: Yale University Press, 2008.

Creager, Angela N. H. *The Life of a Virus: Tobacco Mosaic Virus as an Experimental Model, 1930–1965.* Chicago: University of Chicago Press, 2002.

———. "Nuclear Energy in the Service of Biomedicine: The U.S. Atomic Energy Commission's Radioisotope Program, 1946-1950." *Journal of the History of Bi–ology* 39 (2006): 649–684.

———. "Mobilizing Biomedicine: Virus Research between Lay Health Organizations and the U.S. Federal Government, 1935–1955." In *Biomedicine in the Twentieth Century: Practices, Policies, and Politics.* Amsterdam: IOS Press, 2008, 171–201.

Creager, Angela N. H., and Jean–Paul Gaudillière. "Meanings in Search of Experiments and Vice–Versa: The Invention of Allosteric Regulation in Paris and Berkeley, 1959–1968." *Historical Studies in the Physical and Biological Sciences*; 27 (1996): 1–89.

Creager, Angela N. H., and Hannah Landecker. "Technical Matters: Method, Knowledge and Infrastructure in Twentieth Century Life Science." *Nature Methods* 6 (2009): 701–705.

Creager, Angela N. H., and María Jesús Santesmases. "Radiobiology in the Atomic Age: Changing Research Practices and Policies in Comparative Perspective." , *Journal of the History of Biology* 39 (2006): 637–647.

Crease, Robert P. *Making Physics: A Biography of Brookhaven National Labortory, 1946–1972.* Chicago: University of Chicago Press, 1999.

Crossley, D. A., Jr. "Movement and Accumulation of Radiostrontium and Radio–cesium in Insects." In Schultz and Klement, *Radioecology*, 103–105.

Crossley, D.A., Jr., and Henry F. Howden. "Insect–Vegetation Relationships in an

Area Contaminated by Radioactive Tastes." *Ecology* 42 (1961): 302–317.

Dally, Ann. "Thalidomide:as the Tragedy Preventable?" *Lancet* 351 (18 Apr. 1998): 1197–1199.

Darby, William J.; Paul M. Densen; Richard O. Cannon; et al. "The Vanderbilt Cooperative Study of Maternal and Infant Nutrition, I: Background, II: Methods, II: Description of the Sample and Data." *Journal of Nutrition* 51 (1953):539–564.

Darby, William J.; Paul F. Hahn; Margaret M. Kaser; Ruth C. Steinkamp; Paul M. Densen; and Mary B. Cook. "The Absorption of Radioactive Iron by Children 7–10 Years of Age." *Journal of Nutrition* 33 (1947): 107–119.

Darby, William J.; Paul F. Hahn; Ruth C. Steinkamp; and Margaret M. Kaser. "Absorption of Radioactive Iron by School Children." *Federation Proceedings* 5, (1946): 231–232.

Darby, William J.; William J. McGanity; Margaret P. Martin; et al. "The Vanderbilt Cooperative Study of Maternal and Infant Nutrition, IV: Dietary, Laboratory and Physical Findings in 2, 129 Delivered Pregnancies." *Journal of Nutrition* 51, (1953): 565–597.

Daston, Lorraine. "The Moral Economy of Science." *Osiris* 10 (1999): 3–24.

———, ed. *Biographies of Scientific Objects*. Chicago: University of Chicago Press, 2000.

Davis, J. J., and R. F. Foster. "Bioaccumulation of Radioisotopes through Aquatic Food Chains." *Ecology* 39 (1958): 530–535.

Davis, Nuel Pharr. *Lawrence and Oppenheimer*. New York: Simon & Schuster, 1968.

Davis, W. Kenneth; Shields Warren; and Walker L. Cisler. "Some Peaceful Uses of Atomic Energy." *Scientific Monthly* 83 (Dec 1956): 287–297.

de Chadarevian, Soraya. *Designs for Life: Molecular Biology after World War II*. Cambridge: Cambridge University Press, 2002.

———. "Mice and the Reactor: The 'Genetics Experiment' in 1950s Britain." *Journal of the History of Biology* 39 (2006): 707–735.

———. "Mutations in the Nuclear Age." In *Making Mutations: Objects, Practices, Contexts*, ed. Luis Campos and Alexander Schwerin. Berlin: Max Blanck Institute for the History of Science Preprint 393, 2010, 179–187.

de Chadarevian, Soraya, and Jean–Paul Gaudillière, eds. "The Tools of the Discipline: Biochemists and Molecular Biologists." *Journal of the History of Biology* 29 (1996): 327–462.

de Chadarevian, Soraya, and Harmke Kamminga, eds. *Molecularizing Biology and Medicine: New Practices and Alliances, 1910s–1970s*, Amsterdam: Harwood Academic Publishers, 1998.

Dekker, Charles A., and Howard K. Schachman. "On the Macromolecular Structure of Deoxyribonucleic Acid: An Interrupted Two–Strand Model." *Proceedings of the National Academy of Sciences*, USA 40 (1954): 894–909.

de la Bruheze, Adri. "Radiological Weapons and Radioactive Waste in the United States: Insiders' and Outsiders' Views, 1941–55." *British Journal for the History of Science 25* (1992): 207–227.

Delbrück, Max. " Experiments with Bacterial Viruses (Bacteriophages)." *Harvey Lectures* 41 (1946): 161–187.

Delbrück, Max, and Salvador . Luria. "Interference between Bacterial Viruses, I: Interference between Two Bacterial Viruses Acting upon the Same Host, and the Mechanism of Virus Growth." *Archives of Biochemistry* 1 (1942): 111–141.

Delbrück, Max, and Gunther S. Stent. "On the Mechanism of DNA Replication." In *The Chemical Basis of Heredity*, ed. William D. McElroy and Bentley Glass. Baltimore: Johns Hopkins University Press, 1957, 699–736.

del Regato, Juan A. *Radiological Oncologists: The Unfolding of a Medical Specialty*. Reston, VA: Radiology Centennial, 1993.

Del Sesto, Steven L. *Science, Politics, and Controversy: Civilian Nuclear Power in the United States, 1946–1974*. Boulder, CO: Westview Press, 1979.

de Mendoza, Diego Hurtado. "Autonomy, Even Regional Hegemony: Argentina and the 'Hard Way' toward Its First Research Reactor (1945–1958)." *Science in Context* 18 (2005): 285–308.

DeSelm, H. R., and R. E. Shanks. "Accumulation and Cycling of Organic Matter and Chemical Constituents during Early Vegetational Succession on a Radioactive Waste Disposal Area." In Schultz and Klement, *Radioecology*, 83–96.

Divine, Robert A. *Blowing on the Wind: The Nuclear Test Ban Debate, 1954–1960.* New York: Oxford University Press, 1978.

Doel, Ronald E., and Allan A. Needell. "Science, Scientists, and the CIA: Balancing International Ideals, National Needs, and Professional Opportunities." *Intelligence and National Security* 12 (1997): 59–81.

Doermann, A. H.; Martha Chase; and Franklin W. Stahl. "Genetic Recombination and Replication in Bacteriophage." *Journal of Cellular and Comparative Physiology* 45, suppl. 2 (1955): 51–74.

Dubach, Reubenia; Sheila T. E. Callender; and Carl V. Moore. "Studies in Iron Transportation and Metabolism, VI: Absorption of Radioactive Iron in Patients with Fever and Anemias of Varied Etiology." *Blood* 3 (1948): 526–540.

Dulbecco, Renato. "Experiments on Photoreactivation of Bacteriophages Inactivated with Ultraviolet Radiation." *Journal of Bacteriology* 59 (1950): 329–347.

Dumit, Joseph. "PET Scanner." In *Instruments of Science: An Historical Encyclopedia*, ed. Robert Bud and Deborah Jean Warner. London: Science Museum, 1998, 449–452.

———. *Picturing Personhood: Brain Scans and Biomedical Identity*. Princeton, NJ:Princeton University Press, 2004.

Dunaway, Paul B., and Stephen V. Kaye. "Effects of Ionizing Radiation on Mammal Populations on the White Oak Lake Bed." In Schultz and Klement, *Radio–ecology*, 333–338.

Dunham, Charles L. "Foreword." In *Onsite Ecological Research of the Division of Biology and Medicine at the Oak Ridge National Laboratory*, ed. Stanley I. Auerbach and Vincent Schultz, TID–16890. Washington, DC: US Atomic Energy Commission Division of Technical Information, 1962, iii–iv.

Dunlavey, Dean C. "Federal Licensing and Atomic Energy." *California Law Review* 46 (1958): 69–83.

Dyer, Norman C., and A. Bertrand Brill. "Fetal Radiation Dose from Maternally Administered 59Fe and 131I." In *Radiation Biology of the Fetal and Juvenile Mammal: Proceedings of the Ninth Annual Hanford Biology Symposium at Richland, Washington, May 5–8, 1969*, ed. Melvin R. Sikov and D. Dennis Mah–lum. Springfield, VA: US Atomic Energy Commission Division of Technical Information, 1969, 73–88.

Dyer, N. C.; A. B. Brill; S. . Glasser; and D. A. Goss. "Maternal–Fetal Transport and Distribution of 59Fe and 131I in Humans." *American Journal of Obstetrics and Gynecology* 103 (1969): 290–296.

Early, Paul J. "Use of Diagnostic Radionuclides in Medicine." *Health Physics* 69 (1995): 649–661.

Echols, Harrison. *Operators and Promoters: The Story of Molecular Biology and Its Creators*, ed. Carol A. Gross. Berkeley: University of California Press, 2001.

Edelmann, Abraham. "The Relation of Thyroidal Activity and Radiation to Growth of Hypophyseal Tumors." In *The Thyroid: Report of Symposium Held June 9 to 11, 1954*. Upton, NY: Brookhaven National Laboratory, 1955, 250–253.

Edgerton, David. *Warfare State: Britain, 1920–1970*. Cambridge: Cambridge University Press, 2006.

Edsall, John T. "Blood and Hemoglobin: The Evolution of Knowledge of Functional Adaptation in a Biochemical System, Part I: The Adaptation of Chemical Structure to Function in Hemoglobin." *Journal of the History of Biology* 5, (1972): 205–257.

Eisenberg, Rebecca S. "Public Research and Private Development: Patents and Technology Transfer in Government–Sponsored Research." *Virginia Law Review*

82 (1996): 1663–1727.

Eisenbud, Merril. *Environmental Radioactivity*. New York: McGraw–Hill, 1963.

Eisenbud, Merril, and John H. Harley. "Radioactive Dust from Nuclear Detonations." *Science* 117 (1953): 141–147.

Eisenhower, Dwight D. *Atoms for Peace: Dwight D. Eisenhower' s Address to the United Nations*. Washington, DC: National Archives and Records Administration, 1990.

Ekins, Roger P. "The Estimation of Thyroxine in Human Plasma by an Electro–phoretic Technique." *Clinica Chimica Acta* 5 (1960): 453–459.

———. "Immunoassay, DNA Analysis, and Other Ligand Binding Assay Techniques: From Electropherograms to Multiplexed, Ultrasensitive Microarrays on a Chip." *Journal of Chemical Education* 76 (1999): 769–780.

Elsom, Katharine O'Shea, and Albert B. Sample. "Macrocytic Anemia in Pregnant Women with Vitamin B Deficiency." *Journal of Clinical Investigation* 16, (1937): 463–474.

Elzen, Boelie. "Two Ultracentrifuges: A Comparative Study of the Social Construction of Artefacts." *Social Studies of Science* 16 (1986): 621–662.

———. *Scientists and Rotors: The Development of Biochemical Ultracentrifuges*, PhD diss., University of Twente, the Netherlands, 1988.

Etheridge, Elizabeth W. "Pellagra: An Unappreciated Reminder of Southern Distinctiveness." In *Disease and Distinctiveness in the American South*, ed. Todd L. Savitt and James Harvey Young. Knoxville: University of Tennessee Press, 1988, 100–119.

vans, Robley D. "Radium Poisoning: A Review of Present Knowledge." *American Journal of Public Health* 23 (1933): 1017–1123.

———. "The Medical Uses of Atomic Energy." *Atlantic Monthly* 177 (1946): 68-73.

———. "Quantitative Inferences Concerning the Genetic Effects of Radiation on Human Beings." *Science* 109 (1949): 299–304.

Faden, Ruth ., and Tom L. Beauchamp. *A History and Theory of Informed Consent*. New York: Oxford University Press, 1986.

Farr, Lee E.; William H. Sweet; James S. Robertson; Charles G. Foster; Herbert B. Locksley; D. Lawrence Sutherland; Mortimer L. Mendelsohn; and E. E. Stickley. "Neutron Capture Therapy with Boron in the Treatment of Glioblastoma Multiforme." *American Journal of Roentgenology, Radium Therapy, and Nuclear Medicine* 71 (1954): 279–293.

Farr, L. E.; W. H. Sweet; H. B. Locksley; and J. S. Robertson. "Neutron Capture Therapy of Gliomas Using Boron10." *Transactions of the American Neurological Association*, 79th meeting, 13 (1954): 110–113.

Feffer, Stuart M. "Atoms, Cancer, and Politics: Supporting Atomic Science at the University of Chicago, 1944–1950." *Historical Studies in the Physical and Biological Sciences* 22 (1992): 233–261.

Fermi, Enrico. "Radioactivity Induced by Neutron Bombardment." *Nature* 133, (1934): 757.

Ficken, Robert E. "Grand Coulee and Hanford: The Atomic Bomb and the Development of the Columbia River." In *The Atomic West*, ed. Bruce Hevly and John M. Findlay. Seattle: University of Washington Press, 1998, 21-38.

Finch, Clement A.; Daniel H. Coleman; Arno G. Motulsky; Dennis M. Donohue; and Robert H. Reiff. "Erythrokinetics in Pernicious Anemia." *Blood* 11 (1956): 807–820.

Finch, Clement A.; John G. Gibson II; Wendell . Peacock; and Rex G. Fluharty. "Iro–n Metabolism:Utilization of Intravenous Radioactive Iron." *Blood* 4 (1949): 905–927.

Findlen, Paula. "The Economy of Scientific Exchange in Early Modern Italy." In *Patronage and Institutions: Science, Technology, and Medicine at the European Court, 1500–1750*, ed. Bruce T. Moran. Rochester, NY: Boydell Press, 1991, 5–24.

Fink, Robert M., ed. *Biological Studies with Polonium, Radium, and Plutonium. National*

Nuclear Energy Series, Manhattan Project Technical Section. Division 6, University of Rochester Project, Vol. 3. New York: McGraw–Hill, 1950.

Finkel, Miriam P. "Mice, Men and Fallout." *Science* 128 (1958): 637–641.

Folley, Jarrett H.; Wayne Borges; and Takuso Yamawaki. "Incidence of Leukemia in Survivors of the Atomic Bomb in Hiroshima and Nagasaki, Japan." *American Journal of Medicine* 13 (1952): 311–321.

Forbes, Stephen A. "The Lake as a Microcosm." *Bulletin of the Peoria Scientific Association* (1887): 77–87.

"Formal Procedure Adopted for Withdrawal from Routine Production, Sale of Radioisotopes." *Isotopes and Radiation Technology* 2, no. 3 (1965): 315.

Forman, Paul. "Behind Quantum Electronics: Natural Security as Basis for Physical Research in the United States, 1940-1960." *Historical Studies in the Physical and Biological Sciences* 18 (1987): 149–229.

Foster, R. F. "The History of Hanford and Its Contribution of Radionuclides to the Columbia River." In *The Columbia River Estuary and Adjacent Ocean Waters:Bioenvironmental Studies*, ed. A. T. Pruter and D. L. Alverson. Seattle: University of Washington Press, 1972, 3–18.

Foster, R. F., and J. J. Davis. "The Accumulation of Radioactive Substances in Aquatic Forms." *Proceedings of the International Conference on the Peaceful Uses of Atomic Energy, Held in Geneva 8 August–20 August 1955*. Vol. 13. New York: United Nations, 1956: 364–367.

Foster, Richard F., and Royal E. Rostenbach. "Distribution of Radioisotopes in Columbia River." *Journal of the American Water Works Association* 46 (1954): 633–640.

Foster, R. F.; L. R. Donaldson; A. D. Wedlander; K. Bonham; and A. H. Seymour. "The Effect on Embryos and Young of Rainbow Trout from Exposing the Parent Fish to X–Rays." *Growth* 13 (1949): 119–142.

Fowler, E. E. "Recent Advances in Applications of Isotopes and Radiation in the United States." *Isotopes and Radiation Technology* 9, no. 3 (1972): 253–263.

Fragu, Philippe. "How the Field of Thyroid Endocrinology Developed in France after World War II." *Bulletin of the History of Medicine* 77 (2003): 393–414.

Friese, Carrie, and Adele E. Clarke. "Transposing Bodies of Knowledge and Technique: Animal Models at Work in Reproductive Sciences." *Social Studies of Science 42* (2011): 31–52.

Frohman, I. Phillips. "Role of the General Physician in the Atomic Age." *Journal of the American Medical Association* 162(1956): 962–966.

Fruton, Joseph S. *Molecules and Life: Historical Essays on the Interplay of Chemistry and Biology*. New York: Wiley–Interscience, 1972.

Fuerst, Clarence R., and Gunther S. Stent. "Inactivation of Bacteria by Decay of Incorporated Radioactive Phosphorus." *Journal of General Physiology* 40 (1956): 73–90.

Fuller, . Clinton. "Forty Years of Microbial Photosynthesis Research: Where It Came From and What t Led To." *Photosynthesis Research* 62 (1999): 1–29.

Funigiello, Philip J. *American–Soviet Trade in the Cold War.* Chapel Hill: University of North Carolina Press, 1988.

Furth, Jacob, and John L. Tullis. "Carcinogenesis by Radioactive Substances." *Cancer Research* 16 (1956): 5–21.

Galison, Peter. *Image and Logic: A Material Culture of Microphysics*. Chicago: University of Chicago Press, 1997.

Galison, Peter, and Barton Bernstein. "In Any Light: Scientists and the Decision to Build the Superbomb, 1952–1954." *Historical Studies in the Physical and Biological Sciences* 19 (1989): 267–347.

Galison, Peter, and Bruce Hevly, eds. *Big Science: The Growth of Large–Scale Research. Stanford*, CA: Stanford University Press, 1992.

Gallup, George H. *The Gallup Poll: Public Opinion 1935–1971, 3* Vols. New York: Random House, 1972.

García–Sancho, Miguel. "A New Insight into Sanger's Development of Sequencing: From Proteins to DNA, 1943–1977." *Journal of the History of Biology* 43 (2010): 265–323.

Gaudillière, Jean–Paul. "The Molecularization of Cancer Etiology in the Postwar United States: Instruments, Politics and Management." In de Chadarevian and Kamminga, *Molecularizing Biology and Medicine*, 139–170.

———. "Introduction: Drug Trajectories." *Studies in History and Philosophy of Biological and Biomedical Sciences 36* (2005): 603–611.

———. "Normal Pathways: Controlling Isotopes and Building Biomedical Research in Postwar France." *Journal of the History of Biology* 39 (2006): 737–764.

Gaudillière, Jean–Paul, and Ilana Löwy, "Introduction." In *The Invisible Industrialist: Manufactures and the Production of Scientific Knowledge*, ed. Jean–Paul Gaudillière and Ilana Löwy. London: Macmillan, 1998, 3–15.

Gerber, Michele Stenehjem. *On the Home Front: The Cold War Legacy of the Hanford Nuclear Site*. 2nd ed. Lincoln: University of Nebraska Press, 2002.

Gest, Howard. "Photosynthesis and Phage: Early Studies on Phosphorus Metabolism in Photosynthetic Microorganisms with 32P, and How They Led to the Serendipic Discovery of 32P–Decay 'Suicide' of Bacteriophage." *Photosynthesis Research* 74 (2002): 331–339.

Giacomoni, Dario. "The Origin of DNA:RNA Hybridization." *Journal of the History of Biology* 26 (1993): 89–107.

Gieryn, Thomas. *Cultural Boundaries of Science: Credibility on the Line*. Chicago: University of Chicago Press, 1999.

Glantz, Leonard H. "The Influence of the Nuremberg Code on U.S. Statutes and Regulations." In Annas and Grodin, *The Nazi Doctors and the Nuremberg Code*, 183–

200.

Glennan, T. Keith. "Radioisotopes: A New Industry." In *Radioisotopes in Industry*, ed. John R. Bradford. New York: Reinhold Publishing, 1953, 3–12.

Glick, S. M.; J. Roth; R. S. Yalow; and S. A. Berson. "Immunoassay of Human Growth Hormone in Plasma." *Nature* 199 (1963): 784–787.

Godwin, Sir Harry. "Sir Arthur Tansley: The Man and the Subject." *Journal of Ecology* 65 (1977): 1–26.

Godwin, H. "Half-Life of Radiocarbon." *Nature* 195 (1962): 984.

Godwin, John T.; Lee E. Farr; William H. Sweet; and James S. Robertson. "Pathological Study of Eight Patients with Glioblastoma Multiforme Treated by Neutron-Capture Therapy Using Boron 10." *Cancer 8* (1955): 601–615.

Goldschmidt, M. "Drei Vorträge über Geochemie." *Geologiska Föreningens Stockholm Förhandlingar* 56 (1934): 385–427.

Goldsmith, Stanley J. "Rosalyn S. Yalow: A Personal and Scientific Memoir." *Journal of Nuclear Medicine* 53, no. 6 (2012): 21N.

Golley, Frank Benjamin. *A History of the Ecosystem Concept in Ecology: More than the Sum of the Parts*. New Haven, CT: Yale University Press, 1993.

Goodman, Jordan; Anthony McElligot; and Lara Marks, eds. Useful Bodies: Humans in the *Service of Medical Science in the Twentieth Century*. Baltimore: Johns Hopkins University Press, 2003.

Gordin, Michael D. *Five Days in August: How World War II Became a Nuclear War*. Princeton, NJ: Princeton University Press, 2007.

———. *Red Cloud at Dawn: Truman, Stalin, and the End of the Atomic Monopoly*. New York: Farrar, Straus and Giroux, 2009.

Gowing, Margaret. *Independence and Deterrence: Britain and Atomic Energy, 1945–1952*, 2 vols. London: Macmillan, 1974.

Graham, E. R. "Uptake of Waste Sr-90 and Cs-137 by Soil and Vegetation." *Soil*

Science 86 (1958): 91–97.

Greenberg, Daniel S. *The Politics of Pure Science*. 2nd ed. 1967; reprinting with new introductory essays and afterword, Chicago: University of Chicago Press, 1999.

Greene, Benjamin P. Eisenhower, *Science Advice, and the Nuclear Test–Ban Debate, 1945–1963*. Stanford, CA: Stanford University Press, 2007.

Griesemer, James. "Tracking Organic Processes: Representations and Research Styles in Classical Embryology and Genetics." In *From Embryology to Evo–Devo: A History of Developmental Evolution*, ed. Manfred D. Laubichler and Jane Maienschein. Cambridge, MA: MIT Press, 2007, 375–433.

Grobman, Arnold B. *Our Atomic Heritage* . Gainesville: University of Florida Press, 1951.

Grover, Will. "All the Easy Experiments: A Berkeley Professor, Dirty Bombs, and the Birth of Informed Consent." *Berkeley Science Review* 5, no. 2 (2005): 41–45.

Groves, Leslie . *Now It Can Be Told: The Story of the Manhattan Project*. New York: Harper, 1962.

"Growing Demand for Cobalt–60 Stimulates Increased Production by AEC." *Isotopes and Radiation Technology* 3, no. 1 (1965): 76.

"The Growing Market for Nuclear KW." *Fortune* 68 (July 1963): 173–176.

"The H–Bomb and World Opinion." *Bulletin of the Atomic Scientists* 10, no. 5 (1954): 163–165.

Haber, Heinz. *Our Friend the Atom*. New York: Simon and Schuster, 1956.

Hacker, Barton C. *The Dragon's Tail: Radiation Safety in the Manhattan Project, 1942–1946*. Berkeley: University of California Press, 1987.

———. "No Evidence of Ill Effects: Radiation Safety and Weapons Testing in the Manhattan Project, 1945–1946." *Polhem* 9 (1991): 139–149.

———. *Elements of Controversy: The Atomic Energy Commission and Radiation Safety in Nuclear Weapons Testing, 1947–1974*. Berkeley: University of California

Press, 1994.

———. " 'Hotter than a $2 Pistol': Fallout, Sheep, and the Atomic Energy Commission, 1953–1986." In *The Atomic West*, ed. Bruce Hevly and John M. Findlay. Seattle: University of Washington Press, 1998, 157–175.

Hagen, Joel B. *An Entangled Bank: The Origins of Ecosystem Ecology*. New Brunswick, NJ: Rutgers University Press, 1992.

———. "Teaching Ecology during the Environmental Age, 1965–1980." *Environmental History* 13 (2008): 704–723.

Hagstrom, Ruth M.; S. R. Glasser; A. B. Brill; and R. M. Heyssel. "Long Term Effects of Radioactive Iron Administered during Human Pregnancy." *American Journal of Epidemiology* 90 (1969): 1–10.

Hahn, Paul F. "The Metabolism of Iron." *Medicine* 16 (1937): 249–266.

———, ed. *Therapeutic Use of Artificial Radioisotopes*. New York: John Wiley & Sons, 1956.

Hahn, P. F.; W. F. Bale; R. A. Hettig; M. D. Kamen; and G. H. Whipple. "Radioactive Iron and Its Excretion in Urine, Bile, and Feces." *Journal of Experimental Medicine* 70 (1939): 443–451.

Hahn, P. F.; W. F. Bale; E. O. Lawrence; and G. H. Whipple. "Radioactive Iron and Its Metabolism in Anemia." *Journal of the American Medical Association*, 111 (1938): 2285–2286.

———. "Radioactive Iron and Its Metabolism in Anemia: Its Absorption, Transportation, and Utilization." *Journal of Experimental Medicine* 69 (1939): 739–753.

Hahn, P. F.; W. F. Bale; J. F. Ross; W. M. Balfour; and G. H. Whipple. "Radioactive Iron Absorption by Gastro–Intestinal Tract: Influence of Anemia, Anoxia, and Antecedent Feeding Distributioning Growing Dogs." *Journal of Experimental Medicine* 78 (1943): 169–188.

Hahn, P. F.; Ella Lea Carothers; R. O. Cannon; et al. "Iron Uptake in 750 Cases of Human Pregnancy Using the Radioactive Isotope Fe59." *Federation Proceedings* 6 (1947): 392–393.

Hahn, P. F.; E. L. Carothers; . J. Darby; M. Martin; C. W. Sheppard; R. O. Cannon; A. S. Beam; P. M. Densen; J. C. Peterson; and G. S. McClellan. "Iron Metabolism in Human Pregnancy as Studied with the Radioactive Isotope, Fe59." *American Journal of Obstetrics and Gynecology* 61 (1951): 477–486.

Hahn, P. F.; J. P. B. Goodell; C. W. Sheppard; R. O. Cannon; and H. C. Francis. "Direct Infiltration of Radioactive Isotopes as a Means of Delivering Ionizing Radiation to Discrete Tissues." *Journal of Laboratory and Clinical Medicine* 32 (1947): 1442–1453.

Hahn, P. F.; Edgar Jones; . C. Lowe; G. R. Meneely; and Wendell Peacock. "The Relative Absorption and Utilization of Ferrous and Ferric Iron in Anemia as Determined with the Radioactive Isotope." *American Journal of Physiology* 143 (1945): 191–197.

Hahn, P. F.; L. L. Miller; F. S. Robscheit–Robbins; W. F. Bale; and G. H. Whipple. "Peritoneal Absorption: Red Cells Labeled by Radio–Iron Hemoglobin Move Promptly from Peritoneal Cavity into the Circulation." *Journal of Experimental Medicine* 80 (1944): 77–82.

Hahn, P. F.; J. F. Ross; W. F. Bale; W. M. Balfour; and G. H. Whipple. "Red Cell and Plasma Volumes (Circulating and Total) as Determined by Radio Iron and by Dye." *Journal of Experimental Medicine* 75 (1942): 221–232.

Hahn, P. F., and C. W. Sheppard. "Selective Radiation Obtained by the Intravenous Administration of Colloidal Radioactive Isotopes in Diseases of the Lymphoid System." *Southern Medical Journal* 39 (1946): 558–562.

Hales, Peter Bacon. *Atomic Spaces: Living on the Manhattan Project.* Urbana: University of Illinois Press, 1997.

Hall, B. E., and C. H. Watkins. "Radiophosphorus in the Treatment of Blood Dyscrasias." *Medical Clinics of North America* 31 (1947): 810–840.

Halpern, Sydney A. *Lesser Harms: The Morality of Risk in Medical Research.* Chicago: University of Chicago Press, 2004.

Hamblin, Jacob Darwin. "Hallowed Lords of the Sea: Scientific Authority and Radioactive Waste in the United States, Britain, and France." *Osiris* 21 (2006): 209–228.

———. *Poison in the Well: Radioactive Waste in the Oceans at the Dawn of the Nuclear Age.* New Brunswick, NJ: Rutgers University Press, 2008.

———. " 'A Dispassionate and Objective Effort' : Negotiating the First Study on the Biological Effects of Atomic Radiation." *Journal of the History of Biology* 40 (2007): 147–177.

Hamilton, Joseph G. "The Rates of Absorption of Radio-Sodium in Normal Human Subjects." *Proceedings of the National Academy of Sciences*, USA 23 (1937): 521–527.

———. "The Rates of Absorption of the Radioactive Isotopes of Sodium, Potassium, Chlorine, Bromine, and Iodine in Normal Human Subjects." *American Journal of Physiology* 124 (1938): 667–678.

———. "The Use of Radioactive Tracers in Biology and Medicine." *Radiology* 39 (1942): 541–572.

Hamilton, Joseph G., and Gordon A. Alles. "The Physiological Action of Natural and Artificial Radioactivity." *American Journal of Physiology* 125 (1939): 410–413.

Hamilton, Joseph G., and John H. Lawrence. "Recent Clinical Developments in the Therapeutic Application of Radio-Phosphorus and Radio-Iodine." *Journal of Clinical Investigation* 21 (1942): 624.

Hamilton, Joseph G., and Mayo H. Soley. "Studies in Iodine Metabolism by the Use of a New Radioactive Isotope of Iodine." *American Journal of Physiology* 127 (1939): 557–572.

———. "Studies in Iodine Metabolism of the Thyroid Gland in Situ by the Use of Radio–Iodine in Normal Subjects and in Patients with Various Types of Goiter." *American Journal of Physiology* 131 (1940): 135–143.

Hamilton, Joseph G., and Robert S. Stone. "Excretion of Radio–Sodium Following Intravenous Administration in Man." *Proceedings of the Society for Experimental Biology and Medicine* 35 (1937): 595–598.

———. "The Intravenous and Intraduodenal Administration of Radio–Sodium." *Radiology* 28 (1937): 178–188.

Hanson, W. C., and H. A. Kornberg. "Radioactivity in Terrestrial Animals near an Atomic Energy Site." *Proceedings of the International Conference on the Peaceful Uses of Atomic Energy*, Held in Geneva 8 August–20 August 1955. Vol. 13. New York: United Nations, 1956: 385–388.

Haraway, Donna. *Crystals, Fabrics and Fields: Metaphors of Organisms in Twentieth–Century Developmental Biology*. New Haven, CT: Yale University Press, 1976.

Harkewicz, Laura J. *"The Ghost of the Bomb" : The Bravo Medical Program, Scientific Uncertainty, and the Legacy of U.S. Cold War Science, 1954–2005*. PhD diss., University of California, San Diego, 2010.

Harper, P. V.; G. Andros; and K. Lathrop. "Preliminary Observations on the Use of Six–Hour Tc99m as a Tracer in Biology and Medicine." *Semiannual Report to the Atomic Energy Commission*. Chicago: Argonne Cancer Research, 1962, 77–88.

Hartmann, Susan M. *Truman and the 80th Congress*. Columbia: University of Missouri Press, 1971.

Hassett, C. C., and D. W. Jenkins. "The Uptake and Effect of Radiophosphorus in Mosquitoes." *Physiological Zoology* 24 (1951): 257–266.

Hecht, Gabrielle. *The Radiance of France: Nuclear Power and National Identity after World War II*. Cambridge, MA: MIT Press, 1998.

Heilbron, John L. "The First European Cyclotrons." *Rivista di Storia della Scienza 3*

(1986): 1–44.

Heilbron, J. L., and Robert . Seidel. *Lawrence and His Laboratory: A History of the Lawrence Berkeley Laboratory*. Berkeley: University of California Press, 1989.

Heilbron, J. L.; Robert . Seidel; and Bruce R. Wheaton. *Lawrence and His Laboratory: Nuclear Science at Berkeley*. Berkeley, CA: Lawrence Berkeley Laboratory and Office for History of Science and Technology, 1981.

Heims, Steve Joshua. *The Cybernetics Group*. Cambridge, MA: MIT Press, 1991. Henderson, Malcolm C.; M. Stanley Livingston; and Ernest O. Lawrence. "Artificial Radioactivity Produced by Deuton [sic] Bombardment." *Physical Review* 45 (1934): 428–429.

Henshaw, Paul S. "Atomic Energy: Cancer Cure . . . or Cancer Cause?" *Scientific Illustrated* 2 (Nov 1947): 46–47, 84.

Herberman, Ronald B. "Immunodiagnostics for Cancer Testing." In *Schönfeld, New Developments in Immunoassays*, 38–44.

Herran, Néstor. "Spreading Nucleonics: The Isotope School at the Atomic Energy Research Establishment, 1951–67." *British Journal for the History of Science* 39 (2006): 569–586.

———. "Isotope Networks: Training, Sales and Publications, 1946–1965." *Dynamis* 29 (2009): 285–306.

Herran, Néstor, and Xavier Roqué. "Tracers of Modern Technoscience, " introduction to a special collection "Isotopes: Science, Technology and Medicine in the Twentieth Century." *Dynamis* 29 (2009): 123–130.

Herriott, Roger M. "Nucleic-Acid-Free T2 Virus 'Ghosts' with Specific Biological Action." *Journal of Bacteriology* 61 (1951): 752–754.

Hershey, Alfred D. "Reproduction of Bacteriophage." *International Review of Cytology* 1 (1952): 119–134.

———. "Intracellular Phases in the Reproductive Cycle of Bacteriophage T2."

Annales de l' Institut Pasteur 84 (1953): 99–112.

———. "Conservation of Nucleic Acids during Bacterial Growth." *Journal of General Physiology* 38 (1954): 145–148.

———. "The Injection of DNA into Cells by Phage." In *Phage and the Origins of Molecular Biology*, ed. John Cairns, Gunther S. Stent, and James D. Watson. Cold Spring Harbor, NY: Cold Spring Harbor Laboratory Press, 1966, 100–108.

Hershey, A. D., and Elizabeth Burgi. "Genetic Significance of the Transfer of Nucleic Acid from Parental to Offspring Phage." *old Spring Harbor Symposia on Quantitative Biology* 21 (1956): 91–101.

Hershey, A. D., and Martha Chase. "Independent Functions of Viral Protein and Nucleic Acid in Growth of Bacteriophage." *Journal of General Physiology* 36 (1952): 39–56.

Hershey, A. D.; M. D. Kamen; J. W. Kennedy; and H. Gest. "The Mortality of Bacteriophage Containing Assimilated Radioactive Phosphorus." *Journal of General Physiology* 34 (1951): 305–319.

Hershey, A. D.; Catherine Roesel; Martha Chase; and Stanley Forman. "Growth and Inheritance in Bacteriophage." *Carnegie Institution of Washington Year Book* 50 (1951): 195–200. Reprinted in Stahl, We Can Sleep Later, 173–178.

Hertz, Saul, and A. Roberts. "Application of Radioactive Iodine in Therapy of Graves' Disease." *Journal of Clinical Investigation* 21 (1942): 624.

Hertz, S.; A. Roberts; and Robley D. Evans. "Radioactive Iodine as an Indicator in the Study of Thyroid Physiology." *Proceedings of the Society of Experimental Biology and Medicine* 38 (1938): 510–513.

Hevesy, G. "The Absorption and Translocation of Lead by Plants: A Contribution to the Application of the Method of Radioactive Indicators in the Investigation of the Change of Substance in Plants." *Biochemical Journal* 17 (1923): 439–445.

———. "Application of Radioactive Indicators in Biology." *Annual Review* of

Biochemistry 9 (1940): 641–662.

———. "Historical Progress of the Isotopic Methodology and Its Influences on the Biological Sciences." *Minerva Nucleare* 1, no. 4–5 (1957): 189–200.

Hevesy, G., and E. Hofer. "Diplogen and Fish." *Nature* 133 (1934): 495–496.

Hevesy, G.; H. B. Levi; and O. H. Rebbe. "The Origin of the Phosphorus Compounds in the Embryo of the Chicken." *Biochemical Journal* 32 (1938): 2147–2155.

Hewlett, Richard G., and Oscar E. Anderson Jr. *The New World: A History of the United States Atomic Energy Commission*, Vol. 1, 1939–1946. University Park: Pennsylvania State University Press, 1962; reprint Berkeley: University of California Press, 1990.

Hewlett, Richard G., and Francis Duncan. *Atomic Shield: A History of the United States Atomic Energy Commission*, Vol. 2, 1947–1952. University Park: Pennsylvania State University Press, 1969; reprint Berkeley: University of California Press, 1990.

Hewlett, Richard G., and Jack M. Holl. *Atoms for Peace and War, 1953–1961: Eisenhower and the Atomic Energy Commission*. Berkeley: University of California Press, 1989.

Higuchi, Toshihiro. *Radioactive Fallout, the Politics of Risk, and the Making of a Global Environmental Crisis, 1954–1963*. PhD diss., Georgetown University, 2011.

Hill, Gladwin. "Effect of A–Bomb Is Found Limited." *New York Times*, 30 Mar 1955, p. 16.

Hines, Neal O. *Proving Ground: An Account of the Radiobiological Studies in the Pacific, 1946–1961*.Seattle:University of Washington Press, 1962.

Hoddeson, Lillian; Paul. Henriksen; Roger A. Meade; and Catherine Westfall. *Critical Assembly: A Technical History of Los Alamos during the Oppenheimer Years, 1943–1945*. Cambridge: Cambridge University Press, 1993.

Holmes, Frederic L. "The Intake–Output Method of Quantification in Physiology." *Historical Studies in the Physical and Biological Sciences* 17 (1987): 235–270.

———. “Manometers, Tissue Slices, and Intermediary Metabolism.” In Clarke and Fujimura, *The Right Tools for the Job*, 151–171.

———. *Between Biology and Medicine: The Formation of Intermediary Metabolism*. Berkeley: Office for History of Science and Technology, University of California, 1992.

———. “Crystals and Carriers: The Chemical and Physiological Identification of Hemoglobin.” In *No Truth Except in the Details: Essays in Honor of Martin J.* Klein, ed. A. J. Kox and Daniel M. Siegel. Dordrecht, the Netherlands: Kluwer Academic Publishers, 1995, 191–243.

———. *Meselson, Stahl, and the Replication of DNA: A History of “The Most Beautiful Experiment in Biology.”* New Haven, CT: Yale University Press, 2001.

———. *Reconceiving the Gene: Seymour Benzer’s Adventures in Phage Genetics*, ed. William C. Summers. New Haven, CT: Yale University Press, 2006.

Horwitz, Robert Britt. *The Irony of Regulatory Reform: The Deregulation* of *American Telecommunications*. New York: Oxford University Press, 1989.

Hughes, Thomas P. *Networks of Power: Electrification in Western Society, 1880– 1930*. Baltimore: Johns Hopkins University Press, 1983.

———. “Tennessee Valley and Manhattan Engineering District.” In *American Genesis: A Century of Invention and Technological Enthusiasm, 1870–1970*. New York: Viking, 1989, 353–442.

Hutchinson, G. E. “Bio–Ecology.” *Ecology* 21 (1940): 267–268.

———. “Limnological Studies in Connecticut, IV: The Mechanisms of Intermediary Metabolism in Stratified Lakes.” *Ecological Monographs* 11 (1941): 21–60.

———. “Thiamin in Lake Waters and Aquatic Organisms.” *Archives of Biochemistry* 2 (1943): 143–150.

———. “The Biogeochemistry of Aluminum and of Certain Related Elements.” *Quarterly Review of Biology* 18 (1943): (I.) 1–29, (II.) 128–153, (III.) 242–262, (IV.)

331–363.

———. "Circular Causal Systems in Ecology." *Annals of the New York Academy of Sciences* 50 (1948): 221–246.

Hutchinson, G. Evelyn, and Vaughan T. Bowen. "A Direct Demonstration of the Phosphorus Cycle in a Small Lake." *Proceedings of the National Academy of Sciences*, USA 33 (1947): 148–153.

———. "Limnological Studies in Connecticut, IX: A Quantitative Radiochemical Study of the Phosphorus Cycle in Linsley Pond." *Ecology 31* (1950): 194–203.

Hutchinson, G. Evelyn, and Jane K. Setlow. "Limnological Studies in Connecticut, VIII: The Niacin Cycle in a Small Inland Lake." *Ecology 27* (1946): 13–22.

"Intercomparison of Film Badge Interpretations." *Isotopics* 5, no. 2 (Apr 1955): 8–33.

International Atomic Energy Agency. *International Directory of Radioisotopes*, Vol. I: Unprocessed and Processed Radioisotope Preparations and Special Radiation Sources. Vienna: International Atomic Energy Agency, 1959.

———. *International Directory of Radioisotopes*, Vol. II: Compounds of Carbon 14, Hydrogen 3, Iodine 131, Phosphorus 32, and Sulphur 35. Vienna: International Atomic Energy Agency, 1959.

"Iron Doses with Radioactive Isotopes Aid to Pregnancy, Experiment Shows." Nashville Banner, 13 Dec 1946, p. 24.

Jaczko, Gregory B. "A Regulator's Perspective on Safety, " remarks presented at American Society for Radiation Oncology Annual Meeting, 2 Oct 2011, http://www.nrc.gov/reading–rm/doc–collections/commission/speeches/2011/.

Jakobson, Max. *Finland in the New Europe.* Westport, CT: Praeger, 1998.

James, F. "Insulin Treatment in Psychiatry." *History of Psychiatry* 3 (1992): 221–235.

Javid, Manucher; Gordon L. Brownell; and William H. Sweet. "The Possible Use of Neutron–Capturing Isotopes such as Boron10 in the Treatment of Neoplasms, II: Computation of the Radiation Energies and Estimates of Effects in Normal and

Neoplastic Brain." *Journal of Clinical Investigation* 31 (1952): 604–610.

JCAE. See US Congress, Joint Committee on Atomic Energy.

Joerges, Bernward, and Terry Shinn, eds. *Instrumentation: Between Science, State and Industry*. Dordrecht, the Netherlands: Kluwer Academic Publishing, 2001.

Johnson, Charles W., and Jackson, Charles O. *City behind a Fence: Oak Ridge, Tennessee 1942–1946*. Knoxville: University of Tennessee Press, 1981.

Johnson, Leland, and Daniel Schaffer. *Oak Ridge National Laboratory: The First Fifty Years*. Knoxville: University of Tennessee Press, 1994.

Jolly, J. Christopher. "Linus Pauling and the Scientific Debate over Fallout Hazards." *Endeavour* 26 (2002): 149–153.

———. *Thresholds of Uncertainty: Radiation and Responsibility in the Fallout Controversy*, PhD diss., Oregon State University, 2003.

Jones, David S., and Robert L. Martensen. "Human Radiation Experiments and the Formation of Medical Physics at the University of California, San Francisco and Berkeley, 1937–1962." In *Goodman et al., Useful Bodies*, 81–108.

Jones, H. B.; I. L. Chaikoff; and John H. Lawrence. "Radioactive Phosphorus as an Indicator of Phospholipid Metabolism, VI: The Phospholipid Metabolism of Neoplastic Tissues (Mammary Carcinoma, Lymphoma, Lymphosarcoma, Sarcoma 180)." *Journal of Biological Chemistry* 128 (1939): 631–644.

Jones, Vincent C. *Manhattan, the Army and the Atomic Bomb*. Washington, DC: Center of Military History, United States Army, 1985.

Judson, Horace Freeland. *The Eighth Day of Creation: Makers of the Revolution in Biology*. New York: Simon & Schuster, 1979.

Kafatos, Fotis C. "A Revolutionary Landscape: The Restructuring of Biology and its Convergence with Medicine." *Journal of Molecular Biology* 319 (2002): 861–867.

Kahn, C. Ronald, and Jesse Roth. "Berson, Yalow, and the JCI: The Agony and the Ecstasy." *Journal of Clinical Investigation* 114 (2004): 1051–1054.

Kahn, Herman. *On Thermonuclear War*. Princeton, NJ: Princeton University Press, 1960.

Kaiser, David. "Cold War Requisitions, Scientific Manpower, and the Production of American Physicists after World War II." *Historical Studies in the Physical and Biological Sciences* 33 (2002): 131–159.

Kaiser, David . "The Atomic Secret in Red Hands? American Suspicions of Theoretical Physicists during the Early Cold War." *Representations* 90 (2005): 28–60.

Kamen, Martin D. *Radioactive Tracers in Biology: An Introduction to Tracer Methodology*. 2nd ed. New York: Academic Press, 1951.

———. *Radiant Science, Dark Politics: A Memoir of the Nuclear Age*. Berkeley: University of California Press, 1985.

———. "A Cupful of Luck, a Pinch of Sagacity." *Annual Review of Biochemistry* 55 (1986): 1–34.

———. "Early History of Carbon–14." *Science 140* (1963): 584–590.

Kamen, Martin D., and Samuel Ruben. "Studies in Photosynthesis with Radio–Carbon." *Journal of Applied Physics* 12 (1941): 326.

Kamminga, Harmke. "Vitamins and the Dynamics of Molecularization: Biochemistry, Policy and Industry in Britain, 1914–1939." In de Chadarevian and Kamminga, *Molecularizing Biology and Medicine*, 83–105.

Kamminga, Harmke, and Mark Weatherall. "The Making of a Biochemist, I: Frederick Gowland Hopkins' Construction of Dynamic Biochemistry." *Medical History 40* (1996): 269–292.

Kathren, Ronald L. "Pathway to a Paradigm: The Linear Non–threshold Dose–Response Model in Historical Context: The American Academy of Health Physics 1995 Radiology Centennial Hartman Oration." *Health Physics* 70 (1996): 621–635.

Kay, Lily E. "Laboratory Technology and Biological Knowledge: The Tiselius Electrophoresis Apparatus, 1930–1945." *History and Philosophy of the Life Sciences* 10

(1988): 51–72.

———. *The Molecular Vision of Life: Caltech, the Rockefeller Foundation, and the Rise of the New Biology*. New York: Oxford University Press, 1993.

———. *Who Wrote the Book of Life? A History of the Genetic Code*. Stanford, CA: Stanford University Press, 2000.

Kaye, Stephen V., and Paul B. Dunaway. "Bioaccumulation of Radioactive Isotopes by Herbivorous Small Mammals." *Health Physics* 7 (1962): 205–217.

———. "Estimation of Dose Rate and Equilibrium State from Bioaccumulation of Radionuclides by Mammals." In Schultz and Klement, *Radioecology*, 107–111.

Keating, Peter, and Cambrosio, Alberto. *Biomedical Platforms: Realigning the Normal and the Pathological in Late–Twentieth–Century Medicine*. Cambridge, MA: MIT Press, 2003.

Keller, Evelyn Fox. "From Secrets of Life to Secrets of Death." In *Secrets of Life, Secrets of Death: Essays on Language, Gender and Science*. New York: Routledge, 1992, 39–55.

———. *Refiguring Life: Metaphors of Twentieth–Century Biology*. New York: Columbia University Press, 1995.

Keston, Albert S.; Robert P. Ball; V. Kneeland Frantz; and Walter W. Palmer. "Storage of Radioactive Iodine in a Metastasis from Thyroid Carcinoma." *Science* 95 (1942): 362–363.

Kevles, Bettyann. *Naked to the Bone: Medical Imaging in the Twentieth Century*. New Brunswick, NJ: Rutgers University Press, 1997.

Kevles, Daniel J. "The National Science Foundation and the Debate over Postwar Research Policy, 1942–1945: A Political Interpretation of Science—The Endless Frontier." *Isis* 68 (1977): 5–26.

———. *The Physicists: The History of a Scientific Community in America*. 1978; reissued Cambridge, MA: Harvard University Press, 1987.

———. "Cold War and Hot Physics: Science, Security, and the American State,

1945–1956." *Historical Studies in the Physical and Biological Sciences* 20 (1990): 239–264.

Kevles, Daniel J., and Gerald L. Geison. "The Experimental Life Sciences in the Twentieth Century." *Osiris* 10 (1995): 97–121.

Kingsland, Sharon E. *Modeling Nature: Episodes in the History of Population Ecology*. Chicago: University of Chicago Press, 1985.

———. "Defining Ecology as a Science." In *Foundations of Ecology: Classic Papers with Commentaries*, ed. Leslie A. Real and James H. Brown. Chicago: University of Chicago Press, 1991, 1–13.

———. *The Evolution of American Ecology, 1890–2000*. Baltimore: Johns Hopkins University Press, 2005.

Kirsch, Scott. *Proving Grounds: Project Plowshare and the Unrealized Dream* of *Nuclear Earthmoving*. New Brunswick, NJ: Rutgers University Press, 2005.

Klingle, Matthew W. "Plying Atomic Waters: Lauren Donaldson and the 'Fern Lake Concept' of Fisheries Management." *Journal of the History of Biology* 31 (1988): 1–32.

Kluger, Richard. *The Paper: The Life and Death of the New York Herald Tribune*. New York: Alfred A. Knopf, 1986.

Kohler, Robert E. "The Enzyme Theory and the Origin of Biochemistry." *Isis* 64 (1973): 181–196.

———. "The Management of Science: The Experience of Warren Weaver and the Rockefeller Foundation Programme in Molecular Biology." *Minerva 14* (1976): 279–306.

———. "Rudolf Schoenheimer, Isotopic Tracers, and Biochemistry in the 1930's." *Historical Studies in the Physical Sciences* 8 (1977): 257–298.

———. *Partners in Science: Foundations and Natural Scientists, 1900–1945*. Chicago: University of Chicago Press, 1991.

———. *Lords of the Fly: Drosophila Genetics and the Experimental Life*. Chicago:

University of Chicago Press, 1994.

———. "Moral Economy, Material Culture, and Community in Drosophila Genetics." In *The Science Studies Reader,* ed. Mario Biagioli. New York: Routledge, 1999: 243–257.

———. *Landscapes and Labscapes: Exploring the Lab–Field Border in Biology*. Chicago: University of Chicago Press, 2002.

Kohman, Truman P. "Proposed New Word: Nuclide." *American Journal of Physics* 15 (1947): 356–357.

Kopp, Carolyn. "The Origins of the American Scientific Debate over Fallout Hazards." *Social Studies of Science 9* (1979): 403–422.

Korszniak, N. "A Review of the Use of Radio–Isotopes in Medicine and Medical Research in Australia (1947–73)." *Australasian Radiology* 41 (1997): 211–219.

Kozloff, Lloyd M., and Frank W. Putnam. "Biochemical Studies of Virus Reproduction, III: The Origin of Virus Phosphorus in the Escherichia coli T6 Bacteriophage System." *Journal of Biological Chemistry* 182 (1950): 229–242.

Kraft, Alison. "Between Medicine and Industry: Medical Physics and the Rise of the Radioisotope 1945–65." *Contemporary British History* 20 (2006): 1–35.

———. "Manhattan Transfer: Lethal Radiation, Bone Marrow Transplantation, and the Birth of Stem Cell Biology, ca. 1942–1961." *Historical Studies in the Natural Sciences* 39 (2009): 171–218.

Krebs, H. A. "Cyclic Processes in Living Matter." Enzymologia 12 (1947): 88–100.

Krige, John. "The Politics of Phosphorus–32: A Cold War Fable Based on Fact." *Historical Studies in the Physical and Biological Sciences* 36 (2005): 71–91.

———. "Atoms for Peace, Scientific Internationalism, and Scientific Intelligence." *Osiris 21* (2006): 161–181.

———. "Technology, Foreign Policy and International Cooperation in Space." In *Critical Issues in the History of Spaceflight*, ed. Steven J. Dick and Roger D. Launius.

Washington, DC: NASA, 2006, 239–262.

———. *American Hegemony and the Postwar Reconstruction of Science in Europe*. Cambridge, MA: MIT Press, 2006.

———. "Techno–Utopian Dreams, Techno–Political Realities: The Education of Desire for the Peaceful Atom." In *Utopia–Dystopia: Conditions of Historical Possibility*, ed. Michael D. Gordin, Helen Tilley, and Gyan Prakash. Princeton, NJ: Princeton University Press, 2010, 151–175.

Krumholz, Louis A. *A Summary of Findings of the Ecological Survey of White Oak Creek, Roane County, Tennessee, 1950–1953* , ORO–132. Oak Ridge, TN: Technical Information Service, 1954.

Kutcher, Gerald J. "Cancer Therapy and Military Cold–War Research: Crossing Epistemological and Ethical Boundaries." *History Workshop Journal* 56 (2003): 105–130.

———. *Contested Medicine: Cancer Research and the Military*. Chicago: University of Chicago Press, 2009.

———. "Fast Neutrons for Cancer Therapy: A Case Study of Failure." Unpublished paper presented to the Program in History of Science at Princeton University, 25 Mar 2010.

Kwa, Chunglin. *Mimicking Nature: The Development of Systems Ecology in the United States*, PhD diss., University of Amsterdam, 1989.

———. "Radiation Ecology, Systems Ecology and the Management of the Environment." In *Science and Nature: Essays in the History of the Environmental Sciences,* ed. Michael Shortland. Oxford: British Society for the History of Science, 1993, 213–249.

Landa, Edward . "Buried Treasure to Buried Waste: The Rise and Fall of the Radium Industry." *Colorado School of Mines Quarterly* 82, no. 2 (1987): i–viii, 1–77.

———. "The First Nuclear Industry." *Scientific American* 247 (Nov 1982): 180–193.

Landecker, Hannah. *Culturing Life: How Cells Became Technologies*. Cambridge, MA: Harvard University Press, 2007.

———. "Living Differently in Time: Plasticity, Temporality and Cellular Biotechnologies." In *Technologized Images, Technologized Bodies: Anthropological Approaches to a New Politics of Vision*, ed. Jeanette Edwards, Penny Harvey, and Peter Wade. New York: Berghahn Books, 2010, 211–236.

———. "Hormones and Metabolic Regulation, circa 1969." Unpublished paper presented at a meeting of the International Society for the History, Philosophy, and Social Studies of Biology, University of Utah, Salt Lake City, 10–15 Jul 2011.

Landon, John. "A Look at the Future with Regard to Immunoassay." In Schönfeld, *New Developments in Immunoassays*, 118–128.

Landsteiner, Karl. *The Specificity of Serological Reactions*. Rev. ed. Cambridge, MA: Harvard University Press, 1945.

Lapp, Ralph E. "'Fall–Out': Another Dimension in Atomic Killing Power." *New Republic* 132 (14 Feb 1955): 8–12.

———. *The Voyage of the Lucky Dragon*. New York: Harper, 1958.

Lapp, Ralph E., J. T. Kulp, W. R. Eckelmann, and A. R. Schulert. "Strontium–90 in Man." *Science* 125 (1957): 933–934.

Larrabee, Ralph C. "The Severe Anemias of Pregnancy and the Puerperium." *American Journal of the Medical Sciences* 170 (1925): 371–389.

Larsen, Carl. "Midwest Center for Research on Radiation Effect." *Chicago Daily Sun–Times*, 17 Jan 1955, pp. 1, 4.

Larson, Kermit H. "Continental Close–In Fallout: Its History, Measurement and Characteristics." In Schultz and Klement, *Radioecology*, 19–25.

Laurence, William L. "Atomic Key to Life Is Feasible Now." *New York Times*, 9 Oct 1945, p. 6.

———. "Is Atomic Energy the Key to Our Dreams?" *Saturday Evening Post*, 13 Apr

1946, pp. 9–10, 36–37, 39, 41.

———. "Waste Held Peril in Atomic Power." *New York Times*, 17 Dec 1955, p. 12.

Lavine, Matthew. *A Cultural History of Radiation and Radioactivity in the United States, 1895–1945*. PhD diss., University of Wisconsin, Madison, 2008.

Lawrence, Ernest O. "The Biological Action of Neutron Rays." *Radiology* 29 (1937): 313–322.

Lawrence, Ernest O., and Donald P. Cooksey. "On the Apparatus for Multiple Acceleration of Light Ions to High Speeds." *Physical Review* 50 (1936): 1131–1140.

Lawrence, John H. "Some Biological Applications of Neutrons and Artificial Radioactivity." *Nature* 145 (1940): 125–127.

———. "Early Experiences in Nuclear Medicine [1956]." *Journal of Nuclear Medcine* 20 (1979): 561–564.

Lawrence, John H.; Paul C. Aebersold; and Ernest O. Lawrence. "Comparative Effects of X–Rays and Neutrons on Normal and Tumor Tissue." *Proceedings of the National Academy of Sciences, USA* 22 (1936): 543–557.

Lawrence, John H., and William U. Gardner. "A Transmissible Leukemia in the 'A' Strain of Mice." *American Journal of Cancer* 33 (1938): 112–119.

Lawrence, John H., and Ernest O. Lawrence. "The Biological Action of Neutron Rays." *Proceedings of the National Academy of Sciences*, USA22(1936):124–133.

Lawrence, John H., and K. G. Scott. "Comparative Metabolism of Phosphorus in Normal and Lymphomatous Animals." *Proceedings of the Society for Experimental Biology and Medicine* 40 (1939): 694–696.

Lawrence, John H.; K. G. Scott; and L. W. Tuttle. "Studies on Leukemia with the Aid of Radioactive Phosphorus." *New International Clinics* 3 (1939): 33–58.

Lawrence, John H., and Cornelius A. Tobias. "Radioactive Isotopes and Nuclear Radiations in the Treatment of Cancer." *Cancer Research* 16 (1956): 185–193.

Lawrence, J. H.; L. W. Tuttle; K. G. Scott; and . L. Connor. "Studies on Neo–plasms with the Aid of Radioactive Phosphorus, I: The Total Phosphorus Metabolism of Normal and Leukemic Mice." *Journal of Clinical Investigation* 19 (1940): 267–271.

LeBaron, Wayne. *America's Nuclear Legacy*. Commack, NY: Nova Science Publishers, 1998.

Lederer, Susan E. *Subjected to Science: Human Experimentation in America before the Second World War*. Baltimore: Johns Hopkins University Press, 1995.

Lenoir, Timothy, and Hays, Marguerite. "The Manhattan Project for Biomedicine." In *Controlling Our Destinies: Historical, Philosophical, Ethical, and Theological Perspectives on the Human Genome Project*, ed. Philip R. Sloan. Notre Dame, IN: University of Notre Dame Press, 2000, 29–62.

Lenoir, Timothy, and Christophe Lécuyer. "Instrument Makers and Discipline Builders: The Case of Nuclear Magnetic Resonance." *Perspectives on Science* 3 (1995): 276–345.

Leopold, Ellen. *Under the Radar: Cancer and the Cold War*. New Brunswick, NJ: Rutgers University Press, 2009.

Lerner, A. P. "Does Control of Atomic Energy Involve a Controlled Economy?" *Bulletin of the Atomic Scientists* 5, no. 1 (1949): 15–16.

Leviero, Anthony. "Atom Bomb By–Product Promises To Replace Radium as Cancer Aid." *New York Times*, 22 Apr 1948, pp. 1, 19.

Lewis, E. B. "Leukemia and Ionizing Radiation." Science 125 (1957): 965–972.

Libby, W. F. "The Radiocarbon Story." *Bulletin of the Atomic Scientists* 4, no. 9 (1948): 263–266.

———. "Radioactive Fallout and Radioactive Strontium." *Science* 123 (1956): 657–660.

Lilienthal, David . "The Atomic Adventure." *Collier's* 119 (3 May 1947): 12, 82, 84–85.

———. "Private Industry and the Public Atom." *Bulletin of the Atomic Scientists* 5, no.

1 (1949): 6–8.

———. "Free the Atom." *Collier's* 125 (17 Jun 1950), pp. 13–15, 54–58.

———. *The Journals of David E. Lilienthal.* 7 vols. New York: Harper, 1964.

Lindee, M. Susan. "What Is a Mutation? Identifying Heritable Change in the Offspring of Survivors at Hiroshima and Nagasaki." *Journal of the History of Biology* 25 (1992): 231–255.

———. *Suffering Made Real: American Science and the Survivors at Hiroshima.* Chicago: University of Chicago Press, 1994.

Lindeman, Raymond L. "The Trophic-Dynamic Aspect of Ecology." *Ecology* 23 (1942): 399–417.

Livingood, J. J., and G. T. Seaborg. "Radioactive Isotopes of Iodine." *Physical Review* 54 (1938): 775–782.

Livingston, M. Stanley. "Early History of Particle Accelerators." *Advances in Electronics and Electron Physics* 50 (1980): 1–88.

Ljungdahl, L. G., and H. G. Wood. "Total Synthesis of Acetate from 2 by Heterotrophic Bacteria." *Annual Reviews of Microbiology* 23 (1969): 515–538.

Locksley, Herbert B.; William H. Sweet; Henry J. Powsner; and Elias Dow. "Suitability of Tumor-Bearing Mice for Predicting Relative Usefulness of Isotopes in Brain Tumors." *Archives of Neurology and Psychiatry* 71 (1954): 684–698.

Lowen, Rebecca S., "Entering the Atomic Power Race: Science, Industry, and Government." *Political Science Quarterly* 102 (1987): 459–479.

Luessenhop, Alfred J.;William H. Sweet; and Janette Robinson. "Possible Use of the Neutron Capturing Isotope Lithium6 in the Radiation Therapy of Brain Tumors." *American Journal of Roentgenology, Radium Therapy, and Nuclear Medicine* 76 (1956): 376–392.

Luessenhop, A. J.; J. C. Gallimore; W. H. Sweet; E. G. Struxness; and J. Robinson. "The Toxicity in Man of Hexavalent Uranium Following Intravenous

Administration." *American Journal of Roentgenology, Radium Therapy, and Nuclear Medicine* 79 (1958): 83–100.

Luria, Salvador. "Reactivation of Irradiated Bacteriophage by Transfer of Self–Reproducing Units." *Proceedings of the National Academy of Sciences*, USA 33 (1947): 253–264.

———. "Reactivation of Ultraviolet–Irradiated Bacteriophage by Multiple Infection." *Journal of Cellular and Comparative Physiology* 39, Supp. 1 (1952): 119–123.

———. "Radiation and Viruses." In *Radiation Biology*, ed. Alexander Hollaender, vol. 2: Ultraviolet and Related Radiations. New York: McGraw–Hill, 1955, 333–364.

Luria, Salvador., and Raymond Latarjet. "Ultraviolet Irradiation of Bacteriophage during Intracellular Growth." *Journal of Bacteriology* 53 (1947): 149–163.

Lutts, Ralph H. "Chemical Fallout: Rachel Carson's Silent Spring, Radioactive Fallout, and the Environmental Movement." *Environmental Review* 9 (1985): 210–225.

M.D. Anderson Hospital and Tumor Institute. *The First Twenty Years of the University of Texas M. D. Anderson Hospital and Tumor Institute.* Houston: University of Texas M. D. Anderson Hospital and Tumor Institute, 1964.

Maaløe, Ole, and Gunther S. Stent. "Radioactive Phosphorus Tracer Studies on the Reproduction of T4 Bacteriophage, I: Intracellular Appearance of Phage–Like Material." Acta Pathologica et Microbiologica Scandinavica 30 (1952): 149–157.

Maaløe, Ole, and James D. Watson. "The Transfer of Radioactive Phosphorus from Parental to Progeny Phage." *Proceedings of the National Academy of Sciences*, USA 37 (1951): 507–513.

Maisel, Albert Q. "Medical Dividend." *Collier' s* 119 (3 May 1947): 14, 43–44.

Mallard, Grégoire. "Quand l'expertise se heurte au pouvoir souverain: La nation américaine face à la prolifération nucléaire, 1945–1953." *Sociologie du Travail* 48 (2006): 367–389.

———. *The Atomic Confederacy: Europe's Quest for Nuclear Weapons and the Making of a New World Order*. PhD diss., Princeton University, 2008.

Malloy, Sean L. "'A Very Pleasant Way to Die': Radiation Effects and the Decision to Use the Atomic Bomb against Japan." *Diplomatic History* 36 (2012): 515–545.

Mann, Charles C. "Radiation: Balancing the Record." Science 263 (1994): 470–473. March, Herman C. "Leukemia in Radiologists in a 20 Year Period." *American Journal of the Medical Sciences* 220 (1950): 282–286.

Marinelli, L. D.; F. W. Foote; R. F. Hill; and A. F. Hocker. "Retention of Radioactive Iodine in Thyroid Carcinomas: Histopathologic and Radio–Autographic Studies." *American Journal of Roentgenology and Radium Therapy* 58 (1947): 17–32.

Marks, Harry M. *The Progress of Experiment: Science and Therapeutic Reform in the United States, 1900–1990.* Cambridge: Cambridge University Press, 1997.

Martin, A. J. P., and . L. M. Synge. "Analytical Chemistry of the Proteins." *Advances in Protein Chemistry* 2 (1945): 1–83.

Massachusetts Task Force on Human Subject Research. *A Report on the Use of Radioactive Materials in Human Subject Research That Involved Residents of State–Operated Facilities within the Commonwealth of Massachusetts from 1943 through 1973.* Boston: Commonwealth of Massachusetts, Executive Office of Health & Human Services, Dept. of Mental Retardation, 1994.

Mauss, Marcel. *The Gift: Forms and Functions of Exchange in Archaic Societies.* Translated by Ian Cunnison. London: Cohen & West, 1954.

Mazuzan, George T. "Conflict of Interest: Promoting and Regulating the Infant Nuclear Power Industry, 1954–1956." *Historian* 44, no. 1 (1981): 1–14.

Mazuzan, George T., and J. Samuel Walker. *Controlling the Atom: The Beginnings of Nuclear Regulation 1946–1962.* Berkeley: University of California Press, 1985.

McCance, R. A., and E. M. Widdowson. "Mineral Metabolism." *Annual Review of Biochemistry* 13 (1944): 315–346.

McElheny, Victor K. *Drawing the Map of Life: Inside the Human Genome Project.* New York: Basic Books, 2010.

McEnaney, Laura. *Civil Defense Begins at Home: Militarization Meets Everyday Life in the Fifties.* Princeton, NJ: Princeton University Press, 2000.

McIntosh, Robert P. *The Background of Ecology: Concept and Theory.* Cambridge: Cambridge University Press, 1985.

Mealy, John, Jr.; Gordon L. Brownell; and William H. Sweet. "Radioarsenic in Plasma, Urine, Normal Tissues, and Intracranial Neoplasms." *Archives of Neurology and Psychiatry* 81 (1959): 310–320.

Means, J. H., and G. W. Holmes. "Further Observations on the Roentgen-Ray Treatment of Toxic Goiter." *Archives of Internal Medicine* 31 (1923): 303–341.

Medhurst, Martin J. "Atoms for Peace and Nuclear Hegemony: The Rhetorical Structure of a Cold War Campaign ." *Armed Forces & Society* 23 (1997): 571–593.

Medvedev, Zhores A. *Soviet Science.* New York: Norton, 1978.

Meselson, Matthew, and Franklin W.Stahl. "The Replication of DNA in Escherichia coli." *Proceedings of the National Academy of Science*, USA 44 (1958):671–682.

Miale, August, Jr. "Nuclear Medicine: Reflections in Time." *Journal of the Florida Medical Association* 82 (1995): 749–750.

Miller, Byron S. "A Law Is Passed: The Atomic Energy Act of 1946." University of *Chicago Law Review* 15 (1948): 799–821.

Miller, Leon L. "George Hoyt Whipple." *Biographical Memoirs of the National Academy of Sciences.* Washington, DC: National Academies Press, 1995, 371–393.

Mirsky, I. Arthur. "The Etiology of Diabetes Mellitus in Man." *Recent Progress in Hormone Research* 7 (1952): 437–467.

Moeller, Dade .; James G. Terrill Jr.; and Samuel C. Ingraham II. "Radiation Exposure in the United States." *Public Health Reports* 68 (1953): 57–65.

Molella, Arthur. "Exhibiting Atomic Culture: The View from Oak Ridge." *History and Technology* 19 (2003): 211–226.

Moloney, William C., and Marvin A. Kastenbaum. "Leukemogenic Effects of Ionizing Radiation on Atomic Bomb Survivors in Hiroshima City." *Science* 121 (1955): 308–309.

Moon, John Ellis van Courtland. "Project SPHINX: The Question of the Use of Gas in the Planned Invasion of Japan." *Journal of Strategic Studies* 12 (1989): 303–323.

Moore, Carl V. "Iron Metabolism and Nutrition." *Harvey Lectures* 55 (1961): 67–101.

Moore, Carl V., and Reubenia Dubach. "Absorption of Radioiron from Foods." *Science* 116 (1952): 527.

Moore, Carl V.; Reubenia Dubach; Virginia Minnich; and Harold K. Roberts. "Absorption of Ferrous and Ferric Radioactive Iron by Human Subjects and by Dogs." *Journal of Clinical Investigation* 23 (1944): 755–767.

Moore, George E. "Use of Radioactive Diiodofluorescein in the Diagnosis and Localization of Brain Tumors." *Science* 107 (1948): 569–571.

Morgan, Karl Z., and Ken M. Peterson. *The Angry Genie: One Man' s Walk through the Nuclear Age*. Norman: University of Oklahoma Press, 1999.

Morris, John D. "Two Uranium Bars Taken from Plant in a Security Test." *New York Times*, 25 May 1949, pp. 1, 15.

———. "Isotopes Shipment to Norse Stirs Row." *New York Times*, 9 Jun 1949, p. 1.

Mukherjee, Siddhartha. *The Emperor of All Maladies: A Biography of Cancer*. New York: Scribner, 2010.

Muller, H. J. "Artificial Transmutation of the Gene." *Science* 66 (1927): 84–87.

———. "The Menace of Radiation." *Science News Letter* 55 (1949): 374, 379–380.

———. "Some Present Problems in the Genetic Effects of Radiation." *Symposium on Radiation Genetics, Journal of Cellular and Comparative Physiology* 35, suppl. 1 (1950): 9–70.

Muller, J. H. "Intraperitoneal Application of Radioactive Colloids." In Hahn,

Therapeutic Use of Artificial Radioisotopes, 269–294.

Myers, Jack. "Conceptual Developments in Photosynthesis, 1924–1974." *Plant Physiology* 54 (1974): 420–426.

Myers, William G., and Henry N.Wagner Jr. "How It Began." In *Nuclear Medicine*, ed. Henry N. Wagner Jr. New York: HP Publishers, 1975, 3–14.

Nagai, Takashi. *We of Nagasaki: The Story of Survivors in an Atomic Wasteland*. Translated by Ichiro Shirato and Herbert B. L. Silverman. New York: Duell, Sloan, and Pearce, 1951.

National Academy of Sciences. *The Biological Effects of Atomic Radiation: A Report to the Public*. Washington, DC: National Academy of Sciences–National Research Council, 1956.

National Committee on Radiation Protection (US). *Safe Handling of Radioactive Isotopes, Bureau of Standards Handbook* 42. Washington, DC: US Department of Commerce, 1949.

———. *Permissible Dose from External Sources of Ionizing Radiation, Bureau of Standards Handbook* 59. Washington, DC: US Department of Commerce, 1954.

National Research Council. *The Research Attack on Cancer, 1946: A Report on the American Cancer Society Research Program by the Committee on Growth of the National Research Council*. Washington, DC: National Research Council, 1946.

Neel, James V., and William J. Schull. *The Effect of Exposure to the Atomic Bombs on Pregnancy Termination in Hiroshima and Nagasaki*. Washington, DC: National Academy of Sciences–National Research Council Publication 461, 1956.

Newman, James R., and Byron R. Miller. *The Control of Atomic Energy*. New York: Whittlesey House, 1948.

———. "The Socialist Island." *Bulletin of the Atomic Scientists* 5, no. 1 (1949): 13–15.

Nickelsen, Kärin. *Of Light and Darkness: Modelling Photosynthesis 1840–1960*. Habilitationsschrift eingereicht der Phil.–nat. Fakultät der Universität Bern, 2009.

———. "The Construction of a Scientific Model: Otto Warburg and the Building Block Strategy." *Studies in History and Philosophy of Biological and Biomedical Sciences* 40 (2009): 73–86.

———. "The Path of Carbon in Photosynthesis: How to Discover a Biochemical Pathway." *Ambix* 59, no. 3 (2012): 266–293.

Nickelsen, Kärin, and Govindjee. *The Maximum Quantum Yield Controversy: Otto Warburg and the Midwest–Gang*. Bern: Bern Studies in the History and Philosophy of Science, 2011.

Nickelsen, Kärin, and Graßhoff, Gerd . " Concepts from the Bench: Hans Krebs, Kurt Henseleit and the Urea Cycle." In *Going Amiss in Experimental Research, Boston Studies in the Philosophy of Science* Vol. 267, ed. Giora Hon, Jutta Schickore, and Friedrich Steinle.Dordrecht, the Netherlands: Springer Verlag, 2009, 91–117.

Nichols, K. D. *The Road to Trinity*. New York:William Morrow, 1987.

Nier, Alfred O., and Earl A. Gulbransen. "Variations in the Relative Abundance of the Carbon Isotopes." *Journal of the American Chemical Society* 61 (1939): 697–698.

Noddack, . "Der Kohlenstoff im Haushalt der Natur." *Angewandte Chemie* 50 (1937): 505–510.

Norris, Robert S. *Racing for the Bomb: General Leslie R. Groves, the Manhattan Project's indispensable Man*. South Royalton, VT: Steerforth Press, 2002.

"Nuclear Enterprise." *Washington Post and Times Herald*, 21 Oct 1958, p. A14. "The Nuclear Revolution." Time, 6 Feb 1956, pp. 83–84.

Nyhart, Lynn K. "Civic and Economic Zoology in Nineteenth–Century Germany: The 'Living Communities' of Karl Möbius." *Isis* 89 (1998): 605–630.

———. *Modern Nature: The Rise of the Biological Perspective in Germany*. Chicago: University of Chicago Press, 2009.

Oak Ridge National Laboratory. *Swords to Plowshares: A Short History of the Oak Ridge National Laboratory*. Oak Ridge, TN: Oak Ridge National Laboratory

Office of Public Affairs, 1993. http://www.ornl.gov/info/swords/swords.shtml.

Odum, Eugene P. *Fundamentals of Ecology*. 2nd ed. Philadelphia: W. B. Saunders, 1959.

———. "Organic Production and Turnover in Old Field Succession." *Ecology* 41 (1960): 34–49.

———. "Feedback between Radiation Ecology and General Ecology." *Health Physics* 11 (1965): 1257–1262.

———. *Fundamentals of Ecology*. 3rd ed. Philadelphia: W. B. Saunders, 1971.

———. "Early University of Georgia Research, 1952–1962." In *The Savannah River and Its Environs: Proceedings of a Symposium in Honor of Dr. Ruth Patrick* for 35 *Years of Studies on the Savannah River*. Aiken, SC: E. I. du Pont de Nemours & Co. Savannah River Laboratory; Springfield, VA: National Technical Information Service, 1987, 43–57.

Odum, Eugene P., and Frank B. Golley. "Radioactive Tracers as an Aid to the Measurement of Energy Flow at the Population Level in Nature." In Schultz and Klement, *Radioecology*, 403–410.

Odum, Eugene P., and Edward J. Kuenzler. "Experimental Isolation of Food Chains in an Old–Field Ecosystem with the Use of Phosphorus–32." In Schultz and Klement, *Radioecology*, 113–120.

Odum, Eugene P.; Edward J. Kuenzler; and Sister Marion Xavier Blunt. "Uptake of P32 and Primary Productivity in Marine Benthic Algae." *Limnology and Oceanography* 3 (1958): 340–345.

Odum, Howard T., and Eugene P. Odum. "Trophic Structure and Productivity of a Windward Coral Reef Community on Eniwetok Atoll." *Ecological Monographs* 25 (1955): 291–320.

Odum, Howard T., and Robert F. Pigeon, eds. *A Tropical Rain Forest: A Study of Irradiation and Ecology at El Verde, Puerto Rico*. Oak Ridge, TN: US Atomic Energy

Commission Division of Technical Information, 1970.

Oettinger, Leon, Jr.; Willard B. Mills; and Paul F. Hahn. "Iron Absorption in Premature and Full-Term Infants." *Journal of Pediatrics* 45 (1954): 302-306.

Olby, Robert C. *The Path to the Double Helix: The Discovery of DNA*. 1974; reprinted New York: Dover, 1994.

Olson, Jerry S. "Analog Computer Models for Movement of Nuclides through Ecosystems." In Schultz and Klement, *Radioecology*, 121-125.

Osgood, Kenneth. *Total Cold War: Eisenhower' s Secret Propaganda Battle at Home and Abroad*. Lawrence: University of Kansas Press, 2006.

"Our Defective Race." *Newsweek* 29 (14 Apr 1947): 56.

Pais, Abraham. *Niels Bohr' s Times, in Physics, Philosophy, and Polity*. Oxford: Clarendon Press, 1991.

Palfrey, John Gorham. "Atomic Energy: A New Experiment in Government-Industry Relations." *Columbia Law Review* 56 (1956): 367-392.

Pallo, Gabor. "Scientific Regency: George de Hevesy's Nobel Prize." In *Historical Studies in the Nobel Archives: The Prizes in Science and Medicine*, ed. Elisabeth Crawford. Tokyo: University Academy Press, 2002, 65-78.

Parker, H. M. "Health Physics, Instrumentation, and Radiation Protection." *Advances in Biological and Medical Physics* 1 (1948): 223-285.

Pasveer, Bernike. "Knowledge of Shadows: The Introduction of X-Ray Images in Medicine." *Sociology of Health & Illness* 11 (1989): 360-381.

Patterson, James T. *The Dread Disease: Cancer and Modern American Culture*.Cambridge, MA: Harvard University Press, 1987.

Paul, Septimus H. *Nuclear Rivals: Anglo-American Atomic Relations, 1941-1952*. Columbus: Ohio State University Press, 2000.

Pauling, Linus. "Effect of Strontium-90." *New York Times*, 28 Apr 1959, p. 34.

Pendleton, Robert C., and A. W. Grundmann. "Use of P32 in Tracing Some Insect-

Plant Relationships of the Thistle, Cirsium undulatum." *Ecology* 35 (1954): 187–191.

Perlman, I.; S. Ruben; and I. L. Chaikoff. "Radioactive Phosphorus as an Indicator of Phospholipid Metabolism." *Journal of Biological Chemistry* 122 (1937): 169–182.

Phelps, Michael E.; E. J. Hoffman; N. A. Mullani; and M. M. Ter–Pogossian. "Application of Annihilation Coincidence Detection to Transaxial Reconstruction Tomography." *Journal of Nuclear Medicine* 16 (1975): 210–224.

Phillips, John. "The Biotic Community." *Journal of Ecology* 19 (1931): 1–24.

Pickstone, John V. "Contested Cumulations: Configurations of Cancer Treatments through the Twentieth Century." *Bulletin of the History of Medicine* 81 (2007): 164–196.

Pickering, Andrew. *The Mangle of Practice: Time, Agency, and Science*. Chicago: University of Chicago Press, 1995.

Pontecorvo, Guido. "Genetic Formulation of Gene Structure and Gene Action." *Advances in Enzymology* 13 (1952): 121–149.

Price, Matt. "Roots of Dissent: The Chicago Met Lab and the Origins of the Franck Report." *Isis* 86 (1995): 222–244.

Price, Richard M. *The Chemical Weapons Taboo*. Ithaca, NY: Cornell University Press, 1997.

Proctor, Robert N. "Expert Witnesses Take the Stand." *Nature* 407 (2000): 15–16.

———. *Golden Holocaust: Origins of the Cigarette Catastrophe and the Case for Abolition*. Berkeley: University of California Press, 2011.

Public Affairs Office, Brookhaven National Laboratory. "Celebrating 50 Years of Nuclear Medicine Research." *Journal of Nuclear Medicine* 38, no. 9 (1997): 21N, 44N.

Putnam, Frank., and Kozloff, Lloyd M. "On the Origin of Virus Phosphorus." *Science* 108 (1948): 386–387.

———. "Biochemical Studies of Virus Reproduction, IV: The Fate of the Infecting Virus Particle." *Journal of Biological Chemistry* 182 (1950): 243–250.

Quist, Arvin S. "A History of Classified Activities at Oak Ridge National Laboratory, " 29 Sep 2000, ORCA-7, report from Oak Ridge Classification Associates, http://www.ornl.gov/~webworks/cppr/y2001/rpt/109903.pdf.

Rader, Karen A. *Making Mice: Standardizing Animals for American Biomedical Research, 1900–1955*. Princeton, NJ: Princeton University Press, 2004.

———. "Alexander Hollaender's Postwar Vision for Biology: Oak Ridge and Beyond." *Journal of the History of Biology* 39 (2006): 685–706.

"Radioactive Rays Held Peril to Race: Dr. H. J. Muller, Nobel Prize Winner, Warns of Exposure Changing Germ Cells." *New York Times*, 2 Apr 1947, p. 38.

"The Radioisotope Business . . . Is Booming." *Business Week*, 19 Jan 1963, pp. 50–52.

Rainger, Ronald. "'A Wonderful Oceanographic Tool': The Atomic Bomb, Radioactivity and the Development of American Oceanography." In *The Machine in Neptune's Garden: Historical Perspectives on Technology and the Marine Environment*, ed. Helen W. Rozwadowski and David K. van Keuren. Sagamore Beach, MA: Science History Publications, 2004, 93–131.

———. "Going from Blue to Green? American Oceanographers and the Environment." Unpublished paper presented at the History of Science Society Meeting, 20 Nov 2004.

Rasmussen, Nicolas. "The Mid-Century Biophysics Bubble: Hiroshima and the Biological Revolution in America, Revisited." *History of Science* 35 (1997): 245–293.

———. *Picture Control: The Electron Microscope and the Transformation of Biology in America, 1940–1960*. Stanford, CA: Stanford University Press, 1997.

Rego, Brianna. "The Polonium Brief: A Hidden History of Cancer, Radiation, and the Tobacco Industry." *Isis* 100 (2009): 453–484.

Reichle, D. E., and S. I. Auerbach. "U. S. Radioecology Research Programs of the Atomic Energy Commission in the 1950s." ORNL/TM–2003/280, Dec 2003. http://www.ornl.gov/~webworks/cppr/y2001/rpt/119234.pdf.

Reingold, Nathan. "Vannevar Bush's New Deal for Research: or The Triumph of the Old Order." *Historical Studies in the Physical and Biological Sciences* 17 (1987): 299–344.

Reinhard, Edward H.; Charles L. Neely; and Don M. Samples. "Radioactive Phosphorus in the Treatment of Chronic Leukemias: Long–Term Results over a Period of 15 Years." *Annals of Internal Medicine* 50 (1959): 942–958.

Rentetzi, Maria. "Gender, Politics, and Radioactivity Research in Interwar Vienna: The Case of the Institute for Radium Research." *Isis* 95 (2004): 359–393.

———. *Trafficking Materials and Gendered Experimental Practices: Radium Research in Early Twentieth–Century Vienna*. New York: Columbia University Press, 2008.http://www.gutenberg–e.org/rentetzi/.

"Report of the AEC Industrial Advisory Group." *Bulletin of the Atomic Scientists* 5, no.2 (1949): 51–56.

"Report on Hiroshima: Thousands of Babies, No A–Bomb Effects." *US News & World Report*, 8 Apr 1955, pp. 46–48.

"The Revised McMahon Bill." *Bulletin of the Atomic Scientists* 1, no. 9 (1946): 2–5.

Rheinberger, Hans–Jörg. *Toward a History of Epistemic Things: Synthesizing Proteins in the Test Tube*. Stanford, CA: Stanford University Press, 1997.

———. "Putting Isotopes to Work: Liquid Scintillation Counters, 1950–1970." In *Joerges and Shinn, Instrumentation: Between Science, State and Industry*, 143–174.

———. "Physics and Chemistry of Life: Commentary." In *The Science–Industry Nexus: History, Policy, Implications*, ed. Karl Grandin, Nina Wormbs, and Sven Widmalm, 221–225. Sagamore Beach, MA: Science History Publications, 2004.

———. *An Epistemology of the Concrete: Twentieth-Century Histories of Life*. Durham, NC: Duke University Press, 2010.

———. "In vitro." Unpublished manuscript.

Rhodes, Richard. *The Making of the Atomic Bomb*. New York: Simon & Schuster, 1986.

Ridenour, Louis N. "How Effective Are Radioactive Poisons in Warfare?" *Bulletin of the Atomic Scientists* 6, no. 7 (1950): 199–202, 224.

Riley, Gordon A. "Limnological Studies in Connecticut, I: General Limnological Survey, II: The Copper Cycle." *Ecological Monographs* 9 (1939): 53–94.

———. "Limnological Studies in Connecticut, III: The Plankton of Linsley Pond." *Ecological Monographs* 10 (1940): 279–306.

Riley, Gordon A., with an introduction by G. Evelyn Hutchinson. "The Carbon Metabolism and Photosynthetic Efficiency of the Earth as a Whole." *American Scientist 32* (1944): 129–134.

Robeck, Gordon G.; Croswell Henderson; and Ralph C. Palange. *Water Quality Studies on the Columbia River*. Special Report, US Public Health Service. Cincinnati, OH: Taft Sanitary Engineering Center, 1954.

Rohrmann, C. A. "Hanford Isotopes Plant." *Isotopes and Radiation Technology* 2, no. 2 (1964–65), pp. 99–123.

Rolph, Elizabeth S. *Nuclear Power and the Public Safety: A Study in Regulation*. Lexington, MA: Lexington Books, 1979.

Rosenblueth, Arturo, and Norbert Wiener. "Purposeful and Non-purposeful Behavior." *Philosophy of Science* 17 (1950): 318–326.

Rosenblueth, Arturo; Norbert Wiener; and Julian Bigelow. "Behavior, Purpose and Teleology." *Philosophy of Science* 10 (1943): 18–24.

Ross, Joseph F. "Radioisotope Division." *Boston Medical Quarterly* 2 (Jun 1951): 38–41.

Roswit, Bernard; J. Sorrentino; and Rosalyn Yalow. "The Use of Radioactive

Phosphorus (P32) in the Diagnosis of Testicular Tumors: A Preliminary Report." *The Journal of Urology* 63 (1950): 724–728.

Roth, J.; S. M. Glick; R. S. Yalow; and S. A. Berson. "Hypoglycemia: A Potent Stimulus to Secretion of Growth Hormone." *Science* 140 (1963): 987–988.

Rothman, David J. *Strangers at the Bedside: A History of How Law and Bioethics Transformed Medical Decision Making*. New York: Basic Books, 1991.

———. "Serving Clio and Client: The Historian as Expert Witness." *Bulletin of the History of Medicine* 77 (2003): 25–44.

Rothschild, Rachel. "Environmental Awareness in the Atomic Age: Radioecologists and Nuclear Technology." *Historical Studies in the Natural Sciences*, 43 forthcoming.

Rotter, Andrew J. Hiroshima: *The World' s Bomb*. Oxford: Oxford University Press, 2008.

Ruben, S. "Photosynthesis and Phosphorylation." *Journal of the American Chemical Society 65* (1943): 279–282.

Ruben, S.; W. Z. Hassid; and M. D. Kamen. "Radioactive Carbon in the Study of Photosynthesis." *Journal of the American Chemical Society* 61 (1939): 661–663.

Ruben, S., and M. D. Kamen. "Photosynthesis with Radioactive Carbon, IV: Molecular Weight of the Intermediate Products and a Tentative Theory of Photosynthesis." *Journal of the American Chemical Society* 62 (1940): 3451–3455.

———. "Radioactive Carbon in the Study of Respiration in Heterotrophic Systems." *Proceedings of the National Academy of Sciences*, USA 26 (1940):418–422.

Ruben, S.; M. D. Kamen; and W. Z. Hassid. "Photosynthesis with Radioactive Carbon, II: Chemical Properties of the Intermediates." *Journal of the American Chemical Society* 62 (1940): 3443–3450.

Ruben, S.; M. D. Kamen; and L. Perry. "Photosynthesis with Radioactive Carbon, III: Ultracentrifugation of Intermediate Products." *Journal of the American Chemical Society* 62 (1940): 3450–3451.

Ruben, Samuel; Merle Randall; Martin Kamen; and James Logan Hyde. "Heavy Oxygen (O18) as a Tracer in the Study of Photosynthesis." *Journal of the American Chemical Society* 63 (1941): 877–889.

Rupp, A. F., and E. E. Beauchamp. "The Early Days of the Radioisotope Production Program." *Isotopes and Radiation Technology* 4, no. 1 (1966): 33–40.

Ryther, John H. "The Measurement of Primary Production." *Limnology & Oceanography* 1 (1956): 72–84.

Santesmases, María Jesús. "Peace Propaganda and Biomedical Experimentation: Influential Uses of Radioisotopes in Endocrinology and Molecular Genetics in Spain (1947–1971)." *Journal of the History of Biology* 39 (2006): 765–794.

———. "From Prophylaxis to Atomic Cocktail: Circulation of Radioiodine." *Dynamis* 29 (2009): 337–363.

———. "Life and Death in the Atomic Era." *Historical Studies in the Natural Sciences* 40 (2010): 409–418.

Schloegel, Judith Johns. "The 'Nuclear Revolution' Is Over: Nuclear Energy and the Origins of Environmental Science at Argonne National Laboratory." Unpublished manuscript, 2011.

Schloegel, Judith Johns, and Karen A. Rader. *Ecology, Environment and Big Science: An Annotated Bibliography of Sources on Environmental Research at Argonne National Laboratory, 1955–1985*. ANL/HIST–4. Chicago: Argonne National Laboratory, 2005. http://ipd.anl.gov/anlpubs/2005/12/54867.pdf.

Schneider, Daniel W. "Local Knowledge, Environmental Politics, and the Founding of Ecology in the United States: Stephen Forbes and 'The Lake as a Microcosm' (1887)." *Isis* 91 (2000): 681–705.

Schoenheimer, Rudolph. *The Dynamic State of Body Constituents*. Cambridge, MA: Harvard University Press, 1942.

Schoenheimer, Rudolph, and D. Rittenberg. "The Application of Isotopes to the

Study of Intermediary Metabolism." *Science* 87 (1938): 221–226.

Schönfeld, H., ed. *New Developments in Immunoassays*. Vol. 26 of Antibiotics & Chemotherapy. Basel: S. Karger, 1979.

Schoolman, Harold M., and Steven O. Schwartz. "Aplastic Anemia Secondary to Intravenous Therapy with Radiogold." *Journal of the American Medical Association* 160 (1956): 461–463.

Schrag, Zachary M. *Ethical Imperialism: Institutional Review Boards and the Social Sciences, 1965–2009*. Baltimore: Johns Hopkins University Press, 2010.

Schulz, Milford D. "The Supervoltage Story." *American Journal of Roentgenology, Radium Therapy, and Nuclear Medicine* 124 (1975): 541–559.

Schultz, Vincent, and Alfred . Klement Jr., eds. *Radioecology: Proceedings of the First National Symposium on Radioecology Held at Colorado State University, Fort Collins, Colorado, September 10–15, 1961*. New York: Reinhold and American Institute of Biological Sciences, 1963.

Schwartz, Rebecca Press. *The Making of the History of the Atomic Bomb: Henry DeWolf Smyth and the Historiography of the Manhattan Project*. PhD diss., Princeton University, 2008.

Schwerin, Alexander von. "Prekäre Stoffe. Radiumökonomie, Risikoepisteme und die Etablierung der Radioindikatortechnik in der Zeit des Nationalsozialismus." *NTM Zeitschrift für Geschichte der Wissenschaften, Technik und Medizin* 17 (2009): 5–33.

———. "Österreichs im Atomzeitalter: Anschluss an die Ökonomie der Radioiso–tope." In Kernforschung in Österreich. *Wandlungen eines interdisziplinären For–schungsfeldes, 1900–1978*, ed. Silke Fengler and Carola Sachse, 367–394. Vienna: Böhlau, 2012.

"Scientific Monopoly." *New York Herald Tribune*, 21 Jul 1947, section V, p. 18.

Scott, K. G., and S. F. Cook. "The Effect of Radioactive Phosphorus upon the Blood of Growing Chicks." *Proceedings of the National Academy of Sciences*, USA 23 (1937):

265–272.

Scott, K. G., and J. H. Lawrence. "Effect of Radio–Phosphorus on Blood of Monkeys." *Proceedings of the Society for Experimental Biology and Medicine* 48 (1941): 155–158.

Seaborg, Glenn T. "Artificial Radioactivity." *Chemical Reviews* 27 (1940): 199–285.

———. "Artificial Radioactive Tracers." *Science* 105 (1947): 349–354.

Seaborg, Glenn T., and Andrew A. Benson. "Melvin Calvin." *Biographical Memoirs of the National Academy of Sciences* (1998): 1–21.

Seidel, Robert. "Accelerating Science: The Postwar Transformation of the Lawrence Radiation Laboratory." *Historical Studies in the Physical Sciences* 13 (1983): 375–400.

———. "The Origins of the Lawrence Berkeley Laboratory." In *Galison and Hevly, Big Science*, 21–45.

Seidlin, S. M.; L. D. Marinelli; and Eleanor Oshry. "Radioactive Iodine Therapy: Effects on Functioning Metastases of Adenocarcinoma of the Thyroid." *Journal of the American Medical Association* 132 (1946): 838–847.

Seidlin, S. M.; E. Siegel; S. Melamed; and A. A. Yalow. " Occurrence of Myeloid Leukemia in Patients with Metastatic Thyroid Carcinoma Following Prolonged Massive Radioiodine Therapy." *Bulletin of the New York Academy of Medicine* 31 (1955): 410.

Seil, Harvey A.; Charles H. Viol; and M. A. Gordon. "The Elimination of Soluble Radium Salts Taken Intravenously and Per Os." *New York Medical Journal* 101 (1915): 896–898.

Selverstone, B.; A. K. Solomon; and . H. Sweet. "Location of Brain Tumors by Means of Radioactive Phosphorus." *Journal of the American Medical Association* 140 (1949): 277–278.

Selverstone, Bertram; William H. Sweet; and Richard J. Ireton. "Radioactive Potassium, a New Isotope for Brain Tumor Localization." *Surgical Forum* (1950):

371–375.

Selverstone, Bertram; William H. Sweet; and Charles V. Robinson. "The Clinical Use of Radioactive Phosphorus in the Surgery of Brain Tumors." *Annals of Surgery* 130 (1949): 643–650.

Semendeferi, Ioanna. "Legitimating a Nuclear Critic: John Gofman, Radiation Safety, and Cancer Risks." *Historical Studies in the Natural Sciences* 38 (2008): 259–301.

Serber, Robert, with Robert P. Crease. *Peace and War: Reminiscences of a Life on the Frontiers of Science*. New York: Columbia University Press, 1998.

Serwer, Daniel Paul. *The Rise of Radiation Protection: Science, Medicine and Technology in Society, 1896–1935*. PhD diss., Princeton University, 1976.

Shanks, R. E., and H. R. DeSelm. "Factors Related to Concentration of Radiocesium in Plants Growing on a Radioactive Waste Disposal Area." In Schultz and Klement, *Radioecology*, 97–101.

Shapin, Steven. "The Invisible Technician." *American Scientist* 77 (1989): 554–563.

———. *A Social History of Truth: Civility and Science in Seventeenth-Century England*. Chicago: University of Chicago Press, 1994.

Shapiro, Martin. "APA: Past, Present, Future." *Virginia Law Review* 72 (1986): 447–492.

Shaughnessy, Donald F. *The Story of the American Cancer Society*. PhD diss., Columbia University, 1957.

Shaw, George. "Applying Radioecology in a World of Multiple Contaminants." *Journal of Environmental Radioactivity* 81 (2005): 117–130.

Sheppard, C. W.; J. P. Goodell; and P. F. Hahn. "Colloidal Gold Containing the Radioactive Isotope Au198 in the Selective Internal Radiation Therapy of Diseases of the Lymphoid System." *Journal of Laboratory and Clinical Medicine* 32 (1947): 1437–1441.

Silberstein, H. E.; W. N. Valentine; W. L. Minto; J. S. Lawrence; R. M. Fink; and A. T.

Gorham. "Studies of Polonium Metabolism in Human Subjects." In Fink, *Biological Studies with Polonium*, 122–153.

Silverstein, Arthur M. *A History of Immunology*. San Diego, CA: Academic Press, 1989.

Simpson, C. A. "X–Ray Treatment of Hyperthyroidism and Toxic Goiter." *Radiology* 3 (1924): 427–431.

Simpson, C. L.; L. H. Hempelmann; and L. M. Fuller. "Neoplasia in Children Treated with X–Rays in Infancy for Thymic Enlargement." *Radiology* 64 (1955): 840–845.

Siri, William E. *Isotopic Tracers and Nuclear Radiations with Applications to Biology and Medicine*. New York: McGraw–Hill, 1949.

Slack, Nancy G. "G. Evelyn Hutchinson." In *New Dictionary of Scientific Biography*, ed. Noretta Koertge. Detroit, MI: Charles Scribner's Sons/Thomson Gale, 2008, vol. 21, 410–418.

———. *G. Evelyn Hutchinson and the Invention of Modern Ecology*. New Haven, CT: Yale University Press, 2010.

Slaney, Patrick David. "Eugene Rabinowitch, the Bulletin of the Atomic Scientists, and the Nature of Scientific Internationalism in the Early Cold War." *Historical Studies in the Natural Sciences* 42 (2012): 114–142.

Slater, Leo B. "Instruments and Rules: R. B. Woodward and the Tools of Twentieth–Century Organic Chemistry." *Studies in History and Philosophy of Science* 33 (2002): 1–33.

Sloan, Phillip R., and Brandon Fogel, eds. *Creating a Physical Biology: The Three–Man Paper and Early Molecular Biology*. Chicago: University of Chicago Press, 2011.

Smith, Alice Kimball. *A Peril and a Hope: The Scientists' Movement in America, 1945–47*. Chicago: University of Chicago Press, 1965.

Smith, Michael. "Looming Isotope Shortage Has Clinicians Worried." *MedPage–Today.com*. Published 16 Feb 2010. http://www.medpagetoday.com/Radiology / NuclearMedicine/18495.

Smith–Howard, Kendra D. *Perfecting Nature' s Food: A Cultural and Environmental History of Milk in the United States, 1900–1970.* PhD diss., University of Wisconsin, Madison, 2007.

Smuts, Jan Christian. *Holism and Evolution.* London: Macmillan, 1926.

Smyth, Henry DeWolf. *Atomic Energy for Military Purposes: The Official Report on the Development of the Atomic Bomb under the Auspices of the United States Government, 1940–1945.* Princeton, NJ: Princeton University Press, 1945. Reprint, Stanford, CA: Stanford University Press, 1989.

Soapes, Thomas F. "A Cold Warrior Seeks Peace: Eisenhower's Strategy for Nuclear Disarmament." *Diplomatic History* 4 (1980): 57–71.

Stahl, Franklin W. "Radiobiology of Bacteriophage." In *The Viruses: Biochemical, Biological and Biophysical Properties.* Vol. 2 of Plant and Bacterial Viruses, ed. F. M. Burnet and Wendell M. Stanley. New York: Academic Press, 1959, 353–385.

———. "The Effects of the Decay of Incorporated Radioactive Phosphorus on the Genome of Bacteriophage T4." *Virology* 2 (1956): 206–234.

———, ed. *We Can Sleep Later: Alfred D. Hershey and the Origins of Molecular Biology.* Cold Spring Harbor, NY: Cold Spring Harbor Laboratory Press, 2000.

Stang, L.G., Jr.;.D.Tucker;H.O.Banks Jr.; R. F. Doering; and T. H. Mills. "Production of Iodine–132." *Nucleonics 12*, no. 8 (1954): 22–24.

Stannard, J. Newell. *Radioactivity and Health: A History*, 3 vols. Springfield, VA: National Technical Information Service, 1988.

Stark, Laura. *Behind Closed Doors: IRBs and the Making of Ethical Research.* Chicago: University of Chicago Press, 2012.

Steemann Nielsen, . "The Use of Radioactive Carbon (C14) for Measuring Organic Production in the Sea." *Journal du Conseil International pour l' Exploration de la Mer 18* (1954): 117–140.

Stent, Gunther S. "Cross Reactivation of Genetic Loci of T2 Bacteriophage after

Decay of Incorporated Radioactive Phosphorus." *Proceedings of the National Academy of Sciences*, USA 39 (1953): 1234–1241.

———. "Mortality Due to Radioactive Phosphorus as an Index to Bacteriophage Development." *Cold Spring Harbor Symposia on Quantitative Biology* 18 (1953): 255–259.

———. "Decay of Incorporated Radioactive Phosphorus during Reproduction of Bacteriophage T2." *Journal of General Physiology* 38 (1955): 853–865.

———. *Molecular Biology of Bacterial Viruses*. San Francisco, CA: W. H. Freeman, 1963.

———. *Molecular Genetics: An Introductory Narrative*. San Francisco, CA: W. H. Freeman, 1971.

Stent, Gunther S., and Clarence R. Fuerst. "Inactivation of Bacteriophages by Decay of Incorporated Radioactive Phosphorus." *Journal of General Physiology* 38 (1955): 441–458.

Stent, Gunther S.; Gordon H. Sato; and Niels K. Jerne. "Dispersal of the Parental Nucleic Acid of Bacteriophage T4 among Its Progeny." *Journal of Molecular Biology* 1 (1959): 134–146.

Stepka, W.; A. A. Benson; and M. Calvin. "The Path of Carbon in Photosynthesis, II: Amino Acids." *Science* 108 (1948): 304.

Stevenson, Adlai E. "Why I Raised the H-Bomb Question." *Look 21*, no. 3 (5 Feb 1957): 23–25.

Stewart, Alice; Josefine Webb; Dawn Giles; and David Hewitt. "Malignant Disease in Childhood and Diagnostic Irradiation in Utero." *Lancet 268* (1956): 447.

Stone, Robert S., ed. *Industrial Medicine on the Plutonium Project: Survey and Collected Papers*. Vol. 20 of National Nuclear Energy Series, Manhattan Project Technical Section. Division 4, Plutonium Project. New York: McGraw Hill, 1951.

Stone, Robert S. "The Concept of a Maximum Permissible Exposure." *Radiology* 58 (1952): 639–661.

Sturdy, Steve. "Looking for Trouble: Medical Science and Clinical Practice in the Historiography of Modern Medicine." *Social History of Medicine* 24 (2011): 739–757.

Straight, Michael. "The Ten–Month Silence." *New Republic* 132, no. 10 (7 Mar 1955): 8–11.

Strasser, Bruno. "Restriction Enzymes in the Atomic Age." Unpublished manuscript, 2005.

———. *La fabrique d'une nouvelle science: La biologie moléculaire à l'âge atomique (1945–1964).* Florence: Leo S. Olschki Editore, 2006.

Straus, Eugene. *Rosalyn Yalow, Nobel Laureate: Her Life and Work in Medicine: A Biographical Memoir.* New York: Plenum, 1998.

Strauss, Lewis L. *Men and Decisions.* Garden City, NY: Doubleday, 1962. Strauss, Maurice B. "The Use of Drugs in the Treatment of Anemia." *Journal of the American Medical Association* 107 (1936): 1633–1636.

Strickland, Stephen P. *Politics, Science, & Dread Disease: A Short History of United States Medical Research Policy.* Cambridge, MA: Harvard University Press, 1972.

Strong, Leonell C. "The Establishment of the 'A' Strain of Inbred Mice." *Journal of Heredity* 27 (1936): 21–24.

"The Strontium–90 Debate." *America* 97 (15 Jun 1957): 318.

Struxness, E. G.; A. J. Luessenhop; S. R. Bernard; and J. C. Gallimore. "The Distribution and Excretion of Hexavalent Uranium in Man." *Proceedings of the International Conference on the Peaceful Uses of Atomic Energy*, Held in Geneva 8 August–20 August 1955, vol. 10. New York: United Nations, 1956, 186–196.

Sturtevant, A. H. "Social Implications of the Genetics of Man." *Science* 120 (1954): 405–407.

Summers, William C. "Concept Migration: The Case of Target Theories in Physics and Biology." Unpublished paper prepared for the History of Science Society meeting, 26–29 Oct 1995.

Svensson, Hans, and Torsten Landberg. "Neutron Therapy–The Historical Background." *Acta Oncologica* 33 (1994): 227–231.

Sweet, William H. "The Uses of Nuclear Disintegration in the Diagnosis and Treatment of Brain Tumor." *New England Journal of Medicine* 245 (1951): 875–878.

———. "Early History of Development of Boron Neutron Capture Therapy of Tumors." *Journal of Neuro–Oncology* 33 (1997): 19–26.

Sweet, William H., and Gordon L. Brownell. "The Use of Radioactive Isotopes in the Detection and Localization of Brain Tumors." In Andrews, Brucer, and Anderson, *Radioisotopes in Medicine*, 211–218.

———. "Localization of Intracranial Lesions by Scanning with Positron–Emitting Arsenic." *Journal of the American Medical Association* 157 (1955): 1183–1188.

Sweet, William H., and Manucher Javid. "The Possible Use of Neutron–Capturing Isotopes such as Boron10 in the Treatment of Neoplasms, I: Intracranial Tumors." *Journal of Neurosurgery* 9 (1952): 200–209.

Sylves, Richard T. *Nuclear Oracles: A Political History of the General Advisory Committee of the Atomic Energy Commission, 1947–1977*. Ames: Iowa State University Press, 1987.

Szybalski, Waclaw. "In Memoriam: Alfred D. Hershey (1908–1997)." In Stahl, *We Can Sleep Later*, 19–22.

Tansley, A. G. "The Use and Abuse of Vegetational Concepts and Terms." *Ecology* 16 (1935): 284–307.

Tape, Gerald F., and J. M. Cork. "Induced Radioactivity in Tellurium." *Physical Review* 53 (1938): 676–677.

Taylor, Lauriston S. *Organization for Radiation Protection: The Operations of the ICRP and NCRP, 1928–1974*. Springfield, VA: National Technical Information Service, 1979.

Taylor, Peter J. "Technocratic Optimism, H. T. Odum, and the Partial Transformation of Ecological Metaphor after World War II." *Journal of the History of Biology* 21 (1988): 213–244.

Ter–Pogossian, Michel M. "The Origins of Positron Emission Tomography." *Seminars in Nuclear Medicine* 22 (1992): 140–149.

Ter–Pogossian, Michel M.; Marcus E. Raichle; and Burton E. Sobel. "Positron–Emission Tomography." *Scientific American* 243, no. 4 (1980): 170–181.

"Therapeutic Uses of Radiation." *Radiologic Technology* 67 (1995): 65–68.

Thienemann, A. "Lebengemeinschaft und Lebensraum." *Naturwissenschaftlich Wochen–schrift*, N.F. 17 (1918): 281–90, 297–303.

Thomas, J. P. "Russia Grabs Our Inventions." *American* 143 (Jun 1947): 16–19.

Thomas, J. P., and S. V. Jones. "Reds in Our Atom–Bomb Plants." *Liberty: A Magazine of Religious Freedom* (21 Jun 1947): 15, 90–93.

Thompson, E. P. *Customs in Common*. New York: New Press, 1991.

Tilyou, Sarah M. "The Evolution of Positron Emission Tomography." *Journal of Nuclear Medicine* 32, no. 4 (1991): 15N–19N, 23N–26N.

Tivnan, Frank, Jr. "Firm's Annual Report— Output: Half a Pound; Sales: $1 Million." *Boston Sunday Herald,* 6 May 1962, p. 76A.

"To Live— or Die—with It." *Newsweek 45* (28 Feb 1955): 19–21.

Tobey, Ronald C. *Saving the Prairies: The Life Cycle of the Founding School of American Plant Ecology, 1895–1955*. Berkeley: University of California Press, 1981.

Tobias, C. A.; P. P. Weymouth; L. R. Wasserman; and G. E. Stapleton. "Some Biological Effects Due to Nuclear Fission." *Science 107* (1948): 115–118.

Todes, Daniel P. "Pavlov's Physiology Factory." *Isis 88* (1997): 205–246.

———. *Pavlov' s Physiology Factory: Experiment, Interpretation, Laboratory Enterprise.* Baltimore: Johns Hopkins University Press, 2002.

Turchetti, Simone. " 'For Slow Neutrons, Slow Pay': Enrico Fermi's Patent and the U. S. Atomic Energy Program, 1938–1953." *Isis 97* (2006): 1–27.

———. "The Invisible Businessman: Nuclear Physics, Patenting Practices, and Trading Activities in the 1930s." *Historical Studies in the Physical and Biological Sciences* 37(2006):153–172.

———. "A Contentious Business: Industrial Patents and the Production of Isotopes, 1930–1960." *Dynamis* 29 (2009): 191–218.

———. *The Pontecorvo Affair: A Cold War Defection and Nuclear Physics*. Chicago: University of Chicago Press, 2012.

Tybout, Richard A. *Government Contracting in Atomic Energy*. Ann Arbor: University of Michigan Press, 1956.

Uhl, Michael, and Tod nsign. *GI Guinea Pigs: How the Pentagon Exposed Our Troops to Dangers More Deadly than War: Agent Orange and Atomic Radiation*. New York: Playboy Press, 1980.

Underwood, E. J. *Trace Elements in Human and Animal Nutrition*. New York: Academic Press, 1956.

Unger, R. H.; A. M. Eisentraut; M. S. McCall; S. Keller; H. C. Lanz; and L. L. Madison. "Glucagon Antibodies and Their Use for Immunoassay for Glucagon." *Proceedings of the Society for Experimental Biology and Medicine* 102 (1959): 621–623.

US Army Corps of Engineers. Manhattan Project: Official History and Documents, 14 microfilm reels. Washington, DC: National Archives and Records Service, 1976.

US Atomic Energy Commission (AEC). Second Semiannual Report. Washington, DC: US Government Printing Office, 1947.

———. *Fourth Semiannual Report*. Washington, DC: US Government Printing Office, 1948.

———. *Recent Scientific and Technical Developments in the Atomic Energy Program of the United States*. Washington, DC: US Government Printing Office, 1948.

———. *Sixth Semiannual Report*. Washington, DC: US Government Printing Office, 1949.

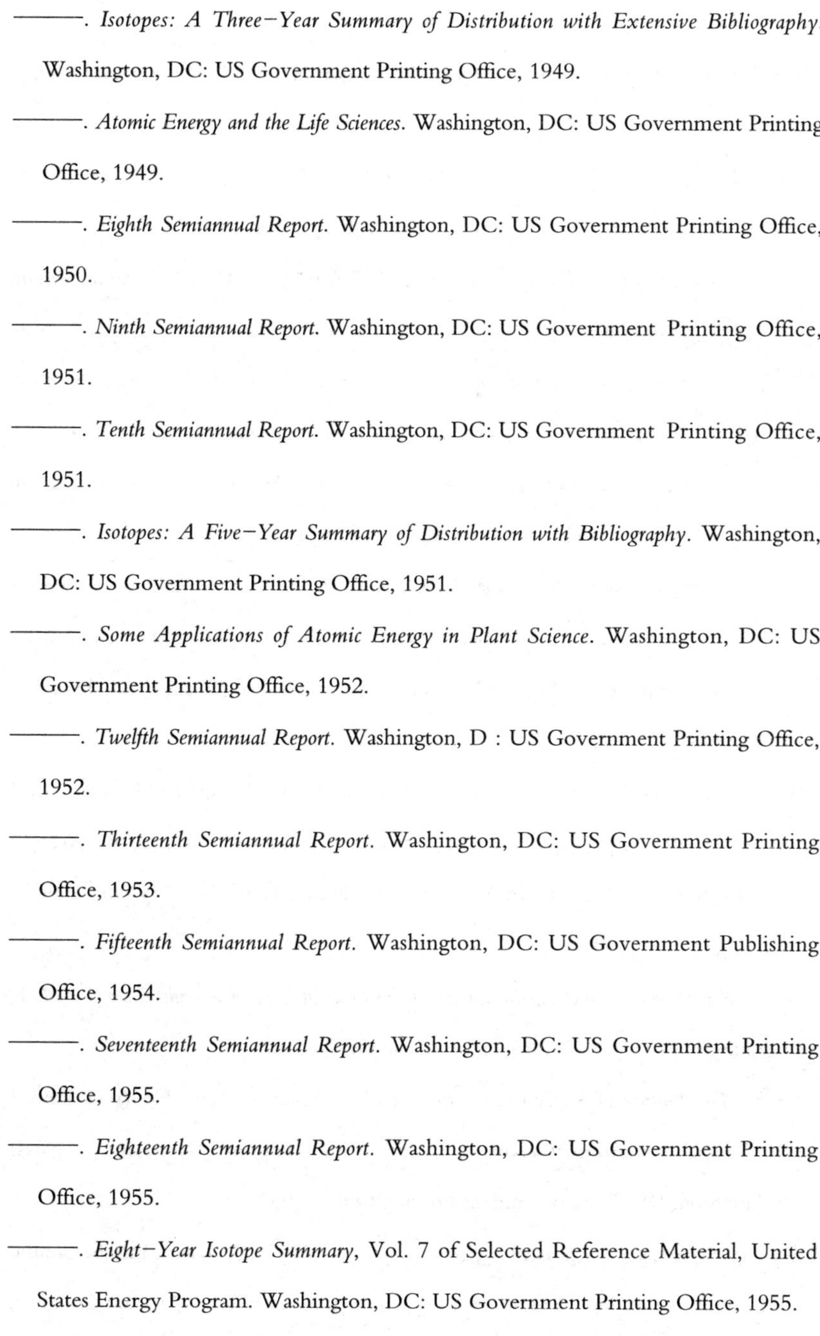

———. *Isotopes: A Three-Year Summary of Distribution with Extensive Bibliography*. Washington, DC: US Government Printing Office, 1949.

———. *Atomic Energy and the Life Sciences*. Washington, DC: US Government Printing Office, 1949.

———. *Eighth Semiannual Report*. Washington, DC: US Government Printing Office, 1950.

———. *Ninth Semiannual Report*. Washington, DC: US Government Printing Office, 1951.

———. *Tenth Semiannual Report*. Washington, DC: US Government Printing Office, 1951.

———. *Isotopes: A Five-Year Summary of Distribution with Bibliography*. Washington, DC: US Government Printing Office, 1951.

———. *Some Applications of Atomic Energy in Plant Science*. Washington, DC: US Government Printing Office, 1952.

———. *Twelfth Semiannual Report*. Washington, D : US Government Printing Office, 1952.

———. *Thirteenth Semiannual Report*. Washington, DC: US Government Printing Office, 1953.

———. *Fifteenth Semiannual Report*. Washington, DC: US Government Publishing Office, 1954.

———. *Seventeenth Semiannual Report*. Washington, DC: US Government Printing Office, 1955.

———. *Eighteenth Semiannual Report*. Washington, DC: US Government Printing Office, 1955.

———. *Eight-Year Isotope Summary*, Vol. 7 of Selected Reference Material, United States Energy Program. Washington, DC: US Government Printing Office, 1955.

———. *Twentieth Semiannual Report*. Washington, DC: US Government Printing

Office, 1956.

———. *Twenty–Second Semiannual Report*. Washington, DC: US Government Printing Office, 1957.

———. *Living with Radiation: The Problems of the Nuclear Age for the Layman*, 2 vols. Washington, DC: US Government Printing Office, 1959.

———. *Radioisotopes in Science and Industry*. Washington, DC: US Government Printing Office, 1960.

US Congress, House, Independent Offices Appropriation Bill for 1948, Hearings, 80th Congress, 1st session. Washington, DC: US Government Printing Office, 1947.

———. *Second Independent Offices Appropriations for 1954,* Hearings, 83rd Congress, 1st session. Washington, DC: US Government Printing Office, 1953.

———. *Oversight: Human Total Body Irradiation (TBI) Program at Oak* Ridge, Hearing before the Subcommittee on Investigations and Oversight of the Committee on Science and Technology, 97th Congress, 1st session. Washington, DC: US Government Printing Office, 1982.

US Congress, Joint Committee on Atomic Energy (JCAE). *Investigation into the United States Atomic Energy Project*, Hearings before the Joint Committee on Atomic Energy, 81st Congress, 1st session, 23 parts. Washington, DC: US Government Printing Office, 1949.

———. *Report of the Panel on the Impact of the Peaceful Uses of Atomic Energy,* Vol. 1. Washington, DC: US Government Printing Office, 1956.

———. *The Nature of Radioactive Fallout and Its Effect on Man*, Hearings before the Special Subcommittee on Radiation, 85th Congress, 1st session, 2 parts. Washington, DC: US Government Printing Office, 1957.

US Congress, Senate. *Independent Offices Appropriation Bill for 1950*, Hearings before the Subcommittee of the Committee on Appropriations on H.R. 4177, 81st Congress, 1st session. Washington, D : US Government Printing Office, 1949.

US Delegation to the *International Conference on the Peaceful Uses of Atomic Energy*. The International Conference on the Peaceful Uses of Atomic Energy, Geneva, Switzerland, August 8–20, 1955: Report, with Appendices and Selected Documents. 2 Vols. 1955.

"U.S. Isotope Export Held Dangerous." *Los Angeles Times*, 9 Jun 1949, p. 14. "The U.S. Radioisotope Industry–1966." *Isotopes and Radiation Technology* 4, no. 3 (1967): 207–214.

Vaiserman, Alexander M. "Radiation Hormesis: Historical Perspective and Implications for Low–Dose Cancer Risk Assessment." *Dose–Response* 8 (2010): 172–191.

VanGuilder, H. D.; K. E. Vrana; and W. M. Freeman, "Twenty–Five Years of Quantitative PCR for Gene Expression Analysis." *BioTechniques* 44 (2008): 619–626.

Virgona, Angelo. "Radiopharmaceutical Production at Squibb." *Isotopes and Radiation Technology* 4, no. 3 (1967): 222–226.

"VU to Report on Isotopes." *Nashville Tennessean*, 14 Dec 1946, p. 6.

Wailoo, Keith A. *Drawing Blood: Technology and Disease Identity in Twentieth–Century America*. Baltimore: Johns Hopkins University Press, 1997.

Wald, Matthew L. "Radioactive Drug for Tests Is in Short Supply." *New York Times*, 24 Jul 2009, p. A11.

Walker, J. Samuel. *Containing the Atom: Nuclear Regulation in a Changing Environment, 1963–1971*. Berkeley: University of California Press, 1992.

———. *Permissible Dose: A History of Radiation Protection in the Twentieth Century*. Berkeley: University of California Press, 2000.

———. *Three Mile Island: A Nuclear Crisis in Historical Perspective*. Berkeley: University of California Press, 2004.

Wang, Jessica. *American Science in an Age of Anxiety: Scientists, Anticommunism, and the Cold War*. Chapel Hill: University of North Carolina Press, 1999.

Ward, Donald R. "Design of Laboratories for Safe Use of Radioisotopes." *Isotopics 1*, no. 2 (1951): 10–48.

Warren, Shields. "The Therapeutic Use of Radioactive Phosphorus." *American Journal of the Medical Sciences* 209 (1945): 701–711.

———. "The Medical Program of the Atomic Energy Commission." *Bulletin of the Atomic Scientists* 4, no. 8 (1948): 233–234.

———. "You, Your Patients and Radioactive Fallout." *New England Journal of Medicine* 266 (1962): 1123–1125.

Watanabe, Itaru; Gunther S. Stent; and Howard K. Schachman. "On the State of the Parental Phosphorus during Reproduction of Bacteriophage T2." *Biochimica et Biophysica Acta* 15 (1954): 38–49.

Watson, James D., and Francis H. C. Crick. "A Structure for Deoxyribose Nucleic Acid." *Nature 171* (1953): 737–738.

———. "Genetical Implications of the Structure of Deoxyribonucleic Acid." *Nature* 171 (1953): 964–967.

Weart, Spencer . *Nuclear Fear: A History of Images*. Cambridge, MA: Harvard University Press, 1988.

Weatherall, Mark W., and Harmke Kamminga. "The Making of a Biochemist, II: The Construction of Frederick Gowland Hopkins' Reputation." *Medical History* 40 (1996): 415–436.

Weinberg, Alvin M. "Impact of Large-Scale Science on the United States." *Science* 134 (1961): 161–164.

Weiner, Norbert. *Cybernetics: or Control and Communication in the Animal and the Machine*. Cambridge, MA: MIT Press, 1948.

Weisgall, Jonathan M. *Operation Crossroads: The Atomic Tests at Bikini Atoll*. Annapolis, MD: Naval Institute Press, 1994.

Wellerstein, Alex. "Patenting the Bomb: Nuclear Weapons, Intellectual Property, and

Technological Control." *Isis* 99 (2008): 57–87.

———. *Knowledge and the Bomb: Nuclear Secrecy in the United States, 1939–2008*. PhD diss., Harvard University, 2010.

Welsome, Eileen. *The Plutonium Files: America' s Secret Medical Experiments in the Cold War*. New York: Delta, 1999.

West, Doe. "Radiation Experiments on Children at the Fernald and Wrentham Schools: Lessons for Protocols in Human Subject Research." *Accountability in Research 6* (1998): 103–125.

Westwick, Peter J. "Abraded from Several Corners: Medical Physics and Biophysics at Berkeley." *Historical Studies in the Physical and Biological Sciences* 27, (1996): 131–162.

———. *The National Labs: Science in an American System, 1947–1974*. Cambridge, MA: Harvard University Press, 2003.

"What Science Learned at Bikini: Latest Report on the Results." *Life* 23 (11 Aug 1947): 74–87.

Whicker, F. W., and J. E. Pinder. "Food Chains and Biogeochemical Pathways: Contributions of Fallout and Other Radiotracers." *Health Physics* 82 (2002): 680–689.

Whicker, F. W., and Vincent Schultz. "Introduction and Historical Perspective." In *Radioecology: Nuclear Energy and the Environment*. Boca Raton, FL: CRC Press, 1982.

Whittemore, Gilbert F., Jr. *The National Committee on Radiation Protection, 1928–1960: From Professional Guidelines to Government Regulation*. PhD diss., Harvard University, 1986.

Whittemore, Gilbert, and Miriam Boleyn–Fitzgerald, "Injecting Comatose Patients with Uranium: America's Overlapping Wars against Communism and Cancer in the 1950s." In Goodman et al., *Useful Bodies*, 165–189.

Wiegert, Richard G., and Eugene P. Odum. "Radionuclide Tracer Measurement of Food Web Diversity in Nature." In *Symposium on Radioecology: Proceedings of the*

Second National Symposium, Ann Arbor, Michigan, May 15–17, 1967, ed. Daniel J. Nelson and Francis C. Evans. Springfield, VA: Clearinghouse for Federal Scientific and Technical Information, 1969, 709–710.

Willard, William K. "Avian Uptake of Fission Products from an Area Contaminated by Low–Level Atomic astes." *Science* 132 (1960): 148–150.

Williams, Jeffrey. "Donner Laboratory: The Birthplace of Nuclear Medicine." *Journal of Nuclear Medicine* 40, no. 1 (1999): 16N, 18N, 20N.

Willstätter, Richard, and Arthur Stoll. *Untersuchungen über die Assimilation der Kohlen–säure*. Berlin: J. Springer, 1918.

Wintrobe, Maxwell M. *Blood, Pure and Eloquent: A Story of Discovery, of People, and of Ideas*. New York: McGraw–Hill, 1980.

Wolfe, Audra. *Competing with the Soviets: Science, Technology, and the State in Cold War America*. Baltimore: Johns Hopkins University Press, 2013.

Woodbury, David O. *Atoms for Peace*. New York: Dodd, Mead, 1955.

Woodwell, George M. "Effects of Ionizing Radiation on Terrestrial Ecosystems." *Science* 138 (1962): 572–577.

———. "Toxic Substances and Ecological Cycles." *Scientific American* 216, no. 3 (1967): 24–31.

———. "Effects of Pollution on the Structure and Physiology of Ecosystems." *Science* 168 (1970): 429–433.

———. "BRAVO plus 25 Years." *In Environmental Sciences Laboratory Dedication:* Daniel J. *Nelson Auditorium, Feb. 26–27, 1979*, ed. S. I. Auerbach and N. T. Milleman. Oak Ridge, TN: Oak Ridge National Laboratory, 1980, 61–64.

Woodwell, George M.; Charles F. Wurster Jr.; and Peter A. Isaacson. "DDT Residues in an East Coast Estuary: A Case of Biological Concentration of a Persistent Insecticide." *Science* 156 (1967): 821–824.

Worster, Donald. *Nature' s Economy: A History of Ecological Ideas*. Cambridge:

Cambridge University Press, 1977.

Wrenn, F. R.; M. L. Good; and P. Handler. "Use of Positron–Emitting Radioisotopes for Localization of Brain Tumors." *Science* 113 (1951): 525–527.

Wright, Sewall. "Discussion on Population Genetics and Radiation." Symposium on Radiation Genetics, *Journal of Cellular and Comparative Physiology* 35, suppl. 1 (1950): 187–210.

Wyatt, H. V. "How History Has Blended." *Nature* 249 (1974): 803–804.

Yalow, Rosalyn S. "Radioimmunoassay: A Probe for the Fine Structure of Biologic Systems." *Science* 200 (1978): 1236–1245.

———. "Radioimmunoassay: Its Relevance to Clinical Medicine." *In Basic Research and Clinical Medicine*, ed. S. Philip Bralow and Rosalyn S. Yalow. Washington, DC: Hemisphere Publishing, 1981, 3–22.

———. "Radioimmunoassay in Oncology." *Cancer* 53 (1984): 1426–1431.

———. "Radioactivity in the Service of Humanity." *Interdisciplinary Science Reviews* 10 (1985): 56–64.

———. "Development and Proliferation of Radioimmunoassay Technology." *Journal of Chemical Education* 76 (1999): 767–768.

Yalow, Rosalyn S., and Solomon A. Berson. "Assay of Plasma Insulin in Human Subjects by Immunological Methods." *Nature* 184 (1959): 1648–1649.

———. "Immunoassay of Endogenous Plasma Insulin in Man." *Journal of Clinical Investigation 39* (1960): 1157–1175.

———. "Radioimmunoassay of Gastrin." *Gastroenterology* 58 (1970): 1–14.

———. "Immunoassay of Plasma Insulin in Man." *Diabetes* 10 (1960): 339–344. Yalow, R. S.; S. M. Glick; J. Roth; and S. A. Berson. "Radioimmunoassay of Human Plasma ACTH." *Journal of Clinical Endocrinology and Metabolism* 24 (1964): 1219–1225.

Yoshikawa, H.; P. F. Hahn; and . F. Bale. "Red Cell and Plasma Radioactive

Copper in Normal and Anemic Dogs." *Journal of Experimental Medicine* 75 (1942): 489–494.

Zachmann, Karin. "Atoms for Peace and Radiation for Safety: How to Build Trust in Irradiated Foods in Cold War Europe and Beyond." *History and Technology* 27 (2011): 65–90.

———. "Atoms for Food to Achieve 'Freedom from Hunger' ? Transnational Food Irradiation Research as an Ingredient of the Cold War." *Deutsches Museum Preprint Series* 7 (2013). http://www.deutsches-museum.de/verlag/aus -der-forschung/preprint/.

Zallen, Doris T. "The Rockefeller Foundation and Spectroscopy Research: The Programs at Chicago and Utrecht." *Journal of the History of Biology* 25 (1992): 67–89.

———. "The 'Light' Organism for the Job: Green Algae and Photosynthesis Research." *Journal of the History of Biology 26* (1993): 269–279.

图书在版编目（CIP）数据

原子力的生命：放射性同位素在科学和医学中的历史 /（美）柯安哲著；王珏纯译 . —杭州：浙江大学出版社，2021.12

书名原文：Life Atomic:A History of Radioisotopes in Science and Medicine

ISBN 978-7-308-21635-7

Ⅰ . ①原… Ⅱ . ①柯… ②王… Ⅲ . ①放射性同位素—研究 Ⅳ . ① O615

中国版本图书馆 CIP 数据核字（2021）第 156924 号

原子力的生命：放射性同位素在科学和医学中的历史

［美］柯安哲 著 王珏纯 译

责任编辑 伏健强
责任校对 李 琰
装帧设计 周伟伟
出版发行 浙江大学出版社
（杭州天目山路 148 号 邮政编码 310007）
（网址：http://www.zjupress.com）
排 版 北京辰轩文化传媒有限公司
印 刷 河北华商印刷有限公司
开 本 635mm × 965mm 1/16
印 张 33.25
字 数 446 千
版 印 次 2021 年 12 月第 1 版 2021 年 12 月第 1 次印刷
书 号 ISBN 978-7-308-21635-7
定 价 108.00 元

LIFE ATOMIC: A HISTORY OF RADIOISOTOPES IN SCIENCE AND MEDICINE
by ANGELA CREAGER

This edition arranged with THE UNIVERSITY OF CHICAGO PRESS
through Big Apple Agency, Inc., Labuan, Malaysia

浙江省版权局著作权合同登记图字：11-2021-048